Físico-Química

Vol. 1

Dados Internacionais de Catalogação na Publicação (CIP)
(Câmara Brasileira do Livro, SP, Brasil)

Ball, David W., 1962-
    Físico-Química, volume 1/ David W. Ball ; [tradução Ana Maron Vichi]. - São Paulo : Cengage Learning, 2022.

    8. reimpr. da 1. ed. de 2005.
    Título original: Physical chemistry.
    Bibliografia
    ISBN 978-85-221-0417-8

    1. Físico-química 2. Físico-química - Problemas, exercícios etc I. Título.

04-4329   CDD-541.3

Índice para catálogo sistemático:

1. Físico-química 541.3

Físico-Química

Vol. 1

David W. Ball
Cleveland State University

Tradução
Ana Maron Vichi

Revisão Técnica
Eduardo J. S. Vichi
Professor do Instituto de Química da Unicamp

Paola Corio
Professora do Instituto de Química da Universidade de São Paulo

Austrália • Brasil • • México • Cingapura • Reino Unido • Estados Unidos

Físico-Química - Vol. 1
David W. Ball

Gerente Editorial: Adilson Pereira

Editora de Desenvolvimento: Tatiana Pavanelli Valsi

Supervisora Produção Editorial: Patricia La Rosa

Produtora Editorial: Ligia Cosmo Cantarelli

Copidesque: Solange Aparecida Visconti

Título Original: Physical Chemistry
ISBN: 0-534-26-658-4

Revisão: Sueli Bossi da Silva
Regina Elisabete Barbosa

Tradução: Ana Maron Vichi

Revisão Técnica: Eduardo J. S. Vichi
Paola Corio

Composição: ERJ – Composição Editorial e Artes Gráficas Ltda

Capa: Megaart Design

© 2003 Brooks / Cole.
© 2005 Cengage Learning Edições Ltda.

Todos os direitos reservados. Nenhuma parte deste livro poderá ser reproduzida, sejam quais forem os meios empregados, sem a permissão, por escrito, da Editora.
Aos infratores aplicam-se as sanções previstas nos artigos 102, 104, 106 e 107 da Lei nº 9.610, de 19 de fevereiro de 1998.

Esta editora empenhou-se em contatar os responsáveis pelos direitos autorais de todas as imagens e de outros materiais utilizados neste livro. Se porventura for constatada a omissão involuntária na identificação de algum deles, dispomo-nos a efetuar, futuramente, os possíveis acertos.

A editora não se responsabiliza pelo funcionamento dos links contidos neste livro que possam estar suspensos.

Para informações sobre nossos produtos, entre em contato pelo telefone **0800 11 19 39**

Para permissão de uso de material desta obra, envie seu pedido para **direitosautorais@cengage.com**

© 2005 Cengage Learning. Todos os direitos reservados.

ISBN-10: 85-221-0417-4
ISBN-13: 978-85-221-0417-8

Cengage Learning
Condomínio E-Business Park
Rua Werner Siemens, 111 – Prédio 11 – Torre A – Conjunto 12
Lapa de Baixo – CEP 05069-900 – São Paulo – SP
Tel.: (11) 3665-9900 – Fax: (11) 3665-9901
SAC: 0800 11 19 39

Para suas soluções de curso e aprendizado, visite
www.cengage.com.br

Impresso no Brasil
Printed in Brazil
8. reimpressão – 2022

Para meu pai

Conteúdo Geral

Volume 1

1. Gases e a Lei Zero da Termodinâmica
2. A Primeira Lei da Termodinâmica
3. Segunda e Terceira Leis da Termodinâmica
4. Energia Livre e Potencial Químico
5. Introdução ao Equilíbrio Químico
6. Equilíbrio em Sistemas com um Componente
7. Equilíbrios em Sistemas com Múltiplos Componentes
8. Eletroquímica e Soluções Iônicas
9. Mecânica Pré-Quântica
10. Introdução à Mecânica Quântica
11. Mecânica Quântica: Sistemas-Modelo e o Átomo de Hidrogênio
12. Átomos e Moléculas

Apêndices
Respostas a Exercícios Selecionados
Índice Remissivo

Volume 2

13. Introdução à Simetria em Mecânica Quântica
14. Espectroscopia Rotacional e Vibracional
15. Introdução à Espectroscopia Eletrônica e Estrutura
16. Introdução à Espectroscopia Magnética
17. Termodinâmica Estatística: Introdução
18. Mais Termodinâmica Estatística
19. A Teoria Cinética dos Gases
20. Cinética
21. O Estado Sólido: Cristais
22. Superfícies

Apêndices
Respostas a Exercícios Selecionados
Índice Remissivo

Sumário

Prefácio xv

1 Gases e a Lei Zero da Termodinâmica 1

1.1 Sinopse 1
1.2 Sistema, Vizinhança e Estado 2
1.3 A Lei Zero da Termodinâmica 3
1.4 Equações de Estado 5
1.5 Derivadas Parciais e Leis dos Gases 8
1.6 Gases Não-Ideais 10
1.7 Mais sobre Derivadas 18
1.8 Definições de Algumas Derivadas Parciais 20
1.9 Resumo 21
Exercícios 22

2 A Primeira Lei da Termodinâmica 24

2.1 Sinopse 24
2.2 Trabalho e Calor 24
2.3 Energia Interna e a Primeira Lei da Termodinâmica 32
2.4 Funções de Estado 33
2.5 Entalpia 36
2.6 Variações nas Funções de Estado 38
2.7 Coeficientes de Joule-Thomson 42
2.8 Mais sobre Capacidades Caloríficas 46
2.9 Mudanças de Fase 50
2.10 Transformações Químicas 53
2.11 Variações de Temperatura 58
2.12 Reações Bioquímicas 60
2.13 Resumo 62
Exercícios 63

3 Segunda e Terceira Leis da Termodinâmica 66

3.1 Sinopse 66
3.2 Limites da Primeira Lei 66
3.3 Ciclo de Carnot e Eficiência 68
3.4 Entropia e a Segunda Lei da Termodinâmica 72

3.5 Mais sobre Entropia 75
3.6 Ordem e a Terceira Lei da Termodinâmica 79
3.7 Entropias de Reações Químicas 81
3.8 Resumo 85
Exercícios 86

4 Energia Livre e Potencial Químico 89

4.1 Sinopse 89
4.2 Condições de Espontaneidade 90
4.3 Energia Livre de Gibbs e Energia de Helmholtz 92
4.4 Equações de Variáveis Naturais e Derivadas Parciais 96
4.5 As Relações de Maxwell 99
4.6 Usando as Relações de Maxwell 103
4.7 Focalizando ΔG 105
4.8 O Potencial Químico e Outras Quantidades Molares Parciais 108
4.9 Fugacidade 110
4.10 Resumo 114
Exercícios 115

5 Introdução ao Equilíbrio Químico 118

5.1 Sinopse 118
5.2 Equilíbrio 119
5.3 Equilíbrio Químico 121
5.4 Soluções e Fases Condensadas 129
5.5 Mudanças nas Constantes de Equilíbrio 132
5.6 Equilíbrios em Aminoácidos 135
5.7 Resumo 137
Exercícios 138

6 Equilíbrio em Sistemas com um Componente 141

6.1 Sinopse 141
6.2 Sistema com um Componente 141
6.3 Transições de Fase 145
6.4 A Equação de Clapeyron 148
6.5 A Equação de Clausius-Clapeyron 152
6.6 Diagramas de Fase e a Regra das Fases 154
6.7 Variáveis Naturais e Potencial Químico 159
6.8 Resumo 162
Exercícios 163

7 Equilíbrios em Sistemas com Múltiplos Componentes 166

7.1 Sinopse 166
7.2 A Regra das Fases de Gibbs 167
7.3 Dois Componentes: Sistemas Líquido/Líquido 169

7.4 Soluções Líquidas Não-Ideais com Dois Componentes 179
7.5 Sistemas Líquido/Gás e Lei de Henry 183
7.6 Soluções Líquido/Sólido 185
7.7 Soluções Sólido/Sólido 188
7.8 Propriedades Coligativas 193
7.9 Resumo 201
Exercícios 203

8 Eletroquímica e Soluções Iônicas 206
8.1 Sinopse 206
8.2 Cargas 207
8.3 Energia e Trabalho 210
8.4 Potenciais Padrão 215
8.5 Potenciais Não-Padrão e Constantes de Equilíbrio 218
8.6 Íons em Solução 225
8.7 Teoria das Soluções Iônicas de Debye-Hückel 230
8.8 Transporte Iônico e Condutância 234
8.9 Resumo 237
Exercícios 238

9 Mecânica Pré-Quântica 241
9.1 Sinopse 241
9.2 Leis do Movimento 242
9.3 Fenômenos Inexplicáveis 248
9.4 Espectros Atômicos 248
9.5 Estrutura Atômica 251
9.6 O Efeito Fotoelétrico 253
9.7 A Natureza da Luz 253
9.8 Teoria Quântica 257
9.9 A Teoria de Bohr sobre o Átomo de Hidrogênio 262
9.10 A Equação de De Broglie 267
9.11 Resumo: o Fim da Mecânica Clássica 269
Exercícios 271

10 Introdução à Mecânica Quântica 273
10.1 Sinopse 273
10.2 A Função de Onda 274
10.3 Observáveis e Operadores 276
10.4 O Princípio da Incerteza 279
10.5 A Interpretação de Born para as Funções de Onda; Probabilidades 281
10.6 Normalização 283
10.7 A Equação de Schrödinger 285

10.8 Uma Solução Analítica: a Partícula na Caixa 288
10.9 Valores Médios e Outras Propriedades 293
10.10 Tunelamento 297
10.11 A Partícula na Caixa Tridimensional 300
10.12 Degenerescência 304
10.13 Ortogonalidade 307
10.14 A Equação de Schrödinger Dependente do Tempo 308
10.15 Resumo 310
Exercícios 311

11 Mecânica Quântica: Sistemas-Modelo e o Átomo de Hidrogênio 315

11.1 Sinopse 315
11.2 O Oscilador Harmônico Clássico 316
11.3 O Oscilador Harmônico Mecânico-Quântico 318
11.4 As Funções de Onda do Oscilador Harmônico 324
11.5 A Massa Reduzida 330
11.6 Rotações Bidimensionais 333
11.7 Rotações Tridimensionais 341
11.8 Outras Observáveis em Sistemas Rotacionais 347
11.9 O Átomo de Hidrogênio: O Problema da Força Central 352
11.10 O Átomo de Hidrogênio: A Solução Mecânico-Quântica 353
11.11 As Funções de Onda do Átomo de Hidrogênio 358
11.12 Resumo 365
Exercícios 367

12 Átomos e Moléculas 370

12.1 Sinopse 370
12.2 Spin 371
12.3 O Átomo de Hélio 374
12.4 Orbitais spin e o Princípio de Pauli 377
12.5 Outros Átomos e o Princípio da Construção 382
12.6 Teoria da Perturbação 386
12.7 Teoria Variacional 394
12.8 Teoria Variacional Linear 398
12.9 Comparação das Teorias Variacional e da Perturbação 402
12.10 Moléculas Simples e a Aproximação de Born-Oppenheimer 403
12.11 Introdução à Teoria dos OM-CLOA 406
12.12 Propriedades dos Orbitais Moleculares 409
12.13 Orbitais Moleculares de Outras Moléculas Diatômicas 411
12.14 Resumo 415
Exercícios 416

Apêndices 419
   1 Integrais Úteis   419
   2 Propriedades Termodinâmicas de Várias Substâncias   421
   3 Tabelas de Caracteres   424
   4 Tabelas de Correlação do Infravermelho   429
   5 Propriedades Nucleares   432

Respostas a Exercícios Selecionados   433

Índice Remissivo   439

Prefácio

Assunto: Físico-Química
"Este assunto é difícil?"
— *O texto completo enviado pela Usenet para sci.chem, 1º de setembro de 1994*

Na pergunta dessa pessoa, o que falta em extensão, tem demais em complexidade. Passei quase uma hora compondo uma resposta, que enviei. Minha resposta gerou cerca de meia dúzia de respostas diretas, todas apoiando minhas afirmações. Curiosamente, apenas metade das respostas veio de estudantes; a outra metade, de professores.

De modo geral, eu disse que a físico-química não é inerentemente mais difícil do que qualquer outro assunto técnico. É muito matemático, e os estudantes que tenham preenchido os requisitos de matemática (tipicamente cálculo) podem achar que a físico-química é um desafio, porque requer a *aplicação* de cálculo. Muitos instrutores e muitos livros, às vezes, podem pressupor demasiada expectativa a respeito das habilidades matemáticas dos estudantes e, conseqüentemente, muitos estudantes falham não porque não sabem química, mas porque não conseguem acompanhar a matemática.

Além disso, em alguns casos, os próprios livros não são adequados a um curso inicial (na minha opinião). Muitos livros contêm tantas informações que afugentam os estudantes. Muitos deles são ótimos livros — como fonte de consulta, na estante de um professor, ou para um aluno estudar para os exames de pós-graduação. Mas e para os alunos de graduação em química ou engenharia química estudando físico-química pela primeira vez? É muito complexo! É como usar o *Dicionário Oxford de Inglês* como livro básico em um curso de inglês para principiantes. É claro que o *Dicionário Oxford* tem todo o vocabulário necessário, mas serão informações demais, nesse caso. Muitos textos de físico-química são muito bons para aqueles que já conhecem físico-química, mas não para quem está tentando *aprender* físico-química. O que se precisa é de um livro básico, e não de uma enciclopédia de físico-química.

Este projeto é minha tentativa de mostrar essas idéias. *Físico-Química* pretende ser um *livro-texto* para um curso de físico-química com duração de um ano, fundamentado em cálculo, para estudantes de ciências e engenharia. Ele deve ser utilizado em sua totalidade e não contém informações em excesso (como ocorre com outros livros de físico-química), que os cursos de graduação não abrangem. Há alguma ênfase em manipulações matemáticas, porque muitos estudantes se esqueceram de como aplicar cálculo ou podem se beneficiar de uma revisão. No entanto, procurei ter em mente que este é um livro de físico-química, e não de matemática.

A maioria dos livros de físico-química segue uma fórmula para cobrir os tópicos principais: 1/3 de termodinâmica, 1/3 de mecânica quântica e 1/3 de termodinâmica estatística, cinética e vários outros tópicos. Este livro segue essa mesma fórmula geral. A seção sobre termodinâmica começa com gases e termina com eletroquímica, o que representa um bom padrão de variedade de tópicos. A seção com oito capítulos sobre mecânica quântica e suas aplicações a átomos e moléculas começa com uma observação mais histórica. Na minha experiência, os estudantes têm pouca ou nenhuma idéia de por que a mecânica quântica foi desenvolvida e, conseqüentemente, nunca reconhecem sua importância, suas conclusões e até sua necessidade. Portanto, o Capítulo 9 focaliza a mecânica pré-quântica, para que os estudantes possam desenvolver uma compreensão das condições da ciência clássica e como ela não pôde explicar o universo. Isso leva a uma introdução à mecânica quântica e como ela fornece um modelo útil. Seguem vários capítulos sobre simetria e espectroscopia. Nos últimos seis capítulos do volume 2, este livro aborda a termodinâmica estatística (intencionalmente não integrada com a termodinâmica fenomenológica), teoria cinética, cinética, cristais e superfícies. O livro não tem capítulos separados sobre fotoquímica, líquidos, feixes moleculares, termofísica, polímeros, e assim por diante (embora esses tópicos possam ser mencionados ao longo do livro). Não é que eu considere esses tópicos sem importância; simplesmente acho que eles não devem ser incluídos em um livro de físico-química para graduação.

Cada capítulo se inicia com uma sinopse do assunto do qual ele tratará. Em outros livros, o estudante vai lendo sem saber para que ponto todas as deduções e equações o estão conduzindo. Na verdade, outros livros têm um resumo no fim dos capítulos. Neste livro, o resumo é apresentado no início, para que os estudantes saibam para que tópico estão sendo conduzidos e por quê. Há muitos exemplos em todos os capítulos, e nos problemas há uma ênfase nas unidades, tão importantes quanto os números.

Os exercícios no final de cada capítulo estão separados por seção, de modo que o estudante possa coordenar melhor o material do capítulo com o problema. Há mais de 1.000 exercícios de final de capítulo para dar ao estudante a oportunidade de praticar os conceitos do livro. Apesar de algumas deduções matemáticas estarem incluídas nos exercícios, a ênfase está nos exercícios que fazem os estudantes *aplicarem* os conceitos, mais do que apenas deduzi-los. Isso também foi intencional da minha parte. Muitas respostas estão incluídas em uma seção de respostas no final do livro. Também há exercícios de final de capítulo que requerem software de simbologia matemática, como o MathCad ou o Maple (ou mesmo uma calculadora de alto nível), para praticar algumas manipulações dos conceitos. São apenas alguns por capítulo e requerem conhecimentos mais avançados, podendo ser usados como tarefas de grupo.

Para uma escola com o sistema anual, a físico-química se divide quase naturalmente em três seções: termodinâmica (capítulos 1-8), mecânica quântica (capítulos 9-16), e outros tópicos (capítulos 17-22). Para uma escola com o sistema semestral, os professores podem querer juntar os capítulos de termodinâmica e os capítulos posteriores, sobre teoria cinética (Capítulo 19), e cinética (Capítulo 20) no primeiro semestre, e incluir os capítulos 17 e 18 (termodinâmica estatística) e os capítulos 21 e 22 (sólidos cristalinos e superfícies) com os capítulos de mecânica quântica, no segundo semestre.

Professores: um curso com duração de um ano, vocês podem abordar *todo* o livro (e sintam-se livres para completar com os tópicos especiais que acharem apropriados).

Estudantes: um curso com duração de um ano, vocês podem estudar *todo* o livro; e certamente são capazes disso.

Se você quer uma enciclopédia de físico-química, este não é o livro ideal. Outros livros bem conhecidos servirão a este propósito. Meu desejo é que tanto estudantes quanto professores apreciem este livro como um livro básico de físico-química.

Agradecimentos

Nenhum projeto desta magnitude representa o esforço de uma só pessoa. Chris Conti, ex-editor da West Publishing, ficou entusiasmado com relação às minhas idéias para este projeto, muito antes de eu começar a escrevê-lo. Suas demonstrações de entusiasmo e apoio moral me ajudaram durante longos períodos de indecisão. Lisa Moller e Harvey Pantzis, com a ajuda de Beth Wilbur, puseram este projeto em prática na Brooks/Cole. Eles se dedicaram a outros projetos, depois que comecei, mas tive a sorte de ter Keith Dodson como editor de desenvolvimento. Sua contribuição, sua orientação e suas sugestões foram muito úteis. Nancy Conti ajudou com a parte burocrática e a revisão, e Marcus Boggs e Emily Levitan acompanharam este projeto até sua produção final. Admiro o talento de Robin Lockwood (editor de produção), Anita Wagner (editora de texto) e Linda Rill (editora de fotografia). Eles me fizeram sentir como se eu fosse o "elo mais fraco da corrente" (talvez deva ser assim mesmo). Certamente, há muitos outros na Brooks/Cole que deixaram sua marca indelével neste livro. Obrigado a todos por sua ajuda.

Em vários estágios de sua preparação, todo o manuscrito foi testado em classe por estudantes de vários cursos de físico-química em minha universidade. A resposta deles foi crucial para este projeto, uma vez que não se sabe o quanto um livro é bom até que ele tenha realmente sido utilizado. O uso do manuscrito não foi inteiramente voluntário por parte deles (embora pudessem ter seguido o curso com outro instrutor), mas a maioria dos estudantes aceitou a tarefa com boa vontade e apresentou alguns comentários valiosos. A eles, meus agradecimentos: David Anthony, Larry Brown, Robert Coffman, Samer Dashi, Ruot Duany, Jim Eaton, Gianina Garcia, Carolyn Hess, Gretchen Hung, Ed Juristy, Teresa Klun, Dawn Noss, Cengiz Ozkose, Andrea Paulson, Aniko Prisko, Anjeannet Quint, Doug Ratka, Mark Rowitz, Yolanda Sabur, Prabhjot Sahota, Brian Schindly, Lynne Shiban, Tony Sinito, Yelena Vayner, Scott Wisniewski, Noelle Wojciechowicz, Zhiping Wu e Steve Zamborsky. Eu gostaria de destacar o esforço de Linnea Baudhuin, uma estudante que realizou uma das mais abrangentes avaliações de todo o manuscrito.

Quero agradecer a meus colegas de faculdade, Tom Flechtner, Earl Mortensen, Bob Towns e Yan Xu, por seu apoio. Lamento que o meu falecido colega, John Luoma, que leu várias partes do manuscrito e fez algumas sugestões muito úteis, não tenha acompanhado este projeto até o final. Agradeço também ao College of Arts and Science, Cleveland State University, pelo apoio durante o período de licença de dois trimestres, durante o qual pude fazer um grande progresso neste projeto.

Revisores externos deram seu retorno em diferentes estágios. Posso não ter seguido sempre suas sugestões, mas sua crítica construtiva foi sempre apreciada. Obrigado a:

Samuel A. Abrash, University of Richmond
Steven A. Adelman, Purdue University
Shawn B. Allin, Lamar University
Stephan B. H. Bach, University of Texas at San Antonio
James Baird, University of Alabama in Huntsville
Robert K. Bohn, University of Connecticut
Kevin J. Boyd, University of New Orleans
Linda C. Brazdil, Illinois Mathematics and Science Academy
Thomas R. Burkholder, Central Connecticut State University
Paul Davidovits, Boston College
Thomas C. DeVore, James Madison University
D. James Donaldson, University of Toronto
Robert A. Donnelly, Auburn University
Robert C. Dunbar, Case Western Reserve University
Alyx S. Frantzen, Stephen F. Austin State University
Joseph D. Geiser, University of New Hampshire
Lisa M. Goss, Idaho State University
Jan Gryko, Jacksonville State University
Tracy Hamilton, University of Alabama at Birmingham

Robert A. Jacobson, Iowa State University
Michael Kahlow, University of Wisconsin at River Falls
James S. Keller, Kenyon College
Baldwin King, Drew University
Stephen K. Knudson, College of William and Mary
Donald J. Kouri, University of Houston
Darius Kuciauskas, Virginia Commonwealth University
Patricia L. Lang, Ball State University
Danny G. Miles, Jr., Mount St. Mary's College
Randy Miller, California State University at Chico
Frank Ohene, Grambling State University
Robert Pecora, Stanford University
Lee Pedersen, University of North Carolina at Chapel Hill
Ronald D. Poshusta, Washington State University
David W. Pratt, University of Pittsburgh
Robert Quandt, Illinois State University
Rene Rodriguez, Idaho State University
G. Alan Schick, Eastern Kentucky University
Rod Schoonover, California Polytechnic State University
Donald H. Secrest, University of Illinois at Urbana at Champaign
Michael P. Setter, Ball State University
Russell Tice, California Polytechnic State University
Edward A. Walters, University of New Mexico
Scott Whittenburg, University of New Orleans
Robert D. Williams, Lincoln University

Estou em débito com Tom Burkholder, da Central Connecticut State University, e com Mark Waner, da John Carroll University, por sua ajuda nas revisões detalhadas.

Em um projeto como este, é extremamente improvável que a perfeição tenha sido atingida e, portanto, agradeço a quem apontar erros de digitação e impressão.

Finalmente, muito obrigado à minha esposa, Gail, que agüentou tantas noites em que passei em frente ao computador, em vez de compartilhar algumas horas de repouso com ela. Espero que depois de tudo você ache que valeu a pena.

David W. Ball
Cleveland, Ohio
d.ball@csuohio.edu

A Editora Thomson Pioneira agradece ao professor citado a seguir por seus comentários, críticas e sugestões para esta edição publicada no Brasil:

Paulo Teng-An Sumodjo
Professor do Instituto de Química da USP

1 Gases e a Lei Zero da Termodinâmica

MUITO DA FÍSICO-QUÍMICA PODE SER APRESENTADO DE UM MODO PROGRESSIVO: pode-se captar primeiro as idéias fáceis e então avançar para as idéias mais desafiadoras, de modo similar a como estas idéias foram inicialmente desenvolvidas. Dois dos principais tópicos da físico-química – a termodinâmica e a mecânica quântica – prestam-se naturalmente a essa abordagem.

No primeiro capítulo sobre físico-química, retomamos uma idéia simples da química geral: as leis dos gases. As Leis dos Gases – expressões matemáticas simples que correlacionam as propriedades observáveis dos gases – estavam entre as primeiras quantificações da química, datando dos anos 1600, quando predominava a alquimia. As leis dos gases deram a primeira indicação de que a quantidade, o *quanto*, é importante para se compreender a natureza. Algumas leis dos gases, como as leis de Boyle, de Charles, de Amonton e de Avogadro, são matematicamente simples. Outras podem ser muito complexas.

Em química, o estudo de sistemas grandes, macroscópicos, envolve a termodinâmica; em sistemas pequenos, microscópicos, pode envolver a mecânica quântica. Em sistemas que modificam suas estruturas com o decorrer do tempo, o tópico é a cinética. Mas todos eles têm conexões básicas com a termodinâmica.

1.1 Sinopse

Este capítulo começa com algumas definições, sendo uma importante: a de sistema termodinâmico e das variáveis macroscópicas que o caracterizam. Se considerarmos um gás em nosso sistema, veremos que várias relações matemáticas são usadas para relatar as variáveis físicas que caracterizam este gás. Algumas dessas relações – leis dos gases – são simples, mas imprecisas. Outras leis dos gases são mais complicadas, mas também são mais precisas. Algumas dessas leis mais complicadas têm parâmetros determinados experimentalmente que são tabelados para consulta e que podem ou não ter justificativa física. Finalmente, desenvolvemos algumas relações (matemáticas) usando cálculos simples. Essas manipulações matemáticas serão úteis em capítulos posteriores, à medida que nos aprofundarmos na termodinâmica.

1.2 Sistema, Vizinhança[1] e Estado

Imagine que você tenha um recipiente contendo um material do seu interesse, como na Figura 1.1. O recipiente desempenha uma boa função, separando o material de tudo mais. Imagine também que você queira medir as propriedades daquele material, independentemente das medidas de tudo o mais ao redor. O material de interesse é definido como *sistema*. Todo o restante é definido como *vizinhança*. Estas definições têm uma função importante, porque especificam qual é a parte do universo que nos interessa: o sistema. Além disso, usando estas definições, podemos, em seguida, apresentar outras questões: Que interações existem entre o sistema e a vizinhança? Que trocas ocorrem entre o sistema e a vizinhança?

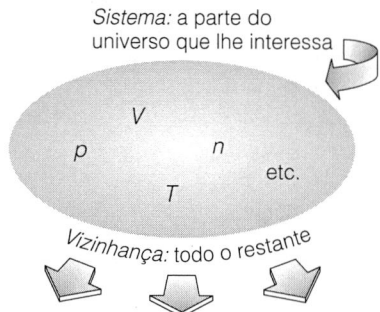

Figura 1.1 O sistema é a parte do universo que interessa; seu estado é descrito usando variáveis macroscópicas como pressão, volume, temperatura e número de mols. A vizinhança são todo o restante. Por exemplo, um sistema pode ser um refrigerador e a vizinhança pode ser o restante da casa (e o espaço ao redor).

Por enquanto, consideremos o sistema em si. Como descrevê-lo? Isso depende do sistema. Por exemplo, um copo de leite é descrito de maneira diferente de como é descrito o interior de uma estrela. Mas, por ora, vamos usar um sistema simples, quimicamente falando.

Considere um sistema constituído de um gás puro. Como podemos descrever este sistema? Bem, o gás tem um certo volume, uma certa pressão, uma determinada temperatura, um número definido de átomos ou moléculas, uma reatividade química específica, e assim por diante. Se pudermos medir, ou mesmo impor, os valores desses descritores, saberemos tudo o que é necessário sobre as propriedades do nosso sistema. Podemos então dizer que conhecemos o *estado* do sistema.

Se o estado do sistema não mostra uma tendência à mudança, dizemos que o sistema está *em equilíbrio* com a vizinhança.[2] A condição de equilíbrio é uma consideração fundamental da termodinâmica. Embora nem todos os sistemas estejam em equilíbrio, quase sempre usamos o estado de equilíbrio como um ponto de referência para compreender a termodinâmica de um sistema.

Existe uma outra característica do nosso sistema que precisamos conhecer: sua energia. A energia está relacionada a todas as outras propriedades mensuráveis do sistema (logo veremos como as propriedades mensuráveis se relacionam umas com as outras). A compreensão de como a energia de um sistema se relaciona com suas outras propriedades mensuráveis é chamada de *termodinâmica* (literalmente, "movimento do calor"). Apesar de a termodinâmica ("termo"), em última análise, tratar da energia, trata também de outras propriedades mensuráveis. Assim, a compreensão de como as propriedades mensuráveis se relacionam entre si é um aspecto da termodinâmica.

Como definimos o estado do nosso sistema? Para começar, concentramos-nos na sua descrição física, e não química. Percebemos que somos capazes de descrever as propriedades macroscópicas do nosso sistema gasoso usando apenas algumas observáveis: a pressão, a temperatura, o volume e a quantidade de matéria do sistema (veja a Tabela 1.1). Essas medidas são facilmente identificáveis e têm unidades bem definidas. O volume tem como unidades mais comuns o litro, o mililitro ou o centímetro cúbico. [O metro cúbico é a unidade de volume do *Système International*, mas essas outras unidades são geralmente utilizadas por questão de conveniência.] As unidades comuns de pressão são atmosfera, torr, pascal (1 pascal = $1N/m^2$, que é a unidade do SI para pressão) ou bar. Volume e pressão também têm

---

[1] N. do R.T.: Apesar de a palavra *vizinhança* ser utilizada na maioria dos textos em português, termos como *arredores* ou *entorno* também expressam o conceito. Já A. P. Chagas, em *Termodinâmica Química: Fundamentos, Métodos e Aplicações*, Ed. Unicamp, Campinas, 1999, usa o termos *ambiente*.

[2] Equilíbrio pode ser uma condição difícil de definir para um sistema. Por exemplo, uma mistura dos gases H_2 e O_2 não mostra uma tendência visível à mudança, mas não está em equilíbrio. O que ocorre é que a reação entre estes dois gases é tão lenta a temperaturas normais e na ausência de um catalisador, que não há mudança perceptível.

Tabela 1.1 Variáveis de estado mais comuns e suas unidades

Variável	Símbolo	Unidades mais comuns
Pressão	p	Atmosfera, atm ($= 1,01325$ bar)
		Torricelli, torr ($= \frac{1}{760}$ atm)
		Pascal (unidade do SI)
		Pascal, Pa ($= \frac{1}{100.000}$ bar)
		Milímetros de mercúrio, mmHg ($= 1$ torr)
Volume	V	Metro cúbico, m^3 (unidade do SI)
		Litro, L ($= \frac{1}{1000}$ m^3)
		Mililitro, mL ($= \frac{1}{1000}$ L)
		Centímetro cúbico, cm^3 ($= 1$ mL)
Temperatura	T	Graus Celsius, °C, ou Kelvin, K
		°C $=$ K $- 273,15$
Quantidade	n	Mols (pode ser convertido em gramas usando o peso molecular)

valores mínimos óbvios, nos quais se pode basear uma escala. Volume zero e pressão zero são, ambos, facilmente definidos. O mesmo ocorre com a quantidade de matéria. É fácil especificar uma quantidade em um sistema, e não ter nada no sistema corresponde a uma quantidade igual a zero.

A temperatura de um sistema nem sempre foi uma propriedade mensurável óbvia, e o conceito de "temperatura mínima" é relativamente recente. Em 1603, Galileu foi o primeiro a tentar quantificar as variações de temperatura usando um termômetro de água. Gabriel Daniel Fahrenheit criou a primeira escala numérica de temperatura amplamente aceita, depois de ter desenvolvido, com sucesso, em 1714, um termômetro de mercúrio, com o zero especificando a temperatura mais baixa que ele conseguiu gerar em seu laboratório. Anders Celsius, em 1742, desenvolveu uma escala diferente, em que o ponto zero foi estabelecido como sendo o ponto de congelamento da água. Estas temperaturas são *relativas*, e não *absolutas*. Objetos mais quentes ou mais frios têm um valor de temperatura, nestas escalas relativas, que é definido em relação ao ponto zero e a outros pontos na escala. Em ambos os casos, temperaturas abaixo de zero são possíveis, e, assim, a temperatura de um sistema pode, algumas vezes, ser descrita com um valor negativo. Volume, pressão e quantidade não podem ter um valor negativo. Mais adiante, definiremos uma escala de temperatura na qual também não são possíveis valores negativos. Hoje em dia, a temperatura é considerada uma variável bem compreendida do sistema.

1.3 A Lei Zero da Termodinâmica

A termodinâmica está fundamentada em algumas afirmações, chamadas *leis*, que têm ampla aplicação em sistemas físicos e químicos. Por mais simples que sejam estas leis, foram necessários muitos anos de observação e experimentação antes que elas fossem formuladas e reconhecidas como leis científicas. Três dessas afirmações, que serão discutidas mais adiante, são a primeira, a segunda e a terceira leis da termodinâmica.

No entanto, existe uma idéia ainda mais fundamental geralmente assumida, mas raramente enunciada, porque é muito óbvia. Às vezes esta idéia é citada como a lei zero da termodinâmica, já que até a primeira lei depende dela. Ela se relaciona com uma das variáveis que foi apresentada na seção anterior, a temperatura.

O que é temperatura? *Temperatura é uma medida da quantidade de energia cinética contida nas partículas de um sistema*. Se todas as demais variáveis que definem o estado do sistema (volume, pressão etc.) forem mantidas sem variação, quanto mais alta a temperatura, mais energia cinética tem o sistema. Uma vez que a termodinâmica é, em parte, o estudo da energia, a temperatura de um sistema é uma variável particularmente importante.

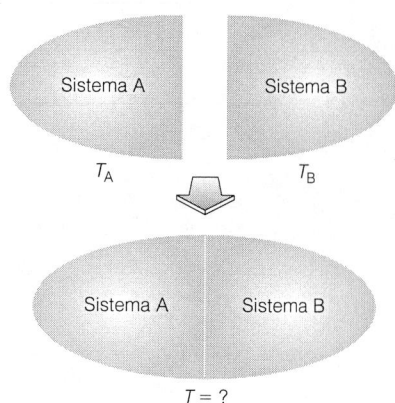

Figura 1.2 O que acontece com a temperatura quando dois sistemas independentes são colocados em contato?

No entanto, devemos ser cuidadosos ao interpretar a temperatura. A temperatura *não* é uma forma de energia; é um parâmetro para comparar quantidades de energia de diferentes sistemas.

Considere dois sistemas, A e B, em que a temperatura de A é maior do que a temperatura de B (Figura 1.2). Cada um deles é um *sistema fechado*, o que significa que não pode entrar ou sair matéria de cada sistema, mas a energia pode. O estado de cada sistema é definido por quantidades como pressão, volume e temperatura. Os dois sistemas são colocados em contato e ligados fisicamente, mas mantidos separados, como ilustra a Figura 1.2. Por exemplo, duas peças de metal podem ser postas em contato uma com a outra, ou dois recipientes de gás podem estar conectados por uma torneira fechada. Apesar da conexão, não será trocada matéria entre os dois sistemas ou com a vizinhança.

E quanto a suas temperaturas, T_A e T_B? O que sempre se observa é que ocorre transferência de energia de um sistema para o outro. À medida que a energia é transferida entre os dois sistemas, as duas temperaturas mudam até o ponto em que $T_A = T_B$. Neste ponto, se diz que os dois sistemas estão em *equilíbrio térmico*. No equilíbrio, energia ainda pode continuar se transferindo entre os sistemas, mas a mudança *líquida* na energia será zero e a temperatura não mudará mais. O estabelecimento do equilíbrio térmico é independente do tamanho do sistema. Isso se aplica a sistemas grandes, sistemas pequenos e a quaisquer combinações de sistemas grandes e pequenos.

A energia transferida de um sistema para outro devido a diferenças de temperatura é chamada de *calor*. Dizemos que o calor fluiu do sistema A para o sistema B. Além disso, se um terceiro sistema C estiver em equilíbrio térmico com o sistema A, então $T_C = T_A$ e o sistema C deve estar em equilíbrio térmico também com o sistema B. Essa idéia pode ser expandida para qualquer número de sistemas, mas a idéia básica ilustrada por três sistemas é resumida por uma afirmação chamada de lei zero da termodinâmica:

> A lei zero da termodinâmica: se dois sistemas (de qualquer tamanho) estão em equilíbrio térmico entre si e um terceiro sistema está em equilíbrio com um dos dois, então ele está em equilíbrio térmico com o outro também.

Isso é óbvio, a partir da experiência pessoal, e é fundamental para a termodinâmica.

Exemplo 1.1

Considere três sistemas a 37,0°C: uma amostra de 1,0 L de H_2O, 100 L de gás neônio a uma pressão de 1,00 bar, e um pequeno cristal de cloreto de sódio, NaCl. Comente a respeito do estado do equilíbrio térmico em termos dos diferentes tamanhos dos sistemas. Haverá uma transferência líquida de energia entre quaisquer dos três sistemas se eles forem colocados em contato?

Solução

O equilíbrio térmico é ditado pela temperatura dos sistemas envolvidos, não pelo tamanho deles. Uma vez que os três sistemas estão na mesma temperatura [isto é, $T(H_2O) = T(Ne) = T(NaCl)$], eles estão em equilíbrio térmico entre si. Invocando a lei zero da termodinâmica, se a água está em equilíbrio térmico com o neônio e o neônio está em equilíbrio térmico com o cloreto de sódio, então a água está em equilíbrio térmico com o cloreto de sódio. Não obstante os tamanhos relativos dos sistemas, não deverá ocorrer transferência líquida de energia entre quaisquer dos três sistemas.

A lei zero introduz uma nova idéia. Uma das variáveis que definem o estado do nosso sistema (*variáveis de estado*) muda de valor. Nesse caso, a temperatura mudou. Estamos, enfim, interessados em como as variáveis de estado mudam de valor e em como essas mudanças se relacionam com a energia do nosso sistema.

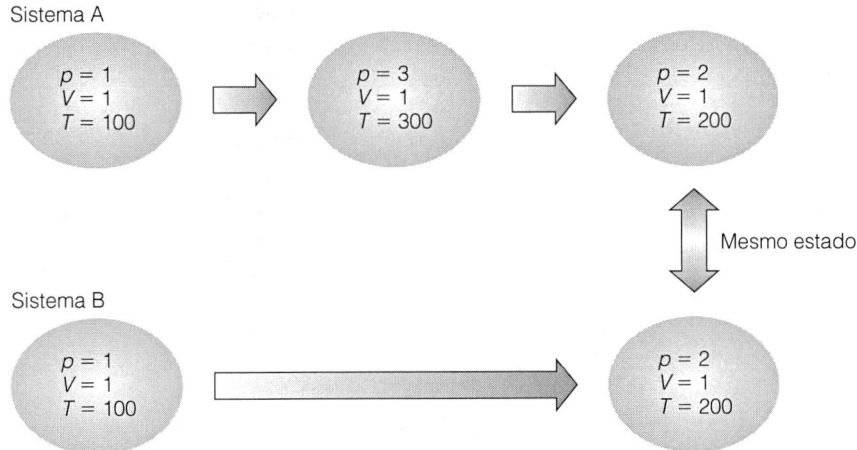

Figura 1.3 O estado de um sistema é determinado pelo que as variáveis do sistema *são*, e não por como o sistema chegou a elas. Neste exemplo, os estados inicial e final dos dois Sistemas (A) e (B) são os mesmos, independentemente do fato de que o Sistema (A) tenha uma temperatura e uma pressão mais altas num estado intermediário entre o inicial e o final.

Finalmente, no que diz respeito a suas variáveis, o sistema não se "recorda" do seu estado anterior. O estado do sistema é determinado pelos valores atuais das variáveis de estado, não por seus valores prévios ou como eles se modificaram. Considere os dois sistemas na Figura 1.3. O Sistema A atinge uma temperatura mais elevada antes de se fixar em $T = 200$ unidades de temperatura. O Sistema B vai diretamente das condições iniciais para as condições finais. Portanto, os dois estados são os mesmos. Não importa que o primeiro sistema estava em uma temperatura mais alta; o estado do sistema é determinado pelo que são as variáveis do estado, não pelo que eram ou como mudaram.

1.4 Equações de Estado

A termodinâmica fenomenológica é baseada na *experimentação*, em medições que você pode fazer em um laboratório, em uma garagem ou em uma cozinha. Por exemplo, para qualquer quantidade fixa de um gás puro, duas variáveis de estado são a pressão, p, e o volume, V. Cada uma pode ser controlada independentemente da outra. A pressão pode variar enquanto o volume se mantém constante, ou vice-versa. A temperatura, T, é outra variável de estado que pode ser mudada independentemente de p e V. No entanto, a experiência tem mostrado que se pressão, volume e temperatura forem especificados para uma determinada amostra de gás em equilíbrio, então, todas as propriedades macroscópicas mensuráveis daquela amostra terão seus valores especificados. Isto é, essas três variáveis de estado determinam todo o estado de nossa amostra de gás. Note que estamos inferindo a existência de uma outra variável de estado: a quantidade. A quantidade de material no sistema, designada como n, geralmente é dada em uma unidade chamada mol.

Além disso, valores arbitrários para todas as quatro variáveis, p, V, n e T, não são possíveis simultaneamente. De novo, a experiência (isto é, a experimentação) mostra isso. Ocorre que, para qualquer quantidade de um gás, apenas duas das três variáveis de estado, p, V e T, são verdadeiramente independentes. Uma vez especificadas duas variáveis, a terceira deverá ter um valor determinado. Isso significa que existe uma equação matemática na qual podemos substituir duas das variáveis e calcular a variável restante. Digamos que uma dada equação requer que conheçamos p e V para calcular T. Matematicamente, existe uma função F tal que

$$F(p, V) = T \quad \text{para } n \text{ constante} \tag{1.1}$$

onde a função é escrita como $F(p, V)$ para enfatizar que as variáveis são a pressão e o volume, e que o resultado dá o valor da temperatura T. Equações como a Equação 1.1 são chamadas de *equações de estado*. Pode-se também definir equações de estado que forneçam p ou V, em vez de T. Na verdade, muitas equações de estado podem ser rearranjadas algebricamente para fornecer uma entre diversas variáveis de estado possíveis.

As primeiras equações de estado para os gases foram determinadas por Boyle, Charles, Amontons, Avogadro, Gay-Lussac e outros. Conhecemos essas equações como as *leis dos gases*. No caso da lei dos gases de Boyle, a equação de estado implica multiplicar a pressão pelo volume para obter um número cujo valor depende da temperatura do gás:

$$p \cdot V = F(T) \quad \text{a } n \text{ constante} \tag{1.2}$$

ao passo que a lei dos gases de Charles envolve volume e temperatura:

$$\frac{V}{T} = F(p) \quad \text{a } n \text{ constante} \tag{1.3}$$

A lei de Avogadro relaciona volume com quantidade, mas a temperatura e pressão fixas:

$$V = F(n) \quad \text{sendo } T \text{ e } p \text{ constantes} \tag{1.4}$$

Nas três equações acima, se a temperatura, a pressão ou a quantidade forem mantidas constantes, as respectivas funções $F(T)$, $F(p)$ e $F(n)$ serão constantes. Isso significa que se houver modificação em uma das variáveis de estado que podem ser modificadas, uma outra também deve mudar, para que a lei do gás produza a mesma constante. Isso nos leva à conhecida capacidade de previsão que têm as leis dos gases acima, por meio das fórmulas

$$p_1 V_1 = F(T) = p_2 V_2 \quad \text{ou} \quad p_1 V_1 = p_2 V_2 \tag{1.5}$$

De modo semelhante, usando as Equações 1.3 e 1.4, podemos obter

$$\frac{V_1}{T_1} = \frac{V_2}{T_2} \tag{1.6}$$

$$\frac{V_1}{n_1} = \frac{V_2}{n_2} \tag{1.7}$$

Todas as três leis dos gases envolvem volume e podem ser reescritas como

$$V \propto \frac{1}{p}$$

$$V \propto T$$

$$V \propto n$$

onde o símbolo $\propto$ significa "é proporcional a". Podemos combinar as três proporcionalidades acima em uma só:

$$V \propto \frac{nT}{p} \tag{1.8}$$

Como p, V, T e n são as únicas quatro variáveis de estado independentes para um gás, a fórmula de proporcionalidade da Equação 1.8 pode ser transformada em uma igualdade usando uma constante de proporcionalidade:

$$V = R \cdot \frac{nT}{p} \tag{1.9}$$

em que R representa a constante de proporcionalidade. Esta equação de estado relaciona os valores estáticos (que não mudam) de p, V, T e n, e não mudanças nestes valores. Geralmente, é reescrita como

$$pV = nRT \qquad (1.10)$$

que é a conhecida *lei dos gases ideais*, sendo R a *constante da lei dos gases ideais*.

Neste ponto, devemos voltar à discussão das unidades de temperatura e introduzir a escala correta de temperatura da termodinâmica. Já foi mencionado que as escalas de temperatura Fahrenheit e Celsius têm ponto zero arbitrário. O que se faz necessário é uma escala de temperatura que tenha um ponto zero absoluto, com significado físico. Valores de temperatura podem estar na escala a partir daquele ponto. Em 1848, o cientista britânico William Thomson, que mais tarde se tornou barão, com o título de Lord Kelvin, considerou a relação entre temperatura e volume dos gases, e outras relações (às quais nos referiremos em outros capítulos), e propôs uma escala de temperatura absoluta em que a temperatura mínima possível fosse $-273°C$, ou 273 graus Celsius abaixo do ponto de congelamento da água. [Um valor atualizado é $-273,15°C$, baseado no ponto triplo (discutido no Capítulo 6) da H_2O, e não no ponto de congelamento.] Foi estabelecida uma escala considerando sua separação entre os graus igual à da escala Celsius. Em termodinâmica, as temperaturas dos gases são quase sempre expressas nessa nova escala, chamada de *escala absoluta* ou *escala Kelvin*, e a letra K é usada (sem o sinal de grau) para indicar uma temperatura em kelvins. Como os tamanhos dos graus são os mesmos, a conversão da temperatura em graus Celsius para graus kelvin é simples:

$$K = °C + 273,15 \qquad (1.11)$$

Ocasionalmente, são usados apenas três algarismos significativos, e a conversão se torna simplesmente $K = °C + 273$.

Em todas as leis dos gases mencionadas anteriormente, *a temperatura deve ser expressa em kelvins*! A escala de temperatura absoluta é a única escala adequada para as temperaturas termodinâmicas. (Para *variações* na temperatura, as unidades podem ser kelvins ou graus Celsius, uma vez que a mudança na temperatura será a mesma nas duas escalas. Porém, o valor absoluto da temperatura será diferente.)

Tendo estabelecido a escala correta de temperatura da termodinâmica, podemos voltar à constante R, a constante da lei dos gases ideais. Esta é, provavelmente, a constante física mais importante para sistemas macroscópicos. Seu valor numérico específico depende das unidades usadas para expressar a pressão e o volume, uma vez que as unidades em uma equação devem também satisfazer certas necessidades algébricas. A Tabela 1.2 apresenta vários valores de R. A lei dos gases ideais é a equação de estado mais conhecida para sistemas gasosos. Sistemas gasosos cujas variáveis de estado p, V, n e T variam de acordo com a lei dos gases ideais satisfazem um dos critérios para um *gás ideal* (o outro critério será apresentado no Capítulo 2). *Gases reais*, que não seguem exatamente a lei do gás ideal, podem se aproximar do comportamento ideal se forem mantidos a temperatura elevada e a pressão baixa.

Tabela 1.2 Valores para R, a constante da lei dos gases ideais

$R = 0,08205$ L·atm/mol·K
$0,08314$ L·bar/mol·K
$1,987$ cal/mol·K
$8,314$ J/mol·K
$62,36$ L·torr/mol·K

É útil definir um conjunto de referência de variáveis de estado para os gases, uma vez que estas variáveis podem apresentar uma ampla extensão de valores, que podem, por sua vez, afetar outras variáveis de estado. O conjunto de referência de variáveis de estado mais comum para pressão e temperatura é $p = 1,0$ atm e $T = 273,15$ K $= 0,0°C$. Essas condições são chamadas de *condições normais de temperatura e pressão*, abreviadas como CNTP. Muitos dos dados termodinâmicos relatados para os gases são dados para condições de CNTP. O SI também define temperatura e pressão ambientes padrão, CATP, como 298,15 K para temperatura e 1 bar para pressão (1 bar = 0,987 atm).

> **Exemplo 1.2**
>
> Calcule o volume de 1 mol de um gás ideal a CATP
>
> **Solução**
>
> Aplicando a lei dos gases ideais e o valor apropriado para R:
>
> $$V = \frac{nRT}{P} = \frac{(1 \text{ mol})(0{,}08314\ \frac{\text{L·bar}}{\text{mol·K}})(273{,}15\text{ K})}{1\text{ bar}}$$
>
> $$V = 22{,}71\text{ L}$$
>
> Este valor é um pouco maior do que o volume molar, geralmente usado, de um gás a CNTP (cerca de 22,4 L), uma vez que a pressão é um pouco mais baixa.

1.5 Derivadas Parciais e Leis dos Gases

Um uso importante das equações de estado na termodinâmica é para determinar como uma variável de estado é afetada quando outra variável de estado muda de valor. Para fazer isso, precisamos das ferramentas de cálculo. Por exemplo, como na Figura 1.4a, uma linha reta tem uma inclinação dada por $\Delta y/\Delta x$, o que em palavras significa, simplesmente, "variação em y quando x varia". Para uma linha reta, a inclinação é a mesma em todos os pontos da linha. Para linhas curvas, como mostra a Figura 1.4b, a inclinação muda constantemente. Em vez de escrever a inclinação da linha curva como $\Delta y/\Delta x$, usamos o simbolismo do cálculo e escrevemos dy/dx, e chamamos de "derivada de y em relação a x".

Equações de estado lidam com muitas variáveis. A *derivada total* de uma função com múltiplas variáveis, $F(x, y, z, ...)$, é definida como:

$$dF = \left(\frac{\partial F}{\partial x}\right)_{y,z,...} dx + \left(\frac{\partial F}{\partial y}\right)_{x,z,...} dy + \left(\frac{\partial F}{\partial z}\right)_{x,y,...} dz + \cdots \quad (1.12)$$

Na Equação 1.12, tiramos a derivada da função F em relação a uma variável por vez. Em cada caso, as outras variáveis são mantidas constantes. Assim, no primeiro termo, a derivada

$$\left(\frac{\partial F}{\partial x}\right)_{y,z,...} \quad (1.13)$$

é a derivada da função F somente em relação a x, e as variáveis y, z etc. são tratadas como constantes. Tal derivada é uma *derivada parcial*. A derivada total de uma função multivariável é a soma de todas as derivadas parciais, cada uma multiplicada pela variação infinitesimal na variável apropriada (dadas como dx, dy, dz, e assim por diante, na Equação 1.12).

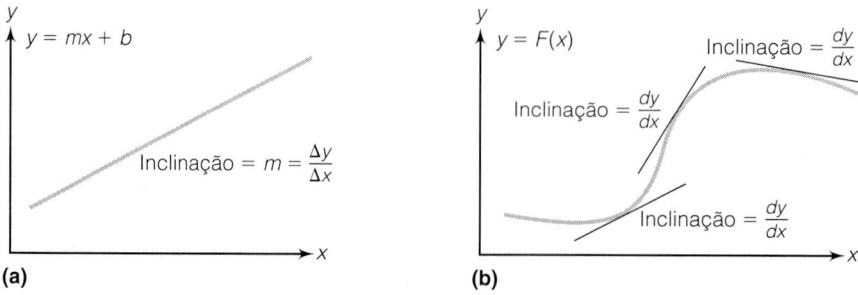

Figura 1.4 (a) Definição de inclinação para uma linha reta. A inclinação é a mesma em cada ponto da linha. (b) Uma linha curva também tem uma inclinação, mas ela muda de um ponto para outro. A inclinação da linha em qualquer ponto em particular é determinada pela derivada da equação da linha.

Usando equações de estado, podemos tirar derivadas e chegar a expressões que indicam como uma variável de estado muda em relação a outra. Algumas vezes, estas derivadas levam a conclusões importantes sobre as relações entre as variáveis de estado, e podem ser uma técnica poderosa para se trabalhar com a termodinâmica.

Por exemplo, considere a equação de estado da lei dos gases ideais. Suponha que precisamos saber como a pressão varia em relação à temperatura, admitindo que o volume e o número de mols no nosso sistema gasoso permanecerão constantes. A derivada parcial que nos interessa pode ser escrita como:

$$\left(\frac{\partial p}{\partial T}\right)_{V,n}$$

É possível construir várias derivadas parciais relacionando as diferentes variáveis de estado de um gás ideal, sendo algumas mais úteis ou compreensíveis que outras. Porém, qualquer derivada de R é zero, porque R é uma constante.

Podemos avaliar analiticamente esta derivada parcial porque temos uma equação – a lei do gás ideal – que relaciona p e T. O primeiro passo é reescrever a lei do gás ideal de modo que a pressão fique isolada em um lado da equação. A lei dos gases ideais se transforma em

$$p = \frac{nRT}{V}$$

O próximo passo é tomar a derivada de ambos os lados em relação a T e tratar todo o resto como uma constante. O lado esquerdo passa a ser

$$\left(\frac{\partial p}{\partial T}\right)_{V,n}$$

que é a derivada parcial que interessa. Tirando a derivada do lado direito:

$$\frac{\partial}{\partial T}\left(\frac{nRT}{V}\right) = \frac{nR}{V}\frac{\partial}{\partial T}T = \frac{nR}{V}\cdot 1 = \frac{nR}{V}$$

Combinando os dois lados:

$$\left(\frac{\partial p}{\partial T}\right)_{V,n} = \frac{nR}{V} \qquad (1.14)$$

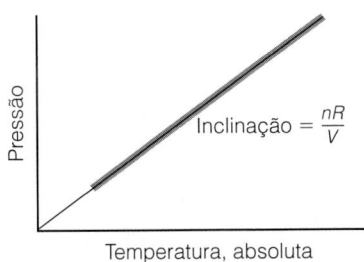

Figura 1.5 Ao fazer o gráfico da pressão de um gás *versus* sua temperatura, obtém-se uma linha reta cuja inclinação é igual a nR/V. Algebricamente, é um gráfico da equação $p = (nR/V) \cdot T$. Em termos de cálculo, a inclinação dessa linha é $(\partial p/\partial T)_{V,n}$ e é constante.

Isto é, a partir da lei do gás ideal, podemos determinar analiticamente (ou seja, com uma expressão matemática específica), como uma variável de estado varia em relação a outra. Um gráfico da pressão *versus* temperatura é mostrado na Figura 1.5. Considere o que a Equação 1.14 está mostrando. A derivada é uma *inclinação*. A Equação 1.14 produz o gráfico da pressão (eixo *y*) *versus* temperatura (eixo *x*). Se você pegasse uma amostra de um gás ideal, medisse sua pressão em diferentes temperaturas, mas a um volume constante, e fizesse um gráfico com os dados, obteria uma linha reta. A inclinação dessa linha reta seria igual a nR/V. O valor numérico dessa inclinação dependeria do volume e do número de mols do gás ideal.

Exemplo 1.3

Determine a variação da pressão em relação ao volume para um gás ideal, quando todo o resto permanece constante.

Solução

A derivada parcial que interessa é

$$\left(\frac{\partial p}{\partial V}\right)_{T,n}$$

que podemos avaliar de modo semelhante ao exemplo anterior, usando

$$p = \frac{nRT}{V}$$

desta vez a derivada em relação a V, no lugar de T. Seguindo as regras de derivação e tratando n, R e T como constantes, obtemos

$$\left(\frac{\partial p}{\partial V}\right)_{T,n} = -\frac{nRT}{V^2}$$

para essa variação. Observe que, embora em nosso exemplo prévio a mudança não dependesse de T, aqui, a mudança de p em relação a V depende do valor de V naquele instante. Um gráfico da pressão *versus* o volume *não* será uma linha reta. (Determine o valor numérico desta inclinação para um mol de gás com um volume de 22,4 L, a uma temperatura de 273 K. As unidades estão corretas?)

A substituição de valores numéricos nestas expressões, que fornecem a inclinação, deve resultar em unidades que sejam apropriadas à derivada parcial. Por exemplo, o valor numérico de $(\partial p/\partial T)_{V,n}$, para $V = 22,4$ L e 1 mol de gás, é 0,00366 atm/K. As unidades são consistentes com o fato de a derivada expressar uma mudança na pressão (unidades de atm) em relação à temperatura (unidades de K). Medições da pressão do gás *versus* temperatura, a um volume constante e conhecido, podem, de fato, fornecer um meio para a determinação experimental da constante R da lei do gás ideal. Essa é uma razão porque derivadas parciais desse tipo são úteis. Elas podem, às vezes, nos fornecer meios de medir variáveis ou constantes, que poderiam ser difíceis de determinar diretamente. Veremos mais exemplos disso em outros capítulos, todos resultando, em última instância, de derivadas parciais de algumas equações simples.

Finalmente, a derivada no Exemplo 1.3 sugere que qualquer gás ideal verdadeiro vai para o volume zero a 0 K. Isso ignora o fato de que os átomos e as moléculas têm seu próprio volume. Porém, de qualquer maneira, os gases não se comportam de forma muito ideal em temperaturas tão baixas.

1.6 Gases Não-Ideais

Na maioria das condições, os gases com que lidamos na realidade se desviam da lei dos gases ideais. Eles são gases reais, não gases ideais. A Figura 1.6 mostra o comportamento de um gás real comparado ao de um gás ideal. O comportamento dos gases reais também pode ser descrito usando equações de estado, mas, como era de se esperar, elas são mais complicadas.

Consideremos, em primeiro lugar, 1 mol de gás. Se este gás é ideal, podemos reescrever a lei do gás ideal como

$$\frac{p\overline{V}}{RT} = 1 \qquad (1.15)$$

onde $\overline{V}$ é o volume molar do gás. (Geralmente, qualquer variável de estado que é escrita com uma linha em cima é considerada uma quantidade molar.) Para um gás não ideal este quociente pode não

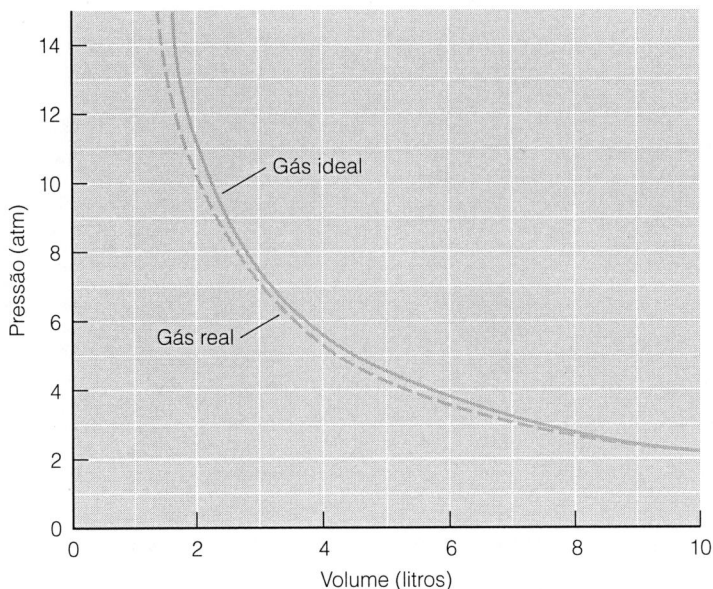

Figura 1.6 O comportamento de $p - V$ do gás ideal comparado ao de um gás real.

ser igual a 1. Pode ser menor ou maior do que 1. Assim, o quociente acima é definido como o *fator de compressibilidade Z*:

$$Z \equiv \frac{p\overline{V}}{RT} \quad (1.16)$$

Valores específicos para a compressibilidade dependem da pressão, do volume e da temperatura do gás real, mas, geralmente, quanto mais afastado de 1 estiver Z, menos o gás se comporta de modo ideal. A Figura 1.7 mostra dois gráficos de compressibilidade, um em relação à pressão e o outro em relação à temperatura.

É extremamente útil ter expressões matemáticas que forneçam as compressibilidades (e, portanto, uma idéia do comportamento do gás em relação às mudanças das variáveis de estado). Essas expressões são equações de estado para os gases reais. Uma forma comum para uma equação de estado é chamada de *equação virial*. *Virial* vem da palavra latina para "força" e significa que os gases não são ideais por causa das forças entre os seus átomos ou entre as suas moléculas. Uma equação virial é simplesmente uma série de potências em termos de uma das variáveis de estado, p ou $\overline{V}$. (Expressar uma quantidade mensurável, neste caso, a compressibilidade, em termos de uma série de potências é uma tática comum em ciência.) Equações viriais são uma maneira de ajustar o comportamento de um gás real a uma equação matemática.

Em termos de volume, a compressibilidade dos gases reais pode ser escrita como

$$Z = \frac{p\overline{V}}{RT} = 1 + \frac{B}{\overline{V}} + \frac{C}{\overline{V}^2} + \frac{D}{\overline{V}^3} + \cdots \quad (1.17)$$

onde B, C, D... são chamados de *coeficientes viriais* e são dependentes da natureza do gás e da temperatura. A constante chamada A é igual a 1, e então os coeficientes viriais "começam" com B. B é chamado de *segundo* coeficiente virial; C é o terceiro coeficiente virial, e assim por diante. Como nos denominadores dos termos sucessivos o expoente de $\overline{V}$ se torna cada vez maior, coeficientes sucessivos contribuem cada vez menos para a compressibilidade. A única maior correção é devida ao termo B, tornando-o a medida mais importante da não idealidade de um gás real. A Tabela 1.3 apresenta valores do segundo coeficiente virial de vários gases.

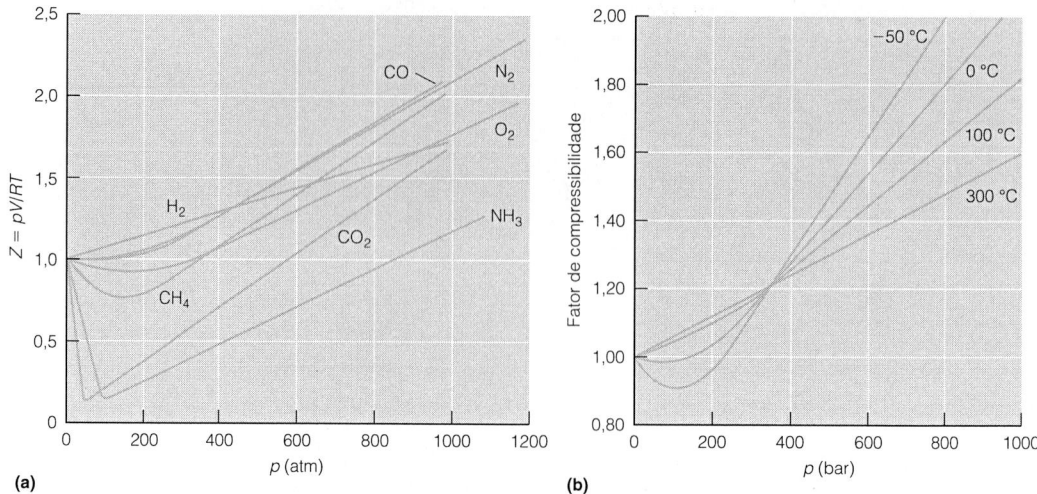

Figura 1.7 (a) Compressibilidades de vários gases a diferentes pressões. (b) Compressibilidades do nitrogênio a diferentes temperaturas. Note que em ambos os gráficos as compressibilidades se aproximam de 1 no limite de baixa pressão. (*Fontes*: (a) J. P. Bromberg, *Physical Chemistry*, 2 ed., Allyn & Bacon, Boston, 1980. Reproduzido com a permissão de Pearson Education, Inc., Upper Saddle River, N.J. (b) R. A. Alberty, *Physical Chemistry*, 7 ed., Wiley, Nova York, 1987.)

Tabela 1.3 Segundo coeficiente virial B para vários gases (em cm^3/mol, a 300 K)

Gás	B
Água, H_2O	−1126
Amônia, NH_3	−265
Argônio, Ar	−16
Cloro, Cl_2	−299
Dióxido de carbono, CO_2	−126
Etileno, C_2H_2	−139
Hexafluoreto de enxofre, SF_6	−275
Hidrogênio, H_2	15
Metano, CH_4	−43
Nitrogênio, N_2	−4
Oxigênio, O_2	−16[a]

Fonte: D. R. Lide, ed., *CRC Handbook of Chemistry and Physics*, 82 ed., CRC Press, Boca Raton, Fla., 2001.
[a]Extrapolado

Equações viriais de estado em termos de pressão em vez de volume são freqüentemente escritas, não em termos de compressibilidade, mas em termos da própria lei dos gases ideais:

$$p\overline{V} = RT + B'p + C'p^2 + D'p^3 + \cdots \quad (1.18)$$

onde os coeficientes viriais marcados (B', C', D' etc.) *não têm* os mesmos valores que os coeficientes viriais da Equação 1.17. Porém, se reescrevermos a Equação 1.18 em termos de compressibilidade, obteremos

$$Z = \frac{p\overline{V}}{RT} = 1 + \frac{B'p}{RT} + \frac{C'p^2}{RT} + \frac{D'p^3}{RT} + \cdots \quad (1.19)$$

No limite de pressões baixas, pode-se mostrar que $B = B'$. O segundo coeficiente virial é o maior termo não ideal em uma equação virial, e muitas tabelas de coeficientes viriais apresentam apenas valores de B ou B' omitindo os outros (terceiro etc.).

Exemplo 1.4

Usando as Equações 1.17 e 1.19, demonstrar que B e B' têm as mesmas unidades.

Solução

A Equação 1.17 implica que a compressibilidade não tem unidade; assim, o segundo coeficiente virial deve cancelar a unidade no denominador do segundo termo. Uma vez que o volume está no denominador, B deve ter unidades de volume. Na Equação 1.19, a compressibilidade também é sem unidade, assim, a unidade de B' deve cancelar as unidades coletivas de p/RT. Mas p/RT tem unidades de (volume)$^{-1}$; isto é, as unidades de volume estão no denominador. Portanto, B' deve fornecer unidades de volume no numerador, assim B' também deve ter unidades de volume.

Tabela 1.4 Segundo coeficiente virial B (cm³/mol) a várias temperaturas

Temperatura (K)	He	Ne	Ar
20	−3,34	—	—
50	7,4	−35,4	—
100	11,7	−6,0	−183,5
150	12,2	3,2	−86,2
200	12,3	7,6	−47,4
300	12,0	11,3	−15,5
400	11,5	12,8	−1,0
600	10,7	13,8	12,0

Fonte: J. S. Winn, *Physical Chemistry*, HarperCollins, Nova York, 1994

Tabela 1.5 Temperaturas Boyle para vários gases

Gás	T_B (K)
H_2	110
He	25
Ne	127
Ar	410
N_2	327
O_2	405
CO_2	713
CH_4	509

Fonte: J. S. Winn, *Physical Chemistry*, Harper Collins, Nova York, 1994

Por causa das várias relações algébricas entre os coeficientes viriais nas Equações 1.17 e 1.18, apenas um conjunto de coeficientes é tabelado, e o outro pode ser deduzido. Novamente, B (ou B') é o coeficiente virial mais importante, já que seu termo faz a maior correção na compressibilidade, Z.

Coeficientes viriais variam com a temperatura, como ilustra a Tabela 1.4. Assim, deve haver alguma temperatura em que o coeficiente B vai a zero. Esta é chamada de *temperatura Boyle*, T_B, do gás. Nesta temperatura, a compressibilidade é

$$Z = 1 + \frac{0}{\overline{V}} + \cdots$$

onde os termos adicionais são desprezados. Isso significa que

$$Z = 1$$

e o gás real se comporta como gás ideal. A Tabela 1.5 apresenta temperaturas Boyle para alguns gases reais. A existência da temperatura Boyle nos permite usar os gases reais para estudar as propriedades dos gases ideais (se o gás estiver na temperatura Boyle, desprezando os termos sucessivos da equação virial).

Um modelo de gases ideais é: (a) eles são compostos de partículas tão minúsculas comparadas ao volume do gás, que podem ser consideradas pontos no espaço com volume zero, e (b) não há interações, atrativas ou repulsivas, entre as partículas do gás. O comportamento dos gases reais deve-se a dois fatos: (a) de os átomos e as moléculas do gás *terem* tamanho, e (b) de haver interação entre as partículas de gás, que pode variar de mínima a muito grande. Considerando as variáveis de estado de um gás, o volume de suas partículas deverá ter um efeito sobre o volume V do gás e as interações entre suas partículas terão um efeito sobre a pressão p do gás. Talvez uma melhor equação de estado para um gás devesse levar em conta esses efeitos.

Em 1873, o físico holandês Johannes van der Waals sugeriu uma versão mais correta para a lei do gás ideal. É uma das equações de estado mais simples para os gases reais, e é chamada de *equação de Van der Waals*:

$$\left(p + \frac{an^2}{V^2}\right)(V - nb) = nRT \qquad (1.20)$$

Tabela 1.6	Parâmetros Van der Waals para vários gases	
Gás	a (atm·L²/mol²)	b (L/mol)
Acetileno, C_2H_2	4,390	0,05136
Água, H_2O	5,464	0,03049
Amônia, NH_3	4,170	0,03707
Cloreto de hidrogênio, HCl	3,667	0,04081
Criptônio, Kr	2,318	0,03978
Dióxido de carbono, CO_2	3,592	0,04267
Dióxido de enxofre, SO_2	6,714	0,05636
Dióxido de nitrogênio, NO_2	5,284	0,04424
Etano, C_2H_6	5,489	0,0638
Etileno, C_2H_4	4,471	0,05714
Hélio, He	0,03508	0,0237
Hidrogênio, H_2	0,244	0,0266
Mercúrio, Hg	8,093	0,01696
Metano, CH_4	2,253	0,0428
Neônio, Ne	0,2107	0,01709
Nitrogênio, N_2	1,390	0,03913
Óxido de nitrogênio, NO	1,340	0,02789
Oxigênio, O_2	1,360	0,03183
Propano, C_3H_8	8,664	0,08445
Xenônio, Xe	4,194	0,05105

Fonte: D. R. Lide, ed., *CRC Handbook of Chemistry and Physics*, 82 ed., CRC Press, Boca Raton, Fla., 2001.

onde n é o número de mols do gás, e a e b são as constantes de Van der Waals para um determinado gás. A constante de Van der Waals a representa a correção da pressão e está relacionada à magnitude das interações entre as partículas do gás. A constante de Van der Waals b é a correção do volume e está relacionada ao tamanho das partículas de gás. A Tabela 1.6 apresenta as constantes de Van der Waals, que podem ser determinadas experimentalmente para vários gases. Diferentemente de uma equação virial, que expressa o comportamento dos gases reais em uma equação matemática, a equação de Van der Waals é um modelo matemático que tenta predizer o comportamento de um gás em termos dos fenômenos físicos reais (isto é, a interação entre as moléculas do gás e os tamanhos físicos dos átomos).

Exemplo 1.5

Considere uma amostra de 1,00 mol de dióxido de enxofre, SO_2, com uma pressão de 5,00 atm e um volume de 10,0 L. Calcule a temperatura dessa amostra de gás usando a lei dos gases ideais e a equação de Van der Waals.

Solução

Usando a lei dos gases ideais, podemos estabelecer a seguinte expressão:

$$(5,00 \text{ atm})(10,0 \text{ L}) = (1,00 \text{ mol})\left(0,08205 \frac{\text{L·atm}}{\text{mol·K}}\right)(T)$$

e resolver para T obtendo $T = 609$ K. Usando a equação de Van der Waals, primeiramente precisamos das constantes a e b. A partir da Tabela 1.6, temos $a = 6,714$ atm·L²/mol² e b = 0,05636 L/mol. Assim, estabelecemos

$$\left(5,00 \text{ atm} + \frac{\left(6,714 \frac{\text{atm·L}^2}{\text{mol}^2}\right)(1 \text{ mol})^2}{(10 \text{ L})^2}\right)\left(10,0 \text{ L} - (1,00 \text{ mol})\left(0,05636 \frac{\text{L}}{\text{mol}}\right)\right)$$
$$= (1,00 \text{ mol})\left(0,08205 \frac{\text{L·atm}}{\text{mol·K}}\right)(T)$$

Simplificando o lado esquerdo da equação, temos:

$$(5,00 \text{ atm} + 0,06714 \text{ atm})(10,0 \text{ L} - 0,05636 \text{ L}) = (1,00 \text{ mol})\left(0,08205 \frac{\text{L·atm}}{\text{mol·K}}\right)(T)$$

$$(5,067 \text{ atm})(9,94 \text{ L}) = (1,00 \text{ mol})\left(0,08205 \frac{\text{L·atm}}{\text{mol·K}}\right)(T)$$

Resolvendo para T, achamos $T = 613$ K para a temperatura do gás, 4° mais alta do que a da lei dos gases ideais.

As diferentes equações de estado nem sempre são usadas independentemente umas das outras. Podemos deduzir algumas relações úteis comparando a equação de Van de Waals com a equação virial. Se resolvermos p a partir da equação de Van der Waals e substituirmos na equação que define compressibilidade, obtemos

$$Z = \frac{p\overline{V}}{RT} = \frac{\overline{V}}{\overline{V} - b} - \frac{a}{RT\overline{V}} \qquad (1.21)$$

que pode ser reescrita como

$$Z = \frac{1}{1 - b/\overline{V}} - \frac{a}{RT\overline{V}}$$

Em pressões muito baixas (que é uma das condições sob as quais os gases reais podem se comportar um pouco como gases ideais), o volume do sistema gasoso será grande (conforme a lei de Boyle). Isso significa que a fração $b/\overline{V}$ será muito pequena e, assim, usando a aproximação das séries de Taylor $1/(1 - x) = (1 - x)^{-1} \approx 1 + x + x^2 + \cdots$ para $x \ll 1$, podemos substituir $1/(1 - b/\overline{V})$ na última expressão para obter

$$Z = 1 + \frac{b}{\overline{V}} + \left(\frac{b}{\overline{V}}\right)^2 - \frac{a}{RT\overline{V}} + \cdots$$

onde os termos sucessivos são desprezados. Os dois termos com $\overline{V}$ na primeira potência no denominador podem ser combinados para dar

$$Z = 1 + \left(b - \frac{a}{RT}\right)\frac{1}{\overline{V}} + \left(\frac{b}{\overline{V}}\right)^2 + \cdots$$

para a compressibilidade em termos da equação de estado de Van der Waals. Compare esta equação com a Equação virial de estado 1.17:

$$Z = \frac{p\overline{V}}{RT} = 1 + \frac{B}{\overline{V}} + \frac{C}{\overline{V}^2} + \cdots$$

Fazendo uma comparação termo a termo como em uma série de potências, podemos mostrar uma correspondência entre os coeficientes do termo $1/\overline{V}$:

$$B = \left(b - \frac{a}{RT}\right) \qquad (1.22)$$

Assim, estabelecemos uma relação simples entre as constantes de Van der Waals a e b e o segundo coeficiente virial B. Além disso, já que na temperatura Boyle, T_B, o segundo coeficiente B é zero:

$$0 = b - \frac{a}{RT_B}$$

podemos rearranjar para chegar a

$$T_B = \frac{a}{bR} \qquad (1.23)$$

Essa expressão mostra que todos os gases cujo comportamento pode ser descrito usando a equação de estado de Van der Waals (e a maioria dos gases pode, pelo menos em certas regiões de pressão e temperatura) têm um T_B finito e devem se comportar como um gás ideal nessa temperatura, se os termos mais altos da equação virial forem desprezados.

Exemplo 1.6

Estime a temperatura Boyle dos seguintes gases, usando os valores de a e b da Tabela 1.6.
a. He
b. Metano, CH_4

Solução

a. Para He, $a = 0{,}03508$ atm·L²/mol² e $b = 0{,}0237$ L/mol. Será necessário usar o valor numérico apropriado de R nas unidades adequadas para cancelar as unidades de a e b; nesse caso, usaremos $R = 0{,}08205$ L·atm/mol·K. Portanto, podemos estabelecer

$$T_B = \frac{a}{bR}$$

$$= \frac{0{,}03508 \, \frac{\text{atm·L}^2}{\text{mol}^2}}{0{,}0237 \, \frac{\text{L}}{\text{mol}} \cdot 0{,}08205 \, \frac{\text{L·atm}}{\text{mol·K}}}$$

Todas as unidades litro são canceladas, bem como as unidades mol. As unidades atmosfera também são canceladas, sobrando a unidade K (kelvins) no denominador do denominador, o que a leva para o numerador. A resposta final, portanto, tem unidades de K, o que é esperado para a temperatura. Avaliamos numericamente a fração e encontramos

$$T_B = 18{,}0 \text{ K}$$

O valor experimental é 25 K.

b. O mesmo procedimento para o metano, usando $a = 2{,}253$ atm·L²/mol² e $b = 0{,}0428$ L/mol, conduz a

$$\frac{2{,}253 \, \frac{\text{atm·L}^2}{\text{mol}^2}}{0{,}0428 \, \frac{\text{L}}{\text{mol}} \cdot 0{,}08205 \, \frac{\text{L·atm}}{\text{mol·K}}} = 641 \text{ K}$$

O valor experimental é 509 K.

O fato de as temperaturas Boyle previstas serem um pouco diferentes dos valores experimentais não deve ser causa para alarme. Algumas aproximações foram feitas ao se tentar encontrar uma correspondência entre a equação de estado virial e a equação de estado de Van der Waals. Assim mesmo, a Equação 1.23 desempenha bem a tarefa de estimar a que temperatura um gás se aproximará mais do comportamento ideal, em comparação com outros gases.

Também podemos usar estas novas equações de estado, como a de Van der Waals, para verificar a mudança em certas variáveis de estado com a variação de outras. Por exemplo, lembre-se que usamos a lei dos gases ideais para determinar que

$$\left(\frac{\partial p}{\partial T}\right)_{V,n} = \frac{nR}{V}$$

Suponha que estamos usando a equação de estado de Van der Waals para determinar como a pressão varia em relação à temperatura, assumindo que o volume e a quantidade sejam constantes. Primeiro, precisamos reescrever a equação de Van der Waals, de modo que a pressão esteja sozinha em um lado da equação

$$\left(p + \frac{an^2}{V^2}\right)(V - nb) = nRT$$

$$p + \frac{an^2}{V^2} = \frac{nRT}{V - nb}$$

$$p = \frac{nRT}{V - nb} - \frac{an^2}{V^2}$$

A seguir, tomamos a derivada desta expressão em relação à temperatura. Note que a variável temperatura não aparece no segundo termo no lado direito, de modo que sua derivada em relação a T é zero. Obtemos

$$\left(\frac{\partial p}{\partial T}\right)_{V,n} = \frac{nR}{V - nb}$$

Podemos também determinar a derivada da pressão em relação ao volume, a temperatura e quantidade constantes

$$\left(\frac{\partial p}{\partial V}\right)_{T,n} = -\frac{nRT}{(V - nb)^2} + \frac{2an^2}{V^3}$$

Ambos os termos do lado direito se mantêm após esta diferenciação. Compare esta expressão com a expressão equivalente da lei do gás ideal. Apesar de ser um pouco mais complicada, concorda melhor com os resultados experimentais para a maioria dos gases. As deduções das equações de estado levam, geralmente, a um equilíbrio entre simplicidade e aplicabilidade. Equações de estado muito simples são, freqüentemente, inexatas para muitas situações reais. Descrever com exatidão o comportamento de um gás real muitas vezes requer expressões complicadas, com muitos parâmetros. Um exemplo extremo é citado no texto clássico de Lewis e Randall (*Thermodynamics*, 2 ed., revisado por K. S. Pitzer e L. Brewer, McGraw-Hill, Nova York, 1961):

$$p = RTd + \left(B_0RT - A_0 - \frac{C_0}{T}\right)d^2 + (bRT - a)d^3 + a\alpha d^6 + \frac{cd^2}{T^2}(1 + \gamma d^2)e^{-\gamma d^2}$$

onde d é a densidade e A_0, B_0, C_0, a, b, c, α e γ são parâmetros determinados experimentalmente. (Essa equação de estado é aplicável a gases resfriados ou pressurizados até chegarem próximo do estado líquido). "A equação ... leva a uma concordância razoável, mas é tão complexa que desencoraja seu uso generalizado". Mesmo na era dos computadores, essa equação de estado ainda é assustadora.

As variáveis de estado de um gás podem ser representadas diagramaticamente. A Figura 1.8 mostra um exemplo desse tipo de representação, determinada a partir da equação de estado.

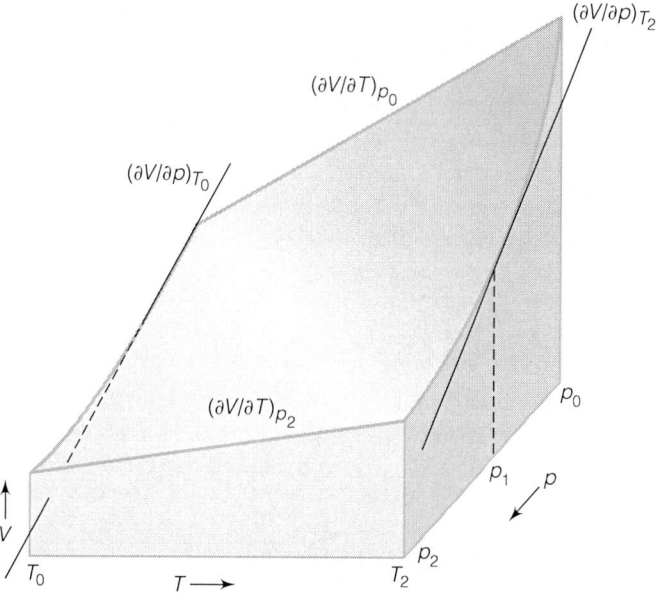

Figura 1.8 A superfície que está diagramada representa a combinação de valores de p, V, e T que são permitidos para um gás ideal, de acordo com a lei dos gases ideais. A inclinação em cada dimensão representa uma derivada parcial diferente. (Adaptado com a permissão de G. K. Vemulapalli, *Physical Chemistry*, Prentice-Hall, Upper Saddle River, N. J., 1993.)

1.7 Mais sobre Derivadas

Os exemplos anteriores, que mostram como se obtêm as derivadas parciais das equações de estado, são bem diretos. A termodinâmica, porém, é conhecida por usar amplamente tais técnicas. Portanto, dedicamos esta seção à discussão de técnicas de obtenção de derivadas parciais, que usaremos mais adiante. As expressões que deduzimos na termodinâmica, usando derivação parcial, podem ser extremamente úteis: o comportamento de um sistema que não pode ser medido diretamente pode ser calculado por meio de algumas das expressões que derivamos.

Várias regras das derivadas parciais são expressas usando as variáveis gerais A, B, C, D, ... em vez das variáveis que conhecemos. Será nossa tarefa aplicar estas expressões às variáveis de estado que nos interessem. As duas regras para as derivadas parciais que nos interessam particularmente são a regra da cadeia e a regra cíclica.

Primeiramente, você deve reconhecer que uma derivada parcial obedece a algumas das mesmas regras algébricas das frações. Por exemplo, uma vez que determinamos que

$$\left(\frac{\partial p}{\partial T}\right)_{V,n} = \frac{nR}{V}$$

podemos tomar a recíproca de ambos os lados para encontrar

$$\left(\frac{\partial T}{\partial p}\right)_{V,n} = \frac{V}{nR}$$

Note que as variáveis que permanecem constantes na derivada parcial ficam do mesmo jeito na conversão. Derivadas parciais também se multiplicam algebricamente como frações, e o exemplo seguinte demonstra isso.

Se A é uma função de duas variáveis B e C, escrita como $A(B, C)$, e ambas as variáveis B e C são funções das variáveis D e E, escritas, respectivamente, como $B(D, E)$ e $C(D, E)$, então a *regra da cadeia para derivadas parciais*[3] é

$$\left(\frac{\partial A}{\partial B}\right)_C = \left(\frac{\partial A}{\partial D}\right)_E\left(\frac{\partial D}{\partial B}\right)_C + \left(\frac{\partial A}{\partial E}\right)_D\left(\frac{\partial E}{\partial B}\right)_C \tag{1.24}$$

Intuitivamente, faz sentido cancelar ∂D no primeiro termo e ∂E no segundo termo, se a variável mantida constante (C) é a mesma para as frações $\partial D/\partial B$ do primeiro termo e $\partial E/\partial B$ do segundo termo. Esta regra da cadeia lembra a definição de derivada total de uma função com muitas variáveis.

Nos casos de p, V e T, podemos usar a Equação 1.24 para desenvolver a *regra cíclica*. Para uma dada quantidade de gás, a pressão depende de V e T, o volume depende de p e T, e a temperatura depende de p e V. Para qualquer variável geral de estado de um gás F, sua derivada total (que se baseia na Equação 1.12) em relação à temperatura a p constante, seria

$$\left(\frac{\partial F}{\partial T}\right)_p = \left(\frac{\partial F}{\partial T}\right)_V\left(\frac{\partial T}{\partial T}\right)_p + \left(\frac{\partial F}{\partial V}\right)_T\left(\frac{\partial V}{\partial T}\right)_p$$

O termo $(\partial T/\partial T)_p$ é simplesmente 1, já que a derivada de uma variável em relação a si mesma é sempre 1. Se F é a pressão p, então $(\partial F/\partial T)_p = (\partial p/\partial T)_p = 0$, já que p se mantém constante. A expressão acima se torna

$$0 = \left(\frac{\partial p}{\partial T}\right)_V + \left(\frac{\partial p}{\partial V}\right)_T\left(\frac{\partial V}{\partial T}\right)_p$$

---

[3]Apresentamos aqui a regra da cadeia, mas não a deduzimos. Deduções podem ser encontradas na maioria dos livros de cálculo.

Podemos rearranjar esta equação. Passando um dos termos para o outro lado da equação, obtemos

$$\left(\frac{\partial p}{\partial T}\right)_V = -\left(\frac{\partial p}{\partial V}\right)_T \left(\frac{\partial V}{\partial T}\right)_p$$

Esta equação pode ser transformada em

$$\left(\frac{\partial p}{\partial T}\right)_V \left(\frac{\partial V}{\partial p}\right)_T \left(\frac{\partial T}{\partial V}\right)_p = -1 \quad (1.25)$$

Esta é a regra cíclica para derivadas parciais. Observe que cada termo envolve p, V e T. Essa expressão é independente da equação de estado. Conhecendo quaisquer duas derivadas, pode-se usar a Equação 1.25 para determinar a terceira, não importando qual seja a equação de estado do sistema gasoso.

A regra cíclica é, algumas vezes, reescrita de uma forma diferente e que pode ser mais fácil de lembrar, colocando dois dos três termos em um lado da equação e expressando a igualdade de forma fracionária, tomando a recíproca de uma derivada parcial. Uma maneira de escrever seria

$$\left(\frac{\partial p}{\partial T}\right)_V = -\frac{\left(\frac{\partial V}{\partial T}\right)_p}{\left(\frac{\partial V}{\partial p}\right)_T} \quad (1.26)$$

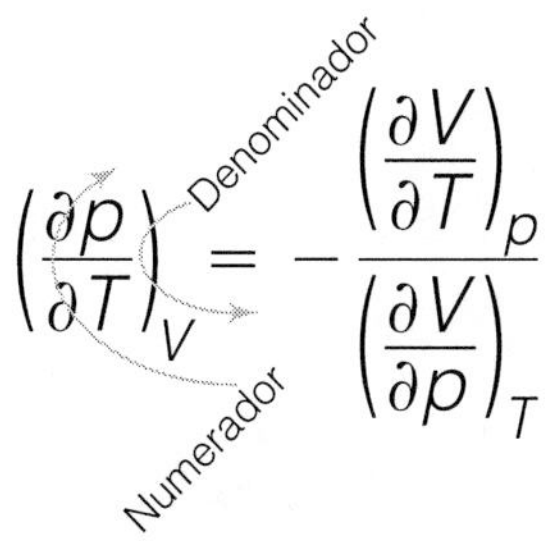

Figura 1.9 Recurso mnemônico para lembrar a forma fracionária da regra cíclica. As setas mostram a ordem das variáveis em cada derivada parcial no numerador e no denominador. Só resta lembrar de incluir na expressão o sinal negativo.

Isso pode parecer mais complicado, mas considere o recurso mnemônico na Figura 1.9. Há um modo sistemático de construir a forma fracionária da regra cíclica, que pode ser útil. O recurso mnemônico na Figura 1.9 funciona para qualquer derivada parcial em termos de p, V e T.

Exemplo 1.7

Dada a expressão

$$\left(\frac{\partial p}{\partial T}\right)_{V,n} = -\left(\frac{\partial p}{\partial V}\right)_{T,n} \left(\frac{\partial V}{\partial T}\right)_{p,n}$$

deduzir uma expressão para

$$\left(\frac{\partial V}{\partial p}\right)_{T,n}$$

Solução

Há no lado direito da igualdade uma expressão envolvendo p e V a T e n constantes, mas está escrita como o recíproco da expressão desejada. Primeiro, invertemos a expressão inteira para obter

$$\left(\frac{\partial T}{\partial p}\right)_{V,n} = -\left(\frac{\partial V}{\partial p}\right)_{T,n} \left(\frac{\partial T}{\partial V}\right)_{p,n}$$

Em seguida, para obter $(\partial V/\partial p)_{T,n}$, podemos passar a outra derivada parcial para o lado esquerdo da equação, usando as regras normais da álgebra para frações. Mudando também o sinal, obtemos

$$-\left(\frac{\partial T}{\partial p}\right)_{V,n} \left(\frac{\partial V}{\partial T}\right)_{p,n} = \left(\frac{\partial V}{\partial p}\right)_{T,n}$$

que nos dá a expressão necessária.

> **Exemplo 1.8**
>
> Use a regra cíclica para deduzir uma expressão alternativa para
> $$\left(\frac{\partial V}{\partial P}\right)_T$$
>
> **Solução**
> Usando a Figura 1.11, torna-se fácil notar que
> $$\left(\frac{\partial V}{\partial p}\right)_T = -\frac{\left(\frac{\partial T}{\partial p}\right)_V}{\left(\frac{\partial T}{\partial V}\right)_p}$$
>
> Verifique que esta equação está correta.

1.8 Definições de Algumas Derivadas Parciais

Muitas vezes, sistemas gasosos são usados para introduzir conceitos da termodinâmica. Isso ocorre porque, de modo geral, sistemas gasosos são bem comportados. Isto é, quando uma determinada variável de estado, controlada por nós, é mudada, temos uma boa idéia de como suas outras variáveis de estado se modificarão. Portanto, o conhecimento dos sistemas gasosos constitui uma parte importante do nosso entendimento inicial da termodinâmica.

É útil definir algumas derivadas parciais específicas, em termos das variáveis de estado de sistemas gasosos, porque essas definições (a) podem ser consideradas como propriedades básicas do gás ou (b) ajudarão a simplificar equações mais adiante.

O *coeficiente de expansão* de um gás, chamado de α, é definido como a mudança no volume à medida que a temperatura varia, a pressão constante. Inclui um fator multiplicativo $1/V$:

$$\alpha = \frac{1}{V}\left(\frac{\partial V}{\partial T}\right)_p \tag{1.27}$$

Para um gás ideal, é fácil demonstrar que $\alpha = R/pV$.

A *compressibilidade isotérmica* de um gás, chamada κ, é a mudança no volume à medida que a pressão varia, a temperatura constante (o nome deste coeficiente a descreve bem). Ele também inclui um fator, negativo, $-1/V$:

$$\kappa = -\frac{1}{V}\left(\frac{\partial V}{\partial p}\right)_T \tag{1.28}$$

Como $(\partial V/\partial p)_T$ é negativo para gases, o sinal menos na Equação 1.28 torna κ um número positivo. Para um gás ideal, é fácil demonstrar que $\kappa = RT/p^2V$. O termo $1/V$ é incluído nas expressões de α e de κ para tornar intensivas essas propriedades (isto é, independentes de quantidade[4]).

Como essas duas definições usam p, V e T, podemos utilizar a regra cíclica para mostrar, por exemplo, que

$$\left(\frac{\partial p}{\partial T}\right)_V = \frac{\alpha}{\kappa}$$

---
[4] Lembre-se de que propriedades intensivas (como temperatura e densidade) são independentes da quantidade de material, enquanto propriedades extensivas (como massa e volume) dependem da quantidade de material.

Tais relações são particularmente úteis para sistemas em que, por exemplo, seria impossível manter constante o volume do sistema. A derivada a um volume constante pode ser expressa em termos de derivadas a temperatura constante e a pressão constante, duas condições fáceis de controlar em qualquer laboratório.

1.9 Resumo

Os gases são introduzidos, em primeiro lugar, no estudo detalhado da termodinâmica porque seu comportamento é simples. Boyle enunciou sua lei dos gases sobre a relação entre a pressão e o volume, em 1662, tornando-a um dos mais antigos princípios da química moderna. Apesar de ser correto dizer que nem todas as idéias "simples" foram descobertas, mas adotadas, a história da ciência mostra que as idéias mais diretas foram desenvolvidas em primeiro lugar. Devido ao fato de o comportamento dos gases ter sido tão simples de entender, mesmo com equações de estado mais complicadas, eles se tornaram os sistemas preferidos para estudar outras variáveis de estado, além do volume. Além disso, o instrumento de cálculo que usa derivadas parciais é fácil de aplicar ao comportamento dos gases. Assim, a discussão sobre as propriedades dos gases é um tópico introdutório adequado ao tema da termodinâmica. O desejo de compreender o estado de um sistema que nos interessa, que inclui variáveis de estado ainda não introduzidas e usa alguns dos instrumentos do cálculo, está no âmago da termodinâmica. Desenvolveremos tal compreensão nos próximos sete capítulos.

EXERCÍCIOS DO CAPÍTULO 1

1.2. Sistemas, Vizinhança e Estado

1.1 Uma bomba calorimétrica é um recipiente de metal resistente, no qual amostras podem ser queimadas e a quantidade de calor liberada pode ser medida, enquanto o calor aquece a água que o circunda. Desenhe um esboço deste arranjo experimental e rotule como **(a)** o sistema e **(b)** a vizinhança.

1.2 Estabeleça a diferença entre um sistema e um sistema fechado. Dê exemplos de ambos.

1.3 Use as igualdades relacionadas na Tabela 1.1 para converter os valores dados para as unidades desejadas.
(a) 12,56 L para cm^3; **(b)** 45 °C para K; **(c)** 1,055 atm para Pa; **(d)** 1233 mmHg para bar; **(e)** 125 mL para centímetros cúbicos; **(f)** 4,2 K para °C; **(g)** 25.750 Pa para bar.

1.4 Qual temperatura é mais alta? **(a)** 0 K ou 0 °C; **(b)** 300 K ou 0 °C; **(c)** 250 K ou −20 °C.

1.3 e 1.4 A Lei Zero da Termodinâmica; Equações de Estado

1.5 Uma panela de água fria é aquecida em um fogão, e quando a água ferve, um ovo frio é colocado na água para cozinhar. Descreva os eventos que estão ocorrendo em termos da lei zero da termodinâmica.

1.6 Qual é o valor de $F(T)$ para uma amostra de gás cujo volume é 2,97 L e a pressão é 0,0553 atm? Qual seria o volume do gás se a pressão fosse aumentada para 1,00 atm?

1.7 Qual é o valor de $F(p)$ para uma amostra de gás cuja temperatura é −33 °C e cujo volume é 0,0250 L? Qual a temperatura necessária para mudar o volume para 66,9 cm^3?

1.8 Calcule o valor da constante na Equação 1.9 para uma amostra de gás de 1,887 mol, com uma pressão de 2,66 bar, um volume de 27,5 L e uma temperatura de 466,9 K. Compare sua resposta com os valores da Tabela 1.2. Você ficou surpreso com sua resposta?

1.9 Mostre que um valor de R, com suas unidades associadas, é igual a outro valor de R com unidades associadas diferentes.

1.10 Use os dois valores adequados de R para fazer a conversão entre L·atm e J.

1.11 Cálculos que utilizam CNTP e CATP usam o(s) mesmo(s) ou diferente(s) valor(es) de R? Escolha uma frase para tornar a afirmação correta e justifique sua escolha.

1.5 Derivadas Parciais e Leis dos Gases

1.12 Referimo-nos às pressões de misturas de gases como *pressões parciais*, que são aditivas. 1,00 L do gás He a 0,75 atm está misturado com 2,00 L do gás Ne a 1,5 atm, a uma temperatura de 25,0 °C para dar um volume total de 3,00 L da mistura. Assumindo que não há mudança na temperatura e que He e Ne podem ser tratados como gases ideais, quais são **(a)** a pressão total resultante, **(b)** as pressões parciais de cada componente, e **(c)** as frações molares de cada gás na mistura?

1.13 A atmosfera da Terra é composta de, aproximadamente, 80% de N_2 e 20% de O_2. Se a pressão atmosférica total ao nível do mar é cerca de 14,7lb/$in.^2$ (onde lb/$in.^2$ é libra por polegada quadrada, uma unidade de pressão comum, mas não do SI) quais são as pressões parciais de N_2 e O_2 em unidades de lb/$in.^2$?

1.14 A pressão atmosférica da superfície de Vênus é de 90 bar, e esta atmosfera é composta de, aproximadamente, 96% de dióxido de carbono e 4% de vários outros gases. Sendo a temperatura da superfície 730 K, qual é a massa de dióxido de carbono presente por centímetro cúbico na superfície?

1.15 Quais são as inclinações das seguintes linhas nos pontos $x = 5$ e $x = 10$? **(a)** $y = 5x + 7$ **(b)** $y = 3x^2 - 5x + 2$ **(c)** $y = 7/x$.

1.16 Calcule as derivadas abaixo, de a até f, para a seguinte função.

$$F(w, x, y, z) = 3xy^2 + \frac{w^3 z^3}{32y} - \frac{xy^2 z^3}{w}$$

(a) $\left(\dfrac{\partial F}{\partial x}\right)_{w,y,z}$

(b) $\left(\dfrac{\partial F}{\partial w}\right)_{x,y,z}$

(c) $\left(\dfrac{\partial F}{\partial y}\right)_{w,y,z}$

(d) $\left[\dfrac{\partial}{\partial z}\left(\dfrac{\partial F}{\partial x}\right)_{w,y,z}\right]_{w,x,y}$

(e) $\left[\dfrac{\partial}{\partial x}\left(\dfrac{\partial F}{\partial z}\right)_{w,x,y}\right]_{w,y,z}$

(f) $\left\{\dfrac{\partial}{\partial w}\left[\dfrac{\partial}{\partial z}\left(\dfrac{\partial F}{\partial x}\right)_{w,y,z}\right]_{w,x,y}\right\}_{x,y,z}$

1.17 Determine as expressões de **(a)** até **(e)**, aplicando a lei dos gases ideais.

(a) $\left(\dfrac{\partial V}{\partial p}\right)_{T,n}$

(b) $\left(\dfrac{\partial V}{\partial n}\right)_{T,p}$

(c) $\left(\dfrac{\partial T}{\partial V}\right)_{n,p}$

(d) $\left(\dfrac{\partial p}{\partial T}\right)_{n,V}$

(e) $\left(\dfrac{\partial p}{\partial n}\right)_{T,V}$

1.18 Por que nenhum dos exercícios acima pede que você obtenha uma derivada em relação a R? É pela mesma razão pela qual não definimos a derivada de R em relação a nenhuma variável?

1.19 Quando uma certa quantidade de ar é retirada de um pneu de automóvel, modificam-se seu volume e sua pressão simultaneamente, e como resultado disso, a temperatura do ar se modifica. Escreva a derivada que corresponde a essa mudança. (*Dica*: será uma derivada dupla como em 1.16e.)

1.6 Gases Reais

1.20. O nitrogênio líquido vem em grandes cilindros, que contêm 120 L de líquido a 77 K e são transportados em carretas apropriadas. Sabendo que a densidade do nitrogênio líquido é 0,840 g/cm^3, use a equação de Van der Waals para estimar o volume do gás nitrogênio depois que ele evapora a 77 K. (*Dica*: como V aparece em dois lugares na equação de Van der Waals, você terá de usar um procedimento interativo para calculá-lo. Despreze inicialmente o termo an^2/V^2 e calcule V; em seguida, substitua este valor no termo an^2/V^2, avalie o termo da pressão, resolva para V, e repita esse procedimento até que o valor de V não mude mais. Uma calculadora programável ou um programa de planilha eletrônica podem ser úteis).

1.21 Calcule as temperaturas Boyle para o dióxido de carbono, o oxigênio e o nitrogênio, usando as constantes de Van der Waals da Tabela 1.6. De quanto elas se aproximam dos valores experimentais da Tabela 1.5?

1.22 Determine a expressão para $(\partial p/\partial V)_T$ para um gás de Van der Waals e para a equação virial em termos de volume.

1.23 Quais são as unidades do coeficiente virial C? E de C'?

1.24 A Tabela 1.4 mostra que o segundo coeficiente virial B para o He é negativo a baixa temperatura, parece atingir o ponto máximo um pouco acima de 12,0 cm^3/mol, e em seguida decresce. Você acha que ele se tornará novamente negativo em temperaturas mais altas? Por que está decrescendo?

1.25 Use a Tabela 1.5 para enumerar os gases do mais ideal para o menos ideal. Que tendência ou tendências são óbvias a partir desta lista?

1.26 Qual é a constante a de Van der Waals para o Ne em unidades de bar·cm^6/mol^2?

1.27 Por definição, a compressibilidade de um gás ideal é 1. A inclusão do segundo coeficiente virial leva a uma mudança na compressibilidade do hidrogênio. Qual é, aproximadamente, a percentagem desta mudança? E quanto ao vapor de água? Quais as condições que permitem esta estimativa?

1.28 O segundo coeficiente virial B e o terceiro coeficiente virial C do elemento Ar são, respectivamente, $-0,021$ L/mol e 0,0012 L^2/mol^2 a 273 K. Em que percentagem a compressibilidade muda quando se inclui o terceiro termo virial?

1.29 Use a aproximação $(1 - x)^{-1} \approx 1 + x + x^2 + \cdots$ para deduzir uma expressão para C em termos das constantes de Van der Waals.

1.30 Por que o nitrogênio é uma boa escolha para o estudo do comportamento dos gases ideais, próximos da temperatura ambiente?

1.7 e 1.8 Derivadas Parciais e Definições

1.31 Usando o recurso mnemônico da Figura 1.11, escreva duas outras formas da regra cíclica na Equação 1.26.

1.32 Use a Figura 1.11 para construir a regra cíclica equivalente a $(\partial p/\partial p)_T$. A resposta faz sentido à luz da derivada parcial original?

1.33 Quais são as unidades de α e de κ?

1.34 Por que é difícil deduzir uma expressão analítica para α e κ, para um gás de Van der Waals?

1.35 Mostre que $\kappa = (T/p)\alpha$ para um gás ideal.

1.36 Deduza uma expressão para $(\partial V/\partial T)_{p,n}$ em termos de α e κ. O sinal da expressão faz sentido em termos do que você sabe que acontece ao volume quando a temperatura muda?

1.37 A densidade é definida como massa molar, M, dividida pelo volume molar:

$$d = \frac{M}{\overline{V}}$$

Avalie $(\partial d/\partial T)_{p,n}$ para um gás ideal em termos de M, $\overline{V}$ e p.

1.38 Usando a regra cíclica das derivadas parciais, escreva a fração α/κ de uma forma diferente.

Exercícios de Simbolismo Matemático

(Nota: Os Exercícios de Simbolismo Matemático, no final de cada capítulo, são mais complexos e requerem recursos adicionais, como programas de Simbolismo Matemático — MathCad, Maple, Mathematica — ou uma calculadora programável).

1.39 A Tabela 1.4 apresenta diferentes valores do segundo coeficiente virial B para diferentes temperaturas. Assumindo a pressão padrão de 1 bar, determine os volumes molares de He, Ne e Ar para as diferentes temperaturas. Como é o gráfico de V *versus* T?

1.40 Usando as constantes de Van der Waals dadas na Tabela 1.6, defina os volumes molares de **(a)** criptônio, Kr; **(b)** etano, C$_2$H$_6$; e **(c)** mercúrio, Hg, a 25 °C e pressão de 1 bar.

1.41 Use a lei dos gases ideais para provar, simbolicamente, a regra cíclica das derivadas parciais.

1.42 Usando os resultados do Exercício 1.39, você pode estabelecer as expressões para avaliar α e κ para o Ar?

2 A Primeira Lei da Termodinâmica

NO CAPÍTULO ANTERIOR, FICOU ESTABELECIDO QUE A MATÉRIA SE COMPORTA DE ACORDO COM CERTAS REGRAS chamadas de equações de estado. Podemos agora começar a entender as regras segundo as quais a *energia* se comporta. Mesmo que, inicialmente, estejamos usando os gases como exemplo, as idéias da termodinâmica são aplicáveis a todos os sistemas, sejam eles sólidos, líquidos, gasosos, ou a qualquer combinação dessas fases.

A maior parte da termodinâmica foi desenvolvida no século XIX. Isso ocorreu depois da aceitação da teoria atômica moderna, de Dalton, mas antes das idéias da mecânica quântica (que implica que o universo microscópico de átomos e elétrons segue regras diferentes do mundo macroscópico de grandes massas). Portanto, a termodinâmica lida principalmente com grandes conjuntos de átomos e moléculas. As leis da termodinâmica são regras *macroscópicas*. Mais adiante, trataremos das regras *microscópicas* (isto é, da mecânica quântica), mas, por ora, lembre-se de que a termodinâmica trata de sistemas que podemos ver, sentir, pesar e manipular com nossas mãos.

2.1 Sinopse

Inicialmente, definiremos trabalho, calor e energia interna. A primeira lei da termodinâmica está baseada na relação entre essas três quantidades. Energia interna é um exemplo de função de estado. As funções de estado têm certas propriedades que nos serão úteis. Outra função de estado, a entalpia, também será introduzida. Variações nas funções de estado serão consideradas, e desenvolveremos meios de calcular como a energia interna e a entalpia variam durante um processo físico-químico ou químico. Também introduziremos as capacidades caloríficas e os coeficientes de Joule-Thomson, ambos relacionados com as variações de temperatura dos sistemas. Terminaremos o capítulo constatando que a primeira lei da termodinâmica tem limitações em suas previsões, e que outras idéias – outras leis da termodinâmica – são necessárias para compreender como a energia interage com a matéria.

2.2 Trabalho e Calor

Fisicamente, *trabalho* é realizado sobre um objeto quando o objeto percorre uma distância s devido à aplicação de uma força F. Matematicamente, é o produto do vetor força $\mathbf{F}$ pelo vetor distância $\mathbf{s}$:

A Primeira Lei da Termodinâmica

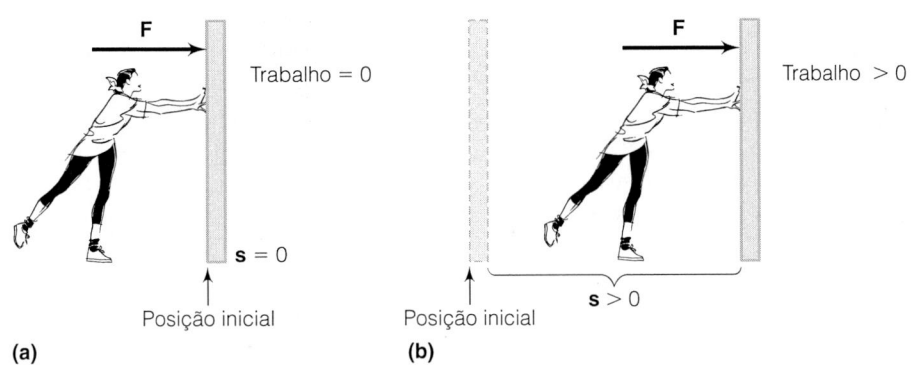

Figura 2.1 Quando uma força é aplicada sobre um objeto, nenhum trabalho é realizado, a menos que o objeto se mova. (a) Já que a parede não se move, nenhum trabalho é realizado. (b) É realizado um trabalho porque a força está agindo ao longo da distância.

$$\text{trabalho} = \mathbf{F} \cdot \mathbf{s} = |F|\,|s|\cos\theta \tag{2.1}$$

onde θ é o ângulo entre os vetores. Trabalho é uma quantidade escalar, não vetorial. Tem magnitude, mas não tem direção. A Figura 2.1 mostra uma força agindo sobre um objeto. Na Figura 2.1a, o objeto não está se movendo, então a quantidade de trabalho é zero (independentemente da quantidade de força que está sendo exercida). Na Figura 2.1b, um objeto foi movido, então foi realizado trabalho.

Trabalho tem unidades de joule, como a energia. Isso tem uma razão: trabalho é uma forma de transferir energia. A energia é definida como a capacidade de realizar trabalho, portanto, faz sentido que energia e trabalho sejam descritos com as mesmas unidades.

A forma mais comum de trabalho estudada pela termodinâmica básica envolve a variação do volume de um sistema. Considere a Figura 2.2a. Um pistão, sem atrito, comprime uma amostra de um gás a partir de um volume inicial V_i. O gás dentro da câmara também tem uma pressão inicial p_i. Inicialmente, o que mantém o pistão em uma posição fixa é a pressão externa da vizinhança, p_{ext}.

Se o pistão se move para cima, Figura 2.2b, o *sistema está realizando trabalho* sobre a vizinhança. Isso significa que o sistema está *perdendo* energia na forma de trabalho. A quantidade infinitesimal de trabalho dw, que o sistema realiza sobre a vizinhança, para uma mudança infinitesimal no volume dV, enquanto age contra uma pressão externa constante p_{ext}, é definida como

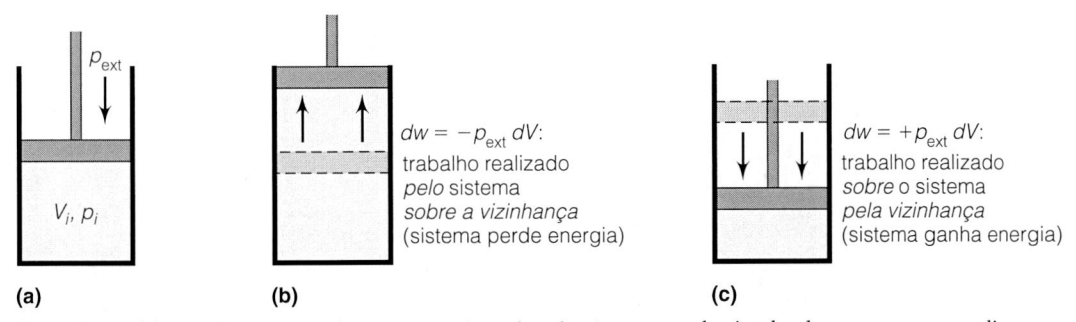

$$dw = -p_{ext}\,dV \tag{2.2}$$

Figura 2.2 (a) Um pistão sem atrito com um gás no interior é um exemplo simples de como os gases realizam trabalho sobre sistemas ou vizinhança. (b) O trabalho é realizado sobre a vizinhança. (c) O trabalho é realizado sobre o sistema. Porém, a definição matemática de trabalho é a mesma nos dois casos.

O sinal negativo indica que o trabalho realizado contribui para uma *diminuição* na quantidade de energia do sistema[1]. Se o pistão se move para baixo, Figura 2.2c, a vizinhança está realizando trabalho *sobre o sistema*, e a quantidade de energia no sistema aumenta. A quantidade infinitesimal de trabalho realizado sobre o sistema é definida pela Equação 2.2, mas como a variação de volume dV está ocorrendo na direção oposta, o trabalho agora tem um valor positivo. Note que o nosso foco é o sistema. O trabalho é positivo ou negativo em relação ao sistema, que é a parte do universo que nos interessa.

Se somarmos todas as (infinitas) variações infinitesimais que contribuem para toda a variação, obteremos a quantidade total de trabalho feito sobre ou pelo sistema. O cálculo usa a integral para somar variações infinitesimais. A quantidade total de trabalho, w, para uma mudança como a representada na Figura 2.2, é, portanto

$$w = -\int p_{ext}\, dV \qquad (2.3)$$

Se essa integral pode ou não ser simplificada, isso depende das condições do processo. Se a pressão externa permanece constante durante o processo, pode então ser removida para fora da integral, e a expressão se torna

$$w = -\int p_{ext}\, dV = -p_{ext}\int dV = -p_{ext} \cdot V\Big|_{V_i}^{V_f}$$

Nesse caso, os limites da integral são o volume inicial, V_i, e o volume final, V_f. Isso se reflete na última expressão, na equação acima. Avaliando a integral entre os seus limites, temos

$$w = -p_{ext}(V_f - V_i)$$
$$w = -p_{ext} \cdot \Delta V \qquad (2.4)$$

Se a pressão externa não é constante durante o processo, então precisaremos de outro modo de avaliar o trabalho na Equação 2.3.

Usando pressões em unidades de atm e volumes em unidades de L, obtemos uma unidade de trabalho em L · atm. Esta não é uma unidade de trabalho comum. A unidade do SI para trabalho é joule, J. Porém, usando os vários valores de R do capítulo anterior, pode-se demonstrar que 1 L · atm = 101,32 J. Este fator de conversão é muito útil para colocar o trabalho nas suas unidades do SI apropriadas. Se o volume fosse expresso em unidades de m^3, e a pressão, em pascal, unidades de joules seriam obtidas diretamente, já que

$$Pa \times m^3 = \frac{N}{m^2} \times m^3 = N \times m = J$$

Exemplo 2.1

Considere um gás ideal em uma câmara de pistão, como se vê na Figura 2.2, em que o volume inicial é de 2,00 L e a pressão inicial é de 8 atm. Considere que o pistão está subindo (isto é, o sistema está se expandindo) até um volume final de 5,50 L, contra uma pressão externa constante de 1,75 atm. Também considere uma temperatura constante durante o processo.
a. Calcule o trabalho para o processo.
b. Calcule a pressão final do gás.

Solução
a. Primeiramente, a mudança no volume é necessária. Concluímos isso pelo seguinte

$$\Delta V = V_f - V_i = 5{,}50\ L - 2{,}00\ L = 3{,}50\ L$$

---

[1] É fácil mostrar que as duas definições de trabalho são equivalentes. Já que a pressão é força por unidade de área, a Equação 2.2 pode ser reescrita como trabalho = $\frac{força}{área}$ × volume = força × distância, que é a Equação 2.1.

Para calcular o trabalho contra a pressão externa constante, usamos a Equação 2.4:

$$w = -p_{ext} \Delta V = -(1,75 \text{ atm})(3,50 \text{ L}) = -6,13 \text{ L·atm}$$

Se quisermos converter unidades para as unidades de joules do SI, utilizamos o fator de conversão apropriado.

$$-6,13 \text{ L·atm} \times \frac{101,32 \text{ J}}{\text{L·atm}} = -621 \text{ J}$$

Isto é, 621 joules foram perdidos pelo sistema durante a expansão.

b. Como assumimos que é um gás ideal, podemos usar a lei de Boyle para calcular a pressão final do gás. Obtemos

$$(2,00 \text{ L})(8,00 \text{ atm}) = (5,50 \text{ L})(p_f)$$

$$p_f = 2,91 \text{ atm}$$

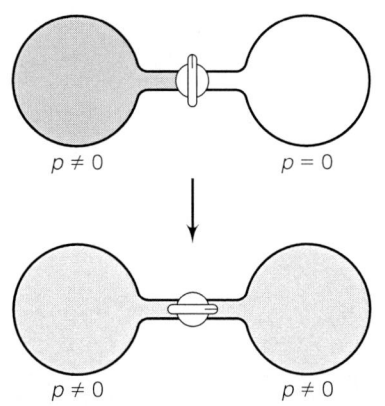

Figura 2.3 Nenhum trabalho é realizado se uma amostra de gás se expande no vácuo.

A Figura 2.3 ilustra uma condição que ocorre ocasionalmente com os gases: a expansão de um gás para um volume maior que está inicialmente sob vácuo. Nesse caso, já que o gás está se expandindo contra uma p_{ext} igual a 0, pela definição de trabalho na Equação 2.4, o trabalho realizado pelo gás é igual a zero. Tal processo é chamado de *expansão livre*.

$$\text{trabalho} = 0 \text{ para expansão livre} \quad (2.5)$$

Exemplo 2.2

A partir das condições e das definições de sistema, determine se há trabalho realizado pelo sistema, trabalho realizado sobre o sistema, ou se nenhum trabalho é realizado.
a. Um balão expande enquanto um pequeno pedaço de gelo seco (CO_2 sólido) sublima dentro do balão (balão = sistema).
b. As portas do compartimento de carga do trem espacial são abertas no Espaço, liberando um pouco da atmosfera residual (compartimento de carga = sistema).
c. O CHF_2Cl, um gás refrigerante, é comprimido no compressor do ar-condicionado, para liquefazê-lo. (CHF_2Cl = sistema).
d. Uma lata de tinta *spray* é descarregada (lata = sistema).
e. Como em d, mas considerando a tinta *spray* como sistema.

Solução
a. Já que o volume do balão vai aumentando, não há dúvida de que está realizando trabalho: o trabalho é realizado pelo sistema.
b. Quando as portas do compartimento de carga do trem espacial se abrem para o vácuo (embora não um vácuo perfeito), consideramos que está havendo, relativamente, uma expansão livre. Portanto, nenhum trabalho é realizado.
c. Quando o CHF_2Cl é comprimido, seu volume diminui, então o trabalho é realizado sobre o sistema.

d, e. Quando uma lata de tinta *spray* é descarregada, a lata em si, geralmente, não muda de volume. Portanto, se a lata é definida como o sistema, a quantidade de trabalho que ele realiza é zero. Porém, o trabalho é realizado pelo próprio *spray*, à medida que ele se expande contra a atmosfera. Este último exemplo mostra como é importante definir o sistema da maneira mais específica possível.

Se fosse possível, poderíamos variar o volume do gás dentro da câmara do pistão em pequenas etapas infinitesimais, permitindo que o sistema reagisse a cada variação infinitesimal, antes de ocorrer a próxima variação. Em cada etapa, o sistema entraria em equilíbrio com sua vizinhança, de modo que todo o processo estaria em um estado de equilíbrio contínuo. (Na realidade, isso iria requerer um número infinito de etapas para qualquer variação finita no volume. Variações suficientemente lentas são uma boa aproximação.) Tal processo é chamado de *reversível*. Processos que não são realizados desse modo (ou não são aproximados deste modo) são chamados de *irreversíveis*. Muitas idéias da termodinâmica são baseadas em sistemas que passam por processos reversíveis. As variações de volume não são os únicos processos que podem ser reversíveis. Variações térmicas, mudanças mecânicas (isto é, mover uma porção de matéria) e outras mudanças podem ser apresentadas como reversíveis ou irreversíveis.

Sistemas gasosos são bons exemplos para a termodinâmica, porque podemos usar várias leis dos gases para ajudar a calcular a quantidade de trabalho pressão-volume quando um sistema muda de volume. Isto se dá especialmente para as mudanças reversíveis, pois a maioria delas ocorre deixando a pressão externa igual à pressão interna:

$$p_{ext} = p_{int} \text{ para mudança reversível}$$

A seguinte substituição pode então ser feita para mudanças reversíveis:

$$w_{rev} = -\int p_{int} \, dV \tag{2.6}$$

Assim, podemos determinar o trabalho em um processo, em termos da pressão *interna*.

A lei do gás ideal pode ser usada na substituição da pressão interna, porque se o sistema é composto de um gás ideal, a lei do gás ideal deve ser seguida. Podemos obter

$$w_{rev} = -\int \frac{nRT}{V} \, dV$$

quando substituímos a pressão. Apesar de n e R serem constantes, a temperatura T é uma variável e pode mudar. Porém, se a temperatura permanece constante durante o processo, o termo *isotérmico* é usado para descrevê-lo, e a "variável" temperatura pode ser colocada fora do sinal da integral. O volume permanece dentro da integral porque é a variável que está sendo integrada. Obtemos

$$w_{rev} = -nRT \int \frac{1}{V} \, dV$$

Esta integral tem uma forma padrão, e podemos avaliá-la. A equação se torna:

$$w_{rev} = -nRT \left(\ln V \big|_{V_i}^{V_f} \right)$$

O "ln" refere-se ao logaritmo natural, não ao logaritmo de base 10 (que é representado por "log"). Avaliando a integral dentro de seus limites,

$$w_{rev} = -nRT \left(\ln V_f - \ln V_i \right)$$

que, aplicando as propriedades dos logaritmos, se torna

$$w_{rev} = -nRT \ln \frac{V_f}{V_i} \qquad (2.7)$$

para uma mudança reversível, isotérmica, nas condições de um gás ideal. Usando a lei de Boyle para os gases, podemos substituir a expressão V_f/V_i no logaritmo pelas pressões e também verificar que

$$w_{rev} = -nRT \ln \frac{p_i}{p_f} \qquad (2.8)$$

para um gás ideal passando por um processo isotérmico.

Exemplo 2.3

Um gás na câmara de um pistão, mantido em um banho à temperatura constante de 25,0 °C, expande de 25,0 mL para 75,0 mL, muito, muito lentamente, como está ilustrado na Figura 2.4. Se há 0,00100 mol do gás ideal na câmara, calcule o trabalho realizado pelo sistema.

Solução

Já que o sistema é mantido em um banho a temperatura constante, a mudança é isotérmica. Além disso, se a mudança é muito, muito lenta, podemos presumir que é uma mudança reversível. Portanto, podemos usar a Equação 2.7. Teremos:

$$w_{rev} = -(0{,}00100 \text{ mol})\left(8{,}314 \frac{J}{\text{mol·K}}\right)(298{,}15 \text{ K})\left(\ln \frac{75{,}0 \text{ mL}}{25{,}0 \text{ mL}}\right)$$

$$w_{rev} = -2{,}72 \text{ J}$$

Isto é, 2,72 J são perdidos pelo sistema.

Calor, simbolizado pela letra q, é mais difícil de definir do que trabalho. O calor é uma medida de transferência de energia térmica, que pode ser determinada pela mudança na temperatura de um objeto. Isto é, o calor é uma maneira de acompanhar uma *variação* na energia de um sistema. Como o calor é uma variação na energia, usamos para ele as mesmas unidades que usamos para a energia: joules.

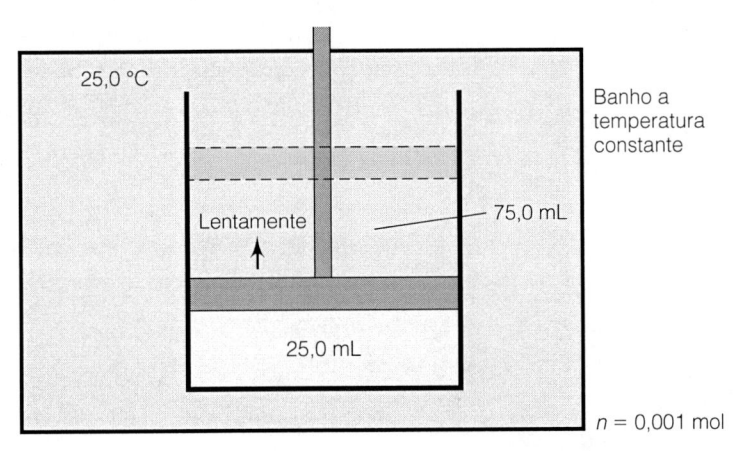

Figura 2.4 Uma câmara de pistão em um banho a temperatura constante, sofrendo uma mudança reversível no volume. Veja o Exemplo 2.3.

Mesmo historicamente, calor foi um conceito difícil. Costumava-se pensar que o calor era uma propriedade de um sistema, que poderia ser isolado e engarrafado, como se pode fazer com uma substância em si. Esta substância até recebeu um nome: "calórico". No entanto, por volta de 1780, Benjamin Thompson, futuro Conde Rumford, acompanhava a produção de calor durante a perfuração de cilindros de canhões e concluiu que a quantidade de calor liberado estava relacionada à quantidade de trabalho realizado durante o processo. Isso foi comprovado, nos anos de 1840, por experiências cuidadosas feitas pelo físico inglês James Prescott Joule. Nessa época, sendo cervejeiro, Joule, para realizar o trabalho de misturar uma quantidade de água, usava um aparato contendo um peso em uma roldana. Ao fazer medidas cuidadosas da temperatura da água e do trabalho realizado pelo peso caindo (usando a Equação 2.1), Joule foi capaz de defender a idéia de que trabalho e calor eram manifestações da mesma coisa. (De fato, a frase "equivalente mecânico do calor" ainda é usada ocasionalmente, e enfatiza a relação entre eles.) A unidade do SI para energia, trabalho e calor, o joule, tem esse nome em homenagem a Joule.

A unidade mais antiga de energia, calor e trabalho, a caloria, é definida como a quantidade de calor necessária para elevar, com exatidão, a temperatura de 1 mL de água em 1 °C, de 15 °C para 16 °C. A relação entre caloria e joule é

$$1 \text{ caloria} = 4{,}184 \text{ joules}$$

Apesar de o joule ser a unidade do SI aceita universalmente, a unidade caloria ainda é usada com freqüência, especialmente nos Estados Unidos.

Calor pode penetrar em um sistema, de modo que a temperatura do sistema aumente, ou pode sair do sistema e, nesse caso, a temperatura diminui. Para qualquer mudança em que o calor entra em um sistema, o valor de q é positivo. Por outro lado, se o calor sai do sistema, q é negativo. O sinal de q mostra, portanto, a direção da transferência de calor.

A mesma variação de temperatura requer uma quantidade de calor diferente para diferentes materiais. Por exemplo, um sistema composto de 10 cm³ do metal ferro se torna mais quente com menos calor do que 10 cm³ de água. De fato, a quantidade de calor necessária para variar a temperatura é proporcional à magnitude da variação da temperatura, ΔT, e à massa, m, do sistema:

$$q \propto m \cdot \Delta T$$

Tabela 2.1 Capacidades de calor específicos de vários materiais

Material	c (J/g·K)
Al	0,900
Al_2O_3	1,275
C_2H_5OH, etanol	2,42
C_6H_6, benzeno (vapores)	1,05
C_6H_{14}, n-hexano	1,65
Cu	0,385
Fe	0,452
Fe_2O_3	0,651
H_2 (g)	14,304
H_2O (s)	2,06
H_2O (ℓ), 25°C	4,184
H_2O (g), 25°C	1,864
H_2O, vapor, 100°C	2,04
Hg	0,138
NaCl	0,864
O_2 (g)	0,918

Para converter uma proporcionalidade em uma igualdade, é necessária uma constante de proporcionalidade. Para a expressão acima, a constante de proporcionalidade é representada pela letra c (às vezes, s) e é chamada de *calor específico* (ou *capacidade de calor específico*):

$$q = m \cdot c \cdot \Delta T \qquad (2.9)$$

O calor específico é uma característica intensiva do material que compõe o sistema. Materiais com calor específico baixo, como vários metais, necessitam de pouco calor para uma variação de temperatura relativamente grande. A Tabela 2.1 apresenta alguns calores específicos para uma seleção de materiais. As unidades para calor específico são (energia)/(massa · temperatura) ou (energia)/(mol · temperatura) e, assim, apesar de as unidades do SI para calor específico serem J/g · K ou J/mol · K, não é raro ver calores específicos com unidades de cal/mol · °C ou algum outro conjunto de unidades. Observe que a Equação 2.9 envolve a *variação* na temperatura, não importando se a temperatura tem unidades kelvin ou graus Celsius.

Capacidade calorífica C é uma propriedade extensiva que inclui a quantidade de material no sistema; logo, a Equação 2.9 poderia ser escrita como

$$q = C \cdot \Delta T$$

Exemplo 2.4

a. Assumindo que 400 J de energia são colocados em 7,50 g de ferro, qual será a variação de temperatura? Use $c = 0,450$ J/g · K.
b. Se a temperatura inicial do ferro for 65,0°C, qual será a temperatura final?

Solução
a. Usando a Equação 2.9:

$$+400 \text{ J} = (7,50 \text{ g})(0,450 \text{ J/g·K})\Delta T$$

Solucionando para ΔT:

$$\Delta T = +118 \text{ K}$$

A temperatura aumenta em 118 K, o que é igual a uma variação de temperatura de 118 °C.
b. Com uma temperatura inicial de 65,0 °C, um aumento de 118 °C leva a amostra para 183 °C.

Exemplo 2.5

Considerando o aparato de Joule, assuma que um peso de 40,0 kg (que experimenta uma força de 392 newtons por causa da gravidade) cai de uma altura de 2,00 metros. As pás imersas na água transferem a diminuição da energia potencial para a água, que aquece. Considerando uma massa de 25,0 kg de água na cuba, qual é a variação esperada na temperatura da água? O calor específico da água é 4,18 J/g · K.

Solução
Usando a Equação 2.1, podemos calcular o trabalho realizado sobre a água pela queda do peso:

$$\text{trabalho} = F \cdot s = (392 \text{ N})(2,00 \text{ m}) = 784 \text{ N·m} = 784 \text{ J}$$

onde estamos considerando 1 joule = 1 newton × 1 metro. Se todo este trabalho se destina a aquecer a água, temos:

$$784 \text{ J} = (25,0 \text{ kg})\left(\frac{1000 \text{ g}}{1 \text{ kg}}\right)(4,18 \text{ J/g·K}) \Delta T$$

$$\Delta T = 0,00750 \text{ K}$$

Esta não é uma grande variação de temperatura. De fato, Joule precisou deixar cair o peso muitas vezes, antes que notasse uma variação de temperatura detectável.

2.3 Energia Interna e a Primeira Lei da Termodinâmica

Vimos que trabalho e calor são manifestações de energia, mas até agora não discutimos a energia diretamente. Isso muda a partir de agora e, daqui em diante, energia e relações de energia serão um dos principais enfoques de nossa discussão sobre termodinâmica.

A energia total de um sistema é definida como *energia interna*, simbolizada por U. A energia interna é composta de energia de diferentes fontes, como as energias química, eletrônica, nuclear e cinética. A energia interna total absoluta de qualquer sistema não pode ser conhecida, porque não podemos medir completamente todos os tipos de energia em nenhum sistema. Mas todos os sistemas têm alguma energia total U.

Um *sistema isolado* não permite a passagem de matéria ou energia para dentro ou para fora. (Um *sistema fechado*, por outro lado, permite a passagem de energia, mas não de matéria.) Se a energia não pode entrar nem sair, então a energia total U do sistema não muda. Essa afirmação explícita é considerada a primeira lei da termodinâmica:

> Primeira lei da termodinâmica: em um sistema isolado, a energia total permanece constante.

Isto não significa que o sistema permaneça estático ou imutável. Algo pode estar ocorrendo nele, como uma reação química ou a mistura de dois gases. Mas se o sistema está isolado, sua energia total não muda.

Existe um modo matemático de escrever a primeira lei, usando a energia interna:

$$\text{Para um sistema isolado, } \Delta U = 0 \qquad (2.10)$$

Para uma mudança infinitesimal, a Equação 2.10 pode ser escrita como $dU = 0$.

O que a Equação 2.10 afirma para a primeira lei tem uma utilidade limitada, porque, estudando os sistemas, geralmente permitimos que matéria ou energia sejam trocadas entre o sistema e a vizinhança. Estamos particularmente interessados nas variações na energia do sistema. Em todas as investigações das variações na energia dos sistemas, descobriu-se que quando a energia total de um sistema varia, essa variação aparece como trabalho ou calor; nada mais. Matematicamente, isto é escrito como

$$\Delta U = q + w \qquad (2.11)$$

A Equação 2.11 é outra maneira de afirmar a primeira lei. Observe a simplicidade e a importância dessa equação. A mudança na energia interna em um processo é igual ao trabalho mais o calor. Apenas trabalho ou calor (ou ambos) acompanharão uma mudança na energia interna. Já que sabemos como medir trabalho e calor, podemos acompanhar as *variações* na energia total de um sistema. O exemplo seguinte ilustra isso.

Exemplo 2.6

O volume de uma amostra de gás varia de 4,00 L para 6,00 L contra uma pressão externa de 1,50 atm e, simultaneamente, absorve 1000 J de calor. Qual é a variação na energia interna do sistema?

Solução
Já que o sistema está absorvendo calor, a energia do sistema está aumentando e, portanto, podemos escrever que $q = +1000$ J. Usando a Equação 2.4 para trabalho:

$$w = -p_{ext} \Delta V = -(1{,}50 \text{ atm})(6{,}00 \text{ L} - 4{,}00 \text{ L})$$

$$w = -(1{,}50 \text{ atm})(2{,}00 \text{ L}) = -3{,}00 \text{ L·atm} \times \frac{101{,}32 \text{ J}}{\text{L·atm}}$$

$$w = -304 \text{ J}$$

A variação na energia interna é igual à soma de w e q:

$$\Delta U = q + w = 1000 \text{ J} - 304 \text{ J}$$
$$\Delta U = 696 \text{ J}$$

Observe que q e w têm sinais opostos e que a variação na energia interna é positiva. Portanto, a energia total de nosso sistema gasoso aumenta.

Se um sistema for bem isolado, o calor não será capaz de entrar ou sair. Nesta situação, $q = 0$. Tais sistemas são chamados de *adiabáticos*. Para processos adiabáticos,

$$\Delta U = w \qquad (2.12)$$

Esta restrição de que $q = 0$ é a primeira de muitas restrições que simplificam o tratamento termodinâmico de um dado processo. Será necessário ter estas restrições em mente, porque muitas expressões, como a Equação 2.12, são úteis apenas quando estas restrições são aplicadas.

2.4 Funções de Estado

Você percebeu que usamos letras minúsculas para representar coisas como trabalho e calor, mas, letras maiúsculas para energia interna? Há uma razão para isso. Energia interna é um exemplo de uma função de estado, enquanto trabalho e calor não o são.

Uma propriedade útil das funções de estado será introduzida pela seguinte analogia. Considere a montanha na Figura 2.5. Se você é um alpinista e quer chegar ao topo de uma montanha, existem vários modos de consegui-lo. Você pode ir direto para o topo da montanha ou pode contorná-la em espiral. A vantagem de ir direto ao topo é que o caminho é mais curto, porém mais íngreme. Um caminho em espiral é menos íngreme, porém muito mais longo. O quanto é preciso andar depende do caminho que você escolher. Tais quantidades (íngreme e longo) são consideradas *dependentes do caminho*.

Entretanto, qualquer que seja o caminho escolhido, você terminará no alto da montanha. A sua altitude acima do ponto inicial é a mesma no final da escalada, não obstante o caminho escolhido. Sua altitude final é *independente do caminho*.

A variação na altitude após a escalada pode ser considerada uma função de estado: é independente do caminho. A quantidade de caminhada montanha acima não é uma função de estado, porque é dependente do caminho.

Considere um processo físico ou químico pelo qual passa um sistema. O processo apresenta condições iniciais e condições finais, mas existem vários modos de ir do início ao fim. Uma *função de estado* é qualquer propriedade termodinâmica cujo valor para o processo seja independente do caminho; ela depende apenas do estado do sistema (em termos de variáveis de estado como p, V, T, n), e não de sua história ou de como o sistema chegou àquele estado. Uma propriedade termodinâmica cujo valor para o processo depende do caminho não é uma função de estado. Funções de estado são simbolizadas por letras maiúsculas; funções que não são de estado são simbolizadas por letras minúsculas. Energia interna é uma função de estado; trabalho e calor não o são.

Existe uma outra diferença entre as funções w e q e a função de estado U. As variações infinitesimais no trabalho, no calor e na energia interna são representadas por dw, dq e dU. Em um processo completo, essas quantidades infinitesimais são integradas desde as condições iniciais até as finais. Porém, há uma pequena diferença na notação. Quando dw e dq são integradas, os resultados são as quantidades absolutas de trabalho w e de calor q envolvidas no processo. Mas quando dU é integrada, o resultado não é o U absoluto, mas a *variação* em U, ΔU, no processo. Matematicamente, isto é escrito como

mas
$$\int dw = w$$
$$\int dq = q \tag{2.13}$$
$$\int dU = \Delta U$$

A mesma relação também existe para a maioria das outras funções de estado. (Há uma exceção, que veremos no próximo capítulo). As diferenciais dw e dq são chamadas de *diferenciais inexatas*, significando que seus valores integrados w e q são dependentes do caminho. Por outro lado, dU é uma *diferencial exata*, significando que seu valor integrado ΔU é independente do caminho. Todas as mudanças nas funções de estado são diferenciais exatas.

Figura 2.5 Analogia para a definição de uma função de estado. Para ambos os caminhos a) direto para o alto de uma montanha e b) contornando a montanha em espiral, a mudança geral na altitude é a mesma e portanto, independente do caminho: a mudança na altitude é uma função de estado. No entanto, o comprimento geral do caminho é dependente do caminho, e, portanto, não seria uma função de estado.

Um outro modo de ilustrar as equações 2.13 é observando que

$$\Delta U = U_f - U_i$$

mas: $w \neq w_f - w_i$ e $q \neq q_f - q_i$

As equações 2.13 implicam que, para uma variação infinitesimal em um sistema,

$$dU = dq + dw$$

que é a forma infinitesimal da primeira lei. Mas quando integramos esta equação, obtemos

$$\Delta U = q + w$$

A diferença no tratamento de q e w em comparação com U é porque U é uma função de estado. Podemos conhecer q e w de modo absoluto, mas seus valores são dependentes do caminho que o sistema segue das condições iniciais até as finais. ΔU é independente do caminho, mas pode ser conhecido, apesar de não podermos saber o valor absoluto de U, para os estados inicial e final de um sistema.

Embora essas definições[2] possam parecer inúteis, considere que qualquer mudança ao acaso, em qualquer sistema gasoso, não pode ser descrita simplesmente como isotérmica, adiabática, e assim por diante. Porém, em muitos casos podemos ir das condições iniciais às condições finais por meio de pequenas etapas, ideais, e a variação completa em uma função de estado será a combinação de todas essas etapas. Uma vez que a variação em uma função de estado é independente do caminho, a variação na função de estado calculada em etapas é a mesma que a variação na função de estado em um processo de uma única etapa. Logo veremos exemplos dessa idéia.

Se nenhum trabalho[3] é realizado no decorrer de um processo, então $dU = dq$ e $\Delta U = q$. Há duas condições comuns para as quais o trabalho é igual a zero. A primeira é para uma expansão livre. A segunda é em um processo no qual o volume do sistema não varia. Já que $dV = 0$, qualquer expressão que dê o trabalho do processo também será exatamente igual a zero. A relação com o calor sob essas condições é escrita algumas vezes como:

$$dU = dq_V \qquad (2.14)$$

$$\Delta U = q_V \qquad (2.15)$$

onde o subscrito V em q indica que o volume do sistema durante a mudança permanece constante. A Equação 2.15 é importante porque podemos medir os valores de q diretamente para vários processos. Se esses processos ocorrem a um volume constante, então conheceremos ΔU.

---

[2] N. do T.: As definições às quais o autor se refere são as definições de transformações isotérmicas, adiabáticas etc.
[3] Apesar de estarmos focalizando inicialmente o trabalho pressão-volume, há outros tipos de trabalho, como o elétrico ou o gravitacional. Aqui, assumimos que nenhum desses outros tipos de trabalho estão sendo realizados pelo sistema.

Exemplo 2.7

Uma amostra de 1,00 L de gás a uma pressão de 1,00 atm e 298 K se expande isotermicamente e reversivelmente para 10,0 L. Então é aquecida a 500 K, comprimida para 1,00 L e, em seguida, é esfriada até 25°C. Qual é o ΔU para o processo total?

Solução

$\Delta U = 0$ para o processo total. Lembre-se de que uma função de estado é uma variável cujo valor depende das condições instantâneas do sistema. Uma vez que as condições iniciais e finais do sistema são as mesmas, o sistema tem o mesmo valor absoluto de energia interna (qualquer que seja), de modo que a mudança completa na energia interna é zero.

2.5 Entalpia

Apesar de a energia interna representar a energia total de um sistema e de a primeira lei da termodinâmica ser baseada no conceito de energia interna, ela nem sempre é a melhor variável com que trabalhar. A Equação 2.15 mostra que a mudança na energia interna é exatamente igual a q para um determinado processo, se o volume do sistema permanece constante. Porém, para muitos processos, pode ser difícil garantir a condição experimental de volume constante. Considerando que muitos experimentos são realizados em contato com a atmosfera, a pressão constante é, freqüentemente, um parâmetro experimental mais fácil de se obter.

Entalpia é representada pelo símbolo H. A definição fundamental de entalpia é

$$H \equiv U + pV \tag{2.16}$$

A pressão na Equação 2.16 é a pressão do sistema, p_{int}. Entalpia também é uma função de estado. Como a energia interna, o valor absoluto da entalpia não pode ser conhecido, mas podemos determinar *variações* na entalpia, dH:

$$dH = dU + d(pV) \tag{2.17}$$

A forma integrada desta equação é

$$\Delta H = \Delta U + \Delta(pV) \tag{2.18}$$

Usando a regra da cadeia do cálculo, podemos reescrever a Equação 2.17 como

$$dH = dU + p\,dV + V\,dp$$

Para um processo a pressão constante (que é mais comum em experimentos de laboratório), o termo $V\,dp$ é zero porque dp é zero. Usando a definição original de dU, a equação se torna

$$dH = dq + dw + p\,dV$$
$$dH = dq - p\,dV + p\,dV$$
$$dH = dq \tag{2.19}$$

Em termos da mudança global de um sistema, a Equação 2.19 pode ser integrada para se obter

$$\Delta H = q$$

Uma vez que o processo ocorre a temperatura constante, a última equação deve ser escrita do mesmo modo que a Equação 2.15

$$\Delta H = q_p \tag{2.20}$$

Visto que as variações de energia em tantos processos são medidas sob condições de pressão constante, *a variação de entalpia em um processo é geralmente mais fácil de medir do que a mudança na energia interna*. Assim, apesar de energia interna ser a quantidade mais fundamental, a entalpia é a mais comum.

Exemplo 2.8

Indique qual função de estado é igual ao calor, para cada processo descrito abaixo.
a. A ignição de uma amostra em uma bomba calorimétrica, que é uma câmara de metal pesado e inflexível, na qual amostras são queimadas para a análise do conteúdo de calor
b. A fusão de um cubo de gelo dentro de uma xícara
c. O resfriamento dentro de um refrigerador
d. O fogo em uma lareira

Solução
a. A partir da descrição, podemos concluir que uma bomba calorimétrica é um sistema com volume constante; portanto, o calor gerado pela ignição de uma amostra é igual a ΔU.
b. Se a xícara estiver exposta à atmosfera, estará sujeita (geralmente) à pressão constante do ar e, assim, o calor do processo é igual a ΔH.
c. Um refrigerador não muda de volume quando resfria os alimentos; assim, a perda de calor do interior é igual a ΔU.
d. O fogo em uma lareira está geralmente exposto à atmosfera; assim, o calor gerado é também uma medida de ΔH.

Exemplo 2.9

Um pistão cheio com 0,0400 mol de um gás ideal expande reversivelmente de 50,0 mL para 375 mL, a uma temperatura constante de 37,0 °C. À medida que isso ocorre, absorve 208 J de calor. Calcule q, w, ΔU e ΔH para o processo.

Solução
Se 208 J de calor estão entrando no sistema, a quantidade total de energia está aumentando em 208 J, então, $q = +208$. Para calcular o trabalho, podemos usar a Equação 2.7:

$$w = -(0{,}0400 \text{ mol})\left(8{,}314 \frac{\text{J}}{\text{mol·K}}\right)(310 \text{ K}) \ln\left(\frac{375 \text{ mL}}{50{,}0 \text{ mL}}\right)$$

$$w = -208 \text{ J}$$

Uma vez que ΔU é igual a $q + w$,

$$\Delta U = +208 \text{ J} - 208 \text{ J}$$

$$\Delta U = 0 \text{ J}$$

Podemos usar a Equação 2.18 para calcular ΔH, mas precisamos achar as pressões inicial e final para determinar $\Delta (pV)$. Usando a lei dos gases ideais:

$$p_i = \frac{(0{,}0400 \text{ mol})(0{,}08205 \frac{\text{L·atm}}{\text{mol·K}})(310 \text{ K})}{0{,}050 \text{ L}}$$

$$p_i = 20{,}3 \text{ atm}$$

e do mesmo modo:

$$p_f = \frac{(0{,}0400 \text{ mol})(0{,}08205 \frac{\text{L·atm}}{\text{mol·K}})(310 \text{ K})}{0{,}375 \text{ L}} = 2{,}71 \text{ atm}$$

Para calcular $\Delta(pV)$, multiplique a pressão final pelo volume, então subtraia o produto da pressão inicial pelo volume:

$$\Delta(pV) = (2{,}71 \text{ atm})(0{,}375 \text{ L}) - (20{,}3 \text{ atm})(0{,}0500 \text{ L}) = 0$$

como esperado para a lei de Boyle para o que é, basicamente, a expansão de um gás ideal. Portanto, $\Delta H = \Delta U$ e então

$$\Delta H = 0 \text{ J}$$

Embora neste exemplo as mudanças nas duas funções de estado sejam iguais (e zero), não é sempre que isso ocorre.

Como ΔH é uma função de estado usual, baseamos as definições de alguns termos na entalpia, e não na energia interna. O termo *exotérmico* se aplica a qualquer processo em que ΔH seja negativo. Em tais casos, a energia está sendo liberada pelo sistema para a vizinhança. O termo *endotérmico* se refere a qualquer processo em que ΔH seja positivo. Nesses casos, a energia está sendo absorvida da vizinhança pelo sistema.

2.6 Variações nas Funções de Estado

Apesar de termos afirmado que só podemos conhecer a *variação* da energia interna ou da entalpia, até agora tratamos, principalmente, da variação total em um processo completo. Não consideramos as mudanças infinitesimais em H ou em U com muitos detalhes.

Tanto a energia interna quanto a entalpia de um sistema são determinadas pelas variáveis de estado do sistema. Para um gás, isso significa a quantidade, a pressão, o volume e a temperatura desse gás. Inicialmente, assumiremos uma quantidade invariável de gás (apesar de que isto mudará quando chegarmos às reações químicas). Assim, U e H são determinados somente por p, V e T. Mas p, V e T estão relacionados entre si pela lei do gás ideal (considerando o gás como ideal), e conhecendo o valor de quaisquer das duas variáveis, poderemos determinar o valor da terceira. Portanto, existem somente duas variáveis de estado independentes para uma determinada quantidade de gás em um sistema. Se quisermos entender a variação infinitesimal de uma função de estado, precisamos apenas entender como ela varia em relação a duas das três variáveis de estado p, V e T. A terceira pode ser calculada a partir das outras duas.

Quais as duas variáveis que escolhemos para energia interna e entalpia? Apesar de podermos escolher duas quaisquer, na matemática que segue, haverá vantagens em escolher um determinado par para cada função de estado. Para a energia interna, usaremos temperatura e volume. Para a entalpia, usaremos temperatura e pressão.

A diferencial total de uma função de estado é escrita como a soma da derivada da função em relação a cada uma de suas variáveis. Por exemplo, dU é igual à variação de U em relação à temperatura a um volume constante mais a variação de U em relação ao volume a temperatura constante. Para a variação de U escrita como $U(T, V) \rightarrow U(T + dT, V + dV)$, a mudança infinitesimal na energia interna é

$$dU = \left(\frac{\partial U}{\partial T}\right)_V dT + \left(\frac{\partial U}{\partial V}\right)_T dV \tag{2.21}$$

Assim, dU tem um termo que varia com a temperatura e um termo que varia com o volume. As duas derivadas parciais representam inclinações no gráfico de U versus T e V, e a mudança infinitesimal total em U, dU, pode ser escrita em termos dessas inclinações. A Figura 2.6 mostra um gráfico de U no qual as inclinações são representadas pelas derivadas parciais.

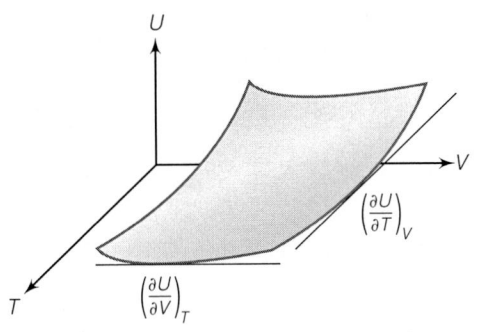

Figura 2.6 Uma ilustração de como a variação total de U pode ser separada em uma variação em relação à temperatura [denominada $(\partial U/\partial T)_V$] e uma variação em relação ao volume [rotulado como $(\partial U/\partial V)_T$].

Lembre-se de que há uma outra definição para dU: $dU = dq + dw = dq - p\, dV$.
Se equacionarmos as duas definições de dU:

$$\left(\frac{\partial U}{\partial T}\right)_V dT + \left(\frac{\partial U}{\partial V}\right)_T dV = dq - p\, dV$$

Resolvendo para a variação do calor, dq:

$$dq = \left(\frac{\partial U}{\partial T}\right)_V dT + \left(\frac{\partial U}{\partial V}\right)_T dV + p\, dV$$

Agrupando os dois termos em dV, temos

$$dq = \left(\frac{\partial U}{\partial T}\right)_V dT + \left[\left(\frac{\partial U}{\partial V}\right)_T + p\right] dV$$

Se nosso sistema gasoso sofrer uma mudança em que não haja variação de volume, então $dV = 0$ e a equação acima se simplifica para

$$dq = \left(\frac{\partial U}{\partial T}\right)_V dT \tag{2.22}$$

Também podemos reescrever isto dividindo ambos os lados da equação por dT:

$$\frac{dq}{dT} = \left(\frac{\partial U}{\partial T}\right)_V$$

A variação do calor em relação à temperatura, que é igual à variação da energia interna em relação à temperatura a um volume constante, é definida como a *capacidade calorífica a volume constante* do sistema. (Compare esta definição com a da Equação 2.9, em que definimos o calor em termos da variação da temperatura usando uma constante que chamamos de calor específico). Em termos da derivada parcial, acima,

$$\left(\frac{\partial U}{\partial T}\right)_V \equiv C_V \tag{2.23}$$

onde usamos agora o símbolo C_V para capacidade calorífica a volume constante. A Equação 2.22 pode, portanto, ser escrita como

$$dq = C_V\, dT \tag{2.24}$$

Para avaliar o calor total, integramos os dois lados desta equação infinitesimal, para obter

$$q_V = \int_{T_i}^{T_f} C_V\, dT = \Delta U \qquad (2.25)$$

onde a igualdade final vem do fato de que $\Delta U = q$ para uma mudança a volume constante. A Equação 2.25 é a forma mais geral para uma mudança a volume constante. No entanto, se a capacidade calorífica for constante para todo o intervalo de temperatura (isto é, para pequenos intervalos de temperatura não envolvendo mudanças de fase), ela pode ser colocada fora da integral para dar

$$\Delta U = C_V \int_{T_i}^{T_f} dT = C_V(T_f - T_i) = C_V \Delta T \qquad (2.26)$$

Para n mols de gás, isto é simplesmente reescrito como

$$\Delta U = n\overline{C_V}\, \Delta T \qquad (2.27)$$

onde $\overline{C_V}$ é a *capacidade calorífica molar*. Se a capacidade calorífica varia substancialmente com a temperatura, alguma expressão para C_V em termos de temperatura deverá ser substituída na Equação 2.25, e a integral, avaliada explicitamente. Se for esse o caso, as temperaturas-limite da integral devem ser expressas em kelvins.

Se a capacidade calorífica for dividida pela massa do sistema, ela terá unidades de J/g · K ou J/kg · K e é chamada de *capacidade calorífica específica* ou, mais comumente, *calor específico*. Deve-se tomar cuidado e observar as unidades de uma dada capacidade calorífica para determinar se é realmente um calor específico.

Exemplo 2.10

Avalie ΔU para um mol de oxigênio, O_2, indo de $-20,0$ °C até $37,0$ °C a volume constante, nos seguintes casos. (ΔU terá unidades de J.)
a. É um gás ideal com $\overline{C_V} = 20{,}78$ J/mol·K.
b. É um gás real com $\overline{C_V} = 21{,}6 + 4{,}18 \times 10^{-3} T - (1{,}67 \times 10^5)/T^2$ determinado experimentalmente.

Solução

a. Porque estamos assumindo que a capacidade calorífica é constante, podemos usar a Equação 2.27, onde a mudança de temperatura é 57°:

$$\Delta U = n\overline{C_V}\,\Delta T = (1{,}00\text{ mol})\left(20{,}78\,\frac{\text{J}}{\text{mol·K}}\right)(57{,}0°) = 1184\text{ J}$$

Aqui, estamos usando a unidade para $\overline{C_V}$, que inclui a unidade mol no denominador.
b. Já que a capacidade calorífica varia com a temperatura, temos que integrar a expressão na Equação 2.25. Também precisamos converter as temperaturas para kelvins:

$$\Delta U = \int_{T_i}^{T_f} C_V\, dT = \int_{253\text{ K}}^{310\text{ K}} \left(21{,}6 + 4{,}18 \times 10^{-3} T - \frac{167.000}{T^2}\right) dT$$

Integrando termo a termo:

$$\Delta U = 21{,}6\,T + \frac{1}{2} \cdot 4{,}18 \times 10^{-3} T^2 + \frac{167.000}{T}\bigg|_{253}^{310}$$

e avaliando os limites:

$$\Delta U = 6696{,}0 + 200{,}0 + 538{,}7 - 5464{,}8 - 133{,}8 - 660{,}1 = 1176{,}8\text{ J}$$

Observe a pequena diferença nas respostas. Essas pequenas diferenças podem se perder nos algarismos significativos resultantes do cálculo (como neste caso), mas em medidas muito precisas, estas diferenças serão notadas.

Há mais uma conclusão sobre as variações de energia interna. Considere a variação de ΔU nos processos ilustrados na Figura 2.7: um sistema isolado no qual um gás ideal está em uma câmara, e então uma válvula é aberta e o gás se expande no vácuo. O trabalho é zero porque esta é uma expansão livre. O isolamento impede que calor seja trocado entre o sistema e a vizinhança e, portanto, também $q = 0$. Isto significa que $\Delta U = 0$ para este processo. Pela equação 2.21, isto significa que

$$0 = \left(\frac{\partial U}{\partial T}\right)_V dT + \left(\frac{\partial U}{\partial V}\right)_T dV$$

O lado direito da equação será zero somente se ambos os termos forem zero, uma vez afastada a possível coincidência pela qual os dois termos são idênticos e podem cancelar um ao outro. A derivada do primeiro termo $(\partial U/\partial T)_V$ não é zero porque a temperatura é uma medida da energia do sistema. À medida que a temperatura varia, é claro que a energia também varia, como conseqüência de uma capacidade calorífica diferente de zero. Portanto, dT, a variação na temperatura, deve ser igual a zero, e o processo é isotérmico. Porém, considere o segundo termo. Sabemos que dV é diferente de zero porque o gás ideal se expande, e ao fazê-lo, o volume varia. Então, para que o segundo termo seja zero, a derivada parcial $(\partial U/\partial T)_T$ deve ser zero:

$$\left(\frac{\partial U}{\partial V}\right)_T = 0 \quad \text{para um gás ideal} \tag{2.28}$$

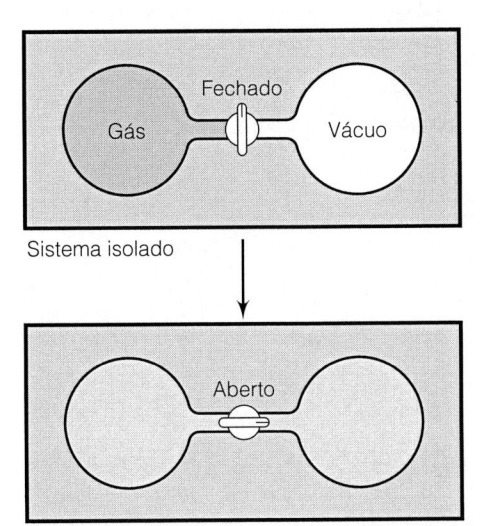

Figura 2.7 Uma expansão livre, adiabática, de um gás ideal leva a algumas conclusões interessantes sobre ΔU. Veja as discussões no texto.

Esta derivada diz que a variação na energia interna em relação a variações de volume a *temperatura constante* deve ser zero para um gás ideal. Uma vez que assumimos que num gás ideal as partículas individuais não interagem entre si, uma mudança no volume do gás ideal (que, em média, tenderia a separar mais as partículas individuais) não muda sua energia total, se a temperatura permanece constante. De fato, a Equação 2.28 é um dos dois critérios para um gás ser considerado ideal. Assim, gás ideal é qualquer gás que (a) siga a lei dos gases ideais como uma equação de estado, como foi discutido no Capítulo 1, e (b) tenha uma energia interna que não varie se a temperatura do gás não variar. Para os gases reais, a Equação 2.28 não se aplica, e a energia total *irá* variar com o volume. Isso acontece porque há interações entre os átomos e as moléculas dos gases reais.

Pode-se fazer coisas similares com as variações infinitesimais da entalpia, dH. Já mencionamos que usaremos a temperatura e a pressão para calcular a entalpia. Daí,

$$dH = \left(\frac{\partial H}{\partial T}\right)_P dT + \left(\frac{\partial H}{\partial p}\right)_T dp \tag{2.29}$$

Se ocorrer uma mudança à pressão constante, então $dp = 0$ e teremos

$$dH = \left(\frac{\partial H}{\partial T}\right)_P dT$$

onde podemos definir, agora, uma *capacidade calorífica a pressão constante*, C_p, do mesmo modo que definimos C_V. Só que, agora, definimos nossa capacidade calorífica em termos de H:

$$C_p \equiv \left(\frac{\partial H}{\partial T}\right)_p \qquad (2.30)$$

A Equação 2.30 indica que podemos substituir C_p na equação anterior, de modo a obter

$$dH = C_p \, dT$$

e integramos para obter a variação total de entalpia para a variação de temperatura:

$$\Delta H = \int_{T_i}^{T_f} C_p \, dT = q_p \qquad (2.31)$$

onde novamente usamos o fato de que ΔH é igual a q para uma mudança que ocorre sob pressão constante. A Equação 2.31 deve ser usada se a capacidade calorífica varia com a temperatura (veja o Exemplo 2.10). Se C_p é constante para o intervalo de temperatura considerado, a Equação 2.31 pode ser simplificada para

$$\Delta H = C_p \, \Delta T = q_p \qquad (2.32)$$

Os comentários sobre as unidades de C_V também se aplicam a C_p (isto é, você deve observar se uma determinada quantidade, em unidade de grama ou mol, é especificada ou se é na realidade parte do cálculo). Podemos também definir uma capacidade calorífica molar $\overline{C_p}$ para um processo que ocorre sob condições de pressão constante.

Não confunda capacidade calorífica a volume constante com capacidade calorífica a pressão constante. Para um sistema gasoso, elas podem ser bem diferentes. Para sólidos e líquidos, elas não são tão diferentes, mas, como nos gases, também variam com a temperatura. Para uma mudança num sistema gasoso, você precisa saber se ela ocorre a pressão constante (chamada de transformação *isobárica*) ou a volume constante (chamada de transformação *isocórica*), para determinar qual capacidade calorífica é a correta para calcular o calor, ΔU, ΔH, ou ambos.

Finalmente, pode-se também demonstrar que, para um gás ideal,

$$\left(\frac{\partial H}{\partial p}\right)_T = 0 \qquad (2.33)$$

Isto é, a variação de entalpia a temperatura constante também é exatamente zero, como no caso de U.

2.7 Coeficientes de Joule-Thomson

Apesar de termos trabalhado com muitas equações, todas elas, na verdade, se baseiam em duas idéias: equações de estado e a primeira lei da termodinâmica. Estas idéias, afinal, baseiam-se na definição de energia total e em manipulações desta definição. Além disso, vimos vários casos nos quais as equações da termodinâmica são simplificadas pela especificação de certas condições: condições adiabáticas, de livre expansão, isobáricas e isocóricas são todas restrições em um processo que simplificam a matemática da termodinâmica. Existem outras restrições úteis?

Uma outra restrição útil baseada na primeira lei da termodinâmica é descrita pelo experimento de Joule-Thomson, ilustrado na Figura 2.8. Um sistema adiabático é montado e preenchido com um gás em um dos lados de uma barreira porosa. Este gás tem uma temperatura T_1, uma pressão constante p_1, e um volume inicial V_1. Um pistão empurra o gás e força todo ele através da barreira porosa, de modo que o volume final neste lado da barreira fique igual a zero. No outro lado da barreira, um outro pistão se move, à medida que o gás se difunde. Após difundir o gás, terá uma temperatura T_2, uma pressão constante p_2 e um volume V_2. Inicialmente, o volume no lado direito da barreira é zero. Como o gás está

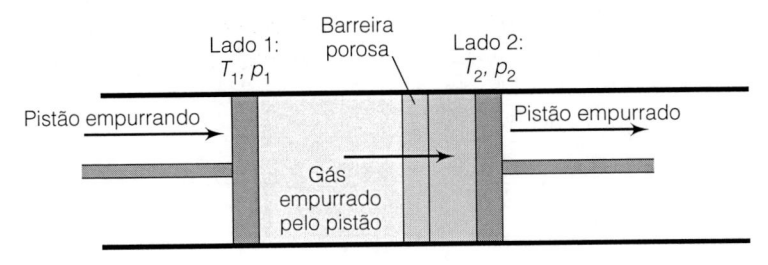

Figura 2.8 O experimento isoentálpico de Joule e Thomson. A descrição está no texto.

sendo forçado através de uma barreira, entende-se que $p_1 > p_2$. Mesmo que as pressões sobre os dois lados sejam mantidas constantes, deve-se entender que o gás sofre uma queda na pressão, à medida que é forçado de um lado para outro.

No lado esquerdo, trabalho é realizado sobre o gás, o que contribui positivamente para a variação total na energia. Do lado direito, o gás realiza trabalho, contribuindo negativamente para a variação total na energia. O trabalho líquido $w_{líq}$ desempenhado pelo sistema depois que o primeiro pistão foi empurrado até o fim é

$$w_{líq} = p_1 V_1 - p_2 V_2$$

Como o sistema é adiabático, $q = 0$, então, $\Delta U_{líq} = w_{líq}$. Escreveremos ΔU como a energia interna do gás no lado 2 menos a energia interna do gás no lado 1:

$$w_{líq} = U_2 - U_1$$

Equacionando as duas expressões para $w_{líq}$:

$$p_1 V_1 - p_2 V_2 = U_2 - U_1$$

e rearranjando

$$U_1 + p_1 V_1 = U_2 + p_2 V_2$$

A combinação $U + pV$ é a definição original de H, a entalpia, então para o gás neste experimento de Joule-Thomson,

$$H_1 = H_2$$

ou, para o gás que sofre este processo, a *variação* de H é zero:

$$\Delta H = 0$$

Já que a entalpia do gás não varia, o processo é chamado de *isoentálpico*. Quais são algumas das conseqüências deste processo isoentálpico?

Apesar de a variação de entalpia ser zero, a variação de temperatura não é. Qual é a variação na temperatura que acompanha a queda de pressão neste processo isoentálpico? Isto é, o que é $(\partial T/\partial p)_H$? Podemos de fato medir esta derivada experimentalmente, usando um aparato como o da Figura 2.8.

O *coeficiente de Joule-Thomson* μ_{JT} é definido como a variação da temperatura de um gás com pressão, a entalpia constante:

$$\mu_{JT} = \left(\frac{\partial T}{\partial p}\right)_H \qquad (2.34)$$

Uma aproximação útil desta definição é

$$\mu_{JT} \approx \left(\frac{\Delta T}{\Delta p}\right)_H$$

Para um gás ideal, μ_{JT} é exatamente zero, já que a entalpia depende apenas da temperatura (isto é, a temperatura constante, a entalpia também é constante). Porém, para os gases reais, o coeficiente de Joule-Thomson não é zero, e o gás mudará de temperatura em um processo isoentálpico. A partir da regra cíclica das derivadas parciais, lembramos que

$$\left(\frac{\partial T}{\partial p}\right)_H \left(\frac{\partial H}{\partial T}\right)_p \left(\frac{\partial p}{\partial H}\right)_T = -1$$

e podemos reescrever a equação assim

$$\left(\frac{\partial T}{\partial p}\right)_H = -\frac{\left(\frac{\partial H}{\partial p}\right)_T}{\left(\frac{\partial H}{\partial T}\right)_p}$$

e reconhecendo que o lado esquerdo é μ_{JT} e o denominador da fração é, simplesmente, a capacidade calorífica a pressão constante, temos

$$\mu_{JT} = -\frac{\left(\frac{\partial H}{\partial p}\right)_T}{C_p} \quad (2.35)$$

Esta equação verifica que μ_{JT} é zero para um gás ideal, já que, nesse caso, $(\partial H/\partial p)_T$ é zero. Porém, não para gases *reais*. Além disso, se medirmos μ_{JT} para os gases reais e conhecermos suas capacidades caloríficas, poderemos usar a Equação 2.35 para calcular $(\partial H/\partial p)_T$ para esses gases, que é uma quantidade (variação da entalpia à medida que a pressão varia, mas a temperatura permanece constante) difícil ou impossível de medir diretamente por meio de um experimento.

Exemplo 2.11

Se o coeficiente de Joule-Thomson para o dióxido de carbono, CO_2, é 0,6375 K/atm, calcule a temperatura final do dióxido de carbono a 20 atm e 100°C, que é forçado através de uma barreira até uma pressão final de 1 atm.

Solução
Usando a forma aproximada do coeficiente de Joule-Thomson:

$$\mu_{JT} \approx \left(\frac{\Delta T}{\Delta p}\right)_H$$

Δp neste processo é -19 atm (o sinal negativo significa que a pressão está *baixando* em 19 atm). Portanto, temos

$$\left(\frac{\Delta T}{-19 \text{ atm}}\right)_H = 0,6375 \text{ K/atm}$$

Multiplicando:

$$\Delta T = -12 \text{ K}$$

o que significa que a temperatura cai de 100 °C para aproximadamente 88 °C.

O coeficiente de Joule-Thomson para os gases reais varia com a temperatura e a pressão. A Tabela 2.2 apresenta alguns valores de μ_{JT} determinados experimentalmente. Sob certas condições, o coeficiente de Joule-Thomson é negativo, significando que, à medida que a pressão cai, a temperatura *sobe*:

o calor aumenta com a expansão! Em alguma temperatura mais baixa, o coeficiente de Joule-Thomson se torna positivo e, então, à medida que a pressão cai, a temperatura do gás também cai. A temperatura na qual o coeficiente de Joule-Thomson muda de negativo para positivo é chamada de *temperatura de inversão*. Para resfriar gases usando o método de Joule-Thomson, a temperatura do gás precisa estar abaixo da temperatura de inversão.

Tabela 2.2 Coeficientes de Joule-Thomson de vários gases (K/atm)

p (atm)	$T = -150\,°C$	$-100\,°C$	$-50\,°C$	$0\,°C$	$50\,°C$	$100\,°C$	$150\,°C$	$200\,°C$
Ar, sem água ou dióxido de carbono								
1	—	0,5895	0,3910	0,2745	0,1956	0,1355	0,0961	0,0645
20	—	0,5700	0,3690	0,2580	0,1830	0,1258	0,0883	0,0580
60	0,0450	0,4820	0,3195	0,2200	0,1571	0,1062	0,0732	0,0453
100	0,0185	0,2775	0,2505	0,1820	0,1310	0,0884	0,0600	0,0343
140	−0,0070	0,1360	0,1825	0,1450	0,1070	0,0726	0,0482	0,0250
180	−0,0255	0,0655	0,1270	0,1100	0,0829	0,0580	0,0376	0,0174
200	−0,0330	0,0440	0,1065	0,1090	0,0950	—	—	—
Argônio								
1	1,812	0,8605	0,5960	0,4307	0,3220	0,2413	0,1845	0,1377
20	—	0,8485	0,5720	0,4080	0,3015	0,2277	0,1720	0,1280
60	−0,0025	0,6900	0,4963	0,3600	0,2650	0,1975	0,1485	0,1102
100	−0,0277	0,2820	0,3970	0,3010	0,2297	0,1715	0,1285	0,0950
140	−0,0403	0,1137	0,2840	0,2505	0,1947	0,1490	0,1123	0,0823
180	−0,0595	0,0560	0,2037	0,2050	0,1700	0,1320	0,0998	0,0715
200	−0,0640	0,0395	0,1860	0,1883	0,1580	0,1255	0,0945	0,0675
Dióxido de carbono								
1	—	—	2,4130	1,2900	0,8950	0,6490	0,4890	0,3770
20	—	—	−0,0140	1,4020	0,8950	0,6375	0,4695	0,3575
60	—	—	−0,0150	0,0370	0,8800	0,6080	0,4430	0,3400
100	—	—	−0,0160	0,0215	0,5570	0,5405	0,4155	0,3150
140	—	—	−0,0183	0,0115	0,1720	0,4320	0,3760	0,2890
180	—	—	−0,0228	0,0085	0,1025	0,3000	0,3102	0,2600
200	—	—	−0,248	0,0045	0,0930	0,2555	0,2910	0,2455
Nitrogênio								
1	1,2659	0,6490	0,3968	0,2656	0,1855	0,1292	0,0868	0,0558
20	1,1246	0,5958	0,3734	0,2494	0,1709	0,1173	0,0776	0,0472
60	0,0601	0,4506	0,3059	0,2088	0,1449	0,0975	0,0628	0,0372
100	0,0202	0,2754	0,2332	0,1679	0,1164	0,0768	0,0482	0,0262
140	−0,0056	0,1373	0,1676	0,1316	0,0915	0,0582	0,0348	0,0168
180	−0,0211	0,0765	0,1120	0,1015	0,0732	0,0462	0,0248	0,0094
200	−0,0284	0,0587	0,0906	0,0891	0,0666	0,0419	0,0228	0,0070

Hélio[*]

p (atm)	160 K	200 K	240 K	280 K	320 K	360 K	400 K	440 K
<200	−0,0574	−0,0594	−0,0608	−0,0619	−0,0629	−0,0637	−0,0643	−0,0645

Fonte: R. H. Perry e D. W. Green, *Perry's Chemical Engineers' Handbook*, 6 ed., McGraw-Hill, Nova York, 1984.

[*] Abaixo de 200 atm, há uma pequena variação no valor de μ_{JT} para o hélio. (Note também que os dados para o hélio usam temperaturas Kelvin.)

O efeito Joule-Thomson é usado para liquefazer gases, desde que se construa um sistema em que o gás é repetidamente comprimido e expandido, diminuindo sua temperatura até que ela chegue a um valor tão baixo, que o gás se condense formando o líquido. Nitrogênio e oxigênio líquidos geralmente são preparados dessa maneira, em grande escala industrial. Porém, um gás deve estar abaixo de sua temperatura de inversão para que o efeito Joule-Thomson atue no sentido da diminuição da temperatura! Gases que têm temperaturas de inversão muito baixas devem ser resfriados antes de se usar algum tipo de expansão de Joule-Thomson para liquefazê-los. Antes que isso fosse amplamente percebido, pensava-se que alguns gases eram "gases permanentes", porque não podiam ser liquefeitos pelos meios "comuns". (Tais gases foram descritos pela primeira vez por Michael Faraday, em 1845, porque ele não conseguiu liquefazê-los.) Eles incluíam hidrogênio, oxigênio, nitrogênio, óxido nítrico, metano e os primeiros quatro gases nobres. Nitrogênio e oxigênio eram facilmente liquefeitos aplicando-se neles uma expansão de Joule-Thomson cíclica, e logo aconteceu o mesmo com os outros gases. Porém, as temperaturas de inversão do hidrogênio e do hélio são tão baixas (cerca de 202 K e 40 K, respectivamente), que eles têm de ser bastante pré-resfriados antes que qualquer tipo de expansão de Joule-Thomson possa resfriá-los ainda mais. O hidrogênio foi finalmente liquefeito pelo físico escocês James Dewar, em 1898, e o hélio, em 1908, pelo físico holandês Heike Kamerlingh-Onnes (que usou o hélio líquido para descobrir a supercondutividade).

2.8 Mais sobre Capacidades Caloríficas

Lembre que definimos duas capacidades caloríficas diferentes, uma para mudança em um sistema mantido a volume constante e outra para mudança em um sistema mantido a pressão constante. Nós as chamamos de C_V e C_p. Qual a relação entre as duas?

Começamos com uma equação que, eventualmente, produziu a Equação 2.22. A equação relevante é

$$dq = \left(\frac{\partial U}{\partial T}\right)_V dT + \left[\left(\frac{\partial U}{\partial V}\right)_T + p\right] dV \tag{2.36}$$

onde p é a pressão externa. Definimos a derivada $(\partial U/\partial T)_V$ como C_V, de modo que podemos reescrever a equação como

$$dq = C_V\, dT + \left[\left(\frac{\partial U}{\partial V}\right)_T + p\right] dV$$

Até aqui, não impusemos condições sobre o sistema ao deduzir a expressão acima, exceto que a amostra seja de um gás ideal. Agora, impomos a condição adicional de que a pressão seja mantida constante. Nada muda, realmente, já que a variação infinitesimal no calor dq é expressa em termos de uma variação na temperatura, dT, e uma variação no volume, dV. Portanto, podemos reescrever a equação acima da seguinte forma

$$dq_p = C_V\, dT + \left[\left(\frac{\partial U}{\partial V}\right)_T + p\right] dV$$

onde dq agora tem o subscrito p. Se dividirmos os dois lados da equação por dT, obtemos

$$\left(\frac{\partial q}{\partial T}\right)_p = C_V + \left[\left(\frac{\partial U}{\partial V}\right)_T + p\right]\left(\frac{\partial V}{\partial T}\right)_p$$

Note que a derivada $\partial V/\partial T$ tem o subscrito p devido à nossa especificação de que é para condições de pressão constante. Note também que a expressão é uma derivada *parcial*, porque as quantidades nos numeradores dependem de múltiplas variáveis. (Outras derivadas também foram expressas como derivadas parciais.) Já que $dH = dq_p$, podemos substituir no lado esquerdo da equação para obter

$$\left(\frac{\partial H}{\partial T}\right)_p = C_V + \left[\left(\frac{\partial U}{\partial V}\right)_T + p\right]\left(\frac{\partial V}{\partial T}\right)_p$$

O termo $(\partial H/\partial T)_p$ já foi definido como a capacidade calorífica a pressão constante, C_p. Temos agora uma relação entre C_V e C_p:

$$C_p = C_V + \left[\left(\frac{\partial U}{\partial V}\right)_T + p\right]\left(\frac{\partial V}{\partial T}\right)_p \qquad (2.37)$$

É fácil avaliar se o sistema é composto de um gás ideal. A variação na energia interna a temperatura constante é exatamente zero (esta é uma das características que definem um gás ideal). Podemos também usar a lei dos gases ideais para determinar a derivada $(\partial V/\partial T)_p$:

$$\left(\frac{\partial V}{\partial T}\right)_p = \frac{nR}{p}$$

Substituindo na Equação 2.37:

$$C_p = C_V + (0 + p)\frac{nR}{p}$$

$$C_p = C_V + nR$$

Ou para quantidades molares:

$$\overline{C_p} = \overline{C_V} + R \qquad (2.38)$$

para um gás ideal. Esse resultado é extremamente simples e útil.

A teoria cinética dos gases (a ser tratada em um capítulo adiante) leva ao seguinte resultado para um gás ideal monoatômico

$$\overline{C_V} = \frac{3}{2}R = 12{,}471\,\frac{J}{mol \cdot K} \qquad (2.39)$$

Portanto, pela Equação 2.38,

$$\overline{C_p} = \frac{5}{2}R = 20{,}785\,\frac{J}{mol \cdot K} \qquad (2.40)$$

Gases como Ar, Ne e He têm capacidades caloríficas a pressão constante em torno de 20,8 J/mol·K, o que não é surpreendente. Os gases inertes mais leves são uma boa aproximação dos gases ideais[4].

Gases ideais têm uma capacidade calorífica independente da temperatura; gases reais não. A maioria das tentativas de expressar a capacidade calorífica para os gases reais usa uma série de potências, em uma das duas seguintes formas:

$$C_p = a + bT + cT^2$$

$$C_p = a + bT + \frac{c}{T^2}$$

onde a, b e c são constantes determinadas experimentalmente. O Exemplo 2.10, juntamente com a Equação 2.31, ilustra o modo apropriado para determinar mudanças nas funções de estado, usando capacidades caloríficas desta forma.

---

[4] A teoria cinética dos gases também prevê que para moléculas diatômicas ou lineares ideais, $\overline{C_V} = \frac{5}{2}R$; para moléculas não-lineares ideais, $\overline{C_V} = \frac{7}{2}R$. $\overline{C_p}$ é, portanto, $\frac{7}{2}R$ e $\frac{9}{2}R$, respectivamente. (Incluímos isso para ilustrar que a termodinâmica não se aplica somente a gases monoatômicos!)

Lembre-se que, para um processo adiabático,

$$dU = dw$$

porque o calor é exatamente zero. Também sabemos a partir da Equação 2.21, que

$$dU = C_V\, dT + \left(\frac{\partial U}{\partial V}\right)_T dV = C_V\, dT \quad \text{para um gás ideal}$$

e, conseqüentemente, a derivada parcial $(\partial U/\partial V)_T$ é igual a zero para um gás ideal. Portanto, para um processo adiabático infinitesimal,

$$dw = C_V\, dT$$

Integrando para todo o processo adiabático,

$$w = \int_{T_i}^{T_f} C_V\, dT \tag{2.41}$$

Para uma capacidade calorífica constante,

$$w = C_V \Delta T \tag{2.42}$$

Para qualquer valor diferente de 1 mol, devemos usar a capacidade calorífica molar $\overline{C_V}$:

$$w = n\overline{C_V}\Delta T \tag{2.43}$$

Se a capacidade calorífica não for constante no intervalo de temperatura considerado, para se calcular o trabalho durante a variação de temperatura, a Equação 2.41 deve ser usada com a expressão adequada para C_V.

Exemplo 2.12

Considere 1 mol de gás ideal a uma pressão inicial de 1,00 atm e temperatura inicial de 273,15 K. Assuma que ele se expande adiabaticamente contra uma pressão de 0,435 atm, até que seu volume se duplique. Calcule o trabalho, a temperatura final e o ΔU do processo.

Solução

A variação de volume no processo deve ser determinada primeiro. A partir das condições iniciais, podemos calcular o volume inicial, e depois, sua variação:

$$(1{,}00\text{ atm})V_i = (1\text{ mol})\left(0{,}08205\,\frac{\text{L·atm}}{\text{mol·K}}\right)(273{,}15\text{ K})$$

$$V_i = 22{,}4\text{ L}$$

Se o volume é duplicado durante o processo, então o volume final é 44,8 L, e a variação no volume é 44,8 L − 22,4 L = 22,4 L.

O trabalho desempenhado é calculado simplesmente por

$$w = -p_{\text{ext}}\Delta V$$

$$w = -(0{,}435\text{ atm})(22{,}4\text{ L})\left(\frac{101{,}32\text{ J}}{\text{L·atm}}\right) = -987\text{ J}$$

Como $q = 0$, $\Delta U = w$, então

$$\Delta U = -987\text{ J}$$

A temperatura final pode ser calculada usando a Equação 2.43, sabendo que para um gás ideal, a capacidade calorífica a um volume constante é $\frac{3}{2}R$, ou 12,47 J/mol·K.

Portanto,

$$-987\text{ J} = (1\text{ mol})\left(12{,}47\frac{\text{J}}{\text{mol·K}}\right)\Delta T$$

$$\Delta T = -79{,}1\text{ K}$$

Com uma temperatura inicial de 273,15 K, a temperatura final é em torno de 194 K.

Para um processo adiabático, a quantidade infinitesimal de trabalho realizado pode agora ser determinada a partir de duas expressões:

$$dw = -p_{\text{ext}}\, dV$$

$$dw = n\overline{C_V}\, dT$$

Igualando as duas:

$$-p_{\text{ext}}\, dV = n\overline{C_V}\, dT$$

Se o processo adiabático for reversível, então $p_{\text{ext}} = p_{\text{int}}$, e poderemos usar a lei dos gases ideais para substituir p_{int} em termos das outras variáveis de estado. Obteremos

$$-\frac{nRT}{V}\, dV = n\overline{C_V}\, dT$$

Passando as variáveis temperatura para o lado direito, encontramos

$$-\frac{R}{V}\, dV = \frac{\overline{C_V}}{T}\, dT$$

A variável n foi cancelada. Podemos integrar ambos os lados da equação e, assumindo que $\overline{C_V}$ é constante durante a variação, verificamos (reconhecendo que $\int 1/x\, dx = \ln x$) que

$$-R\ln V\Big|_{V_i}^{V_f} = \overline{C_V}\ln T\Big|_{T_i}^{T_f}$$

Usando as propriedades dos logaritmos e avaliando cada integral nos seus limites, obtemos

$$-R\ln\frac{V_f}{V_i} = \overline{C_V}\ln\frac{T_f}{T_i} \qquad (2.44)$$

para uma variação reversível, adiabática, em um gás ideal. Usando novamente as propriedades dos logaritmos, podemos eliminar o sinal negativo colocando a recíproca da expressão dentro do logaritmo:

$$R\ln\frac{V_i}{V_f} = \overline{C_V}\ln\frac{T_f}{T_i}$$

Lembrando que $\overline{C_p} = \overline{C_V} + R$, rearranjamos como $\overline{C_p} - \overline{C_V} = R$ e substituímos na equação acima:

$$(\overline{C_p} - \overline{C_V})\ln\frac{V_i}{V_f} = \overline{C_V}\ln\frac{T_f}{T_i}$$

Dividindo por $\overline{C_V}$:

$$\frac{(\overline{C_p} - \overline{C_V})}{\overline{C_V}}\ln\frac{V_i}{V_f} = \ln\frac{T_f}{T_i}$$

A expressão $(\overline{C_p} - \overline{C_V})/\overline{C_V}$ é geralmente definida como γ:

$$\gamma = \frac{(\overline{C_p} - \overline{C_V})}{\overline{C_V}} \qquad (2.45)$$

Podemos rearranjar a equação relacionando os volumes e as temperaturas acima, para obter

$$\left(\frac{V_i}{V_f}\right)^{\gamma-1} = \frac{T_f}{T_i} \tag{2.46}$$

Pode-se demonstrar que γ é igual a $\frac{2}{3}$ para um gás ideal monoatômico[5]. Assim,

$$\left(\frac{V_i}{V_f}\right)^{\frac{2}{3}-1} = \frac{T_f}{T_i} \tag{2.47}$$

para uma transformação adiabática e reversível, em um gás ideal monoatômico. Se o mesmo fosse feito em termos de pressão, em vez de volume, teríamos

$$\left(\frac{p_f}{p_i}\right)^{2/5} = \frac{T_f}{T_i} \tag{2.48}$$

Se as Equações 2.47 e 2.48 fossem combinadas algebricamente, obteríamos

$$p_1 V_1^{5/3} = p_2 V_2^{5/3} \tag{2.49}$$

que é um caso especial da lei de Boyle para gases ideais passando por processos adiabáticos reversíveis. Porém, nesse caso, não se assume que a temperatura seja mantida constante.

Exemplo 2.13

Para uma mudança reversível, adiabática, em 1 mol de gás monoatômico inerte, a pressão muda de 2,44 atm para 0,338 atm. Se a temperatura inicial é 399 K, qual é a temperatura final?

Solução
Usando a Equação 2.48,

$$\left(\frac{0{,}338 \text{ atm}}{2{,}44 \text{ atm}}\right)^{2/5} = \frac{T_f}{339 \text{ K}}$$

Resolvendo:

$$T_f = 154 \text{ K}$$

2.9 Mudanças de Fase

Até aqui, consideramos somente mudanças físicas em sistemas gasosos. Ainda não consideramos mudanças de fase nem transformações químicas. Introduziremos agora a aplicação das idéias discutidas até aqui a esses tipos de processos, começando com mudanças de fase.

Na maioria dos casos, mudanças de fase (sólido $\rightleftharpoons$ líquido, líquido $\rightleftharpoons$ gás, sólido $\rightleftharpoons$ gás) ocorrem sob condições especiais, a pressão constante, de modo que o calor envolvido, q, também é igual a ΔH.[6] Por exemplo, para derreter o gelo em seu ponto de degelo normal, a 0 °C:

$$H_2O \text{ (s, 0 °C)} \longrightarrow H_2O \text{ (}\ell\text{, 0 °C)}$$

uma certa quantidade de calor é necessária por grama ou por mol, para que ocorra a mudança de fase. Porém, durante a mudança de fase, a temperatura não varia.

---

[5] $\overline{C_p}$ e $\overline{C_V}$ têm valores diferentes para gases ideais poliatômicos, então, γ também tem valor diferente nesses casos. Consideraremos este tópico mais adiante.

[6] Mudanças na pressão também podem causar mudanças de fase. Isso será abordado no Capítulo 6.

H$_2$O pode existir a 0 °C como sólido ou como líquido. Como não há ΔT, a Equação 2.9 não se aplica. Em vez disso, a quantidade de calor envolvida é proporcional à quantidade de material. A constante de proporcionalidade é chamada de *calor de fusão*, $\Delta_{fus}H$, e, assim, temos uma equação mais simples:

$$q = m \cdot \Delta_{fus}H \tag{2.50}$$

A palavra *fusão* é sinônimo de "derretimento". Se a quantidade m é dada em unidades de grama, $\Delta_{fus}H$ tem unidades de J/g. Se a quantidade é dada em unidade de mol, a Equação 2.50 é escrita mais apropriadamente como

$$q = n \cdot \overline{\Delta_{fus}H} \tag{2.51}$$

e $\overline{\Delta_{fus}H}$ é uma quantidade molar com unidades de J/mol. Uma vez que congelar e fundir são processos opostos, as Equações 2.50 e 2.51 são válidas para ambos os processos. O próprio processo indica se o nome exotérmico ou endotérmico é o mais adequado. Para a fusão, o calor deve ser absorvido pelo sistema e, portanto, o processo é endotérmico e o valor de ΔH é positivo. Para o congelamento, o calor deve ser retirado do sistema, e o processo é, portanto, exotérmico e o valor de ΔH é negativo.

Exemplo 2.14

O calor de fusão $\Delta_{fus}H$ para a água é 334 J/g.
a. Quanto calor é necessário para derreter 59,5 g de gelo (cerca de um cubo grande de gelo)?
b. Qual é o valor de ΔH para esse processo?

Solução
a. De acordo com a Equação 2.50,

$$q = (59{,}5 \text{ g})(334 \text{ J/g})$$

$$q = 1{,}99 \times 10^4 \text{ J}$$

b. Porque o calor deve entrar no sistema a fim de que passe de sólido para líquido, o ΔH para esse processo deve mostrar que o processo é endotérmico. Portanto, $\Delta H = 1{,}99 \times 10^4$ J.

Mudanças no volume quando se passa do sólido para o líquido, ou do líquido para o sólido, são geralmente desprezíveis, de modo que $\Delta H \approx \Delta U$. (A água é uma exceção óbvia. Ela expande aproximadamente 10% quando congela). Por outro lado, a mudança de volume é considerável quando se vai de um líquido para o gás (ou de um sólido para o gás):

$$\text{H}_2\text{O } (\ell,\, 100\,°\text{C}) \longrightarrow \text{H}_2\text{O } (g,\, 100\,°\text{C})$$

Quando se passa de um líquido para gás, o processo é chamado *vaporização* e, de novo, a temperatura permanece constante enquanto ocorre a mudança de fase, e a quantidade de calor novamente é proporcional à quantidade de substância. Desta vez, a constante de proporcionalidade é chamada *calor de vaporização*, $\Delta_{vap}H$, mas a forma da equação para calcular o calor envolvido é a mesma da Equação 2.50:

$$q = m \cdot \Delta_{vap}H \quad \text{para quantidades em gramas} \tag{2.52}$$

ou da Equação 2.51:

$$q = n \cdot \overline{\Delta_{vap}H} \quad \text{para quantidades em mol} \tag{2.53}$$

O calor envolvido no processo inverso, ou *condensação*, também pode ser calculado com as Equações 2.52 e 2.53, considerando que mais uma vez teremos que observar em qual direção o calor está indo. Ao determinar o trabalho de vaporização ou sublimação, é comum desprezar o volume da fase condensada, que geralmente é muito menor que o da fase gasosa. O exemplo seguinte ilustra isso.

Exemplo 2.15

Calcule q, w, ΔH e ΔU para a vaporização de 1 g de H_2O, a 100 °C e pressão de 1,00 atm. O $\Delta_{vap}H$ da H_2O é 2260 J/g. Assuma que há um comportamento de gás ideal. A densidade da H_2O a 100 °C é 0,9588 g/cm^3.

Solução

Usando a Equação 2.52, o calor e ΔH para o processo são diretos:

$$q = (1 \text{ g})(2260 \text{ J/g}) = 2260 \text{ J} \quad \text{absorvidos pelo sistema}$$

$$q = \Delta H = +2260 \text{ J}$$

Para calcular o trabalho, precisamos da variação de volume na vaporização. Para o processo $H_2O\ (\ell) \rightarrow H_2O\ (g)$, a variação de volume é

$$\Delta V = V_{gás} - V_{líq}$$

Usando a lei dos gases ideais, podemos calcular o volume do vapor de água a 100 °C = 373 K:

$$V_{gás} = \frac{(0{,}0555 \text{ mol})(0{,}08205\ \frac{\text{L·atm}}{\text{mol·K}})(373 \text{ K})}{1{,}00 \text{ atm}}$$

$$V_{gás} = 1{,}70 \text{ L}$$

O volume do líquido H_2O a 100 °C é 1,043 cm^3, ou 0,001043 L. Portanto,

$$\Delta V = V_{gás} - V_{líq} = 1{,}70 \text{ L} - 0{,}001043 \text{ L} \approx 1{,}70 \text{ L} = V_{gás}$$

Neste ponto, mostramos que o volume do líquido é desprezível em relação ao volume do gás, e, assim, com uma aproximação muito boa, $\Delta V = V_{gás}$. Para calcular o trabalho da vaporização:

$$w = -p_{ext} \Delta V$$

$$w = -(1{,}00 \text{ atm})(1{,}70 \text{ L})\left(\frac{101{,}32 \text{ J}}{1 \text{ L·atm}}\right)$$

$$w = -172 \text{ J}$$

Já que $\Delta U = q + w$,

$$\Delta U = 2260 \text{ J} - 172 \text{ J}$$

$$\Delta U = 2088 \text{ J}$$

Este é um exemplo em que a variação da entalpia não é igual à variação da energia interna.

A Tabela 2.3 apresenta alguns valores de $\Delta_{fus}H$ e $\Delta_{vap}H$ para várias substâncias. Os valores de $\Delta_{fus}H$ e $\Delta_{vap}H$ são indicativos da quantidade de energia necessária para mudar de fase e, como tal,

Tabela 2.3 $\Delta_{fus}H$ e $\Delta_{vap}H$ de várias substâncias (J/g)		
Material	$\Delta_{fus}H$	$\Delta_{vap}H$
Al	393,3	10.886
Al_2O_3	1.070	
CO_2	180,7	573,4 (sublima)
F_2	26,8	83,2
Au	64,0	1.710
H_2O	333,5	2.260
Fe	264,4	6.291
NaCl	516,7	2.892
C_2H_5OH, etanol	188,99	838,3
C_6H_6, benzeno	127,40	393,8
C_6H_{14}, hexano	151,75	335,5

estão relacionados às forças das interações interatômicas ou intermoleculares nos materiais. A água, por exemplo, tem um calor de vaporização excepcionalmente grande para uma molécula tão pequena. Isso é causado pela forte ligação de hidrogênio entre suas moléculas. É preciso muita energia para separar as moléculas de água (que é o que acontece durante o processo de vaporização), e o alto calor de vaporização reflete esse fato.

2.10 Transformações Químicas

Quando uma reação química ocorre, as identidades químicas do sistema estão se modificando. Apesar de a maioria das equações e definições vistas até agora ainda serem diretamente aplicáveis, precisamos expandir a aplicabilidade de ΔU e ΔH.

Deve ficar claro que todas as substâncias químicas têm uma energia e entalpia totais. Quando uma transformação química ocorre, a variação na energia interna ou na entalpia que acompanha essa transformação é igual à entalpia total nas condições finais, ou aos produtos, menos a entalpia total das condições iniciais, ou os reagentes. Isto é,

$$\Delta_{reação}H = H_f - H_i$$
$$\Delta_{reação}H = H_{produtos} - H_{reagentes}$$

onde $\Delta_{reação}H$ indica a mudança na entalpia para a reação química. $\Delta_{reação}U$ é o equivalente para a energia interna. A Figura 2.9 ilustra esta idéia. Em cada gráfico, uma linha representa a entalpia total dos produtos; a outra é a entalpia total dos reagentes. A diferença entre as linhas representa a variação na entalpia para a reação, $\Delta_{reação}H$. Em um caso, Figura 2.9a, a quantidade de entalpia no sistema está baixando. Isto é, o sistema está liberando energia para a vizinhança. Esse é um exemplo de processo exotérmico. No outro caso, Figura 2.9b, a quantidade de entalpia do sistema está subindo. Isso significa que o sistema está absorvendo energia, o que é um exemplo de processo endotérmico.

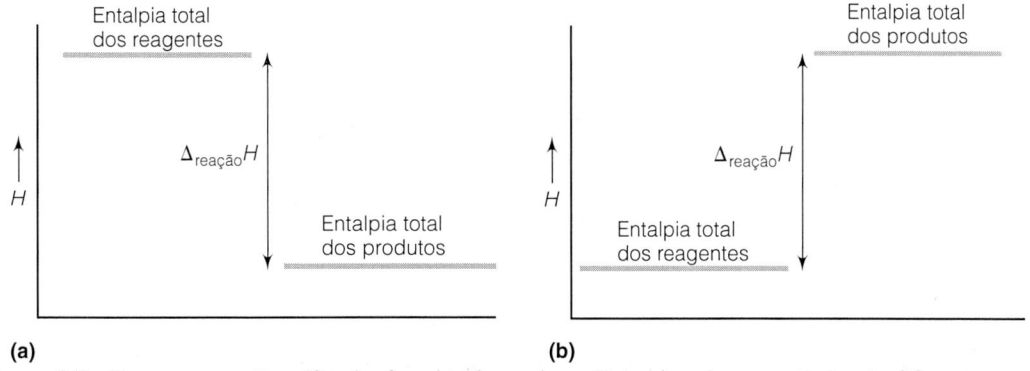

Figura 2.9 Uma representação gráfica da afirmação de que $\Delta_{reação}H$, para um processo químico, é a diferença entre as entalpias totais dos produtos menos as entalpias totais dos reagentes. (a) Uma reação exotérmica, já que a energia total do sistema está diminuindo (significando que a energia está sendo liberada pelo sistema). (b) Uma reação endotérmica, já que a energia total do sistema está aumentando (significando que a energia está sendo absorvida pelo sistema).

A variação de energia em um processo químico depende das condições do processo, como temperatura e pressão. A condição-padrão de pressão é 1 bar (que é quase igual a 1 atm, então, o uso de 1 atm como condição-padrão não acarreta muito erro). Não há uma temperatura-padrão definida, apesar de que muitas medidas termodinâmicas são relatadas a 25 °C. Para indicar que a variação de energia deve se referir a condições-padrão, o sobrescrito ° é acrescentado ao símbolo. Portanto, falamos de $\Delta_{reação}H°$, $\Delta_{reação}U°$ etc. Geralmente, as temperaturas também são especificadas.

Os valores de $\Delta_{reação}H$ para um processo químico não são determinados pela avaliação da diferença $H_f - H_i$. Isso porque os valores absolutos da entalpia, H_f e H_i, não podem ser determinados. Apenas valores relativos, isto é, *variações* na entalpia, podem ser medidos. Precisamos de um conjunto de reações químicas cujos valores de $\Delta_{reação}H$ possam servir de padrão em relação aos quais todos os outros valores de $\Delta_{reação}H$ possam ser medidos.

O método para determinar $\Delta_{reação}H$ para processos químicos é baseado nas idéias do químico Germain Henri Hess (1802-1850), que nasceu na Suíça, mas passou a maior parte de sua vida na Rússia. Hess pode ser considerado o fundador do subtópico da termodinâmica chamado de *termoquímica*. Hess estudou as variações de energia das reações químicas (em termos de calor, principalmente). Por fim, ele percebeu que várias idéias-chave são importantes para se estudar as mudanças que acompanham as reações químicas. Sob uma forma mais moderna (Hess viveu antes que o campo da termodinâmica estivesse inteiramente estabelecido), essas idéias são:

- Transformações químicas específicas são acompanhadas por uma mudança característica na energia.
- Novas transformações químicas podem ser criadas combinando transformações químicas conhecidas. Isso é feito algebricamente.
- A variação na energia da reação química resultante é equivalente à combinação algébrica das variações na energia das reações químicas componentes.

O conjunto das idéias acima é conhecido como *lei de Hess* e constitui a base fundamental da termodinâmica, aplicada às reações químicas. Como estamos tratando das reações químicas algebricamente, à medida que combinamos suas variações de energia, precisamos ter em mente as duas idéias seguintes:

- Quando uma reação é revertida, inverte o sinal da variação de energia da reação. Isso é uma conseqüência de a entalpia ser uma função de estado.
- Quando se considera o múltiplo de uma reação, deve-se usar o mesmo múltiplo para a variação de energia. Isso se aplica tanto a múltiplos fracionários como a inteiros. Isso é uma conseqüência de a entalpia ser uma propriedade extensiva.

A lei de Hess significa que podemos combinar variações de energia medidas do modo que necessitarmos, para obter variações de energia para as reações que quisermos; e a variação de energia para uma reação que queremos será uma soma algébrica de variações de energia conhecidas. Variações de energia medidas para reações químicas podem ser tabeladas, e para a combinação adequada das reações químicas, precisamos apenas consultar as tabelas e executar a álgebra adequada. A lei de Hess é uma conseqüência direta do fato de a entalpia ser uma função de estado.

A questão agora é: que reações devemos tabelar? Existe um suprimento inesgotável de reações químicas possíveis. Devemos tabelar as variações de energia de todas elas? Ou somente de algumas selecionadas? E quais selecionar?

Precisam ser tabeladas variações de entalpia de um só tipo de reação química (apesar de não ser incomum encontrar tabelas de variações de entalpia de outras reações, como reações de combustão). *Reação de formação* é qualquer reação que produza 1 mol de produto, a partir dos seus elementos constituintes, nos seus estados-padrão[7]. Usamos o símbolo $\Delta_f H$ para representar a mudança de entalpia de

---

[7] O estado-padrão de um elemento é a substância pura a 1 bar (antigamente, 1 atm) e tendo a forma alotrópica especificada, se necessário. Apesar de não haver temperatura-padrão especificada, muitas referências usam 25 °C.

uma reação de formação, chamada de *entalpia de formação* ou (menos rigidamente) o *calor de formação*. Como exemplo,

$$\tfrac{1}{2}N_2 \text{ (g)} + O_2 \text{ (g)} \longrightarrow NO_2 \text{ (g)}$$

é a reação de formação do NO_2. Como contra-exemplo,

$$2NO_2 \text{ (g)} + \tfrac{1}{2}O_2 \text{ (g)} \longrightarrow N_2O_5 \text{ (g)}$$

não é a reação de formação do N_2O_5, porque nem todos os reagentes são os elementos que compõem o N_2O_5. Com a finalidade de tabelamento, a maioria dos valores de $\Delta_f H$ é medida em relação ao estado-padrão dos reagentes. Assim, são geralmente tabelados valores de $\Delta_f H°$ (o ° indicando o estado-padrão).

Exemplo 2.16

Determine se as seguintes reações são ou não reações de formação e, em caso negativo, justifique. Assuma que as reações estão ocorrendo sob condições-padrão.
a. $H_2 \text{ (g)} + \tfrac{1}{2}O_2 \text{ (g)} \to H_2O \text{ (}\ell\text{)}$
b. $Ca \text{ (s)} + 2 Cl \text{ (g)} \to CaCl_2 \text{ (s)}$
c. $2 Fe \text{ (s)} + 3S \text{ (rômbico)} + 4O_3 \text{ (g)} \to Fe_2(SO_4)_3 \text{ (s)}$
d. $6C \text{ (s)} + 6H_2 \text{ (g)} + 3O_2 \text{ (g)} \to C_6H_{12}O_6 \text{ (s) (glicose)}$

Solução
a. Sim, esta é a reação de formação da água líquida.
b. Não. A "forma-padrão" para o cloro é uma molécula diatômica.
c. Não. A "forma-padrão" do elemento oxigênio é a molécula diatômica. O O_3 na fórmula é a forma alotrópica ozônio.
d. Sim, esta é a reação de formação da glicose.

Observe que, por definição, a entalpia de formação dos elementos em seu estado-padrão é exatamente zero. Isso porque, sejam quais forem as entalpias absolutas do produto e do reagente, elas são as mesmas, e assim a variação da entalpia da reação é zero. Por exemplo,

$$Br_2 \text{ (}\ell\text{)} \longrightarrow Br_2 \text{ (}\ell\text{)}$$

é a reação de formação para o elemento bromo. Como não há mudança na identidade química durante o curso da reação, a variação de entalpia é zero, e dizemos que $\Delta_f H° = 0$ para o elemento bromo. A situação é a mesma para todos os elementos em seus estados-padrão.

A razão para focalizarmos as reações de formação é porque são as variações de entalpia para essas reações que são tabeladas e usadas para determinar variações de entalpia para os processos químicos. Isso porque qualquer reação química pode ser escrita como uma combinação algébrica de reações de formação. A lei de Hess, portanto, determina como os valores de $\Delta_f H°$ são combinados.

Como exemplo, examinemos a seguinte reação química:

$$Fe_2O_3 \text{ (s)} + 3SO_3 \text{ (}\ell\text{)} \longrightarrow Fe_2(SO_4)_3 \text{ (s)} \tag{2.54}$$

Qual é o $\Delta_{\text{reação}} H°$ para esta reação química? Podemos dividir essa reação em três reações de formação, uma para cada reagente e produto envolvido no processo:

$$Fe_2O_3 \text{ (s)} \longrightarrow 2Fe \text{ (s)} + \tfrac{3}{2}O_2 \text{ (g)} \tag{a}$$

$$3[SO_3 \text{ (}\ell\text{)} \longrightarrow S \text{ (s)} + \tfrac{3}{2}O_2 \text{ (g)}] \tag{b}$$

$$2Fe \text{ (s)} + 3S \text{ (s)} + 6O_2 \text{ (g)} \longrightarrow Fe_2(SO_4)_3 \text{ (s)} \tag{c}$$

A reação (a) é a reação inversa da formação de Fe_2O_3 e, portanto, a variação de entalpia para (a) é $-\Delta_f H°$ [Fe_2O_3]. A reação (b) é a reação inversa da formação de SO_3 (ℓ), multiplicada por 3. Portanto, a variação de entalpia para (b) é $-3 \cdot \Delta_f H°$ [SO_3 (ℓ)]. A reação (c) é a reação de formação do sulfato de ferro (III). A variação na entalpia para (c) é $\Delta_f H°$ [$Fe_2(SO_4)_3$]. Você pode verificar que as reações (a), (b) e (c) produzem a Equação 2.54, quando somadas algebricamente.

A combinação algébrica dos valores de $\Delta_f H°$ produz, portanto, o $\Delta_{reação} H°$ para a Equação 2.54. Obtemos

$$\Delta_{reação} H° = -\Delta_f H[Fe_2O_3] - 3 \cdot \Delta_f H[SO_3\ (\ell)] + \Delta_f H[Fe_2(SO_4)_3]$$

Buscando os valores nas tabelas, vê-se que $\Delta_f H°$ [Fe_2O_3], $\Delta_f H°$ [SO_3 (ℓ)], e $\Delta_f H°$ [$Fe_2(SO_4)_3$] são, respectivamente, -826, -438 e -2583 kJ por mol do composto. Assim, $\Delta_{reação} H°$ para a reação expressa na Equação 2.54 é

$$\Delta_{reação} H° = -443 \text{ kJ}$$

para a formação de 1 mol de $Fe_2(SO_4)_3$ a partir de Fe_2O_3 e SO_3, sob pressão-padrão.

O exemplo acima mostra que o valor de $\Delta_f H°$ do produto foi usado diretamente, que os valores de $\Delta_f H°$ dos reagentes mudaram de sinal, e que os coeficientes da reação química balanceada são usados como fatores de multiplicação (o multiplicador 3 para $\Delta_f H$ do SO_3, e o 3 que precede SO_3 na reação química balanceada não é uma coincidência). Uma compreensão dessas idéias nos permite desenvolver um atalho que podemos utilizar na avaliação da variação de entalpia para qualquer reação química. (Ou para qualquer outra função de estado, apesar de até agora só termos visto a energia interna como outra função de estado). Para um processo químico,

$$\Delta_{reação} H = \sum \Delta_f H \text{ (produtos)} - \sum \Delta_f H \text{ (reagentes)} \qquad (2.55)$$

Em cada somatória, deve ser incluído o número de mols de cada produto e de cada reagente na equação química balanceada. A Equação 2.55 se aplica para qualquer conjunto de condições, contanto que se use valores de $\Delta_f H$ para todas as espécies nas mesmas condições. Também podemos definir a variação de energia interna para uma reação de formação como $\Delta_f U$. Esta variação de energia, chamada energia interna de formação, tem uma importância paralela a $\Delta_f H$, e também é tabelada. Existe também uma simples expressão do tipo produtos menos reagentes, baseada nos valores de $\Delta_f U$, para a variação da energia interna em qualquer processo químico,

$$\Delta_{reação} U = \sum \Delta_f U \text{ (produtos)} - \sum \Delta_f U \text{ (reagentes)} \qquad (2.56)$$

Novamente, a expressão geral se aplica a ambas as condições, padrão e não-padrão, bem como todos os valores se aplicam ao mesmo conjunto de condições. O Apêndice 2 contém uma grande tabela de entalpias de formação (padrão). Essa tabela deve ser consultada para resolver problemas que requeiram energias de reações de formação. As Equações 2.55 e 2.56 eliminam a necessidade de se fazer uma análise completa, do tipo lei de Hess, de cada reação química.

Exemplo 2.17

A oxidação da glicose, $C_6H_{12}O_6$, é um processo metabólico básico em toda a vida. Ela ocorre nas células, por meio de uma série complexa de reações catalisadas por enzimas. A reação total é

$$C_6H_{12}O_6\ (s) + 6O_2\ (g) \longrightarrow 6CO_2\ (g) + 6H_2O\ (\ell)$$

Se a entalpia de formação-padrão da glicose é -1277 kJ/mol, qual é $\Delta_{reação} H°$ para este processo? Você precisará utilizar os valores de $\Delta_f H°$ do Apêndice 2.

Solução

Os valores de $\Delta_f H$ para CO_2 (g) e H_2O (ℓ) são $-393{,}51$ e $-285{,}83$ kJ/mol, respectivamente. Portanto, usando a Equação 2.55, obtemos

$$\Delta_{\text{reação}} H° = \underbrace{6(-393{,}51) + 6(-285{,}83)}_{\Sigma\, \Delta_f H° \text{ (produtos)}} - \underbrace{(-1277)}_{\Sigma\, \Delta_f H° \text{ (reagentes)}} \text{ kJ} \quad \text{para o processo}$$

Em expressões como esta, é importante estar atento a todos os sinais negativos. Calculando:

$$\Delta_{\text{reação}} H° = -2799 \text{ kJ}$$

Observando que os coeficientes da reação química balanceada são os números de mols de produtos e reagentes, perdemos os mols no denominador de $\Delta_{\text{reação}} H°$. Outra maneira de considerar isto é dizer que 2799 kJ de energia são liberados quando 1 mol de glicose reage com 6 mols de oxigênio produzindo 6 mols de dióxido de carbono e 6 mols de água. Isto elimina a questão "mols de quê?", que surgiria se uma unidade de kJ/mol fosse usada para $\Delta_{\text{reação}} H°$.

A tática de utilizar produtos menos reagentes é muito útil em termodinâmica. Também é uma idéia útil para se usar com outras funções de estado: a mudança em qualquer função de estado é o valor final menos o valor inicial. No Exemplo 2.17, a função de estado de interesse era a entalpia, e aplicando a lei de Hess e a definição de reações de formação, fomos capazes de desenvolver um procedimento para determinar as variações na entalpia e na energia interna para um processo químico.

Qual é a relação entre ΔH e ΔU para uma reação química? Se os valores de $\Delta_f U$ e $\Delta_f H$ são conhecidos para produtos e reagentes, pode-se simplesmente compará-los usando o esquema produtos menos reagentes das Equações 2.55 e 2.56. Há um outro modo de relacionar estas duas funções de estado. Lembre-se da definição original de H da Equação 2.16:

$$H = U + pV$$

Também derivamos uma expressão para dH como

$$dH = dU + d(pV)$$

$$dH = dU + p\, dV + V\, dp$$

onde a segunda equação acima foi obtida aplicando a regra da cadeia. Há vários modos de continuar com isso. Se o processo químico ocorre sob condições de volume constante, então, o termo $p\, dV$ é zero e $dU = dq_V$ (porque trabalho = 0). Portanto,

$$dH_V = dq_V + V\, dp \quad (2.57)$$

A forma integrada desta equação é

$$\Delta H_V = q_V + V\, \Delta p \quad (2.58)$$

Como $dU = dq$ sob condições de volume constante, isto nos dá uma maneira de calcular como dH difere de dU. Sob a condição de pressão constante, a equação se torna

$$\Delta H_p = \Delta U + p\, \Delta V \quad (2.59)$$

e temos uma segunda maneira de avaliar ΔH e ΔU para um processo químico.

Se o processo químico ocorre isotermicamente, e assumindo que os gases envolvidos atuam como gases ideais,

$$d(pV) = d(nRT) = dn \cdot RT$$

onde dn se refere à mudança no número de mols do gás, que acompanha a reação química. Como R e T são constantes, a regra da cadeia do cálculo não fornece termos adicionais. Portanto, para processos químicos isotérmicos, as Equações 2.58 e 2.59 podem ser escritas como

$$\Delta H = \Delta U + RT \, \Delta n \tag{2.60}$$

Para a Equação 2.60, pressão e volume não têm de ser obrigatoriamente constantes.

Exemplo 2.18

Um mol de etano, C_2H_6, é queimado em excesso de oxigênio, a pressão constante e a 600 °C. Qual é o ΔU para o processo? A quantidade de calor liberada pela combustão de 1 mol de etano é 1560 kJ (isto é, a reação é exotérmica).

Solução

Para este processo a pressão constante, $\Delta H = q$, então $\Delta H = -1560$ kJ. É negativo porque o calor é liberado. A fim de determinar $RT \, \Delta n$, precisamos da reação química balanceada. Para a combustão do etano com oxigênio, ela é

$$C_2H_6 \, (g) + \tfrac{7}{2} O_2 \, (g) \longrightarrow 2CO_2 \, (g) + 3H_2O \, (g)$$

O coeficiente fracionário para o oxigênio é necessário para balancear a reação. O produto água aparece como um gás porque a temperatura do processo está bem acima do seu ponto de ebulição! A variação no número de mols de um gás, Δn, é $n_{produtos} - n_{reagentes} = (2 + 3) - (1 + \tfrac{7}{2}) = 5 - 4{,}5 = 0{,}5$ mol. Portanto,

$$-1560 \text{ kJ} = \Delta U + (0{,}5 \text{ mol})\left(8{,}314 \, \frac{\text{J}}{\text{mol} \cdot \text{K}}\right)(873 \text{ K})\left(\frac{1 \text{ kJ}}{1000 \text{ J}}\right)$$

Resolvendo:

$$-1560 \text{ kJ} = \Delta U + 1{,}24 \text{ kJ}$$

$$\Delta U = -1561 \text{ kJ}$$

Neste exemplo, $\Delta_{reação} U$ e $\Delta_{reação} H$ são apenas um pouco diferentes. Isso mostra que *um pouco* da variação total de energia aparece como trabalho, e o restante, como calor.

2.11 Variações de Temperatura

Para um processo que ocorre sob pressão constante (o que inclui a maioria dos processos de interesse para o químico), o ΔH é fácil de medir. Ele é igual ao calor, q, do processo. Mas a temperatura do processo pode variar, e esperamos que ΔU e, mais importante, ΔH, variem com a temperatura. Como podemos obter ΔH a diferentes temperaturas?

Já que a entalpia é uma função de estado, podemos escolher qualquer caminho conveniente para obter ΔH para a reação, na temperatura desejada. Podemos usar uma idéia semelhante à lei de Hess para determinar a variação na função de estado ΔH para um processo que ocorra a uma temperatura diferente da citada nos dados disponíveis (geralmente, 25 °C). Além de ΔH a 25 °C, precisamos conhecer as capacidades caloríficas dos produtos e reagentes. Com essa informação, ΔH_T, onde T é qualquer temperatura, é dado pela soma de:

1. O calor, q, necessário para levar os reagentes até a temperatura especificada pelos dados (geralmente, 298 K).
2. O calor de reação, ΔH, naquela temperatura (que pode ser determinado a partir dos dados tabelados).
3. O calor, q, necessário para trazer os produtos *de volta* à temperatura desejada da reação

Usando ΔH_1, ΔH_2 e ΔH_3 para rotular os três valores dos calores apresentados acima, podemos escrever expressões para cada etapa. A etapa 1 é um processo de variação da temperatura que usa o fato de que $\Delta H_1 = q_p = m \cdot c \cdot \Delta T$. A capacidade calorífica usada nesta expressão é igual às capacidades caloríficas combinadas de todos os reagentes, que devem ser incluídos estequiometricamente. Isto é, se houver 2 mols de um reagente, sua capacidade calorífica deve ser incluída duas vezes, e assim por diante. É preciso considerar se ΔH_1 representa uma variação exotérmica (calor liberado; ΔH é negativo) ou endotérmica (calor absorvido; ΔH é positivo). Para a etapa 2, ΔH_2 é simplesmente $\Delta_{reação}H°$. Para a etapa 3, ΔH_3 é similar a ΔH_1, exceto pelo fato de que agora é o produto que deve ir da temperatura especificada para a temperatura final necessária (novamente, acompanhando se o processo é endotérmico ou exotérmico). Nesta terceira etapa, são necessárias as capacidades caloríficas dos *produtos*. O ΔH_T total do produto é a soma das três mudanças de entalpia, como requerem a lei de Hess e o fato de a entalpia ser uma função de estado. O seguinte exemplo mostra isso.

Exemplo 2.19

Determine ΔH_{500} para a seguinte reação, a 500 K e pressão constante:

$$CO\ (g) + H_2O\ (g) \longrightarrow CO_2\ (g) + H_2\ (g)$$

Os seguintes dados são necessários:

Substância	C_p	$\Delta_f H$ (298 K)
CO	29,12	−110,5
H_2O	33,58	−241,8
CO_2	37,11	−393,5
H_2	29,89	0,0

onde as unidades para C_p são J/mol·K, e as unidades para $\Delta_f H$ são kJ/mol. Assuma que sejam quantidades molares.

Solução
Primeiro, precisamos levar CO e H_2O de 500 K para 298 K, um ΔT de − 202 K. Para um mol de cada, o calor (que é igual à mudança na entalpia) é

$$\Delta H_1 = q$$
$$= (1\ mol)\left(29,12\ \frac{J}{mol \cdot K}\right)(-202\ K) + (1\ mol)\left(33,58\ \frac{J}{mol \cdot K}\right)(-202\ K)$$
$$\Delta H_1 = -12.665\ J = -12,665\ kJ$$

Para a segunda etapa, precisamos avaliar ΔH para a reação a 298 K. Usando a abordagem produtos menos reagentes, temos

$$\Delta H_2 = (-393,5 + 0) - (-110,5 + -241,8)\ kJ$$
$$\Delta H_2 = -41,2\ kJ$$

Finalmente, os produtos da reação precisam ser trazidos para 500 K; o calor envolvido em cada etapa, ΔH_3, é

$$\Delta H_3 = q$$
$$= (1 \text{ mol})\left(37{,}11 \frac{J}{mol \cdot K}\right)(+202 \text{ K}) + (1 \text{ mol})\left(29{,}89 \frac{J}{mol \cdot K}\right)(+202 \text{ K})$$

onde agora ΔT é 202 K positivo:

$$\Delta H_3 = +13.534 \text{ J} = 13{,}534 \text{ kJ}$$

O $\Delta_{reação}H$ total é a soma das três partes:

$$\Delta_{reação}H = \Delta H_1 + \Delta H_2 + \Delta H_3$$
$$= -12{,}665 + (-41{,}2) + 13{,}534 \text{ kJ}$$
$$\Delta_{reação}H = -40{,}3 \text{ kJ}$$

a Figura 2.10 mostra um diagrama dos processos usados para calcular ΔH_{500}.

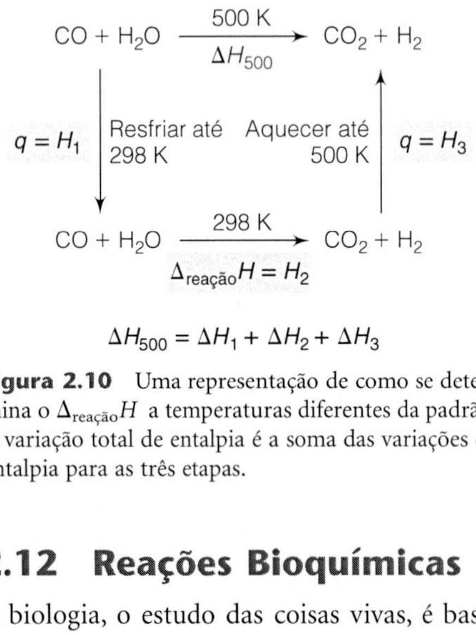

Figura 2.10 Uma representação de como se determina o $\Delta_{reação}H$ a temperaturas diferentes da padrão. A variação total de entalpia é a soma das variações de entalpia para as três etapas.

A resposta no exemplo acima não é muito diferente de $\Delta_{reação}H°$, mas é diferente. Também é uma aproximação, já que estamos assumindo que as capacidades caloríficas não variam com a temperatura. Se compararmos o calculado de ΔH_{500} com o valor experimental, igual a $-39{,}84$ kJ, vemos que a diferença não é muito grande. Essa é, então, uma boa aproximação. Para ser mais exato, é necessário usar uma expressão para C_p em função de T, em vez de uma constante, e uma integral entre 500 K e 298 K deve ser avaliada para as etapas ΔH_1 e ΔH_3, conforme ilustrado no Exemplo 2.10. Conceitualmente, porém, isso não é diferente do exemplo anterior.

2.12 Reações Bioquímicas

A biologia, o estudo das coisas vivas, é baseada na química. Apesar de os sistemas biológicos serem muito complexos, suas reações químicas continuam sendo regidas pelos conceitos básicos da termodinâmica. Nesta seção, vamos rever a termodinâmica de alguns processos bioquímicos importantes.

No Exemplo 2.17, consideramos a oxidação da glicose:

$$C_6H_{12}O_6 \text{ (s)} + 6O_2 \text{ (g)} \longrightarrow 6CO_2 \text{ (g)} + 6H_2O \text{ } (\ell)$$

A variação de entalpia desta reação é -2799 kJ por mol de glicose oxidada. O primeiro ponto a considerar é que não importa se a glicose é queimada no ar ou metabolizada em nossas células: para cada 180,15 g que reagem com oxigênio, são liberados 2799 kJ de energia. O segundo ponto é reconhecer que é muita energia! É suficiente para elevar a temperatura de 80 kg de água (a massa aproximada de um corpo humano) em mais de 8 °C! O volume molar da glicose é cerca de 115 mL, observando-se que nossas células usam uma forma muito compacta de energia.

Fotossíntese é o processo pelo qual as plantas preparam glicose a partir de dióxido de carbono e água. A reação global é

$$6CO_2 \text{ (g)} + 6H_2O \text{ } (\ell) \longrightarrow C_6H_{12}O_6 \text{ (s)} + 6O_2 \text{ (g)}$$

Esta reação é o inverso da reação de oxidação/metabolismo da glicose. Pela lei de Hess, a variação de entalpia da reação é o negativo da variação de entalpia do processo original: $\Delta_{reação}H = +2799$ kJ por mol de glicose produzida. Para ambos os processos, as etapas individuais do processo bioquímico global são ignoradas. Apenas a reação global é necessária para determinar a variação de entalpia.

Uma reação bioquímica muito importante é a conversão da adenosina trifosfato (ATP) em adenosina difosfato, e vice-versa (veja a Figura 2.11). Podemos resumir esse processo assim

$$ATP + H_2O \rightleftharpoons ADP + fosfato \tag{2.61}$$

Aqui, "fosfato" refere-se a qualquer dos vários íons fosfato inorgânicos ($H_2PO_4^-$, HPO_4^{2-} ou PO_4^{3-}), cuja formação depende das condições do ambiente. Essa conversão é um dos principais processos de estocagem/utilização de energia no nível subcelular.

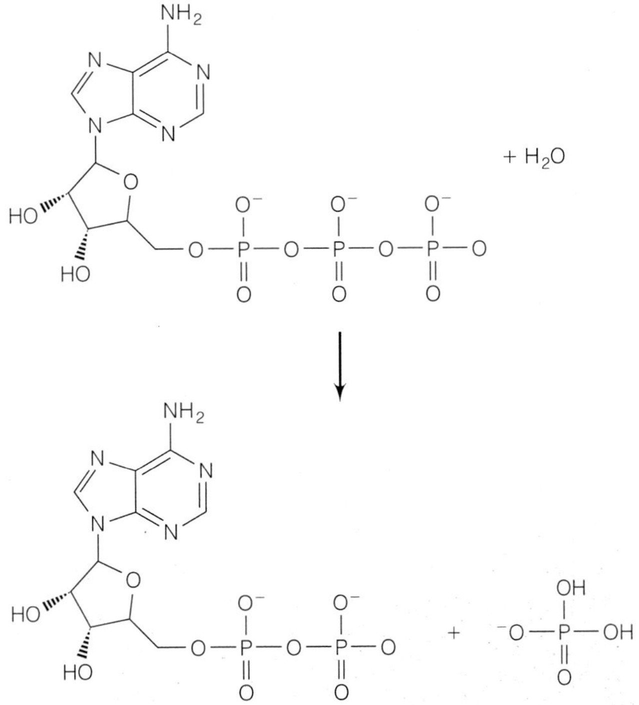

Figura 2.11 Hidrólise da adenosina trifosfato (ATP) para produzir adenosina difosfato (ADP) e fosfato inorgânico.

Essas reações ocorrem em células, não na fase gasosa, de modo que as condições para a reação são diferentes. Um *estado-padrão bioquímico* inclui o requisito de que a solução aquosa seja neutra (isto é, nem ácida, nem básica), com pH = 7.[8] Usamos a marca ′ em uma função de estado para indicar que ela se refere a uma reação bioquímica no estado-padrão. Para a reação ATP → ADP, na Equação 2.16, $\Delta_{reação}H^{o\prime}$ é igual a $-24,3$ kJ por mol de ATP que reage.

Esta não é uma grande variação de entalpia. Entretanto, é energia suficiente para alimentar outras reações químicas importantes bioquimicamente. Detalhes podem ser encontrados na maioria dos livros de bioquímica.

---

[8] Encontraremos uma discussão mais detalhada sobre pH no Capítulo 8.

Terminamos esta seção com uma advertência. Muitos textos de bioquímica simplificam a reação na Equação 2.61 como

$$\text{ATP} \rightleftharpoons \text{ADP} + \text{fosfato} \qquad \Delta_{\text{reação}} H^{\circ\prime} = -24,3 \text{ kJ} \qquad (2.62)$$

(É comum em química orgânica ou biológica escrever processos químicos complicados usando apenas as espécies químicas importantes.) Para o não iniciado, a reação escrita na Equação 2.62 sugere que uma molécula de ATP está se dividindo em uma molécula de ADP e outra de fosfato, liberando 24,3 kJ de energia. Entretanto, em química básica, devemos aprender que precisamos sempre de energia para quebrar uma ligação química; a reação acima deveria ser endotérmica, e não exotérmica. Como pode ser liberada energia na quebra de uma ligação química?

O motivo da confusão está na ausência da molécula de água. Mais ligações estão sendo rompidas e formadas do que indica a Equação 2.62, e com a inclusão da água (como na Equação 2.61), a variação global de entalpia da conversão ATP → ADP é negativa. Sempre há confusão quando reações complexas são simplificadas e o leitor desavisado não reconhece as implicações da simplificação.

A lição: mesmo processos bioquímicos complicados são regidos pelos conceitos da termodinâmica.

2.13 Resumo

A primeira lei da termodinâmica trata da *energia*. A energia total de um sistema isolado é constante. Se a energia total de um sistema isolado varia, a diferença deve se manifestar como trabalho ou calor, e nada mais. Como a energia interna U nem sempre é a melhor maneira de monitorar a energia de um sistema, definimos a entalpia, H, que pode ser uma função de estado mais conveniente. Devido ao fato de muitos processos químicos ocorrerem sob condições de pressão constante, a entalpia é freqüentemente mais conveniente que a energia interna.

Há muitos meios matemáticos de monitorar as variações da energia de um sistema. Os exemplos apresentados neste capítulo são todos baseados na primeira lei da termodinâmica. Muitos deles exigem certas condições como pressão constante, volume constante ou temperatura constante. Embora isso possa parecer inconveniente, definindo as variações no sistema dessa maneira, podemos calcular a variação na energia de nosso sistema. Esse é um objetivo importante da termodinâmica, mas, como veremos no próximo capítulo, não é o único.

A outra tarefa da termodinâmica está implícita na questão: "que processos tendem a ocorrer por si mesmos, sem nenhum esforço (isto é, trabalho) de nossa parte?" Em outras palavras, que processos são *espontâneos*? Nada na primeira lei da termodinâmica nos ajuda a responder a essa questão de maneira inequívoca; isso não é possível. Muitas pesquisas e experiências mostraram que a energia não é o único interesse da termodinâmica. Outros tópicos também são importantes, porque desempenham um papel fundamental na nossa visão do universo.

EXERCÍCIOS DO CAPÍTULO 2

2.2 Trabalho e Calor

2.1. Calcule o trabalho realizado por uma pessoa que exerce uma força de 30 N (N = newtons) para mover uma caixa por 30 m, se a força for **(a)** paralela à direção do movimento, e **(b)** a 45° da direção do movimento. As grandezas relativas fazem sentido?

2.2. Explique, com suas palavras, por que o trabalho realizado pelo sistema é definido como $p\,\Delta V$ negativo, e não como $p\,\Delta V$ positivo.

2.3. Calcule o trabalho, em joules, quando um pistão se move reversivelmente de um volume de 50 mL para um volume de 450 mL, contra uma pressão de 2,33 atm.

2.4. Calcule o trabalho, em joules, necessário para expandir um balão de 5 mL para 3,350 L contra a pressão atmosférica-padrão. (Seus pulmões realizam o trabalho, se você estiver assoprando o balão para enchê-lo). Admita que o processo é reversível.

2.5. Considere o Exercício 2.4. O trabalho seria maior ou menor, se fosse realizado contra as pressões externas encontradas **(a)** no topo do Monte Everest, **(b)** no fundo do Vale da Morte, **(c)** no Espaço? **(e)** E se o processo fosse realizado irreversivelmente?

2.6. Calcule a capacidade calorífica de um material, se 288 J de energia forem necessários para aquecer 50,5 g desse material, de 298 K a 330 K. Quais são as unidades?

2.7. Fluoreto de hidrogênio líquido, água líquida e amônia líquida têm calores específicos relativamente elevados, considerando que suas moléculas são tão pequenas. Especule sobre o motivo disso.

2.8. Um pedaço de ferro de 7,50 g, a 100,0 °C, é colocado dentro de 25,0 g de água, a 22,0 °C. Admitindo que o calor perdido pelo ferro é igual ao calor ganho pela água, determine a temperatura final do sistema ferro/água. Admita uma capacidade calorífica de 4,18 J/g·K para a água, e de 0,45 J/g·F para o ferro.

2.9. Utilizando o aparato de Joule, considerando uma massa de água de 100 kg (cerca de 100 L), um peso com uma massa de 20,0 kg e uma queda de 2,00 metros, calcule quantas quedas seriam necessárias para aumentar a temperatura da água em 1,00°C. (*Dica*: veja o Exemplo 2.5)

2.10. Algumas pessoas dizem que motores de foguetes espaciais não trabalham, porque os produtos gasosos do motor, empurrando contra o vácuo do Espaço, não realizam trabalho e, portanto, o motor não empurra nada. Conteste esse argumento. (*Dica*: use a terceira lei do movimento, de Newton)

2.11. Comprove a Equação 2.8.

2.3 Energia Interna; Primeira Lei da Termodinâmica

2.12. A afirmação "energia não pode ser criada nem destruída" é às vezes usada como uma definição da primeira lei da termodinâmica. Porém, há imprecisões nessa definição. Reformule essa definição para torná-la menos imprecisa.

2.13. Explique por que a Equação 2.10 não é considerada uma contradição da Equação 2.11.

2.14. Qual é a variação na energia interna quando um gás se contrai de 377 mL para 119 mL, sob uma pressão de 1550 torr, enquanto, ao mesmo tempo, o gás é resfriado pela remoção de 124,0 J de energia térmica?

2.15. Calcule o trabalho para a compressão isotérmica e reversível de 0,245 mol de um gás ideal, indo de 1,000 L para 1 mL, a uma temperatura de 95 °C.

2.16. Calcule o trabalho realizado quando 1,000 mol de um gás ideal se expande reversivelmente de 1,0 L para 10 L, a 298 K. Em seguida, calcule a quantidade de trabalho realizado quando o gás se expande irreversivelmente contra uma pressão externa constante igual a 1,00 atm. Compare os dois valores e comente.

2.17. Suponha uma mudança adiabática *e* isotérmica em um sistema gasoso. Qual seria a variação na energia interna para essa mudança?

2.4 e 2.5 Funções de Estado; Entalpia

2.18. A distância entre os centros das cidades de São Francisco e Oakland é de 9 milhas. Entretanto, um carro viajando entre os dois pontos percorre 12,3 milhas. Dessas duas distâncias, qual é análoga a uma função de estado? Por quê?

2.19. A temperatura é uma função de estado? Justifique sua resposta.

2.20. Um pistão contrai reversível e adiabaticamente 3,88 mols de um gás ideal até um décimo de seu volume original e, em seguida, expande de volta às condições originais. Ele faz isso um total de cinco vezes. Se a temperatura final e a inicial do gás forem 27,5 °C, calcule **(a)** o trabalho total e **(b)** a ΔU total para o processo global.

2.21. Muitos gases comprimidos vêm em cilindros grandes e pesados; tão pesados, que são transportados em carretas especiais. Um tanque de 80,0 L de gás nitrogênio pressurizado a 172 atm é deixado ao sol e aquece, da sua temperatura normal de 20,0 °C até 140 °C. Determine **(a)** a temperatura final dentro do tanque e **(b)** o trabalho, calor, ΔU envolvidos no processo. Assuma que o comportamento é ideal e que a capacidade calorífica do nitrogênio diatômico é 21,0 J/mol·K.

2.22. Sob que condições ΔU será exatamente igual a zero, em um processo cujas condições iniciais não são as mesmas que as finais.

2.23. Um balão cheio com 0,505 mols de gás se contrai reversivelmente de 1,0 L para 0,10 L a temperatura constante de 5,0 °C. Durante esse processo, ele perde 1270 J de calor. Calcule w, q, ΔU e ΔH para o processo.

2.24. São necessários 2260 J para vaporizar um grama de água líquida no seu ponto de ebulição normal, de 100 °C. Qual o valor de ΔH para esse processo? Qual o trabalho realizado quando o vapor de água se expande contra uma pressão de 0,988 atm? Qual o valor de ΔU para esse processo?

2.6 Variações nas Funções de Estado

2.25. Qual seria a equação para a variação infinitesimal na energia interna, se são considerados os infinitésimos da energia interna em relação à pressão e ao volume? Escreva a equação semelhante para dH, assumindo as mesmas variáveis.

2.26. Um refrigerador contém aproximadamente 17 pés cúbicos, ou cerca de 480 litros, de ar. Assumindo que o ar se comporte como gás ideal, com $\overline{C_V}$ igual a 12,47 J/mol·K, qual a variação em U ao resfriar o ar da temperatura ambiente (22 °C) à temperatura do refrigerador (4 °C)? Assuma uma pressão inicial de 1,00 atm.

2.27. Quais são as unidades de cada termo da equação de C_V, dada na parte **b** do Exemplo 2.10?

2.28. Começando com a Equação 2.27 e com as definições originais de entalpia, demonstre que $\overline{C_p} = \overline{C_V} + R$.

2.29. Demonstre que, para um gás ideal, $(\partial H/\partial p)_T$ também é zero.

2.30. Defina isobárica, isocórica, isoentálpica e isotérmica. Uma mudança em um sistema gasoso pode ser, ao mesmo tempo, isobárica, isocórica e isotérmica?

2.7 Coeficientes de Joule-Thomson

2.31. Deduza a Equação 2.35, começando pela regra cíclica envolvendo o coeficiente de Joule-Thomson.

2.32. A lei do gás ideal fornece a equação de estado para um gás ideal. Por que ela não pode ser usada para determinar $(\partial T/\partial p)_H$?

2.33. Para um gás que segue a equação de estado de Van der Waals, a temperatura de inversão pode ser aproximada como sendo $2a/Rb$. Usando a Tabela 1.6, calcule as temperaturas de inversão do He e do H_2 e compare com os seus valores de 40 K e 202 K, respectivamente. Quais as implicações dessas temperaturas de inversão com relação à liquefação desses gases?

2.34. Estime a temperatura final de um mol de gás a 200 atm e 19,0 °C, quando ele é forçado através de uma superfície porosa para uma pressão final de 0,95 atm. O μ_{JT} final do gás é 0,150 K/atm.

2.35. Com relação ao Exercício 2.34, qual você acha que é a exatidão de sua resposta, e por quê?

2.36. Alguém propôs que o coeficiente de Joule-Thomson pode ser também definido como

$$\mu_{JT} = -\frac{(\partial U/\partial p)_T}{C_V}$$

Essa definição é válida? Por que sim ou por que não?

2.8 Capacidades Caloríficas

2.37. Por que a Equação 2.37 é escrita em termos de C_V e C_p, e não de $\overline{C_V}$ e $\overline{C_p}$?

2.38. Quais são os valores numéricos das capacidades caloríficas $\overline{C_p}$ e $\overline{C_V}$ de um gás monoatômico, em unidades de cal/mol·K e L·atm/mol·K?

2.39. Em um calorímetro de pressão constante (isto é, que se expande e se contrai se o volume do sistema varia), 0,145 mol de um gás ideal se contrai lentamente de 5,00 L até 3,92 L. Se a temperatura inicial do gás é 0,0 °C, calcule ΔU e w para o processo.

2.40. Qual é a temperatura final de 0,122 mol de gás ideal, que realiza 75 J de trabalho adiabaticamente, se a temperatura inicial é 235 °C?

2.41. Deduza a Equação 2.44, partindo da etapa anterior.

2.42. Mostre que, para um gás monoatômico ideal, $(\overline{C_p} - \overline{C_V})/\overline{C_V}$ é igual a $\frac{2}{3}$.

2.43. Qual é γ para um gás diatômico ideal? (Veja a nota de rodapé n. 6 na Seção 2.8.)

2.44. Um balão meteorológico em órbita ao redor da Terra descarrega um peso e ascende para uma altitude maior. Se a pressão inicial é 0,0033 atm e na nova altitude a pressão for 0,00074 atm, por que fração a temperatura absoluta mudará? Admita que o balão está cheio de hélio, que tem comportamento próximo ao do gás ideal, e que a transformação é adiabática.

2.9 e 2.10 Mudanças de Fase; Transformações Químicas

2.45. Leve a variação de volume em consideração e calcule ΔH e ΔV para a fusão de 1 g de gelo, exatamente, dando 1 g de água a pressão-padrão. A densidade do gelo a 0 °C é 0,9168 g/mL; a densidade da água a 0 °C é 0,99984 g/mL.

2.46. Quanto trabalho é realizado por 1 mol de água ao congelar para 1 mol de gelo, a 0 °C e a pressão-padrão? Use as densidades dadas no exercício anterior.

2.47. Por que a queimadura pelo vapor de água é muito pior que a da água líquida, mesmo estando as duas fases a mesma temperatura? (*Dica*: considere o calor de vaporização da água.)

2.48. Quantos gramas de água a 0 °C serão formados pela condensação de 1 g de vapor a 100°C?

2.49. Plantadores de frutas cítricas dos Estados Unidos, às vezes, borrifam suas árvores com água, quando esperam que a temperatura caia abaixo de 0 °C, na esperança de que isso evite o congelamento das frutas. Por que esses plantadores pensam dessa maneira?

2.50. Desenhe um diagrama como o da Figura 2.11, que ilustre a variação de entalpia para a reação

$$C\ (s) + 2H_2\ (g) \longrightarrow CH_4\ (g)$$

que é exotérmica, liberando 74,8 kJ/mol

2.51. Determine $\Delta_{reação}H$ (25 °C) para a seguinte reação:

$$H_2\ (g) + I_2\ (s) \longrightarrow 2HI\ (g)$$

2.52. Determine $\Delta_{reação}H$ (25 °C) para a seguinte reação:

$$NO\ (g) + \frac{1}{2}O_2\ (g) \longrightarrow NO_2\ (g)$$

Essa reação é um importante elemento na formação de neblina poluente.

2.53. Usando a lei de Hess, escreva todas as reações de formação que se deve somar e calcule $\Delta_{reação}H$ (25 °C) para a seguinte reação:

$$2NaHCO_3 \text{ (s)} \longrightarrow Na_2CO_3 \text{ (s)} + CO_2 \text{ (g)} + H_2O \text{ }(\ell)$$

(Essa reação ocorre quando usamos bicarbonato para abafar fogo na cozinha.)

2.54. A mistura de alumínio em pó com óxido de ferro entra em ignição produzindo óxido de alumínio e ferro. A quantidade de energia liberada é tão grande que se forma o ferro fundido. Escreva a equação balanceada para esta reação e determine o ΔH (25 °C).

2.55. Ácido benzóico, C_6H_5COOH, é um padrão comumente usado em bombas calorimétricas, que mantêm o volume constante. Se 1,20 g de ácido benzóico libera 31.723 J de energia quando queimadas na presença de excesso de oxigênio à temperatura constante de 24,6 °C, calcule q, w, ΔH e ΔU para a reação.

2.56. 1,20 g de ácido benzóico, C_6H_5COOH, queima em um cadinho de porcelana exposto ao ar. Se 31,723 J de energia são liberados e a temperatura do sistema é 24,6 °C, calcule q, w, ΔH e ΔU. (Compare as suas respostas com as dos problemas anteriores.)

2.11 Variações de Temperatura

2.57. Admitindo capacidades caloríficas constantes para produtos e reagentes, determine o ΔH (500°C) para $2H_2$ (g) + O_2 (g) $\rightarrow$ $2H_2O$ (g). (*Dica*: cuidado com os dados que você usa para a água!)

2.58. Use as capacidades caloríficas dos produtos e reagentes da reação de pó de alumínio com óxido de ferro, e o ΔH calculado para o processo, para avaliar a temperatura da reação. Assuma que todo o calor gerado é usado para aumentar a temperatura do sistema.

Exercícios de Simbolismo Matemático

2.59. Abaixo, estão os valores das capacidades caloríficas do gás nitrogênio:

Temp (K)	C_V (J/mol·K)
300	20,8
400	20,9
500	21,2
600	21,8
700	22,4
800	23,1
900	23,7
1000	24,3
1100	24,9

Usando a fórmula geral $C_V = A + BT + C/T^2$, encontre os valores de A, B e C que se ajustam aos dados da tabela.

2.60. Qual é ΔU para 1 mol de gás N_2 aquecendo de 300 K para 1100 K a volume constante? Use a expressão para C_V, determinada no Exercício 2.59, e avalie ΔU numericamente.

2.61. Considere um gás cujo volume está variando reversível e adiabaticamente. Estas variações não são isotérmicas, mas você pode usar a Equação 2.49, que é o caso especial da lei de Boyle. Faça o gráfico da pressão final de 1,00 mol do gás, com pressão inicial de 1,00 bar, à medida que o volume aumenta. Faça também o gráfico da pressão isotérmica final com o aumento do volume a partir das mesmas condições iniciais (isto é, lei de Boyle). Compare os dois gráficos.

3 Segunda e Terceira Leis da Termodinâmica

EMBORA OS INSTRUMENTOS MATEMÁTICOS E CONCEITUAIS FORNECIDOS PELAS LEIS ZERO E PRIMEIRA DA TERMODINÂMICA SEJAM MUITO ÚTEIS, precisamos de outros. Há uma questão importante que essas leis não podem responder: um dado processo poderá ocorrer espontaneamente? Nada nos capítulos anteriores menciona a espontaneidade, um conceito importante. A termodinâmica ajuda a entender a espontaneidade de processos; para isso, necessitamos de mais instrumentos que ela pode fornecer. Esses instrumentos são chamados de segunda e terceira leis da termodinâmica.

3.1 Sinopse

Por mais útil que seja a primeira lei da termodinâmica, veremos que ela é limitada. Existem algumas questões a que ela não pode responder. Primeiro, consideraremos algumas limitações da primeira lei. Depois, introduziremos o conceito de eficiência e veremos como se aplica a motores, dispositivos que convertem calor em trabalho. A segunda lei da termodinâmica, que pode ser expressa em termos de eficiência, será introduzida neste ponto.

Nossa abordagem dos motores vai sugerir uma nova função de estado, chamada de entropia. Usando sua definição inicial como ponto de partida, deduziremos algumas equações que nos permitirão calcular as variações de entropia para vários processos. Depois de considerar uma maneira diferente de definir entropia, apresentaremos a terceira lei da termodinâmica, que torna a entropia uma função de estado na termodinâmica com características únicas. Finalmente, consideraremos as variações de entropia para reações químicas.

Neste capítulo, focalizaremos quase exclusivamente a entropia do sistema, não da vizinhança. A maioria dos processos de nosso interesse envolve algum tipo de interação entre o sistema e a vizinhança, mas o sistema em si continua sendo a parte do universo que nos interessa.

3.2 Limites da Primeira Lei

Um processo químico ou físico ocorrerá espontaneamente? Um processo ocorrendo dentro de um sistema é *espontâneo* se a vizinhança não precisa realizar trabalho sobre o sistema para o processo ocorrer. Por exemplo, se você derruba uma pedra da altura da cintura, a pedra cairá espontaneamente. Quando o êmbolo da válvula de uma lata de fixador de cabelo é pressionado, o gás sai espontaneamente. Quando o sódio metálico é colocado num recipiente cheio de cloro gasoso, uma reação química ocorre espontaneamente, resultando no produto cloreto de sódio.

Porém, uma pedra no chão não pula até a cintura espontaneamente. O fixador de cabelo não volta espontaneamente para dentro da lata sob alta pressão, e o cloreto de sódio não volta a ser espontaneamente sódio metálico e cloro gasoso diatômico. Esses são exemplos de mudanças *não espontâneas*. Essas mudanças podem ser levadas a ocorrer, mediante a realização de algum tipo de trabalho. Por exemplo, o cloreto de sódio pode ser fundido e atravessado por uma corrente elétrica, gerando sódio e cloro; neste caso, estamos forçando a ocorrência de um processo não espontâneo. O processo não ocorre por si mesmo. Como um exemplo final, considere a livre expansão adiabática, isotérmica, de um gás ideal. O processo é espontâneo, mas ocorre sem variação na energia do gás no sistema.

Como podemos prever quais processos são espontâneos? Considere os três casos citados anteriormente. Quando uma pedra cai, ela vai para uma energia potencial gravitacional mais baixa. Quando um gás sob alta pressão vai para uma pressão mais baixa, isso ocorre com uma diminuição na energia. Quando o sódio e o cloro reagem, a reação exotérmica significa que energia está sendo liberada e todo o sistema vai para uma energia mais baixa. Portanto, sugerimos o seguinte: processos espontâneos ocorrem se a energia do sistema diminui. Esta é uma definição suficiente e um bom indicador de um processo espontâneo? Esta afirmação geral é universalmente aplicável a todos os processos espontâneos?

Considere o seguinte processo:

$$NaCl\ (s) \xrightarrow{H_2O} Na^+\ (aq) + Cl^-\ (aq)$$

que é a dissolução de cloreto de sódio em água. A variação de entalpia para este processo é um exemplo de *calor de dissolução*, $\Delta_{sol}H$. Este processo em particular, que ocorre espontaneamente (já que sais de sódio são solúveis), tem um $\Delta_{sol}H$ (25°C) de $+3,88$ kJ/mol. É um processo *endotérmico*, mas ocorre espontaneamente. Considere a reação usada em uma demonstração química de laboratório:

$$Ba(OH)_2 \cdot 8H_2O\ (s) + 2NH_4SCN\ (s) \longrightarrow$$
$$Ba(SCN)_2\ (s) + 2NH_3\ (g) + 10H_2O\ (\ell)$$

Esta reação absorve tanta energia da vizinhança (isto é, é tão endotérmica), que pode congelar a água, formando gelo, que é o principal objetivo da demonstração. O sistema (isto é, a reação química) está aumentando sua energia, mas também é espontâneo.

A conclusão é que uma diminuição na energia de um sistema não é suficiente para prever se um processo nesse sistema será espontâneo. A maioria das mudanças espontâneas, mas não todas, são acompanhadas por uma diminuição na energia. Portanto, uma diminuição de energia em uma mudança não é suficiente para determinar se a mudança é ou não espontânea.

Infelizmente, a primeira lei da termodinâmica trata apenas de *variações de energia*. Mas vimos que considerar somente variações de energia é insuficiente para determinar se as mudanças no sistema são espontâneas ou não. Isso significa que a primeira lei da termodinâmica está errada? Não! Significa apenas que a primeira lei *sozinha* não pode tratar desta questão específica.

A termodinâmica fornece outros instrumentos com os quais se pode estudar processos em geral. A utilização desses instrumentos não apenas aumenta a aplicabilidade da termodinâmica, como também avança muito para responder à questão: "este processo é espontâneo?". Introduziremos e desenvolveremos os instrumentos neste capítulo, e apresentaremos uma resposta bem específica a esta questão no próximo capítulo.

3.3 Ciclo de Carnot e Eficiência

Em 1824, um engenheiro militar francês chamado Nicolas Leonard Sadi Carnot (seu terceiro nome foi inspirado em um poeta persa, e seu sobrenome é pronunciado Carnô) publicou um artigo que acabou tendo um papel importante – embora indiretamente – no desenvolvimento da termodinâmica. Foi ignorado na época. A primeira lei da termodinâmica ainda não havia sido estabelecida, e o calor ainda era pensado como "calórico". Somente em 1848 Lord Kelvin chamou a atenção do mundo científico para o trabalho, 16 anos após a morte prematura de Carnot, aos 36 anos. Porém, o artigo introduziu um conceito duradouro, a definição do ciclo de Carnot.

Carnot estava interessado em compreender a capacidade das máquinas a vapor – conhecidas há quase um século naquela época – de realizar trabalho. Aparentemente, ele foi o primeiro a compreender que há uma relação entre a *eficiência* de uma máquina a vapor e as *temperaturas* envolvidas no processo. A Figura 3.1 mostra um diagrama moderno de como Carnot definiu uma máquina térmica. Carnot imaginou cada máquina térmica como um dispositivo que recebe calor, q_{entra}, de um reservatório, a temperatura elevada. O dispositivo realiza um trabalho, w, sobre a vizinhança, deposita o calor restante em um reservatório a temperatura mais baixa. A máquina, portanto, está emitindo calor, q_{sai}, para um reservatório de baixa temperatura. Apesar de as máquinas ou motores[1] de hoje serem muito diferentes daquelas do tempo de Carnot, todo dispositivo que temos para realizar trabalho pode ser descrito segundo esse modelo.

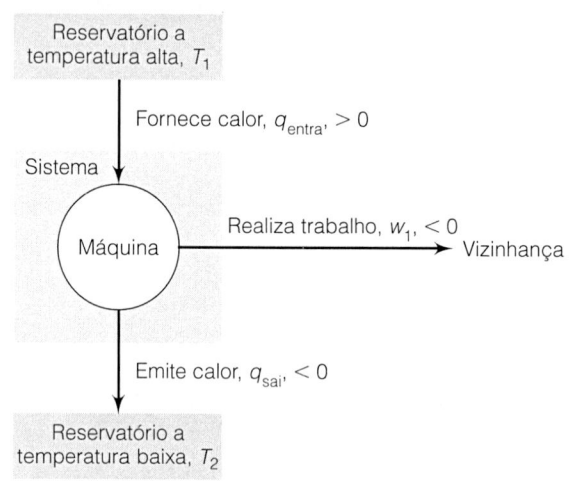

Figura 3.1 Um diagrama moderno do tipo de máquina que Carnot estudou para o seu ciclo. O reservatório à temperatura alta fornece a energia para mover a máquina, que produz algum trabalho e envia a energia restante para um reservatório a temperatura baixa. Os valores de q_{entra}, w_1, e q_{sai} são maiores ou menores do que zero em relação ao *sistema*.

Carnot continuou definindo as etapas de operação de uma máquina de modo que ela pudesse atingir a máxima eficiência. O conjunto dessas etapas, chamado de *ciclo de Carnot*, representa o modo mais eficiente conhecido de se obter trabalho a partir do calor, à medida que a energia vai de um reservatório de alta temperatura para um reservatório de baixa temperatura. A máquina em si é definida como o sistema, e um esquema do ciclo é mostrado na Figura 3.2. As etapas de um ciclo de Carnot, para um sistema gasoso ideal, são:

1. Expansão isotérmica reversível. Para isso ocorrer, calor deve ser absorvido do reservatório a alta temperatura. Definiremos esta quantidade de calor como q_1 (chamada de q_{entra} na Figura 3.1), e a quantidade de trabalho realizado pelo sistema como w_1.

---

[1] N. do R.T.: Hoje em dia, é mais comum chamar de motores os dispositivos que produzem trabalho a partir de qualquer tipo de energia.

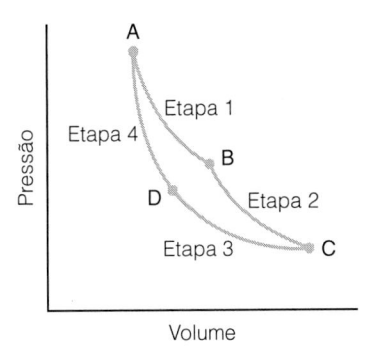

Figura 3.2 Uma representação do ciclo de Carnot realizado em um sistema gasoso. As etapas são: (1) Expansão isotérmica reversível. (2) Expansão adiabática reversível. (3) Compressão isotérmica reversível. (4) Compressão adiabática reversível. O sistema termina nas mesmas condições em que começou; o volume dentro da figura de quatro lados é representativo do trabalho $p - V$, realizado pelo ciclo.

2. Expansão adiabática reversível. Nesta etapa, $q = 0$, mas como é uma expansão, a máquina realiza trabalho. Este trabalho é definido como w_2.
3. Compressão isotérmica reversível. Para que esta etapa seja isotérmica, calor deve sair do sistema, indo para o reservatório de baixa temperatura. Será chamado de q_3 (que é q_{sai} na Figura 3.1). A quantidade de trabalho nesta etapa[2] será chamada de w_3.
4. Compressão adiabática reversível. O sistema (isto é, a máquina) volta às suas condições originais. Nesta etapa, q é novamente 0, e o trabalho é feito sobre o sistema. Esta quantidade de trabalho é chamada de w_4.

Como o sistema voltou às condições originais, pela definição de função de estado, $\Delta U = 0$ para todo o processo. Pela primeira lei da termodinâmica,

$$\Delta U = 0 = q_1 + w_1 + w_2 + q_3 + w_3 + w_4 \qquad (3.1)$$

Uma outra maneira de escrever isto é considerando todo o trabalho resultante do ciclo, bem como todo o fluxo de calor no ciclo:

$$w_{ciclo} = w_1 + w_2 + w_3 + w_4 \qquad (3.2)$$

$$q_{ciclo} = q_1 + q_3 \qquad (3.3)$$

de modo que

$$0 = q_{ciclo} + w_{ciclo}$$

$$q_{ciclo} = -w_{ciclo} \qquad (3.4)$$

Definimos agora *eficiência*, e, como o valor negativo da relação entre o trabalho resultante do ciclo e o calor que vem do reservatório de alta temperatura:

$$e = -\frac{w_{ciclo}}{q_1} \qquad (3.5)$$

Eficiência é, então, uma medida de quanto do calor absorvido pela máquina está sendo convertido em trabalho. O sinal negativo torna a eficiência positiva, porque o trabalho realizado *pelo* sistema tem um valor negativo, mas o calor *que entra* no sistema tem um valor positivo. Podemos eliminar o sinal negativo substituindo w_{ciclo} por $-q_{ciclo}$ (a partir da Equação 3.4):

$$e = \frac{q_{ciclo}}{q_1} = \frac{q_1 + q_3}{q_1} = 1 + \frac{q_3}{q_1} \qquad (3.6)$$

Uma vez que q_1 é o calor entrando no sistema, ele é positivo. E se q_3 é o calor saindo do sistema (para o reservatório de baixa temperatura na Figura 3.1), ele é negativo. Portanto, a fração q_3/q_1 será negativa. Além disso, pode-se argumentar que o calor que sai da máquina nunca será maior do que o calor que entra na máquina. Isso violaria a primeira lei da termodinâmica, que afirma que energia não pode ser criada. Portanto, a grandeza $|q_3/q_1|$ nunca será maior do que 1, mas sempre menor ou (se nenhum trabalho é realizado) igual a 1. Combinando todas essas afirmações, concluímos que

A eficiência de uma máquina estará sempre entre 0 e 1.

---

[2] N. do T.: O trabalho é realizado sobre o sistema.

Exemplo 3.1

a. Determine a eficiência de uma máquina de Carnot que recebe 855 J de calor, realiza 225 J de trabalho e libera a energia restante como calor.

b. Desenhe um diagrama como o da Figura 3.1, mostrando as quantidades exatas de calor e trabalho, indo de um lugar para outro, na direção apropriada.

Solução

a. Utilizando ambas as definições de eficiência e colocando os sinais corretamente no calor e no trabalho:

$$e = -\frac{-225 \text{ J}}{+855 \text{ J}} = 0{,}263$$

$$e = 1 + \frac{-(855 - 225) \text{ J}}{855 \text{ J}} = 1 + (-0{,}737) = 0{,}263$$

b. O desenho fica por conta do aluno.

Há um outro modo de definir eficiência em termos das temperaturas dos reservatórios de alta e baixa temperaturas. Para as etapas 1 e 3, isotérmicas, a variação de energia interna é zero, porque $(\partial U/\partial V)_T = 0$. Portanto, $q = -w$ para as etapas 1 e 3. A partir da Equação 2.7, para um gás ideal,

$$w = -nRT \ln \frac{V_f}{V_i}$$

Para um processo isotérmico, reversível, os calores nas etapas 1 e 3 são

$$q_1 = -w_1 = nRT_{\text{alta}} \ln \frac{V_B}{V_A} \tag{3.7}$$

$$q_3 = -w_3 = nRT_{\text{baixa}} \ln \frac{V_D}{V_C} \tag{3.8}$$

As designações A, B, C e D para volume representam os pontos iniciais e finais de cada etapa, como mostra a Figura 3.2. T_{alta} e T_{baixa} são as temperaturas dos reservatórios de alta e baixa temperaturas, respectivamente. Para as etapas adiabáticas 2 e 4, podemos utilizar a Equação 2.27 para obter

$$\left(\frac{V_B}{V_C}\right)^{2/3} = \frac{T_{\text{baixa}}}{T_{\text{alta}}}$$

$$\left(\frac{V_A}{V_D}\right)^{2/3} = \frac{T_{\text{baixa}}}{T_{\text{alta}}}$$

Igualando as duas relações de volume, pois ambas são iguais a $T_{\text{alta}}/T_{\text{baixa}}$:

$$\left(\frac{V_A}{V_D}\right)^{2/3} = \left(\frac{V_B}{V_C}\right)^{2/3}$$

Elevando os dois lados à potência 3/2 e rearranjando, temos

$$\left(\frac{V_A}{V_B}\right) = \left(\frac{V_D}{V_C}\right)$$

Substituindo V_D/V_C na Equação 3.8, obtemos uma expressão para q_3 em termos dos volumes V_A e V_B:

$$q_3 = nRT_{\text{baixa}} \ln \frac{V_A}{V_B} = -nRT_{\text{baixa}} \ln \frac{V_B}{V_A} \tag{3.9}$$

Podemos dividir a Equação 3.9 pela 3.7 para obter uma nova expressão para a relação q_3/q_1:

$$\frac{q_3}{q_1} = \frac{nRT_{\text{baixa}} \ln \frac{V_B}{V_A}}{-nRT_{\text{alta}} \ln \frac{V_B}{V_A}} = -\frac{T_{\text{baixa}}}{T_{\text{alta}}}$$

Substituindo na Equação 3.6, obtemos uma equação para a eficiência em termos das temperaturas:

$$e = 1 - \frac{T_{\text{baixa}}}{T_{\text{alta}}} \qquad (3.10)$$

A Equação 3.10 tem algumas interpretações interessantes. Primeiro, a eficiência de uma máquina está simplesmente ligada à relação entre os reservatórios de baixa e alta temperatura. Quanto menor essa relação, mais eficiente é a máquina.[3] Assim, altas eficiências são favorecidas por valores de T_{alta} grandes e de T_{baixa} pequenos. Segundo, a Equação 3.10 nos permite descrever uma escala *termodinâmica* de temperatura. É uma escala para a qual $T = 0$ quando a eficiência do ciclo de Carnot é igual a 1. Essa escala é a mesma usada para as leis dos gases ideais, mas é baseada na eficiência de um ciclo de Carnot, e não no comportamento dos gases ideais.

Finalmente, a menos que a temperatura do reservatório a baixa temperatura seja zero absoluto, a eficiência de uma máquina nunca será 1; será sempre menor do que 1. Uma vez que se pode demonstrar que o zero absoluto é fisicamente inalcançável para um objeto macroscópico, temos mais uma afirmação:

Nenhuma máquina (ou motor) pode ser 100% eficiente.

Quando se generaliza, considerando cada processo como algum tipo de máquina ou motor, a afirmação se torna

Nenhum processo é 100% eficiente.

São fatos como esse que impedem a existência de máquinas ou motores de moto perpétuo, que seriam dispositivos criados com o propósito de se ter uma eficiência maior do que 1 (isto é, >100%), produzindo mais trabalho para fora do que recebendo energia. Os estudos de Carnot sobre as máquinas a vapor ajudaram a estabelecer tais afirmações, e, tanto se acreditou nelas, que o Departamento de Patentes dos Estados Unidos recusa categoricamente todo pedido de patente para uma máquina de moto perpétuo (apesar de alguns pedidos serem considerados, porque se apresentam disfarçados). Tal é o poder das leis da termodinâmica.

As duas definições de eficiência podem ser combinadas:

$$1 + \frac{q_3}{q_1} = 1 - \frac{T_{\text{baixa}}}{T_{\text{alta}}}$$

$$\frac{q_3}{q_1} = -\frac{T_{\text{baixa}}}{T_{\text{alta}}}$$

$$\frac{q_3}{q_1} + \frac{T_{\text{baixa}}}{T_{\text{alta}}} = 0$$

$$\frac{q_3}{T_{\text{baixa}}} + \frac{q_1}{T_{\text{alta}}} = 0 \qquad (3.11)$$

Observe que q_3 é o calor que vai para o reservatório a baixa temperatura, enquanto q_1 é o calor que vem do reservatório a alta temperatura. Cada fração contém, portanto, calores e temperaturas de partes do

---

[3] Na prática, outros fatores (incluindo os mecânicos) reduzem a eficiência da maioria das máquinas.

universo em consideração. Note que a Equação 3.11 inclui todos os calores do ciclo de Carnot. É interessante o fato de que estes calores, divididos pelas temperaturas absolutas dos reservatórios envolvidos, somam exatamente zero. Lembre-se de que o ciclo começa e acaba com o sistema nas mesmas condições. Mas mudanças nas funções de estado são ditadas somente pelas condições do sistema, não pelo caminho que levou o sistema até essas condições. Se um sistema começa e pára nas mesmas condições, as mudanças totais nas funções de estado são exatamente zero. A Equação 3.11 sugere que *para mudanças reversíveis qualquer relação entre calor e temperatura absoluta é uma função de estado.*

3.4 Entropia e a Segunda Lei da Termodinâmica

Definimos *entropia*, S, como uma nova função de estado termodinâmica. A mudança infinitesimal na entropia, dS, é definida como

$$dS = \frac{dq_{rev}}{T} \tag{3.12}$$

onde "rev" na mudança infinitesimal do calor, dq, indica que deve ser o calor envolvido em um processo reversível. A temperatura, T, deve ser em kelvins. Integrando a Equação 3.12, obtemos

$$\Delta S = \int \frac{dq_{rev}}{T} \tag{3.13}$$

onde ΔS é a variação de entropia para um dado processo. Conforme indicado na seção anterior, para o ciclo de Carnot (ou qualquer outro ciclo fechado) ΔS deve ser zero.

Para um *processo isotérmico*, reversível, a temperatura pode ser colocada fora da integral, e esta pode ser facilmente avaliada:

$$\Delta S = \frac{1}{T} \int dq_{rev} = \frac{q_{rev}}{T} \tag{3.14}$$

A Equação 3.14 demonstra que a entropia tem unidades de J/K. Estas podem parecer pouco comuns, mas são as corretas. Também é preciso ter em mente que a quantidade de calor para um processo depende da quantidade de matéria, em gramas ou mols. Assim, às vezes, a unidade de entropia se torna J/mol·K. O Exemplo 3.2 mostra como incluir a quantidade na unidade.

Exemplo 3.2

Qual a variação de entropia quando 1,00 g de benzeno, C_6H_6, ferve reversivelmente no seu ponto de ebulição a 80,1°C e a uma pressão constante de 1,00 atm? O calor de vaporização do benzeno é 395 J/g.

Solução

Uma vez que o processo ocorre à pressão constante, $\Delta_{vap}H$ é igual ao calor, q, para o processo. Já que a vaporização é um processo endotérmico (isto é, a energia é absorvida), o valor para o calor é positivo. Finalmente, 80,1°C é igual a 353,2 K. Usando a Equação 3.14:

$$\Delta S = \frac{+395 \text{ J}}{353,2 \text{ K}} = +1,12 \frac{\text{J}}{\text{K}}$$

para 1 g de benzeno. Já que isso representa a variação de entropia para 1 g de benzeno, podemos também escrever este ΔS como +1,12 J/g·K. A entropia do sistema (o benzeno) neste exemplo está aumentando.

Pode-se definir outros processos cíclicos, com diferentes etapas ou condições. Sabe-se, porém, que nenhum processo conhecido é mais eficiente do que um ciclo de Carnot, que é definido em termos de *etapas reversíveis*. Isso significa que qualquer transformação irreversível é uma conversão menos eficiente de calor em trabalho do que uma transformação reversível. Assim, para qualquer processo arbitrário:

$$e_{arb} \leq e_{Carnot}$$

onde e_{arb} é a eficiência de um ciclo arbitrário e e_{Carnot} é a eficiência de um ciclo de Carnot. Se o processo arbitrário é um ciclo do tipo de Carnot, então a parte "igual" do sinal $\leq$ se aplica. Se o ciclo é irreversível, a parte "menor que" do sinal $\leq$ se aplica. Substituindo a eficiência, de acordo com a Equação 3.6:

$$1 + \frac{q_{sai,\,arb}}{q_{entra,\,arb}} \leq 1 + \frac{q_{3,Carnot}}{q_{1,Carnot}}$$

$$\frac{q_{sai,\,arb}}{q_{entra,\,arb}} \leq \frac{q_{3,Carnot}}{q_{1,Carnot}}$$

onde os 1s foram cancelados. A fração no lado direito é igual a $-T_{baixa}/T_{alta}$, como foi demonstrado anteriormente. Substituindo:

$$\frac{q_{sai,\,arb}}{q_{entra,\,arb}} \leq - \frac{T_{baixa}}{T_{alta}}$$

e rearranjando:

$$\frac{q_{sai,\,arb}}{q_{entra,\,arb}} + \frac{T_{baixa}}{T_{alta}} \leq 0$$

Esta equação pode ser rearranjada para reunir as variáveis calor e temperatura que estão associadas aos dois reservatórios nas mesmas frações (isto é, q_{entra} com T_{alta} e q_{sai} com T_{baixa}). Também é conveniente rotular de novo as temperaturas e/ou os calores para enfatizar quais as etapas do ciclo de Carnot que estão envolvidas. Finalmente, abandonaremos a designação "arb". (Você consegue reproduzir essas etapas?) A expressão acima é, então, simplificada para

$$\frac{q_3}{T_3} + \frac{q_1}{T_1} \leq 0$$

Para um ciclo completo de muitas etapas, podemos escrever a seguinte somatória:

$$\sum_{todas\ etapas} \frac{q_{etapa}}{T_{etapa}} \leq 0$$

À medida que cada etapa fica cada vez menor, o sinal da somatória pode ser substituído por um sinal de integral, e a expressão acima fica

$$\int \frac{dq}{T} \leq 0 \qquad (3.15)$$

para qualquer ciclo completo. A Equação 3.15 é uma maneira de enunciar o chamado teorema de Clausius, do físico (da Pomerânia, agora parte da Polônia) alemão Rudolf Emmanuel Clausius, que primeiro demonstrou esta relação, em 1865.

Considere, agora, o processo em duas etapas, ilustrado na Figura 3.3, em que uma etapa irreversível leva o sistema do conjunto de condições 1 para o conjunto de condições 2 e, em seguida, uma etapa reversível o leva de novo às condições iniciais. Como função de estado, a soma das etapas é igual à mudança total para todo o processo. Mas de acordo com a Equação 3.15, o valor da integral total deve ser menor do que zero.

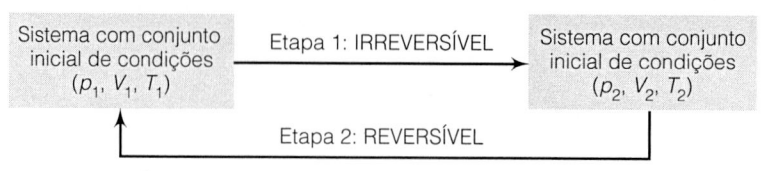

```
┌─────────────────────┐                           ┌─────────────────────┐
│ Sistema com conjunto│    Etapa 1: IRREVERSÍVEL  │ Sistema com conjunto│
│  inicial de condições│ ────────────────────────>│  inicial de condições│
│    (p₁, V₁, T₁)     │                           │    (p₂, V₂, T₂)     │
└─────────────────────┘                           └─────────────────────┘
         ▲                Etapa 2: REVERSÍVEL               │
         └──────────────────────────────────────────────────┘
```

Figura 3.3 Uma representação de um processo que tem uma etapa irreversível. Veja o texto para a discussão. A maioria dos processos reais pode ser descrita deste modo, dando à entropia um lugar significativo na compreensão dos processos reais.

Separando a integral em duas partes:

$$\int_1^2 \frac{dq_{\text{irrev}}}{T} + \int_2^1 \frac{dq_{\text{rev}}}{T} < 0$$

A expressão dentro da segunda integral é, pela definição na Equação 3.12, dS. Se invertermos os limites na segunda integral (de modo que os dois termos se refiram ao mesmo processo indo na mesma direção, e não na oposta), ela se torna $-dS$. Portanto, temos:

$$\int_1^2 \frac{dq_{\text{irrev}}}{T} + \int_1^2 (-dS) < 0$$

ou

$$\int_1^2 \frac{dq_{\text{irrev}}}{T} - \int_1^2 dS < 0$$

A integral de dS é ΔS, então para esta etapa temos

$$\int_1^2 \frac{dq_{\text{irrev}}}{T} - \Delta S < 0$$

$$\int_1^2 \frac{dq_{\text{irrev}}}{T} < \Delta S$$

Invertendo e generalizando para todas as etapas, simplesmente removemos os limites específicos:

$$\Delta S > \int \frac{dq_{\text{irrev}}}{T} \qquad (3.16)$$

Se quisermos manter em termos de mudanças infinitesimais (isto é, sem os sinais de integral), bem como incluir a definição original de dS da Equação 3.12, teremos

$$dS \geq \frac{dq}{T} \qquad (3.17)$$

onde novamente a igualdade se aplica aos processos reversíveis, e a desigualdade se aplica aos processos irreversíveis.

Mas considere que um processo espontâneo *é* um processo irreversível. Processos espontâneos ocorrerão se puderem. Com isto em mente, temos as seguintes generalizações:

$$dS > \frac{dq}{T} \quad \text{para processos irreversíveis, espontâneos}$$

$$dS = \frac{dq}{T} \quad \text{para processos reversíveis}$$

A Equação 3.17 também implica que

$$dS < \frac{dq}{T} \quad \text{não é permitido.}$$

Esta última afirmação é particularmente importante: a variação infinitesimal de S não será menor do que dq/T. Pode ser igual ou maior do que dq/T, mas *não será menor*.

Considere, agora, a seguinte descrição. Um processo ocorre em um sistema isolado. Sob que condições ocorrerá o processo? Se o sistema estiver realmente isolado (não há transferência de energia ou matéria entre o sistema e a vizinhança), o processo é adiabático, uma vez que o isolamento significa que $q = 0$, e por extensão, $dq = 0$. Portanto, podemos mudar as afirmações acima para:

$dS > 0$ se o processo é irreversível e espontâneo

$dS = 0$ se o processo é reversível

$dS < 0$ não é permitido para um processo em um sistema isolado

Reunimos conceitualmente estas três afirmações em uma única, que é a segunda lei da termodinâmica:

A segunda lei da termodinâmica: se ocorrer uma transformação espontânea em um sistema isolado, ela ocorre com um aumento concomitante da entropia do sistema.

Se ocorrer uma transformação espontânea, a entropia é a única força propulsora dessa mudança, uma vez que q e w são zero – portanto, ΔU é zero – nas condições mencionadas.

3.5 Mais sobre Entropia

No Exemplo 3.2, calculamos a variação de entropia para um processo isotérmico. E se o processo não fosse isotérmico? Para uma dada massa

$$dq = C\, dT$$

onde C é a capacidade calorífica. Podemos substituir dq para uma variação infinitesimal de entropia:

$$dS = \frac{dq_{\text{rev}}}{T} = \frac{C\, dT}{T}$$

e então integrar:

$$\Delta S = \int dS = \int \frac{C\, dT}{T} = C \int \frac{dT}{T} = C \ln T \Big|_{T_i}^{T_f}$$

para uma capacidade calorífica constante. Calculando dentro dos limites de temperatura e usando as propriedades dos logaritmos:

$$\Delta S = C \ln \frac{T_f}{T_i} \tag{3.18}$$

Para n mols, esta equação se torna $\Delta S = n\overline{C} \ln(T_f/T_i)$ e $\overline{C}$ terá unidades de J/mol·K. Uma vez que C tem unidades de J/g·K, necessitamos da massa do sistema. Se a capacidade calorífica não for constante durante a variação de temperatura especificada, a expressão para C dependente de temperatura deve ser incluída explicitamente dentro da integral, e a função deve ser avaliada termo a termo.

Felizmente, a maioria das expressões para a capacidade calorífica são simples séries de potência em T, cujas integrais são fáceis de avaliar termo a termo.

Não há subscritos V ou p na capacidade calorífica na Equação 3.18. Ela depende das condições do processo. Se o processo ocorre sob condições de volume constante, deve-se usar C_V. Se o processo ocorre sob condições de pressão constante, deve-se usar C_p. Geralmente, a escolha é determinada pelo processo em particular.

Considere agora processos em fase gasosa. O que aconteceria se a temperatura fosse constante, mas a pressão e o volume mudassem? Se o gás é ideal, ΔU para o processo é exatamente zero, assim $dq = -dw = +p\, dV$. Substituindo dq, na equação abaixo, temos:

$$dS = \frac{dq}{T} = \frac{p\, dV}{T}$$

$$\Delta S = \int dS = \int \frac{p\, dV}{T}$$

Nesse ponto, podemos substituir p ou dV usando a lei do gás ideal. Se substituirmos p em termos de V (isto é, $p = nRT/V$):

$$\Delta S = \int \frac{nRT\, dV}{VT} = \int \frac{nR\, dV}{V} = nR \int \frac{dV}{V}$$

$$\Delta S = nR \ln \frac{V_f}{V_i} \qquad (3.19)$$

Similarmente, para uma mudança na pressão, se obtém:

$$\Delta S = -nR \ln \frac{p_f}{p_i} \qquad (3.20)$$

Uma vez que a entropia é uma função de estado, a variação de entropia é determinada pelas condições do sistema, não pelo modo como o sistema chegou a essas condições. Portanto, qualquer processo pode geralmente ser dividido em etapas menores, a entropia de cada etapa pode ser avaliada usando o crescente número de expressões para ΔS, e o ΔS para todo o processo é a combinação de todos os ΔS das etapas individuais.

Exemplo 3.3

Determine a mudança total na entropia para o seguinte processo, usando 1,00 mol de He:

He (298,0 K; 1,50 atm) $\longrightarrow$ He (100,0 K; 15,0 atm)

A capacidade calorífica do He é 20,78 J/mol·K. Admita que o hélio se comporta de modo ideal.

Solução

A reação total pode ser dividida em duas partes:

Etapa 1: He (298,0 K; 1,50 atm) $\to$ He (298,0 K; 15,0 atm)
(variação de pressão)
Etapa 2: He (298,0 K; 15,0 atm) $\to$ He (100,0 K; 15,0 atm)
(variação de temperatura)

A variação de entropia na etapa 1, isotérmica, pode ser determinada a partir da Equação 3.20:

$$\Delta S_1 = -nR \ln \frac{p_f}{p_i} = -(1,00 \text{ mol})\left(8,314 \frac{\text{J}}{\text{mol·K}}\right) \ln \frac{15,0 \text{ atm}}{1,50 \text{ atm}}$$

$$\Delta S_1 = -19,1 \frac{\text{J}}{\text{K}}$$

Para a segunda etapa, isobárica, usamos a Equação 3.18:

$$\Delta S_2 = C \ln \frac{T_f}{T_i} = (1,00 \text{ mol})\left(20,78 \frac{\text{J}}{\text{mol·K}}\right) \ln \frac{100,0 \text{ K}}{298,0 \text{ K}}$$

$$\Delta S_2 = -22,7 \frac{\text{J}}{\text{K}}$$

A variação total de entropia é a soma das duas etapas, bem como o processo total é a combinação das duas etapas. Obtemos $\Delta S = -19,1 + (-22,7)$ J/K $= -41,8$ J/K.

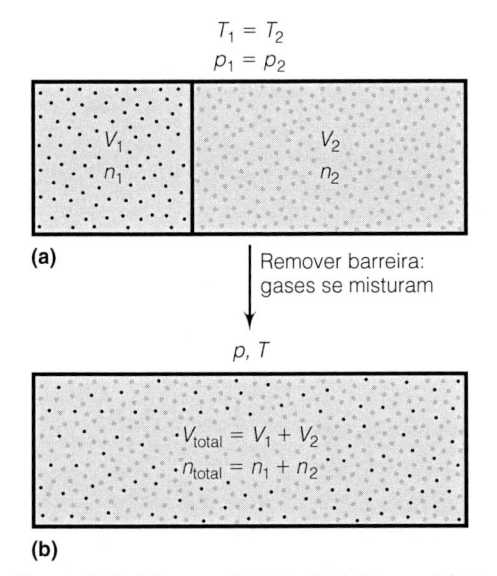

Figura 3.4 Mistura adiabática de dois gases. (a) No lado esquerdo, está o gás 1 com um certo volume e uma certa quantidade, e no lado direito está o gás 2 com seu volume e sua quantidade. (b) Depois de se misturarem, ambos os gases ocupam o volume completo. Uma vez que não há variação de energia para fazer os gases se misturarem, a mistura deve ter sido causada por efeitos de entropia.

Considere o sistema ilustrado na Figura 3.4a. Um recipiente é dividido em dois sistemas com volumes V_1 e V_2, mas com a mesma pressão p e mesma temperatura absoluta T. Os números de mols dos dois gases ideais, um no lado 1 e outro no lado 2, são n_1 e n_2, respectivamente. Uma barreira separa os dois lados. Admitiremos que os sistemas estão isolados da vizinhança, de modo que q é zero para a transformação que irá ocorrer (isto é, ela é adiabática).

Em algum momento a barreira é removida, mas mantendo a mesma pressão e temperatura. Uma vez que o processo é adiabático, $q = 0$. Já que a temperatura é constante, $\Delta U = 0$. Portanto, $w = 0$. Porém, os dois gases se misturam de modo que nosso sistema final se parece com a Figura 3.4b: dois gases misturados ocupando o mesmo volume. (Isto está de acordo com nosso conhecimento convencional do comportamento dos gases: eles se expandem para preencher seu recipiente.) Já que não há variação de energia para causar a mistura, então deve ser a entropia que está causando o processo.

A entropia é uma função de estado, então a variação de entropia é independente do caminho. Considere que o processo de mistura pode ser dividido em duas etapas individuais, conforme ilustra a Figura 3.5. Uma etapa consiste na expansão do gás 1 de V_1 para V_{total}, e a outra etapa, na expansão do gás 2 de V_2 para V_{total}. Usando ΔS_1 e ΔS_2 para representar as variações de entropia para as duas etapas, temos

$$\Delta S_1 = n_1 R \ln \frac{V_{\text{total}}}{V_1}$$

$$\Delta S_2 = n_2 R \ln \frac{V_{\text{total}}}{V_2}$$

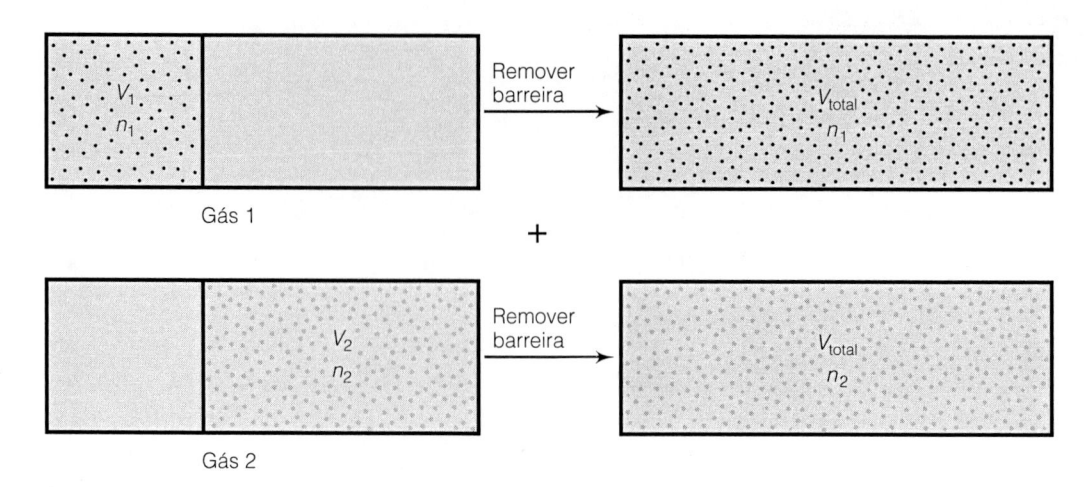

Figura 3.5 A mistura dos dois gases pode ser separada em duas etapas individuais, em que o gás 1 se expande para o lado direito, e o gás 2 se expande para o lado esquerdo.

Uma vez que V_{total} é maior do que V_1 ou V_2 (porque ambos os gases estão se expandindo), os logaritmos das frações de volume serão sempre positivos. (Logaritmos de números maiores que 1 são sempre positivos.) A constante da lei do gás ideal é sempre positiva, e o número de mols de cada gás também é positivo. Conseqüentemente, as variações de entropia para as duas etapas serão positivas, e a combinação dos dois componentes para se obter ΔS para o processo de mistura

$$\Delta S = \Delta S_1 + \Delta S_2 \tag{3.21}$$

será sempre positiva. Portanto, pela segunda lei da termodinâmica, a mistura de dois (ou mais) gases, se ocorrer em um sistema isolado, é sempre um processo espontâneo.

Há uma outra maneira de generalizar a Equação 3.21. Se duas ou mais amostras de gás têm a mesma pressão e a mesma temperatura, então seus volumes são diretamente proporcionais ao número de mols do gás presente. A *fração molar do gás i*, x_i, é definida como a relação do número de mols do gás i, n_i, pelo número total de mols dos gases, n_{total}:

$$x_i = \frac{n_i}{n_{total}} \tag{3.22}$$

Pode-se demonstrar que

$$\frac{V_i}{V_{total}} = \frac{n_i}{n_{total}} = x_i$$

de modo que a expressão para a entropia total pode ser expressa como

$$\Delta S = (-n_1 R \ln x_1) + (-n_2 R \ln x_2)$$

Os sinais negativos são introduzidos porque para substituir a fração molar na expressão, temos que tomar a recíproca da fração de volume. Para um número qualquer de gases que se misturam:

$$\Delta_{mix} S = -R \cdot \sum_{i=1}^{n^\circ \text{ de gases}} n_i \ln x_i \tag{3.23}$$

onde $\Delta_{mix}S$ se refere à *entropia da mistura*. Uma vez que x_i é sempre menor do que 1 (para dois ou mais componentes), o seu logaritmo é sempre negativo. Assim, o sinal negativo como parte da Equação 3.23 significa que a entropia de mistura é sempre uma soma de termos positivos e, portanto, $\Delta_{mix}S$ é sempre *positivo*.

Exemplo 3.4

Calcule a entropia da mistura de 10,0 L de N_2 com 3,50 L de N_2O a 300,0 K e 0,550 atm. Admita que os volumes se somam; isto é, $V_{total} = 13,5$ L.

Solução

Precisamos determinar o número de mols de cada componente na mistura resultante. Dadas todas as condições, podemos usar a lei dos gases ideais para calculá-los:

$$n_{N_2} = \frac{pV}{RT} = \frac{(0,550 \text{ atm})(10,0 \text{ L})}{(0,08205 \frac{\text{L·atm}}{\text{mol·K}})(300,0 \text{ K})} = 0,223 \text{ mol } N_2$$

$$n_{N_2O} = \frac{pV}{RT} = \frac{(0,550 \text{ atm})(3,50 \text{ L})}{(0,08205 \frac{\text{L·atm}}{\text{mol·K}})(300,0 \text{ K})} = 0,078 \text{ mol } N_2O$$

Já que o número total de mols é 0,223 mol + 0,078 mol = 0,301 mol, podemos agora calcular as frações molares de cada componente:

$$x_{N_2} = \frac{0,223 \text{ mol}}{0,301 \text{ mol}} = 0,741$$

$$x_{N_2O} = \frac{0,078 \text{ mol}}{0,301 \text{ mol}} = 0,259$$

(Observe que a soma das frações molares é 1.000, como tem que ser). Podemos usar a Equação 3.23 para determinar $\Delta_{mix}S$:

$$\Delta_{mix}S = -8,314 \frac{\text{J}}{\text{mol·K}} (0,223 \text{ mol} \cdot \ln 0,741 + 0,078 \text{ mol} \cdot \ln 0,259)$$

As unidades de mol se cancelam e, calculando, obtemos

$$\Delta_{mix}S = +1,43 \frac{\text{J}}{\text{K}}$$

Observe que neste problema são usados dois valores diferentes para a constante da lei do gás ideal, R. Em cada caso, a escolha foi determinada pelas unidades que foram necessárias para resolver aquela parte do problema em particular.

3.6 Ordem e a Terceira Lei da Termodinâmica

A discussão anterior sobre entropia de mistura nos trouxe a idéia geral de *ordem*, relacionada à entropia. Dois gases puros, um de cada lado de uma barreira, formam um arranjo ordenado. A mistura dos dois gases, um processo que ocorre espontaneamente, forma um arranjo mais ao acaso e menos ordenado. Assim, esse sistema vai espontaneamente de um sistema mais ordenado para um sistema menos ordenado.

Na última metade dos anos de 1800, o físico austríaco Ludwig Edward Boltzmann começou a aplicar a matemática da estatística no estudo do comportamento da matéria, especialmente gases. Assim fazendo, Boltzmann pôde elaborar uma definição diferente de entropia. Considere um sistema formado por moléculas de gás, todas com a mesma identidade química. O sistema pode ser dividido em microssistemas menores, cujos estados individuais contribuem estatisticamente para o estado global do sistema. Para qualquer número de microssistemas em particular, existe um certo número de maneiras de distribuir as moléculas pelos microssistemas. Se a distribuição mais provável tem Ω diferentes maneiras de arranjar as partículas,[4] de acordo com Boltzmann, a *entropia absoluta* S do sistema é proporcional ao logaritmo natural do número de combinações possíveis:

$$S \propto \ln \Omega$$

Para transformar essa proporcionalidade em igualdade, é necessário multiplicá-la por uma constante de proporcionalidade:

$$S = k \ln \Omega \qquad (3.24)$$

onde k é conhecida como *constante de Boltzmann*.

Há duas conseqüências importantes da Equação 3.24. A primeira é que entropia *absoluta* pode ser calculada. Portanto, entropia é a única entre as funções de estado cujos valores absolutos podem ser determinados. Assim, nas tabelas de funções termodinâmicas aparecem valores de ΔU, ΔH e de S, e não da ΔS. Assim, os valores de entropia que aparecem nas tabelas para os elementos no estado-padrão, são diferentes de zero porque são entropias *absolutas*, e não entropias de reações de formação como ΔV e ΔS. As *variações* de entropia, ΔS, podem ser determinadas a partir de entropias absolutas. Resumindo, a Equação 3.24, de Boltzmann, indica que podemos determinar valores absolutos para a entropia.

A segunda conseqüência da Equação 3.24 é intrigante. Considere um sistema em que todas as espécies componentes (átomos e moléculas) estejam em um único estado. Uma maneira de ilustrar isso é assumindo que o sistema é um cristal perfeito (átomos e moléculas perfeitamente organizados), o que implica ordem perfeita. Nesse caso, Ω (o número possível de combinações de condições para esse arranjo) deve ser 1, o logaritmo de Ω seria zero e, portanto, S seria zero. Parece improvável que essa situação possa ocorrer em condições normais.

Porém, a ciência é capaz de impor as condições desejadas para sistemas em estudo. As propriedades da matéria, a temperaturas extremamente baixas, foram investigadas no fim do século XIX e início do século XX. Como as propriedades termodinâmicas dos materiais começaram a ser medidas a temperaturas cada vez mais próximas do zero absoluto, as entropias totais de materiais cristalinos a baixas temperaturas (que puderam ser determinadas experimentalmente usando equações como a 3.18) começaram a se aproximar de zero. Uma vez que a entropia é uma função óbvia de T para todas as substâncias, a seguinte afirmação matemática se torna óbvia:

$$\lim_{T \to 0K} S(T) = 0 \quad \text{para um material perfeitamente cristalino} \qquad (3.25)$$

Esta é a expressão da terceira lei da termodinâmica, que pode ser escrita da seguinte forma:

> Terceira lei da termodinâmica: a entropia absoluta se aproxima de zero à medida que a temperatura absoluta se aproxima de zero.

Assim, essa afirmação proporciona um mínimo absoluto de entropia igual a zero, estabelecendo a capacidade de determinar entropias absolutas. A Equação 3.24, que define a origem estatística da entropia, é uma idéia tão fundamental na ciência que está gravada no túmulo de Boltzmann, em Viena.

---

[4] Por exemplo, imagine que você tem um sistema simples, que consiste de duas bolas e quatro caixas de sapatos. Há 10 arranjos possíveis para colocar as bolas nas caixas: quatro arranjos com as duas bolas em uma única caixa (as outras três permanecem vazias), e seis arranjos com cada bola em uma caixa diferente (as outras duas permanecem vazias). O arranjo mais provável será com uma bola em cada uma de duas caixas, havendo seis maneiras diferentes de se chegar a esse arranjo. Portanto, neste caso, Ω é igual a 6.

A constante de Boltzmann está relacionada de uma maneira interessante à constante da lei dos gases ideais. Pode-se demonstrar que

$$R = N_A \cdot k \tag{3.26}$$

onde N_A é o número de Avogadro ($= 6{,}022 \times 10^{23}$). A constante tem, portanto, o valor de $1{,}381 \times 10^{-23}$ J/K. Sua magnitude relativa implica um número enorme de combinações possíveis de estados que átomos e moléculas podem adotar, como pode ser visto no seguinte exemplo.

Exemplo 3.5

A entropia absoluta do Fe (s) a 25 °C e pressão-padrão é 27,28 J/mol·K. Aproximadamente, quantas combinações de estados são possíveis para 25 átomos de Fe nessas condições? A resposta sugere por que o sistema está limitado a apenas 25 átomos?

Solução
Usando a equação de Boltzmann para a entropia:

$$\left(\frac{25 \text{ átomos}}{6{,}022 \times 10^{23} \text{ átomos/mol}} \right) 27{,}28 \, \frac{\text{J}}{\text{mol·K}} = \left(1{,}381 \times 10^{-23} \, \frac{\text{J}}{\text{K}} \right) (\ln \Omega)$$

Resolvendo, chegamos a

$$\ln \Omega = 82{,}01$$
$$\Omega = 4{,}12 \times 10^{35}$$

que é um número incrível de estados possíveis para apenas 25 átomos! Entretanto, a amostra está a uma temperatura relativamente elevada, 298 K. Veremos em um próximo capítulo que isto implica uma energia cinética enorme para um sistema tão pequeno.

Exemplo 3.6

Dê uma razão para a seguinte ordem de entropias molares a 298 K:

$$\overline{S}[N_2O_5 \text{ (s)}] < \overline{S}[NO \text{ (g)}] < \overline{S}[N_2O_4 \text{ (g)}]$$

Solução
Se aplicarmos a idéia de que a entropia está relacionada ao número de estados acessíveis ao sistema, podemos argumentar que um sistema na fase sólida deve ter menos estados acessíveis a ele. Assim, deve ter a menor entropia dentre os três materiais dados. Os dois restantes são gases. Porém, um gás é formado por moléculas diatômicas, enquanto o outro é formado por moléculas com 6 átomos. Pode-se argumentar que moléculas diatômicas terão menos estados acessíveis do que moléculas hexatômicas, e assim $\overline{S}[NO \text{ (g)}]$ terá, provavelmente, menos estados acessíveis que $\overline{S}[N_2O_4 \text{ (g)}]$.

3.7 Entropias de Reações Químicas

Já aplicamos a idéia de combinar as variações de entropia de várias etapas individuais para determinar a variação de entropia resultante da combinação dessas etapas. Podemos usar a mesma idéia para determinar as variações de entropia que ocorrem em reações químicas. A situação é apenas ligeiramente diferente, uma vez que podemos determinar as entropias *absolutas* de reagentes e de produtos. A Figura 3.8 ilustra o uso de entropias absolutas em um processo em que ΔS é negativo, isto é, a entropia diminui. Assim, não precisamos recorrer a reações de formação, uma vez que estabelecemos que a variação de entropia para uma reação química é igual à combinação das entropias absolutas dos produtos menos a combinação das entropias absolutas dos reagentes. Assim,

$$\Delta_{\text{reação}}S = \sum_{\text{produtos}} S - \sum_{\text{reagentes}} S \qquad (3.27)$$

onde S (produtos) e S (reagentes) representam as entropias absolutas das espécies químicas envolvidas no processo. Se forem aplicadas condições-padrão, cada termo de entropia deve ter um símbolo °:

$$\Delta_{\text{reação}}S° = \sum_{\text{produtos}} S° - \sum_{\text{reagentes}} S°$$

Variações de entropia para transformações químicas podem ser tratadas usando essa abordagem, do tipo da lei de Hess.

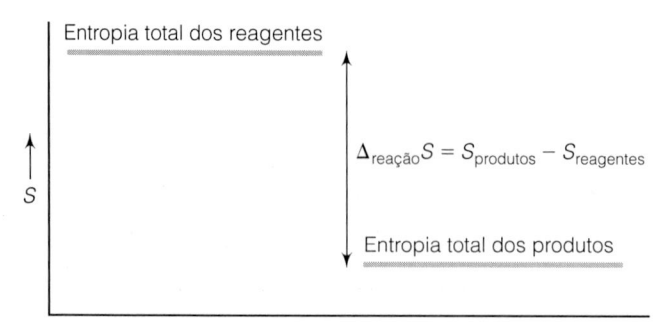

Figura 3.6 Assim como a entalpia, a entropia de uma reação pode variar. Nesse caso, a entropia dos produtos é menor que a dos reagentes, assim o $\Delta_{\text{reação}} S$ é negativo.

Exemplo 3.7

Usando a tabela do Apêndice 2, calcule a variação de entropia para a seguinte reação química, que ocorre à pressão-padrão e a uma determinada temperatura.

$$2H_2\,(g) + O_2\,(g) \longrightarrow 2H_2O\,(\ell)$$

Solução

A partir da tabela, $S°[H_2\,(g)] = 130{,}7$ J/mol·K, $S°[O_2\,(g)] = 205{,}1$ J/mol·K, e $S°[H_2O,(\ell)] = 69{,}91$ J/mol·K. Lembrando que a reação química balanceada fornece a relação molar entre reagentes e produtos, a Equação 3.27 resulta em:

$$\Delta_{\text{reação}}S° = \underbrace{[2 \cdot 69{,}91]}_{\sum_{\text{produtos}} S°} - \underbrace{[2 \cdot 130{,}7 + 205{,}1]}_{\sum_{\text{reagentes}} S°} \text{ J/K}$$

onde as entropias dos produtos e dos reagentes estão assinaladas. As unidades mol se cancelam, porque estamos incluindo, explicitamente, a estequiometria: 2 mols de H_2O como produto e 2 mols de H_2 e 1 mol de O_2 como reagentes. Calculando:

$$\Delta_{\text{reação}}S° = -326{,}7 \text{ J/K}$$

Isto é, a entropia diminui em 326,7 J/K no decorrer da reação. Isso faz sentido em termos de estados possíveis? A reação química balanceada está mostrando 3 mols de gás reagindo para formar 2 mols de líquido. Pode-se argumentar que uma fase condensada terá menos estados possíveis do que um gás, e o número real de moléculas diminui. Portanto, pode-se entender por que ocorre uma diminuição de entropia.

Como no caso de ΔH, muitas vezes, ΔS precisa ser determinado para processos que ocorrem a diferentes temperaturas e pressões. A Equação 3.18, ou sua forma em termos do número de mols das substâncias, nos fornece um caminho para determinar ΔS para um processo em que a temperatura varia:

$$\Delta S = n\overline{C} \ln \frac{T_f}{T_i} \tag{3.18}$$

Do mesmo modo que avaliamos ΔH a diferentes temperaturas, temos um esquema para avaliar ΔS a diferentes temperaturas:

1. Use a Equação 3.18 para calcular a variação de entropia dos reagentes quando eles vão da temperatura inicial para a temperatura de referência, geralmente, 298 K.
2. Use os valores de entropia tabelados para determinar a variação de entropia da reação na temperatura de referência.
3. Use novamente a Equação 3.18 para calcular a variação de entropia dos produtos quando eles vão da temperatura de referência para a temperatura original.

A variação de entropia em uma determinada temperatura é a soma das três variações descritas anteriormente. Tiramos vantagem do fato de que a entropia é uma função de estado: a variação é determinada pela mudança nas condições, e não pelo modo como o sistema atingiu o estado final. Portanto, a uma temperatura específica, a variação de entropia para o processo em três etapas, nas quais o processo em uma etapa foi subdividido, é a mesma que para o processo em uma etapa. (O pressuposto é que capacidade calorífica, C, não varia com a temperatura. Na realidade, ela varia, mas para pequenos valores de ΔT, este pressuposto é uma aproximação muito boa.)

Processos na fase gasosa, ocorrendo sob pressões diferentes da padrão, são também facilmente calculados em termos das variações de pressão ou de volume do sistema. As duas equações seguintes foram deduzidas anteriormente neste capítulo.

$$\Delta S = nR \ln \frac{V_f}{V_i} \tag{3.19}$$

$$\Delta S = -nR \ln \frac{p_f}{p_i} \tag{3.20}$$

Estas equações também podem ser usadas etapa por etapa, conforme descrito antes, para temperaturas diferentes da padrão.

Exemplo 3.8

Qual é a variação de entropia da reação

$$2H_2 \text{ (g)} + O_2 \text{ (g)} \longrightarrow 2H_2O \text{ (}\ell\text{)}$$

a 99 °C e pressão-padrão? Considere as capacidades caloríficas de H_2, O_2, e H_2O como constantes a 28,8, 29,4 e 75,3 J/mol·K, respectivamente. Utilize as quantidades molares com base na reação química balanceada e no comportamento de gás ideal.

Solução

1. O primeiro passo é determinar a variação de entropia à medida que a temperatura dos reagentes (2 mols de H_2 e 1 mol de O_2) varia de 99 °C para 25 °C (isto é, de 372 K para 298 K). Essa variação é denominada ΔS_1. Isto é, de acordo com a Equação 3.18:

$$\Delta S_1 =$$
$$(2 \text{ mol})\left(28{,}8 \frac{\text{J}}{\text{mol·K}}\right)\ln \frac{298 \text{ K}}{372 \text{ K}} + (1 \text{ mol})\left(29{,}4 \frac{\text{J}}{\text{mol·K}}\right)\ln \frac{298 \text{ K}}{372 \text{ K}}$$

$$\Delta S_1 = -19{,}3 \frac{\text{J}}{\text{K}}$$

2. A segunda etapa é calcular a variação de entropia na temperatura de referência, 298 K. Chamaremos esta variação de ΔS_2. Isto foi calculado no Exemplo 3.7:

$$\Delta S_2 = -326{,}7 \frac{\text{J}}{\text{K}}$$

3. A terceira etapa é calcular a variação de entropia dos produtos quando eles vão da temperatura de referência para a temperatura de reação especificada (isto é, de 298 K para 372 K). Essa variação de entropia é denominada ΔS_3. De acordo com a Equação 3.18:

$$\Delta S_3 = (2 \text{ mol})\left(75{,}3 \frac{\text{J}}{\text{mol·K}}\right)\ln \frac{372 \text{ K}}{298 \text{ K}}$$

$$\Delta S_3 = 33{,}4 \frac{\text{J}}{\text{K}}$$

A variação de entropia total é a soma dos três valores de entropia individuais, $\Delta S_1 + \Delta S_2 + \Delta S_3$:

$$\Delta_{\text{reação}} S = -19{,}3 - 326{,}7 + 33{,}4 \frac{\text{J}}{\text{K}}$$

$$\Delta_{\text{reação}} S = -312{,}6 \frac{\text{J}}{\text{K}}$$

Apesar de a variação de entropia ser similar àquela a 25 °C, ela é um pouco diferente. Neste exemplo, temos uma variação relativamente pequena nas condições. Maiores diferenças em ΔS seriam observadas se as diferenças entre as temperaturas da reação e as temperaturas de referência fossem de centenas de graus. Nesse caso, teríamos de usar as capacidades caloríficas como funções dependentes da temperatura, uma vez que usá-las como constantes é apenas uma aproximação.

Exemplo 3.9

Qual é a variação de entropia para a reação

$$2\text{H}_2 \text{ (g)} + \text{O}_2 \text{ (g)} \longrightarrow 2 \text{ H}_2\text{O} \text{ } (\ell)$$

a 25 °C e 300 atm? Use as quantidades molares baseadas na equação química balanceada. Suponha também que a variação da pressão não afeta a entropia do produto água líquida (isto é, $\Delta S_3 = 0$).

Solução
Esse exemplo é semelhante ao Exemplo 3.8, exceto pelo fato de a pressão ser diferente da padrão. Uma vez que ΔS_3 é aproximadamente zero, precisamos apenas calcular os ΔS das duas primeiras etapas:

1. A variação de entropia quando a pressão dos reagentes vai de 300 atm para a pressão-padrão de 1 atm é

$$\Delta S_1 =$$
$$-(2 \text{ mol})\left(8{,}314 \frac{\text{J}}{\text{mol·K}}\right)\ln \frac{1 \text{ atm}}{300 \text{ atm}} - (1 \text{ mol})\left(8{,}314 \frac{\text{J}}{\text{mol·K}}\right)\ln \frac{1 \text{ atm}}{300 \text{ atm}}$$

onde o primeiro termo é para o hidrogênio, e o segundo termo, para o oxigênio. Resolvendo:

$$\Delta S_1 = +142{,}3 \; \frac{J}{K}$$

2. A segunda parte é para a reação nas condições-padrão. Novamente, isto já foi calculado no Exemplo 3.7, sendo

$$\Delta S_2 = -326{,}7 \; \frac{J}{K}$$

3. A terceira parte é supostamente zero:

$$\Delta S_3 = 0 \; \frac{J}{K}$$

A $\Delta_{\text{reação}} S$ total é a combinação das três etapas:

$$\Delta_{\text{reação}} S = +142{,}3 - 326{,}7 + 0 \; \frac{J}{K}$$

$$\Delta_{\text{reação}} S = -184{,}4 \; \frac{J}{K}$$

Os efeitos de entropia também são observados em nível biológico. A junção de duas cadeias simples de RNA ou DNA é acompanhada por uma pequena diminuição de entalpia (cerca de 40 kJ/mol por par), conforme esperado para interações do tipo da ligação de hidrogênio. Também ocorre uma variação de entropia não trivial, cerca de -90 J/mol·K por par. Compare esse valor com a entropia de combustão no Exemplo 3.9.

3.8 Resumo

Neste capítulo, introduzimos uma nova função de estado: entropia, que terá um impacto singular em nosso estudo da termodinâmica. Não é uma forma de energia, como a energia interna ou entalpia: é um tipo diferente de função de estado, uma quantidade diferente. Um modo de pensar nela, como foi introduzido por Boltzmann, é como sendo uma medida do número de estados disponíveis para um sistema.

A definição de entropia nos leva finalmente ao que chamamos de segunda lei da termodinâmica: em um sistema isolado, toda variação espontânea ocorre com um aumento de entropia. A definição matemática de entropia, em termos da variação de calor para um processo reversível, nos permite deduzir muitas expressões matemáticas que possibilitam o cálculo da variação de entropia para processos físicos ou químicos. O conceito de ordem nos leva ao que chamamos de terceira lei da termodinâmica: a entropia absoluta de um cristal perfeito no zero absoluto é exatamente zero. Portanto, podemos falar em entropias absolutas de materiais a temperaturas diferentes de 0 K. A entropia se torna — e permanecerá — a única função de estado termodinâmica de um sistema que podemos conhecer de forma absoluta. (Compare com as *variáveis* de estado, como p, V, T e n, cujos valores também podemos conhecer de forma absoluta.)

Começamos este capítulo com a questão da espontaneidade. Um processo pode ocorrer por si só? Se o sistema é isolado, temos a resposta: ocorrerá se a entropia aumentar. Mas a maioria dos processos não é realmente isolada. Muitos sistemas permitem que a energia seja trocada com o ambiente (isto é, são sistemas fechados, mas não isolados). Para se ter um teste de espontaneidade realmente útil, temos de considerar tanto as variações de energia quanto de entropia. Tais considerações serão introduzidas no próximo capítulo.

EXERCÍCIOS DO CAPÍTULO 3

3.2 Limites da Primeira Lei

3.1. Decida quais dos seguintes processos serão espontâneos e por quê. O "porquê" pode ser geral, não específico. **(a)** gelo fundindo a +5 °C **(b)** gelo fundindo a −5 °C **(c)** KBr (s) dissolvendo em água **(d)** um refrigerador desligado resfriando **(e)** uma folha caindo de uma árvore até o chão **(f)** a reação Li (s) + $\frac{1}{2}$ F$_2$ (g) → → LiF (s) **(g)** a reação H$_2$O (ℓ) → H$_2$ (g) + $\frac{1}{2}$ O$_2$ (g)

3.2. Tente encontrar mais um exemplo de espontaneidade que seja de fato endotérmico, isto é, ocorre com absorção de calor.

3.3 Ciclo de Carnot e Eficiência

3.3. Considere as seguintes quantidades em um ciclo do tipo de Carnot: Etapa 1: $q = +850$ J; $w = -334$ J. Etapa 2: $q = 0$; $w = -115$ J. Etapa 3: $q = -623$ J; $w = +72$ J. Etapa 4: $q = 0$; $w = +150$ J. Calcule a eficiência do ciclo.

3.4. Considere as seguintes quantidades em um ciclo de quatro etapas: Etapa 1: $q = +445$ J; $w = -220$ J. Etapa 2: $q = 0$; $w = -99$ J. Etapa 3: $q = -660$ J; $w = +75$ J. Etapa 4: $q = 0$; $w = +109$ J. Sob que condições adicionais para cada etapa este será um ciclo do tipo de Carnot? Qual é a eficiência deste processo?

3.5. A que temperatura deve estar a fonte fria em um processo que tem uma eficiência de 0,440 (44%) e uma fonte quente a 150 °C?

3.6. Qual é a eficiência de um motor cuja T_{alta} é 100°C e cuja T_{baixa} é 0 °C?

3.7. Vapor superaquecido é vapor a temperatura maior que 100°C. Explique a vantagem de usar vapor superaquecido para movimentar uma máquina a vapor.

3.8. O ciclo de Carnot é definido tendo como primeira etapa a expansão isotérmica do gás. Pode um ciclo de Carnot começar na etapa 2, à expansão adiabática? (*Dica*: Veja a Figura 3.2.)

3.9. De que maneira um motor de moto perpétuo viola a primeira lei da termodinâmica?

3.10. Um refrigerador é o inverso de um motor térmico: realiza trabalho para retirar calor de um sistema, tornando-o mais frio. A eficiência de um refrigerador (chamada freqüentemente de "coeficiente de rendimento") é definida como $q_3/w_{\text{ciclo}} = T_{\text{baixa}}/(T_{\text{alta}} - T_{\text{baixa}})$. Use essa definição para determinar a eficiência necessária para dividir a temperatura absoluta em partes iguais. Qual a implicação da sua resposta nas tentativas de se chegar ao zero absoluto?

3.11. Eficiência é dada pelas equações 3.5, 3.6 e 3.10. Apesar de lidarmos, na maioria das vezes, com gases ideais, ao desenvolvermos a termodinâmica, do ponto de vista experimental, estamos restritos a gases reais.

Quais das definições de e são estritamente aplicáveis tanto a processos envolvendo gases reais quanto gases ideais?

3.4 e 3.5 Entropia e a Segunda Lei

3.12. Qual é a variação de entropia para a fusão de 3,87 mols de bismuto no seu ponto de fusão a 271,3 °C? O calor de fusão do Bi sólido é 10,48 KJ/mol. (Bismuto é um dos poucos materiais, incluindo a água, que é menos denso na forma sólida que na líquida; portanto, Bi sólido flutua no Bi líquido, como o gelo flutua na água.)

3.13. Explique por que a afirmação: "nenhum processo é 100% eficiente" não é a melhor definição da segunda lei da termodinâmica.

3.14. Qual é a variação de entropia de 1,00 mol de água quando ela é aquecida de 0 °C a 100 °C? Assuma uma capacidade calorífica constante a 4,18 J/g·K.

3.15. A capacidade calorífica do ouro sólido, Au, é dada pela expressão

$$C = 25,69 - 7,32 \cdot 10^{-4}T + 4,58 \cdot 10^{-6} T^2 \; \frac{J}{\text{mol·K}}$$

Calcule a variação de entropia para 2,50 mols de Au, se a temperatura muda reversivelmente de 22,0 °C para 1000 °C.

3.16. Um mol de He é aquecido irreversivelmente, a volume constante, de 45 °C a 55 °C. A variação de entropia é menor, igual ou maior que 0,386 J/K? Explique a sua resposta.

3.17. Em uma respiração normal é envolvido um volume de cerca de 1 L. A pressão exercida pelos pulmões para expelir o ar é de cerca de 758 torr. Se o ar ao redor está exatamente a 1 atm (= 760 torr), calcule a variação de entropia decorrente da inspiração do ar para dentro dos pulmões. (*Dica*: você tem que determinar o número de mols do gás envolvido.)

3.18. Uma amostra de gás (ideal) retirada de um cilindro de gás comprimido vai de 230 atm até 1 atm, com uma variação simultânea de volume ao expandir de 1 cm^3 para 230 cm^3. Assuma que a temperatura permanece (ou se torna) a mesma nos estados inicial e final. Calcule a variação de entropia para 1 mol de gás submetido a este processo. Sua resposta faz sentido? Por que sim ou por que não?

3.19. Se uma amostra de 1 mol de gás real, retirada de um cilindro de gás comprimido, vai de 230 atm a 1 atm, e de um volume de 1 cm^3 a 195 cm^3, qual é a variação de entropia para essa expansão, assumindo que seja isotérmica? Isso está de acordo com a segunda lei da termodinâmica?

3.20. Deduza a Equação 3.20. O que mostra o sinal de menos?

3.21. No Exemplo 3.3, foi utilizada uma capacidade calorífica de 20,78 J/mol·K, que corresponde a 5/2 R. Este valor da capacidade calorífica é justificável. Por quê?

3.22. Qual é a entropia de mistura quando se prepara 1 mol de ar a partir dos seus elementos constituintes? Pode-se assumir que o ar é formado de 79% de N_2, 20% de O_2 e 1% de Ar. Considere o comportamento de um gás ideal.

3.23. 4,00 L de Ar e 2,50 L de He, ambos a 298 K e 1,50 atm, foram misturados isotermicamente e isobaricamente. A mistura foi expandida para um volume final de 20,0 L, a 298 K. Escreva reações químicas para cada etapa e determine a variação de entropia do processo completo.

3.24. Dentistas podem usar uma mistura de 40% de N_2O e 60% de O_2 como anestésico (a proporção exata pode variar). Determine a entropia de mistura para 1 mol dessa mistura. Assuma a condição de gás ideal.

3.25. Um pedaço de Cu metálico de 5,33 g é aquecido a 99,7 °C, em água fervente e, em seguida, colocado em um calorímetro contendo 99,53 g de H_2O a 22,6 °C. O calorímetro é isolado do ambiente externo, e as temperaturas do Cu e da H_2O se tornam iguais. $C_p[\text{Cu (s)}] = 0,385$ J/g·K, $C_p[H_2O] = 4,18$ J/g·K. **(a)** Discuta o processo que ocorre no interior do calorímetro, nos termos da lei zero e da primeira lei da termodinâmica. **(b)** Qual é a temperatura final dentro do sistema? **(c)** Qual é a variação de entropia do Cu (s)? **(d)** Qual é a variação de entropia da H_2O (ℓ)? **(e)** Qual é a variação total de entropia do sistema? **(f)** Discuta o processo que ocorre no interior do calorímetro nos termos da segunda lei da termodinâmica. Você espera que o processo seja espontâneo?

3.26. No exercício anterior, não podemos considerar nem Cu nem H_2O como gases ideais. Comente a confiabilidade das suas respostas para ΔS nas partes **a**, **b** e **e**. (*Dica*: considere a derivação das equações usadas para calcular ΔS.)

3.27. As afirmações "você não pode vencer" e "você não pode nem empatar" são, às vezes, usadas como uma espécie de analogia da primeira lei e da segunda lei da termodinâmica, respectivamente. Explique como essas duas afirmações podem representar interpretações adequadas (se bem que incompletas) da primeira lei e da segunda lei da termodinâmica.

3.28 A regra de Trouton afirma que a entropia no ponto de ebulição é 85 J/mol·K. **(a)** Os dados no Exemplo 3.2 apóiam a regra de Trouton? **(b)** O calor de vaporização da H_2O é 40,7 kJ/mol. O $\Delta_{vap}S$ de H_2O no seu ponto de ebulição normal apóia a regra de Trouton? É possível explicar algum desvio? **(c)** Preveja o ponto de ebulição do ciclohexano, C_6H_{12}, sendo que seu $\Delta_{vap}H$ é 30,1 kJ/mol. Compare seu valor com o ponto de ebulição normal, 80,7°C.

3.6 Ordem e a Terceira Lei da Termodinâmica

3.29. Partindo da definição de entropia, de Boltzmann, mostre que o valor de S nunca pode ser negativo. (*Dica*: veja a Equação 3.24).

3.30. Calcule o valor da constante de Boltzmann nas seguintes unidades: **(a)** L·atm/K e **(b)** (cm^3·mmHg)/K.

3.31. Que sistema tem entropia mais elevada? **(a)** Uma cozinha limpa ou uma cozinha suja? **(b)** Um quadro negro escrito ou um quadro negro completamente limpo? **(c)** 1 g de gelo a 0 °C ou 10 g de gelo a 0 °C? **(d)** 1 g de gelo a 0 K ou 10 g de gelo a 0 K? **(e)** 10 g de álcool etílico, C_2H_5OH, a 22 °C (aproximadamente a temperatura ambiente) ou 10 g de álcool etílico a 2 °C (aproximadamente a temperatura de uma bebida gelada)?

3.32. Que sistema tem entropia mais elevada? **(a)** 1 g de Au sólido a 1064 K ou 1 g de Au líquido a 1064 K? **(b)** 1 mol de CO nas CNPT ou 1 mol de CO_2 nas CNPT? **(c)** 1 mol de Ar à pressão de 1 atm ou 1 mol de Ar à pressão de 0,01 atm?

3.33. O elemento He permanece líquido no zero absoluto. (Hélio sólido pode ser obtido apenas sob pressão de 26 atm.) A entropia do hélio no zero absoluto é exatamente zero?

3.34. Coloque as seguintes substâncias na ordem crescente de entropia: NaCl (sólido), C (grafite), C (diamante), $BaSO_4$ (sólido), Si (cristal), Fe (sólido).

3.7 Entropias de Reações Químicas

3.35. Por que a entropia dos elementos nas pressões-padrão e a temperatura normal (isto é, ambiente) não é igual a zero?

3.36. Determine a entropia de formação, $\Delta_f S$, dos seguintes compostos. Considere uma temperatura de 25°C. **(a)** H_2O (ℓ), **(b)** H_2O (g), **(c)** $Fe_2(SO_4)_3$, **(d)** Al_2O_3, **(e)** C (diamante).

3.37. A reação entre pó de alumínio e óxido de ferro (III) é utilizada para preparar óxido de alumínio e ferro. A reação é tão exotérmica que o ferro é obtido geralmente fundido. Escreva a equação balanceada para essa reação química e determine $\Delta_{reação}S$ para o processo. Assuma as condições-padrão.

3.38. Óxido de crômio (III) pode ser usado no lugar do óxido de ferro (III), na reação do problema anterior, formando crômio metálico e óxido de alumínio. Calcule $\Delta_{reação}H$ e $\Delta_{reação}S$ para essa reação. Assuma as condições-padrão.

3.39. Determine as diferenças em $\Delta_{reação}S$ sob condições-padrão para as duas reações seguintes:

$$H_2 (g) + \tfrac{1}{2}O_2 (g) \longrightarrow H_2O (\ell)$$
$$H_2 (g) + \tfrac{1}{2}O_2 (g) \longrightarrow H_2O (g)$$

e justifique a diferença.

3.40. Qual é a variação de entropia quando 2,22 mol de água são aquecidos de 25 °C a 100 °C? Considere a capacidade calorífica de 4,18 J/g·K constante.

3.41. Faça uma estimativa da variação de entropia de um motor de 800 lb (1 lb = 2,2 kg), que vai da temperatura ambiente de cerca de 20°C para uma temperatura operacional média de 650°C. A capacidade calorífica do ferro (componente principal da maioria dos motores) é 0,45 J/g·K.

3.42. Calcule a variação da entropia molar do gás, que acompanha o estouro de um balão, considerando a pressão inicial de 2,55 atm e a pressão externa de 0,97 atm.

3.43. Em uma respiração normal é envolvido um volume de cerca de 1 L. Suponha que você esteja ao nível do mar, onde a pressão é 760 mmHg, e inspire. Nesse instante (afinal, isto é uma suposição), você se desloca para uma montanha e expira a uma pressão de 590 mmHg. Admitindo o comportamento de um gás ideal, qual é a variação de entropia do ar? Assuma uma temperatura de 37 °C.

Exercícios de Simbolismo Matemático

3.44. Estabeleça expressões para calcular o trabalho e o calor nas quatro etapas de um ciclo de Carnot. Defina as condições iniciais de uma dada quantidade (digamos, 1 mol) de um gás ideal e calcule w e q para cada etapa do ciclo, e o trabalho e calor totais do ciclo. Mostre que $\Delta S = 0$ para o ciclo, se for dado como reversível. Você pode ter de especificar outras variáveis.

3.45. Determine numericamente ΔS para a variação isobárica da temperatura de 4,55 g do metal gálio, se ele for aquecido de 298 K até 600 K. A sua capacidade calorífica é dada pela expressão $C_p = 27,49 - 2,226 \times 10^{-3}T + 1,361 \times 10^5/T^2$. Assuma unidades-padrão para a capacidade calorífica.

3.46. Gráficos de C_p/T versus T são usados para determinar a entropia de um material, uma vez que o valor da entropia é igual à área sob a curva. Os dados abaixo estão disponíveis para o sulfato de sódio, Na_2SO_4:

T (K)	C_p (cal/K)
13,74	0,171
16,25	0,286
20,43	0,626
27,73	1,615
41,11	4,346
52,72	7,032
68,15	10,48
82,96	13,28
95,71	15,33

Fonte: G. N. Lewis e M. Randall, *Thermodynamics*, rev. K. Pitzer e L. Brewer, McGraw-Hill, Nova York, 1961

Extrapole para zero usando a função $f(T) = kT^3$, onde k é uma constante. Usando o seu gráfico, avalie numericamente a entropia experimental do Na_2SO_4 a 90 K.

4 Energia Livre e Potencial Químico

COMEÇAMOS O CAPÍTULO ANTERIOR com a pergunta: "Um processo ocorrerá espontaneamente?". Apesar de termos introduzido o conceito de entropia[1] como base para responder a essa questão, não a respondemos inteiramente. A segunda lei da termodinâmica é aplicável estritamente a sistemas *isolados*, nos quais não ocorre nenhuma variação perceptível nas outras funções de estado termodinâmicas. Para tais sistemas, processos espontâneos ocorrem se acompanhados de um aumento na entropia. Mas a maioria dos sistemas não é isolada (de fato, o único sistema verdadeiramente isolado é o universo inteiro), e a maioria das mudanças envolve mais do que uma variação de entropia. Muitos processos ocorrem com uma variação simultânea de energia. Lembre-se de que a maioria das transformações espontâneas é exotérmica, mas que muitas transformações endotérmicas também são espontâneas. Uma definição termodinâmica adequada de um processo espontâneo deve levar em consideração *ambas* as variações, de energia e de entropia.

4.1 Sinopse

Começaremos o capítulo discutindo as limitações de entropia. Depois, definiremos a energia livre de Gibbs e a energia de Helmholtz. Mostraremos finalmente que um teste rigoroso de espontaneidade ou não-espontaneidade, para a maioria dos processos químicos, é fornecido pela energia livre de Gibbs.

As energias de Gibbs e de Helmholtz, assim denominadas devido a dois proeminentes estudiosos da termodinâmica, serão as últimas energias definidas. Suas definições, associadas ao uso apropriado das derivadas parciais, nos permitem deduzir um rico conjunto de relações matemáticas. Algumas destas relações matemáticas permitem que a termodinâmica seja aplicada plenamente a muitos fenômenos, como reações químicas e equilíbrio químico e, o que é muito importante, na previsão de ocorrências químicas. Estas relações são usadas por alguns como prova de que a físico-química é complicada. Talvez, sejam mais bem vistas como prova de que a físico-química é amplamente aplicável à química como um todo.

---

[1] N. do R.T.: Uma nova função de estado.

4.2 Condições de Espontaneidade

A dedução da equação

$$\Delta S > 0 \tag{4.1}$$

como uma medida de espontaneidade é limitada na sua aplicação. Aplica-se a sistemas isolados, nos quais nenhum trabalho é realizado, e que são adiabáticos, de modo que q e w são iguais a zero. Reconhecemos, no entanto, que muitos processos ocorrem com $w \neq 0$ e/ou $q \neq 0$. O que realmente queremos é um modo de determinar a espontaneidade em condições experimentais comuns na vida real. Estas condições são *pressão constante* (porque muitos processos ocorrem quando expostos à pressão atmosférica, que geralmente é constante no decorrer do experimento) e *temperatura constante* (que é a variável de estado mais fácil de controlar).

Sob condições adequadas, a energia interna e a entalpia também podem ser usadas para determinar a espontaneidade. Considere a Equação 4.1. Uma vez que $w = 0$ e $q = 0$, o processo está ocorrendo a U constante e podemos colocar os subscritos U e V na variação infinitesimal de entropia, dS:

$$(dS)_{U,V} > 0 \tag{4.2}$$

onde os subscritos U, V indicam quais variáveis são mantidas constantes. Vamos determinar diferentes condições de espontaneidade para diferentes condições de trabalho. O teorema de Clausius para uma mudança espontânea é:

$$\frac{dq}{T} \leq dS$$

Podemos reescrever isto como

$$\frac{dq}{T} - dS \leq 0$$

e já que sabemos que $dU = dq - p_{ext}\, dV$, ou $dq = dU + p_{ext}\, dV$,

$$\frac{dU + p_{ext}\, dV}{T} - dS \leq 0$$

A parte "igual a" do sinal se aplica quando o processo é reversível. Multiplicando tudo por T, obtemos para uma mudança espontânea,

$$dU + p\, dV - T\, dS \leq 0$$

Se o processo ocorre sob condições de volume constante e entropia constante, isto é, dV e dS iguais a zero, esta equação se torna

$$(dU)_{V,S} \leq 0 \tag{4.3}$$

como uma condição de espontaneidade. Porque esta condição depende de o volume e a entropia permanecerem constantes, V e S são chamadas de variáveis naturais da energia interna. As *variáveis naturais* de uma função de estado são as variáveis para as quais o conhecimento de como uma função de estado se comporta em relação a elas permite que se determine todas as propriedades termodinâmicas do sistema. (Isto ficará mais claro com os exemplos que serão apresentados posteriormente.)

Por que não introduzimos anteriormente a Equação 4.3 como uma condição de espontaneidade? Primeiro, porque ela depende da definição de entropia, que não tínhamos até o capítulo anterior. Segundo – e mais importante –, porque requer um processo *isoentrópico*, isto é, onde $dS = 0$ em nível infinitesimal, e $\Delta S = 0$ para todo o processo. Pode-se imaginar como é difícil realizar um processo em um sistema, assegurando que a ordem não mude no nível atômico e molecular. (Compare isso com o quanto é fácil imaginar um processo em que dV é zero ou, de modo equivalente, ΔV é igual a zero para todo o processo.) Em suma, a Equação 4.3 não é uma condição de espontaneidade muito útil.

Uma vez que $dH = dU + d(pV)$, podemos substituir dU na Equação 4.3:

$$dH - p\,dV - V\,dp + p\,dV - T\,dS \leq 0$$

Para maior clareza, retiramos o índice "ext" da variável pressão. Os dois termos $p\,dV$ se cancelam, e temos

$$dH - V\,dp - T\,dS \leq 0$$

para uma mudança espontânea. Se essa mudança ocorresse sob condições de pressão constante e entropia constante, dp e dS seriam iguais a 0, de modo que as condições de espontaneidade se tornariam

$$(dH)_{p,S} \leq 0 \tag{4.4}$$

Novamente, esta não é uma condição de espontaneidade útil, a não ser que possamos manter o processo isoentrópico. As variáveis p e S são as variáveis naturais para a entalpia, porque devem ser mantidas constantes a fim de que a mudança na entalpia se comporte como uma condição de espontaneidade. No entanto, a Equação 4.4 sugere por que muitas transformações espontâneas são exotérmicas. Muitos processos ocorrem contra uma pressão constante: a pressão atmosférica. Pressão constante é metade dos requisitos para que a variação de entalpia determine a espontaneidade. Porém, não é suficiente, porque, para muitos processos, a mudança na entropia não é zero.

Observe uma certa tendência. A Equação 4.1, condição de espontaneidade para a entropia, afirma que a mudança na entropia é positiva para processos espontâneos. Isto é, a entropia *aumenta*. Por outro lado, as condições de espontaneidade tanto para a energia interna quanto para a entalpia, ambas medidas de energia de um sistema, requerem que a mudança seja menor do que zero: a energia do sistema *diminui* nas mudanças espontâneas. Geralmente, as transformações com aumento de entropia e diminuição de energia são espontâneas *se alcançadas as condições adequadas*. Porém, ainda nos falta um teste de espontaneidade específico para pressão e temperatura constantes, as condições experimentais mais úteis.

Exemplo 4.1

Diga se os seguintes processos podem ou não ser rotulados de espontâneos, sob as seguintes condições:
a. Um processo em que ΔH é positivo a V e p constantes.
b. Um processo isobárico em que ΔU é negativo e ΔS é 0.
c. Um processo adiabático em que ΔS é positivo e o volume não muda.
d. Um processo isoentrópico, isobárico no qual ΔH é negativo.

Solução

a. A espontaneidade requer que ΔH seja negativo, se a pressão e a entropia forem constantes. Uma vez que desconhecemos as restrições sobre S, não há uma exigência de que este processo *deva* ser espontâneo.
b. Um processo isobárico tem $\Delta p = 0$. Também nos dá os dados de que ΔU é negativo e $\Delta S = 0$. Infelizmente, a condição de espontaneidade ΔU negativo requer uma condição isocórica (isto é, $\Delta V = 0$). Portanto, não podemos dizer que este processo *deva* ser espontâneo.
c. Um processo adiabático significa que $q = 0$, e o volume não mudando significa que $\Delta V = 0$; e assim, $w = 0$ e $\Delta U = 0$. Sendo U e V constantes, podemos aplicar, estritamente, o teste de entropia da espontaneidade: se $\Delta S > 0$, o processo é espontâneo. Uma vez que nos deram a informação de que ΔS é positivo, este processo tem de ser espontâneo.

d. Processos isobáricos e isoentrópicos significam que $\Delta p = \Delta S = 0$. Estas são as variáveis apropriadas para se usar no teste de entalpia da espontaneidade, que requer que ΔH seja menor do que zero. De fato, este é o caso, então este processo tem de ser espontâneo.

Observe que, no exemplo anterior, todos os processos *podem ser* espontâneos. Porém, pelas leis da termodinâmica, tais como as conhecemos, apenas os dois últimos *têm de ser* espontâneos. A diferença entre "podem ser" e "têm de ser" é importante para a ciência. Ela reconhece que qualquer coisa *poderia* ocorrer. Porém, focaliza o que *irá* ocorrer. Estas condições de espontaneidade nos ajudam a determinar o que irá ocorrer.

4.3 Energia Livre de Gibbs e Energia de Helmholtz

Agora, definiremos mais duas energias. A definição da *energia de Helmholtz*, A, é:

$$A \equiv U - TS \tag{4.5}$$

Portanto, o dA infinitesimal é igual a

$$dA = dU - T\,dS - S\,dT$$

que, para um processo reversível, se torna

$$dA = -S\,dT - p\,dV$$

onde substituímos dU pela sua definição e pela entropia para um processo reversível. Paralelamente às conclusões sobre a dU e a dH, relativas à espontaneidade, e suas variáveis naturais, afirmamos que as variáveis naturais de A são T e V, e que para um processo isotérmico e isocórico,

$$(dA)_{T,V} \leq 0 \tag{4.6}$$

é suficiente para assegurar a espontaneidade desse processo. Novamente, a parte do sinal "igual a" aplica-se a processos que ocorrem reversivelmente. Esta definição tem uma certa aplicação, uma vez que alguns processos químicos e físicos ocorrem sob condições de volume constante (por exemplo, bomba calorimétrica).

Também definimos a *energia de Gibbs*, ou a *energia livre de Gibbs*, G, como

$$G \equiv H - TS \tag{4.7}$$

O dG infinitesimal é

$$dG = dH - T\,dS - S\,dT$$

Substituindo dH pela sua definição e, de novo, assumindo uma mudança reversível, obtemos

$$dG = -S\,dT + V\,dp$$

Esta equação implica as variáveis naturais, T e p, de modo que a condição de espontaneidade é

$$(dG)_{T,p} \leq 0 \tag{4.8}$$

Esta é a condição de espontaneidade que estivemos procurando! Portanto (talvez, prematuramente), fazemos as seguintes afirmações. Sob condições de pressão e temperatura constantes:

$$\begin{array}{ll} \text{Se } \Delta G < 0: & \text{o processo é espontâneo} \\ \text{Se } \Delta G > 0: & \text{o processo não é espontâneo} \\ \text{Se } \Delta G = 0: & \text{o sistema está em equilíbrio} \end{array} \tag{4.9}$$

Uma vez que G (e A) são funções de estado, as afirmações anteriores refletem o fato de que $\int dG = \Delta G$, e não G.

As funções de estado U, H, A e G são as únicas quantidades de energia independentes que podem ser definidas usando p, V, T e S. É importante notar que o único tipo de trabalho que estamos considerando, neste ponto, é o trabalho pressão-volume. Se são realizadas outras formas de trabalho, elas devem ser incluídas na definição de dU. (Geralmente, aparecem como $dw_{\text{não-}pV}$. Consideraremos um tipo de trabalho não-pV em um próximo capítulo.)

Além disso, é preciso que se entenda que a condição $\Delta G < 0$ define apenas a espontaneidade, não a velocidade. Uma reação pode ser termodinamicamente favorável, mas pode prosseguir "a passo de lesma". Por exemplo, a reação

$$2H_2(g) + O_2(g) \longrightarrow 2H_2O(\ell)$$

tem um ΔG muito negativo. Porém, o gás hidrogênio e o gás oxigênio podem coexistir em um sistema isolado durante milhões de anos antes que todo o gás reagente tenha se convertido em água líquida. Neste ponto, não podemos nos referir à velocidade da reação. Podemos apenas nos referir à possibilidade de ela ocorrer espontaneamente.

A energia de Helmholtz foi assim denominada em homenagem ao médico e físico alemão Hermann Ludwig Ferdinand von Helmholtz. Ele é conhecido pelo primeiro enunciado específico, detalhado, da primeira lei da termodinâmica, em 1847. A energia livre de Gibbs foi assim chamada em homenagem a Josiah Willard Gibbs, um físico matemático americano. Nas década de 1870, Gibbs usou os princípios da termodinâmica aplicando-os matematicamente às reações químicas. Ao fazer isso, Gibbs estabeleceu que a termodinâmica das máquinas térmicas também se aplicava à química.

A utilidade da energia de Helmholz, A, pode ser demonstrada começando pela primeira lei:

$$dU = dq + dw$$

Uma vez que $dS \geq dq/T$, podemos reescrever a equação acima deste modo:

$$dU - T\,dS \leq dw$$

Se $dT = 0$ (isto é, para uma mudança isotérmica), isto pode ser escrito assim

$$d(U - TS) \leq dw$$

Uma vez que a quantidade dentro dos parênteses é a definição de A, podemos substituir:

$$dA \leq dw$$

que integramos para obter

$$\Delta A \leq w \qquad (4.10)$$

Isto mostra que a transformação isotérmica na energia de Helmholtz é menor ou, para transformações reversíveis, igual ao trabalho realizado pelo sistema sobre a vizinhança. Já que o trabalho realizado *pelo* sistema tem um valor negativo, a Equação 4.10 significa que ΔA de um processo isotérmico é a *quantidade* máxima de trabalho que um sistema pode realizar sobre a vizinhança. A conexão entre trabalho e a energia de Helmholtz é a razão pela qual a energia de Helmholtz é representada por A, que vem da palavra alemã *Arbeit*, que significa "trabalho".

Uma expressão semelhante pode ser derivada para a energia livre de Gibbs, mas usando um entendimento um pouco diferente de trabalho. Até agora, temos sempre discutido trabalho como trabalho pV, trabalho realizado por gases expandindo contra pressões externas. Este não é o único tipo de trabalho. Suponha que se defina um tipo de trabalho que não seja pV. Podemos escrever a primeira lei da termodinâmica como

$$dU = dq + dw_{pV} + dw_{\text{não-}pV}$$

Fazendo a mesma substituição para $dS \geq dq/T$, e também com a definição de trabalho pV, obtemos

$$dU + p\,dV - T\,dS \leq dw_{\text{não-}pV}$$

Se a temperatura e a pressão forem constantes (requisitos cruciais para uma função de estado útil, G), então, poderemos reescrever a diferencial como

$$d(U + pV - TS) \leq dw_{\text{não-}pV}$$

$U + pV$ é a definição de H. Substituindo:

$$d(H - TS) \leq dw_{\text{não-}pV}$$

Também, $H - TS$ é a definição de G:

$$dG \leq dw_{\text{não-}pV}$$

que podemos integrar para obter

$$\Delta G \leq w_{\text{não-}pV} \tag{4.11}$$

Isto é, quando um trabalho não-pV é realizado, ΔG representa um limite. Novamente, uma vez que o trabalho realizado por um sistema é negativo, ΔG representa a máxima quantidade de trabalho não-pV que um sistema pode realizar sobre a vizinhança. Para um processo reversível, a variação de energia livre de Gibbs é igual ao trabalho não-pV do processo. A Equação 4.11 se tornará importante para nós no Capítulo 8, quando discutiremos eletroquímica e trabalho elétrico.

Exemplo 4.2

Calcule a variação de energia de Helmholtz para a compressão isotérmica reversível de 1 mol de um gás ideal, de 100,0 L para 22,4 L. Considere que a temperatura é 298 K.

Solução

O processo descrito é a terceira etapa de um ciclo do tipo de Carnot. Uma vez que o processo é reversível, vale a relação de igualdade $\Delta A = w$. Portanto, precisamos calcular o trabalho para o processo. O trabalho é dado pela Equação 2.7:

$$w = -nRT \ln \frac{V_f}{V_i}$$

Substituindo para os vários valores:

$$w = -(1\text{ mol})\left(8{,}314\ \frac{\text{J}}{\text{mol}\cdot\text{K}}\right)(298\text{ K})\ln\left(\frac{22{,}4\text{ L}}{100{,}0\text{ L}}\right)$$

$$w = 3710\text{ J}$$

Já que para este processo reversível $\Delta A = w$, temos

$$\Delta A = 3610\text{ J}$$

Uma vez que muitos processos podem ser programados para ocorrer isotermicamente (ou pelo menos voltarem às suas temperaturas originais), podemos desenvolver as seguintes expressões para ΔA e ΔG:

$$A = U - TS$$
$$dA = dU - T\,dS - S\,dT$$
$$dA = dU - T\,dS \quad \text{para uma mudança isotérmica}$$

ou, integrando:

$$\Delta A = \Delta U - T\,\Delta S \tag{4.12}$$

De modo semelhante, para a energia livre de Gibbs:

$$G = H - TS$$

$$dG = dH - T\,dS - S\,dT$$

$$dG = dH - T\,dS \quad \text{para uma mudança isotérmica}$$

Integramos para obter

$$\Delta G = \Delta H - T\Delta S \tag{4.13}$$

As equações 4.12 e 4.13 são válidas para mudanças isotérmicas. Elas também permitem calcular ΔA ou ΔG, caso se conheçam variações em outras funções de estado.

Assim como podemos determinar ΔU, ΔH e ΔS para os processos químicos usando a abordagem da lei de Hess, também podemos determinar os valores de ΔG e de ΔA para reações químicas aplicando um esquema de "produtos menos reagentes". Concentramo-nos em ΔG por ser uma função de estado de maior utilidade. Definimos *energias livres de formação*, $\Delta_f G$, similarmente às entalpias de formação, e as tabelamos. Se os valores de $\Delta_f G$ são determinados em condições termodinâmicas padrão, usamos o sobrescrito º e as denominamos $\Delta_f G°$. Podemos então determinar o ΔG de uma reação, $\Delta_{reação} G$, como fizemos com as entalpias de reações. Porém, com ΔG temos duas maneiras de calcular a variação de energia livre de uma reação. Podemos usar os valores de $\Delta_{reação} G$ e uma abordagem do tipo "produtos-menos-reagentes", *ou* podemos usar a Equação 4.13. A escolha de qual usar depende das informações dadas (ou das informações que se puder obter). Idealmente, ambas as abordagens deveriam dar a mesma resposta.

Observe que o parágrafo anterior implica que $\Delta_f G$ para elementos em seus estados-padrão é exatamente zero. O mesmo é verdadeiro para $\Delta_f A$. Isso porque uma reação de formação é definida como a formação de uma espécie química a partir de seus elementos químicos constituintes em seus estados-padrão.

Exemplo 4.3

Determine $\Delta_{reação} G$ (25 °C = 298,15 K) para a seguinte reação química usando os dois métodos para determinar $\Delta_{reação} G$ e mostre que ambos produzem a mesma resposta. Assuma as condições-padrão. Os dados termodinâmicos necessários estão no Apêndice 2, no final do livro.

$$2H_2\,(g) + O_2\,(g) \longrightarrow 2H_2O\,(\ell)$$

Solução

Os seguintes dados foram obtidos do Apêndice 2:

	H_2 (g)	O_2 (g)	H_2O (ℓ)
$\Delta_f H$, kJ/mol	0	0	−285,83
S, J/mol·K	130,68	205,14	69,91
$\Delta_f G$, kJ/mol	0	0	−237,13

Começamos calculando $\Delta_{reação} H$:

$$\Delta_{reação} H = 2(-285,83) - (2 \cdot 0 + 1 \cdot 0)$$

$$\Delta_{reação} H = -571,66 \text{ kJ}$$

Agora, calculamos $\Delta_{reação} S$:

$$\Delta_{reação} S = 2(69,91) - (2 \cdot 130,68 + 205,14)$$

Os números 2 são da estequiometria da reação química balanceada. Obtemos

$$\Delta_{reação} S = -326,68 \text{ J/K}$$

(Você acha que isso é razoável, sabendo o que você já deve saber sobre entropia?) Combinando $\Delta_{reação}H$ e $\Delta_{reação}S$, precisamos tornar as unidades compatíveis. Convertemos $\Delta_{reação}S$ em unidades de quilojoule:

$$\Delta_{reação}S = -0{,}32668 \text{ kJ/K}$$

Usando a Equação 4.13, calculamos $\Delta_{reação}G$:

$$\Delta G = \Delta H - T\Delta S$$

$$\Delta G = -571{,}66 \text{ kJ} - (298{,}15 \text{ K})(-0{,}32668 \text{ kJ/K})$$

Note que as unidades K de temperatura se anulam no segundo termo. Os dois termos têm as mesmas unidades de kJ. Usando a Equação 4.13 obtemos

$$\Delta G = -474{,}26 \text{ kJ}$$

Usando a idéia de "produtos menos reagentes", utilizamos os valores de $\Delta_f G$ da tabela para obter

$$\Delta_{reação}G = 2(-237{,}13) - (2 \cdot 0 + 0) \text{ kJ}$$

$$\Delta_{reação}G = -474{,}26 \text{ kJ}$$

Isto mostra que *qualquer* destes dois meios para avaliar ΔG é adequado.

4.4 Equações de Variáveis Naturais e Derivadas Parciais

Agora que definimos todas as quantidades independentes de energia em termos de p, V, T e S, vamos resumi-las em termos de suas variáveis naturais:

$$dU = T\,dS - p\,dV \tag{4.14}$$

$$dH = T\,dS + V\,dp \tag{4.15}$$

$$dA = -S\,dT - p\,dV \tag{4.16}$$

$$dG = -S\,dT + V\,dp \tag{4.17}$$

Estas equações são importantes, porque quando são conhecidos os comportamentos destas energias em função de suas variáveis naturais, *todas as propriedades termodinâmicas do sistema podem ser determinadas*.

Por exemplo, considere a energia interna, U. Suas variáveis naturais são S e V; isto é, a energia interna é uma função de S e V:

$$U = U(S, V)$$

Como discutimos no último capítulo, a variação em U, dU, pode ser separada em um componente que varia com S e um componente que varia com V. A variação de U somente em relação a S (isto é, V é mantido constante) é representada por $(\partial U/\partial S)_V$, a derivada parcial de U em relação a S, à V constante. Isto é, simplesmente, a inclinação no gráfico de U traçado em relação à entropia, S. De modo semelhante, a variação de U à medida que V varia, mas S permanece constante, é representada por $(\partial U/\partial V)_S$, a derivada parcial de U em relação a V, à S constante. Esta é a inclinação do gráfico de U traçado em relação a V. A variação total em U, dU, é portanto

$$dU = \left(\frac{\partial U}{\partial S}\right)_V dS + \left(\frac{\partial U}{\partial V}\right)_S dV$$

Mas a partir das equações de variável natural, sabemos que

$$dU = T\,dS - p\,dV$$

Comparando estas duas equações, vemos que os termos que multiplicam dS devem ser iguais, como devem ser os termos que multiplicam dV. Isto é,

$$\left(\frac{\partial U}{\partial S}\right)_V dS = T\,dS$$

$$\left(\frac{\partial U}{\partial V}\right)_S dV = -p\,dV$$

Portanto, temos as seguintes expressões:

$$\left(\frac{\partial U}{\partial S}\right)_V = T \tag{4.18}$$

$$\left(\frac{\partial U}{\partial V}\right)_S = -p \tag{4.19}$$

A Equação 4.18 estabelece que a variação na energia interna, à medida que a entropia varia, a volume constante, é igual à temperatura do sistema. A Equação 4.19 mostra que a variação na energia interna à medida que o volume varia, a entropia constante, é igual ao negativo da pressão. Que relações fascinantes! Isto quer dizer que não precisamos medir de fato a variação de energia interna *versus* o volume a entropia constante: se sabemos qual é a pressão do sistema, o seu valor negativo é igual àquela variação. Ao contrário, se tivermos os gráficos da energia interna *versus* a entropia ou o volume, conhecemos T e p para nosso sistema, uma vez que estas variações representam as inclinações desses gráficos.

Além disso, muitas destas derivadas parciais, que não podem ser determinadas experimentalmente, podem ser construídas. (Exemplo: você pode construir um experimento no qual a entropia permanece constante? Isto, às vezes, pode ser muito difícil de garantir.) Equações como a 4.18 e a 4.19 eliminam a necessidade de fazer isso: elas nos dizem matematicamente que a mudança na energia interna em relação ao volume, a entropia constante, é igual ao negativo da pressão, por exemplo. Não é preciso medir a energia interna *versus* o volume. Tudo o que precisamos fazer é medir a pressão.

Finalmente, aparecerão derivadas parciais como estas em muitas derivações. Equações como a 4.18 e a 4.19 nos permitem substituir simples variáveis de estado por derivadas parciais mais complexas. Isto será extremamente útil na continuação do nosso desenvolvimento da termodinâmica e explica, parcialmente, o verdadeiro poder dessa teoria.

Exemplo 4.4

Mostre que a expressão no lado esquerdo da Equação 4.18 conduz a unidades de temperatura.

Solução

As unidades de U são J/mol, e as unidades de entropia são J/mol·K. Variações em U e S também são descritas usando estas unidades. Portanto, as unidades na derivada (que é uma variação em U dividida por uma variação em S) são

$$\frac{\text{J/mol}}{\text{J/mol·K}} = \frac{1}{1/\text{K}} = \text{K}$$

que é uma unidade de temperatura.

Outras relações podem ser derivadas de outras equações de variável natural. A partir de dH:

$$\left(\frac{\partial H}{\partial S}\right)_p = T \tag{4.20}$$

$$\left(\frac{\partial H}{\partial p}\right)_S = V \tag{4.21}$$

A partir de dA:

$$\left(\frac{\partial A}{\partial T}\right)_V = -S \tag{4.22}$$

$$\left(\frac{\partial A}{\partial V}\right)_T = -p \tag{4.23}$$

e a partir de dG:

$$\left(\frac{\partial G}{\partial T}\right)_p = -S \tag{4.24}$$

$$\left(\frac{\partial G}{\partial p}\right)_T = V \tag{4.25}$$

Se sabemos que G é uma função de p e T, e sabemos como G varia com p e T, conhecemos S e V. Além disso, se conhecemos G e sabemos como ela varia com p e T, podemos determinar as outras funções de estado. Uma vez que

$$H = U + pV$$

e

$$G = H - TS$$

podemos combinar as duas equações para obter

$$U = G + TS - pV$$

Substituindo pelas derivadas parciais em termos de G (isto é, Equações 4.24 e 4.25), vemos que

$$U = G - T\left(\frac{\partial G}{\partial T}\right)_p - p\left(\frac{\partial G}{\partial p}\right)_T$$

A forma diferencial desta equação é

$$dU = dG - \left(\frac{\partial G}{\partial T}\right)_p dT - \left(\frac{\partial G}{\partial p}\right)_T dp \tag{4.26}$$

Já conhecemos dG, e conhecendo as duas derivadas parciais, podemos determinar U como uma função de T e p. Também se pode determinar expressões para as outras funções de estado de energia. A questão é: se conhecemos os valores para as variações apropriadas de uma função de estado de energia, podemos usar todas as equações da termodinâmica para determinar as outras variações nas funções de estado de energia.

Exemplo 4.5

Qual é a expressão para H, considerando que se conhece o comportamento de G (isto é, as derivadas parciais nas Equações 4.24 e 4.25)?

Solução
Podemos usar a equação

$$G = H - TS$$

para obter H:

$$H = G + TS$$

Se sabemos como G se comporta em relação às suas variáveis naturais, conhecemos $(\partial G/\partial T)_P$. Esta derivada parcial é igual a $-S$; então, podemos substituir para obter

$$H = G - T\left(\frac{\partial G}{\partial T}\right)_P$$

a qual nos dá H.

É importante reafirmar como são úteis as equações de variáveis naturais. Se sabemos como qualquer uma das energias varia em relação a suas variáveis naturais, podemos usar as várias definições e equações oriundas das leis da termodinâmica para criar expressões para *qualquer outra energia*. Estamos tomando conhecimento do poder da matemática da termodinâmica.

4.5 As Relações de Maxwell

As equações que envolvem derivadas parciais das energias termodinâmicas podem ser levadas ainda mais adiante. Porém, são necessárias algumas definições.

Temos enfatizado que algumas funções termodinâmicas são funções de estado, e que as variações em funções de estado são independentes do caminho exato escolhido. Em outras palavras, a variação em uma função de estado depende apenas das condições iniciais e finais, não de como as condições iniciais se transformaram nas condições finais.

Considere isso em termos de equações de variáveis naturais. Todas elas têm dois termos, uma variação em relação a uma variável de estado e uma variação em relação a outra variável de estado. Por exemplo, a equação de variável natural para dH é

$$dH = \left(\frac{\partial H}{\partial S}\right)_P dS + \left(\frac{\partial H}{\partial p}\right)_S dp \tag{4.27}$$

onde a variação total de H é separada em duas: uma variação que ocorre à medida que a entropia S varia e outra variação que ocorre à medida que a pressão P varia. A idéia de variações independentes do caminho em funções de estado significa que não importa qual variação acontece primeiro, isto é, não importa em que ordem as derivadas parciais de H ocorrem. Contanto que ambas variem dos valores iniciais estabelecidos para os valores finais definidos, a mudança total em H tem o mesmo valor.

Há um paralelo matemático para esta idéia. Se você tem uma "função de estado" matemática que depende de duas variáveis $F(x, y)$, então você pode determinar a variação total em F estabelecendo uma equação de "variável natural" para a variação total em F:

$$dF = \left(\frac{\partial F}{\partial x}\right)_y dx + \left(\frac{\partial F}{\partial y}\right)_x dy \tag{4.28}$$

A função $F(x, y)$ varia em relação a x e em relação a y. Suponha que você estivesse interessado em determinar a variação simultânea de F em relação a x e y; isto é, que você quisesse conhecer a *segunda* derivada de F em relação a x e y. Em que ordem você faria a diferenciação? Matematicamente, não importa. Isso significa que existe a seguinte igualdade:

$$\left[\frac{\partial}{\partial x}\left(\frac{\partial F}{\partial y}\right)_x\right]_y = \left[\frac{\partial}{\partial y}\left(\frac{\partial F}{\partial x}\right)_y\right]_x \tag{4.29}$$

A derivada em relação a x da derivada de F em relação a y é igual à derivada em relação a y da derivada de F em relação a x. Se for esse o caso, a diferencial original dF na Equação 4.28 satisfaz uma exigência de uma *diferencial exata*: o valor da diferencial múltipla independe da ordem de diferenciação.[2] A Equação 4.29 é conhecida como o *requisito de igualdade da derivada cruzada* de diferenciais exatas. Na aplicação das derivadas duplas da Equação 4.29 a equações termodinâmicas reais, as derivadas parciais podem ter alguma outra expressão, conforme mostra o exemplo seguinte.

Exemplo 4.6

A expressão abaixo é considerada uma diferencial exata?

$$dT = \frac{p}{R} dV + \frac{V}{R} dp$$

Solução

Usando a Equação 4.28 como modelo, podemos imaginar por analogia que

$$\left(\frac{\partial T}{\partial V}\right)_p = \frac{p}{R}$$

e que

$$\left(\frac{\partial T}{\partial p}\right)_V = \frac{V}{R}$$

Tomando a derivada da primeira parcial em relação a p, obtemos

$$\frac{\partial}{\partial p}\left(\frac{\partial T}{\partial V}\right)_p = \frac{1}{R}$$

e tomando a derivada da segunda parcial em relação a V temos

$$\frac{\partial}{\partial V}\left(\frac{\partial T}{\partial p}\right)_V = \frac{1}{R}$$

Por definição, a diferencial original é uma diferencial exata. Portanto, não importa em que ordem diferenciamos $T(p, V)$, já que a dupla derivada nos dá, de qualquer modo, o mesmo valor.

Na avaliação das diferenciais exatas, a ordem da diferenciação não importa. Para funções de estado, o caminho da mudança não importa. Tudo o que importa é a diferença entre as condições iniciais e finais. Admitimos que as condições são análogas, e as conclusões são transferíveis: as formas diferenciais das equações de variável natural para energias termodinâmicas são diferenciais exatas. Portanto, os dois modos de tirar as segundas derivadas misturadas de U, H, G e A devem ser iguais. Isto é, a partir da Equação 4.29,

$$\left[\frac{\partial}{\partial p}\left(\frac{\partial H}{\partial S}\right)_p\right]_S = \left[\frac{\partial}{\partial S}\left(\frac{\partial H}{\partial p}\right)_S\right]_p \tag{4.30}$$

---

[2] Isto equivale a dizer que o valor de uma integral de uma função de estado é independente do caminho, uma idéia mostrada no Capítulo 2.

Do mesmo modo, para as outras energias:

$$\left[\frac{\partial}{\partial V}\left(\frac{\partial U}{\partial S}\right)_V\right]_S = \left[\frac{\partial}{\partial S}\left(\frac{\partial U}{\partial V}\right)_S\right]_V \qquad (4.31)$$

$$\left[\frac{\partial}{\partial V}\left(\frac{\partial A}{\partial T}\right)_V\right]_T = \left[\frac{\partial}{\partial T}\left(\frac{\partial A}{\partial V}\right)_T\right]_V \qquad (4.32)$$

$$\left[\frac{\partial}{\partial T}\left(\frac{\partial G}{\partial p}\right)_T\right]_P = \left[\frac{\partial}{\partial p}\left(\frac{\partial G}{\partial T}\right)_P\right]_T \qquad (4.33)$$

Em cada uma destas relações, conhecemos a derivada parcial interna em ambos os lados das equações: elas são dadas nas Equações 4.18–4.25. Substituindo pelas derivadas parciais internas na Equação 4.30, obtemos

$$\left(\frac{\partial}{\partial p}T\right)_S = \left(\frac{\partial}{\partial S}V\right)_P$$

ou melhor,

$$\left(\frac{\partial T}{\partial p}\right)_S = \left(\frac{\partial V}{\partial S}\right)_P \qquad (4.34)$$

Esta é uma relação extremamente útil, já que não mais precisamos medir a variação no volume em relação à entropia a pressão constante: essa variação do volume é igual à variação isoentrópica da temperatura em relação à pressão. Note que perdemos qualquer relação direta com toda energia.

Usando as Equações 4.31–4.33, também podemos deduzir as seguintes expressões:

$$\left(\frac{\partial T}{\partial V}\right)_S = -\left(\frac{\partial p}{\partial S}\right)_V \qquad (4.35)$$

$$\left(\frac{\partial S}{\partial V}\right)_T = \left(\frac{\partial p}{\partial T}\right)_V \qquad (4.36)$$

$$\left(\frac{\partial S}{\partial p}\right)_T = -\left(\frac{\partial V}{\partial T}\right)_P \qquad (4.37)$$

As Equações 4.34–4.37 são chamadas de *relações de Maxwell*, em homenagem ao matemático e físico escocês James Clerk Maxwell, que as apresentou pela primeira vez em 1870. (Embora hoje em dia a dedução das Equações 4.34–4.37 pareçam diretas, foi naquela época que o básico da termodinâmica foi compreendido por alguém como Maxwell para deduzir estas expressões.)

As relações de Maxwell são extremamente úteis por duas razões. Primeira, todas elas são aplicáveis de maneira geral. Não são restritas aos gases ideais, ou mesmo aos gases em geral. Elas também se aplicam a sistemas sólidos e líquidos. Segunda, elas expressam certas relações em termos de variáveis que são mais fáceis de medir. Por exemplo, poderia ser difícil medir a entropia diretamente e determinar como ela varia em relação ao volume, a temperatura constante. A relação de Maxwell na Equação 4.36 mostra que não precisamos medi-la diretamente. Se medirmos a variação na pressão em relação à temperatura a volume constante, $(\partial p/\partial T)_V$, conheceremos $(\partial S/\partial V)_T$, pois essas relações são iguais. As relações de Maxwell também são úteis para deduzir novas equações que podemos aplicar a variações termodinâmicas em sistemas, ou para determinar os valores das variações em funções de estado que poderiam ser difíceis de medir diretamente por meio de experiências. Os exemplos seguintes usam as mesmas relações de Maxwell de dois modos diferentes.

Exemplo 4.7

Qual é $(\partial S/\partial V)_T$ para um gás que segue a equação de estado de Van der Waals?

Solução

A relação de Maxwell na Equação 4.36 mostra que $(\partial S/\partial V)_T$ é igual a $(\partial p/\partial T)_V$. Usando a equação de Van der Waals,

$$p = \frac{nRT}{V-nb} - \frac{an^2}{V^2}$$

Tomando a derivada de p em relação a T, a volume constante, temos

$$\left(\frac{\partial p}{\partial T}\right)_V = \frac{nR}{V-nb}$$

Portanto, pelas relações de Maxwell,

$$\left(\frac{\partial S}{\partial V}\right)_T = \frac{nR}{V-nb}$$

Não precisamos medir a variação de entropia experimentalmente. Podemos obter a variação isotérmica na entropia *versus* volume a partir dos parâmetros de Van der Waals.

Exemplo 4.8

No Capítulo 1, mostramos que

$$\left(\frac{\partial p}{\partial T}\right)_V = \frac{\alpha}{\kappa}$$

onde α é o coeficiente de expansão e κ é a compressibilidade isotérmica. Para o mercúrio, $\alpha = 1{,}82 \times 10^{-4}$/K e $\kappa = 3{,}87 \times 10^{-5}$/atm a 20 °C. Determine como a entropia varia com o volume, sob condições isotérmicas, a esta temperatura.

Solução

A derivada que interessa é $(\partial S/\partial V)_T$, que pela Equação 4.36 é igual a $(\partial p/\partial T)_V$. Usando o coeficiente de expansão e a compressibilidade isotérmica:

$$\left(\frac{\partial p}{\partial T}\right)_V = \frac{1{,}82 \times 10^{-4}/\text{K}}{3{,}87 \times 10^{-5}/\text{atm}} = 4{,}70 \frac{\text{atm}}{\text{K}}$$

estas unidades não parecem apropriadas para entropia e volume. Porém, se notarmos que

$$\frac{\text{atm}}{\text{K}} \cdot \frac{101{,}32 \text{ J}}{\text{L·atm}} = 101{,}32 \frac{\text{J/K}}{\text{L}}$$

poderemos converter nossa resposta em unidades mais identificáveis e verificar que

$$\left(\frac{\partial S}{\partial V}\right)_T = 476 \frac{\text{J/K}}{\text{L}}$$

4.6 Usando as Relações de Maxwell

As relações de Maxwell podem ser de grande utilidade para deduzir outras equações para a termodinâmica. Por exemplo, uma vez que

$$dH = T\,dS + V\,dp$$

se mantivermos T constante e dividirmos tudo por dp, obteremos

$$\left(\frac{dH}{dp}\right)_T \equiv \left(\frac{\partial H}{\partial p}\right)_T = T\left(\frac{\partial S}{\partial p}\right)_T + V$$

É difícil medir a variação de entropia em relação à pressão, mas usando uma relação de Maxwell podemos substituir $(\partial S/\partial p)_T$ por alguma outra expressão. Já que $(\partial S/\partial p)_T$ é igual a $-(\partial V/\partial T)_p$, obtemos

$$\left(\frac{\partial H}{\partial p}\right)_T = V - T\left(\frac{\partial V}{\partial T}\right)_p \tag{4.38}$$

onde trocamos a ordem dos termos. Por que esta equação é útil? Porque uma vez que conhecemos a equação de estado (por exemplo, a lei do gás ideal), conhecemos V, T e sabemos como V varia com relação a T a pressão constante – e podemos usar essa informação para calcular como a entalpia varia com a pressão, a temperatura constante, isso tudo sem ter de medir a entalpia.

A derivada da entalpia na Equação 4.38 pode ser usada com o coeficiente Joule-Thomson, μ_{JT}. Lembre-se de que pela regra cíclica das derivadas parciais,

$$\mu_{JT} = \left(\frac{\partial T}{\partial p}\right)_H = -\left(\frac{\partial T}{\partial H}\right)_p\left(\frac{\partial H}{\partial p}\right)_T$$

$$= -\frac{1}{C_p}\left(\frac{\partial H}{\partial p}\right)_T$$

Podemos agora substituir pela diferencial $(\partial H/\partial p)_T$ a partir da Equação 4.38 e obter

$$\mu_{JT} = -\frac{1}{C_p}\left[V - T\left(\frac{\partial V}{\partial T}\right)_p\right] \tag{4.39}$$

$$= \frac{1}{C_p}\left[T\left(\frac{\partial V}{\partial T}\right)_p - V\right]$$

e podemos calcular o coeficiente de Joule-Thomson de um gás, se conhecermos sua equação de estado e sua capacidade calorífica. A Equação 4.39 não requer nenhum conhecimento da entalpia do sistema, além de sua capacidade calorífica a pressão constante. Estes são apenas dois exemplos de como são úteis as relações de Maxwell.

Exemplo 4.9

Use a Equação 4.39 para determinar o valor de μ_{JT} para um gás ideal. Considere que as quantidades são molares.

Solução
Um gás ideal tem a lei dos gases ideais como sua equação de estado:

$$p\overline{V} = RT$$

Para avaliar a Equação 4.39, precisamos determinar $(\partial \overline{V}/\partial T)_p$. Reescrevemos a lei dos gases ideais como

$$\overline{V} = \frac{RT}{p}$$

e podemos agora avaliar $(\partial \overline{V}/\partial T)_p$:

$$\left(\frac{\partial \overline{V}}{\partial T}\right)_p = \frac{R}{p}$$

Substituindo:

$$\mu_{JT} = \frac{1}{C_p}\left(T\frac{R}{p} - \overline{V}\right) = \frac{1}{C_p}\left(\frac{RT}{p} - \overline{V}\right)$$

Mas, de acordo com a lei dos gases ideais, RT/p é igual a $\overline{V}$. Substituindo:

$$\mu_{JT} = \frac{1}{C_p}(\overline{V} - \overline{V}) = \frac{1}{C_p}(0) = 0$$

que mostra mais uma vez que o coeficiente de Joule-Thomson para um gás ideal é exatamente zero.

Exemplo 4.10

Começando com a equação de variável natural para dU, deduza uma expressão para a dependência com o volume isotérmico da energia interna, $(\partial U/\partial V)_T$, em termos de propriedades mensuráveis (T, V ou p) e α e/ou κ. *Dica*: você terá de usar a regra cíclica das derivadas parciais (veja o Capítulo 1).

Solução

A equação de variável natural para dU é (a partir da Equação 4.14)

$$dU = T\,dS - p\,dV$$

Para obter $(\partial U/\partial V)_T$, mantemos a temperatura constante e dividimos os dois lados por dV. Obtemos:

$$\left(\frac{\partial U}{\partial V}\right)_T = T\left(\frac{\partial S}{\partial V}\right)_T - p$$

Agora, usamos a relação de Maxwell em que $(\partial S/\partial V)_T$ é igual a $(\partial p/\partial T)_V$. Substituindo, temos:

$$\left(\frac{\partial U}{\partial V}\right)_T = T\left(\frac{\partial p}{\partial T}\right)_V - p$$

Agora, consideramos a dica. Tanto a definição de α e κ como a derivada parcial $(\partial p/\partial T)_V$ usam p, T e V. A regra cíclica para as derivadas parciais relaciona as três derivadas parciais independentes, possíveis a quaisquer três variáveis A, B, C:

$$\left(\frac{\partial A}{\partial B}\right)_C\left(\frac{\partial B}{\partial C}\right)_A\left(\frac{\partial C}{\partial A}\right)_B = -1$$

Para as variáveis p, V e T, isto significa que

$$\underbrace{\left(\frac{\partial V}{\partial T}\right)_p}_{= V\alpha}\underbrace{\left(\frac{\partial T}{\partial p}\right)_V\left(\frac{\partial p}{\partial V}\right)_T}_{= -\frac{1}{V}\frac{1}{\kappa}} = -1$$

onde estamos mostrando como os coeficientes α e κ se relacionam às derivadas nesta equação de regra cíclica. A derivada parcial do meio envolve p e T, a V constante, que é pelo que estamos tentando substituir; substituímos e rearranjamos como segue

$$(V\alpha)\left(-\frac{1}{V}\frac{1}{\kappa}\right) = -\left(\frac{\partial p}{\partial T}\right)_V$$

onde levamos a derivada parcial que precisamos substituir para o outro lado da equação. Fazendo isso, obtemos a derivada parcial da *pressão* em relação à *temperatura*. No lado esquerdo, os volumes se cancelam, e os sinais negativos em ambos os lados se cancelam. Juntando tudo, temos:

$$\left(\frac{\partial p}{\partial T}\right)_V = \frac{\alpha}{\kappa}$$

Substituindo em nossa equação por $(\partial U/\partial V)_T$:

$$\left(\frac{\partial U}{\partial V}\right)_T = T\frac{\alpha}{\kappa} - p$$

onde temos agora o que queríamos: uma equação para $(\partial U/\partial V)_T$ em termos de parâmetros facilmente mensuráveis experimentalmente: a temperatura T, a pressão p e os coeficientes α e κ.

O Exemplo 4.10 traz uma lição de fato importante. A habilidade de deduzir matematicamente expressões como esta — que nos fornece quantidades em termos de valores determinados experimentalmente — é uma aptidão muito importante da termodinâmica. A matemática da termodinâmica é uma ferramenta muito útil. Pode ficar complicada, mas há muito que podemos saber e dizer sobre um sistema usando estas ferramentas. E afinal, é uma parte muito importante da físico-química.

4.7 Focalizando ΔG

Vimos como U, H e S variam com a temperatura. Para as duas energias, as variações com relação à temperatura são chamadas de capacidades caloríficas. Deduzimos várias equações para a variação de S com a temperatura (como a Equação 3.18, $\Delta S = n \cdot \overline{C} \cdot \ln(T_f/T_i)$, ou a forma integral anterior à Equação 3.18, para uma capacidade calorífica não constante). É importante saber como G varia com a temperatura, uma vez que esta é a função de estado de energia mais utilizada.

A partir da equação da variável natural para dG, chegamos a uma relação entre G e T:

$$\left(\frac{\partial G}{\partial T}\right)_P = -S \tag{4.40}$$

Com a variação da temperatura, a variação de G é igual ao negativo da entropia do sistema. Observe o valor negativo da entropia nesta equação; ele significa que se a temperatura aumenta, a energia livre diminui, e vice-versa. Intuitivamente, isso parece errado à primeira vista: uma energia *diminui* quando a temperatura aumenta? Lembre-se, entretanto, da definição de energia livre de Gibbs: $G = H - TS$. O sinal negativo do termo que inclui a temperatura implica que, na realidade, se T aumentar, G diminuirá.

Há uma outra expressão que mostra a dependência entre T e G, mas de um modo ligeiramente diferente. Se começarmos com a definição de G:

$$G = H - TS$$

lembramos que $-S$ é definido pela derivada parcial na Equação 4.40. Substituindo:

$$G = H + T\left(\frac{\partial G}{\partial T}\right)_P$$

onde os sinais de menos foram cancelados. Rearranjamos dividindo ambos os lados da equação por T, e obtemos

$$\frac{G}{T} = \frac{H}{T} + \left(\frac{\partial G}{\partial T}\right)_P$$

Novamente, rearranjamos, colocando todos os termos de G em um lado:

$$\frac{G}{T} - \left(\frac{\partial G}{\partial T}\right)_P = \frac{H}{T} \tag{4.41}$$

Apesar de isso parecer intratável, introduziremos uma substituição simplificadora de um modo circular. Considere a expressão G/T. A sua derivada em relação a T a p constante é

$$\frac{\partial}{\partial T}\left(\frac{G}{T}\right)_P = -\frac{G}{T^2}\left(\frac{\partial T}{\partial T}\right)_P + \frac{1}{T}\left(\frac{\partial G}{\partial T}\right)_P$$

por uma aplicação estrita da regra de cadeia. $\partial T/\partial T$ é igual a 1; assim, esta expressão simplifica para

$$\frac{\partial}{\partial T}\left(\frac{G}{T}\right)_P = -\frac{G}{T^2} + \frac{1}{T}\left(\frac{\partial G}{\partial T}\right)_P$$

Se multiplicarmos esta expressão por $-T$, obteremos

$$-T \cdot \frac{\partial}{\partial T}\left(\frac{G}{T}\right)_P = \frac{G}{T} - \left(\frac{\partial G}{\partial T}\right)_P$$

Observe que a expressão no lado direito da equação é o mesmo que a do lado esquerdo na Equação 4.41. Portanto, podemos substituir:

$$-T \cdot \frac{\partial}{\partial T}\left(\frac{G}{T}\right)_P = \frac{H}{T}$$

ou

$$\frac{\partial}{\partial T}\left(\frac{G}{T}\right)_P = -\frac{H}{T^2} \tag{4.42}$$

Esta é uma equação extremamente simples, e quando expandimos nossa derivação para considerar as variações na energia, não deve ser muito difícil derivar para o processo total:

$$\frac{\partial}{\partial T}\left(\frac{\Delta G}{T}\right)_P = -\frac{\Delta H}{T^2} \tag{4.43}$$

para um processo físico ou químico. As Equações 4.42 e 4.43 são duas expressões do que é chamado de *equação de Gibbs-Helmholtz*. Usando a substituição [isto é, $u = 1/T$, $du = -(1/T^2)\,dT$, e assim por diante], pode-se mostrar que a Equação 4.43 também pode ser escrita como

$$\left(\frac{\partial \frac{\Delta G}{T}}{\partial \frac{1}{T}}\right)_P = \Delta H \tag{4.44}$$

A forma dada na Equação 4.44 é especialmente útil. Conhecendo o ΔH de um processo, sabemos algo sobre ΔG. Um gráfico de $\Delta G/T$ *versus* $1/T$ daria uma inclinação igual a ΔH. (Lembre-se de que uma derivada é somente uma inclinação.) Além disso, se fizermos a aproximação de que ΔH é constante para pequenas variações de temperatura, podemos usar a Equação 4.44 para obter valores aproximados de ΔG em diferentes temperaturas, como ilustra o exemplo seguinte.

Exemplo 4.11

Aproximando a Equação 4.44 como

$$\left(\frac{\Delta \frac{\Delta G}{T}}{\Delta \frac{1}{T}}\right)_P \approx \Delta H$$

preveja o valor de ΔG (100 °C, 1 atm) da reação

$$2H_2 \text{ (g)} + O_2 \text{ (g)} \longrightarrow 2H_2O \text{ } (\ell)$$

sabendo que ΔG (25 °C, 1 atm) $= -474,36$ kJ e $\Delta H = -571,66$ kJ. Considere pressão constante e ΔH.

Solução

Primeiro, devemos avaliar $\Delta(1/T)$. Convertendo as temperaturas para kelvins, encontramos

$$\Delta \frac{1}{T} = \frac{1}{373 \text{ K}} - \frac{1}{298 \text{ K}} = -0,000674/\text{K}$$

Usando a forma aproximada da Equação 4.44:

$$\left(\frac{\Delta \frac{\Delta G}{T}}{-0,000674/\text{K}}\right)_P \approx -571,66 \text{ kJ}$$

$$\Delta \frac{\Delta G}{T} = 0,386 \frac{\text{kJ}}{\text{K}}$$

Escrevendo $\Delta(\Delta G/T)$ como $(\Delta G/T)_{\text{final}} - (\Delta G/T)_{\text{inicial}}$, podemos usar as condições dadas para obter a seguinte expressão:

$$\left(\frac{\Delta G}{373 \text{ K}}\right)_{\text{final}} - \left(\frac{-474,36 \text{ kJ}}{298 \text{ K}}\right)_{\text{inicial}} = 0,386 \frac{\text{kJ}}{\text{K}}$$

$$\Delta G_{\text{final}} = \Delta G \text{ (100 °C)} = -450 \text{ kJ}$$

Isto se compara ao valor de $-439,2$ kJ, obtido ao recalcular ΔH (100 °C) e ΔS (100 °C), usando uma abordagem do tipo lei de Hess. A equação de Gibbs-Helmholtz faz menos aproximações e espera-se que produza valores mais corretos de ΔG.

Qual é a relação entre pressão e G? Novamente, podemos obter uma resposta inicial a partir das equações de variável natural:

$$\left(\frac{\partial G}{\partial p}\right)_T = V$$

Podemos reescrever esta equação considerando uma variação isotérmica. A derivada parcial pode ser rearranjada para

$$dG = V \, dp$$

Integramos os dois lados da equação. A integral de dG é ΔG, porque G é uma função de estado:

$$\Delta G = \int_{p_i}^{p_f} V \, dp$$

Para gases ideais, podemos usar a lei do gás ideal e substituir $V = nRT/p$, assim

$$\Delta G = \int_{p_i}^{p_f} \frac{nRT}{p}\, dp = \int_{p_i}^{p_f} nRT \frac{dp}{p} = nRT \int_{p_i}^{p_f} \frac{dp}{p}$$

Sabemos, a partir do cálculo, que $\int (dx/x) = \ln x$. Aplicando isto à integral na equação acima e avaliando nos limites, obtemos

$$\Delta G = nRT \ln \frac{p_f}{p_i} \qquad (4.45)$$

que só se aplica a variações isotérmicas.

Exemplo 4.12

Qual é a variação em G para um processo no qual 0,022 mol de um gás ideal vai de 2505 psi (*pounds per square inch* = libras por polegada quadrada) para 14,5 psi, à temperatura ambiente de 295 K?

Solução
A aplicação direta da Equação 4.45 resulta em

$$\Delta G = (0{,}022\ \text{mol})\left(8{,}314\ \frac{\text{J}}{\text{mol·K}}\right)(295\ \text{K}) \ln \frac{14{,}5\ \text{psi}}{2505\ \text{psi}}$$

$$\Delta G = -278\ \text{J}$$

Este processo seria considerado espontâneo? Uma vez que a pressão não é mantida constante, a aplicação estrita de ΔG como condição de espontaneidade não está garantida. Porém, os gases, uma vez dada a oportunidade, tendem a ir de pressões mais altas para pressões mais baixas. Assim, podemos esperar que este processo seja, de fato, espontâneo.

4.8 O Potencial Químico e Outras Quantidades Molares Parciais

Até agora, focalizamos as mudanças nos sistemas que são medidas com base em variáveis físicas como pressão, temperatura e volume, dentre outras. Mas em reações químicas, substâncias mudam sua forma química. Precisamos começar a focalizar a identidade química dos materiais e o modo pelo qual eles podem se transformar, no decorrer de um processo.

Assumimos que o número de mols, n, de uma substância permanece constante em todas as transformações pelas quais ela passou até agora. Todas as derivadas parciais devem ter um subscrito n no lado direito para indicar que a quantidade de material permanece constante: por exemplo, $(\partial U/\partial V)_{T,n}$. Entretanto, não há razão para não considerarmos uma derivada em relação à quantidade, n.

Devido à importância da energia livre de Gibbs quando consideramos a questão da espontaneidade, a maioria das derivadas em relação a n diz respeito a G. O *potencial químico* de uma substância, μ, é definido como a variação na energia livre de Gibbs em relação à quantidade, a pressão e temperatura constantes:

$$\mu \equiv \left(\frac{\partial G}{\partial n}\right)_{T,p} \qquad (4.46)$$

Para sistemas com mais de um componente químico, temos de rotular o potencial químico (um número ou uma fórmula química como subscrito) para especificar a qual componente se refere. O potencial químico para um componente μ_i indica que apenas a quantidade n_i do *i*ésimo componente varia, e as quantidades de todos os outros componentes n_j, $j \neq i$, permanecem constantes. Assim, a Equação 4.46 pode ser escrita como

$$\mu_i = \left(\frac{\partial G}{\partial n_i}\right)_{T,p,n_j(j\neq i)} \quad (4.47)$$

Agora, se quisermos considerar a variação infinitesimal de G, precisamos também considerar possíveis variações nas quantidades de substância. A expressão geral dG, agora, se torna

$$dG = \left(\frac{\partial G}{\partial T}\right)_{p,n's} dT + \left(\frac{\partial G}{\partial p}\right)_{T,n's} dp + \sum_i \left(\frac{\partial G}{\partial n_i}\right)_{T,p,n_j(j\neq i)} dn_i$$

ou

$$dG = -S\,dT + V\,dp + \sum_i \mu_i\,dn_i \quad (4.48)$$

onde a somatória tem tantos termos quantas forem as diferentes substâncias no sistema. Muitas vezes, nos referimos à Equação 4.48 como a *equação fundamental da termodinâmica química*, uma vez que ela engloba, além de todas as variáveis de estado do sistema, as quantidades de substância.

O potencial químico μ_i é o primeiro exemplo de uma *quantidade molar parcial*. Ele expressa a variação de uma variável de estado, a energia livre de Gibbs, em relação à quantidade molar. Para substâncias puras, o potencial químico é simplesmente igual à variação de energia livre de Gibbs do sistema, à medida que a quantidade de material varia. Para sistemas com mais de um componente, o potencial químico não é igual à variação da energia livre do material puro, porque cada componente interage com os outros, o que afeta a energia total do sistema. Se todos os componentes fossem ideais, isto não aconteceria, e as quantidades molares parciais seriam as mesmas para qualquer componente do sistema.[3]

Devido às relações entre as várias energias definidas pela termodinâmica, o potencial químico também pode ser definido em termos de outras energias, mas com as diferentes variáveis de estado mantidas constantes:

$$\mu_i \equiv \left(\frac{\partial U}{\partial n_i}\right)_{S,V,n_j(j\neq i)} \quad (4.51)$$

$$\mu_i \equiv \left(\frac{\partial H}{\partial n_i}\right)_{S,p,n_j(j\neq i)} \quad (4.52)$$

---

[3] Quantidades molares parciais podem ser definidas para qualquer variável de estado. Por exemplo, a variação da entropia molar parcial $\overline{S}_i$ é definida como

$$\overline{S}_i = \left(\frac{\partial S}{\partial n_i}\right)_{n_j(j\neq i)} \quad (4.49)$$

e para todas as outras condições mantidas constantes. De modo semelhante, volume molar parcial $\overline{V}_i$ é definido como

$$\overline{V}_i = \left(\frac{\partial V}{\partial n_i}\right)_{T,p,n_j(j\neq i)} \quad (4.50)$$

O volume molar parcial é um conceito especialmente útil para fases condensadas. É também o motivo pelo qual uma mistura de 1 L de água e 1 L de álcool forma uma solução cujo volume não é 2 L (é um pouco menor que 2 L): no sentido estritamente termodinâmico, volumes não são aditivos, mas *volumes molares parciais* o são. [Note que quantidades molares parciais (exceto μ) têm o mesmo simbolismo, com a barra sobre a variável. Assim, deve-se tomar cuidado ao utilizar essas duas quantidades.]

$$\mu_i \equiv \left(\frac{\partial A}{\partial n_i}\right)_{T,V,n_j(j\neq i)} \quad (4.53)$$

Entretanto, dada a utilidade de G, a definição de μ com respeito a G (Equação 4.47) será a mais útil para nós.

Potencial químico é uma medida do quanto uma espécie "deseja" sofrer uma mudança física ou química. Se duas ou mais substâncias estão presentes em um sistema e têm diferentes potenciais químicos, algum processo deve ocorrer para igualar esses potenciais. Desse modo, potencial químico nos leva a pensar em reações químicas e em equilíbrio químico. Ainda não focalizamos as reações químicas especificamente, embora as tenhamos considerado em alguns exemplos (a maioria como variações de energia ou entropia dos produtos menos reagentes). Isto irá mudar no próximo capítulo.

4.9 Fugacidade

Definimos fugacidade como uma medida da não-idealidade de gases reais, como preâmbulo à aplicação da termodinâmica às reações químicas. Primeiramente, vamos justificar a necessidade de definir esta quantidade.

No desenvolvimento da teoria da termodinâmica, assumimos que os materiais são ideais, e nada mais. Por exemplo, o uso do "gás ideal" foi comum ao longo desses capítulos. Entretanto, não existe um verdadeiro gás ideal. Gases reais não obedecem à lei do gás ideal e apresentam uma equação de estado mais complexa.

Como é de se esperar, o potencial químico de um gás varia com a pressão. Por analogia, com a Equação 4.45:

$$\Delta G = nRT \ln \frac{p_f}{p_i}$$

temos uma equação semelhante para a variação de μ de um gás ideal, porque o potencial químico é definido em termos de G:

$$\Delta \mu = RT \ln \frac{p_f}{p_i} \quad (4.54)$$

Podemos escrever as duas equações acima de uma maneira diferente, ao reconhecer que o símbolo Δ representa uma variação em G e em μ, e, assim, podemos escrever ΔG ou $\Delta \mu$ como sendo $G_{final} - G_{inicial}$ ou $\mu_{final} - \mu_{inicial}$:

$$G_{final} - G_{inicial} = nRT \ln \frac{p_f}{p_i}$$

$$\mu_{final} - \mu_{inicial} = RT \ln \frac{p_f}{p_i}$$

Suponha que, para ambas as equações, o estado inicial esteja numa pressão-padrão, de 1 atm ou 1 bar. (1 atm = 1,01325 bar, e um pequeno erro é introduzido se for utilizada a unidade 1 atm, que não é padrão do SI). Vamos usar o símbolo ° para indicar as condições iniciais e colocar as quantidades iniciais no lado direito da equação. Os subscritos "final" são apagados, e as equações são escritas para G ou μ a qualquer pressão p, calculadas em relação a $G°$ ou $\mu°$ em alguma pressão padrão (isto é, 1 atm ou 1 bar):

$$G = G° + nRT \ln \frac{p}{p°} \quad (4.55)$$

$$\mu = \mu° + RT \ln \frac{p}{p°} \quad (4.56)$$

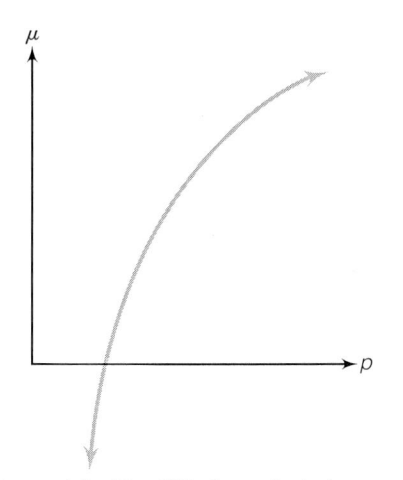

Figura 4.1 Uma idéia da aparência de um gráfico do potencial químico μ *versus* pressão p, para um gás ideal.

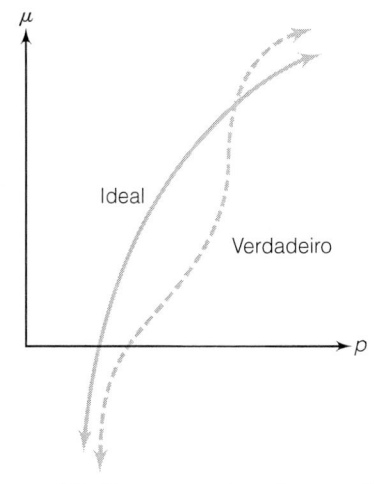

Figura 4.2 Para gases reais, a altas pressões o potencial químico é maior que o esperado, devido a repulsões intermoleculares. A pressões intermediárias, o potencial químico é menor que o esperado, devido a atrações intermoleculares. A pressões muito baixas, o comportamento dos gases se aproxima do comportamento dos gases ideais.

A segunda equação mostra que o potencial químico varia com o logaritmo natural da pressão. Um gráfico de μ *versus* p terá forma logarítmica, como pode ser visto na Figura 4.1.

Medidas realizadas em gases reais mostram que a relação entre μ e p não é tão exata. A pressões muito, muito baixas, o comportamento de todos os gases se aproxima do comportamento do gás ideal. A pressões moderadas, a pressão é menor que a esperada para um determinado potencial químico. Isto acontece porque as moléculas do gás real são pouco atraídas umas pelas outras. A pressões muito altas, a pressão é maior que a esperada para um dado potencial químico, porque as moléculas se aproximam tanto que começam a repelir umas às outras. A Figura 4.2 mostra o verdadeiro comportamento do potencial químico *versus* a pressão real do gás.

Para gases reais, a termodinâmica define uma pressão ponderada chamada de *fugacidade*, f, como

$$f = \phi \cdot p \qquad (4.57)$$

onde p é a pressão do gás e ϕ é chamado *coeficiente de fugacidade*. O coeficiente de fugacidade não tem dimensão, de modo que a fugacidade tem unidades de pressão. Para gases reais, a fugacidade é a descrição apropriada de como o gás se comporta, e assim, a equação em termos do potencial químico é melhor escrita como

$$\mu = \mu° + RT \ln \frac{f}{p°} \qquad (4.58)$$

À medida que a pressão se torna cada vez menor, todo gás se comporta de maneira cada vez mais ideal. No limite de pressão igual a zero, todo gás age como gás ideal e seu coeficiente de fugacidade se torna igual a 1. Escrevemos isto como

$$\lim_{p \to 0}(f) = p; \qquad \lim_{p \to 0} \phi = 1$$

Como determinamos a fugacidade experimentalmente? Podemos começar com a Equação 4.48, fundamental da termodinâmica:

$$dG = -S\,dT + V\,dp + \sum_i \mu_i\,dn_i$$

Para um único componente (de modo que a soma é de apenas um termo) passando por um processo isotérmico, esta equação se torna

$$dG = V\,dp + \mu\,dn$$

Como dG é uma diferencial exata (veja a Seção 4.5), obtemos a relação $\partial \mu / \partial p = \partial V / \partial n$. A segunda expressão é o volume molar parcial da substância, $\overline{V}$. Isto é

$$\frac{\partial \mu}{\partial p} = \overline{V}$$

que leva a

$$d\mu = \overline{V}\,dp$$

Para um gás ideal, esta equação será

$$d\mu_{ideal} = \overline{V}_{ideal}\,dp$$

(Logo, veremos por que gases ideais aparecem novamente.) Subtraindo as duas últimas equações

$$d\mu - d\mu_{ideal} = (\overline{V} - \overline{V}_{ideal})\,dp$$

onde dp é um fator comum aos dois termos à direita. Integrando:

$$\mu - \mu_{ideal} = \int_0^p (\overline{V} - \overline{V}_{ideal})\,dp$$

$$\mu - \mu_{ideal} = \int_0^p \overline{V}\,dp - \int_0^p \overline{V}_{ideal}\,dp \qquad (4.59)$$

Se entendermos que a Equação 4.56 fornece o potencial químico de um gás ideal μ_{ideal} em termos da pressão, e a Equação 4.58 fornece o potencial químico de um gás real em termos da fugacidade μ, podemos usá-las para avaliar $\mu - \mu_{ideal}$:

$$\mu - \mu_{ideal} = \mu^\circ + RT\ln\frac{f}{p^\circ} - \left(\mu^\circ + RT\ln\frac{p}{p^\circ}\right)$$

$$= RT\left(\ln\frac{f}{p^\circ} - \ln\frac{p}{p^\circ}\right)$$

$$= RT\ln\frac{f/p^\circ}{p/p^\circ} = RT\ln\frac{f}{p}$$

Portanto, substituindo no lado esquerdo da Equação 4.59:

$$RT\ln\frac{f}{p} = \int_0^p \overline{V}\,dp - \int_0^p \overline{V}_{ideal}\,dp$$

Rearranjando:

$$\ln\frac{f}{p} = \ln\phi = \frac{1}{RT}\left(\int_0^p \overline{V}\,dp - \int_0^p \overline{V}_{ideal}\,dp\right) \qquad (4.60)$$

Esta parece uma expressão complicada, mas considere que é uma integral, isto é, uma área sob uma curva. A primeira integral é a área sob uma curva resultante do gráfico do volume molar parcial *versus* pressão. A segunda integral é a área sob uma curva resultante do gráfico do volume molar parcial ideal *versus* pressão. Portanto, a subtração das duas integrais é, simplesmente, *a diferença de área entre os dois gráficos entre $p = 0$ e algum valor de p diferente de zero*. Dividindo este valor por RT, obtemos o logaritmo do coeficiente de fugacidade ϕ. Fugacidades são, portanto, determinadas simplesmente medindo os volumes de quantidades conhecidas de gases em condições isotérmicas e comparando com os volumes ideais. A Figura 4.3 é um exemplo de como uma investigação desse tipo irá parecer.

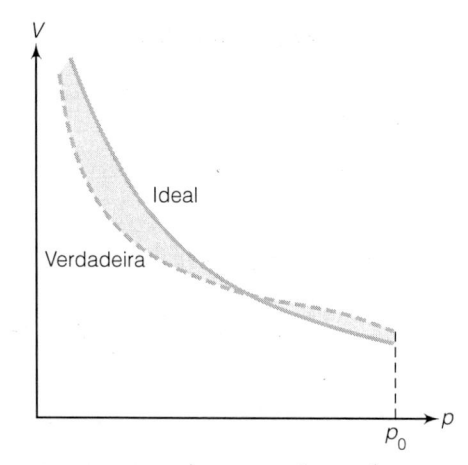

Figura 4.3 Uma maneira simples de determinar o coeficiente de fugacidade de um gás real é fazer o gráfico do volume real a várias pressões e compará-lo com o volume ideal do gás. O coeficiente de fugacidade está relacionado com a diferença entre as áreas sob as curvas (indicada pela porção sombreada do diagrama). Veja a Equação 4.60.

Energia Livre e Potencial Químico

Tabela 4.1 Fugacidades do gás nitrogênio a 0 °C

P (atm)	Fugacidade (atm)
1	0,99955
10	9,956
50	49,06
100	97,03
150	145,1
200	194,4
300	301,7
400	424,8
600	743,4
800	1196
1000	1839

Fonte: G. N. Lewis, M. Randall. *Thermodynamics*, revisada por K. S. Pitzer e L. Brewer, McGraw-Hill, Nova York, 1961.

A Equação 4.60 também pode ser avaliada em termos da compressibilidade Z de um gás real. Não vamos deduzi-la aqui, mas apenas mostrar o resultado. (Para a dedução, veja P. W. Atkins e J. de Paulo, *Physical Chemistry*, 7 ed., Freeman, Nova York, 2002, p. 129.)

$$\ln \phi = \int_0^p \frac{Z-1}{p} \, dp \qquad (4.61)$$

Se você determina a compressibilidade Z de um gás a partir da equação de estado desse gás, pode substituí-la na Equação 4.61 e calcular a integral. Ou fazer o gráfico de $(Z-1)/p$ *versus* p e determinar a integral numericamente medindo a área sob a curva.

A Figura 4.4 mostra esse gráfico para o neônio a 150 K. A fugacidade do neônio a qualquer pressão é igual à área sob a curva de zero até essa pressão.

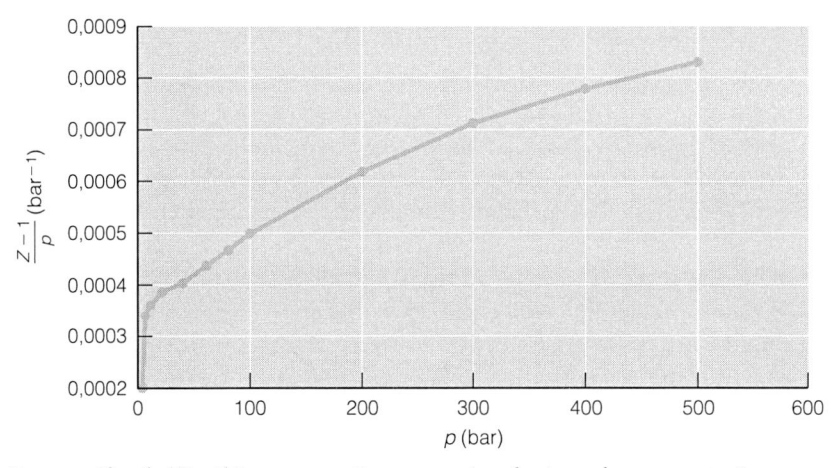

Figura 4.4 Em um gráfico de $(Z-1)/p$ *versus* pressão para um gás real, a área sob a curva entre 0 e uma pressão p fornece o logaritmo do coeficiente de fugacidade ϕ do gás na pressão p. Os dados no gráfico são para o neônio, a 150 K.

Exemplo 4.13

Calcule a fugacidade de 100 atm do gás argônio a 600 K, admitindo que a sua compressibilidade é representada adequadamente pela equação virial truncada $Z = 1 + B'p/RT$. B' para Ar a 600 K é 0,012 L/mol (a partir da Tabela 1.4). Comente a resposta.

Solução

Usando a Equação 4.61:

$$\ln \phi = \int_0^{100 \text{ atm}} \frac{1 + \frac{B'p}{RT} - 1}{p} \, dp = \int_0^{100 \text{ atm}} \frac{\frac{B'p}{RT}}{p} \, dp = \int_0^{100 \text{ atm}} \frac{B'}{RT} \, dp$$

$$= \frac{B'p}{RT}\bigg|_0^{100 \text{ atm}} = \frac{B'(100 \text{ atm})}{RT}$$

Substituindo $B' = 0{,}012$ L/mol, $R = 0{,}08205$ L·atm/mol·K e $T = 600$ K, temos

$$\ln \phi = \frac{(0{,}012 \, \frac{L}{mol})(100 \text{ atm})}{(0{,}08205 \, \frac{L \cdot atm}{mol \cdot K})(600 \text{ K})} = 0{,}024$$

Portanto, $\ln \phi = 0{,}024$, e $\phi = 1{,}024$. Como $f = \phi p$, isto significa que $f = 102$ atm. O gás argônio se comporta como se tivesse uma pressão ligeiramente maior do que de fato tem. Isto pode ser considerado uma aproximação, uma vez que o coeficiente virial está sendo aplicado a 100 atm e 600 K.

Para ilustrar como a fugacidade varia com a pressão, a Tabela 4.1 apresenta uma lista de fugacidades do gás nitrogênio. Note que a fugacidade é quase igual à pressão para $p = 1$ atm, mas é quase o dobro da pressão para $p = 1000$ atm.

4.10 Resumo

Apresentamos as duas últimas quantidades de energia, a energia de Helmholtz e a energia livre de Gibbs. Ambas estão relacionadas com a quantidade máxima de trabalho que um sistema pode realizar. Quando todas as quatro energias são escritas em termos das suas variáveis naturais, um número surpreendente de relações úteis pode ser desenvolvido pela aplicação criteriosa de derivadas parciais. Essas derivadas, dentre as quais as relações de Maxwell, são muito úteis porque nos permitem expressar quantidades difíceis de medir diretamente em termos de mudanças das variáveis de estado que podem ser medidas facilmente.

Definimos o potencial químico μ. Ele é considerado uma quantidade molar parcial porque é uma derivada parcial em relação ao número de mols do material no nosso sistema. Podemos definir outras quantidades molares parciais; μ foi a primeira definida, devido à sua utilidade quando investigamos profundamente reações químicas e equilíbrios químicos.

Finalmente, definimos fugacidade como uma quantidade necessária para descrever gases reais, e mostramos que ela pode ser determinada experimentalmente de um modo relativamente simples. Podemos deduzir muitas expressões partindo das idéias básicas da termodinâmica, e usá-las para obter, de forma relativamente simples, informações sobre nossos sistemas, que de outra forma seriam inacessíveis.

EXERCÍCIOS DO CAPÍTULO 4

4.2 Condições de Espontaneidade

4.1. Explique por que as condições para usar $\Delta S > 0$ como condição estrita para a espontaneidade implicam que ΔU e ΔH sejam iguais a zero.

4.2. Explique de que maneira a equação

$$\frac{dU + p\,dV}{T} - dS \leq 0$$

é condizente com a idéia de que transformações espontâneas ocorrem com diminuição de energia e aumento de entropia.

4.3. Explique por que as condições de espontaneidade dadas nas Equações 4.3 e 4.4 estão nos termos das derivadas dU e dH, e não de alguma derivada parcial de U e H em relação a alguma outra variável de estado.

4.4. Prove que a livre expansão adiabática de um gás ideal é espontânea.

4.3 Energias de Gibbs e Helmholtz

4.5. Deduza a Equação 4.6 partindo da Equação 4.5.

4.6. Deduza a Equação 4.8 partindo da Equação 4.7.

4.7. Na terceira parte da Equação 4.9, há a menção de uma condição chamada equilíbrio, na qual não há mudança líquida no estado do sistema. Quais são as condições de equilíbrio para dU, dH e dA?

4.8. Calcule ΔA para um processo no qual 0,160 mol de um gás ideal se expande de 1 L para 3,5 L, contra uma pressão de 880 mmHg, a uma temperatura de 37 °C.

4.9. Qual é a maior quantidade de trabalho que não seja do tipo pV, que pode ser realizado pela reação

$$2H_2 + O_2 \longrightarrow 2H_2O$$

se $\Delta_f G$ (H_2O) = $-237,13$ kJ/mol, e $\Delta_f G$ (H_2) = $\Delta_f G$ (O_2) = 0?

4.10. Considere um pistão cuja razão de compressão seja 10:1; ou seja, $V_f = 10 \times V_i$. Se 0,02 mol de gás a 1400 K se expande reversivelmente, qual é o ΔA para uma expansão do pistão?

4.11. Quando mergulhamos, a pressão da água aumenta em 1 atm a cada 10,55 m de profundidade. No mar, a maior profundidade é de 10.430 m. Admita que um pequeno balão, a essa profundidade, contém 1 mol de gás a 273 K. Assumindo um processo isotérmico reversível, calcule w, q, ΔU, ΔH, ΔA e ΔS para o gás quando o balão chega à superfície, assumindo que ele não estoure!

4.12. Calcule $\Delta G°$ (25 °C) para a seguinte reação química, que é a hidrogenação do benzeno para formar ciclohexano:

$$C_6H_6\ (\ell) + 3H_2\ (g) \longrightarrow C_6H_{12}\ (\ell)$$

Você pode prever que esta reação é espontânea a T e p constantes? Use os dados do Apêndice 2.

4.13. Propriedades termodinâmicas podem também ser determinadas para íons. Determine ΔH, ΔS e ΔG para as duas reações abaixo, que são simples reações de dissolução:

$$NaHCO_3\ (s) \longrightarrow Na^+\ (aq) + HCO_3^-\ (aq)$$

$$Na_2CO_3\ (s) \longrightarrow 2Na^+\ (aq) + CO_3^{2-}\ (aq)$$

Assuma as condições padrão (a concentração padrão para íons em solução é 1 M) e consulte a tabela de propriedades termodinâmicas no Apêndice 2. Quais são as semelhanças e as diferenças entre os valores calculados e os da tabela?

4.14. Calcule ΔG para a dimerização do NO_2, de duas maneiras diferentes:

$$2NO_2\ (g) \longrightarrow N_2O_4\ (g)$$

Os dois valores são iguais?

4.15. Determine ΔG para a seguinte reação, a 0 °C e pressão-padrão:

$$H_2O\ (\ell) \longrightarrow H_2O\ (s)$$

A reação é espontânea? Por que os valores termodinâmicos do Apêndice 2 não são aplicáveis de maneira estrita nessas condições?

4.16. Baterias são sistemas químicos que podem ser usados para gerar trabalho elétrico, que não é uma forma de trabalho do tipo pV. Uma reação geral que poderia ser utilizada em uma bateria é

$$M\ (s) + \tfrac{1}{2}X_2\ (s/\ell/g) \longrightarrow MX\ (cristal)$$

onde M é um metal alcalino e X_2, um halogêneo. Usando o Apêndice 2, construa uma tabela que apresente o trabalho máximo que uma bateria pode fornecer, usando diferentes metais alcalinos e halogênios. Você sabe se alguma dessas baterias é fabricada?

4.17. No Exemplo 4.2, foi calculada ΔA para uma etapa do ciclo de Carnot. Qual é ΔA para o ciclo de Carnot inteiro?

4.4–4.6 Variáveis Naturais, Derivadas Parciais e Relações de Maxwell

4.18. Podem C_V e C_p ser definidos facilmente usando as expressões das variáveis naturais para dU e dH? Por que sim ou por que não?

4.19. Qual é a expressão análoga à Equação 4.26 para U, admitindo que conhecemos o comportamento de A quando ele varia com a temperatura e o volume?

4.20. Mostre que

$$dS = \frac{\alpha}{\kappa}\,dV + \frac{(\partial S/\partial p)_V}{(\partial T/\partial p)_V}\,dT$$

onde α é o coeficiente de expansão térmica e κ é a compressibilidade térmica. *Dica:* escreva a expressão da variável natural para dS em termos de V e T, e substitua nas expressões. Você terá de usar relações de Maxwell e a regra da cadeia das derivadas parciais.

4.21. Mostre que as unidades na Equação 4.19 são consistentes em ambos os lados da equação.

4.22. Deduza as Equações 4.35–4.37.

4.23. Quais das derivadas das equações abaixo são diferenciais exatas?
(a) $F(x, y) = x + y$
(b) $F(x, y) = x^2 + y^2$
(c) $F(x, y) = x^n y^n$, n = qualquer inteiro
(d) $F(x, y) = x^m y^n$, $m \neq n$, m, n = qualquer inteiro
(e) $F(x, y) = y \cdot \text{sen}(xy)$.

4.24. Mostre que $(\partial S/\partial p)_T = -\alpha V$.

4.25. Começando com a equação da variável natural para dH, mostre que
$$\left(\frac{\partial H}{\partial p}\right)_T = V(1 - \alpha T)$$

4.26. Quando mudanças no sistema são infinitesimais, usamos os símbolos ∂ ou d para indicar uma variação em uma variável de estado. Quando as mudanças são finitas, usamos o símbolo Δ para indicar a variação. Reescreva as equações das variáveis naturais 4.14–4.17 em termos de mudanças finitas.

4.27. A Equação 4.19 mostra que
$$\left(\frac{\partial U}{\partial V}\right)_S = -p$$
Se estamos considerando a variação de ΔU, a mudança na variação da energia interna, podemos escrever que (veja o problema anterior, para usar um argumento análogo)
$$\left[\frac{\partial(\Delta U)}{\partial V}\right]_S = -\Delta p$$
Mostre que isso é completamente condizente com a primeira lei da termodinâmica.

4.28. Qual é a mudança aproximada em ΔU para um processo isoentrópico, se um sistema constituído de 1,0 mol de gás passa de 7,33 atm e 3,04 L para 1,00 atm e 10,0 L? *Dica*: veja o problema anterior.

4.29. Use a lei do gás ideal para demonstrar a regra cíclica das derivadas parciais.

4.30. Mostre que para um gás ideal,
$$\left[Cp - \left(\frac{\partial U}{\partial T}\right)_p - \left(\frac{\partial H}{\partial p}\right)_S \left(\frac{\partial p}{\partial T}\right)_V\right] = 0$$

4.31. Mostre que
$$\frac{\alpha}{\kappa}\left(\frac{\partial V}{\partial S}\right)_T = 1$$
onde α é o coeficiente de expansão e κ é a compressibilidade isotérmica.

4.32. Avalie $(\partial U/\partial V)_T$ para um gás ideal. Use a expressão do Exemplo 4.10. A sua resposta faz sentido?

4.33. Determine uma expressão para $(\partial p/\partial S)_T$ para um gás ideal e para um gás de Van der Waals.

4.7 Focalizando ΔG

4.34. Determine o valor da derivada $\{[\partial(\Delta G)/\partial T]_p$ para a reação no estado sólido
$$2Al + Fe_2O_3 \longrightarrow Al_2O_3 + 2Fe$$
(*Dica*: veja o Exercício 3.37).

4.35. Deduza a equação equivalente à de Gibbs-Helmholtz, mas para a energia de Helmholtz A.

4.36. Qual é o coeficiente angular do gráfico de $1/T$ versus $\Delta G/T$?

4.37. Uma amostra de 0,988 mol de argônio se expande de 25,0 L para 35,0 L a uma temperatura constante de 350 K. Calcule ΔG para essa expansão.

4.38. Verifique a substituição da Equação 4.41 na Equação 4.42. Você pode ver como a regra da cadeia das derivadas desempenha um papel na dedução da equação de Gibbs-Helmholtz?

4.39. Use a Equação 4.45 como exemplo e encontre uma expressão para ΔA quando o volume varia.

4.8 e 4.9 Potencial Químico e Fugacidade

4.40. Por que não há a variável n na Equação 4.54 como há na Equação 4.45?

4.41. Qual é a mudança no potencial químico de um sistema no qual foi adicionado O_2 para outro sistema que já contém O_2. Provavelmente, a resposta é "não há mudança". Por quê?

4.42. A variável μ é intensiva? E o volume molar parcial? E a entropia molar parcial?

4.43. Escreva a equação fundamental da termodinâmica química para um sistema que contém 1,0 mol de N_2 e 1,0 mol de O_2.

4.44. Calcule a variação molar no potencial químico de um gás ideal que expande em 10 vezes o seu volume original a (a) 100 K e (b) 300 K.

4.45. Calcule a variação no potencial químico de um gás ideal que vai de 1,00 atm para 1,00 bar a 273,15 K. Em sua opinião, quão grande é o valor absoluto dessa mudança?

4.46. Pode-se usar a Equação 4.61 para calcular ϕ para um gás ideal? Por que sim ou por que não?

4.47. Nos seguintes pares de sistemas, qual componente você acha que tem maior potencial químico?
(a) 1,0 mol de H_2O (ℓ) a 100 °C ou 1,0 mol de H_2O (g) a 100 °C? (b) 10,0 g de Fe a 25 °C ou 10,0 g de Fe a 35 °C? (c) 25,0 L de ar à pressão de 1 atm ou a mesma quantidade de ar comprimido isotermicamente a até 100 atm de pressão?

4.48. Use a Equação 4.46 para provar que o potencial químico absoluto μ para qualquer substância tem um valor positivo.

4.49. Dentre os gases hélio e oxigênio, qual você espera que tenha um desvio maior da idealidade, à mesma pressão elevada? É o mesmo gás que você espera que tenha um maior desvio da idealidade em uma pressão moderada? E em uma pressão muito baixa?

4.50. Suponha que um gás ideal tem uma equação de estado que pareça uma versão mais curta da equação de estado de Van der Waals:

$$p(V + nb) = nRT$$

Deduza uma expressão de ϕ para este gás. (Veja o Exemplo 4.13).

Exercícios de Simbolismo Matemático

4.51. Use a Equação 4.39 para calcular o valor numérico do coeficiente de Joule-Thomson, μ_{JT}, para o dióxido de enxofre, SO_2, a 25 °C, admitindo que ele se comporte como um gás de Van der Waals. Constantes de Van der Waals podem ser encontradas na Tabela 1.6.

4.52. A tabela abaixo apresenta as compressibilidades do gás nitrogênio *versus* a pressão, a 300 K.

Pressão (bar)	Compressibilidade
1	1,0000
5	1,0020
10	1,0041
20	1,0091
40	1,0181
60	1,0277
80	1,0369
100	1,0469
200	1,0961
300	1,1476
400	1,1997
500	1,2520

Fonte: R. H. Perry e D. W. Green, *Perry's Chemical Engineers' Handbook*, 6 ed., McGraw-Hill, Nova York, 1984.

Avalie o coeficiente de fugacidade ϕ e compare com o valor que você obteve no Exemplo 4.13.

Introdução ao Equilíbrio Químico

UM TEMA IMPORTANTE NA QUÍMICA é o *equilíbrio químico*: aquele ponto durante o decorrer de uma reação química em que não há mais uma mudança perceptível na composição química do sistema. Um dos triunfos da termodinâmica é que ela pode ser usada para se entender os equilíbrios químicos.

Quando se pensa sobre isso, percebe-se que poucos processos químicos estão, de fato, no equilíbrio químico. Considere as reações químicas que estão ocorrendo nas células de seu corpo. Se elas estivessem no equilíbrio, você não estaria vivo! Muitas reações químicas que ocorrem em escala industrial não estão no equilíbrio, ou então os produtores químicos não estariam fazendo novos produtos para vender.

Então, por que damos tanta ênfase ao equilíbrio? Uma das razões é que um sistema no equilíbrio é um sistema que podemos entender usando a termodinâmica. Outra razão é que, apesar de quase todos os sistemas químicos não estarem no equilíbrio, a idéia de equilíbrio é usada como um ponto de partida. O conceito de equilíbrio químico é a própria base para a compreensão de sistemas que *não* estão no equilíbrio. O entendimento do equilíbrio é fundamental para se compreender a química.

5.1 Sinopse

Neste capítulo introdutório, definiremos equilíbrio químico. A energia livre de Gibbs é a energia que nos será de maior utilidade, porque processos a T e p constantes (condições facilmente estabelecidas) têm dG como uma condição de espontaneidade. Portanto, relacionaremos a idéia de equilíbrio químico com a energia livre de Gibbs. As reações químicas vão somente na direção de sua conclusão. Definiremos extensão como um meio de expressar o quanto uma reação prossegue à medida que os reagentes puros vão se transformando em produtos. Usaremos extensão para ajudar a definir equilíbrio químico.

Uma vez que G está relacionado com potencial químico, veremos como o potencial químico está relacionado com o equilíbrio. Falaremos sobre como a constante de equilíbrio se torna uma característica para todo processo químico. Descobriremos por que sólidos e líquidos não contribuem numericamente para os valores da maioria das constantes de equilíbrio, e por que concentrações de solutos nas soluções o fazem. Finalmente, consideraremos o fato de que os valores das constantes de equilíbrio mudam com as condições. Chegaremos a idéias diretas para compreender como as variações de pressão e de temperatura afetam o valor da constante de equilíbrio e a extensão da reação em equilíbrio.

5.2 Equilíbrio

A pedra sobre o lado da montanha, na Figura 5.1a, não está em equilíbrio porque, segundo as leis da física, ela deveria rolar montanha abaixo espontaneamente. Por outro lado, a pedra na Figura 5.1b está em equilíbrio, porque não esperamos mais nenhuma mudança espontânea. Ou melhor, se quisermos mudar este sistema, teremos que introduzir trabalho, então, a mudança não será espontânea.

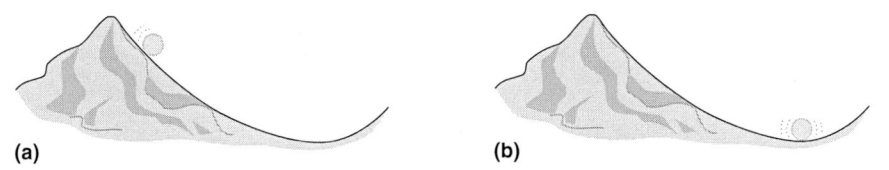

Figura 5.1 (a) Uma pedra sobre o lado da montanha representa um sistema físico simples que não está em equilíbrio. (b) Agora, a pedra está no sopé da montanha. A pedra está em sua energia potencial gravitacional mínima. Este sistema está em equilíbrio.

Agora, considere um sistema químico. Pense em um cubo de 1 cm³ de sódio metálico em um béquer de 100 mL com água. O sistema está em equilíbrio? Claro que não! Deverá ocorrer alguma reação química espontânea e violenta. O estado do sistema tal como foi descrito originalmente não está em equilíbrio químico. Porém, não se trata, agora, de energia potencial gravitacional. Esta é uma questão de reatividade química. Dizemos que este sistema de Na em H_2O não está em equilíbrio.

O sódio metálico reagirá com a água (que está em excesso) por meio da seguinte reação:

$$2Na\ (s) + 2H_2O\ (\ell) \longrightarrow 2Na^+\ (aq) + 2OH^-\ (aq) + H_2\ (g)$$

Quando esta reação terminar, não haverá mais mudanças na identidade química do sistema, e o sistema estará em equilíbrio químico. Num certo sentido, isso é muito parecido com a pedra e a montanha. O sódio na água representa uma pedra sobre o lado da montanha (Figura 5.1a), e a solução aquosa de hidróxido de sódio (que é uma descrição exata dos produtos da reação acima) representa a pedra no sopé da montanha (Figura 5.1b).

Considere outro sistema químico: uma amostra de água, H_2O, e água pesada, D_2O, em um recipiente fechado. (Lembre-se de que o deutério, D, é o isótopo de hidrogênio que tem um nêutron em seu núcleo.) Esta é uma descrição de um sistema no equilíbrio? É interessante notar que este sistema *não* está no equilíbrio. Com o passar do tempo, as moléculas de água vão interagir e trocar átomos de hidrogênio, de modo que a maioria das moléculas terá a fórmula HDO — um resultado que pode facilmente ser verificado experimentalmente, usando, digamos, um espectrômetro de massa. (Tais reações, chamadas de reações de troca isotópica, são parte importante de algumas pesquisas químicas modernas.) Este processo está ilustrado na Figura 5.2. Outros processos, como a precipitação de um sal insolúvel em uma solução aquosa, também são exemplos de equilíbrio. Há um equilíbrio constante entre íons que estão se precipitando da solução e íons que estão se dissociando do sólido precipitado e formando a solução:

$$PbCl_2\ (s) \longrightarrow Pb^{2+}\ (aq) + 2Cl^-\ (aq)$$

$$Pb^{2+}\ (aq) + 2Cl^-\ (aq) \longrightarrow PbCl_2\ (s)$$

Nenhuma mudança líquida (observável): equilíbrio químico

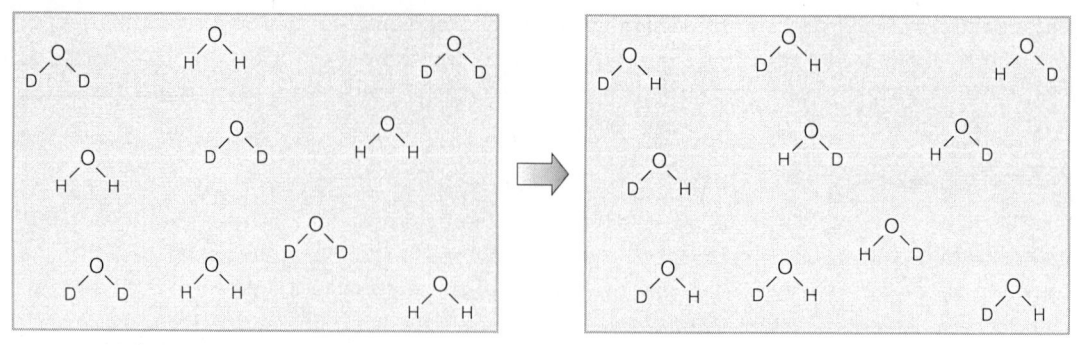

Figura 5.2 Às vezes, é difícil saber se um sistema está no equilíbrio químico. Pode parecer que uma mistura equimolar de H_2O e D_2O — água e água pesada — atinge o equilíbrio logo após a mistura, já que ambas as substâncias são simplesmente água. Mas, na realidade, ocorre troca de hidrogênio para distribuir os isótopos entre as moléculas de água. No equilíbrio, a molécula predominante é HDO.

No exemplo da Figura 5.1, a pedra no lado da montanha que se torna a pedra na base da montanha mostra um equilíbrio em que nada está acontecendo. É um exemplo de *equilíbrio estático*. Os equilíbrios químicos são diferentes. As reações químicas ainda estão ocorrendo, mas as reações diretas e as inversas estão ocorrendo na mesma proporção, de modo que não há uma mudança global na identidade química do sistema. Isto se chama *equilíbrio dinâmico*. Todos os equilíbrios químicos são equilíbrios dinâmicos. Isto é, eles estão constantemente se movendo, mas não vão a parte alguma.

Exemplo 5.1

Descreva as seguintes situações como equilíbrio estático ou dinâmico.

a. O nível de água em um tanque de peixes, à medida que a água está passando constantemente por um filtro.
b. Uma cadeira de balanço que parou de balançar.
c. Ácido acético, um ácido fraco, que foi ionizado em apenas cerca de 2% em solução aquosa.
d. Uma conta bancária que mantém um balanço mensal médio de R$ 1.000, apesar de muitos saques e depósitos.

Solução

a. Como existe movimento constante do material em equilíbrio – a água –, este é um exemplo de equilíbrio dinâmico.
b. Uma cadeira de balanço parada não está se movendo de forma alguma em um nível macroscópico, então esta situação é um exemplo de equilíbrio estático.
c. A ionização do ácido acético é uma reação química, e como toda reação química em equilíbrio, é um exemplo de equilíbrio dinâmico.
d. Porque o dinheiro está entrando e saindo da conta, mesmo que o balanço médio da conta mantenha a quantia equilibrada de R$ 1.000, é um equilíbrio dinâmico.

Por que todo sistema entra em equilíbrio? Considere a pedra sobre o lado da montanha, na Figura 5.1a. Com base na física, sabemos que a gravidade atrai a pedra e a inclinação da montanha não é suficiente para se contrapor àquela atração e impedir que a pedra se mova. Assim, a pedra rola montanha abaixo até chegar ao sopé (Figura 5.1b). Nesta posição, o chão neutraliza a força da gravidade, e a situação se transforma em um equilíbrio estático, estável. Uma maneira de considerar este sistema é a partir da perspectiva da energia: uma pedra sobre o lado da montanha tem um excesso de energia potencial gravitacional da qual pode se livrar rolando montanha abaixo. Isto é, a pedra se moverá espontaneamente para uma posição que diminui sua energia (potencial gravitacional). Do ponto de vista físico, o equilíbrio com energia mínima é descrito em termos da primeira lei de movimento de Newton. Há forças balanceadas agindo sobre a pedra, de modo que ela fica em repouso: em *equilíbrio*.

E as reações químicas? Por que os sistemas químicos eventualmente alcançam o equilíbrio? A resposta é análoga àquela no caso da pedra: há "forças" balanceadas agindo sobre as espécies químicas no sistema. Estas forças são, na verdade, energias – potenciais químicos das diferentes espécies químicas envolvidas no sistema em equilíbrio. A próxima seção introduz o equilíbrio químico nestes termos.

5.3 Equilíbrio Químico

Para que uma reação química ocorra em um sistema fechado, as espécies que têm alguma identidade química inicial ("reagentes") mudam para uma identidade algo diferente ("produtos"). No capítulo anterior, mostramos que a energia livre de Gibbs é dependente da quantidade de substância e definimos o potencial químico como a variação da energia livre de Gibbs em relação à quantidade:

$$\mu_i = \left(\frac{\partial G}{\partial n_i}\right)_{T,p,n_j(j\neq i)}$$

Como G varia com todos os n_i, não deve ser surpresa que, no decorrer de um processo químico, *a energia livre de Gibbs total do sistema inteiro se modifique*.

Agora, definimos a extensão ξ como uma medida do progresso de uma reação. Se o número de mols da *i*ésima espécie química no sistema no tempo $t = 0$ é $n_{i,0}$, a extensão ξ é dada pela expressão

$$\xi = \frac{n_i - n_{i,0}}{\nu_i} \qquad (5.1)$$

onde n_i é o número de mols em um determinado tempo t e ν_i é o coeficiente estequiométrico da *i*ésima espécie química na reação. (Lembre-se de que ν_i é positivo para produtos e negativo para reagentes.) Os valores numéricos possíveis para ξ podem variar, dependendo das condições iniciais e da reação estequiométrica, mas a qualquer momento em uma reação, ξ terá o mesmo valor, independentemente das espécies usadas na Equação 5.1.

Exemplo 5.2

A seguinte reação é preparada com as quantidades iniciais de cada substância relacionadas abaixo:

$$6H_2 + P_4 \longrightarrow 4PH_3$$
$$18,0 \text{ mol} \quad 2,0 \text{ mol} \quad 1,0 \text{ mol}$$

Em cada uma das seguintes situações, mostre que não importa qual espécie é usada para determinar ξ; o valor de ξ é sempre o mesmo.

a. Todo o P_4 reage para formar produtos.
b. Todo o PH_3 reage para formar reagentes.

Solução

a. Se 2,0 mol de P_4 reage, não restará P_4, então $n_{P_4} = 0,0$ mol. Do H_2, 12,0 mol terão reagido, sobrando 6,0 mol ($n_{H_2} = 6,0$). Isso produz 8,0 mol de PH_3, que somado ao 1,0 mol existente no início, dará $n_{PH_3} = 9,0$ mol. Usando a definição de ξ e os valores apropriados a cada espécie química:

$$\xi = \frac{6,0 \text{ mol} - 18,0 \text{ mol}}{-6} = 2,0 \text{ mol} \quad \text{usando } H_2$$

$$\xi = \frac{0,0 \text{ mol} - 2,0 \text{ mol}}{-1} = 2,0 \text{ mol} \quad \text{usando } P_4$$

$$\xi = \frac{9,0 \text{ mol} - 1,0 \text{ mol}}{+4} = 2,0 \text{ mol} \quad \text{usando } PH_3$$

Note que usamos valores positivos e negativos para v_i, conforme adequado, e que a extensão ξ tem unidades de mol.

b. Se todo o PH_3 reage, n_{PH_3} será zero, e H_2 e P_4 ganharão 1,5 mol e 0,25 mol, respectivamente. Portanto,

$$\xi = \frac{19,5 \text{ mol} - 18,0 \text{ mol}}{-6} = -0,25 \text{ mol} \quad \text{usando } H_2$$

$$\xi = \frac{2,25 \text{ mol} - 2,0 \text{ mol}}{-1} = -0,25 \text{ mol} \quad \text{usando } P_4$$

$$\xi = \frac{0,0 \text{ mol} - 1,0 \text{ mol}}{+4} = -0,25 \text{ mol} \quad \text{usando } PH_3$$

Esses exemplos deveriam convencer de que ξ tem o mesmo valor, não importando qual espécie é usada e, portanto, é um modo consistente de seguir o curso de uma reação química. Além disso, também podemos ver que ξ é positivo quando um processo químico se move para o lado direito da reação, e negativo, quando se move para o lado esquerdo da reação.

Quando uma reação ocorre, as quantidades de n_i variam. A variação infinitesimal de cada quantidade, dn_i, pode ser escrita em termos da extensão, usando a relação apresentada na Equação 5.1:

$$dn_i = v_i \, d\xi \tag{5.2}$$

À medida que o valor de n_i varia, também varia a energia livre de Gibbs do sistema, de acordo com a Equação 4.48, do capítulo anterior:

$$dG = -S \, dT + V \, dp + \sum_i \mu_i \, dn_i$$

A temperatura e pressão constantes, isto se torna

$$(dG)_{T,p} = \sum_i \mu_i \, dn_i$$

Substituindo por dn_i, a partir da Equação 5.2, temos

$$(dG)_{T,p} = \sum_i \mu_i \nu_i \, d\xi$$

Uma vez que a variável extensão é a mesma para todas as espécies, podemos dividir ambos os lados por $d\xi$ para obter

$$\left(\frac{\partial G}{\partial \xi}\right)_{T,p} = \sum_i \mu_i \nu_i \quad (5.3)$$

Na Equação 4.9, estabelecemos que um sistema estaria em equilíbrio se $\Delta G = 0$ ou, de modo equivalente, para um processo infinitesimal, $dG = 0$. Para o *equilíbrio químico*, exigimos que a derivada na Equação 5.3, definida como *energia livre de Gibbs da reação* $\Delta_{reação}G$, seja zero:

$$\left(\frac{\partial G}{\partial \xi}\right)_{T,p} \equiv \Delta_{reação}G = \sum_i \mu_i \nu_i = 0 \quad \text{para o equilíbrio químico} \quad (5.4)$$

A Figura 5.3 ilustra o significado da Equação 5.4. Em algum ponto da reação, o G total do sistema alcança um valor mínimo. A essa altura, dizemos que o sistema alcançou o equilíbrio químico. (Reconhecemos que as derivadas também são iguais a zero nos *máximos* das curvas. Porém, não encontraremos tais situações em nossa discussão da termodinâmica.)

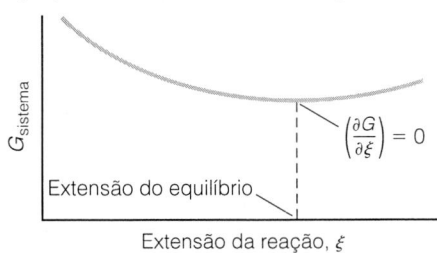

Figura 5.3 No decorrer da reação (chamada de "extensão da reação", no eixo x), a energia livre de Gibbs total chega a um mínimo. Neste ponto, a reação está no equilíbrio químico.

Exemplo 5.3

A seguinte reação se estabelece em um recipiente vedado:

$$2NO_2 \,(g) \longrightarrow N_2O_4 \,(g)$$

Inicialmente, há 3,0 mol de NO_2 e nenhum N_2O_4. Escreva duas expressões para a extensão da reação, e uma expressão que deve ser satisfeita para que ocorra o equilíbrio químico.

Solução
Uma expressão para ξ pode ser escrita em termos de NO_2 ou N_2O_4:

$$\xi = \frac{n_{NO_2} - 3{,}0 \text{ mol}}{-2} = \frac{n_{N_2O_4}}{+1}$$

Existirá equilíbrio químico se a seguinte expressão, escrita em termos dos potenciais químicos de NO_2 e N_2O_4, for satisfeita:

$$\mu_{N_2O_4} - 2\mu_{NO_2} = 0$$

Esta expressão vem diretamente da Equação 5.4.

Considere uma reação geral na fase gasosa:

$$aA \longrightarrow bB$$

Para este processo, a Equação 5.4 seria escrita assim:

$$\Delta_{reação}G = b\mu_B - a\mu_A$$

onde a e b são os coeficientes da equação química balanceada. Os potenciais químicos podem ser escritos em termos do potencial químico padrão $\mu°$ e um termo envolvendo uma pressão não-padrão. Se assumirmos um comportamento de gás ideal, poderemos usar a Equação 4.56 para reescrever a equação acima como

$$\Delta_{\text{reação}}G = b\left(\mu_B° + RT \ln \frac{p_B}{p°}\right) - a\left(\mu_A° + RT \ln \frac{p_A}{p°}\right)$$

Podemos rearranjar algebricamente esta expressão e usar as propriedades dos logaritmos para obter

$$\Delta_{\text{reação}}G = (b \cdot \mu_B° - a \cdot \mu_A°) + RT \ln \frac{(p_B/p°)^b}{(p_A/p°)^a} \tag{5.5}$$

A *energia livre de Gibbs padrão de reação*, $\Delta_{\text{reação}}G°$, é definida como

$$\Delta_{\text{reação}}G° = b \cdot \mu_B° - a \cdot \mu_A° \tag{5.6}$$

Assim como para H e S, também definimos $\Delta_f G°$ para reações de formação. Porque G é uma função de estado, a Equação 5.6 pode ser escrita de uma forma mais útil, em termos das energias livres de Gibbs padrão de formação:

$$\Delta_{\text{reação}}G° = b \cdot \Delta_f G°_{\text{produtos}} - a \cdot \Delta_f G°_{\text{reagentes}}$$

O quociente $[(p_B/p°)^b]/[(p_A/p°)^a]$ é definido como o *quociente de reação Q*:

$$Q \equiv \frac{(p_B/p°)^b}{(p_A/p°)^a}$$

Portanto, escrevemos a Equação 5.5 como

$$\Delta_{\text{reação}}G = \Delta_{\text{reação}}G° + RT \ln Q \tag{5.7}$$

As definições de $\Delta_{\text{reação}}G°$ e Q podem ser generalizadas para qualquer número de reagentes e produtos.

$$\Delta_{\text{reação}}G° = \sum \Delta_f G° \text{ (produtos)} - \sum \Delta_f G° \text{ (reagentes)} \tag{5.8}$$

$$Q = \frac{\prod_{i \text{ produtos}} (p_i/p°)^{|\nu_i|}}{\prod_{j \text{ reagentes}} (p_j/p°)^{|\nu_j|}} \tag{5.9}$$

São usados valores absolutos para os ν, porque estamos escrevendo Q explicitamente como uma fração. Usando a Equação 5.8, energias livres de Gibbs padrão de reações podem ser determinadas a partir das energias livres de Gibbs de formações. Os valores de $\Delta_f G°$ são tabelados juntamente com os valores de $\Delta_f H$ e as entropias absolutas. A estequiometria da reação química deve ser usada quando se aplica a Equação 5.8, uma vez que os $\Delta_f G$ são representados, simbolicamente, como quantidades molares (isto é, $\overline{\Delta_f G}$).

Devemos saber diferenciar claramente $\Delta_{\text{reação}}G$ de $\Delta_{\text{reação}}G°$. $\Delta_{\text{reação}}G$ pode ter vários valores, dependendo de quais sejam as condições exatas do sistema e de qual é a extensão da reação. $\Delta_{\text{reação}}G°$, por outro lado, é a variação na energia livre de Gibbs entre produtos e reagentes, quando todos os produtos e reagentes estão em seus estados-padrão de pressão, forma e/ou concentração (e, tipicamente, para uma temperatura específica, como 25 °C). $\Delta_{\text{reação}}G°$ é uma característica de uma reação, enquanto $\Delta_{\text{reação}}G$ depende do estado em que o sistema se encontra, ou de quais são os estados individuais dos reagentes e dos produtos. Por exemplo, a Equação 5.7 nos permite determinar $\Delta_{\text{reação}}G$ para qualquer reação sob condições diferentes de pressões padrão, como mostra o exemplo seguinte.

Exemplo 5.4

Para quantidades molares, a energia de Gibbs padrão de reação para a seguinte reação, a 25 °C, é −457,14 kJ:

$$2H_2 \text{ (g)} + O_2 \text{ (g)} \longrightarrow 2H_2O \text{ (g)}$$

Em um sistema em que $p_{H_2} = 0,775$ bar, $p_{O_2} = 2,88$ bar e $p_{H_2O} = 0,556$ bar, determine $\Delta_{\text{reação}}G$. Use 1,00 bar como a pressão padrão.

Solução

Primeiro, construímos a expressão adequada para Q. Usando a Equação 5.9, a reação química balanceada e as condições dadas:

$$Q = \frac{\left(\dfrac{p_{H_2O}}{1,00 \text{ bar}}\right)^2}{\left(\dfrac{p_{H_2}}{1,00 \text{ bar}}\right)^2 \left(\dfrac{p_{O_2}}{1,00 \text{ bar}}\right)} = \frac{\left(\dfrac{0,556 \text{ bar}}{1,00 \text{ bar}}\right)^2}{\left(\dfrac{0,775 \text{ bar}}{1,00 \text{ bar}}\right)^2 \left(\dfrac{2,88 \text{ bar}}{1,00 \text{ bar}}\right)}$$

$$Q = 0,179$$

Usando a Equação 5.7 e resolvendo:

$$\Delta_{\text{reação}}G = -457,14 \text{ kJ} + 8,314 \, \frac{J}{K}(298 \text{ K})(\ln 0,179)\frac{1 \text{ kJ}}{1000 \text{ J}}$$

$$\Delta_{\text{reação}}G = -461 \text{ kJ}$$

Note a conversão de joules para kilojoules na solução da equação. Note também que a unidade de $\Delta_{\text{reação}}G$ é simplesmente kJ, uma vez que estamos considerando quantidades estequiométricas molares de reagentes e produtos. Se quisermos relatar $\Delta_{\text{reação}}G$ em termos de quantidades molares de reagentes ou produtos, os valores serão −231 kJ/mol H$_2$, −461 kJ/mol O$_2$, ou −231 kJ/mol H$_2$O.

No equilíbrio químico, $\Delta_{\text{reação}}G = 0$. A Equação 5.7 torna-se

$$0 = \Delta_{\text{reação}}G° + RT \ln Q$$

$$\Delta_{\text{reação}}G° = -RT \ln Q$$

Como $\Delta_{\text{reação}}G°$ tem um valor característico para um processo químico, o valor do quociente Q da reação no equilíbrio também terá um valor característico. Isso é chamado de *constante de equilíbrio* da reação e recebe um novo símbolo, K. Portanto, escrevemos a equação acima como

$$\Delta_{\text{reação}}G° = -RT \ln K \tag{5.10}$$

Uma vez que K é definido em termos das pressões dos produtos e reagentes em equilíbrio, a energia livre de Gibbs padrão de uma reação nos dá uma idéia de quais serão as quantidades relativas de produtos e reagentes quando a reação atinge o equilíbrio químico. Grandes valores de K sugerem mais produtos do que reagentes no equilíbrio, enquanto pequenos valores de K sugerem mais reagentes do que produtos. Constantes de equilíbrio nunca são negativas. Usando o valor de $\Delta_{\text{reação}}G°$ do Exemplo 5.4, podemos calcular um valor para K de $1,3 \times 10^{80}$, significando uma grande quantidade de produto e uma quantidade minúscula de reagentes quando a reação alcança o equilíbrio.

Lembre-se de que equilíbrio químico é um processo dinâmico. Processos químicos não param quando o valor de G do sistema for minimizado.

Em vez disso, um processo direto (na direção dos produtos) é balanceado por um processo inverso (na direção dos reagentes). O sinal de dupla seta ⇌, em vez de uma só seta, é usado quando se escreve uma reação para enfatizar que reações diretas e inversas estão ocorrendo simultaneamente.

Constantes de equilíbrio podem ser usadas para determinar extensões de reação, como mostra o seguinte exemplo.

Exemplo 5.5

Para a reação na fase gasosa

$$\underset{\text{acetato de etila}}{CH_3COOC_2H_5} + \underset{\text{água}}{H_2O} \rightleftharpoons \underset{\text{ácido acético}}{CH_3COOH} + \underset{\text{etanol}}{C_2H_5OH}$$

a constante de equilíbrio é 4,00 a 120 °C.
a. Se você começar com 1,00 bar de acetato de etila e água em um recipiente de 10,0 L, qual será a extensão da reação no equilíbrio?
b. Qual é $\Delta_{\text{reação}}G$ no equilíbrio? Explique.
c. Qual é $\Delta_{\text{reação}}G°$ no equilíbrio? Explique.

Solução

a. A tabela a seguir mostra as quantidades iniciais e de equilíbrio das substâncias envolvidas no equilíbrio:

Pressão (bar)	$CH_3COOC_2H_5$	+	H_2O	⇌	CH_3COOH	+	C_2H_5OH
Inicial	1,00		1,00		0		0
Equilíbrio	$1,00 - x$		$1,00 - x$		$+x$		$+x$

Construímos a expressão para a constante de equilíbrio a partir da reação química, e substituímos nela os valores da última linha da tabela. Obtemos

$$K = \frac{(p_{CH_3COOH}/p°)(p_{C_2H_5OH}/p°)}{(p_{CH_3COOC_2H_5}/p°)(p_{H_2O}/p°)} = 4,00$$

$$4,00 = \frac{(+x)(+x)}{(1,00-x)(1,00-x)} = \frac{x^2}{(1,00-x)^2}$$

Esta expressão pode ser expandida e resolvida algebricamente usando a fórmula quadrática. Ao fazermos isto, obtemos duas respostas numéricas para x, que são:

$$x = 0,667 \text{ bar} \quad \text{ou} \quad x = 2,00 \text{ bar}$$

Examinamos cada uma destas raízes, tendo em mente a realidade da situação. Se começamos com apenas 1,00 bar do reagente, não podemos perder 2,00 bar. Portanto, rejeitamos $x = 2,00$ bar por não ser uma resposta fisicamente real. Assim, em termos de quantidades finais de reagentes e produtos, usamos $x = 0,667$ bar como sendo a variação x na quantidade para obter as quantidades de equilíbrio.

$$p_{CH_3COOC_2H_5} = 0,333 \text{ bar} \qquad p_{H_2O} = 0,333 \text{ bar}$$
$$p_{CH_3COOH} = 0,667 \qquad p_{C_2H_5OH} = 0,667 \text{ bar}$$

A extensão da reação no equilíbrio pode ser calculada usando qualquer uma das espécies na reação, depois de converter as quantidades em mols. Usando H_2O e a lei dos gases ideais:

$$n_{H_2O,\text{inicial}} = 0,306 \text{ mol} \qquad n_{H_2O,\text{equilíbrio}} = 0,102 \text{ mol}$$

$$\xi = \frac{0,102 \text{ mol} - 0,306 \text{ mol}}{-1}$$

$$\xi = 0,204 \text{ mol}$$

Você deve ser capaz de verificar o valor de ξ usando qualquer uma das outras três substâncias da reação.

b. Em equilíbrio, $\Delta_{\text{reação}}G$ é igual a zero. Por quê? Porque esse é um modo de definir equilíbrio: a mudança instantânea na energia livre de Gibbs é zero quando a reação está no equilíbrio. Isto é o que significa a igualdade na equação 4.9.

c. Por outro lado, $\Delta_{\text{reação}}G°$ não é zero. $\Delta_{\text{reação}}G°$ (note o sinal °) é a diferença na energia livre de Gibbs quando os reagentes e os produtos estão em seu estado padrão de pressão e concentração. $\Delta_{\text{reação}}G°$ está relacionado ao valor da constante de equilíbrio pela Equação 5.10:

$$\Delta_{\text{reação}}G° = -RT \ln K$$

Considerando a temperatura de 120 °C (393 K) e o valor da constante de equilíbrio de 4,00, podemos substituir:

$$\Delta_{\text{reação}}G° = -\left(8,314 \ \frac{\text{J}}{\text{mol·K}}\right)(393 \text{ K})(\ln 4,00)$$

Calculando:

$$\Delta_{\text{reação}}G° = -4530 \text{ J/mol}$$

Como a nossa constante de equilíbrio foi definida em termos de pressões parciais, se for usada alguma outra unidade de quantidade, como mols ou gramas, teremos de converter estas unidades para aqueles valores. O exemplo seguinte ilustra um problema mais complexo.

Exemplo 5.6

O iodo molecular se dissocia em iodo atômico a temperaturas relativamente moderadas. A 1000 K, para um sistema de 1,00 L que tem $6,00 \times 10^{-3}$ mols de I_2 presentes inicialmente, a pressão de equilíbrio final é 0,750 atm. Determine as quantidades de I_2 e de I atômico no equilíbrio, calcule a constante de equilíbrio e determine ξ se o equilíbrio relevante for

$$I_2 \text{ (g)} \rightleftharpoons 2I \text{ (g)}$$

Considere o comportamento de gás ideal nestas condições. Use atm como a unidade padrão de pressão.

Solução

Já que este exemplo é um pouco mais complicado, vamos planejar uma estratégia antes de começar. Admitimos que uma parte do iodo molecular vai se dissociar. Se chamarmos esta quantidade de x, a quantidade de iodo atômico, dada pela estequiometria da reação, será $+2x$. Em um volume de 1,00 L a 1000 K, podemos usar a lei dos gases ideais para determinar as pressões parciais. Temos de limitar qualquer resposta possível ao fato de que $p_{I_2} + p_I$ deve ser igual a 0,750 atm.
Podemos construir uma tabela para este exemplo:

Quantidade	I_2	$\rightleftharpoons$	2I
Inicial	$6,00 \times 10^{-3}$ mol		0 mol
Equilíbrio	$6,00 \times 10^{-3} - x$		$+2x$

Estas quantidades em equilíbrio estão em termos de *mols*, não em termos de pressão. Temos a pressão total de equilíbrio bem como a temperatura. Podemos usar a lei dos gases ideais para converter mol em pressão para cada espécie, e então somar as pressões exigindo que esta soma seja igual a 0,750 atm. Assim, no equilíbrio, temos

Pressão (atm)	I_2	$\rightleftharpoons$	$2I$
Equilíbrio	$\dfrac{(6,00 \times 10^{-3} - x)(0,08205)(1000)}{1,00}$		$\dfrac{(2x)(0,08205)(1000)}{1,00}$

onde abandonamos as unidades das variáveis para maior clareza. Você deve ser capaz de reconhecer as unidades que acompanham cada valor. Estas pressões representam as pressões parciais das espécies no equilíbrio, para esta reação. Nós as usamos na expressão da constante de equilíbrio:

$$K = \frac{(p_I/p°)^2}{p_{I_2}/p°}$$

Podemos substituir as pressões parciais na expressão acima e obter

$$K = \frac{\left(\dfrac{(2x)(0,08205)(1000)}{1,00}\right)^2}{\left(\dfrac{(6,00 \times 10^{-3} - x)(0,08205)(1000)}{1,00}\right)}$$

que está sujeita à condição de que

$$\frac{(6,00 \times 10^{-3} - x)(0,08205)(1000)}{1,00} + \frac{(2x)(0,08205)(1000)}{1,00} = 0,750$$

É esta segunda equação, levando em conta que as unidades são atm, a primeira solucionável. Calculando cada expressão fracionária, obtemos

$$0,4923 - 82,05x + 164,1x = 0,750$$
$$82,05x = 0,258$$
$$x = 3,14 \times 10^{-3}$$

onde limitamos nossa resposta final a três algarismos significativos. Se quisermos as quantidades de I_2 e de I atômico no equilíbrio, teremos de resolver as seguintes expressões:

$$\text{mol } I_2 = 6,00 \times 10^{-3} - x = 6,00 \times 10^{-3} - 3,14 \times 10^{-3}$$
$$= 2,86 \times 10^{-3} \text{ mol } I_2$$
$$\text{mol } I = +2x = 2(3,14 \times 10^{-3}) = 6,28 \times 10^{-3} \text{ mol } I$$

Para obter as pressões parciais no equilíbrio, nos termos em que a constante de equilíbrio está escrita, precisamos usar as seguintes expressões:

$$p_{I_2} = \frac{(2,86 \times 10^{-3})(0,08205)(1000)}{1,00} = 0,235 \text{ atm}$$

$$p_I = \frac{(6,28 \times 10^{-3})(0,08205)(1000)}{1,00} = 0,515 \text{ atm}$$

onde, novamente, omitimos as unidades, para maior clareza. É fácil ver que a soma das duas pressões parciais é igual a 0,750 atm. A constante de equilíbrio é calculada usando estas pressões:

$$K = \frac{(p_I/p°)^2}{p_{I_2}/p°} = \frac{(0,515)^2}{0,235} = 1,13$$

O valor da constante de equilíbrio sugere que há aproximadamente a mesma quantidade de produtos quanto de reagentes. As quantidades molares, bem como as pressões parciais de equilíbrio, também mostram isto.

A extensão ξ pode ser determinada a partir das quantidades iniciais e de equilíbrio do iodo molecular:

$$\xi = \frac{2,86 \times 10^{-3} \text{ mol} - 6,00 \times 10^{-3} \text{ mol}}{-1}$$

$$\xi = 0,00314 \text{ mol}$$

Isto é condizente com uma reação cujas posições de equilíbrio estão a meio caminho entre reagentes puros e produtos puros.

5.4 Soluções e Fases Condensadas

Até este ponto, as constantes de equilíbrio foram expressas em termos de pressões parciais. Porém, para os gases reais, deve-se usar as fugacidades das espécies. Se as pressões são suficientemente baixas, elas próprias podem ser usadas, já que em pressões baixas, a pressão é aproximadamente igual à fugacidade. Mas muitas reações químicas envolvem outras fases além da fase gasosa. Sólidos, líquidos e solutos dissolvidos também participam de reações químicas. Como eles são representados em constantes de equilíbrio?

Respondemos a isto definindo a *atividade* a_i de um material em termos de seu potencial químico padrão $\mu_i°$ e de seu potencial químico μ_i sob pressões não-padrão:

$$\mu_i = \mu_i° + RT \ln a_i \tag{5.11}$$

A comparação desta equação com a Equação 4.58 mostra que para um gás real, a atividade é definida em termos da fugacidade como

$$a_{\text{gas}} = \frac{f_{\text{gas}}}{p°} \tag{5.12}$$

Quocientes de reação (e constantes de equilíbrio) são escritos mais formalmente em termos de atividades, mais do que de pressões:

$$Q = \frac{\prod\limits_{i \text{ produtos}} a_i^{|v_i|}}{\prod\limits_{j \text{ reagentes}} a_j^{|v_j|}} \tag{5.13}$$

Esta expressão se aplica a todas as situações, não importa o estado de cada reagente ou produto.

Para fases condensadas (isto é, sólidos e líquidos) e solutos dissolvidos, há diferentes expressões para a atividade, apesar de a definição da Equação 5.11 ser a mesma para todos os materiais. Para as fases condensadas, a atividade de uma fase em particular, a uma temperatura especificada e pressão padrão, é representada por $\mu°_i$. No capítulo anterior, descobrimos que

$$\left(\frac{\partial \mu_i}{\partial p}\right)_T = \overline{V}_i$$

onde $\overline{V}_i$ é o volume molar do iésimo material. Rearranjamos para

$$d\mu_i = \overline{V}_i\, dp$$

A diferencial da Equação 5.11 a temperatura constante é

$$d\mu_i = RT\, (d \ln a_i)$$

Combinando as duas últimas equações e resolvendo para $d \ln a_i$:

$$d \ln a_i = \frac{\overline{V}_i\, dp}{RT}$$

Integrando os dois lados, partindo do estado padrão, onde $a_i = 1$ e $p = 1$:

$$\int_1^a d \ln a_i = \int_1^p \frac{\overline{V}_i\, dp}{RT}$$

$$\ln a_i = \frac{1}{RT}\int_1^p \overline{V}_i\, dp$$

Se o volume molar $\overline{V}_i$ for constante durante o intervalo de pressão (e em geral é com uma boa aproximação, a menos que as variações de pressão sejam grandes), integrando, obtém-se

$$\ln a_i = \frac{\overline{V}_i}{RT}(p - 1) \tag{5.14}$$

Exemplo 5.7

Determine a atividade da água líquida a 25 °C e 100 bar de pressão. O volume molar da H_2O nesta temperatura é 18,07 cm³.

Solução

Usando a Equação 5.14, estabelecemos o seguinte:

$$\ln a_i = \frac{\left(18{,}07\,\frac{cm^3}{mol}\right)\left(\frac{1\,L}{1000\,cm^3}\right)}{\left(0{,}08314\,\frac{L\cdot bar}{mol\cdot K}\right)(298\,K)}(100\,bar - 1\,bar)$$

O fator de conversão entre litros e centímetros cúbicos está incluído no numerador. Resolvendo:

$$\ln a_i = 0{,}0722$$

$$a_i = 1{,}07$$

Observe que a atividade do líquido está próxima de 1, mesmo a uma pressão 100 vezes a pressão padrão. Isto, geralmente, é verdadeiro para as fases condensadas em pressões típicas dos ambientes químicos. Portanto, na maioria dos casos, as atividades das fases condensadas *podem ser aproximadas para 1* e não contribuem numericamente para o valor do quociente de reação ou da constante de equilíbrio. Note que este não é o caso em condições extremas de pressão ou temperatura.

Para espécies químicas dissolvidas em solução (geralmente, água), as atividades são definidas em termos de fração molar:

$$a_i = \gamma_i x_i \quad (5.15)$$

onde γ_i é o *coeficiente de atividade*. Para os solutos, o coeficiente de atividade aproxima-se de 1 enquanto a fração molar aproxima-se de zero:

$$\lim_{x_i \to 0} \gamma_i = 1 \quad \lim_{x_i \to 0}(a_i) = x_i$$

Frações molares podem ser relacionadas a outras unidades de concentração definidas. A relação matemática mais rigorosa é a relação entre fração molar e molalidade, m_i:

$$m_i = \frac{1000 x_i}{(1 - x_i) \cdot M_i}$$

onde M_i é a massa molar do solvente em gramas por mol, e o fator 1000 no numerador é para converter gramas em quilogramas. Para soluções diluídas, a fração molar do soluto é pequena, se comparada a 1, de modo que x_i no denominador pode ser desprezado. Resolvendo para x_i, obtemos

$$x_i = m_i \cdot \frac{M_i}{1000}$$

Assim, a atividade de solutos em solução diluída pode ser escrita como

$$a_i = \gamma_i \cdot m_i \cdot \frac{M_i}{1000}$$

Substituindo a atividade na Equação 5.11, obtemos

$$\mu_i = \mu_i^\circ + RT \ln\left(\gamma_i \cdot m_i \cdot \frac{M_i}{1000}\right)$$

Uma vez que M_i e 1000 são constantes, o termo logarítmico pode ser separado em dois termos, um incorporando estas constantes, e o outro incorporando o coeficiente de atividade e a molalidade:

$$\mu_i = \mu_i^\circ + RT \ln\left(\frac{M_i}{1000}\right) + RT \ln(\gamma_i \cdot m_i)$$

Os dois primeiros termos no lado direito da equação podem ser combinados para criar um "novo" potencial químico padrão, que chamaremos de μ_i^*. A equação acima torna-se

$$\mu_i = \mu_i^* + RT \ln(\gamma_i \cdot m_i)$$

Comparando esta com a Equação 5.11, obtemos uma redefinição útil da atividade dos solutos dissolvidos:

$$a_i = \gamma_i \cdot m_i \quad (5.16)$$

A Equação 5.16 significa que se pode usar concentrações para expressar o efeito de solutos dissolvidos nas expressões do quociente de reação e da constante de equilíbrio. Para que a_i se apresente sem unidade, dividimos a expressão pela concentração molar padrão de 1 mol/kg, simbolizada por m°:

$$a_i = \frac{\gamma_i \cdot m_i}{m^\circ} \quad (5.17)$$

Para concentrações aquosas diluídas, a molalidade é quase igual à molaridade; por isso, não é incomum se escrever as concentrações no equilíbrio em unidades de molaridade, principalmente em cursos introdutórios. Porém, isto acrescenta mais uma aproximação nas expressões dos quocientes de reação e das constantes de equilíbrio.

Exemplo 5.8

Qual é a expressão correta para a constante de equilíbrio, em termos de pressões, para o seguinte equilíbrio químico? Considere que as condições estão próximas das pressões padrão.

$$Fe_2(SO_4)_3 \text{ (s)} \rightleftharpoons Fe_2O_3 \text{ (s)} + 3SO_3 \text{ (g)}$$

Solução
A expressão correta para a constante de equilíbrio é

$$K = \frac{(a_{SO_3})^3 a_{Fe_2O_3}}{a_{Fe_2(SO_4)_3}} \approx (a_{SO_3})^3 \approx \left(\frac{p_{SO_3}}{p^\circ}\right)^3$$

As outras espécies no equilíbrio são fases condensadas e, estando próximas de pressões-padrão, não afetam o valor numérico de K.

Exemplo 5.9

Qual é a expressão correta para a constante de equilíbrio do seguinte equilíbrio químico em termos de concentração e de pressões parciais? Este equilíbrio é responsável, em parte, pela produção atmosférica de chuva ácida.

$$2H_2O \text{ }(\ell) + 4NO \text{ (g)} + 3O_2 \text{ (g)} \rightleftharpoons 4H^+ \text{ (aq)} + 4NO_3^- \text{ (aq)}$$

Solução
A expressão correta para o equilíbrio é

$$K = \frac{\left(\dfrac{\gamma_{H^+} m_{H^+}}{m^\circ}\right)^4 \left(\dfrac{\gamma_{NO_3^-} m_{NO_3^-}}{m^\circ}\right)^4}{\left(\dfrac{p_{NO}}{p^\circ}\right)^4 \left(\dfrac{p_{O_2}}{p^\circ}\right)^3}$$

Como fase condensada, H_2O (ℓ) não aparece na expressão.

5.5 Mudanças nas Constantes de Equilíbrio

Apesar de se chamarem constantes, os valores numéricos das constantes de equilíbrio podem variar, dependendo das condições, geralmente com a variação da temperatura. É fácil construir um modelo dos efeitos da temperatura sobre os equilíbrios. No capítulo anterior, deduzimos a equação de Gibbs-Helmholtz como

$$\frac{\partial}{\partial T}\left(\frac{\Delta G}{T}\right)_p = -\frac{\Delta H}{T^2}$$

Quando aplicada a uma reação química sob condições de pressão padrão, pode ser reescrita assim:

$$\frac{\partial}{\partial T}\left(\frac{\Delta_{reação} G^\circ}{T}\right)_p = -\frac{\Delta_{reação} H^\circ}{T^2}$$

Uma vez que $\Delta_{\text{reação}}G° = -RT \ln K$, podemos substituir na equação anterior e obter

$$\frac{\partial}{\partial T}(-R \ln K)_p = -\frac{\Delta_{\text{reação}}H°}{T^2}$$

R é uma constante, e os dois sinais negativos se cancelam. Esta equação rearranja-se para produzir a *equação de Van't Hoff*:

$$\frac{\partial \ln K}{\partial T} = \frac{\Delta_{\text{reação}}H°}{RT^2} \tag{5.18}$$

Uma descrição qualitativa das mudanças em K depende do sinal da entalpia de reação. Se $\Delta_{\text{reação}}H$ for positivo, K aumenta com o aumento de T e diminui com a diminuição de T. Portanto, reações endotérmicas são deslocadas na direção dos produtos quando a temperatura aumenta. Se $\Delta_{\text{reação}}H$ for negativo, com o aumento da temperatura, há diminuição do valor de K, e vice-versa. Reações exotérmicas, portanto, variam na direção dos reagentes quando as temperaturas aumentam. Ambas as tendências qualitativas são condizentes com o *princípio de Le Chatelier*, que é a idéia de que equilíbrios que são submetidos a uma tensão mudarão para a direção que minimize essa tensão.

Uma forma matematicamente equivalente da equação de Van't Hoff é

$$\frac{\partial \ln K}{\partial (1/T)} = -\frac{\Delta_{\text{reação}}H°}{R} \tag{5.19}$$

Esta forma é útil porque um gráfico de $\ln K$ *versus* $1/T$ tem inclinação igual a $-(\Delta_{\text{reação}}H°)/R$. Assim, valores de $\Delta_{\text{reação}}H$ podem ser determinados graficamente medindo as constantes de equilíbrio em função da temperatura. (Compare isto com o gráfico análogo da equação de Gibbs-Helmholtz. Que diferenças e semelhanças há entre os dois gráficos?) A Figura 5.4 mostra um exemplo de um gráfico desse tipo.

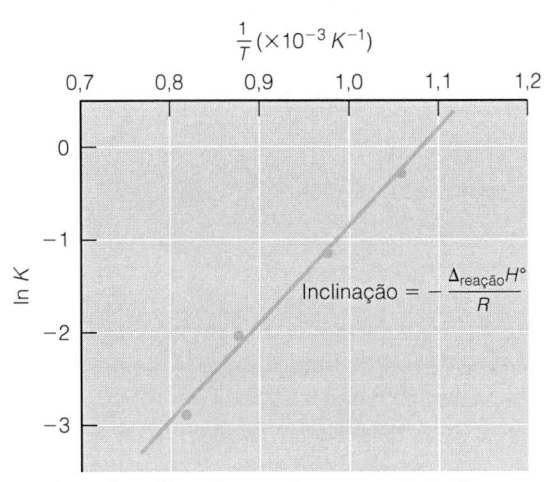

Figura 5.4 Gráfico da equação de Van't Hoff, conforme a Equação 5.19. Gráficos como este são um modo de determinar $\Delta_{\text{reação}}H$ graficamente.

Uma forma mais previsível da equação de Van't Hoff pode ser encontrada mudando as variáveis de temperatura para um lado da Equação 5.18 e integrando ambos os lados:

$$d \ln K = \frac{\Delta_{\text{reação}}H°}{RT^2} dT$$

$$\int_{K_1}^{K_2} d \ln K = \int_{T_1}^{T_2} \frac{\Delta_{\text{reação}}H°}{RT^2} dT$$

Se $\Delta_{reação}H°$ não variar com a mudança da temperatura, ele pode ser removido da integral juntamente com R, e a expressão torna-se

$$\ln \frac{K_2}{K_1} = \frac{\Delta_{reação}H°}{R}\left(\frac{1}{T_1} - \frac{1}{T_2}\right) \tag{5.20}$$

Usando esta expressão e conhecendo a variação da entalpia padrão, podemos estimar os valores das constantes de equilíbrio a diferentes temperaturas; ou conhecendo a constante de equilíbrio em duas temperaturas diferentes, podemos estimar a variação da entalpia padrão, em vez de usar o método gráfico conforme sugerido pela Equação 5.19.

Exemplo 5.10

A dimerização de uma proteína tem as seguintes constantes de equilíbrio, às seguintes temperaturas: $K(4\,°C) = 1,3 \times 10^7$, $K(15\,°C) = 1,5 \times 10^7$. Calcule a entalpia padrão de reação para este processo.

Solução

Usando a Equação 5.20 e lembrando de converter as temperaturas em kelvins:

$$\ln \frac{1,3 \times 10^7}{1,5 \times 10^7} = \frac{\Delta_{reação}H°}{8,314\,\frac{J}{mol\cdot K}}\left(\frac{1}{288\,K} - \frac{1}{277\,K}\right)$$

Resolvendo para a entalpia de reação:

$$\Delta_{reação}H° = 8630\,J/mol = 8,63\,kJ/mol$$

Como racionalizamos o efeito da pressão sobre um determinado equilíbrio? Consideremos uma reação simples, na fase gasosa, entre NO_2 e N_2O_4:

$$2NO_2 \rightleftharpoons N_2O_4$$

A expressão da constante de equilíbrio para esta reação é

$$K = \frac{p_{N_2O_4}/p°}{(p_{NO_2}/p°)^2}$$

Se o volume diminuir isotermicamente, as pressões de NO_2 e N_2O_4 aumentam. Mas o valor da constante de equilíbrio não muda! Uma vez que a pressão parcial no denominador de K está ao quadrado, como resultado da estequiometria da reação, à medida que o volume diminui, o denominador deve aumentar mais rapidamente em relação ao numerador. Para que K permaneça constante, o denominador tem de diminuir seu valor relativo, e o numerador tem de aumentar seu valor relativo, para que haja compensação. Em termos da reação, isto significa que a pressão parcial de N_2O_4 (o produto) aumenta e a pressão parcial de NO_2 (o reagente) diminui. Em termos gerais, o equilíbrio é deslocado para o lado da reação que tem o menor número de moléculas de gás. Esta é a simples manifestação do princípio de Le Chatelier para os efeitos de pressão. Inversamente, baixando a pressão (por exemplo, aumentando o volume isotermicamente), a reação se deslocará para o lado com mais moléculas de gás.

Exemplo 5.11

No Exemplo 5.6, as pressões parciais de equilíbrio de I_2 e de I na fase gasosa eram 0,235 e 0,515 atm, com um valor da constante de equilíbrio de 1,13. Suponha que o volume diminua subitamente para 0,500 L à mesma temperatura, dobrando efetivamente a pressão. O equilíbrio, então, se desloca para aliviar a tensão devida ao aumento da pressão. Quais são as pressões parciais no novo equilíbrio? Os novos valores são condizentes com o princípio de Le Chatelier?

Solução

Se a pressão diminui súbita e isotermicamente para 0,500 atm, as pressões parciais de I_2 e I dobram para 0,470 e 1,030 atm, respectivamente. Em resposta a esta tensão, o equilíbrio se deslocará para restabelecer o valor correto da constante de equilíbrio, que é 1,13. As quantidades, inicial e de equilíbrio, são:

Pressão (atm)	I_2	$\rightleftharpoons$	2 I
Inicial	0,470		1,030
Equilíbrio	0,470 + x		1,030 − 2x

Observe, neste exemplo, que estamos trabalhando diretamente com pressões parciais. Podemos substituir as pressões parciais de equilíbrio na expressão da constante de equilíbrio:

$$K = \frac{(p_I/p°)^2}{p_{I_2}/p°} = \frac{(1,030 - 2x)^2}{0,470 + x} = 1,13$$

Usando o valor conhecido da constante de equilíbrio, podemos simplificar a fração e multiplicar. Simplificando, obtemos a equação quadrática

$$4x^2 - 5,25x + 0,5298 = 0$$

que tem duas raízes: $x = 1,203$ e $x = 0,110$. A primeira raiz não é fisicamente possível porque daí teríamos uma pressão negativa para I. Assim, $x = 0,110$ é a única solução algébrica aceitável, e nossas pressões finais são

$$p_I = 1,030 - 2(0,110) = 0,810 \text{ atm}$$

$$p_{I_2} = 0,470 + 0,110 = 0,580 \text{ atm}$$

Você pode verificar que estes novos valores continuam dando o valor correto da constante de equilíbrio. Observe que, de acordo com o princípio de Le Chatelier, a pressão parcial de I está abaixo da sua pressão original instantaneamente duplicada, e a pressão parcial de I_2 subiu.

Finalmente, observamos que se um gás inerte for adicionado a um sistema em equilíbrio na fase gasosa, duas coisas podem acontecer, dependendo das condições. Se a adição do gás inerte *não* modificar as pressões parciais das espécies na fase gasosa (se, por exemplo, em vez disso, o volume total mudar), a posição de equilíbrio não muda. Porém, se uma variação na pressão do gás inerte provoca mudança nas pressões parciais das espécies na fase gasosa, ocorre mudança na posição de equilíbrio, como ilustrado no Exemplo 5.11.

5.6 Equilíbrios em Aminoácidos

Conforme mostram a Seção 2.12 e o Exemplo 5.10, os princípios da termodinâmica são aplicáveis até em reações complexas que ocorrem em células vivas. O equilíbrio também é aplicável, apesar de células vivas não serem sistemas isolados ou mesmo fechados.

Primeiro, devemos destacar o fato, raramente reconhecido, de que a maioria das reações químicas em células não está no equilíbrio. Se um organismo ou célula estivessem no equilíbrio químico, estariam mortos! No entanto, os conceitos relacionados ao equilíbrio são úteis nas reações bioquímicas. Aplicações incluem, entre outros, equilíbrios de ácidos e bases fracos em solução aquosa, equilíbrios em soluções-tampão e efeitos da temperatura sobre o equilíbrio.

Aminoácidos contêm o grupo ácido orgânico (ou carboxila), $-COOH$, e um grupo amino, básico, $-NH_2$. O grupo carboxila pode ionizar em $-COO^-$ e H^+, e o grupo amino pode aceitar um H^+ e se tornar o grupo $-NH_3^+$. Na fase sólida ou aquosa neutra, o aminoácido totalmente neutro é uma espécie duplamente carregada, chamada de *zwitterion*:[1]

$$RC(NH_2)COOH \longrightarrow RC(NH_3^+)COO^-$$

onde R representa os diversos grupos que distinguem os diferentes aminoácidos. Para todos os aminoácidos, haverá uma série de equilíbrios entre diferentes íons, cuja extensão depende da presença (ou ausência) de íons H^+ livres, provenientes de outras fontes (como outros ácidos):

$$RC(NH_3^+)COOH \overset{K_1}{\rightleftharpoons} RC(NH_3^+)COO^- \overset{K_2}{\rightleftharpoons} RC(NH_2)COO^- \tag{5.21}$$

A constante de equilíbrio K_1 é a constante de equilíbrio para a dissociação do ácido envolvido na ionização do grupo $-COOH$. A constante de equilíbrio K_2 é a constante de equilíbrio para a dissociação do ácido na perda de H^+ do grupo $-NH_3^+$. (Os íons H^+ foram deixados fora da Equação 5.21, para maior clareza.) A presença ou ausência de H^+, porém, irá determinar a extensão de cada equilíbrio na Equação 5.21.

Para maior simplicidade, são tabelados os logaritmos negativos dos valores de K. O logaritmo negativo (base 10) da constante de equilíbrio é chamado de pK (diz-se "pe-ka"):

$$pK \equiv -\log K \tag{5.22}$$

Tabela 5.1 Valores de pK para aminoácidos

Aminoácido	pK_1	pK_2
Ácido aspártico	1,88	9,60
Ácido glutâmico	2,19	9,67
Alanina	2,34	9,69
Arginina	2,17	9,04
Asparagina	2,02	8,80
Cisteína	1,96	10,28
Fenilalanina	1,83	9,13
Glicina	2,34	9,60
Glutamina	2,17	9,13
Histidina	1,82	9,17
Isoleucina	2,36	9,60
Leucina	2,36	9,60
Lisina	2,18	8,95
Metionina	2,28	9,21
Prolina	1,99	10,60
Serina	2,21	9,15
Tirosina	2,20	9,11
Treonina	2,09	9,10
Triptofano	2,83	9,39
Valina	2,32	9,62

Na Tabela 5.1, estão relacionados valores dos pKs de aminoácidos de proteínas. O pH da solução, para o qual o aminoácido existe na forma zwitteriônica, é chamado de *ponto isoelétrico* do aminoácido. Muitas vezes, o ponto isoelétrico está a meio caminho entre os dois pKs, mas este não é o caso para aminoácidos que têm outros grupos ácidos ou básicos. Como indica a Tabela 5.1, os aminoácidos têm comportamento variável em solução aquosa. Neste ponto, devemos salientar que processos de equilíbrio são importantes para a química dos aminoácidos e, por extensão, para a química das proteínas.

O conceito de equilíbrio também é importante em processos bioquímicos, tais como a troca O_2/CO_2 na hemoglobina (por exemplo, veja o Exercício 5.7 no final deste capítulo), a ligação de pequenas moléculas às cadeias de DNA (como pode ocorrer nos processos de transcrição), e a interação entre substratos e enzimas. Os efeitos de temperatura são importantes nos processos de desnaturação de proteínas. Como ficou claro, as idéias estabelecidas neste capítulo são amplamente aplicáveis a todas as reações químicas, mesmo àquelas muito complexas.

---

[1] A palavra *zwitterion* vem do termo alemão *zwitter*, que significa híbrido.

5.7 Resumo

Equilíbrio químico é definido em termos de um mínimo de energia livre de Gibbs em relação à extensão de uma reação. Uma vez que a energia livre de Gibbs está relacionada ao potencial químico, podemos usar equações envolvendo potencial químico para deduzir algumas equações que relacionam as condições de equilíbrio e não-equilíbrio em um processo químico. Nestas expressões, aparece um quociente de reação, que é uma construção envolvendo os reagentes e os produtos da reação. Para reações em fase gasosa, o quociente de reação inclui as pressões parciais ou as fugacidades das espécies. Definindo atividade, podemos expandir o quociente de reação para incluir sólidos, líquidos (apesar de suas atividades estarem tão próximas de 1, que sua influência sobre Q pode ser ignorada) e soluções. Para soluções, a variável conveniente para Q é a concentração molal dos solutos.

No equilíbrio, Q tem um valor que é característico de cada reação química, porque há uma variação característica na energia livre de Gibbs de cada reação química. Constantes de equilíbrio são medidas convenientes da extensão de uma reação no ponto de energia livre de Gibbs mínima, isto é, no equilíbrio. Constantes de equilíbrio podem variar com mudanças nas condições do sistema, e a matemática da termodinâmica nos dá ferramentas para modelar estas mudanças.

EXERCÍCIOS DO CAPÍTULO 5

5.2 e 5.3 Equilíbrio e Equilíbrio Químico

5.1. Pode uma bateria ainda com voltagem ser considerada um sistema em equilíbrio? E uma bateria descarregada? Justifique cada uma das conclusões.

5.2. Qual é a diferença entre equilíbrio estático e equilíbrio dinâmico? Dê exemplos diferentes dos exemplos apresentados no texto. O que é similar nos dois tipos de equilíbrio?

5.3. Qual sistema em cada par melhor representa espécies em equilíbrio, sob condições padrão de temperatura e pressão? Justifique cada escolha.

(a) Rb e H_2O ou Rb^+ e OH^- e H_2

(b) Na e Cl_2 ou $NaCl$ (cristal)

(c) HCl e H_2O ou H^+ (aq) e Cl^- (aq)

(d) C (diamante) ou C (grafite)

5.4. Soluções *supersaturadas* são preparadas pela dissolução de mais soluto do que ela normalmente pode dissolver. Entretanto, estas soluções são inerentemente instáveis. Um pequeno cristal de acetato de cálcio, $Ca(C_2H_3O_2)_2$, provoca a precipitação do excesso de soluto de uma solução supersaturada de acetato de cálcio. Quando termina a precipitação do excesso de soluto, estabelece-se um equilíbrio químico. Escreva as equações químicas para esse equilíbrio e a equação química resultante.

5.5. A reação entre o metal zinco e ácido clorídrico, em um sistema fechado, está representada abaixo.

$$Zn\,(s) + 2HCl\,(aq) \longrightarrow H_2\,(g) + ZnCl_2\,(aq)$$

Se as quantidades iniciais forem 100,0 g de zinco e 150 ml de HCl 2,25 M, determine os valores máximo e mínimo possíveis de ξ para esta reação.

5.6. A seguir, uma reação química em que são dadas as condições iniciais (quantidade de cada substância):

$$6H_2 \quad + \quad P_4 \quad \longrightarrow \quad 4PH_3$$

$$10{,}0\,\text{mol} \quad\quad 3{,}0\,\text{mol} \quad\quad 3{,}5\,\text{mol}$$

(a) Determine ξ se 1,5 mol de P_4 reage para formar o produto.

(b) Neste caso, é possível que ξ seja igual a 3? Por que sim ou por que não?

5.7. A hemoglobina estabelece um equilíbrio com o gás oxigênio no sangue, muito rapidamente. O equilíbrio pode ser representado por

$$\text{heme} + O_2 \rightleftharpoons \text{heme·}O_2$$

onde "heme" significa hemoglobina e "heme·O_2" significa o complexo de hemoglobina com oxigênio. O valor da constante de equilíbrio é cerca de $9{,}2 \times 10^{18}$.

Monóxido de carbono também se liga à hemoglobina por meio da seguinte reação:

$$\text{heme} + CO \rightleftharpoons \text{heme·}CO$$

Esta reação tem uma constante de equilíbrio de $2{,}3 \times 10^{23}$. Que reação está mais deslocada na direção dos produtos? Sua resposta justifica a toxidez do CO?

5.8. 1,00 g de sacarose, $C_{12}H_{22}O_{11}$, se dissolve completamente em 100,0 ml de água. Porém, se 200,0 g de sacarose forem adicionados à mesma quantidade de água, apenas 164,0 g irão se dissolver. Escreva as reações de equilíbrio para ambos os sistemas e comente suas diferenças.

5.9. Se os gases N_2, H_2 e NH_3 estiverem contidos em um sistema, de modo que a pressão total seja 100,0 bar, os termos $p°$ da Equação 5.9 serão iguais a 100,0 bar. Verdadeiro ou falso? Explique sua resposta.

5.10. Determine $\Delta_{\text{reação}}G°$ e $\Delta_{\text{reação}}G$ para a reação abaixo, a 25 °C, usando dados do Apêndice 2. As pressões parciais dos produtos e reagentes são dadas na equação química.

$$2CO\,(g;\,0{,}650\,\text{bar}) + O_2\,(g;\,34{,}0\,\text{bar}) \rightleftharpoons$$
$$2CO_2\,(g;\,0{,}0250\,\text{bar})$$

5.11. Na química da atmosfera, a reação química seguinte converte SO_2, o óxido de enxofre predominantemente na combustão de materiais que contêm enxofre, em SO_3, que pode combinar com H_2O para formar ácido sulfúrico (e, portanto, contribui para a chuva ácida):

$$SO_2\,(g) + \frac{1}{2}O_2\,(g) \rightleftharpoons SO_3\,(\ell)$$

(a) Escreva a expressão para K, para este equilíbrio. (b) Calcule o valor de $\Delta G°$ para este equilíbrio, usando os valores de $\Delta_f G°$ do Apêndice 2. (c) Calcule o valor de K para este equilíbrio. (d) Se 1,00 bar de SO_2 e 1,00 bar de O_2 forem fechados em um sistema na presença de algum SO_3 líquido, em que direção o equilíbrio irá se deslocar?

5.12. Suponha uma reação na qual ocorre o equilíbrio, quando as pressões parciais dos reagentes e dos produtos sejam todas iguais a 1 bar. Se o volume do sistema for duplicado, todas as pressões parciais serão iguais a 0,5 bar. O sistema continuará no equilíbrio? Por que sim ou por que não?

5.13. Mostre que $K = K^{1/2}$, se os coeficientes da equação química balanceada forem todos divididos por dois. Dê um exemplo.

5.14. A reação química balanceada da formação da amônia, a partir dos seus elementos constituintes, é

$$N_2\,(g) + 3H_2\,(g) \rightleftharpoons 2NH_3\,(g)$$

(a) Qual é o $\Delta_{\text{reação}}G°$ para esta reação? **(b)** Qual é o $\Delta_{\text{reação}}G$ para esta reação, se todas as espécies têm uma pressão parcial de 0,500 bar a 25 C°? Assuma que as fugacidades são iguais às pressões parciais.

5.15. As respostas no Exercício 5.14 deveriam mostrar que, variando as pressões parciais, varia o $\Delta_{\text{reação}}G$ instantâneo, mesmo considerando que a relação entre as pressões parciais permanece a mesma (isto é, 1:1:1 nas condições-padrão é igual a 0,5:0,5:0,5 nas condições dadas). Isto sugere a interessante possibilidade de que em alguma pressão parcial p de todos os componentes, a reação reverta; isto é, o $\Delta_{\text{reação}}G$ instantâneo se torne negativo. Determine p para esse equilíbrio. (Você terá de usar as propriedades dos logaritmos, como foi mencionado neste capítulo, para encontrar a resposta.) Sua resposta se aplica a gases a pressões altas ou baixas? Qual o seu raciocínio?

5.16. Em uma temperatura suficientemente alta, a constante de equilíbrio para a reação de troca isotópica na fase gasosa é 4,00

$$H_2 + D_2 \rightleftharpoons 2\, HD$$

Calcule as pressões parciais no equilíbrio se 0,50 atm de H_2 e 0,10 atm de D_2 estivessem inicialmente presentes em um sistema fechado. Qual a extensão da reação no equilíbrio?

5.17. Se 0,50 atm de kriptômio fosse parte do equilíbrio no Exercício 5.16, o valor da constante de equilíbrio seria igual ou diferente, se o volume fosse mantido? Nesse caso, seria diferente dos valores obtidos nos exemplos 5.6 e 5.11?

5.18. Dióxido de nitrogênio, NO_2, dimeriza facilmente para formar tetróxido de nitrogênio, N_2O_4:

$$2NO_2\,(g) \rightleftharpoons N_2O_4\,(g)$$

(a) Usando dados apresentados no Apêndice 2, calcule $\Delta_{\text{reação}}G°$ e K para este equilíbrio.

(b) Calcule ξ para este equilíbrio, se 1,00 mol de NO_2 estivesse presente inicialmente e chegado ao equilíbrio com o dímero em um sistema com 20,0 L.

5.19. Outra reação entre nitrogênio e oxigênio, de certa importância, é

$$2NO_2\,(g) + H_2O\,(g) \longrightarrow HNO_3\,(g) + HNO_2\,(g)$$

que se pensa ser a reação principal envolvida na produção de chuva ácida. Determine $\Delta_{\text{reação}}G°$ e K para esta reação.

5.20. Suponha que a reação do Exemplo 5.5 ocorra em um recipiente de 20,0 L. As quantidades seriam as mesmas? E quanto a ξ no equilíbrio?

5.4 Soluções e Fases Condensadas

5.21. Escreva as expressões apropriadas às constantes de equilíbrio para as seguintes reações.

(a) $PbCl_2\,(s) \rightleftharpoons Pb^{2+}\,(aq) + 2Cl^-\,(aq)$

(b) $HNO_2\,(aq) \rightleftharpoons H^+\,(aq) + NO_2^-\,(aq)$

(c) $CaCO_3\,(s) + H_2C_2O_4\,(aq) \rightleftharpoons$
$$CaC_2O_4\,(s) + H_2O\,(\ell) + CO_2\,(g)$$

5.22. O $\Delta_f G°$ do diamante, uma forma cristalina do elemento carbono, é +2,90 kJ/mol a 25 °C. Dê a constante de equilíbrio para a reação

$$C\,(s, \text{grafite}) \rightleftharpoons C\,(s, \text{diamante})$$

Com base em sua resposta, especule sobre a ocorrência natural do diamante.

5.23. As densidades da grafite e do diamante são 2,25 e 3,51 g/cm³, respectivamente. Usando a expressão

$$\Delta_{\text{reação}}G = \Delta_{\text{reação}}G° + RT \ln \frac{a_{\text{dia}}}{a_{\text{gra}}}$$

e a Equação 5.14, faça uma estimativa da pressão necessária para que $\Delta_{\text{reação}}G$ fique igual a zero. Qual é a fase sólida do carbono estável a pressão elevada?

5.24. Buckminsterfulereno, C_{60}, é uma molécula esférica composta de hexágonos e pentágonos de átomos de carbono remanescentes de uma cúpula geodésica. É objeto de estudos freqüentes. Para o C_{60}, $\Delta_f G°$ é 23,98 kJ/mol a 25 °C. Escreva a reação de formação balanceada de 1 mol de buckminsterfulereno e calcule a constante de equilíbrio para a reação de formação.

5.25. O ânion bissulfato (ou hidrogenossulfato), HSO_4^-, é um ácido fraco. A constante de equilíbrio para a reação ácida aquosa

$$HSO_4^- \rightleftharpoons H^+ + SO_4^{2-}$$

é $1,2 \times 10^{-2}$.

(a) Calcule $\Delta G°$ para este equilíbrio.

(b) A concentrações baixas, os coeficientes de atividade do soluto dissolvido são iguais às suas molalidades. Determine as molalidades no equilíbrio de uma solução 0,010 molal de hidrogenossulfato de sódio.

5.5 Mudanças nas Constantes de Equilíbrio

5.26. Para a reação

$$2Na\,(g) \rightleftharpoons Na_2\,(g)$$

foram determinados os seguintes valores de K, apresentados abaixo (C. T. Ewing et al., *J. Chem. Phys.*, 1967, 71, 473):

T (K)	K
900	1,32
1000	0,47
1100	0,21
1200	0,10

A partir desses dados, calcule $\Delta_{\text{reação}}H°$ para a reação.

5.27. Para uma reação cuja variação de entalpia padrão é –100,0 kJ, que temperatura é necessária para duplicar a constante de equilíbrio a partir de seu valor de 298 K? Que temperatura é necessária para aumentar a constante de equilíbrio por um fator de 10? E se a mudança de entalpia padrão fosse –20 kJ?

5.28. Considere o seguinte equilíbrio:

$$2SO_2 \ (g) + O_2 \ (g) \rightleftharpoons 2SO_3 \ (g)$$

Qual é o efeito sobre o equilíbrio de cada uma das seguintes mudanças? (Você poderá ter de calcular alguma entalpia ou energia livre de Gibbs padrão para poder responder.) **(a)** A pressão aumenta com a diminuição do volume. **(b)** A temperatura diminui. **(c)** A pressão aumenta com a adição de gás nitrogênio, N_2.

5.29. Mostre que as equações 5.18 e 5.19 são equivalentes.

5.6 Equilíbrio em Aminoácidos

5.30. Dos aminoácidos relacionados na Tabela 5.1, qual deve ter o ponto isoelétrico mais próximo de 7, o pH da água neutra?

5.31. Determine as concentrações das três formas iônicas da glicina presentes, se 1,0 mol de glicina for usado para preparar 1,00 L de solução aquosa. Os valores de pK_1 e pK_2 são, respectivamente, 2,34 e 9,60. Você precisa fazer qualquer outra suposição para simplificar os cálculos?

Exercícios de Simbolismo Matemático

5.32. Considere a reação química balanceada

$$CH_4 \ (g) + Br_2 \ (g) \longrightarrow CH_2Br_2 \ (g) + 2HBr \ (g)$$

Um sistema começa com 10,0 mol de CH_4 e 3,75 mol de Br_2, e 0,00 mol dos dois produtos. Faça um gráfico de ξ versus a quantidade de cada produto e reagente. Comente as diferenças nos gráficos.

5.33. Para a reação na fase gasosa

$$2H_2 + O_2 \longrightarrow 2H_2O$$

$\Delta_{reação}G°$ é –457,18 kJ. Qual o aspecto de um gráfico de ΔG versus ln Q a 25 °C (com ln Q variando de –50 para +50)? Mude a temperatura e verifique se o gráfico apresenta diferenças substanciais a diferentes temperaturas.

5.34. Problemas simples de equilíbrio podem se tornar matematicamente complicados quando os coeficientes são pequenos números inteiros diferentes. Para a reação balanceada

$$2SO_3 \ (g) \longrightarrow S_2 \ (g) + 3O_2 \ (g)$$

a constante de equilíbrio tem um valor de $4,33 \times 10^{-2}$, em uma temperatura elevada. Calcule as concentrações de todas as espécies em equilíbrio, se a quantidade inicial de SO_3 for **(a)** 0,150 atm, **(b)** 0,100 atm, **(c)** 0,001 atm.

6 Equilíbrio em Sistemas com um Componente

O CAPÍTULO ANTERIOR introduziu alguns conceitos de equilíbrio. Este capítulo e o próximo abordarão estes conceitos mais amplamente, à medida que os aplicarmos a certos tipos de sistemas químicos. Aqui, focalizaremos os sistemas mais simples, aqueles que consistem de um só componente químico. Pode parecer estranho que nos empenhemos tanto em discutir sistemas simples, mas existe uma razão para isso. As idéias que desenvolvemos usando sistemas simples se aplicam a sistemas mais complexos. Quanto mais cuidadosamente forem desenvolvidos os conceitos básicos, mais facilmente poderão ser aplicados a sistemas reais.

6.1 Sinopse

Poucos tipos de equilíbrios podem ser considerados para sistemas com um só componente, mas eles nos fornecem a base para compreender os equilíbrios em sistemas com múltiplos componentes. Primeiro, definiremos componente e fase. Usaremos um pouco da matemática do capítulo anterior para deduzir novas expressões que podemos usar para compreender os equilíbrios de sistemas com um só componente. Métodos gráficos (diagramas de fases) são úteis para ilustrar estes equilíbrios nesses sistemas simples. Exploraremos alguns exemplos simples de diagramas de fases e discutiremos as informações que eles fornecem. Por fim, introduziremos uma equação simplificadora, chamada de regra das fases de Gibbs, que também é útil para sistemas com múltiplos componentes.

6.2 Sistema com um Componente

Suponha que você tem um sistema que quer descrever termodinamicamente. Como fazê-lo? Talvez, a parte mais importante seja descrever o *que está no sistema*; isto é, os componentes do sistema. Para o nosso objetivo, um *componente* é definido como uma substância química única, com propriedades definidas. Por exemplo, um sistema composto de UF_6 puro tem um único componente químico: hexafluoreto de urânio. É verdade que o UF_6 é composto de dois elementos, urânio e flúor, mas cada elemento perdeu sua identidade individual quando o composto UF_6 foi formado. A frase "quimicamente homogêneo" pode ser usada para descrever sistemas com um componente.

Por outro lado, uma mistura de limalha de ferro e pó de enxofre é composta dos dois elementos, ferro e enxofre. A mistura pode se parecer com um só componente, mas um exame mais minucioso revela dois materiais distintos no sistema, cada um com suas propriedades individuais. Esta mistura de Fe/S é, portanto, um sistema com *dois* componentes. A frase "quimicamente não homogêneo" é usada para descrever sistemas com componentes múltiplos.

Uma *solução* é uma mistura homogênea. Exemplos de soluções incluem água salgada [NaCl (s) dissolvido em H_2O] e o latão, uma solução sólida de cobre e zinco. As soluções são um pouco mais difíceis de se definir, isso porque os componentes isolados podem não ter a mesma identidade química quando em solução. Por exemplo, NaCl (s) e H_2O (ℓ) são dois componentes químicos, mas NaCl (aq) consiste de íons de Na^+ (aq) e Cl^- (aq) com excesso do solvente H_2O. Quando usarmos uma solução como exemplo de um sistema, seremos explícitos em definir os componentes do sistema. Mesmo as soluções sendo sistemas homogêneos, as suas propriedades não serão consideradas neste capítulo.

Neste capítulo, estamos considerando sistemas de um só componente – isto é, sistemas que têm sempre a mesma composição química. Porém, há um outro modo de descrever o estado de um sistema, além de mostrar a sua composição química. Sabemos que a matéria pode existir em diferentes formas físicas. Uma *fase* é uma porção de matéria que tem um estado físico uniforme e está separada de outras fases de maneira distinta. Quimicamente, identificamos as fases sólida, líquida e gasosa. Uma substância química pode ter mais de uma forma sólida, e cada forma é uma fase sólida diferente. Sistemas de um só componente podem existir em uma ou mais fases simultaneamente; aplicaremos os conceitos de equilíbrio do capítulo anterior para compreender as transições de fase nestes sistemas.

Exemplo 6.1

Identifique o número de componentes e fases que formam cada sistema abaixo. Considere que não há outros componentes além dos apresentados em cada sistema.

a. Um sistema contendo gelo e água.
b. Uma solução 50:50 de água e etanol, C_2H_5OH.
c. Um tanque pressurizado de dióxido de carbono que contém líquido e gás.
d. Uma bomba calorimétrica contendo uma pastilha de ácido benzóico, C_6H_5COOH (s) e 25,0 bar de gás O_2.
e. A mesma bomba calorimétrica depois da explosão, na qual o ácido benzóico é convertido em CO_2 (g) e H_2O (ℓ), considerando o excesso de oxigênio.

Solução

a. Água com gelo contém H_2O nas formas líquida e sólida; portanto, há um só componente e duas fases.
b. Tanto a água quanto o etanol são líquidos, portanto, é uma fase com dois componentes.
c. Assim como a água com gelo, o dióxido de carbono líquido e gasoso em um tanque pressurizado consiste de um só componente químico em duas fases.
d. Na bomba calorimétrica, antes da explosão, a pastilha e o oxigênio gasoso são dois componentes e duas fases.
e. Após a explosão, o ácido benzóico queima para produzir dióxido de carbono gasoso e água líquida. Na presença de excesso de O_2, há três componentes e duas fases.

Agora consideraremos algo que geralmente é tão óbvio que não pensamos muito a respeito. A fase estável de um sistema com um só componente depende das condições do sistema. Vamos usar a água como exemplo. No sul do País, quando faz muito frio, pode nevar (vemos H_2O sólida), mas quando está mais quente, chove (vemos H_2O líquida). Para cozinhar macarrão, temos de ferver a água (isto produz H_2O gasosa). Esta idéia é óbvia para a maioria das pessoas. O que pode não ser tão óbvio é que a fase em que qualquer sistema com um componente se encontra depende de *todas* as condições do sistema. Estas condições são: pressão, temperatura, volume e quantidade de material no sistema.

Ocorre uma *transição de fase* quando um componente puro muda de uma fase para outra. A Tabela 6.1 mostra os diferentes tipos de transição de fase; a maioria deles já deve ser familiar a você. Também há transições de fase entre diferentes formas sólidas de um mesmo componente químico, o que é uma característica chamada de *polimorfismo*. Por exemplo, o elemento carbono existe como grafite ou diamante, e as condições para as transições de fase entre as duas formas são bem conhecidas. H_2O sólida pode existir de fato na forma de, pelo menos, seis sólidos estruturalmente diferentes, dependendo da temperatura e da pressão. Dizemos que a água tem pelo menos seis *polimorfos*. (Quando aplicada aos elementos, a palavra usada é *alótropo*, em vez de polimorfo. Grafite e diamante são dois alótropos do elemento carbono.) Na forma mineral, o carbonato de cálcio existe como aragonita ou calcita, dependendo da forma cristalina do sólido.

Tabela 6.1   Transições de fase*

Termo	Transição
Fusão (ou *liquefação*)	Sólido → líquido
Ebulição (ou *vaporização*)	Líquido → gás
Sublimação	Sólido → gás
Condensação	Gás → líquido
Condensação (ou *deposição*)	Gás → sólido
Solidificação (ou *congelamento*)	Líquido → sólido

* Não há termo específico para as transições fase sólida → fase sólida entre duas formas sólidas do mesmo componente.

Na maioria das condições de volume, quantidade, pressão e temperatura constantes, um sistema com um componente tem apenas uma fase estável. Por exemplo, um litro de H_2O à pressão atmosférica e 25 °C normalmente está na fase líquida. Porém, nas mesmas condições de pressão, mas a 125 °C, um litro de H_2O existiria como gás. Estas são as fases termodinamicamente estáveis nessas condições.

Mais de uma fase pode existir simultaneamente em um sistema isolado com um componente, com volume e quantidade fixos, e com determinados valores de pressão e temperatura. O sistema está no equilíbrio se as suas variáveis de estado estão constantes. Portanto, *é possível existirem duas ou mais fases em um sistema no equilíbrio*.

Se o sistema não é isolado, mas simplesmente fechado, calor pode entrar ou sair do sistema. Nesse caso, as quantidades relativas de cada fase mudarão. Por exemplo, em um sistema contendo dimetil sulfóxido (DMSO) sólido e DMSO líquido a 18,4 °C, e à pressão atmosférica, quando calor é acrescentado ao sistema, parte da fase sólida se funde para se tornar parte da fase líquida. O sistema ainda está no equilíbrio *químico*, mesmo que as quantidades relativas das fases estejam mudando (é uma mudança física). Isso também é verdade para outras transições de fase. Sob pressão atmosférica e a 189 °C, DMSO líquido pode existir *em equilíbrio* com DMSO gasoso. Acrescente ou remova calor, e o DMSO irá da fase líquida para a gasosa ou da gasosa para a líquida, respectivamente, enquanto o equilíbrio químico é mantido.

Para um dado volume e quantidade, a temperatura na qual esses equilíbrios se estabelecem varia com a pressão, e vice-versa. Portanto, é conveniente identificar certas condições de trabalho. O *ponto de fusão normal* é aquela temperatura em que um sólido existe em equilíbrio com sua fase líquida, a uma pressão de 1 atm.[1] Devido ao fato de as fases sólidas e líquidas serem tão condensadas, o ponto de fusão de sistemas com um componente só é afetado por grandes mudanças na pressão. O *ponto de ebulição normal* é aquela temperatura na qual um líquido pode existir em equilíbrio com sua fase gasosa a 1 atm. Já que o comportamento de uma das fases – a fase gasosa – é bastante dependente da pressão, os pon-

---
[1] Observamos que pontos de fusão e ebulição "normais" são definidos em termos de uma unidade que não é do SI, o que é uma disparidade.

tos de ebulição podem variar muito, até com pequenas mudanças na pressão. Portanto, precisamos estar seguros de que conhecemos a pressão quando discutimos os processos de ebulição, sublimação ou condensação.

Se a presença de duas fases diferentes em um sistema fechado com um só componente representa um processo no equilíbrio, podemos usar algumas das idéias e equações apresentadas no capítulo anterior. Por exemplo, considere os potenciais químicos de cada fase em, digamos, um equilíbrio sólido-líquido. Considerando pressão e temperatura constantes, a equação da variável natural para G, Equação 4.48, deve ser satisfeita e, então, temos

$$dG = -S\,dT + V\,dp + \sum_{fases} \mu_{fase} \cdot dn_{fase}$$

No equilíbrio, dG é igual a zero a T e p constantes. Os termos dT e dp na equação acima também são iguais a zero. Portanto, para este equilíbrio de fases, temos

$$\sum_{fases} \mu_{fase} \cdot dn_{fase} = 0 \tag{6.1}$$

Para nosso equilíbrio sólido-líquido, esta equação se expande em dois termos:

$$\mu_{sólido} \cdot dn_{sólido} + \mu_{líquido} \cdot dn_{líquido} = 0$$

Em um sistema com um só componente, deveria ser óbvio que se o equilíbrio varia infinitesimalmente, a quantidade de variação de uma fase é igual à quantidade de variação da outra fase. Porém, à medida que uma diminui, a outra aumenta, de modo que há uma relação numérica negativa entre as duas variações infinitesimais. Podemos descrever isto, matematicamente, assim

$$dn_{líquido} = -dn_{sólido} \tag{6.2}$$

Podemos substituir qualquer uma das variações infinitesimais pela outra, como na Equação 6.2. Assim, em termos da fase sólida, podemos escrever

$$\mu_{sólido}\,dn_{sólido} + \mu_{líquido}(-dn_{sólido}) = 0$$
$$\mu_{sólido}\,dn_{sólido} - \mu_{líquido}\,dn_{sólido} = 0$$
$$(\mu_{sólido} - \mu_{líquido})\,dn_{sólido} = 0$$

Apesar de o $dn_{sólido}$ ser infinitamente pequeno, não é zero. Portanto, para que esta equação fique igual a zero, a expressão dentro dos parênteses deve ser zero:

$$\mu_{sólido} - \mu_{líquido} = 0$$

Assim, para o equilíbrio entre as fases sólida e líquida, escrevemos,

$$\mu_{sólido} = \mu_{líquido} \tag{6.3}$$

Isto significa que os potenciais químicos das duas fases são iguais. Podemos ampliar este tema e afirmar que, *no equilíbrio, os potenciais químicos de fases múltiplas do mesmo componente são iguais.*

Já que estamos considerando um sistema fechado com um só componente, há duas outras condições implícitas para um sistema em equilíbrio:

$$T_{fase\ 1} = T_{fase\ 2}$$
$$p_{fase\ 1} = p_{fase\ 2}$$

Se um equilíbrio é estabelecido e, então, a temperatura ou a pressão é alterada, o equilíbrio deve *se deslocar*: isto é, as quantidades relativas das fases devem mudar até que a Equação 6.3 seja restabelecida.

O que acontece se os potenciais químicos das fases não forem iguais? Então, uma (ou mais) das fases não é a fase estável sob estas condições. A fase com o potencial químico mais baixo é a fase mais estável. Por exemplo, a −10 °C, a H$_2$O sólida tem um potencial químico mais baixo do que a H$_2$O líquida, ao passo que a +10 °C, a H$_2$O líquida tem um potencial químico mais baixo do que a H$_2$O sólida. Porém, a 0 °C e à pressão normal, a H$_2$O sólida e a líquida têm o mesmo potencial químico. Portanto, podem coexistir em equilíbrio no mesmo sistema.

Exemplo 6.2

Determine se os potenciais químicos das duas fases apresentadas a seguir são iguais ou diferentes. Se forem diferentes, diga qual dos dois é o mais baixo.
a. Mercúrio líquido, Hg (ℓ), ou mercúrio sólido, Hg (s), em seu ponto de fusão normal, de −38,9 °C
b. H$_2$O (ℓ) ou H$_2$O (g) a 99 °C e 1 atm
c. H$_2$O (ℓ) ou H$_2$O (g) a 100 °C e 1 atm
d. H$_2$O (ℓ) ou H$_2$O (g) a 101 °C e 1 atm
e. Cloreto de lítio sólido, LiCl, ou LiCl gasoso a 2000 °C e pressão normal. (O ponto de ebulição do LiCl é em torno de 1350 °C.)
f. Oxigênio, O$_2$, ou Ozônio, O$_3$, a PTP

Solução

a. No ponto de fusão normal, ambas as fases, líquida e sólida, podem existir em equilíbrio. Portanto, os dois potenciais químicos são iguais.
b. A 99 °C, a fase líquida da água é a fase estável, então, $\mu_{H_2O, \ell} < \mu_{H_2O, g}$.
c. 100 °C é o ponto de ebulição normal da água, então, nesta temperatura, os potenciais químicos são iguais.
d. A 101 °C, a fase gasosa é a fase estável para H$_2$O. Portanto, $\mu_{H_2O, g} < \mu_{H_2O, \ell}$. (Veja que diferença fazem 2 °C!)
e. Já que a temperatura citada está acima do ponto de ebulição de LiCl, o potencial químico da fase gasosa de LiCl é mais baixo do que a da fase sólida de LiCl.
f. Já que o oxigênio diatômico é o alótropo mais estável do oxigênio, o que se espera é que $\mu_{O_2} < \mu_{O_3}$. Note que este exemplo não envolve uma transição de fase.

6.3 Transições de Fase

Uma vez estabelecido que diferentes fases do mesmo componente podem existir simultaneamente em equilíbrio, podemos indagar o que afeta esse equilíbrio. Entre outras coisas, o movimento do calor para dentro ou para fora do sistema afeta o equilíbrio. Dependendo da direção da transferência de calor, uma fase aumenta em quantidade enquanto outra fase, simultaneamente, diminui em quantidade. Isto é o que ocorre numa transição de fase. A maioria das pessoas provavelmente conhece os seguintes processos que ocorrem com a citada direção do fluxo de calor:

$$\text{sólido} \xrightleftharpoons[\text{liberação de calor (exotérmico)}]{\text{absorção de calor (endotérmico)}} \text{líquido}$$

$$\text{líquido} \xrightleftharpoons[\text{liberação de calor (exotérmico)}]{\text{absorção de calor (endotérmico)}} \text{gás} \tag{6.4}$$

$$\text{sólido} \xrightleftharpoons[\text{liberação de calor (exotérmico)}]{\text{absorção de calor (endotérmico)}} \text{gás}$$

Durante a transição de fase, a temperatura do sistema permanece constante: transições de fase são processos *isotérmicos*. Somente depois que toda uma fase tiver se transformado completamente na outra fase, o calor irá atuar para mudar a temperatura do sistema. Podemos definir calores de fusão, $\Delta_{fus}H$, calores de vaporização, $\Delta_{vap}H$, e calores de sublimação, $\Delta_{sub}H$, para compostos puros, porque cada componente químico requer uma quantidade característica de calor para os processos de fusão, vaporização ou sublimação. Estes "calores" são, de fato, entalpias de fusão, vaporização ou sublimação, uma vez que estes processos geralmente ocorrem sob condições de pressão constante. Muitas dessas mudanças são acompanhadas de uma variação de volume, que pode ser grande nas transições que envolvem uma fase gasosa.

As entalpias de transição de fase são definidas, formalmente, para processos endotérmicos; por isso, são números positivos. Mas, uma vez que cada processo mencionado acima ocorre sob as mesmas condições, exceto pela direção do fluxo de calor, estas entalpias de transição de fase também se aplicam a transições de fase na direção oposta. Isto é, o calor de fusão é usado para o processo de congelamento, bem como para o processo de fusão. Um calor de vaporização pode ser usado para um processo de vaporização ou para o processo inverso de condensação, e assim por diante. Para os processos exotérmicos, o inverso dos processos endotérmicos, usa-se o negativo da entalpia, como requer a lei de Hess.

Para uma transição de fase, a quantidade de calor absorvido ou liberado é dada pela conhecida expressão

$$q = m \cdot \Delta_{trans}H \tag{6.5}$$

onde m é a massa do componente do sistema. Estamos usando a palavra "trans" para representar qualquer transição de fase: fusão, vaporização ou sublimação. É de responsabilidade de quem soluciona o problema compreender a direção inerente do fluxo de calor, isto é, exotérmico ou endotérmico, e usar o sinal adequado em $\Delta_{trans}H$.

Em termos de mols, a Equação 6.5 é escrita assim:

$$q = n \cdot \Delta_{trans}\overline{H}$$

As unidades de entalpia de transição de fase são kJ/mol ou kJ/g.

Uma breve lista de entalpias de transição de fase é mostrada na Tabela 6.2. Observe as unidades apresentadas na nota de rodapé e certifique-se de expressar as quantidades dos componentes nas unidades corretas quando estiver resolvendo problemas.

Devemos lembrar que as transições de fase são inerentemente *isotérmicas*. Além disso, já estabelecemos que no ponto de fusão ou no ponto de ebulição de uma substância,

$$\mu_{fase\ 1} = \mu_{fase\ 2}$$

Isto significa que para um sistema em que a quantidade de material é constante e ambas as fases existem em equilíbrio,

$$\Delta_{trans}G = 0 \tag{6.6}$$

Isto é aplicável somente a transições de fase isotérmicas. Se a temperatura for diferente do ponto de fusão normal ou do ponto de ebulição normal da substância, a Equação 6.6 não se aplica. Por exemplo, para a transição de fase isotérmica

$$H_2O\ (\ell,\ 100\ °C) \longrightarrow H_2O\ (g,\ 100\ °C)$$

o valor de ΔG é zero. Porém, para o processo não isotérmico

$$H_2O\ (\ell,\ 99\ °C) \longrightarrow H_2O\ (g,\ 101\ °C)$$

Tabela 6.2 Valores de entalpia e entropia de transição de fase*

Substância	$\Delta_{fus}H$	$\Delta_{vap}H$	$\Delta_{sub}H$	$\Delta_{fus}S$	$\Delta_{vap}S$	$\Delta_{sub}S$
Ácido acético	11,7	23,7	51,6 (15 °C)	40,4	61,9	107,6 (−35 − 10 °C)
Água	6,009	40,66	50,92	22,0	109,1	
Amônia	5,652	23,35		28,93	97,4	
Argônio	1,183	6,469			74,8	
Benzeno	9,9	30,7	33,6 (1 °C)	38,0	87,2	133 (−30 − 5 °C)
Dimetil sulfóxido	13,9	43,1	52,9 (4 °C)			
Dióxido de carbono	8,33	15,82	25,23			
Etanol	5,0	38,6	42,3 (1 °C)		109,8	
Gálio	5,59	270,3	286,2	18,44		
Hélio	0,0138	0,0817		4,8	19,9	
Hidrogênio	0,117	0,904		8,3	44,6	
Iodo	15,52	41,95	62,42			
Mercúrio	2,2953	51,9	61,38		92,92	
Metano	0,94	8,2			73,2	91,3 (∼ −190 °C)
Naftaleno	19,0	43,3	72,6 (10 °C)		82,6	167
Oxigênio	0,444	6,820	8,204	8,2	75,6	

Fontes: J. A. Dean, ed. *Lange's Handbook of Chemistry*, 14. ed., McGraw-Hill, Nova York, 1992; D. R. Lide, ed., *CRC Handbook of Chemistry and Physics*, 82 ed., CRC Press, Boca Raton, Fla., 2001.
* Todos os ΔH estão em kJ/mol e todos os ΔS, em J/(mol·K). Todos os valores são aplicáveis aos pontos de fusão e ebulição normais das substâncias. Dados de sublimação são aplicáveis a temperatura-padrão, a menos que haja uma indicação diferente.

o valor de ΔG não é zero. Este processo não é apenas uma transição de fase, ele inclui também uma variação de temperatura.

Uma conseqüência da Equação 6.6 vem da equação de ΔG isotérmico:

$$\Delta G = \Delta H - T \Delta S$$

Se ΔG é zero para uma transição de fase isotérmica, temos

$$0 = \Delta_{trans}H - T_{trans} \cdot \Delta_{trans}S$$

Reescrevendo, temos:

$$\Delta_{trans}S = \frac{\Delta_{trans}H}{T_{trans}} \tag{6.7}$$

Já que $\Delta_{trans}H$ representa os valores de $\Delta_{vap}H$ e $\Delta_{fus}H$, que são geralmente tabelados, é relativamente fácil calcular a variação de entropia que acompanha uma transição de fase. Porém, os valores de $\Delta_{vap}H$ e $\Delta_{fus}H$ são geralmente tabelados como números *positivos*. Isto indica um processo endotérmico. Apenas a fusão e a vaporização são endotérmicas; transições de fase de condensação (gás para líquido e gás para sólido) e transições de fase de cristalização ou solidificação são *exotérmicas*. Quando se usa a Equação 6.7 para calcular a variação de entropia, deve-se determinar se o processo é endotérmico ou exotérmico para se obter o sinal correto de $\Delta_{trans}S$. O Exemplo 6.3 mostra isto.

Exemplo 6.3

Calcule a variação de entropia nas seguintes transições de fase:
a. Um mol de mercúrio líquido, Hg, congela em seu ponto de fusão normal, −38,9 °C. O calor de fusão do mercúrio é 2,33 kJ/mol.
b. Um mol de tetracloreto de carbono, CCl_4, vaporiza em seu ponto de ebulição normal, 77,0 °C. O calor de vaporização do tetracloreto de carbono é 29,89 kJ/mol.

Solução

a. O processo químico específico, isto é, o congelamento do mercúrio, que ocorre a $-38,9\ °C$ ou $234,3\ K$, é

$$Hg\ (\ell) \longrightarrow Hg\ (s)$$

Quando a fase líquida passa para a fase sólida, ocorre perda de calor para que o processo seja inerentemente exotérmico. Portanto, $\Delta_{trans}H$ é, de fato, $-2,33\ kJ/mol$, ou $-2330\ J/mol$ (não o $2,33\ kJ/mol$ positivo dado para $\Delta_{fus}H$ do Hg). Para determinar a variação da entropia, temos

$$\Delta S = \frac{-2330\ J/mol}{234,3\ K} = -9,94\ \frac{J}{mol \cdot K}$$

A variação da entropia é negativa, significando que a entropia diminui. Isto é o esperado para uma transição de fase de líquida para sólida.

b. A vaporização do tetracloreto de carbono, que à pressão atmosférica normal ocorre a $77,0\ °C$ ou $350,2\ K$, é representada pela reação

$$CCl_4\ (\ell) \longrightarrow CCl_4\ (g)$$

Para passar da fase líquida para a fase gasosa, é preciso adicionar energia ao sistema, o que significa que a mudança é inerentemente endotérmica. Portanto, podemos usar o valor $\Delta_{vap}H$ diretamente. Para a variação da entropia, temos

$$\Delta S = \frac{+29,890\ J/mol}{350,2\ K} = +85,35\ \frac{J}{mol \cdot K}$$

Já em 1884, observou-se que muitos compostos têm um $\Delta_{vap}S$ em torno de 85 J/mol·K. Este fenômeno é chamado de *regra de Trouton*. Desvios da regra de Trouton são marcantes para substâncias que têm fortes interações intermoleculares, como ligações de hidrogênio. A Tabela 6.2 mostra uma lista de valores de $\Delta_{vap}H$ e $\Delta_{vap}S$ para alguns compostos. Hidrogênio e hélio têm entropias de vaporização muito pequenas. Compostos que têm forte ligação de hidrogênio, como a água (H_2O) e o etanol (C_2H_5OH), têm entropias de vaporização maiores do que o esperado. A Tabela 6.2 também mostra os valores de $\Delta_{fus}H$ e $\Delta_{fus}S$ para estes compostos.

6.4 A Equação de Clapeyron

A discussão anterior detalhou as tendências gerais do comportamento dos equilíbrios. Para obter dados mais quantitativos, precisamos deduzir algumas novas expressões.

A Equação 6.3, quando generalizada, afirma que o potencial químico de duas fases do mesmo componente, quando no equilíbrio, é igual:

$$\mu_{fase\ 1} = \mu_{fase\ 2}$$

Por analogia com a expressão da variável natural para G, a uma quantidade total constante da substância, a mudança infinitesimal de μ, $d\mu$, à medida que a pressão e a temperatura variam infinitesimalmente, é dada pela equação

$$d\mu = -\bar{S}\ dT + \bar{V}\ dp \qquad (6.8)$$

(Compare esta equação com a 4.17.) Se no equilíbrio de múltiplas fases houvesse uma variação infinitesimal de T ou p, o equilíbrio mudaria infinitesimalmente, mas ainda estaria no equilíbrio. Isto significa que a variação de $\mu_{fase\ 1}$ seria igual à variação de $\mu_{fase\ 2}$. Isto é,

$$d\mu_{fase\ 1} = d\mu_{fase\ 2}$$

e usando a Equação 6.8, obtemos

$$-\overline{S}_{\text{fase1}}\, dT + \overline{V}_{\text{fase1}}\, dp = -\overline{S}_{\text{fase2}}\, dT + \overline{V}_{\text{fase2}}\, dp$$

Não há necessidade de marcar a variação de temperatura, dT, e a variação de pressão, dp, porque elas ocorrem simultaneamente em ambas as fases. Porém, cada fase terá sua entropia molar e seu volume molar característicos, de modo que cada $\overline{S}$ e $\overline{V}$ deve ter a sua marca para distingui-lo. Podemos rearranjar para reunir os termos dp e os termos dT em lados opostos:

$$(\overline{V}_{\text{fase2}} - \overline{V}_{\text{fase1}})\, dp = (\overline{S}_{\text{fase2}} - \overline{S}_{\text{fase1}})\, dT$$

Escrevemos as diferenças entre parênteses como $\Delta\overline{V}$ e $\Delta\overline{S}$, uma vez que representam as variações no volume molar e na entropia molar da fase 1 para a fase 2. Substituindo:

$$\Delta\overline{V}\, dp = \Delta\overline{S}\, dT$$

que é rearranjada para fornecer a seguinte equação:

$$\frac{dp}{dT} = \frac{\Delta\overline{S}}{\Delta\overline{V}} \qquad (6.9)$$

Esta é chamada de *equação de Clapeyron*, em homenagem a Benoit P. E. Clapeyron, engenheiro francês que estabeleceu esta relação, em 1834. A equação de Clapeyron relaciona as variações de pressão e temperatura para todos equilíbrios de fase em termos das variações de volume molar e entropia molar das fases envolvidas. Ela é aplicável a qualquer equilíbrio de fase. Às vezes, usa-se a aproximação

$$\frac{\Delta p}{\Delta T} \approx \frac{\Delta\overline{S}}{\Delta\overline{V}} \qquad (6.10)$$

Uma utilização importante da equação de Clapeyron é para avaliar as pressões necessárias para mudar equilíbrios de fase de uma para outras temperaturas. O exemplo a seguir ilustra isto.

Exemplo 6.4

Calcule a pressão necessária para fundir água a $-10\ °C$, sabendo que o volume molar da água líquida é 18,01 mL e que o volume molar do gelo é 19,64 mL. $\Delta\overline{S}$ para o processo é $+22{,}04$ J/K. Admita que estes valores permanecem relativamente constantes com a temperatura. Você precisará do seguinte fator de conversão: 1L.bar = 100 J.

Solução

A variação do volume molar da reação

$$H_2O\ (s) \rightleftharpoons H_2O\ (\ell)$$

é 18,01 mL − 19,64 mL = −1,63 mL. Em litros, isto é $-1{,}63 \times 10^{-3}$ L. ΔT para este processo é $-10\ °C$, que também é igual a -10 K. (Lembre-se de que *variações* de temperatura têm a mesma grandeza em kelvins e em graus Celsius.) Sendo $\Delta\overline{S}$ dado, usamos a equação de Clapeyron e obtemos

$$\frac{\Delta p}{-10\ \text{K}} = \frac{22{,}04\ \frac{\text{J}}{\text{K}}}{-1{,}63 \times 10^{-3}\ \text{L}}$$

As unidades de temperatura se cancelam e, após um rearranjo, obtemos

$$\Delta p = \frac{(-10)(22{,}04\ \text{J})}{-1{,}63 \times 10^{-3}\ \text{L}}$$

Devemos usar o fator de conversão dado para obter uma unidade de pressão que se possa reconhecer:

$$\Delta p = \frac{(-10)(22{,}04 \text{ J})}{-1{,}63 \times 10^{-3} \text{ L}} \times \frac{1 \text{ L·bar}}{100 \text{ J}}$$

As unidades de J e L no numerador e denominador se cancelam, mantendo a unidade bar, que é a unidade-padrão de pressão. Resolvendo:

$$\Delta p = 1{,}35 \times 10^3 \text{ bar}$$

Uma vez que 1 bar é igual a 0,987 atm, são necessárias 1330 atm para baixar o ponto de fusão da água de 0 °C para −10 °C. Isto é uma estimativa, já que $\Delta \overline{V}$ e $\Delta \overline{S}$ seriam um pouco diferentes a −10 °C e a 0 °C (o ponto de fusão normal do gelo) ou a 25 °C (a temperatura termodinâmica comum). Porém, é uma boa estimativa, já $\Delta \overline{V}$ e $\Delta \overline{S}$ não variam muito em um intervalo de temperatura tão pequeno.

A equação de Clapeyron pode ser aplicada a substâncias sob condições extremas de temperatura e pressão, já que permite estimar as condições de transição de fase – e, portanto, a fase estável de um composto – em condições diferentes da padrão. Tais condições poderiam existir, por exemplo, no centro de um planeta gasoso gigantesco, como Saturno ou Júpiter. Ou condições extremas poderiam ser utilizadas em vários processos industriais ou sintéticos. Considere a síntese de diamantes, que normalmente ocorre em pontos bastante profundos da Terra (pelo menos, é no que se acredita). A transição da fase estável do carbono, grafite, para a fase "instável", diamante, é um alvo viável para a equação de Clapeyron, mesmo que as duas fases sejam sólidas.

Exemplo 6.5

Calcule a pressão necessária para fazer diamante a partir da grafite, a uma temperatura de 2298 K, isto é, com $\Delta T = (2298 - 298)$ K = 2000 K. (Esta conversão foi realizada industrialmente, pela primeira vez, pela General Electric, em 1955.) Use a seguinte informação:

	C (s, grafite)	⇌	C (s, diamante)
$\overline{S}$ (J/K)	5,69		2,43
$\overline{V}$ (L)	$4{,}41 \times 10^{-3}$		$3{,}41 \times 10^{-3}$

Solução
Usando a equação de Clapeyron, encontramos

$$\frac{\Delta p}{2000 \text{ K}} = \frac{(2{,}43 - 5{,}69)\frac{\text{J}}{\text{K}}}{(3{,}41 \times 10^{-3} - 4{,}41 \times 10^{-3}) \text{ L}} \frac{1 \text{ L·bar}}{100 \text{ J}}$$

onde incluímos o fator de conversão de J para L·bar. Resolvendo, obtemos

$$\Delta p = 65{,}200 \text{ bar}$$

como sendo a pressão necessária para promover a conversão da grafite em diamante. Isto é 65.000 vezes a pressão atmosférica. Na realidade, são usadas pressões muito mais altas, da ordem de 100.000 bar, para produzir diamantes sintéticos nestas temperaturas.

A equação de Clapeyron também funciona para transições de fase líquida-gasosa e sólida-gasosa, mas, como veremos mais adiante, podem ser feitas algumas aproximações que nos permitem usar outras equações com um mínimo de erro.

Lembre-se de que para equilíbrios de fase, $\Delta G = 0$, então

$$0 = \Delta_{trans}H - T\Delta_{trans}S$$

Rearranjamos esta equação para

$$\Delta_{trans}S = \frac{\Delta_{trans}H}{T}$$

Se admitirmos quantidades molares, podemos substituir $\Delta \overline{S}$ na Equação 6.9. A equação de Clapeyron torna-se.

$$\frac{dp}{dT} = \frac{\Delta \overline{H}}{T\,\Delta \overline{V}} \qquad (6.11)$$

onde, novamente, tiramos o "trans" de $\Delta \overline{H}$. A Equação 6.11 é particularmente útil porque permite levar dT para o outro lado da equação, onde a temperatura é uma variável:

$$dp = \frac{\Delta \overline{H}}{T\,\Delta \overline{V}}\,dT$$

Rearranjando, obtemos:

$$dp = \frac{\Delta \overline{H}}{\Delta \overline{V}}\,\frac{dT}{T}$$

Podemos agora ter as integrais definidas de ambos os lados, uma com relação à pressão, e a outra, com relação à temperatura. Admitindo que $\Delta \overline{H}$ e $\Delta \overline{V}$ são independentes da temperatura, obtemos

$$\int_{p_i}^{p_f} dp = \frac{\Delta \overline{H}}{\Delta \overline{V}} \int_{T_i}^{T_f} \frac{dT}{T}$$

A integral do lado da pressão é a variação da pressão, Δp. A integral do lado da temperatura é o logaritmo natural da temperatura, avaliado nos limites de temperatura. Temos

$$\Delta p = \frac{\Delta \overline{H}}{\Delta \overline{V}} \ln \frac{T_f}{T_i} \qquad (6.12)$$

Esta expressão relaciona as variações nas condições de mudança de fase, mas em termos das quantidades molares $\Delta_{trans}\overline{H}$ e $\Delta_{trans}\overline{V}$.

Exemplo 6.6

Qual a pressão necessária para mudar o ponto de ebulição da água de seu valor de 100 °C (373 K) a 1,000 atm para 97 °C (370 K)? O calor de vaporização da água é 40,7 kJ/mol. A densidade da água líquida a 100 °C é 0,958 g/mL, e a densidade do vapor é 0,5983 g/L. Você precisará usar a relação 101,32 J = 1 L·atm.

Solução

Primeiro, calculamos a variação de volume. Para 1,00 mol de água, que tem uma massa de 18,01 g, o volume do líquido é 18,01/0,958 = 18,8 mL. Para 1,00 mol de vapor, o volume é 18,01/0,5983 = 30,10 L. $\Delta \overline{V}$ é 30,10 L − 18,8 mL = 30,08 L por mol de água. (Observe as unidades dos volumes.) Usando a Equação 6.12, obtemos

$$\Delta p = \frac{40.700 \text{ J}}{30{,}08 \text{ L}} \ln \frac{370 \text{ K}}{373 \text{ K}}$$

Note que convertemos $\Delta \overline{H}$ para unidades de J. As unidades de temperatura se anulam, e obtemos

$$\Delta p = 1353 \text{ J/L} \, (-0{,}00808)$$
$$\Delta p = -10{,}9 \text{ J/L}$$

Neste ponto, usamos o fator de conversão entre J e L·atm:

$$\Delta p = -10{,}9 \, \frac{\text{J}}{\text{L}} \, \frac{1 \text{ L·atm}}{101{,}32 \text{ J}}$$

As unidades J e L se anulam, deixando a unidade atm, que é uma unidade de pressão:

$$\Delta p = -0{,}108 \text{ atm}$$

Esta é a variação na pressão, a partir da pressão original de 1,000 atm; a pressão real na qual o ponto de ebulição é 97 °C é, portanto, 1,000 − 0,108 atm = 0,892 atm. Esta seria a pressão a 1000 metros acima do nível do mar. Como, em todo o mundo, muitas pessoas vivem nessa altitude, ou em uma ainda maior, muitas populações usam água com ponto de ebulição de 97 °C.

6.5 A Equação de Clausius-Clapeyron

Se um gás está envolvido na transição de fase, podemos fazer uma aproximação simples. O volume da fase gasosa é tão maior do que o volume da fase condensada (como mostrou o Exemplo 6.6), que introduziremos um erro muito pequeno se ignorarmos o volume da fase condensada. Simplesmente usamos $\overline{V}_{\text{gás}}$ na Equação 6.11, e obtemos

$$\frac{dp}{dT} = \frac{\Delta \overline{H}}{T \cdot \overline{V}_{\text{gás}}}$$

Se também considerarmos que o gás obedece à lei do gás ideal, podemos substituir o volume molar do gás por RT/p:

$$\frac{dp}{dT} = \frac{\Delta \overline{H} \cdot p}{T \cdot RT} = \frac{\Delta \overline{H} \cdot p}{RT^2}$$

Rearranjando, obtemos

$$\frac{dp}{p} = \frac{\Delta \overline{H}}{R} \cdot \frac{dT}{T^2}$$

Reconhecendo que dp/p é igual a $d(\ln p)$, temos

$$d(\ln p) = \frac{\Delta \overline{H}}{R} \cdot \frac{dT}{T^2} \tag{6.13}$$

que é uma forma da *equação de Clausius-Clapeyron*. Esta equação também pode ser integrada entre dois conjuntos de condições, (p_1, T_1) e (p_2, T_2). Se considerarmos $\Delta \overline{H}$ constante no intervalo de temperatura considerado, obtemos

$$\ln \frac{p_1}{p_2} = -\frac{\Delta \overline{H}}{R} \left(\frac{1}{T_1} - \frac{1}{T_2} \right) \tag{6.14}$$

A equação de Clausius-Clapeyron é muito útil, se considerarmos os equilíbrios de fase gasosa. Por exemplo, ajuda a predizer as pressões de equilíbrio a diferentes temperaturas. Ou pode predizer qual a temperatura necessária para gerar uma determinada pressão. Ou os dados de pressão/temperatura podem ser usados para determinar a variação na entalpia de transição de fase.

Exemplo 6.7

Todos os líquidos têm *pressões de vapor* características, que variam com a temperatura. A pressão de vapor característica da água pura a 22,0 °C é 19,827 mmHg, e a 30 °C, é 31,824 mmHg. Use estes dados para calcular a variação de entalpia por mol do processo de vaporização da água.

Solução

Devemos converter as temperaturas para kelvins. Assim, elas se tornam 295,2 e 303,2 K. Usando a Equação 6.14:

$$\ln \frac{19,827 \text{ mmHg}}{31,824 \text{ mmHg}} = -\frac{\Delta \overline{H}}{8,314 \frac{J}{mol \cdot K}} \left(\frac{1}{295,2 \text{ K}} - \frac{1}{303,2 \text{ K}} \right)$$

Calculando:

$$-0,47317 = -\frac{\Delta \overline{H}}{8,314 \text{ J/mol}} (8,938 \times 10^{-5})$$

$$\Delta \overline{H} = \frac{(0,47317)(8,314)}{(8,938 \times 10^{-5})} \text{ J/mol} = 44.010 \text{ J/mol}$$

O calor de vaporização, $\Delta_{vap}H$, da água é 40,66 kJ/mol no seu ponto de ebulição normal, que é igual a 100 °C. A 25 °C, o valor experimental de $\Delta_{vap}H$ é 44,02 kJ/mol, muito próximo do previsto pela equação de Clausius-Clapeyron. (Observe, porém, que $\Delta_{vap}H$ varia em mais do que 3 kJ/mol num intervalo de temperatura de 75°, mostrando que $\Delta_{vap}H$ varia mesmo com a temperatura.)

Exemplo 6.8

A pressão de vapor do mercúrio a 536 K é 103 torr. Avalie o ponto de ebulição normal do mercúrio, quando a pressão do vapor for 760 torr. O calor de vaporização do mercúrio é 58,7 kJ/mol.

Solução

Usando a equação de Clausius-Clapeyron, temos

$$\ln \frac{103 \text{ torr}}{760 \text{ torr}} = -\frac{58.700 \text{ J}}{8,314 \text{ J/K}} \left(\frac{1}{536 \text{ K}} - \frac{1}{T_{PE}} \right)$$

onde T_{PE} representa o ponto de ebulição normal. Rearranjando e cancelando as unidades quando possível, obtemos

$$0,000283 \text{ K}^{-1} = 0,00187 \text{ K}^{-1} - \frac{1}{T_{PE}}$$

Resolvendo o ponto de ebulição:

$$T_{PE} = 632 \text{ K}$$

O ponto de ebulição medido do mercúrio é 629 K.

O exemplo anterior ilustra como funciona bem a equação de Clausius-Clapeyron, apesar das aproximações feitas ao deduzi-la. Mostra também que a pressão de vapor de uma substância está relacionada com a temperatura absoluta, por meio de seu *logaritmo*. Isto é,

$$\ln (\text{pressão de vapor}) \propto T \qquad (6.15)$$

Um outro modo de afirmar isto é usando a Equação 6.15, na forma

$$\text{pressão de vapor} \propto e^T \tag{6.16}$$

À medida que a temperatura aumenta, a pressão de vapor aumenta cada vez mais depressa, e muitos gráficos de pressão de vapor *versus* temperatura têm um aspecto exponencial. As Equações 6.15 e 6.16 não se opõem à lei dos gases ideais (em que p é diretamente proporcional a T), porque estas duas equações se aplicam aos equilíbrios de fase e não devem ser consideradas como equações de estado da fase de vapor.

6.6 Diagramas de Fase e a Regra das Fases

Apesar de as transições de fase parecerem complicadas, existe uma simplificação: o diagrama de fase. *Diagramas de fase* são representações gráficas das fases estáveis nas várias condições de temperatura, pressão e volume. A maioria dos diagramas de fase simples é bidimensional, com a pressão em um eixo e a temperatura no outro.

O diagrama de fase em si é composto de linhas que indicam os valores da temperatura e da pressão nos quais ocorre o equilíbrio de fase. Por exemplo, a Figura 6.1 é um diagrama de fase parcial de H_2O. A figura mostra a fase estável em cada região do diagrama. As linhas no diagrama representam as transições de fase. Qualquer ponto sobre uma linha representa uma determinada pressão e temperatura em que fases múltiplas podem existir em um equilíbrio. Qualquer ponto fora de uma determinada linha indica uma fase estável predominante do composto H_2O, sob tais condições.

Considere os pontos indicados na Figura 6.1. O ponto A representa um valor para a pressão p_A e para temperatura T_A, em que a forma sólida de H_2O é estável. O ponto B representa um conjunto de condições de pressão e temperatura, p_B e T_B, em que ocorre a fusão: sólido está no equilíbrio com líquido. O ponto C representa as condições de pressão e temperatura em que a fase líquida é a estável. O ponto D representa as condições de pressão e temperatura nas quais o líquido está no equilíbrio com o gás: ocorre a ebulição. Por fim, o ponto E representa um conjunto de condições de pressão e temperatura em que a fase estável de H_2O é a gasosa.

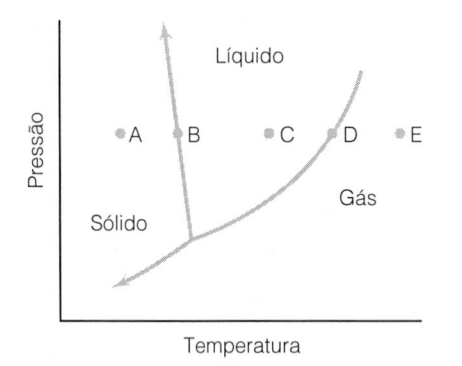

Figura 6.1 Um diagrama de fase parcial, qualitativo (pressão *versus* temperatura) de H_2O. Pontos específicos em um diagrama de fase (como os pontos A, B, C, D e E) indicam as condições de pressão e temperatura, e quais fases do componente são estáveis nestas condições.

O diagrama de fase significa que sob muitas condições de pressão e temperatura, sólido e líquido podem existir no equilíbrio. Também sob muitas condições de pressão e temperatura pode existir o equilíbrio entre líquido e gás. O que mais estas linhas estão nos informando? Como são um gráfico de como a pressão varia com a variação da temperatura nos equilíbrios de fase, as linhas representam dp/dT. Esta quantidade pode ser calculada usando a equação de Clapeyron ou a de Clausius-Clapeyron. *Diagramas de fase de um só componente não são mais do que gráficos da equação de Clapeyron ou da equação de Clausius-Clapeyron para uma substância*. Isto é verdadeiro para diagramas de fase de pressão-temperatura, o que consideraremos quase exclusivamente aqui. Para um diagrama de fase em que o volume, a pressão e a temperatura variam, seria necessário um gráfico tridimensional, bem como a equação de estado para todas as fases.

Exemplo 6.9

A linha entre as fases sólida e líquida no diagrama de fase de H_2O, na Figura 6.1, é uma linha praticamente reta, indicando uma inclinação constante. Use as respostas para o Exemplo 6.4, a fusão do gelo, para calcular o valor da inclinação dessa linha.

Solução

Relembre que a definição de inclinação de uma linha é $\Delta y/\Delta x$. O eixo y representa a pressão e o eixo x representa a temperatura, então, para $\Delta p/\Delta T$, esperamos uma inclinação em que as unidades são bar/K ou atm/K. O Exemplo 6.4 mostrou que é necessário $1{,}35 \times 10^3$ bar para mudar o ponto de fusão da água em $-10\ °C$, que é igual a -10 K. Portanto, $\Delta p/\Delta T$ é igual a $(1{,}35 \times 10^3\ \text{bar})/(-10\ \text{K})$ ou $-1{,}35 \times 10^3$ bar/K. Esta é uma inclinação bem grande.

Um outro ponto a se observar no exemplo é que a inclinação é negativa. Quase todos os compostos têm uma inclinação positiva para a linha de equilíbrio sólido-líquido, porque os sólidos têm, geralmente, menor volume do que a mesma quantidade de líquido. A inclinação negativa é uma conseqüência do *aumento* de volume sofrido por H_2O quando ela se solidifica.

A linha de equilíbrio sólido-gás representa as condições de pressão e temperatura em que ocorre a sublimação. A sublimação de H_2O ocorre sob pressões mais baixas do que a pressão atmosférica. (A sublimação do gelo ocorre lentamente sob pressões normais; esta é a razão pela qual os cubos de gelo vão ficando menores, com o passar do tempo, no seu freezer. A assim chamada "queimadura" dos alimentos congelados no freezer é causada pela sublimação do gelo do alimento. Por isso, é importante embalar o alimento congelado de forma bem apertada.) Porém, para o dióxido de carbono, as pressões normais são suficientemente baixas para a sublimação. A Figura 6.2 mostra um diagrama de fase de CO_2, com a pressão de 1 atm marcada. CO_2 líquido é estável somente sob pressão. Alguns cilindros de dióxido de carbono gasoso estão sob pressão tão alta, que de fato contêm CO_2 líquido.

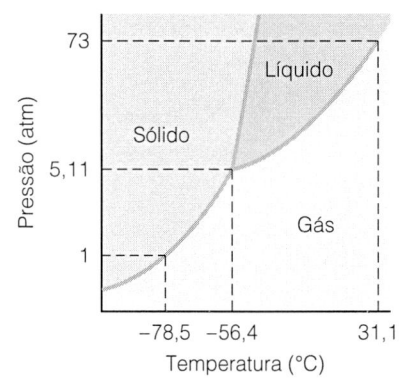

Figura 6.2 Um diagrama de fase do dióxido de carbono, CO_2. Observe que à medida que a temperatura do CO_2 sólido aumenta à pressão-padrão, o sólido passa diretamente para a fase gasosa. CO_2 líquido é estável somente sob pressão elevada.

A linha de equilíbrio líquido-gás representa as condições de pressão e temperatura em que estas fases podem existir no equilíbrio. Note que tem a forma de uma equação exponencial; isto é, $p \propto e^T$. Isto é condizente com a Equação 6.16. A linha de vaporização no diagrama de fase é um gráfico da equação de Clapeyron ou da equação de Clausius-Clapeyron. Porém, observe que esta linha termina em uma pressão e em uma temperatura determinadas, como se vê na Figura 6.3. É a única linha que não tem uma seta no seu final indicando que ela continua. Não continua porque, nesse ponto final, as fases líquida e gasosa se tornam indistinguíveis. Este ponto é chamado de *ponto crítico* da substância. A pressão e a temperatura neste ponto são chamadas de *pressão crítica*, p_C, e *temperatura crítica*, T_C. Para H_2O, p_C e T_C são 218 atm e 374 °C, respectivamente. Acima desta temperatura, nenhuma pressão pode forçar as moléculas de H_2O a atingir um estado líquido definido. H_2O não pode existir no sistema como um líquido definido ou um gás definido, se exercer uma pressão maior do que p_C. (Pode existir como um sólido, se a temperatura for suficientemente baixa.) Nestas condições, o estado de H_2O é chamado de *supercrítico*. Fases supercríticas são importantes em alguns processos industriais e científicos. Existe

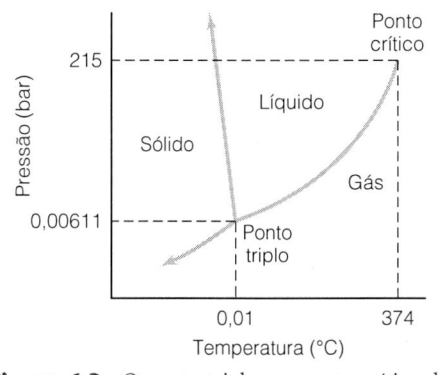

Figura 6.3 O ponto triplo e o ponto crítico de H_2O. A linha de equilíbrio líquido-gás é a única que acaba sob determinado conjunto de condições, para todas as substâncias. Para H_2O, a linha termina a 374 °C e 215 bar. A temperaturas ou pressões de vapor mais altas, não há distinção entre uma fase "líquida" e uma fase "gasosa".

uma técnica chamada cromatografia fluida supercrítica, pela qual compostos são separados usando CO_2 supercrítico ou outros compostos como "solvente". (T_C e p_C para CO_2 são cerca de 304 K e 73 bar, respectivamente.)[2]

Tabela 6.3 Temperaturas e pressões críticas para várias substâncias

Substância	T_C (K)	p_C (bar)
Água	647,3	215,15
Amônia	405,7	111
Enxofre	1314	207
Hidrogênio	32,98	12,93
Metano	191,1	45,2
Nitrogênio	126	33,1
Oxigênio	154,6	50,43

Um outro aspecto do diagrama de fase deve ser mencionado. A Figura 6.3 indica um conjunto de condições em que sólido, líquido e gás estão no equilíbrio. Este ponto é chamado de *ponto triplo*. Para H_2O no ponto triplo a temperatura é 0,01 °C, ou 273,16 K, e a pressão é 6,11 mbar, ou cerca de 4,6 torr. Devido ao fato de H_2O ser tão comum, o seu ponto triplo é reconhecido internacionalmente como a temperatura padrão que pode ser verificada. Todos os materiais têm um ponto triplo, um conjunto único de condições de pressão e temperatura em que todas as três fases podem existir no equilíbrio entre si. A Tabela 6.3 apresenta as pressões e temperaturas nos pontos críticos, para algumas substâncias.

O diagrama de fase de H_2O é geralmente usado como exemplo, por várias razões: é um material comum, e o diagrama de fase mostra algumas características incomuns. A Figura 6.4 mostra um diagrama de fase mais amplo do composto H_2O. Um dos pontos dignos de nota é que há, de fato, vários tipos de H_2O sólido, isto é, gelo. Porém, observe as escalas de pressão e temperatura. É improvável que tenhamos contato com essas formas de gelo fora do laboratório.

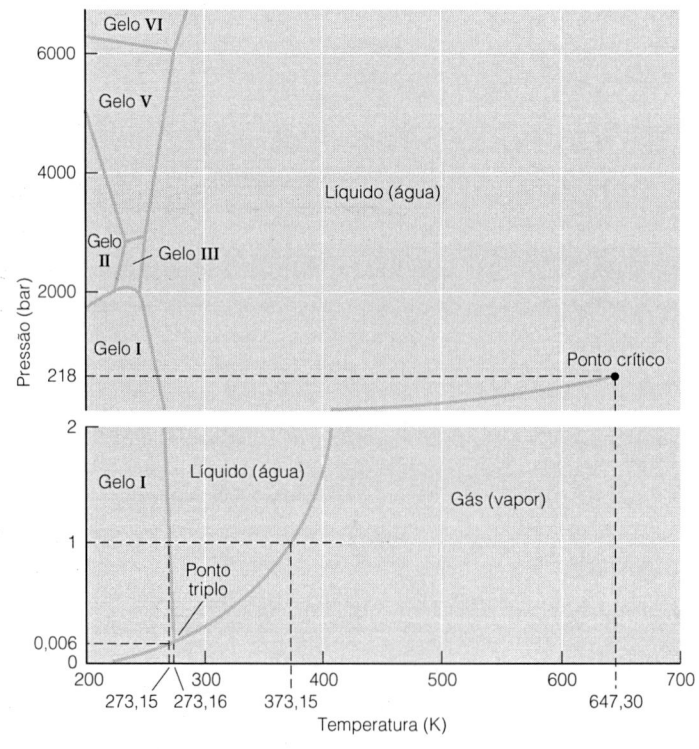

Figura 6.4 Este diagrama de fase da água se estende para temperaturas e pressões mais altas do que na Figura 6.1. Observe que há várias estruturas cristalinas de H_2O sólido possíveis, a maioria das quais existe apenas em altas pressões. Duas formas de H_2O sólido foram descobertas recentemente.

---

[2] Um método de descafeinar grãos de café usa CO_2 supercrítico.

A Figura 6.5 mostra um diagrama de fase do hélio. Devido ao fato de o hélio ser um gás a temperaturas abaixo de 4,2 K, o eixo das temperaturas neste diagrama não abrange uma grande variação de temperatura. No outro extremo, a Figura 6.6 mostra um diagrama de fase do carbono. Observe as regiões em que o diamante é a fase estável.

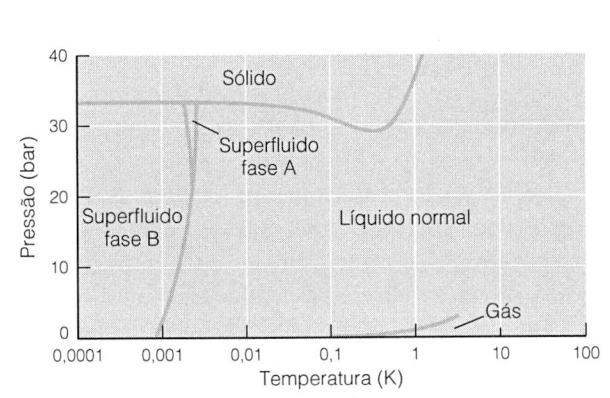

Figura 6.5 O diagrama de fase do hélio, He, não necessita de uma grande variação de temperatura. Observe que o He sólido existe apenas em altas pressões.

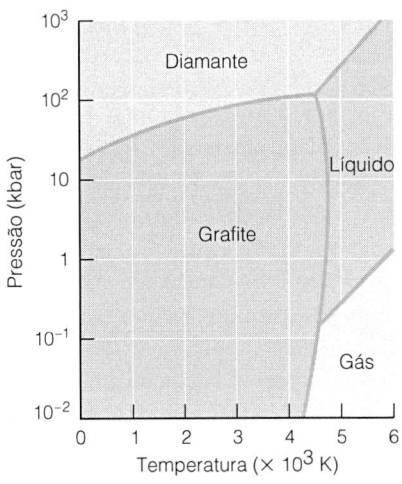

Figura 6.6 Um diagrama de fase do carbono, mostrando quando o alótropo grafite é estável e quando o alótropo diamante é estável.

Apesar de a pressão e a temperatura serem as variáveis comuns dos diagramas de fase, em química, o volume também pode entrar no gráfico como um eixo do diagrama de fase, conforme é mostrado na Figura 6.7. Também há diagramas de fase tridimensionais, com gráficos de pressão, volume e temperatura; a Figura 6.8 mostra um exemplo destes diagramas.

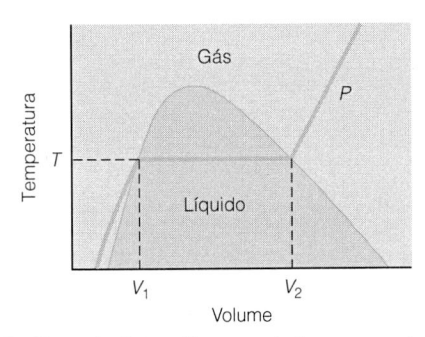

Figura 6.7 Exemplo de um diagrama de fase temperatura-volume. A uma certa pressão P, o diagrama especifica que fase deve estar presente, exceto entre V_1 e V_2 (para a pressão dada). Nessas condições, uma quantidade variável da fase líquida (área sombreada) pode estar presente e ainda satisfazer as condições de T e P dadas. Em parte, devido a esta ambigüidade, diagramas de fase temperatura-volume não são tão comuns como os diagramas de fase pressão-temperatura.

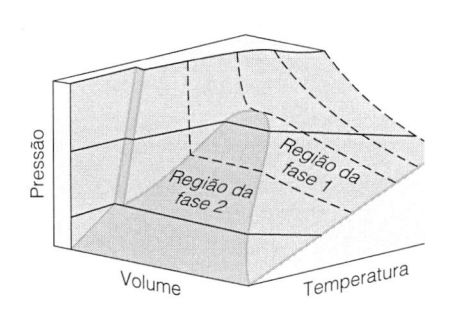

Figura 6.8 Um diagrama de fase tridimensional pode colocar no gráfico as fases presentes em um sistema para um dado conjunto de pressões, temperaturas e volumes.

Os diagramas de fase são muito úteis para ajudar a entender como agem os sistemas com um componente, quando submetidos à variação de condições: simplesmente faça o gráfico do diagrama de fase e observe quais transições de fase ocorrem para essa mudança. Diagramas de fase de um só componente são especialmente fáceis de interpretar.

Exemplo 6.10

Use o diagrama de fase do CO_2, Figura 6.2, para descrever as mudanças de fase quando variam as seguintes condições:
a. De 50 K para 350 K, a uma pressão de 1,00 bar
b. De 50 K para 350 K, a uma pressão de 10 bar
c. De 1 bar para 100 bar, a uma temperatura de 220 K

Solução

a. A Figura 6.9 mostra a mudança de condições neste processo isobárico. Começando no ponto A, a temperatura aumenta à medida que nos deslocamos da esquerda para a direita, indicando que estamos aquecendo o CO_2 sólido, até atingirmos a linha no ponto B, indicando o equilíbrio entre as fases sólida e gasosa. (Isso ocorre a 196 K aproximadamente, ou −77 °C.) À medida que a temperatura aumenta até 350 K, aquecemos o CO_2 gasoso até alcançarmos as condições finais, no ponto C.

b. A Figura 6.10 mostra a mudança nas condições do aquecimento isobárico a 10 bar. Nesse caso, começamos com um sólido no ponto A, mas como estamos acima do ponto triplo, no ponto B, temos um equilíbrio entre CO_2 sólido e líquido. À medida que adicionamos calor, o sólido se funde até se transformar completamente em líquido. Continuamos aquecendo até alcançarmos o ponto C, que representa as condições em que o CO_2 líquido está no equilíbrio com o CO_2 gasoso. Quando todo o líquido foi convertido em gás, este aquece até que as condições finais sejam atingidas, no ponto D.

c. A Figura 6.11 ilustra o processo isotérmico. O ponto inicial A está a uma pressão suficientemente baixa para que o CO_2 esteja na fase gasosa. Porém, à medida que a pressão aumenta, o CO_2 passa para a fase líquida e, logo em seguida, para a fase sólida. Observe que se a temperatura estivesse apenas uns graus mais baixa, esta mudança teria ocorrido no outro lado do ponto triplo, e a transição de fase teria sido uma condensação direta de gás para sólido.

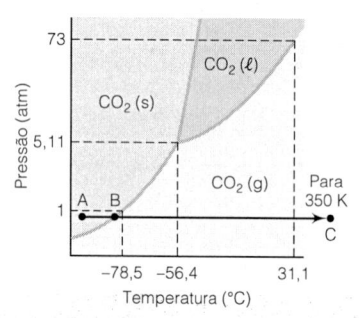

Figura 6.9 Uma ilustração da mudança isobárica do CO_2, especificada no Exemplo 6.10a. Compare com a Figura 6.10.

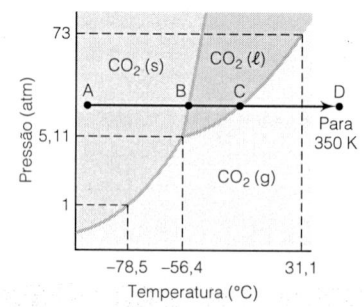

Figura 6.10 Uma ilustração da mudança isobárica do CO_2, especificada no exemplo 6.10b. Compare com a Figura 6.9.

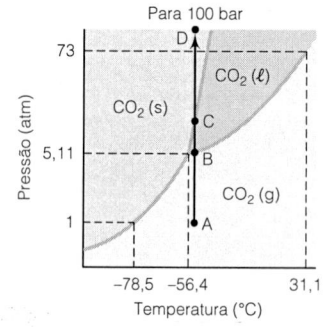

Figura 6.11 Uma ilustração da mudança especificada no Exemplo 6.10c.

Quantas variáveis devem ser especificadas para determinar a(s) fase(s) do sistema quando ele está em equilíbrio? Diagramas de fase de sistemas com um componente são úteis para ilustrar a idéia simples que responde a essa questão comum. Estas variáveis são chamadas de *graus de liberdade*. O que precisamos saber é quantos graus de liberdade necessitamos especificar a fim de caracterizar o estado do sistema. Esta informação é mais útil do que se poderia imaginar. É importante saber quantas variáveis de estado *devem* ser definidas, uma vez que a posição das transições de fase (especialmente as transições que envolvem a fase gasosa) pode mudar rapidamente com a pressão ou a temperatura.

Considere o diagrama de fase bidimensional de H_2O. Se você soubesse que somente H_2O estava no sistema em equilíbrio, e que estava na fase sólida, qualquer ponto na região sombreada da Figura 6.12 seria possível. Você teria de especificar tanto a pressão quanto a temperatura do sistema. Porém, suponha que você soubesse haver H_2O sólido e líquido em equilíbrio no sistema. Nesse caso, você saberia que as condições do sistema devem ser indicadas pela linha no diagrama de fase que separa as fases sólida e líquida. Você precisaria apenas especificar a temperatura *ou* a pressão, pois, conhecendo uma, a outra fica automaticamente conhecida (porque, com duas fases em equilíbrio, tem de haver correspondência entre as condições de p e T em cada ponto daquela linha). O número de graus de liberdade diminuiu porque aumentou o número de fases no sistema.

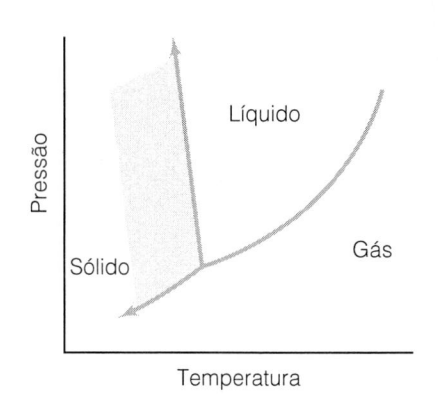

Figura 6.12 Se tudo o que você sabe sobre um sistema é que H_2O é sólido, qualquer conjunto de condições de pressão e temperatura na área sombreada seriam condições possíveis do sistema. Você precisará especificar dois graus de liberdade para descrever o sistema.

Suponha que você saiba que há três fases de H_2O em equilíbrio no seu sistema. Não é preciso especificar nenhum grau de liberdade, porque há *somente um conjunto* de condições em que isso ocorrerá: para H_2O, tais condições são 273,16 K e 6,11 mbar. (Veja a Figura 6.3: há somente um ponto naquele diagrama de fase em que sólido, líquido e gás coexistem em equilíbrio, e este é o ponto triplo.) Há uma relação entre o número de fases no equilíbrio e o número de graus de liberdade necessários para especificar o ponto no diagrama de fase que descreve o estado do sistema.

Nos anos 1870, J. Willard Gibbs (a energia livre de Gibbs é assim chamada em homenagem a ele) deduziu a relação simples entre o número de graus de liberdade e o número de fases. Para um sistema com um componente,

$$\text{graus de liberdade} = 3 - P \tag{6.17}$$

onde P representa o número de fases presentes no equilíbrio. A Equação 6.17 é uma versão simplificada do que se conhece como a *regra das fases de Gibbs*. Nesta versão, uma das variáveis de estado do sistema, geralmente o volume, pode ser determinada a partir das outras (por meio de uma equação de estado). Você pode verificar que esta equação simples fornece o número correto de graus de liberdade para cada situação acima descrita.

6.7 Variáveis Naturais e Potencial Químico

Consideramos previamente que as condições para o equilíbrio de fase dependem das variáveis de estado do sistema, ou seja, volume, temperatura, pressão e quantidade. Em geral, lidamos com mudanças que ocorrem em sistemas, à medida que a temperatura e a pressão variam. Portanto, deve ser útil saber como o potencial químico varia com a temperatura e com a pressão, isto é, queremos conhecer $(\partial \mu / \partial T)$ e $(\partial \mu / \partial p)$. O potencial químico é a variação da energia livre de Gibbs em relação à quantidade. Para uma substância pura, a energia livre de Gibbs total do sistema é

$$G = \mu \cdot n$$

onde n é o número de mols do material com potencial químico μ. [Esta expressão vem diretamente da definição de μ, que é $(\partial G/\partial n)_{T,p}$.] A partir da relação entre G e μ, apresentada no Capítulo 4, e sabendo como o próprio G varia com T e p (dado nas Equações 4.24 e 4.25), obtemos

$$\left(\frac{\partial \mu}{\partial T}\right)_{p,n} = -\overline{S} \tag{6.18}$$

e

$$\left(\frac{\partial \mu}{\partial p}\right)_{T,n} = \overline{V} \tag{6.19}$$

A equação da variável natural para $d\mu$ é

$$d\mu = -\overline{S}\, dT + \overline{V}\, dp \tag{6.20}$$

Esta equação é semelhante à equação da variável natural para G. Podemos também escrever as derivadas a partir das Equações 6.18 e 6.19, em termos da variação do potencial químico, $\Delta\mu$. Isto será mais relevante quando considerarmos as transições de fase. As Equações 6.18 e 6.19 podem ser reescritas como

$$\left[\frac{\partial(\Delta\mu)}{\partial T}\right]_p = -\Delta\overline{S} \tag{6.21}$$

$$\left[\frac{\partial(\Delta\mu)}{\partial p}\right]_T = \Delta\overline{V} \tag{6.22}$$

Podemos usar essas equações para prever em que direção um equilíbrio irá deslocar se variarmos as condições de T ou p. Considere a transição de fase sólido-líquido. Líquidos, geralmente, têm entropia maior que sólidos, de modo que ao passar de sólido para líquido há um *aumento* de entropia, e o sinal negativo à direita da Equação 6.21 significa que o coeficiente angular do gráfico de μ *versus* T é negativo. Assim, à medida que a temperatura aumenta, o potencial químico *diminui*. Uma vez que o potencial químico é definido em termos de energia – nesse caso, a energia livre de Gibbs – e uma vez que transformações espontâneas apresentam mudanças negativas na energia livre de Gibbs, à medida que a temperatura aumenta, o sistema tenderá para a fase com *menor* potencial químico, isto é, a líquida. A Equação 6.21 explica por que as substâncias se fundem quando se aumenta a temperatura.

O mesmo argumento aplica-se à transição de fase líquida-gasosa. Nesse caso, o coeficiente angular da curva é, em geral, maior, porque a diferença de entropia entre as fases líquida e gasosa é maior que entre as fases sólida e líquida. Entretanto, o raciocínio é o mesmo, e a Equação 6.21 explica por que líquidos se transformam em gases quando se aumenta a temperatura.

Os efeitos da pressão sobre o equilíbrio dependem dos volumes molares das fases. Novamente, a magnitude do efeito depende da variação relativa do volume molar. Ao passar de sólido para líquido, as variações de volume das substâncias são geralmente muito pequenas. Esta é a razão pela qual as variações de pressão não afetam de maneira significativa a posição do equilíbrio sólido-líquido, a menos que a mudança na pressão seja muito grande. Porém, para transições líquido-gás (ou sólido-gás, nas sublimações), o aumento nos volumes molares pode ser da ordem de centenas ou milhares de vezes. Variações de pressão têm efeito substancial nas posições relativas dos equilíbrios de fase que envolvem a fase gasosa.

A Equação 6.22 é condizente com o comportamento das fases sólida e líquida da água. A água é uma das poucas substâncias cujo volume molar do sólido é maior que o do líquido.[3] A Equação 6.22 implica que um aumento na pressão (Δp é positivo) deve deslocar o equilíbrio de fase na direção da fase que tenha *menor* volume molar (uma vez que para transformações espontâneas, a energia livre de Gibbs diminui). Para a maioria das substâncias, um aumento na pressão deve deslocar o equilíbrio na direção da fase sólida. Mas a água é uma das poucas substâncias (o elemento bismuto é outra) cujo líquido é mais denso que

---

[3] Outra maneira de dizer isto é que uma dada quantidade de água líquida é mais densa que a mesma quantidade de água sólida.

o sólido. Seu termo $\Delta \overline{V}$ na Equação 6.22 é positivo quando vai do líquido para o sólido e, assim, para processos espontâneos (isto é, para $\Delta \mu$ negativo), um aumento na pressão se traduz na passagem do sólido para o líquido. Este é, certamente, um comportamento pouco comum, mas é condizente com a termodinâmica.

Exemplo 6.11

Nos termos das variáveis nas Equações 6.21 e 6.22, defina o que acontece ao equilíbrio apresentado abaixo quando são impostas as mudanças nas condições descritas nos itens a-d. Considere que todas as outras condições são mantidas constantes.

a. A pressão é aumentada no equilíbrio H_2O (s, $\overline{V}$ = 19,64 mL) $\rightleftharpoons$ H_2O (ℓ, $\overline{V}$ = 18,01 mL).
b. A temperatura é diminuída no equilíbrio de glicerol (ℓ) $\rightleftharpoons$ glicerol (s).
c. A pressão é diminuída no equilíbrio de $CaCO_3$ (aragonita, $\overline{V}$ = 34,16 mL) $\rightleftharpoons$ $CaCO_3$ (calcita, $\overline{V}$ = 36,93 mL).
d. A temperatura é aumentada no equilíbrio de CO_2 (s) $\rightleftharpoons$ CO_2 (g).

Solução

a. A mudança no volume molar para a reação é –1,63 mL. Uma vez que Δp é positivo e um processo espontâneo é acompanhado por um $\Delta \mu$ negativo, a expressão $\Delta \mu / \Delta p$ será negativa. Portanto, o equilíbrio irá se deslocar na direção da fase líquida.
b. Uma vez que ΔT é negativo e um processo espontâneo é acompanhado por um $\Delta \mu$ negativo, a expressão $\Delta \mu / \Delta T$ será positiva. Portanto, a reação irá ocorrer na direção que fornecer um $\Delta \overline{S}$ negativo (como conseqüência do sinal negativo na Equação 6.21). O equilíbrio se deslocará na direção do glicerol sólido.
c. Δp é negativo e, assim, a reação se move espontaneamente na direção da mudança positiva no volume. O equilíbrio irá se deslocar na direção da fase calcita.
d. ΔT é positivo, e $\Delta \mu$, para uma transição espontânea, tem de ser negativo, e, assim, o equilíbrio se desloca na direção do aumento de entropia: na direção da fase gasosa.

Vamos interpretar essas expressões em termos dos diagramas de fase e das transições de fase que elas representam. Primeiro, reconhecemos a ordem de magnitude das entropias das várias fases como sendo $\overline{S}_{sólido} < \overline{S}_{líquido} < \overline{S}_{gás}$. Também reconhecemos a ordem de magnitude dos volumes das várias fases como sendo $\overline{V}_{sólido} < \overline{V}_{líquido} < \overline{V}_{gás}$. (Porém, veja nossa discussão abaixo sobre a água.)

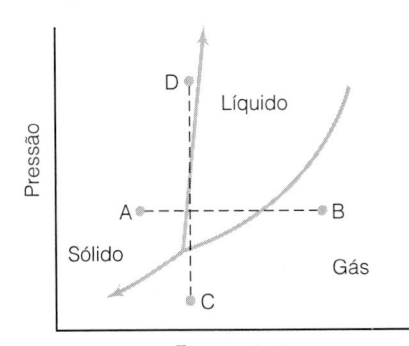

Considerando a variação no potencial químico em termos das variações de temperatura, mas a pressão constante (Equação 6.21), nos movemos pela linha horizontal na Figura 6.13, do ponto A ao ponto B. A derivada da Equação 6.21, que descreve essa linha, sugere que, à medida que T aumenta, o potencial químico deve decrescer, de modo que a variação de entropia, $\Delta \overline{S}$, seja negativa. Para transições de fase de sólido para líquido (fusão), sólido para gás (sublimação) ou líquido para gás (ebulição), a entropia *sempre* aumenta. Portanto, o negativo de $\Delta \overline{S}$ para esses processos terá *sempre* um valor negativo. Para satisfazer a Equação 6.21, transições de fase que acompanham um aumento de temperatura devem sempre ocorrer com uma diminuição simultânea do potencial químico. Como o potencial químico é, em última análise, uma forma de energia – foi originalmente definido em termos da energia livre de Gibbs –, dizemos que o sistema tenderá para um estado de mínima energia. Isto é condizente com a idéia, apresentada no úl-

Figura 6.13 As linhas A → B e C → D refletem mudanças nas condições, e as transições de fase ao longo de cada linha estão relacionadas com as diferenças de potencial químico de cada componente, dadas pelas Equações 6.21 e 6.22. Veja os detalhes no texto.

timo capítulo, de que os sistemas tendem sempre para o estado de energia (livre) mínima. Temos duas afirmações diferentes que apontam para a mesma conclusão, portanto, há autoconsistência na termodinâmica. (Todas as boas teorias precisam ser autoconsistentes em situações como esta.)

Mas a afirmação básica, aquela que concorda com a experiência comum, é simples. A baixas temperaturas, as substâncias são sólidas; à medida que você as aquece, elas se fundem, tornando-se líquidas; se forem ainda mais aquecidas, elas se tornam gases. Essa experiência, comum a todos, é condizente com as equações da termodinâmica. [Neste ponto, você já deve saber que a existência da fase líquida depende da pressão. Se a pressão do sistema for menor do que a pressão crítica, o sólido irá sublimar (como ocorre normalmente com o CO_2). Se a temperatura for maior que a crítica, o sólido irá "fundir", formando um fluido supercrítico. A linha A → B, na Figura 6.13, foi selecionada intencionalmente para exemplificar as três fases.]

A Equação 6.22 está relacionada à linha vertical na Figura 6.13, que liga os pontos C e D. À medida que a pressão aumenta, a temperatura constante, o potencial químico também aumenta, porque vale a relação $\overline{V}_{sólido} < \overline{V}_{líquido} < \overline{V}_{gás}$ para (quase) todas as substâncias. Isto é, o volume do sólido é menor que o volume do líquido, que, por sua vez, é menor que o volume do gás. Portanto, quando aumentamos a pressão, tendemos para a fase com menor volume: esta é a única maneira de a derivada parcial na Equação 6.22 permanecer negativa. Se o sistema tende para um potencial químico menor, o numerador $\partial(\Delta\mu)$ é negativo. Mas se ∂p for positivo – a pressão aumenta –, a fração no lado esquerdo da Equação 6.22 representa um número negativo. Portanto, os sistemas tendem a ir para fases que têm volume menor quando a pressão é aumentada. Uma vez que os sólidos têm volume menor que os líquidos, que têm volume menor que os gases, um aumento da pressão, a temperatura constante, leva um componente gasoso para o estado líquido, e daí, para o sólido: exatamente o que mostra a experiência.

Com exceção da água. Devido à estrutura cristalina de H_2O sólido, a fase sólida de H_2O tem um volume maior do que a quantidade equivalente de H_2O na fase líquida. Isto se reflete no coeficiente angular negativo da linha que representa o equilíbrio sólido–líquido, no diagrama de fase de H_2O, na Figura 6.1. Quando a pressão aumenta (em certas temperaturas), a fase líquida é a estável, e não a fase sólida. H_2O é a exceção, não a regra. Devido ao fato de a água ser tão comum e de seu comportamento tão aceito, é que tendemos a esquecer as implicações da termodinâmica.

Há também uma relação de Maxwell que pode ser deduzida a partir da equação da variável natural para o potencial químico μ. Ela é

$$\left(\frac{\partial \overline{S}}{\partial p}\right)_T = -\left(\frac{\partial \overline{V}}{\partial T}\right)_p \tag{6.23}$$

Entretanto, como esta relação é a mesma que a da Equação 4.37, obtida a partir da equação da variável natural para G, ela não é uma relação nova a ser usada.

6.8 Resumo

Sistemas com um componente são úteis para ilustrar alguns dos conceitos de equilíbrio. Usando o conceito de que o potencial de cada uma de duas fases do mesmo componente deve ser o mesmo se estas fases estiverem em equilíbrio, podemos usar a termodinâmica para deduzir, primeiro, a equação de Clapeyron e, em seguida, a de Clausius-Clapeyron. Gráficos das condições de pressão e temperatura nos equilíbrios de fase são as formas mais comuns de diagramas de fase. Usamos a regra das fases de Gibbs para determinar quantas condições precisamos conhecer para especificar o estado exato do nosso sistema.

Considerações adicionais têm de ser feitas para sistemas com mais de um componente químico. Soluções, misturas e outros sistemas com múltiplos componentes podem ser descritos usando algumas das ferramentas apresentadas neste capítulo, mas, devido à presença de múltiplos componentes, mais informações são necessárias para descrever seu estado exato. Iremos considerar algumas dessas ferramentas no próximo capítulo.

EXERCÍCIOS DO CAPÍTULO 6

6.2 Sistema com Um Componente

6.1. Determine o número de componentes nos seguintes sistemas: **(a)** um *iceberg* de H_2O pura; **(b)** bronze, uma liga de cobre e zinco; **(c)** uma liga de bismuto, chumbo, estanho e cádmio (usada em pulverizadores, no combate a incêndios); **(d)** vodka, uma mistura de água e álcool etílico; **(e)** uma mistura de areia e açúcar.

6.2. Café é um extrato de uma semente torrada, com vários componentes, feito com água quente. Algumas companhias fabricam café solúvel, a partir de café fervido, congelado e seco. Explique por que, do ponto de vista dos componentes, o café solúvel raramente tem a qualidade do café fervido.

6.3. Quantos diferentes sistemas com um componente podem ser feitos a partir de ferro metálico e cloro gasoso? Considere os componentes quimicamente estáveis.

6.4. Explique como fases sólidas e líquidas de uma substância podem existir no mesmo sistema fechado, adiabático, no equilíbrio. Sob que condições podem as fases sólida e gasosa existir em equilíbrio?

6.5. Água líquida, à temperatura ambiente, é colocada em uma seringa, que é, em seguida, lacrada. O êmbolo da seringa é puxado para trás e algumas pequenas bolhas de água se formam. Explique por que podemos afirmar que a água está fervendo.

6.6. Se um sistema não é adiabático, calor é liberado ou absorvido por ele. Qual será a resposta imediata de um sistema **(a)** no equilíbrio líquido-gás, se calor for removido **(b)** no equilíbrio sólido-gás, se calor for adicionado **(c)** no equilíbrio líquido-sólido, se calor for removido **(d)** inteiramente na fase sólida, se calor for removido.

6.7. Quantos valores de ponto de ebulição normal tem uma substância pura? Explique a sua resposta.

6.8. Escreva a Equação 6.2 de uma forma diferente, mas algebricamente equivalente. Explique por que esta expressão é algebricamente equivalente.

6.3 Transições de Fase

6.9. Identifique e explique o sinal de $\Delta_{trans}H$ na Equação 6.5, se ela for usada para **(a)** uma transição de fase de sólido para gás (sublimação); **(b)** uma transição de fase de gás para líquido (condensação).

6.10. Calcule a quantidade de calor necessária para transformar 100,0 g de gelo, a $-15,0$ °C, em vapor, a 110 °C. Você irá necessitar dos valores das capacidades caloríficas do gelo, água e vapor, apresentados na Tabela 2.1, e dos valores de $\Delta_{fus}H$ e $\Delta_{vap}H$ da água, apresentados na Tabela 2.3. Este processo é endotérmico ou exotérmico?

6.11. Plantadores de laranja, às vezes, borrifam água sobre as árvores frutíferas quando há previsão de geadas. Use a Equação 6.4 para explicar por quê.

6.12. Qual é a variação numérica no potencial químico de 1 mol de dióxido de carbono, CO_2, quando a sua temperatura varia? Admita que estamos considerando uma variação infinitesimal no potencial químico, quando há uma variação infinitesimal da temperatura, começando em 25 °C. *Dica*: Veja a Equação 4.40.

6.13. Qual é ΔS para a conversão isotérmica do benzeno líquido, C_6H_6, em benzeno gasoso, no seu ponto de ebulição, a 80,1 °C? Isto é condizente com a regra de Trouton?

6.14. Faça uma estimativa do ponto de fusão do níquel, Ni, sabendo que o seu $\Delta_{fus}H$ é 17,61 kJ/mol e seu $\Delta_{fus}S$ é 10,21 J/mol·K. (Compare com o valor do ponto de fusão medido, que é 1455 °C).

6.15. Faça uma estimativa do ponto de ebulição da platina, Pt, sabendo que o seu $\Delta_{vap}H$ é 510,4 kJ/mol e seu $\Delta_{vap}S$ é 124,7 J/mol·K. (Compare com o valor do ponto de fusão, que é 3827 ± 100 °C).

6.16. Em uma pista de gelo, a lâmina dos patins pode exercer pressão suficiente para fundir o gelo, de modo que o patinador desliza suavemente sobre uma película de água. Qual o princípio termodinâmico envolvido? Você pode realizar um cálculo aproximado para determinar se este é, de fato, o mecanismo envolvido na patinação no gelo? Poderia a patinação funcionar em outras superfícies sólidas, segundo esse mecanismo?

6.4 e 6.5 As Equações de Clapeyron e Clausius-Clapeyron

6.17. Que suposições são feitas na integração da Equação 6.11 para se obter a Equação 6.12?

6.18. A expressão $d\mu_{fase\ 1} = d\mu_{fase\ 2}$ na dedução da equação de Clapeyron implica que apenas um sistema fechado está sendo considerado? Por que sim e por que não?

6.19. Enxofre, na sua forma molecular cíclica, com a fórmula S_8, é um elemento pouco comum nessa forma sólida, uma vez que existem duas outras fases sólidas facilmente acessíveis. A forma cristalina rômbica, com densidade igual a 2,07 g/cm³, é estável em temperaturas menores do que 95,5 °C. A fase monoclínica, estável em temperaturas maiores do que 95,5 °C e menores do que o ponto de ebulição do enxofre, tem densidade igual a 1,96 g/cm³. Use a Equação 6.10 para estimar a pressão necessária para que o enxofre rômbico se torne a fase estável a 100 °C, se a entropia de transição for 1,00 J/mol·K. Assuma que $\Delta_{trans}S$ não varia com as mudanças nas condições.

6.20. Consulte o Exercício 6.19. Quanto $\Delta_{trans}S$ à pressão-*padrão* é aplicável às condições extremas de pressão necessárias para que ocorra a transição de fase descrita? Quão exata foi sua resposta à questão colocada no Exercício 6.19?

6.21. Estabeleça se a equação de Clausius-Clapeyron é ou não é estritamente aplicável às seguintes transições de fase:

(a) Sublimação de gelo no seu *freezer*
(b) Condensação de vapor em água
(c) Congelamento de ciclohexano a 6,5 °C
(d) Conversão de oxigênio diatômico, O_2 (g), em ozônio triatômico, O_3 (g)
(e) Formação de diamantes sob pressão
(f) Formação de hidrogênio sólido metálico, H_2, a partir do hidrogênio líquido. (A transformação em hidrogênio metálico ocorre sob megabars de pressão, e esta forma do hidrogênio pode fazer parte de planetas gasosos gigantes, como Júpiter e Saturno.)
(g) Evaporação do mercúrio líquido, Hg (ℓ), de um termômetro quebrado

6.22. Explique, em palavras, que coeficiente angular a equação de Clapeyron pode calcular. Isto é, o gráfico de que medida *versus* que medida pode ser *calculado* pela Equação 6.9?

6.23. Considere a transição de fase do enxofre no estado sólido, apresentada no Exercício 6.19. Uma vez que $\Delta_{trans}H$ para a transição de fase de rômbica para monoclínica é 0,368 kJ/mol, use a Equação 6.12 para estimar a pressão necessária para que a fase rômbica seja estável a 100 °C. Os dados adicionais necessários são fornecidos no Exercício 6.19. Como a pressão se compara com a da resposta do Exercício 6.19?

6.24. Se são necessários 1,334 megabars de pressão para mudar o ponto de fusão de uma substância de 222 °C para 122 °C, com uma variação no volume molar de −3,22 cm³/mol, qual é o calor de fusão da substância?

6.25. Alguns tipos de sacos térmicos reutilizáveis usam a precipitação de acetato de sódio ou acetato de cálcio supersaturados para liberar calor de cristalização para aquecer pessoas. As condições dessa transição de fase podem ser entendidas em termos da equação de Clapeyron ou da de Clausius-Clapeyron? Por que sim ou por que não?

6.26. Quatro álcoois têm a fórmula C_4H_9OH: 1-butanol, 2-butanol (ou *sec*-butanol), isobutanol (ou 2-metil-1-propanol) e *tert*-butanol (ou 2-metil-2-propanol). Eles são exemplos de *isômeros*, ou compostos que têm a mesma fórmula molecular, mas estruturas moleculares diferentes. Na tabela abaixo, estão relacionados dados dos isômeros:

Composto	$\Delta_{vap}H$ (kJ/mol)	Ponto de ebulição normal (°C)
1-Butanol	45,90	117,2
2-Butanol	44,82	99,5
Isobutanol	45,76	108,1
tert-Butanol	43,57	82,3

Usando a equação de Clausius-Clapeyron, coloque os isômeros na ordem decrescente de sua pressão de vapor, a 25 °C. Essa ordem está de acordo com o conhecimento convencional baseado nos valores de $\Delta_{vap}H$ ou dos pontos de ebulição normais?

6.27. Qual é a velocidade da variação de pressão à medida que a temperatura varia (isto é, qual é dp/dT) para a pressão de vapor do naftaleno, $C_{10}H_8$, usado em bolinhas de naftalina contra traças, a 22 °C, se a pressão de vapor do naftaleno a essa temperatura é $7,9 \times 10^{-5}$ bar e o calor de vaporização, 71,40 kJ/mol? Admita que a lei do gás ideal funciona para o vapor de naftaleno àquela pressão e temperatura.

6.28. Usando os dados do problema anterior, determine a pressão de vapor do naftaleno a 100 °C.

6.29. Em estudos a altas temperaturas, muitos compostos são vaporizados de cadinhos que são aquecidos a temperaturas elevadas. (Tais materiais são chamados de *refratários*.) As correntes de vapor saem de um pequeno buraco para o aparelho usado na experiência. Este cadinho é chamado de *cela de Knudsen*. Se a temperatura aumentar linearmente, qual a relação que se deve mudar na pressão do composto vaporizado? Você pode explicar por que é importante ser cuidadoso quando se vaporiza metais a altas temperaturas?

6.30. A que pressão o ponto de ebulição da água fica igual a 300 °C? Se a pressão oceânica aumentar em 1 atm para cada 10 m, a que profundidade oceânica isso corresponde? Existem oceanos com essa profundidade neste planeta? Qual é a implicação potencial de vulcões submarinos?

6.31. Em gotas de líquido, a interação desigual entre as moléculas internas e entre as moléculas da superfície dá origem à *tensão superficial*, γ. Esta tensão superficial torna-se um componente da energia livre de Gibbs total da amostra. Para um sistema com um componente, a variação infinitesimal de G pode ser escrita como

$$dG = -S\,dT + V\,dp + \mu_{fase}\,dn_{fase} + \gamma\,dA$$

onde dA representa a variação na área superficial da gota. A pressão e temperatura constantes, esta equação torna-se

$$dG = \mu_{fase}\,dn_{fase} + \gamma\,dA$$

Para uma gota esférica com raio r, a área A e o volume V são $4\pi r^2$ e $\frac{4}{3}\pi r^3$, respectivamente. Pode-se, portanto, demonstrar que

$$dA = \frac{2\,dV}{r} \qquad (6.24)$$

(a) Quais são as unidades da tensão superficial γ?
(b) Verifique a Equação 6.24, acima, obtendo as derivadas de A e V.
(c) Deduza a nova equação em termos de dV, usando a Equação 6.24.
(d) Se uma mudança de fase espontânea tiver de ser acompanhada por um dG positivo, um raio grande ou pequeno da gota contribui para um valor grande de dG?
(e) Quais gotas evaporam mais rapidamente: grandes ou pequenas?
(f) Isso explica o método de uso de muitos perfumes e colônias, baseado em atomizadores?

6.6 e 6.7 Diagramas de Fase, Regra das Fases e Variáveis Naturais

6.32. Explique como as geleiras, que são enormes massas de gelo sólido, se movem. *Dica*: veja a Equação 6.22.

6.33. Mostre que as unidades em ambos os lados das Equações 6.18 e 6.19 são condizentes.

6.34. Use um diagrama de fase para justificar o conceito de que a fase líquida pode ser considerada uma fase "meta-estável", dependendo das condições de pressão e temperatura do sistema.

6.35. Conte o número de transições de fase que estão representadas no diagrama de fase da água, apresentado na Figura 6.4.

6.36. A Figura 6.14 é o diagrama de fase do ^{3}He, a temperaturas muito baixas:

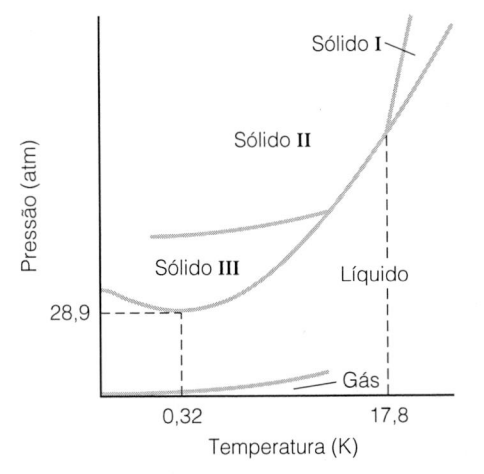

Figura 6.14 Diagrama de fase do ^{3}He. *Fonte:* Adaptado de W. E. Keller, *Helium-3 and Helium-4*, Plenum Press, Nova York, 1969.

Note que o coeficiente angular da linha do equilíbrio sólido-líquido abaixo de cerca de 0,3 K é negativo. Interprete este resultado experimental surpreendente.

6.37. Se um diagrama de fase apresentasse um único eixo, qual seria a forma da regra das fases para um único componente? Quantos parâmetros deveriam ser especificados para indicar as condições de **(a)** uma transição de fase, ou **(b)** o ponto crítico?

6.38. Se um material sublima à pressão atmosférica normal, precisamos de pressões mais altas ou mais baixas para obtê-lo na fase líquida? Justifique sua resposta.

6.39. Para definir o ponto crítico de uma substância, precisamos de dois graus de liberdade. (Esses graus de liberdade são a temperatura crítica e a pressão crítica.) Justifique esse fato à luz da regra das fases de Gibbs.

6.40. Considere a Figura 6.1, a versão não expandida do diagrama de fase da H$_2$O. Nomeie cada linha do diagrama de fase, em termos do que a derivada representa.

6.41. Repita o exercício anterior, usando, desta vez, a Figura 6.4, que é o diagrama de fase mais completo da H$_2$O.

6.42. A Figura 6.15 mostra o diagrama de fase do elemento enxofre.

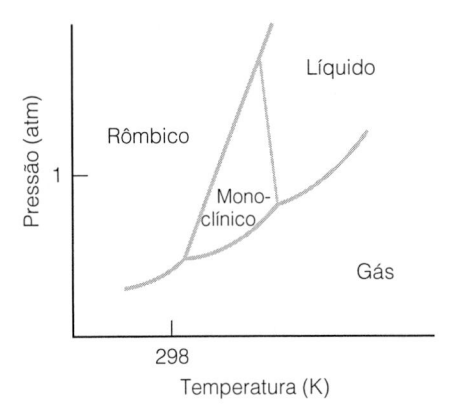

Figura 6.15 Diagrama de fase do enxofre elementar.

(a) Quantos alótropos são mostrados? **(b)** Qual é o alótropo do enxofre estável nas condições normais de temperatura e pressão? **(c)** Descreva as mudanças no enxofre, à medida que a temperatura aumenta, a partir de 25 °C, à pressão de 1 atm.

6.43. Considere o diagrama de fase do enxofre apresentado no exercício anterior. Comente as variações de entropia à medida que o enxofre passa da fase sólida rômbica para a fase sólida monoclínica, se começarmos em 25 °C e 1 atm de pressão (que é aproximadamente igual a 1 bar) e aumentarmos a temperatura. É positiva ou negativa? Com base na segunda lei da termodinâmica, espera-se que essa transição de fase seja espontânea?

Exercícios de Simbolismo Matemático

6.44. Rearranje a equação de Clausius-Clapeyron, Equação 6.14, em termos da pressão p_2 de um material. Faça o gráfico da pressão de vapor da H$_2$O (o ponto de ebulição é 100 °C, $\Delta_{vap}H = 40{,}71$ kJ/mol), do neônio (o ponto de ebulição é $-246{,}0$ °C, $\Delta_{vap}H = 1{,}758$ kJ/mol), e do Li (o ponto de ebulição é 1342 °C, $\Delta_{vap}H = 134{,}7$ kJ/mol). Embora esses três materiais sejam bem diferentes, há alguma semelhança no comportamento das suas pressões de vapor, à medida que a temperatura aumenta?

7 Equilíbrios em Sistemas com Múltiplos Componentes

NO CAPÍTULO ANTERIOR, introduzimos alguns conceitos importantes que podemos aplicar aos sistemas em equilíbrio. As equações de Clapeyron e de Clausius-Clapeyron, e a regra das fases de Gibbs são instrumentos usados para se compreender como se estabelecem e como mudam os sistemas em equilíbrio. Porém, até agora, consideramos apenas os sistemas com um único componente químico. Isto é muito limitante, já que a maioria dos sistemas químicos de interesse tem mais de um componente químico. São sistemas com *múltiplos* componentes.

Iremos abordar os sistemas com múltiplos componentes de duas maneiras. Em uma, iremos ampliar alguns dos conceitos do capítulo anterior. Faremos isso de um modo limitado. Na outra maneira, iremos trabalhar com as idéias do capítulo anterior e desenvolver novas idéias (e equações) que se apliquem a sistemas com múltiplos componentes. Esta última será a nossa principal abordagem.

7.1 Sinopse

Começamos por aplicar a regra das fases de Gibbs, na sua forma mais geral, a sistemas com múltiplos componentes. Limitaremos o desenvolvimento dos sistemas com múltiplos componentes àqueles relativamente simples, com, no máximo, dois ou três componentes. Porém, como as idéias que desenvolveremos são aplicáveis de um modo geral, não será preciso considerar aqui sistemas mais complicados. Um exemplo de um sistema simples com dois componentes é uma mistura de dois líquidos. Iremos considerar as características desses sistemas, bem como as da fase de vapor em equilíbrio com a líquida. Isso levará a um estudo mais detalhado das soluções, nas quais fases diferentes (sólida, líquida e gasosa) irão atuar como soluto ou como solvente.

O comportamento do equilíbrio nas soluções pode ser generalizado por afirmações como as expressas na lei de Henry ou na lei de Raoult, e pode ser mais bem entendido em termos de atividade do que de concentração. Variações de certas propriedades de todas as soluções podem ser compreendidas em termos do número de partículas do solvente e do soluto, apenas. Essas propriedades são chamadas propriedades coligativas.

Introduziremos, ao longo de todo o capítulo, novas maneiras de representar graficamente o comportamento de sistemas com múltiplos componentes, de uma forma visualmente eficiente. Novas maneiras de desenhar diagramas de fases, algumas simples e algumas complexas, também serão apresentadas.

7.2 A Regra das Fases de Gibbs

No capítulo anterior, introduzimos a regra das fases de Gibbs para um só componente. Lembre-se de que a regra das fases nos dá o número de variáveis independentes que devem ser especificadas para se conhecer a condição de um sistema isolado, no estado de equilíbrio. Para um sistema com um só componente, é necessário apenas o número de fases estáveis em equilíbrio para determinar quantas outras variáveis, ou *graus de liberdade*, são necessárias para especificar o estado do sistema.

Se o número de componentes for maior que um, são necessárias mais informações para entender o estado do sistema no equilíbrio. Antes de considerar quantas informações a mais são necessárias, vamos rever que informações temos. Primeiro, já que consideramos o sistema no equilíbrio, a temperatura, T_{sis}, e a pressão do sistema, p_{sis}, têm de ser as mesmas para todos os componentes. Isto é,

$$T_{\text{comp. 1}} = T_{\text{comp. 2}} = T_{\text{comp. 3}} = \cdots = T_{sis} \tag{7.1}$$

$$p_{\text{comp. 1}} = p_{\text{comp. 2}} = p_{\text{comp. 3}} = \cdots = p_{sis} \tag{7.2}$$

Outra condição, já vista no capítulo anterior, é que as temperaturas de todas as fases, assim como as pressões, sejam as mesmas: $T_{\text{fase 1}} = T_{\text{fase 2}} = \ldots$ e $p_{\text{fase 1}} = p_{\text{fase 2}} = \cdots$. A Equação 7.2 não indica que as pressões *parciais* dos componentes gasosos individuais são as mesmas. Indica que cada componente do sistema, mesmo os componentes gasosos, está sujeito à mesma pressão total do sistema. Admitimos também que nosso sistema permanece com um volume constante (é isocórico) e que conhecemos a quantidade total do material, geralmente, na unidade mol, existente no sistema. Afinal, como o experimentador controla as condições iniciais do sistema, sempre conhecemos a quantidade inicial de material.

Com tudo isso em mente, perguntamos: quantos graus de liberdade devem ser especificados para se conhecer o estado de um sistema em equilíbrio? Considere um sistema com um número de componentes C e um número de fases F. Para descrever as quantidades relativas (como frações molares) dos componentes, $C - 1$ valores devem ser especificados. (A quantidade do último componente pode ser determinada por subtração). Uma vez que a fase de cada componente deve ser especificada, precisamos conhecer $(C - 1) \cdot F$ valores. Por fim, se a temperatura e a pressão devem ser especificadas, precisamos conhecer um total de $(C - 1) \cdot F + 2$ valores para descrever nosso sistema.

Mas se nosso sistema está no estado de equilíbrio, os potenciais químicos das diferentes fases de cada componente devem ser iguais. Isto é,

$$\mu_{1,\text{sol}} = \mu_{1,\text{líq}} = \mu_{1,\text{gas}} = \cdots = \mu_{1,\text{ outra fase}}$$

e isso deve valer para todos os componentes, não apenas para o componente 1. Isso significa que podemos remover $F - 1$ valores do componente C, de um total de $(F - 1) \cdot C$ valores. O número de valores restante representa os graus de liberdade, L: $(C - 1) \cdot F + 2 - (F - 1) \cdot C$, ou

$$L = C - F + 2 \tag{7.3}$$

A Equação 7.3 é a forma mais completa da *regra das fases de Gibbs*. Para um só componente, ela se transforma na Equação 6.17. Observe que ela só é aplicável a sistemas no estado de equilíbrio. Note também que, embora possa haver apenas uma fase gasosa, devido à solubilidade dos gases um no outro, pode haver múltiplas fases líquidas (isto é, líquidos imiscíveis) e múltiplas fases sólidas (isto é, sólidos imiscíveis, independentes, no mesmo sistema).

Quais são os graus de liberdade que podem ser especificados? Já sabemos que a pressão e a temperatura são graus de liberdade comuns em qualquer sistema. Mas para sistemas com múltiplos componentes, precisamos também especificar as quantidades relativas de cada componente, geralmente, em mols. A Figura 7.1 mostra isso para um sistema simples.

Se temos um equilíbrio químico, nem todos os componentes são realmente independentes. Suas quantidades relativas são determinadas pela estequiometria da reação química balanceada. Antes de aplicar a regra das fases de Gibbs, precisamos identificar o número de componentes independentes. Isso é feito desconsiderando o componente *dependente*. Um componente dependente é aquele formado a partir de qualquer (quaisquer) outro(s) componente(s) do sistema. Na Figura 7.1, a água e o etanol não estão em equilíbrio químico e, portanto, são componentes independentes. Porém, no equilíbrio,

$$H_2O\ (\ell) \rightleftharpoons H^+\ (aq) + OH^-\ (aq)$$

as quantidades de íons de hidrogênio e de hidróxido estão relacionadas pela reação química. Assim, em vez de três componentes independentes, temos apenas dois: H_2O e H^+ ou OH^- (o outro pode ser determinado porque a reação está no estado de equilíbrio). Os Exemplos 7.1 e 7.2 mostram o que são graus de liberdade.

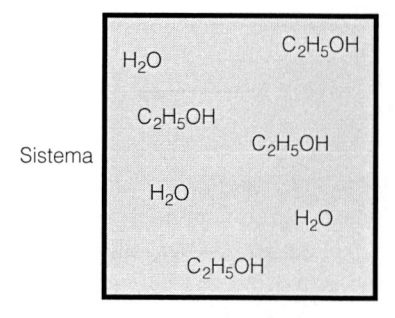

Graus de liberdade em equilíbrio:
- Temperatura
- Pressão
- Quantidade (fração molar) de um componente (a fração molar ou outra quantidade relativa pode ser determinada)

∴ 3 graus de liberdade

A partir da regra das fases de Gibbs:

$L = 2 - 1 + 2 = 3$ graus de liberdade ✓
     /   \
     C   F

Figura 7.1 Um sistema simples com múltiplos componentes, formado por água e etanol. A regra das fases de Gibbs também se aplica a este sistema.

Exemplo 7.1

Considere uma bebida que contenha etanol (C_2H_5OH), água e cubos de gelo. Assumindo que esta seja a descrição de um sistema, quantos graus de liberdade são necessários para defini-lo? Quais seriam os graus de liberdade?

Solução

São dois os componentes individuais: C_2H_5OH e H_2O. Também são duas as fases: sólida (cubos de gelo) e líquida (a solução água/etanol). Como não há equilíbrio químico, não há dependência entre os componentes. Utilizando a regra das fases de Gibbs, obtemos

$$L = C - F + 2 = 2 - 2 + 2$$

$$L = 2$$

Que variáveis poderiam ser especificadas? Se especificarmos a temperatura, saberemos qual é a pressão do sistema. Isso porque H_2O líquida e sólida estão em equilíbrio, e podemos usar o diagrama de fase de H_2O para determinar a pressão correspondente à temperatura dada. Outra especificação poderia ser a quantidade de um dos componentes. Geralmente, conhecemos a quantidade total de material em um sistema. Ao especificar a quantidade de um componente, podemos subtrair para descobrir a quantidade do outro componente. Especificando estes dois graus de liberdade, a temperatura e a quantidade de um dos componentes, definimos completamente o nosso sistema.

Exemplo 7.2

O sulfato de Ferro (III), $Fe_2(SO_4)_3$, se decompõe com o calor, produzindo óxido de ferro (III) e trióxido de enxofre, por meio da reação:

$$Fe_2(SO_4)_3 \text{ (s)} \rightleftharpoons Fe_2O_3 \text{ (s)} + 3SO_3 \text{ (g)}$$

Usando as legendas das fases em equilíbrio, mostre quantos graus de liberdade tem este equilíbrio.

Solução

Há três fases distintas neste equilíbrio: duas fases sólidas, uma formada por sulfato ferroso e outra, por óxido ferroso, e uma fase gasosa. Portanto, $F = 3$. Como na dissociação da água, há apenas dois componentes independentes neste equilíbrio. (A quantidade do terceiro componente pode ser determinada a partir da estequiometria da reação). Portanto, $C = 2$. Utilizando a regra das fases de Gibbs,

$$L = 2 - 3 + 2$$
$$L = 1$$

7.3 Dois Componentes: Sistemas Líquido/Líquido

O conhecimento da regra das fases de Gibbs para sistemas com múltiplos componentes nos permite examinar sistemas específicos. Focalizaremos sistemas com dois componentes como exemplo, apesar de os conceitos serem aplicáveis também a sistemas com mais de dois componentes.

Vamos considerar uma solução *binária*, composta de dois componentes líquidos que não interagem quimicamente. Se o volume do líquido for igual ao tamanho do sistema, teremos apenas uma fase e dois componentes e, pela regra das fases de Gibbs, $L = 2 - 1 + 2 = 3$ graus de liberdade. Podemos especificar a temperatura, a pressão e a fração molar de um dos componentes para definirmos completamente o nosso sistema. De acordo com a Equação 3.22, a fração molar de um componente i é igual ao número de mols desse componente, n_i, dividido pelo número total de mols de todos os componentes do sistema, n_{tot}:

$$\text{fração molar do componente } i \equiv x_i = \frac{n_i}{\sum_{\text{todos } i} n_i} = \frac{n_i}{n_{tot}} \quad (7.4)$$

A soma das frações molares de todos os componentes de uma fase de um sistema é exatamente igual a 1. Matematicamente,

$$\sum_i x_i = 1 \quad (7.5)$$

Isto explica por que precisamos especificar a fração molar de apenas um dos componentes da solução binária. A outra fração molar pode ser determinada por subtração.

Porém, se o volume do líquido for menor do que o volume do sistema, haverá um espaço "vazio". Este espaço, na realidade, contém os vapores dos componentes líquidos. Em todos os sistemas em que o volume do líquido for menor do que o volume do sistema, o *espaço remanescente será preenchido por todos os componentes na fase gasosa*, conforme mostra a Figura 7.2.[1] Em sistemas com um só componente, a pressão parcial da fase gasosa

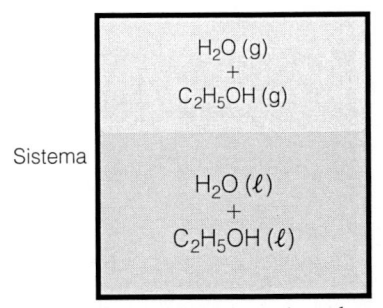

Figura 7.2 Sistemas com maior volume do que a fase condensada sempre terão uma fase de vapor em equilíbrio com ela. Apesar de sempre representarmos líquido em equilíbrio com vapor, também podem existir fases sólidas em equilíbrio com uma fase de vapor.

---

[1] Em muitos casos, essa afirmação também se aplica se a fase sólida não preencher completamente o sistema. O "aquecimento do *freezer*" é um exemplo disto acontecendo à H_2O no estado sólido.

é característica de apenas duas coisas: a identidade da fase líquida e a temperatura. Esta pressão da fase gasosa no equilíbrio é chamada *pressão de vapor* do líquido puro. Em uma solução líquida de dois componentes em equilíbrio com seu vapor, o potencial químico de cada componente na fase gasosa deve ser igual ao potencial químico da fase líquida:

$$\mu_i(\ell) = \mu_i(g) \quad \text{para } i = 1, 2$$

De acordo com a Equação 4.58, o potencial químico de um gás real está relacionado a um potencial químico padrão, mais um fator de correção em termos da fugacidade do gás:

$$\mu_i(g) = \mu_i^\circ(g) + RT \ln \frac{f}{p^\circ} \tag{7.6}$$

onde R e T têm suas definições termodinâmicas usuais, f é a fugacidade do gás e p° representa a condição-padrão de pressão (1 bar ou 1 atm). Existe uma expressão equivalente para líquidos (e também para sólidos, em alguns sistemas). Nesse caso, definiremos o potencial químico em termos da atividade, a_i, e não da fugacidade, como foi mostrado no Capítulo 5:

$$\mu_i(\ell) = \mu_i^\circ(\ell) + RT \ln a_i \tag{7.7}$$

No equilíbrio, os potenciais químicos das fases líquida e de vapor devem ser iguais. A partir das duas equações acima,

$$\mu_i(g) = \mu_i(\ell)$$

$$\mu_i^\circ(g) + RT \ln \frac{f}{p^\circ} = \mu_i^\circ(\ell) + RT \ln a_i \quad i = 1, 2 \tag{7.8}$$

para cada componente i. (Neste ponto, é importante não perder de vista que termos se referem a que fase, g ou ℓ.) Se admitirmos que os vapores estão agindo como gases ideais, poderemos substituir a fugacidade f pela pressão parcial, p_i, no lado esquerdo da Equação 7.8. Fazendo esta substituição:

$$\mu_i^\circ(g) + RT \ln \frac{p_i}{p^\circ} = \mu_i^\circ(\ell) + RT \ln a_i \tag{7.9}$$

Se o sistema fosse formado por um componente *puro*, não haveria necessidade do segundo termo corretivo para a fase líquida, que inclui a atividade. Para esse sistema de um só componente, a Equação 7.9 seria

$$\mu_i^\circ(g) + RT \ln \frac{p_i^\star}{p^\circ} = \mu_i^\circ(\ell) \tag{7.10}$$

onde $p_i^\star$ é a pressão de vapor do componente líquido puro no equilíbrio. Substituindo $\mu_i^\circ(\ell)$ a partir da Equação 7.10 no lado direito da Equação 7.9, obtemos

$$\mu_i^\circ(g) + RT \ln \frac{p_i}{p^\circ} = \mu_i^\circ(g) + RT \ln \frac{p_i^\star}{p^\circ} + RT \ln a_i$$

O potencial químico padrão $\mu^\circ(g)$, que aparece nos dois termos, é cancelado. Mudando ambos os termos RT para o mesmo lado da equação, esta se torna

$$RT \ln \frac{p_i}{p^\circ} - RT \ln \frac{p_i^\star}{p^\circ} = RT \ln a_i$$

Podemos cancelar R e T da equação e combinar os logaritmos no lado esquerdo. Quando fazemos isto, os p° se cancelam, e obtemos

$$\ln \frac{p_i}{p_i^\star} = \ln a_i$$

Tomando o inverso dos logaritmos de ambos os lados, achamos uma expressão para a atividade da fase líquida do componente i:

$$a_i = \frac{p_i}{p_i^*} \qquad i = 1, 2 \qquad (7.11)$$

onde p_i é a pressão de vapor no equilíbrio, acima da solução, e p_i^* é a pressão de vapor do líquido puro, no estado de equilíbrio. A Equação 7.11 nos permite determinar as atividades dos líquidos usando as pressões de vapor dos gases, no estado de equilíbrio.

Voltando à Equação 7.9, o lado direito da equação é, simplesmente, o potencial químico, $\mu_i(\ell)$. Para um líquido com dois componentes em equilíbrio com o seu vapor, cada componente deve satisfazer uma expressão igual à equação inversa da 7.9:

$$\mu_i(\ell) = \mu_i^\circ(g) + RT \ln \frac{p_i}{p^\circ} \qquad i = 1, 2 \qquad (7.12)$$

onde substituímos $\mu_i^\circ(\ell) + RT \ln a_i$ por $\mu_i(\ell)$. Se a solução fosse ideal, as quantidades de vapor p_i de cada componente na fase de vapor seriam determinadas pela sua quantidade na fase líquida. Quanto mais de um determinado componente estiver na mistura líquida, mais de seu vapor estará na fase de vapor, indo de $p_i = 0$ (quando não houver esse componente i no sistema) para $p_i = p_i^*$ (para todos os componentes i no sistema). A *lei de Raoult* estabelece que, para uma solução ideal, a pressão parcial de um componente, p_i, é proporcional à sua fração molar na fase *líquida*. A constante de proporcionalidade é a pressão do vapor do componente puro p_i^*:

$$p_i = x_i p_i^* \qquad i = 1, 2 \text{ para solução binária} \qquad (7.13)$$

A Figura 7.3 mostra um gráfico das pressões parciais de dois componentes de uma solução que segue a lei de Raoult. As linhas retas entre a pressão parcial zero e p_i^* são típicas do comportamento da lei de Raoult. (Como requer a linha reta da Equação 7.13, a inclinação de cada linha é igual à pressão de vapor, no equilíbrio, de cada componente. As intersecções também são iguais a p_i^*, porque o eixo x é a fração molar, que varia de 0 a 1.) A obediência à lei de Raoult é um requisito para definir uma solução ideal; outros requisitos serão apresentados no final desta seção.

Se a solução for ideal, podemos usar a lei de Raoult para entender os potenciais químicos dos líquidos em equilíbrio com seus vapores, em sistemas com dois componentes. Reescrevemos a Equação 7.12 substituindo p_i no numerador:

$$\mu_i(\ell) = \mu_i^\circ(g) + RT \ln \frac{x_i p_i^*}{p_i^\circ} \qquad (7.14)$$

Podemos rearranjar o termo logarítmico, isolando os valores de p_i^* (a pressão de vapor do equilíbrio) e p_i° (a pressão padrão):

$$\mu_i(\ell) = \mu_i^\circ(g) + RT \ln \frac{p_i^*}{p_i^\circ} + RT \ln x_i$$

Os primeiros dois termos no lado direito são característicos do componente i e são constantes a uma determinada temperatura. São agrupados em um único termo constante, $\mu_i'(g)$:

$$\mu_i'(g) \equiv \mu_i^\circ(g) + RT \ln \frac{p_i^*}{p_i^\circ} \qquad (7.15)$$

Substituindo, encontramos uma expressão para o potencial químico de um líquido em uma solução ideal:

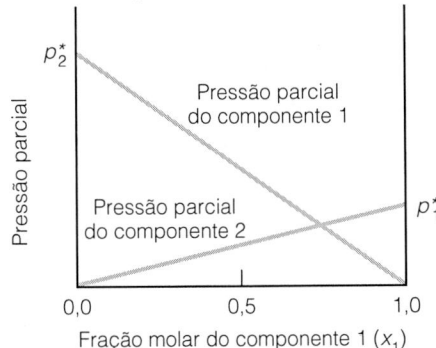

Figura 7.3 A lei de Raoult estabelece que a pressão parcial de um componente na fase gasosa, que está em equilíbrio com a fase líquida, é diretamente proporcional à fração molar daquele componente no líquido. Cada gráfico da pressão parcial é uma linha reta. A inclinação da linha reta é p_i^*, que é a pressão de vapor, no equilíbrio, do componente líquido puro.

$$\mu_i(\ell) = \mu_i'(g) + RT \ln x_i \qquad i = 1, 2 \qquad (7.16)$$

Em sistemas com múltiplos componentes, os potenciais químicos de líquidos estão relacionados às suas frações molares.

A lei de Raoult nos ajuda a entender o comportamento da fase de vapor em soluções ideais. Se a fase de vapor é tratada como um gás ideal, a lei das pressões parciais de Dalton indica que a pressão total é a soma das pressões parciais individuais. Para o nosso sistema de dois componentes, ela se torna

$$p_{tot} = p_1 + p_2$$

A partir da lei de Raoult, ela se torna

$$p_{tot} = x_1 p_1^* + x_2 p_2^*$$

Porém, x_1 e x_2 não são independentes: já que a soma das frações molares da fase líquida tem de ser igual a 1, $x_1 + x_2 = 1$, ou $x_2 = 1 - x_1$. Podemos substituir:

$$p_{tot} = x_1 p_1^* + (1 - x_1) p_2^*$$

Podemos rearranjar esta equação algebricamente:

$$p_{tot} = p_2^* + (p_1^* - p_2^*) x_1 \qquad (7.17)$$

Esta expressão tem a forma de uma reta, $y = mx + b$. Nesse caso, x_1 representa a fração molar do componente 1 na fase *líquida*. Se traçarmos o gráfico da pressão total *versus* a fração molar do componente 1, teremos uma linha reta, como mostra a Figura 7.4. A inclinação (coeficiente angular) será $p_1^* - p_2^*$, e a intersecção no eixo y, p_2^*. A Figura 7.4 sugere que ocorre uma variação linear suave na pressão de vapor total, de p_1^* para p_2^*, à medida que a composição da solução varia. A Figura 7.4 também mostra, nas linhas pontilhadas, as pressões parciais individuais. Compare esta Figura com a 7.3.

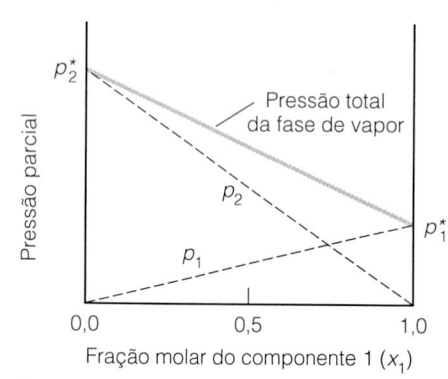

Figura 7.4 A pressão total de uma solução líquida ideal com dois componentes é uma transição suave da pressão de vapor de um componente puro para a de outro.

Exemplo 7.3

É possível se aproximar de uma solução ideal usando os hidrocarbonetos líquidos hexano e heptano. A 25 °C, no equilíbrio, o hexano tem uma pressão de vapor igual a 151,4 mmHg, e o heptano, igual a 45,70 mmHg. Qual é a pressão de vapor do equilíbrio de uma solução de hexano e heptano 50:50 molar (isto é, $x_1 = x_2 = 0{,}50$), em um sistema fechado? Não importa qual líquido é chamado de 1 ou 2.

Solução
Usando a lei de Raoult, temos

$$p_1 = (0{,}50)(151{,}4 \text{ mmHg}) = 75{,}70 \text{ mmHg}$$

$$p_2 = (0{,}50)(45{,}70 \text{ mmHg}) = 22{,}85 \text{ mmHg}$$

Pela lei de Dalton, a pressão de vapor total no sistema é a soma das duas pressões parciais:

$$p_{tot} = 75{,}70 + 22{,}85 \text{ mmHg} = 98{,}55 \text{ mmHg}$$

Já que a fervura de um líquido ocorre quando a pressão de vapor do líquido é igual à pressão do ambiente, soluções líquidas ferverão a temperaturas diferentes, dependendo de sua composição e das pressões de vapor dos componentes puros. O próximo exemplo ilustra como esta idéia pode ser usada.

Exemplo 7.4

Analogamente aos banhos de gelo, existem banhos de vapor que são mantidos a temperatura constante pelo equilíbrio entre as fases líquida e gasosa. Uma solução de hexano/heptano é usada para manter uma temperatura constante de 65 °C, em um sistema fechado, com uma pressão de 500,0 mmHg. A 65 °C, as pressões de vapor do hexano e do heptano são 674,9 e 253,5 mmHg. Qual é a composição da solução?

Solução

Se estamos procurando a composição da solução, precisamos determinar uma das frações molares da fase líquida, digamos, x_1. Podemos achar x_1 rearranjando a Equação 7.17 algebricamente:

$$x_1 = \frac{p_{tot} - p_2^*}{p_1^* - p_2^*}$$

Temos todas as informações necessárias: $p_1^* = 674{,}9$ mmHg, $p_2^* = 253{,}5$ mmHg e $p_{tot} = 500$ mmHg. Substituindo e resolvendo:

$$x_1 = \frac{500{,}0 \text{ mmHg} - 253{,}5 \text{ mmHg}}{674{,}9 \text{ mmHg} - 253{,}5 \text{ mmHg}} = \frac{246{,}5 \text{ mmHg}}{421{,}4 \text{ mmHg}}$$

Note que as unidades de mmHg se cancelam, deixando um valor sem unidade. Frações molares não têm unidades, como deve ser. Obtemos

$$x_1 = 0{,}5850$$

indicando que mais do que a metade de nossa mistura líquida é hexano. A fração molar de heptano seria $1 - 0{,}5850 = 0{,}4150$, um pouco menos do que a metade da solução.

Quais são as frações molares dos dois componentes na fase de *vapor*? São diferentes das frações molares desses componentes na fase líquida. Usamos as variáveis y_1 e y_2 para representar as *frações molares na fase vapor*.[2] Essas variáveis podem ser determinadas usando a lei de Dalton, isto é, o fato de a fração molar de um componente em uma mistura gasosa ser igual à sua pressão parcial dividida pela pressão total:

$$y_1 = \frac{p_1}{p_{tot}} = \frac{p_1}{p_1 + p_2} = \frac{x_1 p_1^*}{x_1 p_1^* + x_2 p_2^*} \tag{7.18}$$

Na última expressão, usamos a lei de Raoult para substituir p_1 e p_2 por $x_1 p_1^*$ e $x_2 p_2^*$. Lembramos novamente que $x_2 = 1 - x_1$, e podemos substituí-lo na Equação 7.18 para obtermos

$$y_1 = \frac{x_1 p_1^*}{x_1 p_1^* + (1 - x_1) p_2^*}$$

que rearranjamos para

$$y_1 = \frac{x_1 p_1^*}{p_2^* + (p_1^* - p_2^*) x_1} \tag{7.19}$$

Similarmente, a fração molar do componente 2 é

$$y_2 = \frac{x_2 p_2^*}{x_1 p_1^* + x_2 p_2^*} \tag{7.20}$$

---

[2] Para as soluções e suas fases de vapor, a convenção é usar x_i para representar as frações molares da fase de solução e y_i para representar as frações molares da fase de vapor.

Substituições semelhantes podem ser feitas na Equação 7.20 para se obter uma expressão como a Equação 7.19. Como exemplo, usando as Equações 7.19 e 7.20 para a mistura 0,5850/0,4150 de hexano e heptano, do Exemplo 7.4, as frações molares da fase gasosa obtidas são 0,790 e 0,210, respectivamente. Note como são diferentes as frações molares da fase gasosa das da fase líquida.

Com uma perspectiva um pouco diferente, podemos deduzir uma expressão para a pressão total p_{tot} acima da solução, em termos da composição da fase de *vapor*. Para gases ideais, a pressão parcial de um gás em uma mistura é igual à pressão total vezes sua fração molar:

$$p_i = y_i p_{tot} \tag{7.21}$$

Podemos combinar essa equação com a lei de Raoult, que define a pressão parcial de um componente na fase gasosa, para obter

$$y_i p_{tot} = x_i p_i^*$$

Esta equação relaciona a pressão total p_{tot}, a pressão de vapor do *i*ésimo componente p_i^* e as frações molares do *i*ésimo componente na fase líquida (x_i) e na fase gasosa (y_i). Resolvendo para p_{tot}:

$$p_{tot} = \frac{x_i p_i^*}{y_i} \tag{7.22}$$

Para ser condizente com a Figura 7.4, admitamos que $i = 1$. Se resolvemos a Equação 7.19 para x_1, obtemos

$$x_1 = \frac{y_1 p_2^*}{p_1^* + (p_2^* - p_1^*)y_1} \tag{7.23}$$

Isto foi feito para podermos eliminar x_1 e expressar p_{tot} em termos das frações molares do *vapor*, e não do líquido. Substituindo a Equação 7.23 na Equação 7.22, chegamos a

$$p_{tot} = \frac{\dfrac{y_1 p_2^*}{p_1^* + (p_2^* - p_1^*)y_1} p_i^*}{y_1}$$

$$p_{tot} = \frac{y_1 p_2^* p_1^*}{[p_1^* + (p_2^* - p_1^*)y_1]y_1}$$

Os termos y_1 no numerador e no denominador se cancelam, e temos como expressão final

$$p_{tot} = \frac{p_2^* p_1^*}{p_1^* + (p_2^* - p_1^*)y_1} \tag{7.24}$$

Uma expressão similar pode ser determinada em termos de y_2, em vez de y_1.

Há um ponto-chave na Equação 7.24. Ela se parece com a Equação 7.17 no sentido de que se pode colocar em um gráfico a pressão total da fase de vapor em relação à fração molar de um componente, y_1. Porém, não é a equação de uma reta! É a equação de uma curva, e se p_{tot} é colocado no gráfico *versus* y_1 na mesma escala da Figura 7.4, a curva fica abaixo da reta determinada por p_{tot} *versus* x_1. A Figura 7.5 mostra como é o gráfico de p_{tot} *versus* y_1 em relação a p_{tot} *versus* x_1. O gráfico de p_{tot} *versus* x_1, onde x_1 é a fração molar do líquido, é chamada de *linha do ponto de borbulhamento*, ao passo que o gráfico de p_{tot} *versus* y_1, onde y_1 é a fração molar de vapor, é chamada *linha do ponto de orvalho*. Diagramas como o da Figura 7.5, que mostram a pressão de vapor *versus* a fração

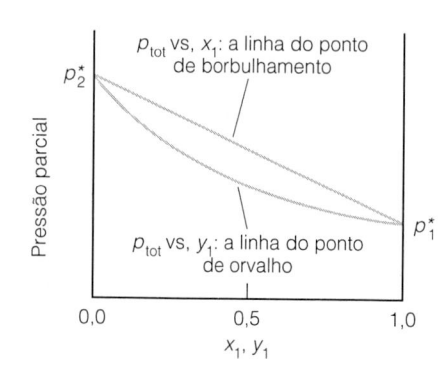

Figura 7.5 As frações molares na fase de vapor não são as mesmas que na fase líquida. A linha do ponto de borbulhamento dá a pressão total *versus* a fração molar da fase líquida, x_i. A linha do ponto de orvalho dá a pressão total *versus* a fração molar da fase de vapor, y_i. As duas linhas coincidiriam apenas se ambos os componentes tivessem a mesma pressão de vapor puro.

molar, são chamados de *diagramas de fase pressão-composição*.

Suponha que você tem um sistema com uma determinada composição de fase líquida. A composição característica da fase de vapor é definida pelas expressões acima. Podemos usar os diagramas de fase pressão-composição, como o da Figura 7.5, para representar a conexão entre a composição da fase líquida e a composição da fase de vapor. Uma linha horizontal em um diagrama como o da Figura 7.5 representa uma pressão constante ou condição isobárica. A Figura 7.6 mostra uma linha horizontal, o segmento AB, ligando a linha do ponto de borbulhamento à linha do ponto de orvalho, para um líquido que tem uma fração molar x_1. Para um líquido que tenha uma determinada composição, a pressão de vapor no equilíbrio é encontrada subindo no diagrama até a intersecção da linha do ponto de borbulhamento, no ponto B. Porém, naquela pressão de equilíbrio, a composição da fase de *vapor* é encontrada movendo horizontalmente até a intersecção da linha do ponto de orvalho, no ponto A. Tais representações gráficas são muito úteis para se compreender como as fases líquida e de vapor estão relacionadas.

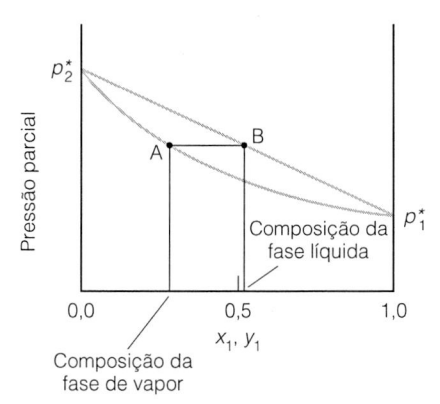

Figura 7.6 Uma linha de ligação horizontal em um diagrama de fase pressão-composição como este conecta a composição da fase líquida com a da fase de vapor, que está em equilíbrio.

Exemplo 7.5

Em uma determinada temperatura, a pressão de vapor do benzeno puro, C_6H_6, é 0,256 bar, e a pressão de vapor do tolueno puro, $C_6H_5CH_3$, é 0,0925 bar. Se a fração molar do tolueno na solução for 0,600 e existir espaço vazio no sistema, qual será a pressão total do vapor em equilíbrio com o líquido, e qual será a composição do vapor em termos da fração molar?

Solução
Podemos determinar a pressão parcial de cada componente utilizando a lei de Raoult:

$$p_{benzeno} = (0,400)(0,256 \text{ bar}) = 0,102 \text{ bar}$$

$$p_{tolueno} = (0,600)(0,0925 \text{ bar}) = 0,0555 \text{ bar}$$

A pressão total é a soma das duas pressões parciais:

$$p_{tot} = 0,102 \text{ bar} + 0,0555 \text{ bar} = 0,158 \text{ bar}$$

Também poderíamos ter usado a Equação 7.17, considerando o tolueno como o componente 1:

$$p_{tot} = 0,256 + (0,0925 - 0,256)0,60$$
$$p_{tot} = 0,158 \text{ bar}$$

Para determinar a composição do vapor (em fração molar), podemos usar a lei das pressões parciais de Dalton, estabelecendo o seguinte:

$$y_{tolueno} = \frac{0,0555 \text{ bar}}{0,158 \text{ bar}} = 0,351$$

$$y_{benzeno} = \frac{0,102 \text{ bar}}{0,158 \text{ bar}} = 0,646$$

(As duas frações molares não somam exatamente 1, por causa de erros devidos a aproximações numéricas.) Comparando com a solução original, note que a fase de vapor foi enriquecida em benzeno. Isso faz sentido, porque a pressão de vapor do benzeno é muito maior que a do tolueno.

Considerando a Figura 7.6, observe que o ponto B *não é o ponto de ebulição* da solução que tem aquela composição. É simplesmente a pressão de vapor da solução com aquela composição. Apenas quando a pressão do vapor atingir a pressão ambiente, o líquido com dois componentes estará no ponto de ebulição. (Esse detalhe é importante apenas para sistemas abertos e expostos a alguma pressão externa p_{ext}.)

A linha AB na Figura 7.6 é chamada de *linha de ligação* entre a composição da fase líquida e a composição da fase de vapor resultante, no sistema com dois componentes.

Suponha que seu sistema tenha sido construído de modo que você possa condensar a fase de vapor em um subsistema menor. Qual seria a composição da nova fase líquida resultante da condensação desse vapor? A composição da nova fase líquida será a mesma que a da fase de vapor que a originou. A Figura 7.7 mostra que esta nova fase líquida pode ser representada sobre a linha do ponto de borbulhamento, no ponto C. Mas agora, esta nova fase líquida também tem uma nova fase de vapor em equilíbrio com ela, cuja composição é dada pela linha de ligação CD, na Figura 7.7. Esta segunda fase de vapor é ainda mais enriquecida em um dos componentes. Se o seu sistema foi construído para permitir múltiplas evaporações e condensações, cada passagem entre a linha de borbulhamento e a linha do ponto de orvalho gera uma fase de vapor e uma líquida resultante, que são, progressivamente, mais e mais ricas em um dos componentes. Se o sistema for construído adequadamente, você, no final, obterá fases líquida e de vapor que são praticamente formadas de um só componente puro. As etapas que conduzem a este componente puro são mostradas na Figura 7.8. O que ocorreu é que começamos com uma mistura de dois componentes e terminamos com um componente separado do outro. Esse procedimento, chamado *destilação fracionada*, é muito usado na química orgânica. Cada passagem individual, representada por um par formado por uma linha horizontal e uma vertical, é chamada de *prato teórico*. Na prática, sistemas que são construídos para realizar destilações fracionadas podem ter uns poucos, como três, ou muitos, como dezenas de milhares, pratos teóricos.

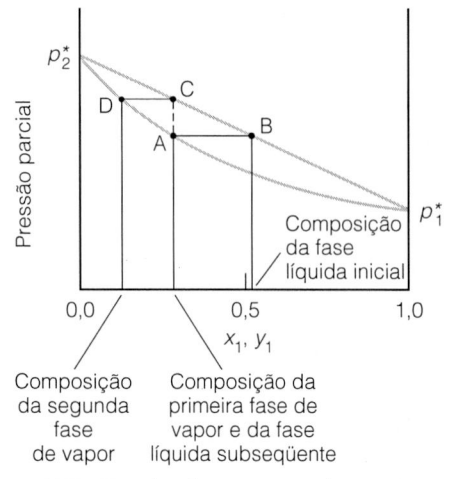

Figura 7.7 Uma fase de vapor se condensará formando um líquido com exatamente a mesma composição, linha AC. Porém, o novo líquido não formará vapores com a mesma composição; em vez disso, este novo líquido estará em equilíbrio com um vapor com composição D.

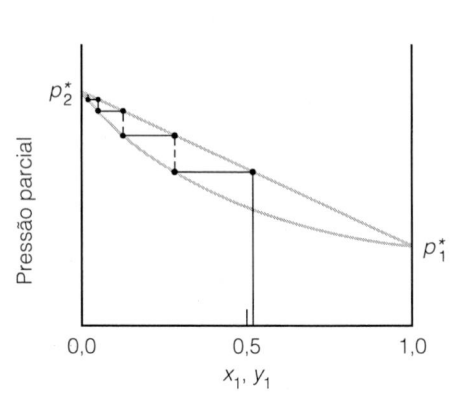

Figura 7.8 Em alguns casos, um líquido puro pode ser separado do sistema por meio de repetidas condensações e evaporações. Isto é chamado de destilação fracionada.

A Figura 7.9 mostra três instalações para se realizar destilações fracionadas. As duas primeiras são arranjos utilizados em laboratórios, construídos com vidro, em macro ou micro escala. A última é um equipamento para destilação fracionada, em escala industrial. Destilações fracionadas estão entre os processos mais importantes, principalmente na indústria petroquímica, e entre os que mais demandam energia.

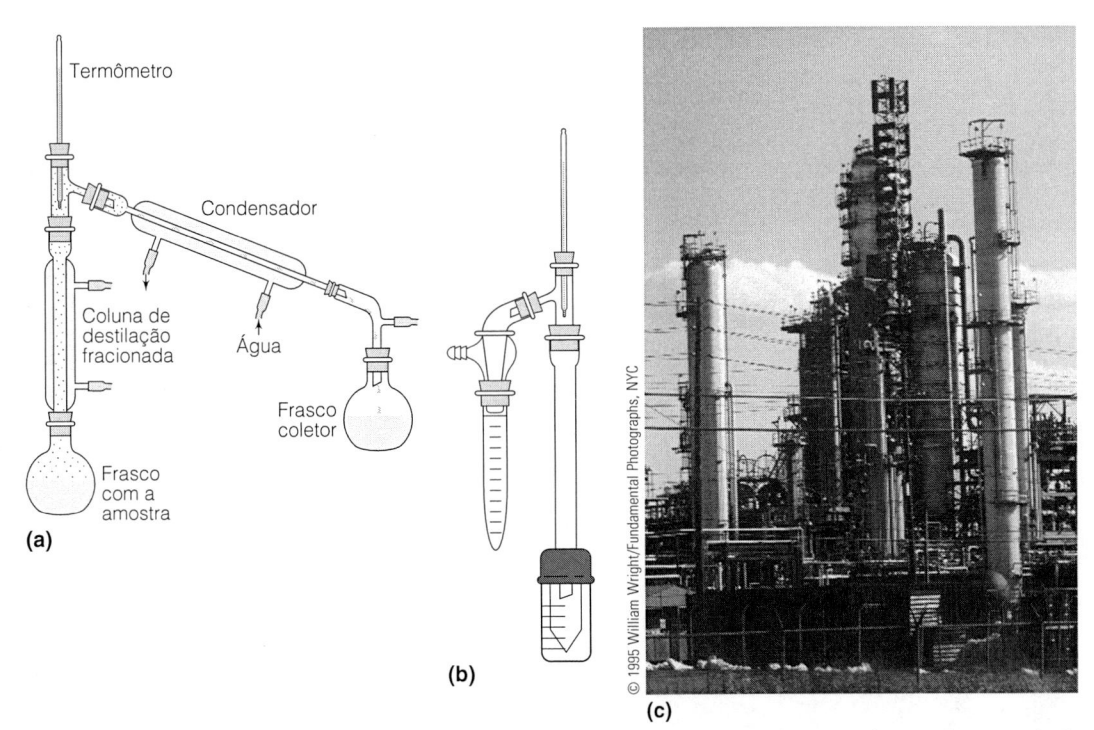

Figura 7.9 Alguns equipamentos para destilação fracionada. (a) Um aparato para destilação fracionada em escala de laboratório. (b) Uma instalação para destilação fracionada em microescala. O equipamento em microescala utiliza pequenas quantidades, por isso, ele é apropriado apenas quando pequenas quantidades de material estão disponíveis. (c) A destilação fracionada em escala industrial é um processo comum. Aqui, vemos uma instalação para destilações em larga escala.

Diagramas de fase também podem ser obtidos de gráficos de temperatura – geralmente, o ponto de ebulição (PE) do líquido – *versus* composição. Porém, diferentemente do diagrama de fase pressão-composição, não há uma equação de reta para expressar uma das linhas. Assim, em diagramas de fase temperatura-composição, as linhas dos pontos de borbulhamento e de orvalho são curvas. A Figura 7.10 mostra um exemplo, que corresponde à Figura 7.5. Note que o componente com pressão de vapor mais elevada, o componente 2, tem o ponto de ebulição mais baixo quando puro. Observe também que as linhas do ponto de borbulhamento e do ponto de orvalho estão em posições invertidas.

Como vimos, as destilações fracionadas também podem ser ilustradas usando diagramas de fase temperatura-composição. Uma solução com uma composição inicial se vaporiza formando um vapor com composição diferente, mais rica em um dos componentes. Se este vapor for resfriado, ele condensa formando um líquido com a mesma composição. Este novo líquido pode estabelecer um equilíbrio com outro vapor, com uma composição enriquecida em um dos componentes. Este novo vapor condensa, formando um novo líquido, e assim por diante. A Figura 7.11 ilustra este processo passo a passo. Três pratos teóricos são mostrados explicitamente.

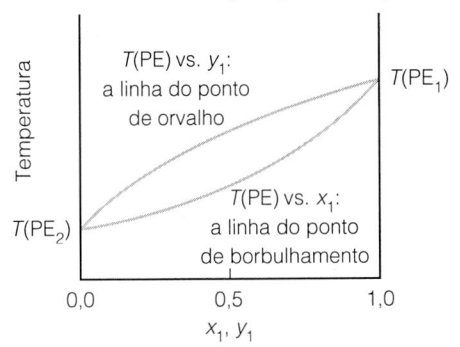

Figura 7.10 Diagramas de fase temperatura-composição são mais comuns do que diagramas pressão-composição. Observe que nenhuma linha é reta e que as linhas que indicam os processos de ebulição e de condensação estão invertidas em relação aos diagramas pressão-composição. Compare com a Figura 7.5.

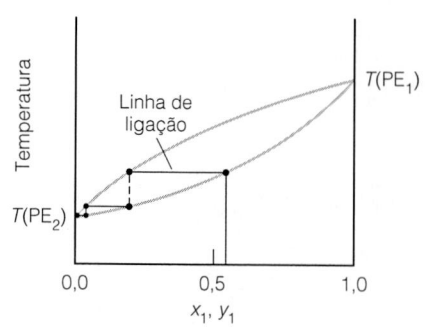

Figura 7.11 Destilações fracionadas também podem ser representadas usando diagramas de fase temperatura-composição. Esse diagrama mostra o mesmo processo da Figura 7.8. Explique as diferenças entre as duas representações do mesmo processo.

A lei de Raoult é um requisito para uma solução líquida ideal, mas existem alguns outros. Quando dois componentes puros são misturados, não pode haver mudança na energia interna total ou na entalpia dos componentes:

$$\Delta_{\text{mistura}} U = 0 \tag{7.25}$$

$$\Delta_{\text{mistura}} H = 0 \tag{7.26}$$

Se a solução for preparada em condições de pressão constante (que é uma restrição imposta com freqüência), uma imposição da Equação 7.26 é que

$$q_{\text{mistura}} = 0$$

Misturar é, geralmente, um processo espontâneo, o que significa que $\Delta_{\text{mistura}} S$ e $\Delta_{\text{mistura}} G$ devem ter as grandezas adequadas ao processo de mistura. Para líquidos ideais, analogamente às misturas gasosas, temos

$$\Delta_{\text{mistura}} G = RT \sum_i x_i \ln x_i \tag{7.27}$$

$$\Delta_{\text{mistura}} S = -R \sum_i x_i \ln x_i \tag{7.28}$$

para processos a temperatura constante. Uma vez que x_i é sempre menor que 1, seus logaritmos são sempre negativos, de modo que $\Delta_{\text{mistura}} G$ e $\Delta_{\text{mistura}} S$ sempre serão negativo e positivo, respectivamente. Misturar é um processo espontâneo, determinado pela entropia. Quando se usa as Equações 7.27 e 7.28 e as unidades são joule por mol, a parte "por mol" se refere aos mols dos componentes do sistema. Para calcular a quantidade total, a quantidade por mol deve ser multiplicada pelo número de mols no sistema, como mostra o exemplo seguinte.

Exemplo 7.6

Quais são os valores de $\Delta_{\text{mistura}} H$, $\Delta_{\text{mistura}} U$, $\Delta_{\text{mistura}} G$ e $\Delta_{\text{mistura}} S$ para um sistema formado de uma mistura de 1,00 mol de tolueno e 3,00 mol de benzeno? Considere o comportamento ideal e assuma uma temperatura de 298 K.

Solução
Por definição, $\Delta_{\text{mistura}} H$ e $\Delta_{\text{mistura}} U$ são exatamente zero. O número total de mols em nosso sistema é 4,00 mol, então, para $\Delta_{\text{mistura}} G$, usamos $x_1 = 0{,}250$ e $x_2 = 0{,}750$. Portanto,

$$\Delta_{\text{mistura}} G = \left(8{,}314 \, \frac{\text{J}}{\text{mol} \cdot \text{K}}\right)(298 \text{ K})(0{,}250 \cdot \ln 0{,}250 + 0{,}750 \cdot \ln 0{,}750)$$

$$\Delta_{\text{mistura}} G = -1390 \, \text{J/mol} \cdot 4{,}00 \text{ mol} = -5560 \text{ J}$$

Similarmente, para $\Delta_{\text{mistura}} S$:

$$\Delta_{\text{mistura}} S = -\left(8{,}314 \, \frac{\text{J}}{\text{mol} \cdot \text{K}}\right)(0{,}250 \cdot \ln 0{,}250 + 0{,}750 \cdot \ln 0{,}750)$$

$$\Delta_{\text{mistura}} S = 4{,}68 \, \frac{\text{J}}{\text{mol} \cdot \text{K}} \cdot 4{,}00 \text{ mol} = 18{,}7 \text{ J/K}$$

Ambas as funções de estado mostram que mistura é um processo espontâneo.

Observe que $\Delta_{\text{mistura}}G$ e $\Delta_{\text{mistura}}S$ satisfazem à equação geral

$$\Delta_{\text{mistura}}G = \Delta_{\text{mistura}}H - T\,\Delta_{\text{mistura}}S$$

Como, para uma solução ideal, $\Delta_{\text{mistura}}H = 0$, essa equação fica mais simples

$$\Delta_{\text{mistura}}G = -T\,\Delta_{\text{mistura}}S \qquad (7.29)$$

Geralmente, há um outro requisito para a mistura de duas soluções ideais:

$$\Delta_{\text{mistura}}V = 0 \qquad (7.30)$$

De todos os requisitos para uma solução ideal, a Equação 7.30 é provavelmente a que mostrou ser a mais falha para a maioria das soluções líquidas reais. A maioria das pessoas está familiarizada com o exemplo da água pura e do álcool puro. Se 1,00 L de água pura for misturado com 1,00 L de álcool puro, a solução resultante terá um volume um pouco *menor* que 2,00 L.

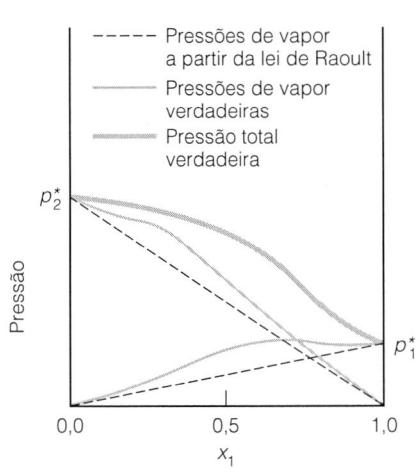

Figura 7.12 Uma solução não-ideal mostrando um desvio positivo da lei de Raoult. Compare esta figura com a 7.4.

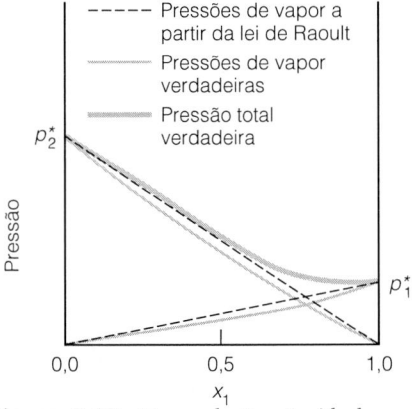

Figura 7.13 Uma solução não-ideal mostrando um desvio negativo da lei de Raoult. Também compare isto com a Figura 7.4.

7.4 Soluções Líquidas Não-Ideais com Dois Componentes

O fato de $\Delta_{\text{mistura}}V$ ser diferente de zero indica que até misturas simples, com dois componentes, não são ideais. As moléculas de um líquido interagem entre si, mas a interação entre moléculas de um mesmo líquido é diferente da interação entre moléculas de líquidos diferentes. Estas interações causam desvios da lei de Raoult. Se as pressões de vapor dos componentes individuais forem maiores do que o esperado, a solução apresenta um *desvio positivo* da lei de Raoult. Se forem menores que as esperadas, a solução apresenta um *desvio negativo* da lei de Raoult. Os diagramas de fase líquido-vapor para esses casos têm um comportamento interessante.

A Figura 7.12 mostra um diagrama de fase líquido-vapor com desvios positivos da lei de Raoult. Cada componente tem uma pressão de vapor maior que a esperada, de modo que a pressão total em equilíbrio com a solução líquida também é mais alta do que a esperada. Etanol/benzeno, etanol/clorofórmio e etanol/água são sistemas que apresentam desvio positivo da lei de Raoult. A Figura 7.13 mostra um diagrama similar, mas para uma solução que apresenta desvio negativo da lei de Raoult. O sistema acetona/clorofórmio é um exemplo de uma solução que exibe tal comportamento não-ideal.

Para gráficos de x_i e y_i *versus* a composição é, às vezes, mais fácil usar diagramas de fase temperatura-composição em vez de diagramas de fase pressão-composição. A Figura 7.14 mostra um desvio positivo da lei de Raoult. (Tenha em mente o que significa "positivo": que a pressão do vapor é mais elevada do que a prevista pela lei de Raoult. Como a temperatura e a pressão são relacionadas, um desvio positivo da lei de Raoult leva a uma temperatura mais baixa para o ponto de ebulição.

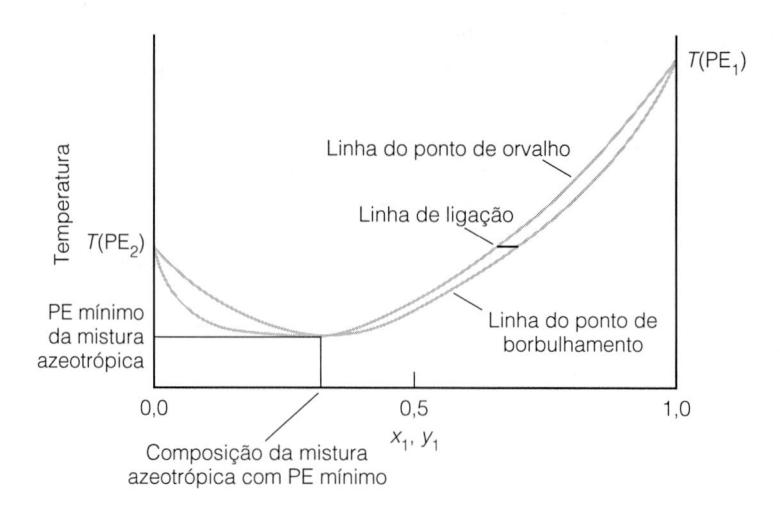

Figura 7.14 Diagrama de fase temperatura-composição para uma solução não-ideal mostrando um desvio positivo da lei de Raoult. Note a existência de um ponto em que o líquido e o vapor têm a mesma composição.

A Figura 7.14 mostra os gráficos da composição das fases líquida e de vapor *versus* temperatura. O que é curioso sobre este gráfico é que a linha do ponto de borbulhamento e a linha do ponto de orvalho se tocam em um ponto, e depois se separam novamente. Nesse ponto, as composições do líquido e do vapor em equilíbrio com o líquido são idênticas, isto é, têm a mesma fração molar. Nesta composição, o sistema está agindo como se fosse de um só componente puro. Esta composição é chamada *composição azeotrópica* da solução, e o "componente puro" com esta composição é chamado de *azeótropo*. No caso da Figura 7.14, uma vez que o azeótropo tem uma temperatura mínima, ele é chamado de *azeótropo com ponto de ebulição mínimo*. Por exemplo, a mistura de H_2O com etanol tem um azeótropo com ponto de ebulição mínimo que ferve a 78,2 °C e é composto de 96% de etanol e 4% de água. (O ponto de ebulição normal do etanol puro é um pouquinho mais alto, a 78,3 °C.)

A Figura 7.15 mostra um diagrama de fase temperatura-composição com um desvio negativo da lei de Raoult. Novamente, existe um ponto em que as linhas do ponto de borbulhamento e do ponto de orvalho se tocam, nesse caso, formando um *azeótropo com ponto de ebulição máximo*. Como estamos

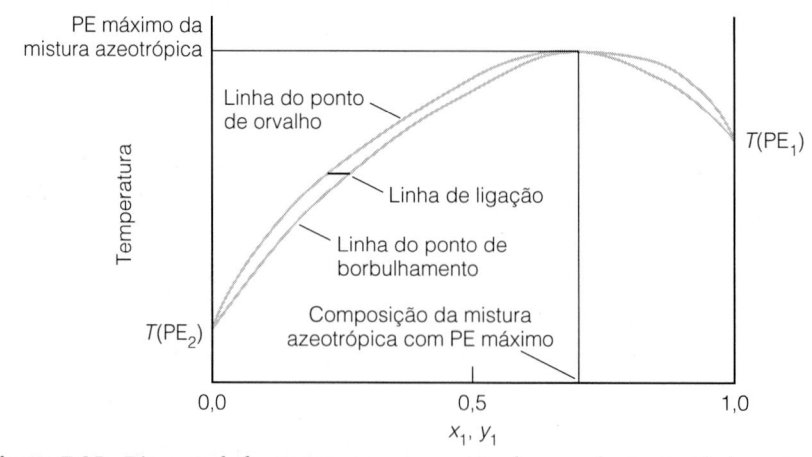

Figura 7.15 Diagrama de fase temperatura-composição de uma solução não-ideal, mostrando o desvio negativo da lei de Raoult. O azeótropo tem PE máximo, em vez de PE mínimo, como mostra a Figura 7.14.

limitando nosso sistema a dois componentes, os azeótropos são todos binários, mas, em sistemas com mais de dois componentes, existem também azeótropos ternários, quaternários, e assim por diante. Quase todos os sistemas reais têm azeótropos em seus diagramas de fase líquido-vapor, e existe sempre uma única composição para um azeótropo de qualquer conjunto de componentes.

A destilação fracionada de um sistema que tem um azeótropo é similar ao processo ilustrado na Figura 7.11. Porém, à medida que as linhas de ligação mudam de uma composição para outra, chega-se, eventualmente, a um componente puro ou a um azeótropo. Se um azeótropo for obtido, não haverá *mais mudanças na composição do vapor, e nenhuma separação* dos dois componentes ocorrerá por meio da destilação. (Há outras maneiras de separar os componentes de um azeótropo, mas não por destilação direta. Esta é a conclusão da termodinâmica.)

Exemplo 7.7

Usando um diagrama de fase temperatura-composição, como na Figura 7.14, determine a composição geral do produto da destilação final se for destilada uma solução com uma fração molar x_1 de 0,9.

Solução

Examine a Figura 7.16. Usando as linhas de ligação para conectar a composição de vapor de cada composição da fase líquida, finalmente, chegamos ao *azeótropo com ponto de ebulição mínimo*. Portanto, o azeótropo é nosso produto final, e nenhuma outra separação poderá ser realizada usando a destilação.

Como um exemplo adicional, qual é o resultado esperado se a solução tem uma fração molar inicial x_1 igual a 0,1?

Exemplo 7.8

Usando o diagrama de fase temperatura-composição, como na Figura 7.15, determine a composição geral do produto final da destilação se uma solução que tem uma fração molar x_1 de 0,5 for destilada.

Solução

Examine a Figura 7.17. Usando as linhas de ligação para conectar a composição do vapor para cada composição da fase líquida, finalmente, nos deparamos com uma composição que é $x_1 = 0$. Portanto, o componente 2 puro é nosso produto final.

Como exemplo adicional, qual seria o resultado esperado se a solução tivesse uma fração molar inicial de 0,1? A sua conclusão é a mesma que a conclusão do exemplo adicional no Exemplo 7.7?

Se os desvios do comportamento ideal forem muito grandes, nem mesmo uma solução será formada pelos dois líquidos em determinadas frações molares: eles serão *imiscíveis*. Enquanto houver no sistema uma quantidade suficiente de cada componente para estabelecer um equilíbrio com uma fase de vapor, o diagrama de fase pressão-composição se assemelhará ao da Figura 7.18. Entre os pontos A e B, estamos admitindo que os dois líquidos são imiscíveis, assim, a pressão total em equilíbrio com os líquidos é, simplesmente, a soma das duas pressões de vapor no equilíbrio.[3]

---

[3] Aqui, estamos admitindo que os dois líquidos têm algum espaço à sua disposição dentro do sistema e podem estar em equilíbrio com suas fases de vapor. Em sistemas em que um líquido imiscível mais denso é coberto inteiramente por um líquido menos denso, sua pressão de vapor será suprimida.

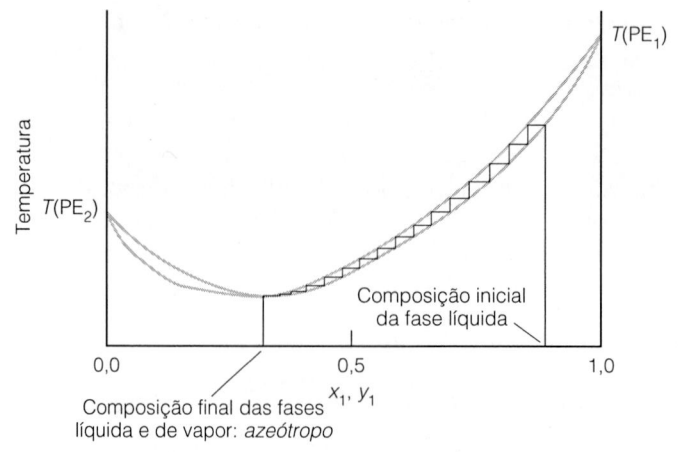

Figura 7.16 Veja o Exemplo 7.7. Se começarmos com um líquido que tenha a composição indicada, o *azeótropo com ponto de ebulição mínimo* é o produto final.

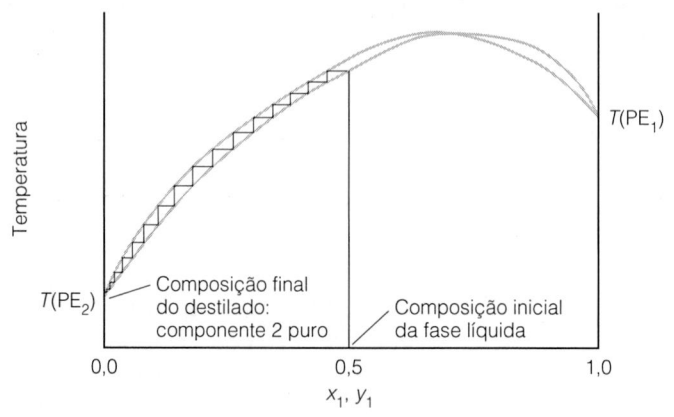

Figura 7.17 Veja o Exemplo 7.8. Se começarmos com um líquido com a composição indica, o produto final será um dos componentes puros.

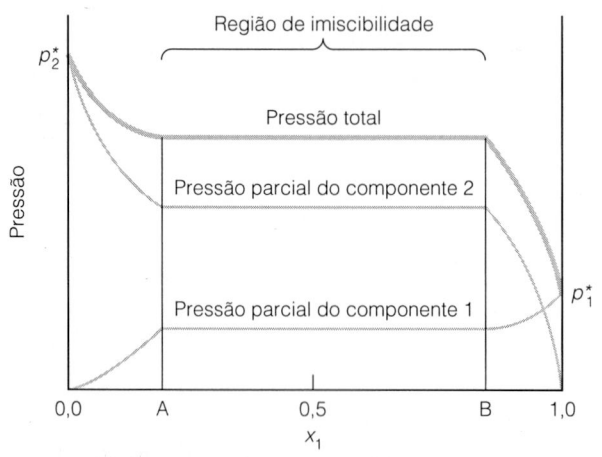

Figura 7.18 Para soluções não-ideais, pode haver intervalos de imiscibilidade. Nesses intervalos, a composição de vapor não varia. Nesse caso, a região entre os pontos A e B é uma região de imiscibilidade. A pressão de vapor é constante nesse intervalo.

7.5 Sistemas Líquido/Gás e Lei de Henry

Gases podem dissolver em líquidos. Na realidade, as soluções líquido/gás são importantes para nós. Exemplos destas soluções são as bebidas, que têm o gás dióxido de carbono dissolvido em água. Outros exemplos são o oceano, onde a solubilidade do oxigênio é crucial para a vida dos peixes e de outros animais, e a solubilidade do dióxido de carbono, que é importante para as algas e outras plantas. Na verdade, a capacidade dos oceanos de dissolver gases é pouco conhecida, mas deve ser um fator importante nas condições climáticas da troposfera (a camada da atmosfera mais próxima à superfície terrestre).

Soluções líquido/gás variam entre extremos. O gás cloreto de hidrogênio, HCl, é muito solúvel na água, produzindo soluções de ácido clorídrico. Por outro lado, a solubilidade de 1 bar de oxigênio puro na água é de apenas cerca de 0,0013 M.

A lei de Raoult não se aplica a soluções líquido/gás, porque essas soluções não são ideais. Este fato é ilustrado na Figura 7.19, na qual a pressão de vapor de um componente gasoso é colocada em um gráfico *versus* a fração molar. A figura mostra um intervalo de fração molar do gás, em que a lei de Raoult faz boas previsões quando comparada à realidade. Porém, essa concordância é restrita a regiões em que os valores de fração molar são grandes; para a maioria das composições, a lei de Raoult discorda da realidade.

Entretanto, a Figura 7.19 mostra que em regiões em que a fração molar do gás é pequena, a pressão de vapor do gás na fase de vapor em equilíbrio *é* proporcional à fração molar do componente gasoso. Esta proporcionalidade é ilustrada por uma linha pontilhada quase reta no gráfico da pressão *versus* x_i, nas frações molares menores. Uma vez que a pressão de vapor é proporcional à fração molar, matematicamente, podemos escrever que:

$$p_i \propto x_i$$

A maneira de transformar uma proporcionalidade em uma igualdade é definir uma constante de proporcionalidade K_i; assim, temos

$$p_i = K_i x_i \quad (7.31)$$

onde o valor da constante K_i depende da natureza dos componentes e da temperatura. A Equação 7.31 é chamada *lei de Henry*, proposta pelo químico britânico William Henry, contemporâneo e amigo de

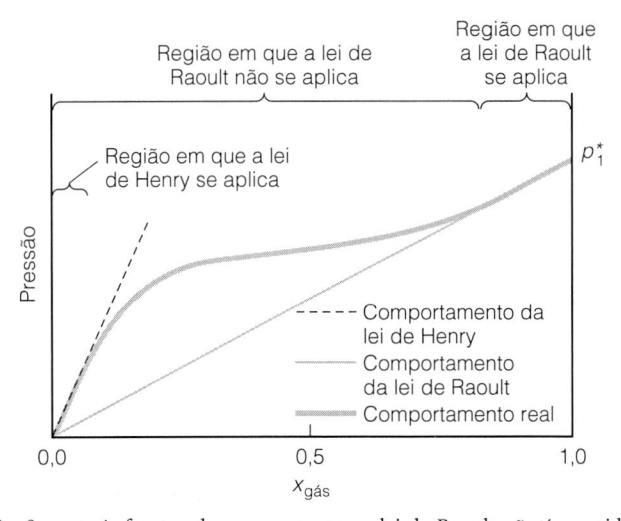

Figura 7.19 Se um gás for um dos componentes, a lei de Raoult não é mantida nas frações molares pequenas. Porém, há uma região de proporcionalidade, que pode ser descrita usando-se a lei de Henry.

Tabela 7.1 Algumas constantes da lei de Henry para soluções aquosas*

Composto	K_i (Pa)
Argônio, Ar	$4,03 \times 10^9$
1,3-Butadieno, C_4H_6	$1,43 \times 10^{10}$
Cloreto de vinila, $CH_2=CHCl$	$6,11 \times 10^7$
Dióxido de carbono, CO_2	$1,67 \times 10^8$
Formaldeído, CH_2O	$1,83 \times 10^3$
Hidrogênio, H_2	$7,03 \times 10^9$
Metano, CH_4	$4,13 \times 10^7$
Nitrogênio, N_2	$8,57 \times 10^9$
Oxigênio, O_2	$4,34 \times 10^9$

*Temperatura = 25 °C

John Dalton (da teoria atômica moderna e da famosa lei das pressões parciais de Dalton). K_i é chamada *constante da lei de Henry*.

Observe a semelhança e a diferença entre a lei de Raoult e a lei de Henry. Ambas se aplicam à pressão de vapor de componentes voláteis de uma solução. Ambas afirmam que a pressão de vapor de um componente é proporcional à fração molar do mesmo. Mas enquanto a lei de Raoult define a constante de proporcionalidade como a pressão de vapor do componente puro, a lei de Henry define a constante de proporcionalidade como um valor determinado experimentalmente. Algumas constantes da lei de Henry são apresentadas na Tabela 7.1.

Muitas aplicações da lei de Henry definem o sistema a partir de uma perspectiva diferente. Em vez de se especificar a composição da solução, define-se a fase líquida e a pressão do componente gasoso no equilíbrio. Então, a questão que se coloca é: qual é a fração molar do gás no equilíbrio com a solução resultante? O exemplo seguinte mostra isso.

Exemplo 7.9

A constante K_i da lei de Henry para CO_2 na água é $1,67 \times 10^8$ Pa (Pa = pascal; 1 bar = 10^5 Pa) a uma dada temperatura. Se a pressão do CO_2 em equilíbrio com a água fosse $1,00 \times 10^6$ Pa (que é igual a 10 bar, ou cerca de 10 atm) naquela temperatura, qual é a fração molar de CO_2 na solução? Você pode calcular a molaridade do CO_2 na solução?

Solução

Neste exemplo, estamos especificando a pressão parcial de equilíbrio do gás na fase gasosa e determinando a fração molar na solução líquida (em vez do método oposto, como era de hábito até agora). Utilizando a Equação 7.31, temos

$$1,00 \times 10^6 \text{ Pa} = (1,67 \times 10^8 \text{ Pa}) \cdot x_i$$

Resolvendo, temos

$$x_i = 0,00599$$

Observe que as unidades foram canceladas. Isto é o que se espera para uma fração molar, que não tem unidade. Já que a fração molar de CO_2 é tão pequena, admitiremos que o volume de 1 mol da solução é o volume molar da água, que é 18,01 mL ou 0,01801 L. A fração molar das moléculas de H_2O é de cerca de 1,00, e então, o número de mols de CO_2 dissolvido na água é 0,00599 mol. Portanto, a molaridade aproximada da solução é

$$\frac{0,00599 \text{ mol}}{0,01801 \text{ L}} = 0,333 \text{ M}$$

O valor elevado da concentração molar desta solução desmente a fração molar pequenina na fase líquida. Bebidas com carbonato são feitas usando esta pressão de dióxido de carbono gasoso.

7.6 Soluções Líquido/Sólido

Nesta seção, consideraremos apenas as soluções nas quais o componente líquido tem a maior fração molar (o *solvente*) e o componente sólido tem a menor fração molar (o *soluto*). Também assumiremos que o soluto sólido é não-iônico, porque a presença de íons com cargas opostas afeta as propriedades da solução (o que será considerado no próximo capítulo). Também há uma consideração que está implícita quando se especifica um componente sólido: ele não contribui em nada para a fase de vapor que está em equilíbrio com a solução. Uma maneira de dizer isso é afirmar que o sólido é um componente *não-volátil*. Portanto, os componentes de soluções desse tipo são fáceis de separar utilizando a *destilação simples* do único componente volátil, isto é, o solvente, em vez da destilação fracionada complexa. A Figura 7.20 mostra dois arranjos experimentais para destilação simples. Compare com a Figura 7.9.

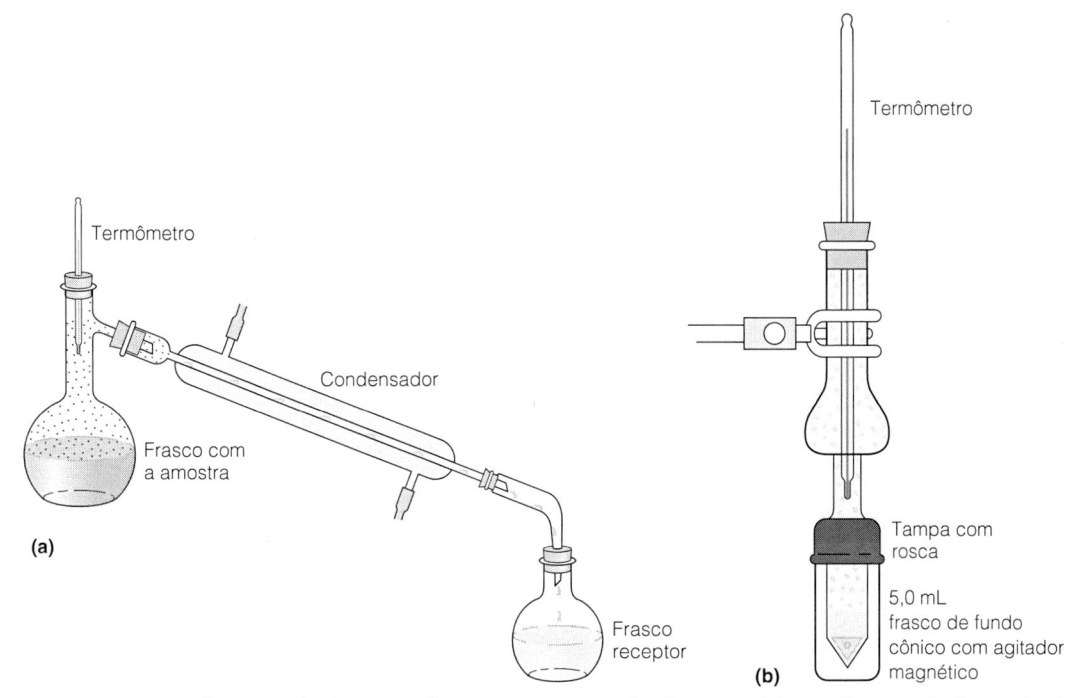

Figura 7.20 Aparelhos para destilação simples. Compare com os da Figura 7.9. (a) Aparelho para destilação simples em escala normal. (b) Aparelho para destilação simples em microescala.

Uma vez mencionada a mudança da fase líquido-gás para o componente líquido, o que dizer sobre a mudança da fase líquido-sólido? Isto é, o que acontece quando a solução é congelada? O ponto de congelamento de uma solução não é igual ao do líquido puro, um tópico que será discutido mais adiante. Porém, quando o líquido solidifica, *forma-se uma fase de sólido puro*. A fase líquida remanescente torna-se mais concentrada em soluto, e este aumento na concentração continua até que a solução esteja saturada. Qualquer concentração além dessa causa a precipitação do soluto, juntamente com a solidificação do solvente. Esse processo continua até que todo o soluto esteja precipitado e todo o componente líquido seja sólido puro.

A maioria das soluções de sólido em líquido não forma soluções com relações sólido/líquido infinitas. Existe um limite para o quanto de sólido pode ser dissolvido em uma dada quantidade de líquido. Neste limite, a solução está *saturada*. A *solubilidade* representa a quantidade de sólido que tem de ser dissolvida para formar uma solução saturada, e é dada em uma variedade de unidades. [Uma unidade muito usada é (grama do soluto)/(100 mL do solvente).] A maioria das soluções com as quais trabalhamos são insaturadas, tendo menos do que a quantidade máxima do soluto que pode ser dissolvido.

Ocasionalmente, é possível dissolver mais do que o máximo. Isto se faz aquecendo o solvente, dissolvendo mais soluto, resfriando cuidadosamente a solução, de modo que o excesso de soluto não se precipite. Estas são soluções *supersaturadas*. Porém, essas soluções não são estáveis termodinamicamente.

Para uma solução líquido/sólido ideal, é possível calcular a solubilidade do soluto sólido. Se temos uma solução saturada, ela está em equilíbrio com o excesso de soluto não dissolvido:

$$\text{soluto (s)} + \text{solvente } (\ell) \rightleftharpoons \text{soluto (solv)} \tag{7.32}$$

onde o soluto (solv) se refere ao soluto solvatado, isto é, ao sólido dissolvido.

Se este equilíbrio existe, o potencial químico do sólido não dissolvido é igual ao potencial químico do soluto dissolvido:

$$\mu^\circ_{\text{soluto puro (s)}} = \mu_{\text{soluto dissolvido}} \tag{7.33}$$

O potencial químico do soluto não dissolvido tem o sobrescrito °, porque ele é um material puro, enquanto o potencial químico do soluto dissolvido é parte da solução. Porém, se o soluto dissolvido puder ser considerado como um dos componentes de uma solução líquido/líquido (com o outro líquido sendo o próprio solvente), o potencial químico da solução será

$$\mu_{\text{soluto dissolvido}} = \mu^\circ_{\text{soluto dissolvido }(\ell)} + RT \ln x_{\text{soluto dissolvido}} \tag{7.34}$$

Substituindo $\mu_{\text{soluto dissolvido }(\ell)}$ na Equação 7.33:

$$\mu^\circ_{\text{soluto puro}} = \mu^\circ_{\text{soluto dissolvido }(\ell)} + RT \ln x_{\text{soluto dissolvido}} \tag{7.35}$$

Esta equação pode ser rearranjada para fornecer uma expressão para a fração molar do soluto dissolvido na solução:

$$\ln x_{\text{soluto dissolvido}} = \frac{\mu^\circ_{\text{soluto puro (s)}} - \mu^\circ_{\text{soluto puro }(\ell)}}{RT} \tag{7.36}$$

A expressão no numerador da Equação 7.36 é o potencial químico do sólido menos o potencial químico do líquido para um soluto puro, que é igual à variação da energia livre molar de Gibbs para o seguinte processo:

$$\text{soluto } (\ell) \longrightarrow \text{soluto (s)} \tag{7.37}$$

Isto é, o numerador se refere à variação de energia livre no processo de solidificação. A energia livre de Gibbs desse processo seria igual a zero se ele ocorresse no ponto de fusão. Portanto, se T não for a temperatura do ponto de fusão, $\Delta_{\text{fus}}G$ será diferente de zero. A Equação 7.37 representa o inverso do processo de fusão e, portanto, a variação de G pode ser representada por $-\Delta_{\text{fus}}G$. Desse modo, a Equação 7.36 se transforma em

$$\ln x_{\text{soluto dissolvido}} = \frac{-\Delta_{\text{fus}}G}{RT} = \frac{-(\Delta_{\text{fus}}H - T\Delta_{\text{fus}}S)}{RT} \tag{7.38}$$

Na equação acima, substituímos $\Delta_{\text{fus}}G$, lembrando, mais uma vez, que $\Delta_{\text{fus}}H$ e $\Delta_{\text{fus}}S$ representam variações de entalpia e de entropia em uma temperatura diferente do ponto de fusão.

Neste ponto, acrescentamos $(\Delta_{\text{fus}}G_{\text{PF}})/RT_{\text{PF}}$ à última expressão, onde $\Delta_{\text{fus}}G_{\text{PF}}$ é a energia livre de Gibbs de fusão e T_{PF} é o ponto de fusão do soluto. Como no ponto de fusão $\Delta_{\text{fus}}G_{\text{PF}}$ é igual a zero, acrescentamos zero à Equação 7.38, obtendo

$$\ln x_{\text{soluto dissolvido}} = \frac{-(\Delta_{\text{fus}}H - T\Delta_{\text{fus}}S)}{RT} + \frac{\Delta_{\text{fus}}G_{\text{PF}}}{RT_{\text{PF}}}$$

$$= \frac{-(\Delta_{\text{fus}}H - T\Delta_{\text{fus}}S)}{RT} + \frac{\Delta_{\text{fus}}H_{\text{PF}} - T_{\text{PF}}\Delta_{\text{fus}}S_{\text{PF}}}{RT_{\text{PF}}}$$

$$\ln x_{\text{soluto dissolvido}} = -\frac{\Delta_{\text{fus}}H}{RT} + \frac{\Delta_{\text{fus}}S}{R} + \frac{\Delta_{\text{fus}}H_{\text{PF}}}{RT_{\text{PF}}} - \frac{\Delta_{\text{fus}}S_{\text{PF}}}{R}$$

Estamos usando PF, novamente, para indicar que os valores de ΔH e ΔS se referem à temperatura do ponto de fusão. Porém, se as variações de entalpia e de entropia não mudam muito com a temperatura, podemos fazer as aproximações $\Delta_{\text{fus}}H \approx \Delta_{\text{fus}}H_{\text{PF}}$ e $\Delta_{\text{fus}}S \approx \Delta_{\text{fus}}S_{\text{PF}}$. Substituímos e eliminamos $\Delta_{\text{fus}}H_{\text{PF}}$ e $\Delta_{\text{fus}}S_{\text{PF}}$.

$$\ln x_{\text{soluto dissolvido}} = -\frac{\Delta_{\text{fus}}H}{RT} + \frac{\Delta_{\text{fus}}S}{R} + \frac{\Delta_{\text{fus}}H}{RT_{\text{PF}}} - \frac{\Delta_{\text{fus}}S}{R}$$

Vemos que os dois termos em $\Delta_{\text{fus}}S$ se cancelam. Os dois termos em $\Delta_{\text{fus}}H$ podem ser combinados e fatorados; a equação final é

$$\ln x_{\text{soluto dissolvido}} = -\frac{\Delta_{\text{fus}}H}{R}\left(\frac{1}{T} - \frac{1}{T_{\text{PF}}}\right) \tag{7.39}$$

Esta é a equação fundamental para o cálculo das solubilidades dos sólidos nas soluções. Como sempre, a unidade de temperatura deve ser temperatura absoluta. Observe que a solubilidade é dada em fração molar do soluto dissolvido na solução. Quando se quer a solubilidade em molaridade ou gramas por litro, deve-se aplicar as conversões adequadas.

Exemplo 7.10

Calcule a solubilidade do naftaleno sólido, $C_{10}H_8$, no tolueno líquido, $C_6H_5CH_3$, a 25,0 °C, sabendo que o calor de fusão do naftaleno é 19,123 kJ/mol e que seu ponto de fusão é 78,2 °C.

Solução
Utilizando a Equação 7.39, obtemos

$$\ln x_{\text{soluto dissolvido}} = -\frac{19{,}123\,\frac{\text{kJ}}{\text{mol}}}{0{,}008314\,\frac{\text{kJ}}{\text{mol}\cdot\text{K}}}\left(\frac{1}{298{,}15\text{ K}} - \frac{1}{351{,}35\text{ K}}\right)$$

Observe que convertemos as unidades de R para kJ, e os valores da temperatura para temperatura absoluta. Como esperado, todas as unidades se cancelam algebricamente, obtendo:

$$\ln x_{\text{soluto dissolvido}} = -2300{,}1(0{,}0033542 - 0{,}0028461)$$

$$\ln x_{\text{soluto dissolvido}} = -1{,}1687$$

Agora, invertemos o logaritmo natural:

$$x_{\text{soluto dissolvido}} = 0{,}311$$

Experimentalmente, a fração molar $x_{\text{soluto dissolvido}}$ do naftaleno dissolvido em tolueno é 0,294. Observe a boa concordância entre o valor calculado e o experimental, levando em conta, principalmente, os pressupostos durante a dedução da Equação 7.39.

Exemplo 7.11

Use a Equação 7.39 para justificar o efeito na solubilidade de um composto se a temperatura for aumentada. Considere que a temperatura é mais baixa do que no ponto de fusão do soluto puro.

> **Solução**
> Se $\Delta_{fus}H$ for positivo (e é, por definição), o termo $-(\Delta_{fus}H)/R$ será negativo. Quando a temperatura aumenta, $1/T$ diminui, e o valor de $[(1/T - 1/T_{PF})]$ também diminui. (Quando $T < T_{PF}$, $1/T > 1/T_{PF}$. Assim, à medida que $1/T$ diminui, $[(1/T - 1/T_{PF})]$ também diminui.) Portanto, o produto $[-(\Delta_{fus}H)/R]\,[(1/T - 1/T_{PF})]$ torna-se um número negativo menor, à medida que T aumenta. O inverso do logaritmo negativo menor é um número decimal maior. Assim, à medida que T aumenta, $x_{soluto\ dissolvido}$ aumenta. Em outras palavras, à medida que a temperatura aumenta, a solubilidade do soluto aumenta. Isso acontece com quase todos os solutos. (São raros os solutos cuja solubilidade diminui com o aumento da temperatura.)

7.7 Soluções Sólido/Sólido

Muitos sólidos são, na realidade, soluções de dois ou mais componentes sólidos. Ligas são soluções sólidas. O *aço*, por exemplo, é uma liga de ferro. Existem muitos tipos de aço cujas propriedades dependem dos outros componentes da solução bem como de sua fração molar. Na Tabela 7.2, temos alguns tipos de aço juntamente com outras ligas. *Amálgamas* são ligas de mercúrio. Muitas obturações dentárias são feitas com amálgamas (apesar de o perigo imaginado — não real — de envenenamento por mercúrio estar tornando as obturações com amálgamas cada vez menos populares). Bronze (liga de cobre e estanho), latão (liga de cobre e zinco), solda, peltre,[4] vidro colorido, silício dopado para semicondutores são exemplos de soluções sólidas.

Tabela 7.2 Exemplos de soluções sólido/sólido*

Nome	Composição	Usos
Aço inoxidável #304	18–20 Cr, 8–12 Ni, 1 Si, 2 Mn, 0,08 C, Fe remanescente	Aço inoxidável padrão
Aço inoxidável #440***	16–18 Cr, 1 Mn, 1 Si, 0,6–0,75 C, 0,75 Mo, Fe remanescente	Aço inoxidável de alta qualidade
Alnico**	12 Al, ~20 Ni, 5 Co, Fe remanescente	Ímãs permanentes
Constantan	45 Ni, 55 Cu	Termopares
Metal branco	89 Sn, 7 Sb, 4 Cu	Redutor de fricção
Metal de Wood	50 Bi, 25 Pb, 12,5 Sn, 12,5 Cd	Sistema de extinção de incêndio
Metal para armas	90 Cu, 10 Sn	Armas de fogo
Monimax	47 Ni, 3 Mo, Fe remanescente	Fios eletromagnéticos
Prata esterlina	92,5 Ag, 7,5 Cu (ou outro metal)	Objetos de prata duráveis
Solda	25 Pb, 25 Sn, 50 Bi	Solda de baixo ponto de fusão

*Todos os números estão em porcentagem em peso.
**Existem dezenas de tipos de aço inoxidável, cada um com suas propriedades.
***Existem várias composições de alnico, algumas com outros componentes metálicos.

Soluções sólidas devem ser diferenciadas de *compósitos*, que são materiais formados por dois ou mais componentes sólidos, que, na realidade, nunca se dissolvem. Lembre-se de que uma solução é uma mistura que tem uma composição constante por todo o sistema. Por exemplo, a água salgada tem uma composição constante em um nível macroscópico, mesmo sendo composta de H_2O e NaCl. Por outro lado, uma peça de madeira compensada, composta de camadas de diferentes materiais, não tem uma composição constante em toda a sua extensão. Compósitos não são soluções sólidas verdadeiras.

Em soluções sólido/sólido, as mudanças de fase interessantes ocorrem entre as diferentes fases sólidas possíveis e entre as fases sólida e líquida. Existe uma semelhança entre as mudanças de fase líquido-

---
[4] N. do R.T.: Peltre é o nome de várias ligas de estanho (com antimônio, cobre, bismuto, chumbo etc.).

gás e sólido-líquido: as composições das fases em um sistema no estado de equilíbrio não são necessariamente as mesmas. No caso das soluções sólido/sólido, a composição de uma fase líquida em equilíbrio com a solução é uma questão que deve ser examinada.

O exemplo seguinte mostra que a regra das fases de Gibbs também se aplica às soluções sólidas.

Exemplo 7.12

Para um diagrama de fase temperatura-composição de uma solução com dois componentes, quantos graus de liberdade são necessários para descrever o sistema, nos seguintes casos?
a. O sistema é inteiramente sólido
b. Existe equilíbrio entre as fases sólida e líquida
Em cada caso, sugira quais são as variáveis que representam os graus de liberdade.

Solução
a. Utilizando a regra das fases de Gibbs para uma solução sólida com uma fase, teríamos
$$L = C - F + 2 = 2 - 1 + 2$$
$$L = 3$$
Os graus de liberdade podem ser a pressão, a temperatura e a fração molar de um componente. (A outra fração molar é determinada por subtração.)
b. No caso de um sólido em equilíbrio com uma fase líquida, temos:
$$L = C - F + 2 = 2 - 2 + 2$$
$$L = 2$$
Nesse caso, podemos especificar a temperatura e a fração molar de um componente. Já que sabemos que há duas fases em equilíbrio, a pressão é determinada pelo diagrama de fase e pela linha de equilíbrio entre as fases sólida e líquida, a uma determinada composição e temperatura.

Para compreender os diagramas de fase temperatura-composição para mudanças de fase sólido-líquido (o tipo mais comum) de soluções sólidas, deve-se levar em consideração uma questão levantada na última seção. Quando uma solução líquida atinge uma temperatura na qual ocorre solidificação, o que geralmente solidifica é uma *fase pura*. Quando isso ocorre, o líquido remanescente se torna mais concentrado no *outro* componente. Esse comportamento é semelhante ao da destilação fracionada, o que sugere que diagramas de fase como os das Figuras 7.10 ou 7.11 podem ser aplicados a mudanças de fase sólido-líquido. Na realidade, isso é um pouco mais complicado.

Antes de tudo, deve-se entender que a adição de qualquer soluto abaixa o ponto de congelamento de qualquer solvente (um tópico que será considerado com mais detalhes posteriormente). Por exemplo, podemos começar com dois componentes puros A e B, que têm pontos de fusão (PF) específicos, como aparece no diagrama de fase temperatura-composição, na Figura 7.21a. Essas frações molares são representadas por $x_A = 1$ e $x_A = 0$[5]. Começando por qualquer um dos lados do diagrama, à medida que cada componente puro vai se tornando impuro – isto é, à medida que nos movemos para o centro do diagrama – o ponto de fusão cai (Figura 7.21b). No diagrama de fase, isto é representado por uma linha limítrofe entre uma fase sólida – B puro ou A puro – em equilíbrio com uma fase líquida, como está indicado. À medida que A e B vão se tornando mais impuros, as duas linhas de equilíbrio sólido-líquido vão se aproximando e irão se encontrar em um ponto, como mostra a Figura 7.21c. Nesse ponto, ambos os sólidos A e B congelarão.

---
[5] N. do T.: $x_A = 1$ corresponde ao componente A puro; $x_A = 0$ corresponde ao componente B puro.

O diagrama de fase sólido-líquido é muito parecido com um diagrama de fase líquido-vapor: partindo de qualquer lado do diagrama em direção ao centro, um dos componentes mudará de fase preferencialmente, e o outro componente ficará mais e mais concentrado no líquido remanescente. Isso ocorre até que seja alcançada uma determinada composição, marcada como x_E, quando os dois componentes congelarão simultaneamente. Neste ponto, o sólido formado e o líquido terão a mesma composição, chamada de *composição eutética*. O líquido com essa composição age como se fosse um componente puro em equilíbrio com a fase sólida de mesma composição. Isto ocorre a uma determinada temperatura, chamada temperatura eutética, T_E. Este "componente puro" é chamado de *eutético*. O eutético é semelhante ao azeótropo que aparece nos diagramas de fase líquido-vapor. Nem todos os sistemas formarão eutéticos, mas alguns sistemas podem ter mais do que um. A composição do(s) eutético(s) em um sistema com múltiplos componentes é característica dos componentes. Isto é, não se pode prever o(s) mesmo(s) eutético(s) para todos os sistemas.

A Figura 7.21c mostra o comportamento da mistura sólida de A com B, e como as fases sólida e líquida se comportam com a variação da temperatura. Abaixo da temperatura eutética, T_E, o sistema é sólido. Acima da temperatura eutética, pode ser apenas uma fase líquida com a composição eutética, a combinação de um sólido puro (A ou B) com uma mistura líquida (A + B) ou uma fase líquida com a composição A + B.

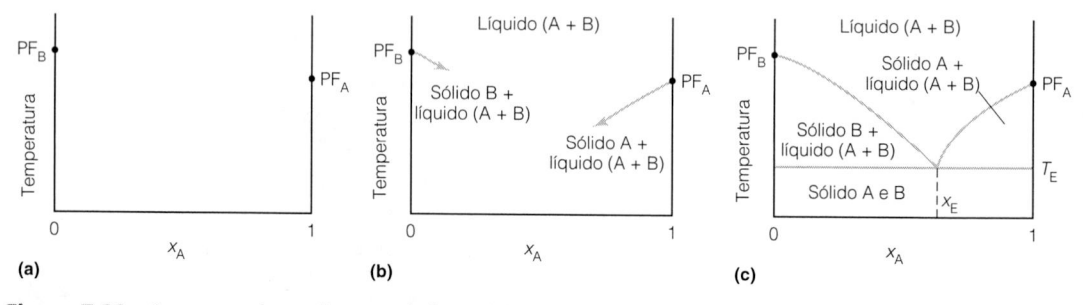

Figura 7.21 Construção de um diagrama de fase sólido-líquido, simples para uma solução sólida. (a) Os componentes sólidos puros têm pontos de fusão bem definidos. (b) Partindo do componente A puro ou do componente B puro, à medida que o outro componente (B ou A, respectivamente) vai sendo introduzido, o ponto de fusão vai diminuindo. Acima de cada segmento de linha, o estado é líquido; abaixo de cada segmento de linha, existe algum líquido e a maior parte do componente (A ou B) está se congelando. (c) Em algum ponto, as duas linhas se encontrarão. Abaixo desse ponto, o sistema é sólido, e acima, é líquido. Assim, o diagrama de fases pode ser dividido nas áreas: tudo sólido, sólido + líquido e tudo líquido. Porém, as duas regiões "sólido + líquido" têm composições diferentes.

Exemplo 7.13

A Figura 7.22a mostra um diagrama de fases de dois componentes, A e B. Também mostra dois pontos iniciais, M e N.
a. Explique o comportamento dos componentes quando o sistema começa no ponto M e resfria.
b. Explique o comportamento dos componentes quando o sistema começa no ponto N e aquece.

Solução

a. O ponto M representa um líquido que tem, principalmente, o componente B, uma vez que a fração molar de A é aproximadamente 0,1. À medida que se desce verticalmente no diagrama de fases, a temperatura do líquido com dois componentes cai até alcançar a linha do equilíbrio sólido-líquido. Neste ponto, o componente B puro solidifica, e o líquido remanescente se torna mais concentrado no componente A. Quando a fração molar chega a 0,2 em A, a composição eutética é alcançada e o líquido solidifica como se fosse uma substância pura, e continua a resfriar como um sólido eutético formado por A e B. A Figura 7.22b mostra uma linha pontilhada indicando essas mudanças.

b. O ponto N representa uma fase sólida com partes aproximadamente iguais de A e B. À medida que a temperatura aumenta, é alcançado um ponto em que o componente A começa a fundir. Isso reduz a quantidade de A no sólido (indicada pela linha pontilhada acima da linha sólida, na Figura 7.22b). Quando uma quantidade suficiente de A funde, para que o sólido tenha a composição eutética, o sólido funde de maneira uniforme, como se fosse um componente puro. Depois que todo sólido funde, o sistema é composto de uma única fase líquida.

Assim como os azeótropos, os eutéticos podem ser ternários, quaternários, e assim por diante, mas seus diagramas de fase rapidamente se tornam muito complexos. Alguns eutéticos importantes têm impacto sobre o dia-a-dia. Uma solda comum é um eutético de estanho e chumbo (63% e 37%), respectivamente, que funde a 183 °C, enquanto os pontos de fusão do estanho e do chumbo puros são 232 °C e 207 °C. O metal de Wood é uma liga de bismuto, chumbo, estanho e cádmio (50:25:12,5:12,5), que funde a 70 °C (abaixo do ponto de ebulição da água!), que pode ser usada em sistemas de prevenção de incêndios com aspersores de teto. NaCl e H$_2$O formam um eutético que funde a –21 °C, o que deve ser de interesse para quem usa sal sobre as estradas congeladas no inverno. (A composição deste eutético é cerca de 23 por cento de massa de NaCl.) Um eutético fora do comum é formado por césio e potássio. Em uma proporção de 77:23 (Cs:K), este eutético funde a –48 °C! Este eutético é um metal líquido na maioria das temperaturas terrestres (e seria muito reativo com água).

Em muitos casos, os equilíbrios sólido-líquido são muito mais complicados do que sugerem as Figuras 7.21 e 7.22. Isto se deve a dois fatores. Primeiro, sólidos podem não ser "solúveis" em todas as proporções, de modo que podem haver regiões de imiscibilidade no diagrama de fase temperatura-composição. Segundo, dois componentes podem formar *compostos estequiométricos* que podem atuar como componentes puros. Por exemplo, no diagrama de fase de soluções de Na e K, pode-se formar um "composto" com estequiometria Na$_2$K. A presença deste composto estequiométrico pode complicar ainda mais o diagrama de fases. A Figura 7.23 mostra isso em um diagrama de fase temperatura-composição para uma solução sólido/líquido de Na/K. Outros diagramas de fase podem ser muito mais complicados, como mostra a Figura 7.24.

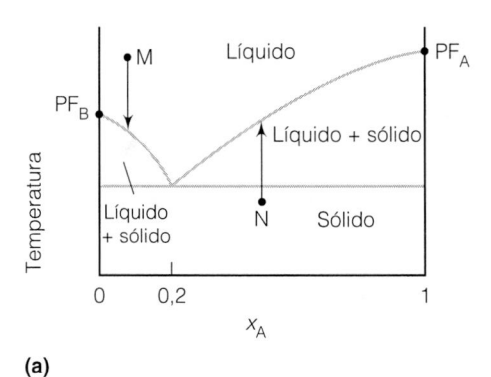

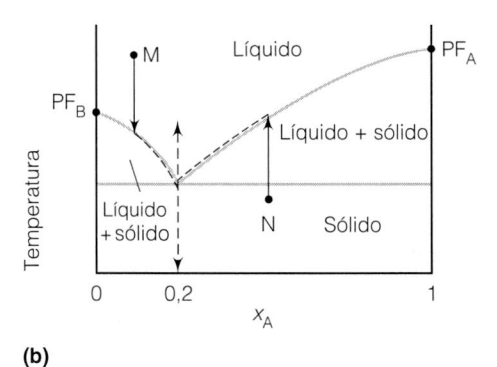

Figura 7.22 O diagrama de fases descrito no Exemplo 7.13.

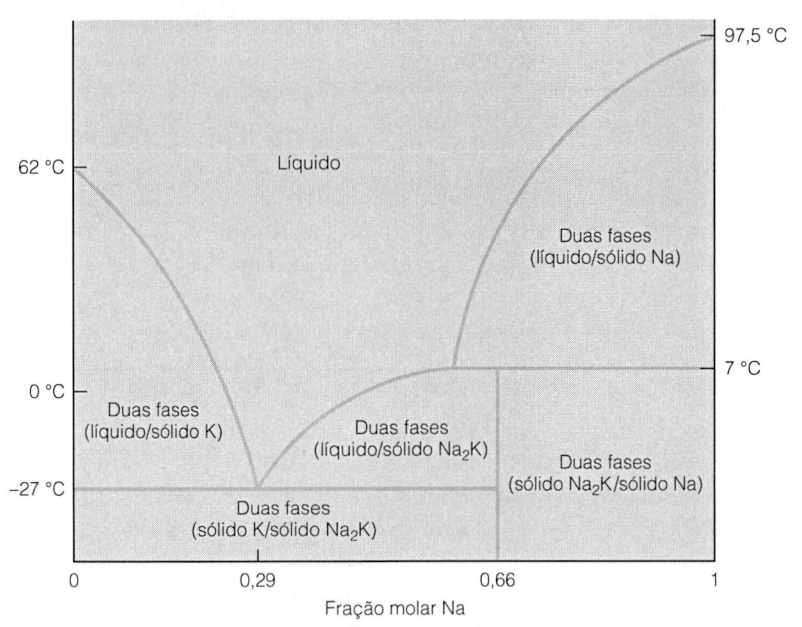

Figura 7.23 Um diagrama de fase de solução sólida mais complicado. Este diagrama é para um sistema de Na/K. Mostra a existência de um composto estequiométrico, Na_2K. *Fonte:* Adaptado de T. M. Duncan e J. A. Reimer, *Chemical Engineering Design and Analysis: An Introduction,* Cambridge University Press, 1998.

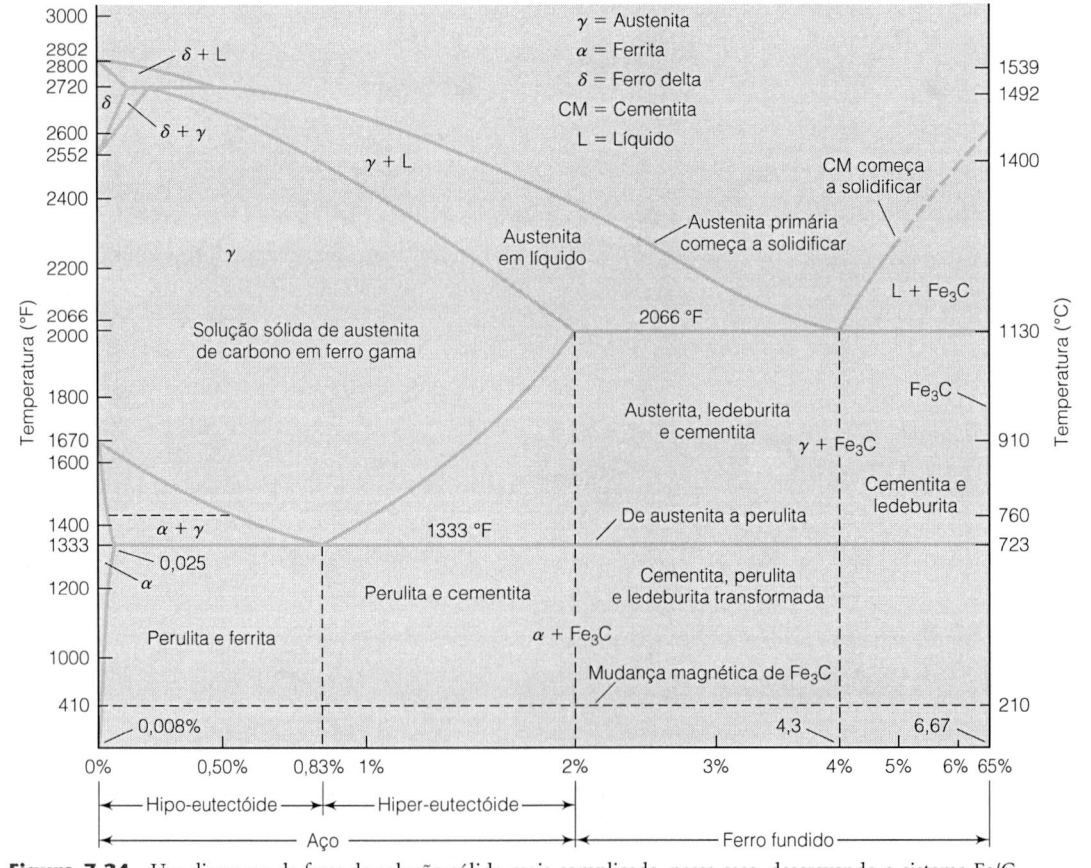

Figura 7.24 Um diagrama de fases de solução sólida mais complicado, nesse caso, descrevendo o sistema Fe/C.

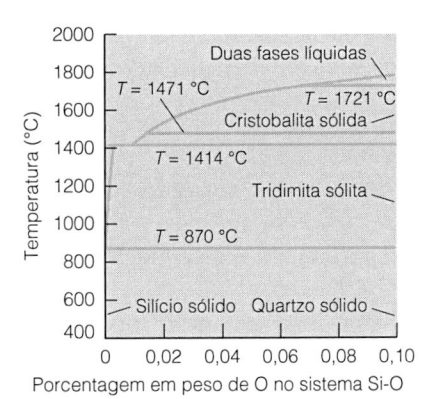

Figura 7.25 Diagrama de fases temperatura-composição para o silício e os óxidos de silício. Este diagrama de fases é muito importante para a indústria de semicondutores, na qual o silício ultrapuro é a primeira etapa para se fazer microchips.

O conhecimento detalhado das fases em soluções sólidas pode ser utilizado no *refinamento por zona*, que é um método importante para preparar materiais muito puros. É especialmente útil na indústria de semicondutores, em que a produção de silício ultrapuro é o primeiro passo, crucial para se fazer semicondutores. A Figura 7.25 mostra um diagrama de fases temperatura-composição para o silício e óxidos de silício. O silício "puro", que teria uma composição muito próxima do valor zero em porcentagem em peso de oxigênio na Figura 7.25, ainda tem impurezas suficientes para causar problemas nas propriedades elétricas do silício, que tem de ser mais purificado.

Um cilindro sólido de Si, chamado *rubi sintético*, passa lentamente por um forno cilíndrico de alta temperatura, como mostra a Figura 7.26. (Silício funde a 1410 °C.) Quando se re-solidifica lentamente, o faz na forma de silício puro, e as impurezas permanecem na fase fundida. À medida que o rubi sintético passa pelo forno, esta camada impura recolhe mais impurezas enquanto o silício ultrapuro se cristaliza. No fim, como se vê na Figura 7.26, todo o rubi sintético passou pelo forno, e as impurezas estão concentradas em uma ponta, que é removida. O que permanece é um cilindro de silício cristalino ultrapuro, que pode ser cortado em milhares ou milhões de semicondutores. Outros cristais, incluindo pedras preciosas sintéticas, podem ser produzidos desta maneira.

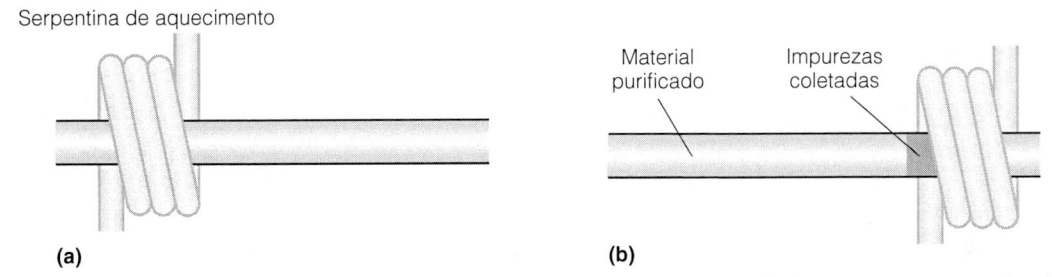

Figura 7.26 No refinamento por zona do silício, uma serpentina de aquecimento funde uma pequena parte do rubi sintético de cada vez. À medida que o líquido solidifica lentamente, as impurezas permanecem concentradas na fase líquida. Enquanto a zona de fusão passa ao longo do rubi sintético, as impurezas vão sendo coletadas em uma ponta, que pode então ser removida do material puro.

7.8 Propriedades Coligativas

Considere o solvente de uma solução. Ele é definido como o componente com a maior fração molar, se bem que, em soluções aquosas concentradas, esta definição nem sempre é obedecida. Compare as propriedades de uma solução que tem um soluto não-volátil com as mesmas propriedades do solvente puro. Em certos casos, as propriedades físicas são diferentes. Estas propriedades diferem por causa das moléculas do soluto. As propriedades são independentes da *identidade* das moléculas do soluto, e a sua mudança está relacionada apenas ao *número* de moléculas do soluto. Essas propriedades são chamadas *coligativas*. A palavra *coligativa* vem do latim e significa "amarrada", que é, num certo sentido, como estão as moléculas do soluto e do solvente. As quatro propriedades coligativas usuais são: diminuição da pressão do vapor, elevação do ponto de ebulição, diminuição do ponto de congelamento e pressão osmótica.

Já nos referimos à diminuição da pressão do vapor, na forma da lei de Raoult. A pressão do vapor de um líquido puro diminui quando um soluto é adicionado, sendo proporcional à fração molar do solvente:

$$p_{solv} = x_{solv} p^*_{solv}$$

onde p_{solv} é a fração molar do solvente puro, p^*_{solv} é a pressão do vapor do solvente puro e x_{solv} é a fração molar do solvente na solução. Uma vez que a fração molar é sempre 1 ou menos, a pressão de vapor do solvente na solução *é sempre menor que a pressão do vapor do líquido puro*. Note ainda que, para a lei de Raoult, não faz diferença qual é o soluto, isso depende apenas da fração molar do solvente. Esta é uma das características de uma propriedade coligativa. Não se refere a que, mas a *quanto*.

Antes de considerar as próximas propriedades coligativas, relembremos da unidade de concentração molalidade. A molalidade de uma solução é similar à molaridade, mas é definida em termos do número de quilogramas de solvente e não do número de litros de solução:

$$\text{molalidade} \equiv \frac{\text{número de mols do soluto}}{\text{número de quilogramas do solvente}} \quad (7.40)$$

A molalidade, abreviada como molal ou m, é mais útil que a molaridade na abordagem das propriedades coligativas porque representa uma relação mais direta entre o número de moléculas do soluto e do solvente. A unidade molaridade inclui automaticamente o conceito de volumes molares parciais porque é definida em termos de litros de *solução*, não de solvente. Ela também depende das quantidades de solvente e de soluto (nas unidades mol e quilograma), mas é independente do volume ou da temperatura. Assim, à medida que T varia, a concentração em molalidade permanece constante enquanto a concentração em molaridade varia, devido à expansão ou contração do volume da solução.

A propriedade coligativa seguinte é a *elevação do ponto de ebulição*. Um líquido puro tem um ponto de ebulição bem definido a uma pressão definida. Se um soluto não-volátil for adicionado, suas moléculas irão dificultar, até certo ponto, a capacidade das moléculas de escapar da fase líquida, e mais energia será necessária para fazer o líquido ferver e, por isso, o ponto de ebulição aumenta.

Do mesmo modo, solutos não-voláteis irão tornar mais difícil para as moléculas do solvente cristalizarem nos seus pontos de fusão normais, porque a solidificação será impedida. Portanto, uma temperatura mais baixa será necessária para congelar o solvente puro. Isso exprime a idéia de *diminuição do ponto de congelamento*. Um líquido puro tem seu ponto de congelamento diminuído quando um soluto é dissolvido nele. (Esta observação é comum para quem tenha tentado sintetizar um composto em um laboratório. Um composto impuro irá fundir em uma temperatura mais baixa, devido à diminuição do ponto de ebulição do "solvente".)

Devido ao fato de transições líquido-gás e líquido-sólido serem equilíbrios, podemos aplicar alguma matemática dos processos em equilíbrio às variações nas temperaturas das transições de fase. Em ambos os casos, a argumentação é a mesma, mas iremos nos concentrar no equilíbrio de fases líquido-sólido e, então, aplicar os argumentos finais à mudança de fases líquido-gás.

Em alguns aspectos, a diminuição do ponto de congelamento pode ser considerada em termos dos limites de solubilidade, discutidos na seção anterior. Agora, em vez do soluto, o componente que interessa é o *solvente*. Entretanto, são válidos os mesmos argumentos e equações. Por analogia, podemos adaptar a Equação 7.39 e dizer que

$$\ln x_{solvente} = -\frac{\Delta_{fus} H}{R}\left(\frac{1}{T} - \frac{1}{T_{PF}}\right) \quad (7.41)$$

onde $\Delta_{fus} H$ e T_{PF} se referem ao calor de fusão e ao ponto de ebulição do solvente. Se estivermos considerando as soluções diluídas, $x_{solvente}$ é muito próximo de 1. Como $x_{solvente} = 1 - x_{soluto}$, substituindo, temos

$$\ln(1 - x_{soluto}) = -\frac{\Delta_{fus} H}{R}\left(\frac{1}{T} - \frac{1}{T_{PF}}\right) \quad (7.42)$$

Usando a expansão da série de Taylor de um termo, $\ln(1-x) \approx -x$,[6] substituímos o logaritmo no lado esquerdo da equação, e obtemos

$$x_{\text{soluto}} \approx \frac{\Delta_{\text{fus}}H}{R}\left(\frac{1}{T} - \frac{1}{T_{\text{PF}}}\right) \tag{7.43}$$

onde os sinais de menos se cancelam. Esta equação é reescrita rearranjando, algebricamente, os termos que incluem a temperatura:

$$x_{\text{soluto}} \approx \frac{\Delta_{\text{fus}}H}{R} \frac{T_{\text{PF}} - T}{T \cdot T_{\text{PF}}} \tag{7.44}$$

Faremos uma última aproximação. Uma vez que estamos trabalhando com soluções diluídas, a temperatura do equilíbrio não é muito diferente da temperatura do ponto de fusão normal, T_{PF}. (Lembre-se de que ponto de congelamento e ponto de fusão são a mesma temperatura, e que as frases "ponto de congelamento" e "ponto de fusão" podem ser intercambiadas.) Portanto, substituímos T_{PF} por T no denominador da Equação 7.44, e definimos ΔT_f como $\Delta T_{\text{PF}} - T$: a variação na temperatura do equilíbrio nos processos de fusão ou congelamento. A Equação 7.44 torna-se

$$x_{\text{soluto}} \approx \frac{\Delta_{\text{fus}}H}{RT_{\text{PF}}^2} \Delta T_f \tag{7.45}$$

A relação entre molalidade e fração molar é simples. Se M_{solvente} é o peso molecular do solvente, a molalidade da solução é

$$m_{\text{soluto}} = \frac{1000 \cdot x_{\text{soluto}}}{x_{\text{solvente}} \cdot M_{\text{solvente}}} \tag{7.46}$$

O número 1000 no numerador da Equação 7.46 representa a conversão de gramas para quilogramas. Assim, há uma unidade g/kg implícita nessa equação. Lembre-se de que a fração molar do solvente é próxima de 1, e assim podemos aproximar x_{solvente} para 1. Então, rearranjamos a Equação 7.46 substituindo x_{soluto} da Equação 7.45, e rearranjamos novamente a equação para obter uma expressão para ΔT_f, que é a quantidade em que o ponto de congelamento é diminuído. Obtemos

$$\Delta T_f \approx \left(\frac{M_{\text{solvente}} \cdot RT_{\text{PF}}^2}{1000 \cdot \Delta_{\text{fus}}H}\right) m_{\text{soluto}} \tag{7.47}$$

Todos os termos relacionados às propriedades do solvente foram agrupados dentro dos parênteses, e o único termo relacionado ao soluto é a sua concentração molal. Observe que todos os termos dentro dos parênteses são constantes para um determinado solvente: seu peso molecular M_{solvente}, seu ponto de fusão T_{PF} e seu calor de fusão $\Delta_{\text{fus}}H$. (1000 e R também são constantes.) Assim, esse grupo de constantes representa um valor constante para qualquer solvente. Desse modo, uma forma mais comum de escrever a Equação 7.47 é

$$\Delta T_f \approx K_f \cdot m_{\text{soluto}} \tag{7.48}$$

onde K_f é chamada de *constante de diminuição do ponto de congelamento* do solvente. É também chamada de *constante crioscópica* do solvente.

Exemplo 7.14

Calcule a constante crioscópica do ciclohexano, C_6H_{12}, sabendo que seu calor de fusão é 2630 J/mol e seu ponto de fusão é 6,6 °C. Quais são as unidades da constante?

---

[6] A expansão de múltiplos termos é $\ln(1-x) = -x - \frac{1}{2}x^2 - \frac{1}{3}x^3 - \frac{1}{4}x^4 - \cdots$.

Solução

O peso molecular do ciclohexano é 84,16 g/mol. O ponto de fusão, que precisa ser expresso na temperatura absoluta, é 6,6 + 273,15 = 279,8 K. Comparando as Equações 7.47 e 7.48, vemos que a expressão para K_f é

$$K_f = \frac{M_{\text{solvente}}\, RT_{\text{PF}}^2}{1000\, \Delta_{\text{fus}}H}$$

Substituindo as variáveis:

$$K_f = \frac{(84{,}16\,\tfrac{\text{g}}{\text{mol}})(8{,}314\,\tfrac{\text{J}}{\text{mol·K}})(279{,}8\text{ K})^2}{1000\,\tfrac{\text{g}}{\text{kg}} \cdot 2630\,\tfrac{\text{J}}{\text{mol}}}$$

Trabalhando com as unidades, tudo se cancela, menos K·kg/mol

$$K_f = 20{,}83\,\frac{\text{K·kg}}{\text{mol}}$$

Essas unidades parecem pouco comuns, até lembrarmos de que a unidade de molalidade é definida em termos de mol/kg. Substituindo kg/mol no denominador, a resposta final é

$$K_f = 20{,}83\,\frac{\text{K}}{\text{molal}}$$

Esta unidade faz mais sentido se usarmos a Equação 7.48 para determinar a diminuição do ponto de congelamento. O ciclohexano tem um dos maiores valores de K_f dentre os solventes comumente usados.

Existe uma dedução análoga para a expressão que dá a diferença no ponto de ebulição do solvente que tem um soluto não-volátil dissolvido nele. Em vez de repetir toda a dedução, apenas o resultado final é apresentado:

$$\Delta T_b \approx \left(\frac{M_{\text{solvente}} \cdot RT_{\text{PE}}^2}{1000 \cdot \Delta_{\text{vap}}H}\right) m_{\text{soluto}} \qquad (7.49)$$

onde T_{PE} e $\Delta_{\text{vap}}H$ agora se referem ao ponto de ebulição e ao calor de vaporização do solvente. Novamente, os termos dentro dos parênteses são constantes para um determinado solvente, e a Equação 7.49 pode ser escrita como

$$\Delta T_b \approx K_b \cdot m_{\text{soluto}} \qquad (7.50)$$

onde K_e é *a constante de elevação do ponto de ebulição* do solvente. Às vezes, é chamada de *constante ebulioscópica*.

Uma coisa que as expressões para as variações dos pontos de congelamento e de ebulição não indicam: a *direção* da variação. Apesar de a matemática formal poder indicar a direção de ΔT_f e ΔT_e (sinal de + ou −), os sinais são perdidos nas Equações 7.48 e 7.50. Isto é, as equações apenas nos dão a magnitude da variação, não sua direção. Cabe a nós lembrar que a temperatura do ponto de congelamento diminui, e a do ponto de ebulição aumenta.

A última propriedade coligativa que iremos considerar é chamada pressão osmótica. Apesar de estarmos tratando dela em último lugar, provavelmente, ela é a mais importante porque muitos processos biológicos, como os que ocorrem em nossas células, são influenciados por ela.

Pressão é definida como força por unidade de área. Uma pressão é exercida sobre qualquer objeto que tem líquido acima dele, como sabem mergulhadores experientes. Os primeiros barômetros eram tubos com água — mais tarde, com mercúrio – arranjados de forma a atuarem contra a pressão da atmosfera. Veja a Figura 7.27.

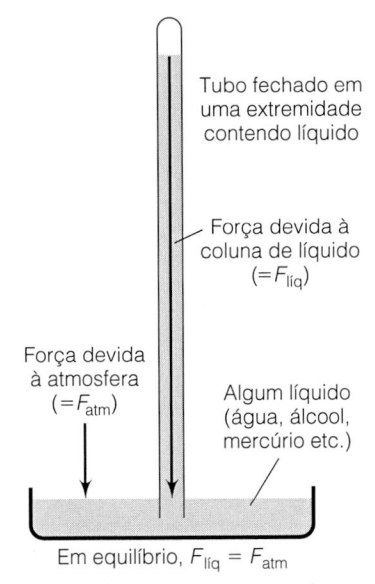

Figura 7.27 Uma ilustração de como pressões opostas agem umas contra outras. Neste exemplo, as pressões opostas são a pressão da atmosfera e a pressão da coluna de líquido em um tubo longo. Em equilíbrio, as duas pressões se contrabalançam. (Este diagrama representa um barômetro simples.)

Considere um sistema construído em duas partes separadas por uma membrana semipermeável, como mostra a Figura 7.28. Uma *membrana semipermeável* é um filme fino que permite que algumas moléculas passem e outras não passem por ele. Celofane e outros polímeros são exemplos. Paredes de células podem ser consideradas membranas semipermeáveis. Imagine o sistema cheio, com uma solução do lado esquerdo e solvente puro do lado direito; ambas as colunas com a mesma altura (Figura 7.28a). Ambos os lados do tubo estão abertos, a uma pressão externa, P.

Curiosamente, este sistema *não está no equilíbrio*. Com o tempo, moléculas do solvente (geralmente, água), que podem passar facilmente através de membranas semipermeáveis, vão do lado direito para o esquerdo, aumentando a diluição da solução. Conseqüentemente, as alturas das colunas de líquido dos dois lados da membrana vão mudar. Em algum ponto, o sistema atinge o equilíbrio. Isto é, os potenciais químicos do solvente nos dois lados da membrana ficam iguais:

$$\mu_{\text{solvente, 1}} = \mu_{\text{solvente, 2}}$$

Neste ponto, os níveis dos líquidos nos dois lados do sistema são diferentes, como mostra a Figura 7.28b. A coluna do lado esquerdo exerce uma pressão diferente da exercida pela coluna do lado direito. A diferença entre as duas pressões, representada pela diferença na altura das duas colunas, é chamada de *pressão osmótica*, simbolizada por Π. Portanto, no equilíbrio, o lado esquerdo exerce uma pressão total igual a $P + \Pi$, e o lado direito, uma pressão igual a P. Assim, a igualdade entre os dois potenciais químicos pode ser escrita como

$$\mu(P + \Pi) = \mu°(P) \tag{7.51}$$

onde o P maiúsculo é usado para diferenciar essa variável do p minúsculo que representa a pressão do gás. O potencial químico da solução que tem uma fração molar do soluto, x_{soluto}, está relacionado com o potencial químico padrão, como na Equação 7.35, mas com uma notação um pouco diferente:

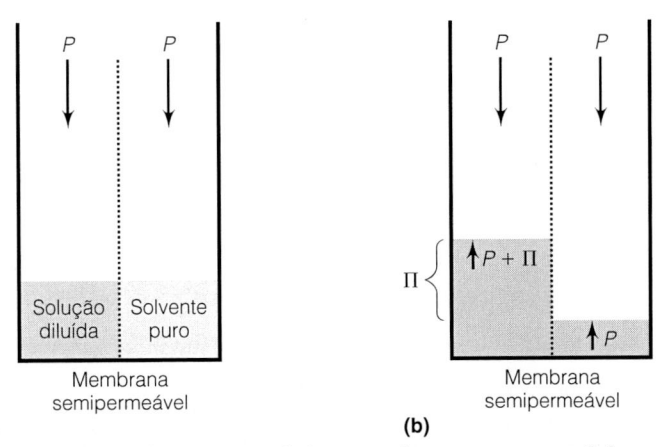

Figura 7.28 O sistema, dividido em duas partes, é cheio, com solvente puro em um lado e solução no outro. (a) Inicialmente, o nível dos líquidos é o mesmo. Porém, não está no equilíbrio. O solvente vai passar através da membrana semipermeável em uma direção preferencial. (b) No equilíbrio, os dois lados estão em desnível. A diferença entre os dois níveis é definida como pressão osmótica Π.

$$\mu(P + \Pi) = \mu°(P + \Pi) + RT \ln x_{solvente} \qquad (7.52)$$

Para determinar uma expressão para Π, começamos com a expressão da variável natural para $d\mu$:

$$d\mu = -\overline{S}\, dT + \overline{V}\, dp$$

A temperatura constante:

$$d\mu = \overline{V}\, dp$$

Para achar μ, integramos os dois lados da equação de um limite de pressão a outro. Nesse caso, são os seguintes os limites de pressão: P e $P + \Pi$. Obtemos

$$\int_{P}^{P+\Pi} d\mu = \int_{P}^{P+\Pi} \overline{V}\, dp$$

Se integrarmos o lado esquerdo dessa equação, obteremos

$$\mu_{solvente,\, solução}(P + \Pi) - \mu°_{solvente,\, puro}(P) = \int_{P}^{P+\Pi} \overline{V}\, dp \qquad (7.53)$$

Estabelecemos os seguintes subscritos para μ: do lado em que a pressão total do líquido é $P + \Pi$, colocamos solvente e soluto, e do lado onde a pressão total do líquido é P, colocamos solvente puro (portanto, com o sobrescrito °). Utilizando a Equação 7.52 para substituir $\mu(P + \Pi)$ na Equação 7.51:

$$\mu°(P + \Pi) + RT \ln x_{solvente} = \mu°(P)$$

Em seguida, rearranje para:

$$\mu°(P + \Pi) - \mu°(P) = -RT \ln x_{solvente}$$

O lado esquerdo dessa equação é o mesmo da Equação 7.53 (mas sem os subscritos). Podemos substituir, obtendo

$$-RT \ln x_{solvente,\, solução} = \int_{P}^{P+\Pi} \overline{V}\, dp \qquad (7.54)$$

Se assumirmos que o volume molar do solvente é igual ao da solução, $\overline{V}$ é constante, podendo ser retirado da integral, fornecendo-nos uma resposta direta:

$$-RT \ln x_{solvente,solução} = \overline{V} \int_{P}^{P+\Pi} dp$$

$$= \overline{V} \cdot p \big|_{P}^{P+\Pi}$$

$$= \overline{V}(P + \Pi - P)$$

$$-RT \ln x_{solvente,\, solução} = \overline{V} \cdot \Pi \qquad (7.55)$$

Novamente, considere que $\ln x_{solvente,\, solução} = \ln(1 - x_{soluto}) \approx -x_{soluto}$. Fazendo uma última substituição, temos:

$$x_{solvente} RT = \overline{V} \cdot \Pi$$

Que é normalmente reescrito como

$$\Pi \overline{V} = x_{solvente} RT \qquad (7.56)$$

Esta equação, que tem uma semelhança marcante com a lei do gás ideal, foi chamada de *equação de Van't Hoff*, depois que Jacobus van't Hoff, um físico-químico holandês, a anunciou em 1886.[7] (Além disso, ele

---

[7] Esta equação é diferente da equação de Van't Hoff introduzida no Capítulo 5.

foi um dos que deram origem ao conceito de carbono tetraédrico, e foi o primeiro ganhador do Prêmio Nobel de Química, em 1901.) A equação relaciona a pressão osmótica de uma solução com a fração molar do soluto nessa solução. Ela vale unicamente para soluções muito diluídas (que lembram muitos sistemas formados por gases ideais), mas é um guia útil para o estudo de soluções mais concentradas.

Exemplo 7.15

Qual é a pressão osmótica de uma solução 0,010 molal de sacarose em água? Se essa solução fosse colocada em um sistema como o ilustrado na Figura 7.28, que altura teria a coluna de solução de sacarose diluída, no equilíbrio, se o tubo tivesse uma área superficial de 100,0 cm²? Admita que a temperatura seja 25 °C e que a densidade da solução seja 1,01 g/mL. Serão necessárias algumas conversões, como 1 bar = 10^5 pascal, e 1 pascal = 1 N/m² (1 newton de força por metro quadrado de área); lembre-se de que $F = ma$ para converter a massa no seu equivalente em força. (Nesse caso, a é a aceleração devida à gravidade, que é 9,81 m/s².)

Solução

Uma solução de 0,010 molal contém 0,010 mol de sacarose em 1,00 kg ou 1.000 g de água. Em 1,00 kg de H_2O há 1000 g/18,01 g/mol = 55,5 mol de H_2O.
Portanto, a fração molar de sacarose é

$$\frac{0,010}{55,5 + 0,010} = 0,000180 = x_{soluto}$$

O volume molar de água é 18,01 mL, ou 0,01801 L. Utilizando a equação de Van't Hoff:

$$\Pi(0,01801 \text{ L}) = 0,000180 \left(0,08314 \frac{\text{L·bar}}{\text{mol·K}}\right) 298 \text{ K}$$

$$\Pi = 0,248 \text{ bar}$$

Esta é uma pressão osmótica substancial para uma solução tão diluída! Para saber qual será a altura da coluna, convertemos o valor de Π em bar para N/m²:

$$0,248 \text{ bar} \times \frac{10^5 \text{ pascals}}{1 \text{ bar}} \times \frac{1 \text{ N/m}^2}{1 \text{ pascal}} = 2,48 \times 10^4 \text{ N/m}^2$$

Para uma área superficial de 100,0 cm² = $1,00 \times 10^{-2}$ m², esta pressão é causada por uma força calculada como

$$2,48 \times 10^4 \frac{\text{N}}{\text{m}^2} \times 1,00 \times 10^{-2} \text{ m}^2 = 248 \text{ N}$$

Utilizando a equação $F = ma$, esta força corresponde a uma massa de

$$248 \text{ N} = m \cdot 9,81 \frac{\text{m}}{\text{s}^2}$$

$$m = 25,3 \text{ kg}$$

onde usamos o fato de que 1 N = 1 kg·m/s². A uma densidade de 1,01 g/mL, isto é

$$25,3 \text{ kg} \cdot \frac{1000 \text{ g}}{1 \text{ kg}} \cdot \frac{1 \text{ mL}}{1,01 \text{ g}} \cdot \frac{1 \text{ cm}^3}{1 \text{ mL}} = 2,50 \times 10^4 \text{ cm}^3$$

onde usamos a igualdade 1 cm³ = 1 mL na última etapa. Para uma área de 100,0 cm², isso corresponde a uma coluna com uma altura de

$$\frac{2,50 \times 10^4 \text{ cm}^3}{100,0 \text{ cm}^2} = 250,0 \text{ cm}$$

O que corresponde a uma altura de dois metros e meio!

Apesar de uma solução de 0,010 molal não ser muito concentrada, os efeitos previsíveis da pressão osmótica são grandes.

O que se conhece sobre a pressão osmótica tem aplicações importantes em várias áreas. Uma delas é a biologia. A membrana de uma célula é semipermeável. As pressões osmóticas dos dois lados da membrana devem ser iguais ou muito parecidas, senão, os seus efeitos poderão causar a contração ou a expansão da célula, devido à transferência de H_2O das regiões de baixa concentração para as de alta. Tanto a expansão quanto a contração podem matar uma célula. Na Figura 7.29, vemos fotografias das células vermelhas do sangue (glóbulos vermelhos) colocadas em soluções com pressões osmóticas maior, igual, ou menor.[8] Os efeitos da pressão osmótica também explicam por que as pessoas perdidas no mar, em botes salva-vidas, não podem beber água salgada. A pressão osmótica dessa água é muito alta, causando a desidratação ao invés da hidratação das células.

A pressão osmótica é uma das causas do transporte de água da raiz até as folhas, no topo das árvores, que podem ter dezenas ou centenas de metros de altura. E também é importante para manter plantas não-lenhosas firmes e em pé, e vegetais crus frescos e suculentos.

A pressão osmótica pode ser usada para determinar os pesos moleculares médios de macromoléculas e polímeros. Como mostrou o Exemplo 7.15, não são necessárias grandes concentrações para causar efeitos significativos. Soluções relativamente diluídas podem apresentar efeitos osmóticos mensuráveis, que nos permitem calcular a molalidade de uma solução e, em seguida, o peso molecular do soluto. É claro que se o polímero, de peso molecular elevado, estiver ligeiramente impuro, as impurezas irão influir drasticamente na determinação final. Repetindo: isso ocorre porque a pressão osmótica é uma propriedade coligativa que depende apenas do número de moléculas na solução, e não de suas identidades.

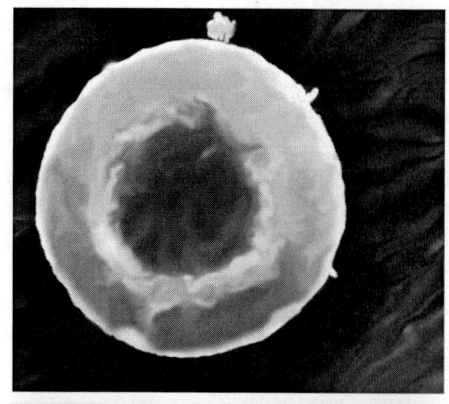

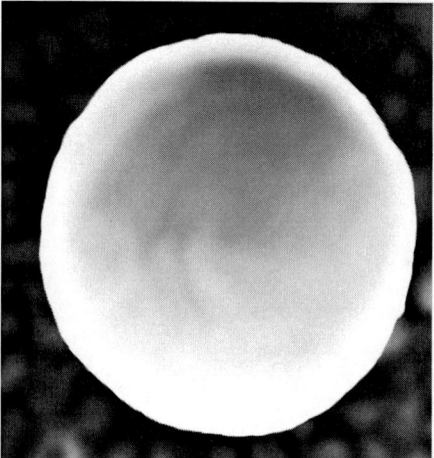

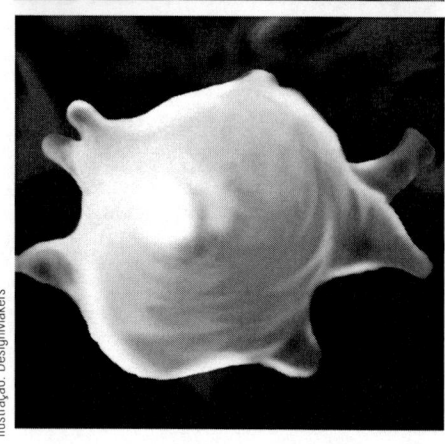

Figura 7.29 Demonstração dos efeitos da pressão osmótica nas células vermelhas do sangue. Se as pressões osmóticas dentro e fora da célula são iguais, ela parece normal. Entretanto, se a pressão osmótica fora da célula for muito baixa, ela incha; se for muito alta, ela murcha. Nenhuma das duas situações é boa para o corpo.

Exemplo 7.16

Uma solução aquosa de poli (álcool vinílico), preparada dissolvendo 0,0100 g do polímero em 1,00 L de água, tem uma pressão osmótica igual a 0,0030 bar. Qual é o peso molecular médio do polímero? Admita uma temperatura de 298 K e uma mudança muito pequena no volume, quando se adiciona o soluto.

---

[8] N. do T.: A pressão osmótica é igual à diferença entre as pressões exercidas pela solução e pelo líquido no interior da célula.

Solução
Utilizando a equação de Van't Hoff, chegamos às seguintes expressões:

$$(0{,}0030 \text{ bar})\overline{V} = x_{\text{soluto}}\left(0{,}08314 \ \frac{\text{L·bar}}{\text{mol·K}}\right)298 \text{ K}$$

Ainda precisamos de $\overline{V}$ e de x_{soluto}. Porém, uma vez que a fração molar do soluto é tão pequena, podemos escrever, aproximadamente, que

$$\frac{x_{\text{soluto}}}{\overline{V}} \approx \frac{n_{\text{soluto}}}{V_{\text{solução}}} = \text{molaridade da solução}$$

(Observe que não estamos mais usando o volume molar, $\overline{V}$.) Podemos então determinar a molaridade da solução, rearranjando a equação para

$$\text{molaridade} \approx \frac{n_{\text{soluto}}}{V} = \frac{0{,}0030 \text{ bar}}{(0{,}08314 \ \frac{\text{L·bar}}{\text{mol·K}})298 \text{ K}}$$

Trabalhando com os números e as unidades, chegamos a

$$\text{molaridade} \approx 0{,}000123 \ \frac{\text{mol}}{\text{L}}$$

Utilizando o fato de que 0,0100 g foram usados para preparar 1,00 L de solução, obtemos a relação

$$0{,}000123 \ \frac{\text{mol}}{\text{L}} = 0{,}0100 \ \frac{\text{g}}{\text{L}}$$

As unidades litro se cancelam, dando

$$0{,}000123 \text{ mol} = 0{,}0100 \text{ g}$$

Resolvendo o peso molecular, cujas unidades são g/mol, obtemos

$$815.000 \ \frac{\text{g}}{\text{mol}}$$

Este não é um peso molecular médio incomum para um polímero.

A pressão osmótica de uma solução pode ser contrabalanceada por uma pressão adicional exercida no lado da membrana onde a solução é mais concentrada. Se p_{ext} for maior que Π, o processo de osmose ocorrerá *na direção oposta*. Esse processo de "osmose reversa" tem alguns benefícios extremamente práticos. Talvez o mais importante seja a produção de água fresca por plantas que retiram o sal da água do mar. No Oriente Médio, essas plantas produzem água potável a partir da água muito salgada dos golfos e mares da região. O processo é produto da tecnologia e requer muito menos energia do que a destilação.

A equação de Van't Hoff parte do princípio de que o soluto se dissolve em nível molecular. Isto é, cada molécula do soluto sólido se dissolve formando uma molécula solvatada. Para compostos que se dissolvem formando múltiplas espécies solvatadas (na maioria, compostos iônicos), deve-se levar em conta o número de cada espécie. Para esses compostos, a equação de Van't Hoff muda para

$$\Pi \overline{V} = N \cdot x_{\text{soluto}} RT \tag{7.57}$$

onde N representa o número de espécies individuais nas quais um composto se separa quando dissolve.

7.9 Resumo

Soluções, mesmo binárias, podem ter um comportamento complicado. As equações da termodinâmica nos ajudam a entender esse comportamento. Soluções líquido/líquido podem entrar em equilíbrio com as fases de vapor, e as equações da termodinâmica ajudam a entender a relação entre as composições das duas fases. Podemos fazer o mesmo com soluções sólido/sólido e a fase líquida presente, quando a solução funde. Em ambas as mudanças de fase, temos a ocorrência de uma composição que se comporta como uma fase pura: azeotrópica ou eutética. Essas duas composições especiais afetam nossa vida diária.

Diagramas de fase são representações gráficas das mudanças de fase e da composição de soluções. Elas representam não apenas condições instantâneas, mas também podem ser usadas para prever o comportamento das soluções à medida que as condições variam. Se for legendado e interpretado corretamente, um diagrama de fase indica a composição exata das fases que se formam, à medida que as diversas condições, como temperatura ou pressão, variam. Os diagramas de fase para soluções reais mostram como azeótropos e eutéticos não podem ser evitados.

Propriedades coligativas nos remetem às mudanças nas propriedades físicas de soluções relativamente ao componente principal, o solvente. A lei de Raoult resume as mudanças na pressão do vapor de um solvente volátil. Ocorrem variações nos pontos de congelamento e de ebulição. Mas a pressão osmótica pode ser a propriedade coligativa mais subestimada. Ela é um fator importante para o funcionamento das células biológicas e para se produzir água potável a partir da água do mar. Felizmente, as equações da termodinâmica nos fazem entender todos esses fenômenos.

EXERCÍCIOS DO CAPÍTULO 7

7.2 A Regra das Fases de Gibbs

7.1. Consulte o Exemplo 7.1 e admita que dentro da sua bebida há uma azeitona. Quantos graus de liberdade há na bebida? Quais variáveis você selecionaria para serem especificadas?

7.2. Com referência ao Exemplo 7.2, quantos graus de liberdade são especificados quando há apenas $Fe_2(SO_4)_3$ no sistema?

7.3. Quantas fases são necessárias em um sistema com três componentes se você não necessita de graus de liberdade?

7.4. Pode haver um número negativo de graus de liberdade para qualquer sistema físico possível com apenas um componente no equilíbrio?

7.5. Quantos graus de liberdade há para o equilíbrio químico seguinte em um sistema fechado?

$$2NaHCO_3 \text{ (s)} \xrightleftharpoons{\text{alto } T} Na_2CO_3 \text{ (s)} + H_2O \text{ (ℓ)} + CO_2 \text{ (g)}$$

7.6. A produção de gás nitrogênio em "airbags" de automóveis tira vantagem da seguinte reação química:

$$4NaN_3 \text{ (s)} + O_2 \text{ (g)} \longrightarrow 6N_2 \text{ (g)} + 2Na_2O \text{ (s)}$$

Se esta reação estivesse no equilíbrio, quantos graus de liberdade seriam necessários para descrever o sistema?

7.3 Sistemas Líquido/Líquido

7.7. Assumindo que o vapor atua como gás ideal, qual é a quantidade mínima de água necessária em um sistema com 5,00 L a 25,0 °C para garantir que há uma fase líquida em equilíbrio com a fase de vapor? Qual é a quantidade mínima de CH_3OH necessária para assegurar a existência das fases líquida e sólida juntas sob as mesmas condições? As pressões de vapor de H_2O e CH_3OH em equilíbrio nesta temperatura são 23,76 torr e 125 torr, respectivamente.

7.8. Para uma solução de H_2O e CH_3OH em que $x_{H_2O} = 0,35$, quais são as frações molares de H_2O e CH_3OH na fase de vapor? Use condições e dados do Exercício 7.7.

7.9. Qual é a atividade do líquido H_2O de uma solução com múltiplos componentes, na qual a pressão de vapor de H_2O é 748,2 mmHg a 100,0 °C?

7.10. Deduza a Equação 7.19.

7.11. Deduza a Equação 7.19, mas em termos de y_2, e não de y_1.

7.12. Determine a pressão total de equilíbrio do vapor em equilíbrio com uma relação de 1 : 1 molar de hexano (C_6H_{14}) e ciclohexano (C_6H_{12}), se as pressões de vapor no equilíbrio dos dois componentes são, respectivamente, 151,4 e 97,6 torr.

7.13. Muitos departamentos de polícia usam bafômetro para testar se motoristas estão alcoolizados. Qual deveria ser a pressão parcial aproximada no hálito se o conteúdo de álcool fosse de aproximadamente 0,06% (isto é, $x_{etanol} = 0,0006$)? A pressão de vapor no equilíbrio de C_2H_5OH a 37 °C é 115,5 torr. Use sua resposta para comentar a sensibilidade necessária do teste.

7.14. Uma solução de metanol (CH_3OH) e etanol (C_2H_5OH) tem uma pressão de vapor de 350,0 mmHg a 50,0 °C. Qual é a composição da solução se as pressões de vapor do metanol e do etanol em equilíbrio forem de 413,5 e 221,6 mmHg, respectivamente?

7.15. Deduza a Equação 7.23 partindo da Equação 7.19.

7.16. Determine as frações molares de cada componente na fase de vapor em equilíbrio com uma solução de 1 : 1 molar de hexano (C_6H_{14}) e ciclohexano (C_6H_{12}), sabendo que as pressões de vapor dos componentes em equilíbrio são de 151,4 e 97,6 torr, respectivamente.

7.17. Use a Equação 7.24 para mostrar que $\lim_{y_1 = 0} p_{tot} = p_2^*$ e $\lim_{y_2 = 0} p_{tot} = p_1^*$.

7.18. Por que não podemos usar a Equação 7.24 diretamente para determinar a pressão total de vapor no Exemplo 7.5?

7.19. Quais são os valores de $\Delta_{mistura}G$ e $\Delta_{mistura}S$ para a combinação de 1,00 mol de tolueno com 1,00 mol de benzeno a 20,0 °C? Admita que a mistura deles forma uma solução ideal.

7.4 Sistemas Líquido/Líquido Não-Ideais

7.20. Por que a acetona é usada para limpar material de vidro úmido? (*Dica*: a água tem um ponto de ebulição igual a 100 °C, e a acetona, a 56,2 °C. Existe ainda uma mistura azeotrópica de baixo ponto de ebulição composta das duas moléculas.)

7.21. Usando a Figura 7.14 como diagrama de fases, repita o Exemplo 7.7, mas admita que você começa com uma solução com $x_1 = 0,1$.

7.22. Usando a Figura 7.15 como diagrama de fases, repita o Exemplo 7.7, mas admita que você começa com uma solução com $x_1 = 0,4$.

7.23. Como você pode distinguir uma mistura azeotrópica de um composto puro usando meios puramente físicos? (*Dica*: considere outras mudanças de fase possíveis.)

7.24. Etanol preparado por destilação é apenas cerca de 95% puro, porque forma com água uma mistura azeotrópica binária de baixo ponto de ebulição. Pode-se preparar etanol 100% adicionando quantidades específicas de benzeno para formar uma mistura azeotrópica ternária, que ferve a 64,9 °C. Porém, esse etanol não deve ser ingerido! Por quê?

7.25. A Figura 7.30 mostra um diagrama de fases de H_2O e etilenoglicol. Explique por que esta mistura, numa proporção de aproximadamente 50 : 50, é usada como refrigerante e anticongelante em motores de automóvel.

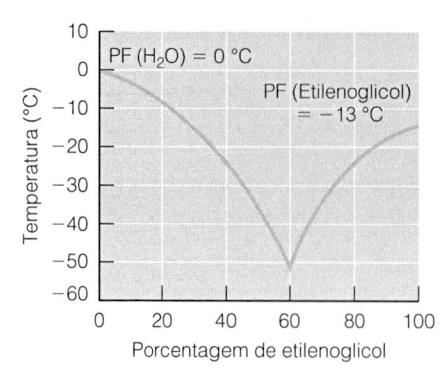

Figura 7.30 Um diagrama de fases temperatura-composição de água e etilenoglicol. Refere-se ao Exercício 7.25.

7.5 Sistemas Líquido/Gás e a Lei de Henry

7.26. Converta as unidades da constante da lei de Henry para CO_2, na Tabela 7.1, em unidades mmHg, atm e bar. Em que caso(s) o valor numérico da constante muda?

7.27. Qual é a diferença entre cloreto de hidrogênio e ácido clorídrico? Você espera que algum deles atue como uma substância ideal?

7.28. A constante da lei de Henry para o cloreto de metila, CH_3Cl, em solução aquosa é $2,40 \times 10^6$ Pa. Que pressão de cloreto de metila é necessária para estabelecer uma fração molar de 0,0010 em uma solução aquosa?

7.29. A fração molar de CCl_2F_2, um composto já usado como refrigerante, em uma solução aquosa foi definida como $4,17 \times 10^{-5}$ pressão normal. Qual é a molaridade aproximada dessa solução e qual é a constante da lei de Henry para esse gás? Use a densidade de 1,00 g/cm^3 para a água.

7.30. A 25 °C, a fração molar de ar na água é de cerca de $1,388 \times 10^{-5}$. **(a)** Qual é a molaridade desta solução? **(b)** Qual é a constante da lei de Henry para o ar? **(c)** Você esperaria aumento ou diminuição da solubilidade do ar com um aumento da temperatura? Compare suas respostas numéricas com as constantes para o nitrogênio e o oxigênio, apresentadas na Tabela 7.1.

7.31. A 25 °C, a fração molar do nitrogênio, N_2 (g), na água, é de $1,274 \times 10^{-5}$. **(a)** Compare este número com o obtido no problema anterior e comente. **(b)** Calcule a solubilidade do oxigênio, O_2 (g), na água, sabendo que o ar é composto de, aproximadamente, 80% de nitrogênio e 20% de oxigênio. **(c)** Calcule a constante da lei de Henry para o oxigênio. Compare sua resposta com o número apresentado na Tabela 7.1.

7.32. Um valor alto da constante da lei de Henry para um gás significa que ele é mais solúvel ou menos solúvel em um líquido? Justifique a sua resposta.

7.6 e 7.7 Soluções Líquido/Sólido e Sólido/Sólido

7.33. Obtém-se uma solução saturada de fenol, C_6H_5OH, quando 87,0 g são dissolvidos em 100 mL de água? Qual é a molaridade aproximada dessa solução? A densidade do fenol é 1,06 g/cm^3; admita comportamento ideal com relação ao volume total da solução.

7.34. Calcule a solubilidade do fenol, C_6H_5OH, em água a 25 °C, sabendo que $\Delta_{fus}H$ para o fenol é 11,29 kJ/mol e que o seu ponto de fusão é 40,9 °C. Compare a solubilidade calculada com os números do exercício anterior. Você pode explicar possíveis desvios?

7.35. (a) Converta em molaridade a fração molar do naftaleno dissolvido em tolueno, a partir do Exemplo 7.10, assumindo que os volumes sejam estritamente aditivos. As densidades do tolueno e do naftaleno são, respectivamente, 0,866 g/mL e 1,025 g/mL. Considere os volumes como aditivos.
(b) Estime a solubilidade, em g/100 mL, e a molaridade do naftaleno em n-decano, $C_{10}H_{22}$, cuja densidade é 0,730 g/mL.

7.36. A Equação 7.39 funciona para a solubilidade de gases em líquidos? Por que sim ou por que não?

7.37. Considere as seguintes soluções:
Cloreto de sódio (s) em água
Sacarose (s) em água
$C_{20}H_{42}$ (s) em cicloexano
Água em tetracloreto de carbono
Para que solução você acha que uma solubilidade calculada estará próxima da experimental? Explique o seu raciocínio.

7.38. Determine o quanto são ideais as seguintes soluções, calculando a fração molar do soluto em cada solução e comparando com as frações molares esperadas. Todos os dados se referem a 25 °C.
(a) 14,09 % em peso de I_2 em C_6H_6, o PF do I_2 é 112,9 °C (sublima) e $\Delta_{fus}H = 15,27$ kJ/mol
(b) 2,72 % em peso de I_2 em C_6H_{12}, o PF do I_2 é 112,9 °C (sublima) e $\Delta_{fus}H = 15,27$ kJ/mol
(c) 20,57 % em peso de $para$-diclorobenzeno, $C_6H_4Cl_2$, em hexano, o PF do $C_6H_4Cl_2$ é 52,7 °C e $\Delta_{fus} H = 17,15$ kJ/mol

7.39. O metal ferro, cujo $\Delta_{fus}H$ vale 14,9 kJ/mol, é solúvel em mercúrio ao nível de $x_{Fe} = 8,0 \times 10^{-3}$, a 25°C. Faça uma estimativa do ponto de fusão do ferro. Compare com o valor da literatura, que é de 1530 °C.

7.40. Quantos graus de liberdade são necessários para especificar o eutético em um sistema de dois componentes?

7.41. As comunidades que usam sal para dificultar a formação de gelo no inverno usam o suficiente para formar o eutético entre NaCl e H_2O, de baixo ponto de fusão, ou tiram vantagem do fenômeno de diminuição do ponto de fusão em geral? Como você pode responder?

7.42. Começando a partir de $x_{Na} = 0,50$ na região líquida, na Figura 7.23, descreva o que acontece à medida que a temperatura diminui até que toda a solução solidifique.

7.43. Construa um diagrama de fases qualitativo para o sistema Sn/Sb, que tem eutéticos binários a 92% e 95% de Sn, que fundem a 199 °C e 240 °C, respectivamente. Os pontos de fusão do estanho e do antimônio são 231,9 °C e 630,5 °C, respectivamente.

7.44. Explique por que o refinamento zonal, usado para preparar silício ultrapuro, não é um método prático para preparar carbono ultrapuro.

7.45. Faça uma estimativa da solubilidade de Na em Hg a 0 °C. O calor de fusão do sódio é 2,60 kJ/mol, e seu ponto de fusão, 97,8 °C.

7.46. Mostre como a fórmula do composto estequiométrico na Figura 7.23 foi determinada.

7.8 Propriedades Coligativas

7.47. Explique como a unidade molaridade inclui automaticamente o conceito de volumes molares parciais.

7.48. Por que você acha que as pessoas que vivem em altitudes elevadas são aconselhadas a adicionar sal quando fervem alimentos como o macarrão? Que fração molar de NaCl é necessária para aumentar o ponto de ebulição de H_2O em 3 °C? A quantidade de sal normalmente adicionada à água (cerca de uma colher de chá para cada três quartos de litro de água) muda o ponto de ebulição de modo substancial? K_b (H_2O) = 0,51 °C/molal.

7.49. Faça uma estimativa da pressão osmótica, do ponto de congelamento e do ponto de ebulição da água do mar, que é aproximadamente equivalente a uma solução de 1,08 molal de NaCl. Use as equações 7.47 e 7.49 para calcular K_f e K_e para H_2O, e use $\Delta_{fus}H$ [H_2O] = 6,009 kJ/mol e $\Delta_{vap}H$ [H_2O] = 40,66 kJ/mol. Com base no que você conhece sobre a água do mar, que suposições está fazendo?

7.50. Calcule a diminuição do ponto de congelamento do mercúrio causada por sódio dissolvido se a fração molar do Na for 0,0477. O ponto de congelamento normal do Hg é −39 °C e seu calor de fusão é 2331 J/mol.

7.51. Use o sistema descrito no Exercício 7.45 para calcular a pressão osmótica da solução de sódio em mercúrio a 0 °C. Assuma que o volume é de 15,2 cm^3.

7.52. Use o sistema descrito no Exercício 7.45 para calcular a diminuição da pressão de vapor do mercúrio da solução. A pressão de vapor normal do mercúrio a 0 °C é 0,000185 torr.

7.53. Calcule as constantes crioscópica e ebulioscópica do bromo líquido, Br_2. Você precisará dos seguintes dados:

$\Delta_{fus}H$: 10,57 kJ/mol   PF: −7,2 °C
$\Delta_{vap}H$: 29,56 kJ/mol   PE = 58,78 °C

7.54. Um polímero com peso molecular médio igual a 200.000 uma é contaminado com 0,5% de uma impureza com 100 uma, possivelmente, o monômero. Calcule o erro na determinação do peso molecular, se for usada uma solução aquosa de 1,000 × 10^{-4} molal. Assuma que a temperatura é 25,0 °C.

7.55. Considere uma solução aquosa de um polímero cujo peso molecular médio é de 185.000 uma. Calcule a molalidade necessária para exercer uma pressão osmótica de 30 Pa a 37 °C. A quantos gramas por quilograma do solvente isso corresponde?

7.56. Deduza a Equação 7.49.

Exercícios de Simbolismo Matemático

7.57. As pressões de vapor do benzeno e do 1,1-dicloroetano, a 25 °C, são 94,0 e 224,9 mmHg, respectivamente. Faça o gráfico da pressão total *versus* a fração molar do benzeno *na solução*. Faça o gráfico da pressão total *versus* a fração molar do 1,1-dicloroetano.

7.58. As pressões de vapor do benzeno e do 1,1-dicloroetano, a 25 °C, são 94,0 e 224,9 mmHg, respectivamente. Qual é o aspecto de um gráfico da pressão total *versus* a fração molar do benzeno *no vapor*? Qual é o aspecto de um gráfico da pressão total *versus* a fração molar do 1,1-dicloroetano? Compare esses gráficos com os do Exercício 7.57.

7.59. Considere os gráficos dos exercícios 7.57 e 7.58, acima. **(a)** Identifique as linhas do ponto de orvalho. **(b)** Identifique as linhas do ponto de borbulhamento. **(c)** Usando a combinação de duas linhas apropriadas, trace a destilação fracionada de uma solução com uma razão molar de 50 : 50 de benzeno e 1,1-dicloroetano. Desenhe os pratos teóricos e prediga a composição do produto no início da destilação.

7.60. Faça uma tabela da solubilidade do naftaleno em tolueno entre −50 °C e 70 °C, a cada 5 °C. O calor de fusão do $C_{10}H_8$ é 19,123 kJ/mol e seu ponto de fusão é 78,2 °C.

8 Eletroquímica e Soluções Iônicas

GRANDE PARTE DA QUÍMICA TRATA DE ESPÉCIES COM CARGAS. Elétrons, cátions e ânions são todos partículas com carga, que interagem quimicamente. Freqüentemente, os elétrons se movem de uma espécie química para outra, a fim de formar alguma coisa nova. Estes movimentos podem ser espontâneos ou forçados. Podem envolver sistemas simples, como átomos de hidrogênio e oxigênio, ou muito complexos, como uma cadeia protéica com 1 milhão de peptídeos.

A presença e o valor de cargas distintas nas espécies químicas introduz um aspecto novo que devemos levar em consideração: o fato de que cargas iguais se repelem e cargas opostas se atraem. Considerando como as partículas carregadas interagem, temos de entender o trabalho realizado por partículas carregadas em movimento, juntas e separadas, e a energia requerida para realizar esse trabalho. Energia e trabalho são conceitos da termodinâmica. Portanto, o nosso conhecimento da química das partículas eletricamente carregadas, a *eletroquímica*, é baseado na termodinâmica.

Poucas pessoas compreendem a vasta aplicação da eletroquímica na vida moderna. Todas as baterias e células a combustível podem ser entendidas nos termos da eletroquímica. Todo processo de oxirredução pode ser considerado em termos eletroquímicos. A corrosão de metais, não-metais e cerâmicas é eletroquímica. Muitas reações bioquímicas importantes envolvem a transferência de carga, que é eletroquímica. À medida que a termodinâmica das partículas carregadas for sendo desenvolvida neste capítulo, perceba que os seus princípios são largamente aplicáveis a muitos sistemas e reações.

8.1 Sinopse

Primeiro, iremos revisar a física da interação entre cargas, já conhecida no começo do desenvolvimento da ciência moderna. É fácil relacionar quantidades termodinâmicas, especialmente ΔG, com o trabalho e a energia envolvidos com espécies carregadas em movimento. Podemos dividir cada reação eletroquímica em uma parte oxidante, na qual algumas espécies perdem elétrons, e outra parte redutora, na qual algumas espécies ganham elétrons. Veremos que é possível manter estas partes separadas e combiná-las para gerar novos processos eletroquímicos.

Reações eletroquímicas dependem da quantidade de espécies carregadas presentes, mas devido ao fato de as cargas opostas se atraírem mutuamente, o seu comportamento não depende unicamente da concentração. Os conceitos de força iônica, atividade e coeficientes de atividade nos ajudam a correlacionar a quantidade de carga com o comportamento do sistema.

Também é importante entender as razões do comportamento das soluções iônicas. Algumas suposições simples nos levam à teoria de Debye-Hückel, formulada para descrever soluções iônicas. Mesmo descrições simplificadas destas idéias nos ajudarão a entender por que dedicamos um capítulo inteiro à interação e à química de solutos carregados.

8.2 Cargas

Talvez um dos primeiros conceitos conhecidos no mundo científico seja o conceito de *carga*. Por volta do século VII a.C., o filósofo grego Thales descobriu que uma substância resinosa chamada *elektron* – que chamamos de âmbar –, depois de ter sido friccionada, atraía objetos leves como, por exemplo, penas e fios de tecido. Ao longo dos séculos, as pessoas descobriram que bastões de âmbar ou bastões de vidro se repelem entre si, após terem sido friccionados, mas um bastão de âmbar e um bastão de vidro se atraem. No entanto, após se tocarem, eles deixam de se atrair imediatamente. Por volta de 1752, o norte-americano Benjamin Franklin realizou seu experimento (talvez, apócrifo) com raios, utilizando uma chave e uma pipa, mostrando que podia induzir as mesmas propriedades do âmbar sob fricção. Foi Franklin quem sugeriu que este fenômeno, chamado eletricidade, tinha propriedades opostas, às quais ele chamou de *positiva* e *negativa*. Franklin sugeriu que quando se fricciona um bastão de vidro, a eletricidade flui na direção dele, tornando-o positivo. Quando se fricciona um bastão de âmbar, a eletricidade flui para fora dele, tornando-o negativo. Quando dois bastões carregados com cargas opostas se tocam, há uma troca entre eles, até que suas quantidades de eletricidade se igualem. Dois bastões de mesma carga, positiva ou negativa, se "evitariam" ou se *repeliriam* mutuamente. (Embora fosse admiravelmente cauteloso, Franklin estava errado sobre as cargas que, na realidade, se moviam. Entretanto, resquícios das definições de Franklin – especialmente no que diz respeito à direção do fluxo de corrente num circuito elétrico – são comuns até hoje.)

No século seguinte ao de Franklin, outros pesquisadores como Coulomb, Galvani, Davy, Volta, Tesla e Maxwell estabeleceram um conhecimento sobre o fenômeno elétrico, com base em sólidos fundamentos experimentais e teóricos. Esta seção revisa alguns destes fundamentos.

Em 1785, o cientista francês Charles de Coulomb realizou medições muito precisas da força de atração e repulsão entre pequenas esferas carregadas. Ele descobriu que a direção de interação – ou seja, atração ou repulsão –, é determinada pelo tipo de carga nas esferas. Se duas esferas têm a mesma carga, seja positiva ou negativa, elas se repelem. Entretanto, se as duas esferas têm cargas diferentes, elas se atraem.

Coulomb também descobriu que a magnitude da interação entre duas pequenas esferas depende da distância entre elas. A força de atração ou repulsão, F, entre duas esferas carregadas varia inversamente ao quadrado da distância, r, entre as esferas:

$$F \propto \frac{1}{r^2} \tag{8.1}$$

Descobriu-se que a força entre objetos carregados também é proporcional à grandeza das cargas, representadas por q_1 e q_2, nos objetos. A Equação 8.1 se torna

$$F \propto \frac{q_1 \cdot q_2}{r^2} \tag{8.2}$$

Esta equação é conhecida como *Lei de Coulomb*. Para se obter a unidade de força correta, newtons, a partir da Equação 8.2, foi incluída uma expressão adicional no denominador da equação. A forma completa da Lei de Coulomb de acordo com o SI é

$$F = \frac{q_1 \cdot q_2}{4\pi\epsilon_0 \cdot r^2} \tag{8.3}$$

onde a unidade de q_1 e q_2 é C, e a de r é m. O termo 4π no denominador se deve ao fato de o espaço ser tridimensional.[1] O termo ϵ_0 ("epsilon zero") é chamado de *permissividade no vácuo*. Seu valor é $8,854 \times 10^{-12}$ C^2/(J·m) e suas unidades permitem a conversão algébrica de unidades de carga e distância para unidades de força. Por convenção, F é positiva para forças de repulsão e é negativa para forças de atração, porque os qs podem ser positivos ou negativos.

Exemplo 8.1

Calcule a força entre as cargas, nos seguintes casos.
a. $+1,6 \times 10^{-18}$ C e $+3,3 \times 10^{-19}$ C a uma distância de $1,00 \times 10^{-9}$ m
b. $+4,83 \times 10^{-19}$ C e $-3,22 \times 10^{-19}$ C a uma distância de 5,83 Å

Solução
a. Usando a Equação 8.3, substituímos:

$$F = \frac{(+1,6 \times 10^{-18} \text{ C})(+3,3 \times 10^{-19} \text{ C})}{4\pi \cdot 8,854 \times 10^{-12} \frac{\text{C}^2}{\text{J·m}} \cdot (1,00 \times 10^{-9} \text{ m})^2}$$

As unidades coulomb se anulam, da mesma forma que as unidades metro. A unidade joule está no denominador do denominador, o que, no final das contas, a coloca no numerador. Avaliando a expressão numérica, encontramos

$$F = +4,7 \times 10^{-9} \frac{\text{J}}{\text{m}} = +4,7 \times 10^{-9} \text{ N}$$

Na etapa final, utilizamos o fato de que 1 J = 1 N·m. O valor positivo indica que a força é de repulsão. Para objetos macroscópicos, esta força é muito pequena, mas é muito grande para sistemas na escala atômica, como íons.
b. Uma substituição similar produz

$$F = \frac{(+4,83 \times 10^{-19} \text{ C})(-3,22 \times 10^{-19} \text{ C})}{4\pi \cdot 8,854 \times 10^{-12} \frac{\text{C}^2}{\text{J·m}} \cdot (5,83 \times 10^{-10} \text{ m})^2}$$

onde a distância de 5,83 Å foi convertida para m, que é uma unidade padrão.
Resolvendo:

$$F = -4,1 \times 10^{-9} \text{ N}$$

Neste caso, porque é negativa, a força é de atração entre os dois corpos carregados.

---

[1] O fator 4π é relativo ao sistema de coordenadas tri-dimensional usado para definir espaço, e ao fato de a força ser esfericamente simétrica e depender apenas da distância entre as partículas. Este fator irá aparecer novamente em nossa discussão sobre coordenadas polares esféricas, no Capítulo 11.

As Equações 8.2 e 8.3 representam a força entre cargas elétricas no vácuo. Se as cargas elétricas estiverem em um meio diferente do vácuo, o fator de correlação para esse meio, chamado de *constante dielétrica*, ϵ_r, aparece no denominador da equação. A Equação 8.3 se torna

$$F = \frac{q_1 \cdot q_2}{4\pi\epsilon_0 \cdot \epsilon_r \cdot r^2} \qquad (8.4)$$

Constantes dielétricas não têm unidade. Quanto maior a constante dielétrica, menor a força entre as partículas carregadas. A água, por exemplo, tem uma constante dielétrica ao redor de 78.

O *campo elétrico E* da carga q_1 interagindo com outra carga q_2 é definido como a força entre as cargas, dividida pela magnitude da própria carga. Assim, temos

$$E = \frac{F}{q_1} = \frac{q_2}{4\pi\epsilon_0 \cdot r^2} \qquad (8.5)$$

no vácuo. (Lembramos que, para um meio diferente do vácuo, adicionamos a constante dielétrica do meio no denominador.) A magnitude do campo elétrico $|E|$ (o campo elétrico é tecnicamente um vetor) é a derivada de uma quantidade chamada *potencial elétrico* ϕ em relação à posição:

$$|E| \equiv -\frac{\partial \phi}{\partial r}$$

O potencial elétrico representa a quantidade de energia que uma partícula elétrica pode adquirir, à medida que se move em campo elétrico. Podemos reescrever esta equação e integrá-la com relação à posição de r:

$$-|E| \cdot dr = d\phi$$

$$\int (-|E| \cdot dr) = \int d\phi$$

$$\phi = -\int |E| \cdot dr$$

Uma vez que temos uma expressão para E em função de r (Equação 8.5), podemos substituir:

$$\phi = -\int \frac{q_2}{4\pi\epsilon_0 \cdot r^2} \, dr$$

Esta integral tem solução, já que é uma função de r (isto é, r à segunda potência no denominador; todas as outras grandezas são constantes). Chegamos a

$$\phi = -\frac{q_2}{4\pi\epsilon_0} \int \frac{1}{r^2} \, dr$$

Resolvendo:

$$\phi = \frac{q_2}{4\pi\epsilon_0 r} \qquad (8.6)$$

As unidades de potencial elétrico, baseadas nesta expressão, são J/C. Uma vez que iremos trabalhar bastante com potenciais elétricos, definimos uma nova unidade, volt (V), de forma que

$$1 \text{ V} = 1 \text{ J/C} \qquad (8.7)$$

A unidade volt tem este nome em homenagem ao físico italiano Alessandro Volta, que enunciou muitas idéias fundamentais sobre sistemas eletroquímicos.

8.3 Energia e Trabalho

Como estão estas idéias relacionadas com a energia, que é a principal quantidade da termodinâmica? Comecemos pelo trabalho. Normalmente, definimos trabalho em função da pressão e do volume. Porém, este não é o único tipo de trabalho que podemos definir. Podemos definir um outro tipo de trabalho envolvendo cargas. A quantidade infinitesimal de trabalho elétrico, dw_{elet}, é definida como a variação infinitesimal de uma quantidade de carga, dQ, movendo-se através de um potencial elétrico ϕ:

$$dw_{elet} \equiv \phi \cdot dQ \quad (8.8)$$

Uma vez que o potencial elétrico tem unidades V e que a carga tem unidades C, a Equação 8.7 mostra que a unidade de trabalho na Equação 8.8 é joules. Devemos incluir este novo tipo de trabalho na variação total de energia interna, respeitando a primeira lei da termodinâmica. Isto é, a variação infinitesimal na energia interna, agora, é

$$dU = dw_{pV} + dq + dw_{elet}$$

Esta não é uma *mudança* na definição de energia interna. É simplesmente a inclusão de um outro tipo de trabalho. Na verdade, existem muitas contribuições para o trabalho e, até agora, tínhamos considerado apenas o trabalho pressão-volume. Outros tipos de trabalho não-pV, além do elétrico (que é potencial-carga), incluem tensão superficial-área, força gravitacional-massa, força centrífuga-massa, e outros. Neste capítulo, vamos considerar apenas o trabalho elétrico.

O trabalho elétrico é executado pelos elétrons, que são partículas carregadas, que se movem durante as reações químicas. (O próton tem exatamente a carga oposta à do elétron, mas nas reações químicas normais, permanece confinado no núcleo). Uma das propriedades do elétron é a sua carga específica de, aproximadamente, $1,602 \times 10^{-19}$ C. Este valor é simbolizado pela letra e. (Para o elétron, a carga é simbolizada por $-e$, e para o próton, com carga oposta, por $+e$.) A carga de 1 mol de elétrons, $e \cdot N_A$ (N_A = número de Avogadro), é igual a 96.485 C/mol. Esta quantidade, chamada *constante de Faraday* (em homenagem a Michael Faraday), é simbolizada por $\mathcal{F}$. Íons que têm uma carga positiva $+z$ apresentam $z \cdot \mathcal{F}$ cargas positivas por mol de íons, e íons que têm uma carga negativa $-z$ apresentam $-z \cdot \mathcal{F}$ cargas negativas por mol.

A variação infinitesimal da carga dQ está relacionada com a variação infinitesimal da quantidade de íons, em mols de íons, dn (onde n é o número de mols de íons). Usando as expressões do parágrafo anterior, podemos mostrar que

$$dQ = z \cdot \mathcal{F} \cdot dn$$

Substituindo dQ nesta expressão por dQ na Equação 8.8, a quantidade infinitesimal de trabalho é

$$dw_{elet} = \phi \cdot z \cdot \mathcal{F} \cdot dn \quad (8.9)$$

Para múltiplos íons, a quantidade de trabalho necessária para mover o número de espécies carregadas, com o subscrito i, é

$$dw_{elet} = \sum_i \phi_i \cdot z_i \cdot \mathcal{F} \cdot dn_i \quad (8.10)$$

Em um sistema onde há transferência de carga, o número de espécies com uma determinada carga está variando, e dn_i na Equação 8.10 não é zero. Se quisermos considerar a variação infinitesimal de G, teremos de modificar a equação da variável natural para G, dada pela Equação 4.48:

$$dG = -S\,dT + V\,dp + \sum_i \mu_i\,dn_i$$

para incluir a mudança no trabalho devido às cargas elétricas. Obtemos

$$dG = -S\,dT + V\,dp + \sum_i \mu_i\,dn_i + \sum_i \phi_i \cdot z_i \cdot \mathcal{F} \cdot dn_i \quad (8.11)$$

Nas condições de temperatura e pressão constantes, esta equação se torna

$$dG = \sum_i \mu_i\,dn_i + \sum_i \phi_i \cdot z_i \cdot \mathcal{F} \cdot dn_i$$

que pode ser algebricamente rearranjada, porque ambas as somatórias somam espécies com o mesmo índice (o componente i) e mesma variável (a mudança na quantidade, dn_i):

$$dG = \sum_i (\mu_i + \phi_i \cdot z_i \cdot \mathcal{F}) \cdot dn_i \quad (8.12)$$

Se redefinirmos a quantidade dentro dos parênteses na Equação 8.12 como $\mu_{i,el}$

$$\mu_{i,el} \equiv \mu_i + \phi_i \cdot z_i \cdot \mathcal{F} \quad (8.13)$$

teremos

$$dG = \sum_i \mu_{i,el} \cdot dn_i \quad (8.14)$$

$\mu_{i,el}$ é chamado de *potencial eletroquímico*, em vez de potencial químico. Para um equilíbrio eletroquímico, a equação análoga à Equação 5.4 ($\sum \mu_i \nu_i = 0$) é

$$\sum_i n_i \cdot \mu_{i,el} = 0 \quad (8.15)$$

Esta é a equação básica para o equilíbrio eletroquímico.

Toda reação que envolve uma transferência de carga (isto é, elétrons) é uma reação de oxidação-redução, ou reação *redox*. Uma vez que um processo de oxidação e um processo de redução sempre ocorrem juntos, vamos adotar uma abordagem semelhante à da Lei de Hess, considerando as reações de oxidação e redução independentemente, e tratando o processo redox como a soma das duas reações individuais. Se a espécie A está sendo oxidada, a reação química pode ser representada por

$$A \longrightarrow A^{n+} + ne^-$$

onde a espécie A perdeu n elétrons, representados por ne^-. Se a espécie B está sendo reduzida, a reação química pode ser representada por

$$B^{n+} + ne^- \longrightarrow B$$

A reação química completa é

$$A + B^{n+} \longrightarrow A^{n+} + B$$

Lembrando que os valores de n_i são negativos para os reagentes e positivos para os produtos, a Equação 8.15 se torna

$$0 = \mu_{A^{n+},el} + \mu_{B,el} - \mu_{A,el} - \mu_{B^{n+},el}$$

Utilizando a Equação 8.13 e reconhecendo que as espécies iônicas têm a mesma carga n, temos

$$0 = \mu_{A^{n+}} + \mu_B + n\mathcal{F}\phi_{red} - \mu_A - \mu_{B^{n+}} - n\mathcal{F}\phi_{ox} \quad (8.16)$$

onde agora estamos distinguindo cada ϕ como o potencial da reação de oxidação ("ox") ou da reação de redução ("red"). Como as espécies A e B não têm carga, não há termo de trabalho elétrico (isto é, Equação 8.10) em seus potenciais químicos.

Os potenciais elétricos de oxidação e redução *não* se anulam na Equação 8.16. Isso porque os potenciais elétricos de A^{n+} e de B^{n+} não são os mesmos. (Considere a seguinte comparação: o potencial elétrico de um íon Li^+ será o mesmo de um íon Cs^+ apenas porque eles têm a mesma carga? É claro que não. Li^+ tem propriedades completamente diferentes de Cs^+.)

Rearranjando a Equação 8.16:

$$n\mathcal{F}\phi_{ox} - n\mathcal{F}\phi_{red} = \mu_{A^{n+}} + \mu_B - \mu_A - \mu_{B^{n+}}$$

$$n\mathcal{F}(\phi_{ox} - \phi_{red}) = \mu_{A^{n+}} + \mu_B - \mu_A - \mu_{B^{n+}}$$

Por convenção, reescrevemos o lado esquerdo da equação substituindo $(\phi_{ox} - \phi_{red})$ por $-(\phi_{red} - \phi_{ox})$:

$$-n\mathcal{F}(\phi_{red} - \phi_{ox}) = \mu_{A^{n+}} + \mu_B - \mu_A - \mu_{B^{n+}} \quad (8.17)$$

Todos os termos no lado direito da Equação 8.17 são constantes para um determinado estado (pressão, temperatura, e assim por diante) de um sistema. Portanto, todo o lado direito da Equação 8.17 é uma constante. Isso significa que o lado esquerdo da Equação 8.17 também é uma constante. Para uma determinada reação química, as variáveis n e $\mathcal{F}$ são constantes. Portanto, a expressão $(\phi_{red} - \phi_{ox})$ também tem de ser uma constante para essa reação.

Definimos a *força eletromotriz*, *E*, como a diferença entre os potenciais elétricos das reações de redução e oxidação:

$$E \equiv \phi_{red} - \phi_{ox} \quad (8.18)$$

Como os valores de ϕ são expressos em volts, as forças eletromotrizes também são expressas em volts. Às vezes, usa-se as letras FEM para representar a força eletromotriz. FEMs são variações no potencial elétrico, e não verdadeiras "forças", no sentido científico.

A Equação 8.17 se torna

$$-n\mathcal{F}E = \mu_{A^{n+}} + \mu_B - \mu_A - \mu_{B^{n+}} \quad (8.19)$$

Agora, considere o lado direito da Equação 8.19. É o potencial químico dos produtos menos o potencial químico dos reagentes, que é igual à variação na energia livre de Gibbs da reação, $\Delta_{reação}G$. A Equação 8.19 pode ser reescrita como

$$\Delta_{reação}G = -n\mathcal{F}E \quad (8.20)$$

Sob condições padrão de pressão e concentração, a equação fica sendo

$$\Delta_{reação}G° = -n\mathcal{F}E° \quad (8.21)$$

Essa é a equação básica para relacionar variações no potencial elétrico com variações na energia. Esta equação também tira vantagem do fato de que 1 J = 1 V·C. A variável *n* representa o número de mols de elétrons que são transferidos na reação redox balanceada. Como as reações redox completas, em geral, não mostram explicitamente o número de elétrons balanceados, temos de deduzi-lo a partir da própria reação redox.

Exemplo 8.2

a. Qual é o número de elétrons transferidos durante a seguinte reação redox?

$$2Fe^{3+} (aq) + 3Mg (s) \longrightarrow 2Fe (s) + 3Mg^{2+} (aq)$$

b. Se a variação padrão da energia livre de Gibbs, da reação molar na parte a, é −1354 kJ, qual é a diferença entre o potencial elétrico da reação de redução e o potencial elétrico da reação de oxidação?

Solução

a. A maneira mais fácil de determinar o número de elétrons transferidos é separar os processos individuais de oxidação e redução. Isso é feito com facilidade:

$$2Fe^{3+} (aq) + 6e^- \longrightarrow 2Fe (s)$$

$$3Mg (s) \longrightarrow 3Mg^{2+} (aq) + 6e^-$$

As duas reações mostram que 6 elétrons são transferidos no decorrer da reação redox balanceada. Em unidades molares, seriam 6 mols de elétrons transferidos.

b. Usando a Equação 8.21, depois de converter as unidades $\Delta_{\text{reação}} G°$ para joules:

$$-1.354.000 \text{ J} = -(6 \text{ mol e}^-)\left(96.485 \frac{C}{\text{mol e}^-}\right) \cdot E°$$

$$E° = 2{,}339 \text{ V}$$

A unidade volt vem da Equação 8.7.

Há uma observação a respeito do sinal da força eletromotriz. Como ΔG está relacionado com a espontaneidade de um processo isotérmico e isobárico (isto é, ΔG é positivo em um processo não-espontâneo, negativo em um processo espontâneo, e zero no equilíbrio), e devido ao sinal negativo na Equação 8.21, podemos estabelecer um outro teste de espontaneidade para um processo eletroquímico. Se E for *positivo* para um processo redox, ele é espontâneo. Se E for *negativo*, o processo não é espontâneo. Se E for zero, o sistema está no equilíbrio (eletroquímico). A Tabela 8.1 resume as condições de espontaneidade.

Tabela 8.1 Um resumo das condições de espontaneidade

Se ΔG é	Se E é	O processo é
Negativo	Positivo	Espontâneo
Zero	Zero	No equilíbrio
Positivo	Negativo	Não espontâneo

A simples ocorrência de uma reação redox não significa que esteja acontecendo algo de útil do ponto de vista da eletroquímica.[2] Para se conseguir algo de útil de uma reação redox (além do resultado puramente químico), a reação deve ser realizada de forma apropriada ao que se quer obter. Mas mesmo que as condições para uma reação redox sejam estabelecidas apropriadamente, quanto podemos obter das diferenças de potencial elétrico?

A resposta está no fato de que E, a diferença de potencial elétrico, está relacionada com a variação de energia livre de Gibbs da reação, na Equação 8.21. Ademais, mostramos no Capítulo 4 que se algum tipo de trabalho que não seja pressão-volume for executado sobre ou por um sistema, ΔG para aquela variação representa um limite para a quantidade de trabalho não-pV que pode ser executado:

$$\Delta G \leq w_{\text{não-}pV}$$

Esta é a Equação 4.11. Uma vez que o trabalho elétrico é um tipo de trabalho não-pV, podemos afirmar que

$$\Delta G \leq w_{\text{elet}} \qquad (8.22)$$

Como o trabalho realizado *por* um sistema tem um valor numérico negativo, podemos re-enunciar a Equação 8.22 afirmando que ΔG para uma reação redox representa a quantidade máxima de trabalho elétrico que o sistema pode realizar sobre a vizinhança.

Como extraímos este trabalho? Consideremos uma solução contendo íons Cu^{2+} e um pouco de zinco metálico. Depois adicionamos zinco à solução. Os íons coloridos Cu^{2+} reagem para formar

---

[2] N. do T.: Esse algo eletroquimicamente útil pode ser, por exemplo, a produção de trabalho elétrico por uma pilha ou bateria.

Cu metal sólido, enquanto o zinco metálico reagiu formando íons incolores Zn^{2+}. A reação espontânea de redox é

$$Zn\ (s) + Cu^{2+} \longrightarrow Zn^{2+} + Cu\ (s) \qquad E° = +1,104\ V$$

Neste exemplo, a reação ocorre espontaneamente, mas não podemos extrair nenhum trabalho dela.

Suponha que realizamos a mesma reação, mas com as *meias-reações* de oxidação e redução separadas fisicamente, como na Figura 8.1. No lado esquerdo, o zinco metálico é oxidado para íons de zinco, e no lado direito, os íons de cobre são reduzidos a cobre metálico. As duas meias-reações não estão completamente separadas, mas ligadas por uma *ponte salina*, para manter a carga total balanceada. A ponte salina permite que os íons positivos migrem na direção do lado da redução do sistema, e os íons negativos, na direção do lado da oxidação do sistema. Nos dois casos, isso ocorre para preservar a neutralidade elétrica de ambos os lados.[3] Algum meio condutor, normalmente um fio, conecta os dois *eletrodos* metálicos. Se ligarmos ao fio algum dispositivo elétrico como um voltímetro ou uma lâmpada,

Figura 8.1 Mostra a mesma reação do exemplo anterior, com as meias-reações separadas fisicamente uma da outra. À medida que esta reação redox ocorre, podemos extrair trabalho útil da transferência de elétrons, como mostra a figura.

---

[3] Além das pontes salinas, outros métodos podem ser utilizados para manter a carga balanceada.

poderemos extrair trabalho de uma reação eletroquímica espontânea, como mostra a Figura 8.1. Portanto, separando as meias-reações individuais, podemos obter energia, na forma de trabalho elétrico, a partir de uma reação química espontânea.

Os dois sistemas físicos independentes, que contêm as meias-reações, são chamados de *meias-células*. A meia-célula que contém a meia-reação de oxidação é chamada de *ânodo*, e a meia-célula contendo a meia-reação de redução é chamada de *cátodo*. As duas meias-células juntas compõem um sistema que, por uma reação espontânea, é chamado *célula voltaica* ou *célula galvânica*. Todas as baterias são células voltaicas, embora a sua química redox e a sua construção possam não ser tão simples quanto as da bateria ilustrada na Figura 8.1. (A célula voltaica de cobre/zinco, desenvolvida pelo químico inglês John Daniell em 1836, é chamada de célula[4] de Daniell. Naquela época, era a fonte de eletricidade mais confiável.) A Figura 8.2 mostra um diagrama detalhado de uma moderna célula voltaica.

Sistemas nos quais reações não-espontâneas são forçadas a ocorrer, pela introdução de elétrons, são chamadas de células eletrolíticas. Essas células são utilizadas na galvanoplastia de metais em jóias e objetos metálicos, dentre outras aplicações.

Lembre-se de que o valor calculado de ΔG para um processo eletroquímico representa a quantidade máxima de trabalho elétrico que a reação pode fornecer. Na realidade, menos do que o máximo é extraído. Como em todos os processos, a eficiência é menor do que 100%.

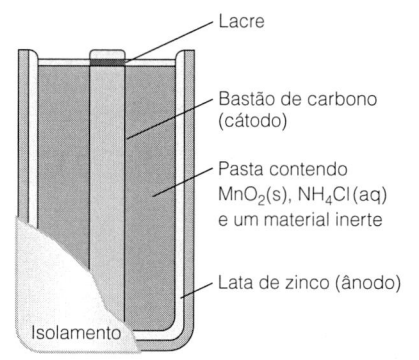

Figura 8.2 Uma pilha moderna é mais complicada do que uma pilha de Daniell, porém os princípios eletroquímicos são os mesmos.

8.4 Potenciais Padrão

Lembre-se de que E, a força eletromotriz, é originalmente definida como a diferença entre o potencial de redução e o potencial de oxidação. Podemos saber qual é a força eletromotriz absoluta para qualquer processo individual de redução ou oxidação? Infelizmente, não. A situação é muito semelhante à energia interna, ou qualquer outra forma de energia. Entendemos que existe uma quantidade absoluta de energia em um sistema, aceitamos o fato de que não podemos saber a quantidade exata de energia em um sistema, mas sabemos que podemos detectar *variações* na energia de um sistema. É a mesma coisa com E.

Para determinar as energias de um sistema, definimos certos padrões, como os calores de formação de compostos, lembrando que os calores de formação dos elementos em seus estados padrão são exatamente zero. Fazemos a mesma coisa com as forças eletromotrizes. As convenções que utilizamos para definir *potenciais padrão* são as seguintes:

- Consideramos as meias-reações separadas, em vez das reações redox balanceadas. Assim, qualquer reação redox pode ser construída pela combinação algébrica de duas (ou mais) meias-reações apropriadas.
- Referimo-nos sempre ao potencial de uma meia-reação escrita como reação de *redução*. Quando combinamos

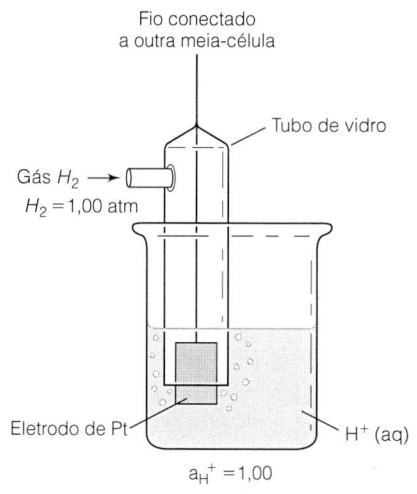

Figura 8.3 O eletrodo de hidrogênio padrão. À meia-reação que ocorre neste eletrodo, foi atribuído um potencial de redução padrão de exatamente 0,000 V.

---

[4] N. do T.: Em muitos textos em português as células de Daniell são chamadas pilhas de Daniell.

Tabela 8.2 Potenciais de redução padrão

Reação	$E°$ (V)
$F_2 + 2e^- \to 2F^-$	2,866
$H_2O_2 + 2H^+ + 2e^- \to 2H_2O$	1,776
$N_2O + 2H^+ + 2e^- \to N_2 + H_2O$	1,766
$Au^+ + e^- \to Au$	1,692
$MnO_4^- + 4H^+ + 3e^- \to MnO_2 + 2H_2O$	1,679
$HClO_2 + H^+ + 3e^- \to \frac{1}{2}Cl_2 + 2H_2O$	1,63
$Mn^{3+} + e^- \to Mn^{2+}$	1,5415
$MnO_4^- + 8H^+ + 5e^- \to Mn^{2+} + 4H_2O$	1,507
$Au^{3+} + 3e^- \to Au$	1,498
$Cl_2 + 2e^- \to 2\,Cl^-$	1,358
$O_2 + 4H^+ + 4e^- \to 2H_2O$	1,229
$Br_2 + 2e^- \to 2Br^-$	1,087
$2Hg^{2+} + 2e^- \to Hg_2^{2+}$	0,920
$Hg^{2+} + 2e^- \to Hg$	0,851
$Ag^+ + e^- \to Ag$	0,7996
$Hg_2^{2+} + 2e^- \to 2Hg$	0,7973
$Fe^{3+} + e^- \to Fe^{2+}$	0,771
$MnO_4^- + e^- \to MnO_4^{2-}$	0,558
$I_3^- + 2e^- \to 3I^-$	0,536
$I_2 + 2e^- \to 2I^-$	0,5355
$Cu^+ + e^- \to Cu$	0,521
$O_2 + 2H_2O + 4e^- \to 4OH^-$	0,401
$Cu^{2+} + 2e^- \to Cu$	0,3419
$Hg_2Cl_2 + 2e^- \to 2Hg + 2Cl^-$	0,26828
$AgCl + e^- \to Ag + Cl^-$	0,22233
$Cu^{2+} + e^- \to Cu^+$	0,153
$Sn^{4+} + 2e^- \to Sn^{2+}$	0,151
$AgBr + e^- \to Ag + Br^-$	0,07133
$2H^+ + 2e^- \to H_2$	0,0000
$Fe^{3+} + 3e^- \to Fe$	−0,037
$2D^+ + 2e^- \to D_2$	−0,044
$Pb^{2+} + 2e^- \to Pb$	−0,1262
$Sn^{2+} + 2e^- \to Sn$	−0,1375
$Ni^{2+} + 2e^- \to Ni$	−0,257
$Co^{2+} + 2e^- \to Co$	−0,28
$PbSO_4 + 2e^- \to Pb + SO_4^{2-}$	−0,3588
$Cr^{3+} + e^- \to Cr^{2+}$	−0,407
$Fe^{2+} + 2e^- \to Fe$	−0,447
$Cr^{3+} + 3e^- \to Cr$	−0,744
$Zn^{2+} + 2e^- \to Zn$	−0,7618
$2H_2O + 2e^- \to H_2 + 2OH^-$	−0,8277
$Cr^{2+} + 2e^- \to Cr$	−0,913
$Al^{3+} + 3e^- \to Al$	−1,662
$Be^{2+} + 2e^- \to Be$	−1,847
$H_2 + 2e^- \to 2H^-$	−2,23
$Mg^{2+} + 2e^- \to Mg$	−2,372
$Na^+ + e^- \to Na$	−2,71
$Ca^{2+} + 2e^- \to Ca$	−2,868
$Li^+ + e^- \to Li$	−3,04

duas (ou mais) meia-reações, pelo menos uma deve ser invertida para ser escrita como meia-reação de oxidação. Quando invertemos a meia-reação, o seu potencial padrão troca de sinal.

- Os potenciais padrão são definidos nas condições termodinâmicas padrão de pressão e concentração, e temperatura de referência de 25 °C. Ou seja, se estamos usando o potencial padrão para uma meia-reação, assumimos que a reação ocorre a 25 °C, com fugacidade igual a 1 para espécies gasosas e atividade igual a 1 para espécies diluídas. (Comumente, usa-se 1 atm ou 1 bar para gases e 1 M para espécies diluídas, como valores aproximados.)

- O potencial padrão para a meia-reação de redução

$$2H^+ \text{ (aq)} + 2e^- \longrightarrow H_2 \text{ (g)} \qquad (8.23)$$

é definido como 0,000 V. Esta é a reação do *eletrodo padrão de hidrogênio*, ou EPH (veja a Figura 8.3). Todos os outros potenciais padrão são definidos em relação a esta meia-reação.

Estes pontos definem os potenciais de redução eletroquímica padrão, representados por $E°$. Uma lista desses potenciais de redução padrão é apresentada na Tabela 8.2. Para trabalhar com eletroquímica, é preciso saber utilizar essas convenções.

Devemos salientar que as convenções, às vezes, mudam. Em uma antiga convenção, as meias-reações eram escritas como reações de *oxidação*, e não reações de redução. É preciso tomar cuidado, pois ainda é possível encontrar livros ou tabelas mais antigos com listas de meias-reações de oxidação. O EPH não é o único eletrodo padrão usado para medir os potenciais de outras meias-reações. Um outro muito usado é o *eletrodo de calomelano saturado*, que é baseado na meia-reação

$$Hg_2Cl_2 + 2e^- \longrightarrow 2Hg\,(\ell) + 2Cl^- \qquad (8.24)$$

$$E° = +0,2682 \text{ V } \textit{versus} \text{ EPH}$$

(O nome comum do cloreto de mercúrio(I) é calomelano.) Esta meia-reação é, às vezes, preferida porque não usa gás hidrogênio, que representa risco de explosão. Quando o eletrodo de calomelano é usado, todos os potenciais de redução padrão devem ser deslocados de 0,2682 V em relação aos potenciais de redução padrão enumerados de acordo com o EPH.

Para utilizar os potenciais padrão para uma reação eletroquímica que nos interesse, separamos a reação nas duas meias-reações que a compõem, encontramos os potenciais padrão dessas reações na tabela de potenciais de redução, invertemos uma (ou mais) reações para transformá-la(s) numa meia-reação de oxidação, e mudamos o sinal de seu $E°$. Uma reação redox balanceada corretamente não tem elétrons sobrando, de modo que uma ou mais das meia-reações devem ser multiplicadas por um número inteiro para que os elétrons se anulem. Entretanto, os valores de $E°$ *não são multiplicados por esse número inteiro*. Grandezas E são potenciais elétricos que são variáveis *intensivas*, independentes da quantidade (ao contrário das variáveis *extensivas*, que são dependentes da quantidade).

Por fim, potenciais padrão são aditivos apenas para reações eletroquímicas nas quais não existem elétrons desbalanceados. Se há elétrons desbalanceados nas reações completas, os valores de $E°$ não são aditivos. Considere como exemplo o seguinte:

$$Fe^{3+} + 3e^- \xrightarrow{\text{reação 1}} Fe\ (s) \qquad E° = -0,037\ V$$

$$Fe\ (s) \xrightarrow{\text{reação 2}} Fe^{2+} + 2e^- \qquad E° = +0,447\ V$$

$$\text{Reação completa:} \quad Fe^{3+} + e^- \xrightarrow{\text{reação completa}} Fe^{2+} \qquad E° \stackrel{?}{=} +0,410\ V$$

A Tabela 8.2 mostra que a meia-reação de redução $Fe^{3+} + e^- \rightarrow Fe^{2+}$ tem $E°$ igual a 0,771 V, bem diferente do valor de 0,410 V resultante da adição dos valores de $E°$. Os valores de $E°$ não são aditivos se os elétrons não se anulam.

Como, pela lei de Hess, as *energias* são aditivas, o que deve ser feito no exemplo acima é converter cada $E°$ em $\Delta G°$, adicionar os valores de $\Delta G°$, e então reconverter o $\Delta G°$ resultante em $E°$ para as novas meia-reações. Para o exemplo acima, obtemos

$$\text{Reação 1:} \quad \Delta G° = -(3\ \text{mol e}^-)\left(96.485\ \frac{C}{\text{mol e}^-}\right)(-0,037\ V) = 10.700\ J$$

$$\text{Reação 2:} \quad \Delta G° = -(2\ \text{mol e}^-)\left(96.485\ \frac{C}{\text{mol e}^-}\right)(+0,447\ V) = -86.300\ J$$

Aplicando a lei de Hess, o valor ΔG global para o processo é

$$\Delta G°_{\text{completa}} = \Delta G°\ (\text{Reação 1}) + \Delta G°\ (\text{Reação 2}) = 10.400 - 75.600\ J$$

$$\Delta G°_{\text{completa}} = -68.500\ J$$

Reconvertendo em E, temos

$$-68.500\ J = -(1\ \text{mol e}^-)\left(96.485\ \frac{C}{\text{mol e}^-}\right) \cdot E°_{\text{completo}}$$

$$E°_{\text{completo}} = +0,783\ V$$

que é muito mais próximo do número que aparece na tabela dos potenciais de redução padrão. (A diferença é devida às atividades diferentes dos íons de ferro nas soluções.) O ponto-chave é que potenciais elétricos são estritamente aditivos apenas se os elétrons se cancelam completamente. Entretanto, energias são *sempre* aditivas.

Exemplo 8.3

a. Qual o $E°$ para a seguinte reação, desbalanceada?

$$Fe\ (s) + O_2\ (g) + 2H_2O\ (\ell) \longrightarrow Fe^{3+} + 4OH^-$$

[Os produtos finais são $FeO(OH)$ e H_2O, formados por uma reação não-redox entre Fe^{3+} e OH^-. O $FeO(OH)$ hidratado é o que conhecemos como ferrugem.)]

b. Balanceie a equação.
c. Quais são as condições do processo anterior?

Solução

a. Com a ajuda da Tabela 8.2, descobrimos que a reação anterior pode ser dividida nas duas meias-reações

$$Fe\ (s) \longrightarrow Fe^{3+} + 3e^- \qquad E° = +0{,}037\ V$$

$$O_2\ (g) + 2H_2O\ (\ell) + 4e^- \longrightarrow 4OH^- \qquad E° = +0{,}401\ V$$

Não temos de balancear a reação ainda, uma vez que podemos determinar o valor completo de $E°$ combinando os dois valores de $E°$ acima. Obtemos

$$E° = +0{,}438\ V$$

A reação é espontânea e, na realidade, representa uma equação resumida para a corrosão do ferro.

b. Elétrons devem se cancelar em uma reação eletroquímica balanceada (isto é, redox). Uma vez que a meia-reação de oxidação envolve três elétrons, e a meia-reação de redução, quatro, o menor múltiplo comum é 12, e obtemos

$$4Fe\ (s) + 3O_2\ (g) + 6H_2O\ (\ell) \longrightarrow 4Fe^{3+}\ (aq) + 12OH^-\ (aq)$$

como sendo a reação química balanceada.

c. Devido ao sobrescrito ° no E, devemos assumir que as seguintes condições se aplicam à reação: 25 °C, fugacidade igual a 1 para o O_2 e uma atividade igual 1 para o Fe (s), H_2O (ℓ), Fe^{3+} (aq) e OH^- (aq). [Novamente, estas condições são aproximadas para a pressão de 1 bar (ou atm) para os gases reagentes, e para a concentração de 1 M para os íons aquosos, dissolvidos.]

Como você pode suspeitar, na vida real, a corrosão do ferro não ocorre em condições padrão, especialmente condições de concentração padrão. Precisamos de mais ferramentas para poder determinar a força eletromotriz nas condições não-padrão.

Muitas reações bioquímicas complexas são processos de transferência de elétrons e, como tal, têm um potencial de redução padrão. Por exemplo, a nicotinamida adenina dinucleotídeo (NAD^+) aceita um próton e dois elétrons para se transformar em NADH:

$$NAD^+ + H^+ + 2e^- \longrightarrow NADH \qquad E° = -0{,}105\ V$$

sob condições padrão. Os potenciais para as reduções de ferro, com um elétron, na mioglobina ($E' = +0{,}046\ V$) e no citocromo c ($E' = 0{,}254\ V$), apresentados aqui, são para estados *bioquímicos* padrão (isto é, pH = 7; 37 °C). Assim, quando se consideram processos bioquímicos, é crucial entender quais são as condições para as reações que interessam.

8.5 Potenciais Não-Padrão e Constantes de Equilíbrio

No Exemplo 8.3, assumimos que as condições da reação eram as condições termodinâmicas padrão. Porém, na realidade, este nem sempre é o caso. As reações ocorrem em condições bastante variáveis de temperatura, concentração e pressão. (De fato, muitas reações baseadas na eletroquímica ocorrem em concentrações iônicas muito pequenas. Observe o enferrujar do seu carro.)

Valores de $E°$ padrão e não-padrão para reações eletroquímicas seguem as mesmas regras das energias: se é um E padrão, usamos o símbolo °. Porém, se o E é uma força eletromotriz instantânea para qualquer conjunto de condições, diferentes das padrão, usa-se E sem o sinal °.

A relação mais conhecida entre E e $E°$ é a *equação de Nernst*, deduzida pelo químico alemão Walther Hermann Nernst em 1889. (Entre outros feitos, Nernst foi quem enunciou a terceira lei da termodinâmica, foi o primeiro a explicar explosões em termos de reações em cadeia, e inventou o radiador de corpo sólido de Nernst, uma fonte útil de radiação infravermelho. Recebeu o Prêmio Nobel de Química em 1920 por suas contribuições para a termodinâmica.) Tendo reconhecido a validade das duas equações seguintes:

$$\Delta G = -n\mathcal{F}E$$

$$\Delta G = \Delta G° + RT \ln Q$$

(Equações 8.20 e 5.7, respectivamente), pôde combiná-las para produzir

$$-n\mathcal{F}E = -n\mathcal{F}E° + RT \ln Q$$

Resolvendo para E, a força eletromotriz não-padrão:

$$E = E° - \frac{RT}{n\mathcal{F}} \ln Q \qquad (8.25)$$

que é a equação de Nernst. Lembre-se que Q é o quociente da reação, que é expresso em termos das concentrações, pressões e atividades instantâneas (não-equilíbrio), ou fugacidades de reagentes e produtos.

Exemplo 8.4

Dadas as concentrações não-padrão para a reação abaixo, calcule o E instantâneo da pilha de Daniel.

$$Zn + Cu^{2+} (0{,}0333 \text{ M}) \longrightarrow Zn^{2+} (0{,}00444 \text{ M}) + Cu$$

Solução
A expressão para Q é

$$Q = \frac{\dfrac{m_{Zn^{2+}}}{m°}}{\dfrac{m_{Cu^{2+}}}{m°}} \approx \frac{[Zn^{2+}]}{[Cu^{2+}]}$$

que é $0{,}00444/0{,}0333 = 0{,}133$. Uma vez que a tensão nas condições padrão, $E°$, é 1,104 V, temos

$$E = 1{,}104 \text{ V} - \frac{(8{,}314 \frac{J}{mol \cdot K})(298 \text{ K})}{(2 \text{ mol e}^-)(96{,}485 \frac{C}{mol \text{ e}^-})} \ln (0{,}133)$$

Todas as unidades se cancelam, exceto a relação J/C, que é igual à unidade volt. Resolvendo:

$$E = 1{,}104 \text{ V} - (-0{,}0259 \text{ V})$$

$$E = 1{,}130 \text{ V}$$

É ligeiramente maior do que a tensão padrão.

A equação de Nernst é muito útil para estimar a tensão de células eletroquímicas em condições de concentração e pressão não-padrão. Mas apesar do fato de a equação de Nernst incluir a temperatura, T, como variável, ela tem uso limitado a temperaturas diferentes de 25 °C, que é a referência comum de temperatura. Isso porque o próprio E varia com a temperatura. Podemos estimar como E varia com a temperatura considerando as duas expressões seguintes:

$$\Delta G° = -n\mathcal{F}E°$$

$$\left(\frac{\partial G}{\partial T}\right)_P = -S \quad \text{ou} \quad \left[\frac{\partial(\Delta G)}{\partial T}\right]_P = -\Delta S$$

Combinando-as, descobrimos que

$$\left[\frac{\partial(\Delta G°)}{\partial T}\right]_P = -n\mathcal{F}\left(\frac{\partial E°}{\partial T}\right)_P = -\Delta S°$$

onde incluímos o símbolo ° em G, E e S. Resolvendo a variação de $E°$ em relação à variação da temperatura (isto é, $\partial E°/\partial T$), temos

$$\left(\frac{\partial E°}{\partial T}\right)_P = \frac{\Delta S°}{n\mathcal{F}} \tag{8.26}$$

A derivada $(\partial E°/\partial T)_P$ é chamada *coeficiente de temperatura* da reação. A Equação 8.26 pode ser rearranjada e aproximada para

$$\Delta E° \approx \frac{\Delta S°}{n\mathcal{F}} \Delta T \tag{8.27}$$

onde ΔT é a variação de temperatura a partir da temperatura de referência (que geralmente é 25 °C). Lembre-se de que esta é uma variação na FEM do processo, de modo que a nova FEM, de temperatura não-padrão, é

$$E \approx E° + \Delta E° \tag{8.28}$$

Estas equações são aproximações razoavelmente boas. Não estamos nem considerando as variações em $\Delta S°$ com a temperatura – que podem ser substanciais, como vimos em capítulos anteriores. Mas as Equações 8.26 e 8.27 dão uma idéia aproximada de como se comporta um sistema eletroquímico com a variação da temperatura. Uma vez que $\mathcal{F}$ é um número relativamente grande, a variação de $E°$ com a temperatura é pequena, mas pode ter um efeito notável para algumas reações eletroquímicas.

Exemplo 8.5

Estime E para a seguinte reação a 500 K:

$$2H_2 (g) + O_2 (g) \longrightarrow 2H_2O (g)$$

Esta é a reação química nas células a combustíveis, que, entre outros usos, fornece energia elétrica para ônibus espacial.

Solução

Primeiro, determinamos $E°$ nas condições padrão. A reação acima pode ser dividida nas meias-reações

$$2 \times (H_2 (g) \longrightarrow 2H^+ + 2e^-) \quad E° = 0{,}000 \text{ V}$$
$$O_2 (g) + 4H^+ + 4e^- \longrightarrow 2H_2O (\ell) \quad E° = 1{,}229 \text{ V}$$

Portanto, a FEM padrão para a reação é 1,229 V.

$\Delta S°$ para a reação é determinado a partir dos valores de $S°$ para H_2, O_2 e H_2O (todos no estado gasoso), que estão no Apêndice 2. Temos

$$\Delta_{reação} S° = 2(188,83) - [2(130,68) + (205,14)] \, \tfrac{J}{K}$$

$$\Delta_{reação} S° = -88,84 \, \tfrac{J}{K}$$

para a reação molar. A variação na temperatura é 500 K – 298 K = 202 K. Usando a Equação 8.27, podemos estimar a variação de $E°$:

$$\Delta E° \approx \frac{\Delta S°}{n\mathcal{F}} \Delta T = \frac{-88,84 \, \tfrac{J}{K}}{(4 \text{ mol } e^-)(96.485 \, \tfrac{C}{\text{mol } e^-})}(202 \text{ K})$$

$$\Delta E° \approx -0,0465 \text{ V}$$

de maneira que a tensão aproximada da reação a 500 K é

$$E \approx 1,229 - 0,0465$$

$$E \approx 1,183 \text{ V}$$

É um decréscimo pequeno, mas notável.

Podemos rearranjar facilmente a Equação 8.26 para obter uma expressão para $\Delta S°$:

$$\Delta S° = n\mathcal{F}\frac{\partial E°}{\partial T} \qquad (8.29)$$

Agora que temos expressões para $\Delta G°$ e $\Delta S°$, podemos chegar a uma expressão para $\Delta H°$. Usando a definição original de ΔG (que é $\Delta G = \Delta H - T\Delta S$), obtemos

$$-n\mathcal{F}E° = \Delta H° - T\left(n\mathcal{F}\frac{\partial E°}{\partial T}\right)$$

Rearranjamos essa equação algebricamente para obter

$$\Delta H° = -n\mathcal{F}\left(E° - T\frac{\partial E°}{\partial T}\right) \qquad (8.30)$$

Esta equação nos permite calcular $\Delta H°$ para um processo usando informação eletroquímica.

Exemplo 8.6

Considere a seguinte reação de formação da H_2O (ℓ):

$$2H_2 \text{ (g)} + O_2 \text{ (g)} \longrightarrow 2H_2O \text{ } (\ell)$$

Se, para esta reação, $\Delta H° = 571,66$ kJ a 25 °C e $n = 4$, determine o coeficiente de temperatura do potencial padrão $E°$.

Solução
Podemos utilizar a Equação 8.30 para determinar $\partial E°/\partial T$, que é o coeficiente de temperatura que interessa. Consultando a Tabela 8.2, vemos que $E°$ para a reação é 1,23 V. Substituindo as quantidades conhecidas na equação:

$$571{,}660 \text{ J} = (4 \text{ mol e}^-)(96{,}500 \text{ C/mol e}^-)\left[1{,}23 \text{ V} - (298 \text{ K})\frac{\partial E°}{\partial T}\right]$$

As unidades "mol e⁻" se cancelam, e quando dividimos pela constante de Faraday, obtemos J/C como unidade, que é igual a volt. Temos

$$1{,}481 \text{ V} = \left[1{,}23 \text{ V} - (298 \text{ K})\frac{\partial E°}{\partial T}\right]$$

$$0{,}25 \text{ V} = -(298 \text{ K})\frac{\partial E°}{\partial T}$$

$$\frac{\partial E°}{\partial T} = -8{,}4 \times 10^{-4} \text{ V/K}$$

As unidades V/K são próprias de um coeficiente de temperatura de uma força eletromotriz.

Variações em E *versus* pressão não são normalmente levadas em consideração, uma vez que a expressão

$$\left(\frac{\partial G}{\partial p}\right)_T = V$$

implica

$$\left(\frac{\partial (\Delta G°)}{\partial p}\right)_T = -n\mathcal{F}\left(\frac{\partial E°}{\partial p}\right)_T = -\Delta V$$

que, rearranjando, resulta em:

$$\left(\frac{\partial E°}{\partial p}\right)_T \approx -\frac{\Delta V}{n\mathcal{F}} \tag{8.31}$$

Uma vez que a maioria das células voltaicas têm como base alguma fase condensada (isto é, líquido ou sólido), a variação de volume é muito pequena, a não ser que as variações de pressão sejam enormes. Sendo os valores de ΔV muito pequenos e $\mathcal{F}$ numericamente muito grande, podemos ignorar os efeitos da pressão em $E°$. Entretanto, as variações da pressão *parcial* dos produtos ou reagentes gasosos envolvidos na reação eletroquímica podem ter um grande efeito em $E°$. Estes efeitos são geralmente manipulados por meio da equação de Nernst, uma vez que a pressão parcial de um reagente ou produto contribui para o valor do quociente de reação Q.

Por fim, deve ser considerada a relação entre a constante de equilíbrio e a FEM da reação. Esta relação é geralmente usada para realizar medições em vários sistemas, medindo a tensão por meio de alguma célula eletroquímica planejada com essa finalidade. Usando as relações

$$\Delta G° = -n\mathcal{F}E°$$

$$\Delta G° = -RT \ln K$$

podemos facilmente combiná-las e chegar à expressão

$$E° = \frac{RT}{n\mathcal{F}} \ln K \tag{8.32}$$

Esta expressão também pode ser deduzida da equação de Nernst considerando o seguinte: no equilíbrio, $E = 0$ (isto é, não há diferença de potencial entre o cátodo e o ânodo). Também em equilíbrio, a expressão Q é exatamente a constante de equilíbrio K para a reação. Assim, a equação de Nernst se torna

$$0 = E° - \frac{RT}{n\mathcal{F}} \ln K$$

que rearranjamos para

$$E° = \frac{RT}{n\mathcal{F}} \ln K$$

que é a Equação 8.32. As tensões, das reações nas condições padrão podem, portanto, ser utilizadas para determinar a posição de equilíbrio da reação (quando $E = 0$).

Exemplo 8.7

Utilizando dados eletroquímicos, calcule a constante do produto de solubilidade, K_{sp}, do AgBr a 25 °C.

Solução

A reação química que representa a solubilidade do AgBr é

$$\text{AgBr (s)} \rightleftharpoons \text{Ag}^+ \text{(aq)} + \text{Br}^- \text{(aq)}$$

Esta reação pode ser reescrita como uma combinação de duas meia-reações encontradas na Tabela 8.2:

$$\text{AgBr (s)} + e^- \longrightarrow \text{Ag (s)} + \text{Br}^- \text{(aq)} \quad E° = 0{,}07133 \text{ V}$$

$$\text{Ag (s)} \longrightarrow \text{Ag}^+ \text{(aq)} + e^- \quad E° = -0{,}7996 \text{ V}$$

Dessa forma, para a reação completa, $E°$ é $-0{,}728$ V. Utilizando a Equação 8.32 (e assumindo quantidades molares):

$$-0{,}728 \text{ V} = \frac{(8{,}314 \frac{J}{K})(298 \text{ K})}{(1 \text{ mol } e^-)(96.485 \frac{C}{\text{mol } e^-})} \ln K_{sp}$$

Convença-se de que, neste exemplo, $n = 1$. Todas as unidades no lado direito se cancelam, exceto J/C, que é igual à unidade volt, que se cancela com volt no lado esquerdo da equação. Rearranjando para isolar o logaritmo natural de K_{sp}:

$$\ln K_{sp} = \frac{(-0{,}728)(1)(96.485)}{(8{,}314)(298)} = -28{,}4$$

Aplicando o inverso do logaritmo em ambos os lados, obtemos nossa resposta final:

$$K_{sp} = 4{,}63 \times 10^{-13}$$

A 25 °C, K_{sp} para AgBr é medido como $5{,}35 \times 10^{-13}$, dando uma idéia de quão próximo ele pode ser calculado usando os valores eletroquímicos.

A relação entre E e o quociente de reação Q tem um uso prático na química analítica moderna. Considere a reação de redução padrão do hidrogênio:

$$2\text{H}^+ \text{(aq)} + 2e^- \longrightarrow \text{H}_2 \text{(g)}$$

Seu $E°$ é definido como zero, mas em condições de concentração não-padrão, E para esta meia-reação será determinado pela equação de Nernst. Teremos, desde que $E°$ seja zero:

$$E = -\frac{RT}{2\mathcal{F}} \ln Q = -\frac{RT}{2\mathcal{F}} \ln \frac{f_{H_2}}{(a_{H^+})^2} \approx -\frac{RT}{2\mathcal{F}} \ln \frac{p_{H_2}}{[H^+]^2}$$

Assuma que estamos trabalhando à pressão padrão, de modo que $p_{H_2} = 1$ bar. Em seguida, utilizando a definição de pH $= -\log[H^+] = -\frac{1}{2,303} \ln [H^+]$, e as propriedades dos logaritmos, podemos rearranjar a equação para E usando estas expressões, obtendo

$$E = -2,303 \cdot \frac{RT}{\mathcal{F}} \cdot \text{pH} \tag{8.33}$$

Na temperatura usual de referência, de 25 °C, a expressão 2,303 $(RT/\mathcal{F})$ é igual a 0,05916 V, e a Equação 8.33 pode ser reescrita como

$$E = -0,05916 \cdot \text{pH volts} \tag{8.34}$$

Assim, o potencial de redução do eletrodo de hidrogênio está diretamente relacionado ao pH da solução. Isso significa que podemos usar o eletrodo de hidrogênio, associado a qualquer outra meia-reação, para determinar o pH da solução. A tensão da célula eletroquímica gerada pela combinação apropriada dessas semicélulas é dada pela combinação dos dois valores de E das reações. Portanto,

$$E = (-0,05916 \text{ V} \cdot \text{pH}) + E° \text{ (outra meia-reação)} \tag{8.35}$$

onde cada termo à direita tem V como unidade. O valor de "$E°$ (outra meia-reação)" depende, é claro, do tipo de reação: de oxidação ou de redução. O importante é que a tensão dessas células pode ser facilmente medida, e o pH da solução, determinado por meio da eletroquímica.

Devido ao fato de os eletrodos de hidrogênio serem difíceis de usar, outros eletrodos típicos são usados para medir pH. Todos usam princípios eletroquímicos semelhantes e uma medida de tensão para determinar o pH da solução que interessa. O mais conhecido é o *eletrodo de vidro*, que é um tubo de vidro poroso, contendo uma solução-tampão e um eletrodo prata/cloreto de prata. A meia-reação Ag/AgCl é

$$\text{AgCl (s)} + e^- \longrightarrow \text{Ag (s)} + \text{Cl}^- \qquad E° = 0,22233 \text{ V}$$

A solução-tampão no eletrodo é ajustada para que $E = 0$ quando o pH estiver próximo de 7, e a eletrônica que monitora a tensão do eletrodo deve ser ajustada para calibrar o sistema de modo que $E = 0$ quando pH for exatamente 7,00. Tais eletrodos são encontrados em laboratórios em todo o mundo.

O íon de hidrogênio não é o único que pode ser usado em medidores eletroquímicos deste tipo. Todas as espécies iônicas podem, em princípio, participar de reações de oxidação-redução, de maneira que a concentração de qualquer íon pode ser, em princípio, determinada usando um eletrodo semelhante ao de pH. Algumas reações ocorrem no interior desses *eletrodos de íons específicos* e, por meio de uma tampa de vidro porosa, se forma uma célula eletroquímica cuja tensão pode ser medida e usada para "calcular de volta" a concentração de um determinado íon.

Exemplo 8.8

Qual é o pH da fase da solução de um eletrodo de hidrogênio que é conectado a uma meia-reação de Fe/Fe^{2+}, se a tensão da reação espontânea é 0,300 V? Assuma que a concentração de Fe^{2+} é 1,00 M e todas as outras condições são padrão.

Solução

De acordo com as meias-reações da Tabela 8.2, a única reação espontânea possível é a de oxidação de Fe para Fe^{2+} e a redução de H^+ para o gás H_2:

$$Fe\ (s)\ +\ 2H^+\ (aq, ??\ M) \longrightarrow Fe^{2+}\ (aq)\ +\ H_2\ (g)$$

Devido ao fato de estarmos invertendo a reação de redução padrão de Fe, o valor de "$E°$ (outra meia-reação)" que usamos na Equação 8.35 é o negativo de –0,447 V, ou +0,447 V. Utilizando a Equação 8.35, temos

$$0{,}300\ V = (-0{,}05916\ V \cdot pH) + 0{,}447\ V$$

Resolvendo para o pH:

$$-0{,}147 = -0{,}05916 \cdot pH$$

$$pH = 2{,}48$$

Este pH é claramente ácido, correspondendo a uma concentração de aproximadamente 3,3 mM.

8.6 Íons em Solução

Pensar que íons em solução se comportam "de maneira ideal", mesmo em soluções diluídas, corresponde a uma simplificação. Para solutos moleculares como etanol ou CO_2, as interações entre soluto e solvente são mínimas ou são dominadas por ligação de hidrogênio ou alguma outra interação polar. Geralmente, assumimos que as moléculas de soluto não afetam muito *umas às outras*.

A presença de íons com cargas opostas em soluções diluídas irá afetar as propriedades esperadas da solução. Soluções *iônicas diluídas* têm concentrações de 0,001 M ou até menores. (Isto é, um milésimo da molaridade igual a 1. Como comparação, a da água do mar é de cerca de 0,5 M.)

Em concentrações tão baixas, a molaridade é numericamente quase igual à molalidade, que é a unidade preferida para propriedades coligativas (porque, nesse caso, as propriedades de solução não dependem da identidade do soluto). Portanto, podemos mudar a unidade de concentração de molaridade para molalidade e afirmar que soluções iônicas diluídas terão concentrações de 0,001 m ou menores.

Além disso, a carga do íon também é um fator. A partir da lei de Coulomb, Equação 8.2, temos que a força entre cargas está diretamente relacionada com o produto das grandezas dessas cargas. Portanto, a força de interação entre as cargas +2 e −2 será quatro vezes maior do que entre as cargas +1 e −1. Assim, o comportamento do NaCl diluído deve ser diferente daquele do $ZnSO_4$ diluído, mesmo que tenham a mesma concentração molal.

Como em outros sistemas químicos não-ideais, para entender melhor as soluções iônicas, vamos utilizar os conceitos de potencial químico e atividade. No Capítulo 4, definimos o potencial químico μ_i de um material como a variação da energia livre de Gibbs *versus* a quantidade molar desse material:

$$\mu_i = \left(\frac{\partial G}{\partial n_i}\right)_{T,p} \tag{8.36}$$

Definimos a atividade a_i de um componente em um sistema com múltiplos componentes como um parâmetro não-ideal que define o potencial químico real μ_i, em função do potencial químico padrão $\mu_i°$:

$$\mu_i = \mu_i° + RT \ln a_i \tag{8.37}$$

No caso de misturas gasosas, a atividade está relacionada à pressão parcial p_i do gás. Para íons em solução, a atividade do soluto iônico está relacionada à concentração do soluto; nesse caso, a molalidade:

$$a_i \propto m_i \tag{8.38}$$

Vamos fazer com a Equação 8.38 a mesma coisa que fizemos, matematicamente, com equações anteriores que envolvem proporcionalidade. Para remover a unidade molalidade, dividimos o lado direito da Equação 8.38 pela concentração padrão $m°$, fixada exatamente em 1 molal. Também usamos a constante de proporcionalidade γ_i, chamada de *coeficiente de atividade* do íon.

$$a_i = \gamma_i \cdot \frac{m_i}{m°} \tag{8.39}$$

O valor do coeficiente de atividade γ_i varia com a concentração; portanto, devemos tabelar os seus valores *versus* concentração ou encontrar uma maneira de calculá-los. No limite de diluição infinita, as soluções iônicas devem se comportar como se sua concentração molal fosse diretamente relacionada com o potencial químico, isto é,

$$\lim_{m_i \to 0} \gamma_i = 1 \tag{8.40}$$

À medida que as concentrações dos íons aumentam, γ_i diminui, a atividade diminui progressivamente e é menor do que a verdadeira concentração molal dos íons.

O subscrito *i* nas variáveis das equações acima implica que cada espécie individual tem sua própria molalidade, atividade, coeficiente de atividade, e assim por diante. Por exemplo, em uma solução de 1,00 molal de sulfato de sódio (Na_2SO_4),

$$m_{Na^+} = 2{,}00 \text{ m}$$

$$m_{SO_4^{2-}} = 1{,}00 \text{ m}$$

(Observe o símbolo de cada íon subscrito no símbolo *m*.)

O fato de o total de carga positiva ter de se igualar ao total de carga negativa implica uma relação entre as cargas dos íons e suas concentrações molais. As soluções iônicas de um simples sal binário $A_{n_+}B_{n_-}$, onde n_+ e n_- indicam as proporções de cátions e ânions, respectivamente, subscritas na fórmula, requerem que as molalidades do cátion e do ânion satisfaçam a fórmula

$$\frac{m_+}{n_+} = \frac{m_-}{n_-} \tag{8.41}$$

É fácil verificar essa expressão usando a solução de sulfato de sódio. A partir da fórmula do Na_2SO_4, verificamos, por inspeção, que $n_+ = 2$ e $n_- = 1$:

$$\frac{2{,}00 \, m}{2} = \frac{1{,}00 \, m}{1}$$

Substituindo as atividades do cátion a_+ e do ânion a_- na Equação 8.37, os potenciais químicos do cátion e do ânion obtidos são

$$\mu_+ = \mu_+° + RT \ln \gamma_+ \frac{m_+}{m°}$$

$$\mu_- = \mu_-° + RT \ln \gamma_- \frac{m_-}{m°}$$

Uma vez que os valores de $\mu°$ e as molalidades dos íons positivo e negativo não são necessariamente os mesmos, os potenciais químicos do cátion e do ânion serão, provavelmente, diferentes. A energia livre total da solução iônica depende, é claro, do número de mols de cada íon, que é dado pelas variáveis n_+ e n_- da fórmula iônica. A energia livre total é

$$G = (n_+ \cdot G_+) + (n_- \cdot G_-) \qquad (8.42)$$

Substituindo μ_+ e μ_- na equação acima:

$$G = (n_+ \cdot G_+^o) + (n_- \cdot G_-^o) + \left(n_+ \cdot RT \ln \gamma_+ \frac{m_+}{m^o}\right) + \left(n_- \cdot RT \ln \gamma_- \frac{m_-}{m^o}\right)$$

Esta equação é simplificada, ao definirmos a *molalidade iônica média* $m_\pm$ e o *coeficiente da atividade iônica média* $\gamma_\pm$, como

$$m_\pm \equiv (m_+^{n_+} \cdot m_-^{n_-})^{1/(n_+ + n_-)} \qquad (8.43)$$

$$\gamma_\pm \equiv (\gamma_+^{n_+} \cdot \gamma_-^{n_-})^{1/(n_+ + n_-)} \qquad (8.44)$$

Assim, se definirmos $n_\pm = n_+ + n_-$ e $\mu_\pm^o = n_+ \mu_+^o + n_- \mu_-^o$ podemos reescrever a expressão para a energia livre total como sendo

$$G = G_\pm^o + n_\pm RT \ln \gamma_\pm \frac{m_\pm}{m^o} \qquad (8.45)$$

Analogamente à Equação 8.37, usando as propriedades dos logaritmos, podemos definir a atividade iônica média $a_\pm$ de um soluto iônico $A_{n_+}B_{n_-}$ como

$$a_\pm = \left(\gamma_\pm \frac{m_\pm}{m^o}\right)^{n_\pm} \qquad (8.46)$$

Estas equações indicam qual é o comportamento real das soluções iônicas.

Exemplo 8.9

Determine a molalidade e a atividade iônica média de uma solução de 0,200 molal de $Cr(NO_3)_3$, sabendo que o seu coeficiente de atividade médio $\gamma_\pm$ é 0,285.

Solução

Para o nitrato de cromo(III), os coeficientes n_+ e n_- são 1 e 3, respectivamente, de modo que $n_\pm$ é 4. A molalidade ideal do Cr^{3+} (aq) é 0,200 m, e a molalidade ideal do NO_3^- (aq) é 0,600 m. A molalidade iônica média é, portanto

$$m_\pm = (0{,}200^1 \cdot 0{,}600^3)^{1/4} \, m$$

$$m_\pm = 0{,}456 \, m$$

Usando este valor de m e o coeficiente de atividade média dado, podemos determinar a atividade média da solução:

$$a_\pm = \left(0{,}285 \cdot \frac{0{,}456 \, m}{1{,}00 \, m}\right)^4$$

$$a_\pm = 2{,}85 \times 10^{-4}$$

O comportamento dessa solução é baseado na atividade média de $2{,}85 \times 10^{-4}$, em vez da molalidade de 0,200. Isso faz uma grande diferença no comportamento que se espera da solução.

Soluções contendo íons com cargas absolutas maiores têm efeitos coulômbicos maiores afetando suas propriedades. Uma maneira de acompanhar isto é definindo a *força iônica*, I, da solução:

$$I = \frac{1}{2} \sum_{i=1}^{\text{número de íons}} m_i \cdot z_i^2 \tag{8.47}$$

onde z_i é a carga no i-ésimo íon. A força iônica foi definida originalmente em 1921 por Gilbert N. Lewis. Lembre-se de que as molalidades individuais m_i não serão as mesmas para solutos iônicos que têm a relação cátion : ânion diferente de 1:1. Este fato é ilustrado no exemplo a seguir.

Exemplo 8.10

a. Calcule as forças iônicas de soluções de 0,100 m de NaCl, Na_2SO_4 e $Ca_3(PO_4)_2$.
b. Que molalidade de Na_2SO_4 é necessária para se ter a mesma força iônica que 0,100 m de $Ca_3(PO_4)_2$?

Solução
a. Usando a Equação 8.47, chegamos a

$$I_{NaCl} = \tfrac{1}{2}[(0{,}100\ m)(+1)^2 + (0{,}100\ m)(-1)^2] = 0{,}100\ m$$

$$I_{Na_2SO_4} = \tfrac{1}{2}[(\underset{\underset{n_+ = 2}{\uparrow}}{2} \cdot 0{,}100\ m)(+1)^2 + (0{,}100\ m)(-2)^2] = 0{,}300\ m$$

$$I_{Ca_3(PO_4)_2} = \tfrac{1}{2}[(\underset{\underset{n_+ = 3}{\uparrow}}{3} \cdot 0{,}100\ m)(+2)^2 + (\underset{\underset{n_- = 2}{\uparrow}}{2} \cdot 0{,}100\ m)(-3)^2] = 1{,}50\ m$$

Veja quanto aumenta a força iônica, à medida que as cargas dos íons individuais aumentam.
b. Aqui, a pergunta é: que molalidade de Na_2SO_4 é necessária para se ter a mesma força iônica que 0,100 m de $Ca_3(PO_4)_2$, que calculamos na parte **a** como sendo 1,50 m? Podemos arranjar a expressão para ter a molalidade como incógnita, fixando a força iônica, $I_{Na_2SO_4}$, em 1,50 m. Temos

$$I_{Na_2SO_4} = 1.50\ m = \tfrac{1}{2}[(2 \cdot m)(+1)^2 + (m)(-2)^2]$$

$$1{,}50\ m = \tfrac{1}{2}(2m + 4m) = \tfrac{1}{2} \cdot 6\ m = 3\ m$$

Portanto,

$$m = 0{,}500\ m$$

Assim, precisamos de uma solução de Na_2SO_4 com molalidade cinco vezes maior que a de $Ca_3(PO_4)_2$ para ter a mesma força iônica. Como exercício, calcule qual a molalidade de NaCl necessária para ter essa mesma força iônica.

Como acontece com qualquer outra espécie química, os íons dissolvidos têm entalpias e energias livres de formação, e entropias. A partir da Equação 8.23, podemos ver que

$$\tfrac{1}{2}H_2\ (g) \longrightarrow H^+\ (aq) + 1e^- \qquad E° = 0{,}000\ V$$

Esta é (quase) a reação de formação do H^+ (aq) a partir de seus elementos constituintes, e usando a relação entre E e ΔG, podemos sugerir que $\Delta_f G[H^+(aq)] = 0$. Entretanto, este argumento apresenta um problema. Primeiro, a presença do elétron como um produto é problemática em termos de como definir esta equação como a reação de formação do H^+. Segundo, a formação de cátions como H^+ é, na realidade, sempre acompanhada da formação de ânions.

Da mesma forma que definimos os valores $\Delta_f H$ dos elementos como zero e os usamos como referência para determinar os calores de formação dos compostos, criamos uma definição similar para íons. *Definimos* a entalpia de formação padrão e a energia livre de formação padrão do íon de hidrogênio como sendo zero:

$$\Delta_f G°[H^+(aq)] = \Delta_f H°[H^+(aq)] \equiv 0 \tag{8.48}$$

Assim, as entalpias e energias livres de formação de outros íons podem ser medidas em relação ao íon de hidrogênio aquoso.

A mesma questão existe para entropias de íons: a entropia de nenhum íon pode ser separada, experimentalmente, da entropia de um outro íon com carga oposta, ao qual está ligado. Novamente, contornamos o problema definindo a entropia do íon de hidrogênio como zero:

$$S[H^+(aq)] \equiv 0 \tag{8.49}$$

As entropias de outros íons são determinadas em função desta referência.

Os conceitos de energia livre, entalpia e entropia de íons são complicados pelo fato de que estes íons se formam em algum solvente (geralmente, água). Os valores de $\Delta_f H$, $\Delta_f G$ e S têm contribuições devidas ao rearranjo das moléculas de solvente quando na presença do íon. Entalpias e energias livres de formação, e mesmo entropias, podem ser maiores ou menores do que as do H^+ (aq) (isto é, podem ter valores positivos ou negativos), dependendo, em parte, dos efeitos de solvatação. A não ser que estes efeitos sejam levados em conta, tendências nos valores termodinâmicos de íons podem ser difíceis de explicar. Observe, também, que isso implica que entropias de íons podem ser negativas, em contradição aparente com o próprio conceito de entropia absoluta e com a terceira lei da termodinâmica. Não se esqueça de que as entropias de íons são determinadas em função daquela do H^+ e, assim, os íons podem ter entropias mais altas ou mais baixas que H^+.

Exemplo 8.11

a. Determine $\Delta_f H°[Cl^-(aq)]$, se a entalpia da reação

$$\tfrac{1}{2}H_2(g) + \tfrac{1}{2}Cl_2(g) \longrightarrow H^+(aq) + Cl^-(aq)$$

é $-167,2$ kJ.

b. Determine $\Delta_f H°[Na^+(aq)]$, se a entalpia da reação

$$NaCl(s) \longrightarrow Na^+(aq) + Cl^-(aq)$$

é $+3,9$ kJ. Use $\Delta_f H°[NaCl] = -411,2$ kJ. Assuma condições padrão para todas as espécies em ambas as reações.

Solução

a. Se as condições padrão são assumidas, sabemos que $\Delta_f H°[H_2(g)] = \Delta_f H°[Cl_2(g)] = 0$. Por definição, $\Delta_f H°[H^+(aq)] = 0$, e sabendo que $\Delta_{reação} H$ é $-167,2$ kJ, temos

$$-167,2 \text{ kJ} = \sum \Delta_f H[\text{produtos}] - \sum \Delta_f H[\text{reagentes}]$$

$$-167,2 \text{ kJ} = (\Delta_f H[Cl^-(aq)] + 0) - (0 + 0)$$

$$-167,2 \text{ kJ} = \Delta_f H[Cl^-(aq)]$$

> **b.** Usando a entalpia de formação do Cl^- (aq) da parte a, podemos aplicar a mesma tática para a dissolução do cloreto de sódio:
>
> $$+3{,}9 \text{ kJ} = \sum \Delta_f H[\text{produtos}] - \sum \Delta_f H[\text{reagentes}]$$
> $$+3{,}9 \text{ kJ} = [\Delta_f H[Na^+(aq)] + (-167{,}2)] - (-411{,}2)$$
> $$-240{,}1 \text{ kJ} = \Delta_f H[Na^+(aq)]$$
>
> As entropias e as energias livres de formação dos íons são determinadas de modo semelhante.

8.7 Teoria das Soluções Iônicas de Debye-Hückel

Força iônica é um conceito útil porque nos permite considerar algumas expressões gerais que dependem apenas dela, e não das identidades dos íons. Em 1923, Peter Debye e Erich Hückel lançaram algumas hipóteses no sentido de simplificar as soluções iônicas de um modo geral. Assumiram que as soluções estariam muito diluídas e que o solvente era um meio contínuo, sem estrutura, com constante dielétrica ϵ_r. Debye e Hückel também admitiram que quaisquer desvios nas propriedades da solução idealizada eram devidos a interações coulômbicas (repulsões e atrações) entre os íons.

Utilizando ferramentas de estatística e o conceito de força iônica, Debye e Hückel deduziram uma relação relativamente simples entre o coeficiente de atividade $\gamma_\pm$ e a força iônica I para uma solução diluída:

$$\ln \gamma_\pm = A \cdot z_+ \cdot z_- \cdot I^{1/2} \tag{8.50}$$

onde z_+ e z_- são as cargas nos íons positivo e negativo, respectivamente. A constante A é dada pela expressão

$$A = (2\pi N_A \rho_{solv})^{1/2} \cdot \left(\frac{e^2}{4\pi\epsilon_0 \epsilon_r kT}\right)^{3/2} \tag{8.51}$$

onde:

N_A = número de Avogadro

ρ_{solv} = densidade do solvente (em unidades de kg/m³)

e = unidade fundamental de carga, em C

ϵ_0 = permissividade do espaço livre

ϵ_r = constante dielétrica do solvente

k = constante de Boltzmann

T = temperatura absoluta

A Equação 8.50 é a parte central do que é chamado de *teoria de Debye-Hückel* das soluções iônicas. Uma vez que se restringe a soluções muito diluídas ($I < 0{,}01\ m$), esta expressão é mais especificamente conhecida como a *lei limite de Debye-Hückel*. Uma vez que A é sempre positiva, o produto das cargas $z_+ \cdot z_-$ é sempre negativo, de modo que $\ln \gamma_\pm$ é sempre negativo. Isso significa que $\gamma_\pm$ é sempre menor do que 1, o que implica, como resultado, que a solução não é ideal.

Existe algo importante para se destacar sobre a lei limite de Debye-Hückel. Ela depende da identidade do solvente, uma vez que a densidade e a constante dielétrica do solvente são partes da expressão de A. Mas não há variável imposta pela natureza do soluto iônico, exceto pelas cargas nos íons! Ela é, aparentemente, independente da identidade do *soluto*. Isto significa que, por exemplo, soluções diluídas de NaCl e de KBr têm as mesmas propriedades, visto que elas contêm íons com as mesmas cargas. Contudo, NaCl e $CaSO_4$ diluídos teriam diferentes propriedades, a despeito de ambos serem sais iônicos na proporção de 1 : 1, uma vez que as cargas nos respectivos cátions e ânions são diferentes.

Para cálculos mais precisos, o tamanho dos íons envolvidos também deve ser considerado. Para isso, devemos considerar os coeficientes de atividade iônica individuais γ_+ e γ_-, em vez de calcular um coeficiente de atividade média $\gamma_\pm$. A expressão mais precisa da teoria de Debye-Hückel para o coeficiente de atividade de um íon individual é

$$\ln \gamma = -\frac{A \cdot z^2 \cdot I^{1/2}}{1 + B \cdot å \cdot I^{1/2}} \quad (8.52)$$

onde z é a carga no íon, å representa o diâmetro iônico (em unidades de metros) e B é uma outra constante dada pela expressão

$$B = \left(\frac{e^2 N_A \rho_{solv}}{\epsilon_0 \epsilon_r kT}\right)^{1/2} \quad (8.53)$$

Todas as variáveis foram definidas acima. I ainda representa a força iônica da solução, que contém contribuições de *ambos* os íons. Uma vez que z^2 é sempre positivo, sendo z positivo ou negativo, o sinal negativo na Equação 8.52 garante que ln γ é sempre negativo, de modo que γ é sempre menor do que 1. A Equação 8.52 é, às vezes, chamada de *lei de Debye-Hückel estendida*.

A Equação 8.52 é parecida com a Equação 8.50, no aspecto de que o coeficiente de atividade (e, portanto, a atividade) é dependente apenas das propriedades do solvente e da carga e do tamanho do íon, mas não da identidade química do próprio íon. Portanto, não é raro se ver tabelas fornecendo dados de å e da carga iônica, em vez dos íons individualmente. A Tabela 8.3 é uma tabela desse tipo. Ao usar dados de tabelas como essa, deve-se tomar extremo cuidado para que todas as unidades se cancelem, de modo que o logaritmo de γ seja um número puro, sem unidades. Podemos ter de aplicar as conversões apropriadas para as unidades se cancelarem.

Tabela 8.3 Coeficientes de atividade devido à carga, ao raio iônico e à força iônica

å (10^{-10} m)	Força Iônica I^a				
	0,001	0,005	0,01	0,05	0,10
±1-íons carregados					
9	0,967	0,933	0,914	0,86	0,83
7	0,965	0,930	0,909	0,845	0,81
5	0,964	0,928	0,904	0,83	0,79
3	0,964	0,925	0,899	0,805	0,755
±2-íons carregados					
8	0,872	0,755	0,69	0,52	0,45
6	0,870	0,749	0,675	0,485	0,405
4	0,867	0,740	0,660	0,445	0,355
±3-íons carregados					
6	0,731	0,52	0,415	0,195	0,13
5	0,728	0,51	0,405	0,18	0,115
4	0,725	0,505	0,395	0,16	0,095

Fonte: J. A. Dean, ed., *Lange's Handbook of Chemistry*, 14. ed., McGraw-Hill, Nova York, 1992.
[a] Os valores nesta seção são para o coeficiente de atividade, γ.

Quanto estas equações funcionam bem? Primeiro, consideraremos a Equação 8.50, isto é, a expressão simplificada da lei limite de Debye-Hückel. Os valores experimentais de $\gamma_\pm$ para HCl e $CaCl_2$ a 0,001 molal, a 25 °C, são 0,966 e 0,888, respectivamente. As forças iônicas das duas soluções são 0,001 m e 0,003 m. Na solução aquosa, o valor de A é

$$A = (2\pi N_A \rho_{solv})^{1/2} \left(\frac{e^2}{4\pi \epsilon_0 \epsilon_r kT} \right)^{3/2}$$

$$= \left(2\pi \cdot 6,02 \times 10^{23} \text{mol}^{-1} \cdot 997 \frac{\text{kg}}{\text{m}^3} \right)^{1/2} \times$$

$$\left(\frac{(1,602 \times 10^{-19} \text{ C})^2}{4\pi \cdot 8,854 \times 10^{-12} \frac{\text{C}^2}{\text{J} \cdot \text{m}} \cdot 78,54 \cdot 1,381 \times 10^{-23} \frac{\text{J}}{\text{K}} \cdot 298 \text{ K}} \right)^{3/2}$$

onde usamos a densidade e a constante dielétrica da água, a 25 °C, como sendo 997 kg/m³ e 78,54, respectivamente, e o restante das variáveis são constantes fundamentais, que podem ser encontradas em tabelas.

Por fim, as unidades resultantes são $\text{kg}^{1/2}/\text{mol}^{1/2}$, que é o inverso da raiz quadrada da unidade de molalidade, $(\text{molal})^{-1/2}$. Numericamente, o valor total de A resulta em

$$A = 1,171 \text{ molal}^{-1/2} \tag{8.54}$$

(Este valor de A é bom para qualquer solução aquosa a 25 °C.) Para o HCl, no qual $z_+ = +1$ e $z_- = -1$, temos

$$\ln \gamma_\pm = (1,171 \text{ molal}^{-1/2}) \cdot +1 \cdot -1 \cdot \sqrt{0,001 \text{ molal}}$$

Observe como a raiz quadrada das unidades molais se cancelam. Numericamente, temos

$$\ln \gamma_\pm = -0,03703$$

Portanto,

$$\gamma_\pm = 0,964$$

Este valor é muito próximo do valor experimental de 0,966. Para o $CaCl_2$, temos

$$\ln \gamma_\pm = (1,171 \text{ molal}^{-1/2}) \cdot +2 \cdot -1 \cdot \sqrt{0,003 \text{ molal}} = -0,1283$$

$$\gamma_\pm = 0,880$$

que é, novamente, muito próximo do valor experimental de 0,888. Mesmo a forma simplificada da lei limite de Debye-Hückel funciona muito bem para soluções diluídas. A expressão mais precisa da lei de Debye-Hückel é realmente necessária apenas para soluções mais concentradas.

Usando a teoria de Debye-Hückel, podemos determinar os coeficientes de atividade das soluções iônicas. A partir destes coeficientes de atividade, podemos determinar as atividades dos íons na solução. As atividades dos íons, por sua vez, estão relacionadas às molalidades – isto é, às concentrações – de íons na solução. Devemos, portanto, mudar a nossa abordagem para entender o comportamento das soluções iônicas. (Na realidade, esta idéia se aplica a todas as soluções, mas aqui estamos considerando apenas as soluções iônicas.) Em vez de relacionar a concentração de uma solução às suas propriedades mensuráveis, é mais preciso relacionar as propriedades mensuráveis de uma solução iônica *às atividades dos íons*. Assim, equações como a Equação 8.25 são mais bem expressas como

Eletroquímica e Soluções Iônicas   233

$$E = E° - \frac{RT}{n\mathcal{F}} \ln Q$$

$$= E° - \frac{RT}{n\mathcal{F}} \ln \frac{\Pi_i a_i(\text{prods})^{v_i}}{\Pi_j a_j(\text{reags})^{v_j}} \quad (8.55)$$

onde redefinimos Q, o quociente da reação, como sendo

$$Q = \frac{\Pi_i a_i(\text{prods})^{v_i}}{\Pi_j a_j(\text{reags})^{v_j}} \quad (8.56)$$

onde a_i(prods) e a_j(reags) são as atividades das espécies produto e reagente, respectivamente. Os expoentes v_i e v_j são os coeficientes estequiométricos dos produtos e dos reagentes, respectivamente, da equação química balanceada. Os valores de γ na Tabela 8.3 sugerem que, para uma reação eletroquímica, à medida que as soluções iônicas se tornam mais concentradas, propriedades como E são previstas com mais precisão utilizando atividades do que utilizando concentrações. O exemplo seguinte ilustra a diferença.

Exemplo 8.12

a. Encontre a tensão esperada para as seguintes reações químicas usando as concentrações molais dadas.

$$2\text{Fe (s)} + 3\text{Cu}^{2+} \text{ (aq, 0,050 molal)} \longrightarrow 2\text{Fe}^{3+} \text{ (aq, 0,100 molal)} + 3\text{Cu (s)}$$

b. Encontre, novamente, a tensão esperada, mas, desta vez, use as atividades calculadas de acordo com a teoria de Debye-Hückel.

A reação ocorre a 25 °C. O valor de B nesta temperatura é $2,32 \times 10^9 \text{ m}^{-1} \cdot \text{molal}^{-1/2}$. A é, ainda, $1,171 \text{ molal}^{-1/2}$.

Admita que as concentrações molais estão próximas o suficiente das concentrações molares para que possam ser usadas diretamente. Além disso, assuma que o ânion é NO_3^-, isto é, que estamos, na realidade, considerando soluções de 0,050 molal de $Cu(NO_3)_2$ e de 0,100 molal de $Fe(NO_3)_3$. Utilize, também, o fato de que os raios iônicos médios do Fe^{3+} e do Cu^{2+} são, respectivamente, 9,0 Å e 6,0 Å.

Solução

Usando os dados da Tabela 8.2, podemos facilmente determinar que $E° = 0{,}379$ V e que o número de elétrons transferidos, no decorrer da reação molar, é 6.

a. Usando as concentrações molais na equação de Nernst:

$$E = 0{,}379 \text{ V} - \frac{(8{,}314 \tfrac{\text{J}}{\text{mol}\cdot\text{K}})(298 \text{ K})}{(6 \text{ mol e}^-)(96{,}485 \tfrac{\text{C}}{\text{mol e}^-})} \ln \frac{(0{,}1)^2}{(0{,}05)^3}$$

$$E = (0{,}379 - 0{,}0188) \text{ V} = 0{,}378 \text{ V}$$

b. Se utilizarmos a fórmula de Debye-Hückel, primeiro, temos de calcular os coeficientes de atividade dos íons:

$$\ln \gamma_{\text{Fe}^{3+}} =$$

$$- \frac{1{,}171 \text{ molal}^{-1/2} \cdot (+3)^2 \cdot (0{,}600 \text{ molal})^{1/2}}{1 + 2{,}32 \times 10^9 \text{ m}^{-1} \cdot \text{molal}^{-1/2} \cdot 9{,}00 \times 10^{-10} \text{ m} \cdot (0{,}600 \text{ molal})^{1/2}}$$

onde convertemos o raio iônico do Fe^{3+} para metros e usamos a força iônica calculada, de uma solução de 0,100 molal de $Fe(NO_3)_3$. Temos

$$\ln \gamma_{Fe^{3+}} = -3,119$$

$$\gamma_{Fe^{3+}} = 0,0442$$

Isto significa que a atividade do Fe^{3+} é

$$a_{Fe^{3+}} = 0,0442 \frac{0,100 \text{ molal}}{1,00 \text{ molal}} = 0,00442$$

Similarmente, podemos calcular que o coeficiente de atividade do Cu^{2+} é

$$\gamma_{Cu^{2+}} = 0,308$$

Assim, a atividade para o Cu^{2+} é

$$a_{Cu^{2+}} = 0,308 \frac{0,0500 \text{ molal}}{1,00 \text{ molal}} = 0,0154$$

Usando as atividades, em vez das concentrações, descobrimos que

$$E = 0,379 \text{ V} - \frac{(8,314 \frac{J}{mol \cdot K})(298 \text{ K})}{(6 \text{ mol } e^-)(96.485 \frac{C}{mol\, e^-})} \ln \frac{(0,00442)^2}{(0,0154)^3}$$

$$E = (0,379 - 0,00718) \text{ V} = 0,372 \text{ V}$$

A diferença de tensão entre os dois valores calculados de E não é grande. Mas é fácil de medir, e para medições precisas, a diferença pode ter um grande impacto nas propriedades previstas da solução iônica. Por exemplo, é necessário considerar os fatores de atividade quando se utilizam eletrodos de pH e outros eletrodos íon-seletivos, porque a tensão exata da célula eletroquímica, que é produzida no decorrer da medição, é dependente da atividade dos íons envolvidos, e não da sua concentração. Atividade, como fugacidade, é uma medida mais realista de como as espécies químicas reais se comportam. Em cálculos precisos para soluções iônicas, a atividade deve ser usada, e não a concentração.

8.8 Transporte Iônico e Condutância

Uma propriedade adicional que as soluções de solutos iônicos têm e as soluções de solutos não-iônicos não têm é que soluções iônicas conduzem eletricidade. Por esse motivo, a palavra *eletrólito* é utilizada para descrever solutos iônicos. (A palavra *não-eletrólito* é utilizada para descrever solutos cujas soluções não conduzem eletricidade.) Esta propriedade dos eletrólitos tem profundas ramificações no entendimento básico das soluções iônicas, como foi demonstrado por Svante Arrhenius, em 1884. Arrhenius propôs em sua tese de doutorado que os eletrólitos são misturas formadas por íons com cargas opostas, que se separam quando se dissolvem e, por isso, conduzem eletricidade. Sua tese foi aprovada com a menor nota possível. Entretanto, com a crescente evidência da natureza elétrica dos átomos e da matéria, e devido à sua importante contribuição, ele foi premiado com o terceiro Prêmio Nobel de Química, em 1903.

A condutividade de soluções iônicas se deve ao movimento de cátions e ânions. Eles se movem em direções opostas (como é de se esperar) e, assim, podemos considerar uma corrente devida aos íons positivos, I_+, e uma corrente devida aos íons negativos, I_-. Se considerarmos a corrente como a variação

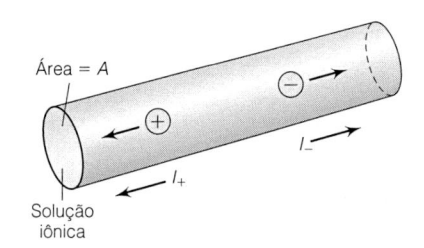

Figura 8.4 A corrente de íons se move em duas direções e é medida em termos de quantos íons passam através de uma área de secção transversal A por unidade de tempo.

na quantidade de íons que passa através de uma área de seção A transversal por unidade de tempo, como mostra a Figura 8.4, podemos escrever

$$I_+ = \frac{\partial q_+}{\partial t}$$

$$I_- = \frac{\partial q_-}{\partial t}$$

Se reconhecermos que o total de carga (positiva ou negativa) é igual à magnitude de carga vezes a unidade de carga fundamental (e) vezes o número de mols do íon, podemos reescrever a equação acima em quantidades molares

$$I_i = e \cdot |z_i| \cdot \frac{\partial N_i}{\partial t} \tag{8.57}$$

onde N_i representa o número de íons específicos i. O valor absoluto da carga de íons assegura que a corrente será positiva.

Se assumirmos que os íons se movem a uma velocidade v_i através da área A, e se expressarmos a concentração de íons como sendo N/V (ou seja, quantidade dividida pelo volume), podemos escrever a variação da quantidade por unidade de tempo, $\partial N_i/\partial t$, como sendo a concentração vezes a área vezes a velocidade, ou

$$\frac{\partial N_i}{\partial t} = \frac{N_i}{V} A \cdot v_i$$

Substituindo na Equação 8.57:

$$I_i = e \cdot |z_i| \cdot \frac{N_i}{V} \cdot A \cdot v_i$$

Íons conduzindo corrente em solução se movem em resposta à força eletromotriz que atua na solução. Lembremos a partir da Equação 8.5 que existe uma relação entre a força F e o campo elétrico E:

$$F_i = q_i \cdot E$$

que pode ser reescrita usando e e a carga no íon:

$$F_i = e \cdot |z_i| \cdot E$$

A segunda lei de Newton afirma que se uma força está atuando em um objeto, este acelera, aumentando sua velocidade. Se existe uma força sempre presente, devido ao campo elétrico, um íon nesse campo deverá acelerar continuamente (ou até que se choque com um eletrodo). Entretanto, em solução, há também uma força de fricção devida ao movimento através do solvente (assim como um nadador sente a água "segurando-o" em uma piscina). Esta força de fricção sempre trabalha na direção contrária à do movimento e é proporcional à velocidade do íon. Portanto, podemos escrever

$$\text{força de fricção no íon} = f \cdot v_i$$

onde f é a constante de proporcionalidade. A força no íon, F_i, se torna

$$F_i = e \cdot |z_i| \cdot E - f \cdot v_i \tag{8.58}$$

Por causa da força de fricção, em algumas velocidades, a força resultante no íon cairá para zero, e o íon pára de acelerar. Sua velocidade permanecerá constante. De acordo com a Equação 8.58, essa velocidade terminal pode ser deduzida como a seguir:

$$0 = e \cdot |z_i| \cdot E - f \cdot v_i$$

$$v_i = \frac{e \cdot |z_i| \cdot E}{f} \qquad (8.59)$$

Mas o que é f, a constante de proporcionalidade de fricção? Segundo a *lei de Stokes*, a constante de fricção de um corpo esférico com raio r_i, movendo-se através de um meio fluido com viscosidade η, é

$$f = 6\pi\eta r_i \qquad (8.60)$$

A viscosidade é medida nas unidades poise, onde

$$1 \text{ poise} \equiv 1\frac{\text{g}}{\text{cm}\cdot\text{s}}$$

Usando a expressão pela lei de Stokes, a velocidade do íon se torna

$$v_i = \frac{e \cdot |z_i| \cdot E}{6\pi\eta r_i}$$

Substituindo na expressão da corrente, I_i se torna

$$I_i = e^2 \cdot |z_i|^2 \cdot \frac{N_i}{V} \cdot A \cdot \frac{E}{6\pi\eta r_i} \qquad (8.61)$$

Essa equação mostra que a corrente iônica está relacionada com o quadrado da carga no íon. Para praticamente todas as soluções iônicas, as correntes iônicas positiva e negativa dos íons I_+ e I_- serão diferentes. Para manter uma neutralidade elétrica completa, os íons de cargas opostas têm de se mover com velocidades diferentes.

Por fim, a relação fundamental entre a tensão V ao longo do condutor e a corrente I que flui através do condutor é conhecida como *lei de Ohm*.

$$V \propto I \qquad (8.62)$$

A constante de proporcionalidade é definida como a *resistência*, R, do sistema:

$$V = IR$$

Medições das resistências de soluções iônicas mostram que a resistência é diretamente proporcional à distância, ℓ, entre dois eletrodos e inversamente proporcional à área A dos eletrodos (que, normalmente, são do mesmo tamanho):

$$R = \rho \cdot \frac{\ell}{A} \qquad (8.63)$$

A constante de proporcionalidade ρ é chamada de *resistência específica* ou *resistividade* da solução, e suas unidades são ohm·metro ou ohm·cm. Definimos também a *condutividade* κ (também chamada de *condutância específica*) como sendo a recíproca da resistividade.

$$\kappa = \frac{1}{\rho} \qquad (8.64)$$

Condutividades têm unidades de ohm^{-1}·m^{-1}.[5] Resistividades e condutividades são muito fáceis de medir experimentalmente usando equipamentos elétricos modernos. No entanto, como é de se esperar, são grandezas bastante variáveis, uma vez que ρ depende não apenas da carga do íon, mas também da

---

[5] A unidade *siemen* (abreviada por S) é definida como ohm^{-1}, portanto, os valores de condutividade, às vezes, são dados em unidades de S/m.

concentração da solução. É melhor definir uma quantidade que incorpore a concentração da solução. A *condutância equivalente* de um soluto iônico, Λ, é definida como

$$\Lambda = \frac{\kappa}{N} \tag{8.65}$$

onde N é a normalidade da solução (Λ é a letra grega maiúscula chamada lâmbda). Lembremos que a *normalidade* é definida como o número de equivalentes por litro de solução. O uso de equivalentes no lugar de mols leva em consideração a carga iônica.

Novamente, como é de se esperar, a condutância equivalente muda de acordo com a concentração. No entanto, investigadores antigos já haviam notado que, para soluções diluídas (menos de 0,1 normal), Λ variava conforme a raiz quadrada da concentração, e que a interseção da reta de Λ versus $\sqrt{N}$ com o eixo y é igual a um valor de Λ característico do soluto iônico. A este valor, característico de uma solução infinitamente diluída, é atribuído o símbolo Λ_0. Vários valores de Λ_0 são apresentados na Tabela 8.4. A relação matemática entre condutância equivalente *versus* concentração pode ser expressa como

Tabela 8.4 Alguns valores de Λ_0 para sais iônicos

Sal	Λ_0 (cm²/normal·ohm)
NaCl	126,45
KCl	149,86
KBr	151,9
NH$_4$Cl	149,7
CaCl$_2$	135,84
NaNO$_3$	121,55
KNO$_3$	144,96
Ca(NO$_3$)$_2$	130,94
HCl	426,16
LiCl	115,03
BaCl$_2$	139,98

$$\Lambda = \Lambda_0 + K \cdot \sqrt{N} \tag{8.66}$$

onde K é a constante de proporcionalidade que representa a inclinação da reta. A Equação 8.66 é chamada *lei de Kohlrausch*, em homenagem a Friedrich Kohlrausch, um químico alemão, que a propôs pela primeira vez no final dos anos 1800, após realizar um estudo detalhado das propriedades elétricas de soluções iônicas. Debye e Hückel e, mais tarde, o químico norueguês Lars Onsäger, deduziram uma expressão para K:

$$K = -(60{,}32 + 0{,}2289\Lambda_0) \tag{8.67}$$

Quando combinadas, as Equações 8.66 e 8.67 resultam na chamada *equação de Onsäger* para a condutância de soluções iônicas.

8.9 Resumo

Íons desempenham um papel-chave em vários sistemas termodinâmicos. Pelo fato de as soluções iônicas poderem transportar corrente, as transformações químicas não consideradas nos capítulos anteriores talvez possam ocorrer espontaneamente. Algumas dessas transformações podem ser muito úteis, porque podemos extrair trabalho elétrico de sistemas nos quais elas ocorrem. Algumas dessas transformações são espontâneas, mas não intrinsecamente úteis. Por exemplo, a corrosão é um processo eletroquímico que é indesejável, por definição. Podemos desfazer ou reverter esses processos indesejáveis, mas a segunda lei da termodinâmica nos diz que cada um desses processos será, até certo ponto, ineficiente. As leis da termodinâmica nos permitem calcular a quantidade de energia que podemos retirar de (ou devemos colocar em) um processo, e somos capazes de definir potenciais eletroquímicos-padrão para auxiliar nesses cálculos.

A aplicação da termodinâmica em sistemas eletroquímicos também nos ajuda a entender potenciais em condições não-padrão e nos dá sua relação com a constante de equilíbrio e o quociente de reação. Podemos entender agora que a concentração não é, necessariamente, a melhor unidade à qual as propriedades de uma solução estão relacionadas. A atividade de íons é a melhor unidade a ser utilizada. Aplicando a teoria de Debye-Hückel, temos meios de calcular as atividades dos íons de maneira que podemos modelar o comportamento de soluções não-ideais mais precisamente.

EXERCÍCIOS DO CAPÍTULO 8

8.2 Cargas

8.1. Qual é a carga em uma pequena esfera que é atraída por uma outra esfera com carga de 1,00 C, se as esferas estão distantes 100,0 m e se a força de atração é 0,0225 N?

8.2. A força de atração devida à gravidade segue uma equação similar à lei de Coulomb:

$$F = G \cdot \frac{m_1 \cdot m_2}{r^2}$$

onde m_1 e m_2 são as massas dos objetos, r é a distância entre eles, e G é a constante gravitacional, que é igual a $6,672 \times 10^{-11}$ N·m²/kg².

(a) Calcule a força de atração gravitacional entre a Terra e o Sol, sabendo que a massa da Terra é igual a $5,97 \times 10^{24}$ kg, a massa do Sol é $1,984 \times 10^{30}$ kg, e a distância média entre eles é de $1,494 \times 10^8$ km.

(b) Assumindo que o Sol e a Terra tenham cargas da mesma magnitude, mas opostas, qual é a carga necessária para produzir uma força coulômbica que se iguale à força gravitacional entre eles? Quantos mols de elétrons isso representa? Comparando, considere que se a Terra fosse composta de ferro puro, conteria cerca de 10^{26} mols de átomos de Fe?

8.3. Dois pequenos corpos metálicos têm cargas opostas, com o corpo carregado negativamente tendo o dobro da carga do corpo carregado positivamente. Eles estão imersos em água (constante dielétrica = 78) a uma distância de 6,075 cm, e sabe-se que a força de atração entre eles é $1,55 \times 10^{-6}$ N. **(a)** Quais são as cargas nos pedaços de metal? **(b)** Quais são os campos elétricos dos dois corpos?

8.4. No sistema de unidades centímetro-grama-segundo (cgs), um statcoulomb é uma unidade de carga tal que (1 statcoulomb)²/(1 cm)² = 1 dyna, a unidade de força do sistema cgs. Quantos statcoulombs constituem um coulomb?

8.5. Qual é a força de atração entre um elétron carregado negativamente e um próton carregado positivamente, a uma distância de 0,529 Å? Será necessário pesquisar os valores das cargas do elétron e do próton (que têm a mesma magnitude, mas cargas de sinais opostos), e usar o fato de que 1 Å = 10^{-10} m.

8.3 e 8.4 Energia, Trabalho e Potenciais Padrão

8.6. Quanto trabalho é necessário para mover um simples elétron através de um campo elétrico constante de 1,00 V? (Esta quantidade de trabalho, ou energia, é definida como um *elétron volt*.)

8.7. Explique por que uma força eletromotriz *não* é, de fato, uma força.

8.8. Explique por que valores $E°_{1/2}$ não são, necessariamente, estritamente aditivos. (*Dica*: considere as propriedades de variáveis intensivas e extensivas.)

8.9. Para cada uma das seguintes reações, determine a reação química completa balanceada, seu potencial elétrico padrão e a energia livre de Gibbs padrão da reação. Pode-se ter de adicionar moléculas de solvente (isto é, H_2O) para balancear as reações. Consulte a Tabela 8.2 para as meias-reações.

(a) $MnO_2 + O_2 \rightarrow OH^- + MnO_4^-$
(b) $Cu^+ \rightarrow Cu + Cu^{2+}$
(c) $Br_2 + F^- \rightarrow Br^- + F_2$
(d) $H_2O_2 + H^+ + Cl^- \rightarrow H_2O + Cl_2$

8.10. No lado esquerdo da Equação 8.21, $\Delta G°$ é extensivo (isto é, dependente da quantidade), enquanto no lado direito da mesma equação, $E°$ é intensivo (isto é, independente da quantidade). Explique como uma variável intensiva pode estar relacionada com uma variável extensiva.

8.11. A reação de desproporcionamento $Fe^{2+} \rightarrow Fe + Fe^{3+}$ é espontânea? Qual é o $\Delta G°$ para a reação?

8.12. Um processo requer $5,00 \times 10^2$ kJ de trabalho para ser executado. Qual das seguintes reações pode ser usada para fornecer esse trabalho?

(a) $Zn(s) + Cu^{2+} \rightarrow Zn^{2+} + Cu(s)$
(b) $Ca(s) + H^+ \rightarrow Ca^{2+} + H_2$
(c) $Li(s) + H_2O \rightarrow Li^+ + H_2 + OH^-$
(d) $H_2 + OH^- + Hg_2Cl_2 \rightarrow H_2O + Hg + Cl^-$

8.13. Se um eletrodo de calomelano é usado no lugar de um eletrodo de hidrogênio padrão, os valores de $E°$ são deslocados de 0,2682 V para cima ou para baixo? Justifique sua resposta determinando as voltagens das reações eletroquímicas espontâneas de cada eletrodo padrão com as meias-reações $Li^+ + e^- \rightarrow Li(s)$ e $Ag^+ + e^- \rightarrow Ag$.

8.14. Determine $E°$ e ΔG para cada uma das seguintes reações.

(a) $Au^{3+} + 2e^- \rightarrow Au^+$
(b) $Sn^{4+} + 4e^- \rightarrow Sn$

8.15. A ciência química convencional afirma que os elementos metálicos são mais reativos do lado esquerdo inferior da tabela periódica, e que elementos não-metálicos são mais reativos do lado direito superior da tabela periódica. Eletroquimicamente, isso sugere que o flúor e o césio teriam os valores extremos de $E°$. O flúor tem um $E°$ muito positivo em relação ao EHP, isto é, 2,87 V. Entretanto, o lítio tem um dos mais altos valores de $E°$ para um metal, isto é, –3,045 V. (O do césio é apenas –2,92 V.) Como se pode explicar isto?

8.16. Nos estados bioquímicos padrão, o potencial para a reação

$$NAD^+ + H^+ + 2e^- \longrightarrow NADH$$

é –0,320 V. Se as concentrações de NAD^+ e NADH são 1,0 M, qual é a concentração de H^+ nestas condições? Veja o $E°$ para esta reação no final da Seção 8.4.

8.5 Potenciais Não-Padrão e Constantes de Equilíbrio

8.17. Qual é a relação entre Zn^{2+}: Cu^{2+} numa pilha de Daniel que tem uma tensão de 1,000 V a 25 °C? Pode-se dizer quais são as concentrações individuais de Zn^{2+} e Cu^{2+}? Por que sim ou por que não?

8.18. A reação abaixo pode atuar como base de uma célula eletroquímica:

$$2Al\ (s) + Fe_2O_3\ (s) \longrightarrow Al_2O_3\ (s) + 2Fe\ (s)$$

Faça uma estimativa do potencial elétrico desta reação a 1700 °C, se $E°$ é 1,625 V. Será necessário pesquisar dados termodinâmicos no Apêndice 2.

8.19. Uma *célula de concentração* tem diferentes concentrações dos mesmos íons, e devido a essa diferença, há uma tensão muito pequena entre as células. Este efeito é problemático, especialmente para a corrosão. Considere a seguinte reação completa, que, presume-se, ocorre na presença de ferro metálico:

$$Fe^{3+}\ (0,08\ M) \longrightarrow Fe^{3+}\ (0,001\ M)$$

(a) Qual é o $E°$?
(b) Qual é a expressão para Q?
(c) Qual é o E para a célula de concentração?
(d) As células de concentração poderiam ser consideradas um outro tipo de propriedade coligativa? Explique sua resposta.

8.20. (a) Qual é a constante de equilíbrio para a seguinte reação?

$$H_2 + 2D^+ \rightleftharpoons D_2 + 2H^+$$

$E°$ para $2D^+ + 2e^- \rightarrow D_2$ é $-0,044$ V. (b) Com base na sua resposta, qual isótopo do hidrogênio prefere estar no estado +1, em solução aquosa?

8.21. Faça uma estimativa da temperatura necessária para que a reação do Exercício 8.20 apresente $E°$ igual a 0,00 V. Admita que $S[D^+(aq)] \approx 0$.

8.22. Refaça o Exemplo 8.5 corrigindo as entropias da temperatura de 298 K para 500 K, usando as equações termodinâmicas adequadas. De quanto a resposta difere da resposta do Exemplo 8.5?

8.23. Determine uma expressão para $\Delta C_p°$, a variação da capacidade calorífica a pressão constante, para um processo eletroquímico. *Dica*: veja a Equação 8.30 e use a definição de capacidade calorífica.

8.24. Deduza a Equação 8.33.

8.25. Determine E para a célula de concentração cuja reação líquida é $Cu^{2+}\ (0,035\ m) \rightarrow Cu^{2+}\ (0,0077\ m)$.

8.26. Determine a faixa de molaridade necessária para ter E igual a 0,050 V em uma célula de concentração composta de (a) Íons de Fe^{2+}; (b) Íons de Fe^{3+}; (c) Íons de Co^{2+}. (d) Compare suas respostas e explique as diferenças e semelhanças.

8.27. Determine K_{sp} para AgCl usando dados eletroquímicos.

8.28. Qual é a constante do produto de solubilidade de Hg_2Cl_2 que se dissocia em íons de Hg_2^{2+} e Cl^-?

8.29. Qual é o pH de uma solução de íons de hidrogênio se um eletrodo H é conectado a uma meia-célula de MnO_4^-/Mn^{2+} com $[MnO_4^-] = 0,034\ m$ e $[Mn^{2+}] = 0,288\ m$? $E = 1,200$ V. Admita que $p_{H_2} = 1$ bar. O valor de $E°$ está na Tabela 8.2.

8.30. Utilizando a célula do Exemplo 8.8, determine se a oxidação do Fe (a reação principal na corrosão do ferro) para Fe^{2+} é promovida por um pH elevado (soluções básicas) ou baixo (soluções ácidas).

8.31. Qual é a concentração de equilíbrio de Cl^- num eletrodo de calomelano padrão? (*Dica*: será necessário determinar o K_{sp} para o Hg_2Cl_2.)

8.6 e 8.7 Íons em Solução; Teoria de Debye-Hückel

8.32. Mostre que $a_{\pm}$ pode ser escrita como $\gamma_{\pm}^{n+} \cdot m^{n\pm} \cdot n_+^{n+} \cdot n_-^{n-}$, onde m é a molalidade da solução iônica.

8.33. Determine as forças iônicas das seguintes soluções. Admita que elas são 100% ionizadas. (a) 0,0055 molal de HCl, (b) 0,075 molal de $NaHCO_3$, (c) 0,0250 molal de $Fe(NO_3)_2$, (d) 0,0250 molal de $Fe(NO_3)_3$.

8.34. Embora a amônia, NH_3, não seja um soluto iônico, uma solução de 1,00 molal de NH_3 é, na verdade, um eletrólito fraco que tem uma força iônica de cerca de $1,4 \times 10^{-5}$ molal. Explique.

8.35. Calcule a entalpia molar de formação de I^- (aq), sabendo que a entalpia da reação $H_2\ (g) + I_2\ (s) \rightarrow 2H^+\ (aq) + 2I^-\ (aq)$ é $-110,38$ kJ.

8.36. A entropia de formação de Mg^{2+} (aq) é $-138,1$ J/mol·K. Explique (a) por que este valor não viola a terceira lei da termodinâmica, e (b) por que a entropia de formação de *qualquer* íon pode ser negativa em nível molecular.

8.37. O ácido hidrofluorídrico, HF (aq), é um ácido fraco, que não é completamente dissociado em solução.
(a) Usando os dados termodinâmicos do Apêndice 2, determine $\Delta H°$, $\Delta S°$ e $\Delta G°$ para o processo de dissociação.
(b) Calcule a constante de dissociação ácida, K_a, para o HF (aq) a 25 °C. Compare com o valor de $3,5 \times 10^{-4}$, de uma tabela em um manual.

8.38. Determine $\Delta H°$, $\Delta S°$ e $\Delta G°$ para as reações de dissolução de $NaHCO_3$ e Na_2CO_3. (Obtenha os dados necessários no Apêndice 2.)

8.39. Verifique o valor e a unidade para a Equação 8.54.

8.40. O coeficiente de atividade média de uma solução aquosa de 0,0020 molal de KCl a 25 °C é 0,951. Com que precisão a lei limitante de Debye-Hückel, Equação 8.50, estima este coeficiente? Como um exercício adicional, calcule γ usando as Equações 8.52 e 8.53 [onde $å\ (K^+) = 3 \times 10^{-10}$ m e $å\ (Cl^-) = 3 \times 10^{-10}$ m] e $\gamma_{\pm}$ usando a Equação 8.44.

8.41. O plasma sangüíneo humano tem cerca de 0,9% de NaCl. Qual é a força iônica do plasma sangüíneo?

8.42. Dê o valor aproximado das voltagens esperadas para a seguinte reação eletroquímica usando (a) a concentração molal dada e **(b)** as atividades calculadas utilizando a teoria de Debye-Hückel simples. O valor de å para Zn^{2+} e Cu^{2+} é o mesmo: 6×10^{-10} m.

$Zn (s) + Cu^{2+}$ (aq, 0,05 molal) $\longrightarrow$
Zn^{2+} (aq, 0,1 molal) $+ Cu (s)$

Explique o porquê das respostas obtidas.

8.43. (a) Explique por que é importante especificar uma identidade para o ânion no Exemplo 8.12, mesmo sendo um íon espectador.
(b) Recalcule a parte b do Exemplo 8.12, assumindo que ambos os sais são sulfatos, em vez de nitratos. Considere as concentrações dadas no exemplo como a concentração *catiônica* resultante, não a concentração do sal.

8.44. A Equação 8.40 é apoiada pelos dados da Tabela 8.3? Explique sua resposta.

8.8 Transporte e Condutância

8.45. Mostre que a unidade da Equação 8.61 é o ampère, uma unidade de corrente. Utilize a Equação 8.5 para obter as unidades apropriadas para o campo elétrico E.

8.46. (a) O sal $NaNO_3$ pode ser imaginado como $NaCl + KNO_3 - KCl$. Demonstre que os valores de Λ_0 mostram este tipo de aditividade calculando Λ_0 para o $NaNO_3$ a partir dos valores de Λ_0 para $NaCl$, KNO_3 e KCl, encontrados na Tabela 8.4. Compare o valor calculado com o valor de Λ_0 ($NaNO_3$) na tabela. **(b)** Estime os valores aproximados de Λ_0 para NH_4NO_3 e $CaBr_2$, usando os valores dados na Tabela 8.4.

8.47. Numa célula galvânica, determine se I_+ e I_- estão se movendo em direção ao cátodo ou ao ânodo. E numa célula eletrolítica?

8.48. Qual a velocidade estimada dos íons de Cu^{2+} se movimentando na água, em uma pilha de Daniel, cujo campo elétrico é 100,0 V/m? Admita que å para o Cu^{2+} é 4 Å e que a viscosidade da água é 0,00894 poise. Comente a respeito da magnitude de sua resposta.

Exercícios de Simbolismo Matemático

8.49. Construa uma expressão que permita avaliar a força entre duas cargas unitárias de sinais opostos, a uma distância variável no vácuo e em um meio com uma constante dielétrica ϵ_r. Feito isso, avalie a força entre as duas cargas a distâncias variando de 1 Å a 25 Å em aumentos graduais de 1Å. Como os valores variam entre o vácuo e um meio com uma constante dielétrica diferente de zero? Faça as mesmas avaliações para cargas de mesmo sinal e compare o resultado com o obtido para cargas de sinais opostos.

8.50. Uma pilha de Daniel é construída com todas as concentrações padrão, exceto para o Zn^{2+}. A concentração do íon de zinco tem valores de 0,00010 M, 0,0074 M, 0,0098 M, 0,0275 M e 0,0855 M. Quais são os valores de E da célula? Que tendência mostram os valores de E?

8.51. Sais iônicos são compostos de íons que podem ter cargas de até 4+ e 3−. Assumindo uma solução de 1 molal para cada sal, construa uma tabela de forças iônicas que mostre I *versus* a carga iônica para cada combinação possível das cargas.

8.52. Calcule **(a)** a constante do produto de solubilidade para o Ag_2CO_3 e **(b)** o valor de K_w usando os seguintes dados:

$Ag_2CO_3 (s) + 2e^- \longrightarrow 2Ag (s) + CO_3^{2-}$ (aq)
$E_{1/2} = 0,47$ V

$Ag^+ (aq) + e^- \longrightarrow Ag (s)$
$E_{1/2} = 0,7996$ V

$O_2 (g) + 2H_2O (\ell) + 4e^- \longrightarrow 4OH^-$ (aq)
$E_{1/2} = 0,401$ V

$O_2 (g) + 4H^+ (aq) + 4e^- \longrightarrow 2H_2O (\ell)$
$E_{1/2} = 1,229$ V

9 Mecânica Pré-Quântica

A CIÊNCIA, QUANDO AMADURECEU, desenvolveu a perspectiva de que o mundo físico é regular e seu comportamento segue certas regras e linhas bem-definidas. Nos anos 1800, dentre estas regras, as mais importantes eram as leis da mecânica, que explicavam o movimento dos corpos materiais; principalmente, as três leis de Newton sobre o movimento. Os cientistas sentiam-se confiantes de que estavam começando a entender o mundo natural e como ele funcionava.

Porém, no início dos anos 1800 e, certamente, no meio e no fim desse século, começaram a aparecer algumas evidências de que os cientistas realmente não compreendiam o que estava acontecendo. Ou de que as leis da física, aceitas na época, talvez não pudessem ser aplicadas e nem explicar certos eventos. No fim do século XIX, ficou óbvio para uns poucos pensadores radicais que seria necessária uma nova teoria que descrevesse o comportamento da matéria, para que se pudesse compreender a natureza do universo. Finalmente, em 1925-1926, uma nova teoria, chamada mecânica quântica, se mostrou capaz de explicar as novas observações que, antes, não se ajustavam à mecânica clássica.

Para poder apreciar plenamente a mecânica quântica e o que ela pode oferecer para os químicos, é necessário rever o estado da ciência física pouco antes da mecânica quântica. Neste capítulo, vamos rever a mecânica clássica e discutir os fenômenos que ela não pôde explicar. Embora possa, no início, parecer não se tratar de química, lembre-se de que um objetivo importante da físico-química é *estabelecer um modelo do comportamento dos átomos e das moléculas*. Uma vez que a parte mais importante do átomo, do ponto de vista da química, são os elétrons, entender corretamente o comportamento do elétron é absolutamente necessário para compreender a química. Como o elétron mostrou ser parte da matéria, cientistas clássicos tentaram usar equações clássicas do movimento para compreender o seu comportamento. Porém, logo descobriram que os velhos modelos não funcionavam para uma porção tão pequena de matéria. Um novo modelo teve de ser desenvolvido, e este modelo é a mecânica quântica.

9.1 Sinopse

Neste capítulo, começamos com uma revisão de como os cientistas classificam o comportamento do movimento da matéria. Há várias maneiras de descrever matematicamente o movimento, sendo as leis de Newton as mais comuns. Uma breve revisão histórica mostra que vários fenômenos não poderiam ser explicados pelo pensamento científico dos anos 1800. A maioria desses fenômenos se baseava nas propriedades dos átomos, que só então estavam sendo examinadas diretamente. Esses fenômenos são descritos aqui porque serão considerados mais adiante, à luz de novas teorias, como a mecânica quântica. Uma vez que a maior parte da matéria é fundamentalmente estudada usando-se a luz, é clara a necessidade de compreender adequadamente a natureza da luz. Esta compreensão começou a mudar drasticamente com Planck e sua teoria quântica dos corpos negros. Proposta em 1900, a teoria quântica iniciou uma nova era da ciência, na qual novas idéias começaram a substituir as antigas – não por falta de aplicação (a mecânica clássica ainda constitui um tópico muito útil), mas porque faltava a essas idéias antigas a sutileza para explicar corretamente novos fenômenos que estavam sendo observados. A aplicação da teoria quântica à luz em 1905, por Einstein, foi um passo fundamental. Finalmente, a teoria de Bohr do átomo de hidrogênio, as ondas de matéria de De Broglie e outras novas idéias abriram caminho para a introdução da mecânica quântica moderna.

9.2 Leis do Movimento

Durante a Idade Média e o Renascimento, os filósofos da natureza estudaram o mundo ao seu redor e tentaram entender o universo. Entre esses filósofos da natureza, destacou-se Isaac Newton, que, no final dos anos 1600 e início de 1700, deduziu várias leis que resumiam o movimento dos corpos materiais. Elas são conhecidas como as *leis de movimento de Newton*.

Resumidamente, elas são:

- *A primeira lei do movimento*: um objeto em repouso tende a permanecer em repouso, e um objeto em movimento tende a permanecer em movimento, enquanto nenhuma força não equilibrada agir sobre ele. (Esta, às vezes, é chamada de lei da inércia.)
- *A segunda lei do movimento*: se uma força não equilibrada agir sobre um objeto, este acelerará na direção da força, e a quantidade de aceleração será inversamente proporcional à massa do objeto e diretamente proporcional à força.
- *A terceira lei do movimento*: para cada ação, há uma reação igual e oposta.

A segunda lei de Newton deve ser examinada mais de perto, já que é, talvez, a mais conhecida das leis. A força, **F**, é uma quantidade *vetorial*, que tem magnitude e direção. Para um objeto de massa m, a segunda lei de Newton é usualmente expressa na forma[1]

$$\mathbf{F} = m\mathbf{a} \tag{9.1}$$

onde as variáveis em negrito são quantidades vetoriais. Observe que a aceleração **a** também é um vetor, já que também tem magnitude e direção. Unidades típicas para massa, aceleração e força são kg, m/s² e newton (1 N = 1 kg·m/s²). A Equação 9.1 pressupõe massa constante.

A Equação 9.1 pode ser escrita de modo diferente, usando o simbolismo do cálculo. A aceleração é a variação do vetor velocidade em relação ao tempo, ou $d\mathbf{v}/dt$. Mas a velocidade **v** é a variação na posição em relação ao tempo. Se representarmos a posição por sua coordenada unidimensional **x**, podemos descrever a aceleração como sendo a derivada da derivada do tempo em relação à posição, ou

$$\mathbf{a} = \frac{d^2\mathbf{x}}{dt^2} \tag{9.2}$$

---

[1] Sua forma mais geral é $\mathbf{F} = dp/dt = dm\mathbf{v}/dt$, mas a forma na Equação 9.1 é, provavelmente, a maneira mais comum de expressar a segunda lei de Newton.

Isso significa que a segunda lei de Newton pode ser escrita como

$$\mathbf{F} = m\frac{d^2\mathbf{x}}{dt^2} \tag{9.3}$$

Não é raro ignorar o caráter vetorial da força e da posição e expressar a Equação 9.3 como

$$F = m\frac{d^2x}{dt^2}$$

Observe dois aspectos na segunda lei de Newton. Primeiro, ela é uma equação diferencial ordinária de segunda ordem.[2] Isto significa que, para compreender o movimento de qualquer objeto, em geral, precisamos querer e poder resolver uma equação diferencial de segunda ordem. Segundo, já que a posição também é um vetor, quando consideramos mudanças na posição ou na velocidade ou na aceleração, não estamos apenas preocupados com mudanças na magnitude desses valores, mas também com mudanças na sua *direção*. Uma mudança na direção significa aceleração, uma vez que a velocidade, uma quantidade vetorial, está mudando sua direção. Esta idéia tem sérias conseqüências quando tratamos da estrutura atômica, como veremos mais adiante.

Apesar de ter levado algum tempo para serem aceitas pelos cientistas da época, as três leis do movimento de Newton simplificaram enormemente a compreensão dos objetos em movimento. Quando essas afirmações foram aceitas, qualquer movimento podia ser estudado em termos dessas três leis. Além disso, o comportamento dos objetos em movimento podia ser previsto, e outras propriedades, como momento[3] e energias, podiam ser estudadas. Quando forças como a gravidade e a fricção foram melhor entendidas, percebeu-se que as leis do movimento de Newton explicavam corretamente o movimento de *todos* os corpos. Do século XVII ao século XIX, devido à vasta aplicabilidade das leis do movimento de Newton no estudo da matéria, os cientistas se convenceram de que todo movimento dos corpos físicos podia ser modelado de acordo com essas três leis.

Existe sempre mais de uma maneira de modelar o comportamento de um objeto. Acontece que algumas são mais fáceis de entender ou de aplicar do que outras. Assim, as leis de Newton não são o único modo de expressar o movimento dos corpos. Lagrange e Hamilton encontraram, cada um deles, maneiras diferentes de modelar o movimento dos corpos. Em ambos os casos, as maneiras de expressar matematicamente o movimento são diferentes, mas equivalentes às leis de Newton.

Joseph Louis Lagrange, um matemático e astrônomo franco-italiano, viveu cem anos depois de Newton. Nessa época, a genialidade das contribuições de Newton já havia sido reconhecida. Porém, Lagrange foi capaz de dar a sua própria contribuição ao reescrever a segunda lei de Newton de modo diferente, mas equivalente.

Se a energia cinética de uma partícula de massa m se deve unicamente à sua velocidade (uma suposição muito boa para a época), a energia cinética K é

$$K = \frac{m}{2}(\dot{x}^2 + \dot{y}^2 + \dot{z}^2) \tag{9.4}$$

onde $\dot{x} = dx/dt$, e assim por diante. (É uma notação padrão usar um ponto sobre uma variável para indicar uma derivada em relação ao tempo. Dois pontos indicam uma segunda derivada em relação ao

---

[2] Lembre-se de que uma equação diferencial ordinária (EDO) tem apenas diferenciais ordinárias, mas não parciais, e que a ordem de uma EDO é a ordem mais alta das diferenciais na equação. Para a Equação 9.3, a segunda derivada indica uma EDO de segunda ordem.
[3] N. do R.T.: Aqui, a palavra momento não está relacionada com o tempo, mas tem o significado físico de quantidade de movimento. Nos textos em inglês e em alguns textos em português é usada a palavra latina *momentum*.

tempo, e assim por diante.) Além disso, se a energia potencial V é uma função somente da posição, isto é, das coordenadas x, y e z:

$$V = V(x, y, z) \qquad (9.5)$$

a *função Lagrangiana* L (ou simplesmente "a Lagrangiana") da partícula é definida como:

$$L(\dot{x}, \dot{y}, \dot{z}, x, y, z) = K(\dot{x}, \dot{y}, \dot{z}) - V(x, y, z) \qquad (9.6)$$

L tem unidades de joule, que é a unidade de energia do SI. (1 J = 1 N·m = 1 kg·m^2/s^2).[4] Sabendo que as coordenadas x, y e z são independentes entre si, pode-se reescrever a segunda lei de Newton na forma das equações de movimento de Lagrange:

$$\frac{d}{dt}\left(\frac{\partial L}{\partial \dot{x}}\right) = \frac{\partial L}{\partial x} \qquad (9.7)$$

$$\frac{d}{dt}\left(\frac{\partial L}{\partial \dot{y}}\right) = \frac{\partial L}{\partial y} \qquad (9.8)$$

$$\frac{d}{dt}\left(\frac{\partial L}{\partial \dot{z}}\right) = \frac{\partial L}{\partial z} \qquad (9.9)$$

Estamos usando derivadas parciais, porque L depende de muitas variáveis. Um dos aspectos a observar sobre as equações das leis de movimento (9.7 – 9.9) é que todas têm exatamente a mesma forma, independentemente da coordenada. É possível demonstrar que isso é verdadeiro para qualquer sistema de coordenadas, como o sistema de coordenadas polares esféricas, em termos de r, φ e θ, que usaremos mais adiante na discussão sobre átomos.

As equações de Lagrange, matematicamente equivalentes às equações de Newton, são capazes de definir as energias cinética e potencial de um sistema, em vez das forças que agem sobre o sistema. Dependendo do sistema, as equações diferenciais de movimento de Lagrange podem ser mais fáceis de resolver e compreender do que as equações diferenciais de movimento de Newton. (Por exemplo, sistemas que envolvem rotação em torno de um centro, como planetas ao redor do Sol ou partículas eletricamente carregadas ao redor de partículas com carga oposta, são descritas mais facilmente pela função Lagrangiana, porque se conhece a equação que descreve a energia potencial.)

O matemático irlandês Sir William Rowan Hamilton nasceu em 1805, oito anos antes da morte de Lagrange. Hamilton também apresentou um modo diferente, mas matematicamente equivalente, de expressar o comportamento da matéria em movimento. Suas equações, que se baseiam nas Lagrangianas, consideram que para cada partícula no sistema, L é definida por três coordenadas dependentes do tempo, $\dot{q}_j$, onde $j = 1$, 2 ou 3. (Por exemplo, elas podem ser $\dot{x}$, $\dot{y}$, ou $\dot{z}$ para uma partícula que tem uma certa massa.) Hamilton definiu três *momentos conjugados* para cada partícula, p_j, de modo que

$$p_j = \frac{\partial L}{\partial \dot{q}_j}, \qquad j = 1, 2, 3 \qquad (9.10)$$

A *função Hamiltoniana* ("a Hamiltoniana") é definida como

$$H(p_1, p_2, p_3, q_1, q_2, q_3) = \left(\sum_{j=1}^{3} p_j \cdot \dot{q}_j\right) - L \qquad (9.11)$$

---

[4] As Equações 9.4 e 9.5 representam as definições das energias cinética e potencial: a energia cinética é a energia de movimento e a energia potencial é a energia de posição.

A utilidade da função Hamiltoniana depende da energia cinética K, que é uma função das derivadas da posição em relação ao tempo, isto é, das velocidades. Se K depender da soma dos *quadrados* das velocidades:

$$K = \sum_{j=1}^{N} c_j \dot{q}_j^2 \qquad (9.12)$$

(onde os valores de c_j são os coeficientes de expansão para os componentes individuais de K), pode-se demonstrar que a função Hamiltoniana é

$$H = K + V \qquad (9.13)$$

Isto é, H é simplesmente a soma das energias cinética e potencial. As expressões da energia cinética que consideramos aqui estão, de fato, na forma da Equação 9.12. A função Hamiltoniana fornece, de maneira conveniente, a *energia total do sistema*, uma quantidade de importância fundamental para os cientistas. A função Hamiltoniana pode ser diferenciada e separada, para mostrar que

$$\frac{\partial H}{\partial p_j} = \dot{q}_j \qquad (9.14)$$

$$\frac{\partial H}{\partial q_j} = -\dot{p}_j \qquad (9.15)$$

Estas duas últimas equações são as equações de movimento de Hamilton. Há duas equações para cada uma das três dimensões espaciais. Para uma partícula em três dimensões, as Equações 9.14 e 9.15 produzem seis equações diferenciais de primeira ordem, que precisam ser resolvidas para que se possa entender o comportamento da partícula. Tanto as equações de Newton quanto as de Lagrange requerem a solução de três equações diferenciais de segunda ordem para cada partícula, de modo que a quantidade de cálculo necessária para se entender o sistema é a mesma. A única diferença reside em que informação se conhece para modelar o sistema ou que informação se quer obter sobre o sistema. Isso determina qual conjunto de equações usar. Fora isso, elas são todas matematicamente equivalentes.

Exemplo 9.1

Mostre que, para um oscilador harmônico simples que obedece à lei de Hooke em uma dimensão, com massa m, as três equações do movimento produzem o mesmo resultado.

Solução
Para um oscilador harmônico da lei de Hooke, a força (não vetorial) é dada por

$$F = -kx$$

e a energia potencial é dada por

$$V = \tfrac{1}{2}kx^2$$

onde k é a constante de força.
a. De acordo com as leis de Newton, um corpo em movimento deve obedecer à equação

$$F = m\frac{d^2x}{dt^2}$$

e as duas expressões para a força podem ser equacionadas para dar

$$m\frac{d^2x}{dt^2} = -kx$$

que pode ser rearranjada, algebricamente, para produzir a equação diferencial de segunda ordem

$$\frac{d^2x}{dt^2} + \frac{k}{m}x = 0$$

Esta equação diferencial tem a solução geral $x(t) = A\,\text{sen}\,\omega t + B\cos\omega t$, onde A e B são constantes características do sistema em particular (determinadas, por exemplo, pela posição inicial e velocidade do oscilador) e

$$\omega = \left(\frac{k}{m}\right)^{1/2}$$

b. Para as equações de movimento de Lagrange, precisamos da energia cinética K e da energia potencial V. Ambas são dadas pelas expressões clássicas

$$K = \frac{1}{2}m\left(\frac{dx}{dt}\right)^2 = \frac{1}{2}m\dot{x}^2$$

$$V = \frac{1}{2}kx^2$$

A função Lagrangiana L é, portanto

$$L = \frac{1}{2}m\dot{x}^2 - \frac{1}{2}kx^2$$

A equação de movimento de Lagrange para este sistema de uma dimensão é

$$\frac{d}{dt}\left(\frac{\partial L}{\partial \dot{x}}\right) - \frac{\partial L}{\partial x} = 0$$

onde a Equação 9.7 foi reescrita para ficar igual a zero. Lembrando que $\dot{x}$ é a derivada de x em relação ao tempo, podemos fazer a derivada de L em relação a $\dot{x}$, bem como a derivada de L em relação a x. Encontramos

$$\frac{\partial L}{\partial \dot{x}} = m\dot{x} \qquad \frac{\partial L}{\partial x} = -kx$$

Substituindo estas expressões na equação de movimento de Lagrange, obtemos

$$\frac{d}{dt}(m\dot{x}) + kx = 0$$

Uma vez que a massa não varia com o tempo, a derivada em relação ao tempo afeta apenas $\dot{x}$. Então, essa expressão se torna

$$m\frac{d}{dt}(\dot{x}) + kx = 0$$

que pode ser rearranjada para dar

$$\frac{d^2x}{dt^2} + \frac{k}{m}x = 0$$

Esta é a mesma equação diferencial de segunda ordem encontrada usando as equações de movimento de Newton. Portanto, tem as mesmas soluções.

c. Neste exemplo, a coordenada geral q para a equação de movimento de Hamilton é simplesmente x, e $\dot{q}$ é igual a $\dot{x}$. Precisamos achar o momento, conforme definido pela Equação 9.10. Ele é

$$p = m\dot{x}$$

Já que estamos restringindo o movimento a uma dimensão, somente um momento precisa ser definido. Podemos substituir a Lagrangiana definida anteriormente na Hamiltoniana de uma dimensão

$$H = p \cdot \dot{x} - L$$

(Veja a Equação 9.11.) Substituindo p e L

$$H = m\dot{x} \cdot \dot{x} - \left(\tfrac{1}{2}m\dot{x}^2 - \tfrac{1}{2}kx^2\right)$$
$$= \tfrac{1}{2}m\dot{x}^2 + \tfrac{1}{2}kx^2$$

onde, na última equação, combinamos os dois primeiros termos. Uma vez que precisaremos resolver as equações diferenciais dadas pelas Equações 9.14 e 9.15, será mais fácil para a primeira derivada se reescrevermos a Hamiltoniana como

$$H = \frac{1}{2m}p^2 + \frac{1}{2}kx^2$$

Aplicando a Equação 9.14 a esta expressão, obtemos

$$\frac{\partial H}{\partial p} = 2\left(\frac{1}{2m}\right)p = \frac{1}{m}m\dot{x} = \dot{x}$$

que é como essa derivada deve ser. Não obtivemos nada de novo desta expressão. Porém, calculando a derivada em 9.15, usando a forma reescrita da Hamiltoniana, encontramos:

$$\frac{\partial H}{\partial x} = kx$$

que, pela Equação 9.15, deve ser igual a $-\dot{p}$:

$$kx = -\dot{p}$$

ou

$$kx = -\frac{d}{dt}p$$

$$kx = -\frac{d}{dt}m\dot{x}$$

$$kx = -m\frac{d^2x}{dt^2}$$

Isto pode ser reescrito como

$$\frac{d^2x}{dt^2} + \frac{k}{m}x = 0$$

que é a mesma equação diferencial que encontramos ao aplicar as equações de movimento de Newton e Lagrange.

O Exemplo 9.1 mostra que as três diferentes equações de movimento produzem a mesma descrição para o movimento de um sistema, mas por caminhos diferentes. Por que apresentar três maneiras diferentes de fazer a mesma coisa? Porque as três não são igualmente fáceis de aplicar a todas as situações! As leis de Newton são mais utilizadas para o movimento em linha reta. Porém, as outras formas são mais adequadas para outros sistemas, como aqueles em que ocorre revolução em torno de um centro, ou quando é importante conhecer a sua energia total. Mais adiante, veremos que, para os sistemas atômicos e moleculares, usa-se quase somente a função Hamiltoniana.

Antes de terminar este tópico, é importante saber o que obtivemos destas equações de movimento. Se pudermos especificar quais as forças atuantes sobre uma partícula, ou um grupo de partículas, poderemos prever como elas se comportarão. Ou poderemos modelar o sistema, se soubermos qual a forma exata da energia potencial das partículas ou se quisermos saber qual a sua energia total. Os cientistas do século XIX estavam satisfeitos com a sua percepção de que se fossem conhecidas expressões matemáticas adequadas para a energia potencial ou para as forças em ação, o comportamento mecânico completo de um sistema poderia ser previsto. As equações de Newton, Lagrange e Hamilton deram aos cientistas uma sensação de certeza de que sabiam o que estava acontecendo no mundo material.

Mas com que tipo de sistemas eles estavam lidando? Com os sistemas macroscópicos, como um tijolo, uma bola de metal, um pedaço de madeira. Os objetos de matéria, chamados átomos, da versão moderna da teoria atômica enunciada por Dalton, deveriam seguir as mesmas equações de movimento. Afinal, os átomos não eram pedacinhos de matéria, indivisíveis? Eles deveriam se comportar de modo semelhante à matéria, e era de se esperar que seguissem as mesmas regras. Porém, mesmo quando a função Hamiltoniana introduziu uma nova maneira de descrever o movimento da matéria, alguns cientistas começaram a observar a matéria mais de perto, e não conseguiam explicar o que viam.

9.3 Fenômenos Inexplicáveis

À medida que a ciência se desenvolveu e avançou, os cientistas começaram a estudar o universo ao seu redor de um modo novo e diferente. Em várias instâncias importantes, eles não foram capazes de explicar o que observavam usando as idéias do seu tempo. Parece fácil, agora, sugerir que novas idéias eram necessárias. Porém, naquele momento, nenhum fenômeno havia sido observado que não tivesse sido compreendido usando a ciência conhecida naquele tempo. Também é preciso entender a mentalidade das pessoas que realizaram o trabalho: educadas à sombra de uma suposta compreensão da natureza, elas *esperavam* que a natureza seguisse as regras estabelecidas. Quando obtinham resultados experimentais inusitados, tentavam explicações baseadas na ciência clássica. Logo tornou-se evidente que a ciência clássica não podia explicar certas observações, e ainda continua não podendo. Ficou para uma nova geração de cientistas a tarefa de compreender e explicar esses novos fenômenos (com várias exceções importantes, quase todos os cientistas envolvidos no desenvolvimento da teoria quântica eram relativamente jovens).

Os fenômenos inexplicáveis eram a observação de linhas nos espectros atômicos, a estrutura nuclear do átomo, a natureza da luz e o efeito fotoelétrico. Certas observações experimentais nessas áreas não estavam de acordo com as expectativas da mecânica clássica. Mas para perceber por que uma nova mecânica era realmente necessária, é importante rever cada um desses fenômenos e compreender por que a mecânica clássica não explicou as observações.

9.4 Espectros Atômicos

Em 1860, o químico alemão Robert Wilhelm Bunsen (conhecido por causa do bico de Bunsen) e o físico alemão Gustav Robert Kirchhoff inventaram o espectroscópio. Este aparelho (veja a Figura 9.1) continha um prisma para decompor a luz branca nas suas cores componentes e passar essa luz colorida através de uma amostra de uma substância química. A amostra absorvia alguns comprimentos de onda da luz, e outros, não, resultando em linhas escuras sobrepostas em um espectro contínuo de cores. Amostras aquecidas emitiam luz que era analisada por meio do espectroscópio, mostrando apenas linhas de luz que apareciam nas mesmas posições relativas que as linhas escuras do espectro de absorção. Bunsen e Kirchhoff observaram que cada elemento absorvia ou emitia apenas comprimentos de onda

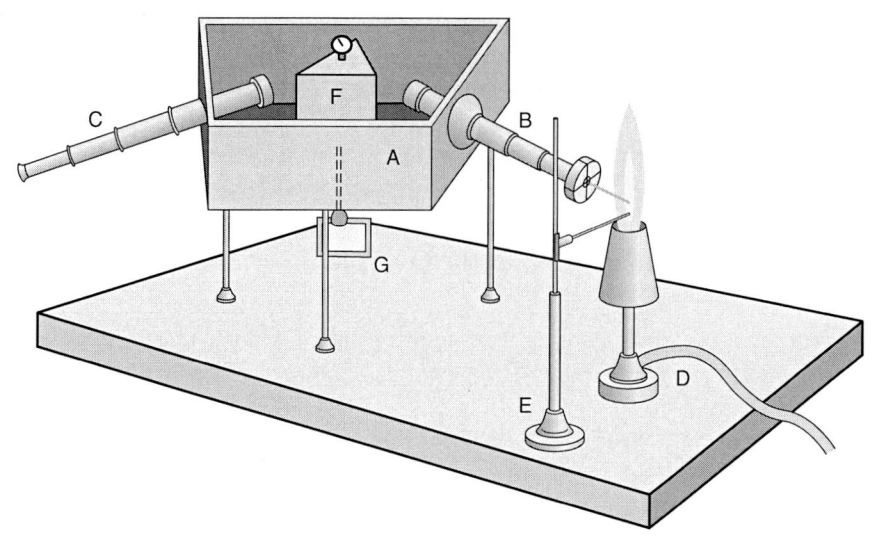

Figura 9.1 Exemplo de um dos primeiros espectroscópios, como o inventado por Bunsen e Kirchhoff. Os dois descobriram vários elementos (entre os quais, o césio e o rubídio) ao detectar sua luz característica com um espectroscópio. A. Caixa do espectrômetro. B. Óptica de entrada da luz. C. Óptica para observação da luz. D. Fonte de excitação (bico de Bunsen). E. Suporte da amostra. F. Prisma. G. Armação para girar o prisma.

de luz característicos, e propuseram a espectroscopia como técnica para a identificação de elementos químicos. A Figura 9.2 mostra vários espectros característicos de alguns elementos, obtidos a partir de seus vapores. Note que eles são diferentes entre si. Em 1860, a proposta foi testada por meio da análise de um mineral cujo espectro mostrava linhas que nunca haviam sido observadas antes. Bunsen e Kirchhoff anunciaram que o novo espectro devia ser de um elemento ainda desconhecido. Este novo elemento era o césio, cuja descoberta foi confirmada posteriormente por análise química. Em menos de um ano, o rubídio também foi descoberto da mesma forma.

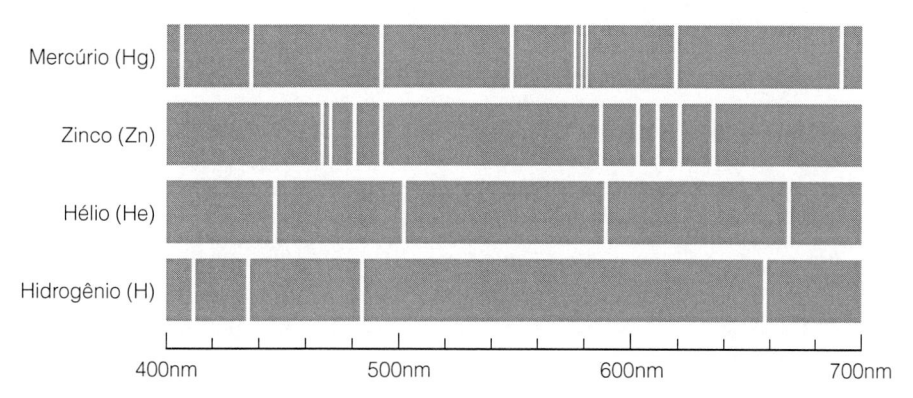

Figura 9.2 Espectros de linha de vários elementos. Note os espectros relativamente simples de H e He.

Cada elemento tinha, então, o seu espectro característico, seja de absorção (se a luz atravessasse uma amostra gasosa do elemento) ou de emissão (se a amostra fosse estimulada energeticamente para emitir luz). Muitos desses espectros eram complicados, mas, por alguma razão, o espectro do hidrogênio era relativamente simples (veja a Figura 9.2). O hidrogênio era o mais leve dos elementos conhecidos e, provavelmente, o mais simples; fato que dificilmente passaria despercebido nas tentativas de interpretar o seu espectro. Em 1885, o matemático suíço Johann Jakob Balmer mostrou que as posições das linhas de luz do hidrogênio, na parte visível do espectro, poderiam ser previstas por meio de uma simples expressão aritmética:

$$\frac{1}{\lambda} = R\left(\frac{1}{4} - \frac{1}{n^2}\right) \tag{9.16}$$

onde λ é o comprimento de onda da luz, n é um número inteiro maior do que 2, e R é uma constante cujo valor é determinado pela medida dos comprimentos de onda das linhas. A simplicidade da equação é surpreendente e estimulou outros cientistas a analisar o espectro do hidrogênio em outras regiões do espectro, como as regiões infravermelha e ultravioleta. Apesar de várias outras pessoas (Lyman, Brackett, Paschen, Pfund) terem descoberto outras progressões simples de linhas no espectro do hidrogênio, em 1890, Johannes Robert Rydberg generalizou, com êxito, as progressões em uma única fórmula:

$$\frac{1}{\lambda} \equiv \tilde{\nu} = R_H\left(\frac{1}{n_2^2} - \frac{1}{n_1^2}\right) \tag{9.17}$$

onde n_1 e n_2 são números inteiros diferentes, n_2 é menor do que n_1 e R_H é conhecido como *constante de Rydberg*. A variável $\tilde{\nu}$ é o número de onda da luz e tem uma unidade inversa aos centímetros, ou cm^{-1}, indicando o número de ondas de luz por centímetro.[5] É interessante que, graças à precisão com que o espectro do átomo de hidrogênio pode ser medido, a constante de Rydberg é uma das constantes físicas conhecidas com maior precisão: 109.737,315 cm^{-1}.

Exemplo 9.2

Determine as freqüências, em cm^{-1}, das três primeiras linhas da série de Brackett do átomo de hidrogênio, onde $n_2 = 4$.

Solução

Se $n_2 = 4$, as três primeiras linhas da série de Brackett terão $n_1 = 5$, 6 e 7. Usando a Equação 9.17 e substituindo R_H e n_2, obtemos:

$$\tilde{\nu} = 109.737,315\left(\frac{1}{4^2} - \frac{1}{n_1^2}\right) \text{ cm}^{-1}$$

Substituindo n_1 por 5, 6 e 7, calculamos 2469 cm^{-1} ($n_1 = 5$), 3810 cm^{-1} ($n_1 = 6$) e 4619 cm^{-1} ($n_1 = 7$).

Mas algumas questões permaneciam: por que o espectro de hidrogênio era tão simples e por que a equação de Rydberg funcionava tão bem? Embora fosse aceito por todos que o hidrogênio era o átomo mais leve e mais simples, não havia nenhuma razão para supor que uma amostra dessa matéria liberasse apenas certos comprimentos de onda de luz. Não importava que os espectros de outros elementos fossem um pouco mais complicados e não pudessem ser descritos diretamente por nenhuma fórmula matemática. O fato de o espectro do hidrogênio ser tão simples e tão inexplicável causou um problema

---

[5] A unidade formal do SI para o número de onda é m^{-1}, mas quantidades com unidades em cm^{-1} são mais comuns.

para a mecânica clássica. Ficou claro, trinta anos mais tarde, que a mecânica clássica não podia explicá-lo. Outras teorias eram necessárias.

9.5 Estrutura Atômica

No século IV a.C., Demócrito sugeriu que a matéria era composta de pequeninas partes, chamadas átomos. Porém, a experiência sugere que a matéria é *regular*, isto é, contínua e não dividida em partes individuais. Diante de um número crescente de evidências, especialmente a partir do estudo dos gases, John Dalton reviveu a teoria atômica em uma versão moderna, que foi, gradualmente, sendo aceita. Na teoria de Dalton, está implícita a idéia de que os átomos são indivisíveis.

Nas décadas de 1870 e 1880, certos fenômenos foram investigados passando uma corrente elétrica por um tubo evacuado, contendo uma pequena quantidade de gás. Na década de 1890, J. J. Thomson realizou uma série de experiências em tubos evacuados e mostrou que a descarga elétrica não era composta de radiação eletromagnética — erroneamente chamada de raios catódicos —, mas de uma corrente de partículas formadas a partir de resíduos do gás. Além disso, estas partículas tinham cargas elétricas, indicadas pela deflexão da corrente por um campo magnético. As relações carga/massa, e/m, que podiam ser medidas pela quantidade de deflexão magnética da corrente, eram extremamente altas. Isso indica que as partículas tinham uma carga imensa ou uma massa minúscula. Thomson assumiu que a carga não poderia ser grande, tendo como única possibilidade a massa minúscula.

A massa dessa partícula, chamada de elétron, tinha de ser menor do que um milésimo da massa do átomo de hidrogênio (que era conhecida). Mas isso indicava que algumas partículas de matéria eram *menores* do que átomos, uma idéia supostamente negada pela teoria atômica moderna. Obviamente, essa partícula carregada negativamente era apenas parte de um átomo. A implicação era de que os átomos não eram indivisíveis.

Experiências realizadas por Robert Millikan, entre 1908 e 1917, estabeleceram a grandeza aproximada da carga, que foi então usada juntamente com a relação e/m, de Thomson, para determinar a massa do elétron. Em sua famosa experiência da gota de óleo, diagramada na Figura 9.3, Millikan e colaboradores introduziram pequenas gotinhas de óleo entre placas carregadas, submeteram-nas a radiação ionizante (raios X) e variaram a voltagem sobre as placas, para tentar fazer levitar as gotas pelo efeito eletrostático sobre elas. Conhecendo a densidade do óleo, a diferença de voltagem entre as placas, o raio das gotículas, e corrigindo pela resistência do ar, Millikan calculou uma carga de $4{,}77 \times 10^{-10}$ unidades eletrostáticas (esu), ou cerca de $1{,}601 \times 10^{-19}$ coulombs (C). A partir da e/m, Millikan pôde calcular a massa do elétron como sendo cerca de $9{,}36 \times 10^{-31}$ kg, cerca de 1/1800 da massa de um átomo do hidrogênio. (O valor moderno, aceito para a massa de um elétron, é de

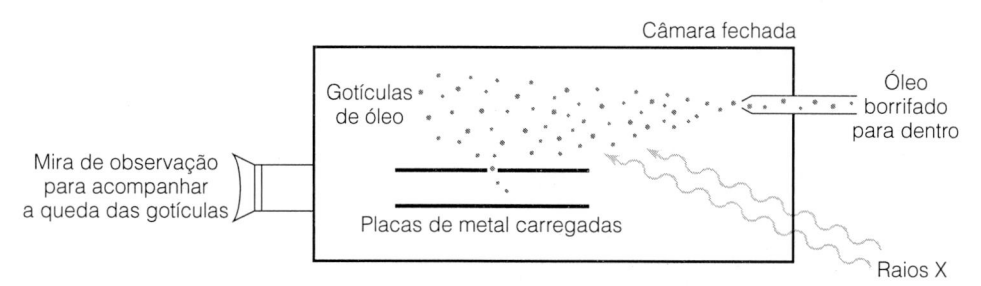

Figura 9.3 Uma representação da experiência de Millikan com gotas de óleo, em que foi determinada a carga exata do elétron. Usando esta informação, juntamente com a relação carga/massa (determinada pelas experiências em campos magnéticos), a massa do elétron foi determinada como sendo muito menor do que a de um átomo. A teoria atômica de Dalton não foi destruída, apenas revisada. A compreensão do comportamento do elétron foi o enfoque principal da mecânica quântica moderna.

$9{,}109 \times 10^{-31}$ kg.) Uma vez que nos átomos existem partículas carregadas negativamente, deveria haver também partículas carregadas positivamente, para que a matéria fosse neutra. O próton, uma partícula carregada positivamente, foi identificado por Ernest Rutherford, em 1911.

A partir dos experimentos clássicos de espalhamento pela folha de metal, de Rutherford e Marsden, em 1908, o próprio Rutherford propôs o modelo nuclear para os átomos. No modelo nuclear, a maioria da massa – consistindo de prótons e de nêutrons, descobertos mais tarde – está concentrada em uma região central chamada *núcleo*, e os elétrons, que são menores, giram em torno do núcleo a uma distância relativamente grande. A experiência e o modelo resultante estão ilustrados na Figura 9.4.

Apesar de o átomo nuclear se ajustar aos importantes resultados da experiência, havia um problema importante: de acordo com a teoria eletromagnética de Maxwell, tal átomo não poderia ser estável. (As equações da eletrodinâmica, resumidas por James Clerk Maxwell nos anos 1860, constituíram um avanço importante na compreensão da natureza.) Cada vez que uma partícula carregada é acelerada, cada vez que ela muda de velocidade ou *direção* (já que a aceleração é uma quantidade vetorial), ela deve irradiar energia. Se um elétron é atraído por um próton (e já se sabia que cargas opostas se atraem), ele deve acelerar na direção do próton, e à medida que se move, deve irradiar energia. Finalmente, após irradiar toda a sua energia, as partículas deveriam entrar em colapso com o núcleo e se neutralizarem eletricamente. Mas isso não ocorria.

Se a teoria de Maxwell sobre o eletromagnetismo, que funcionava tão bem para corpos macroscópicos, também pudesse ser aplicada a átomos e partículas subatômicas, então os elétrons e os prótons – a matéria como a conhecemos – não deveriam nem existir! Eles estariam constantemente irradiando energia, perdendo energia e eventualmente entrando em colapso juntos. Mas não havia dúvida, para

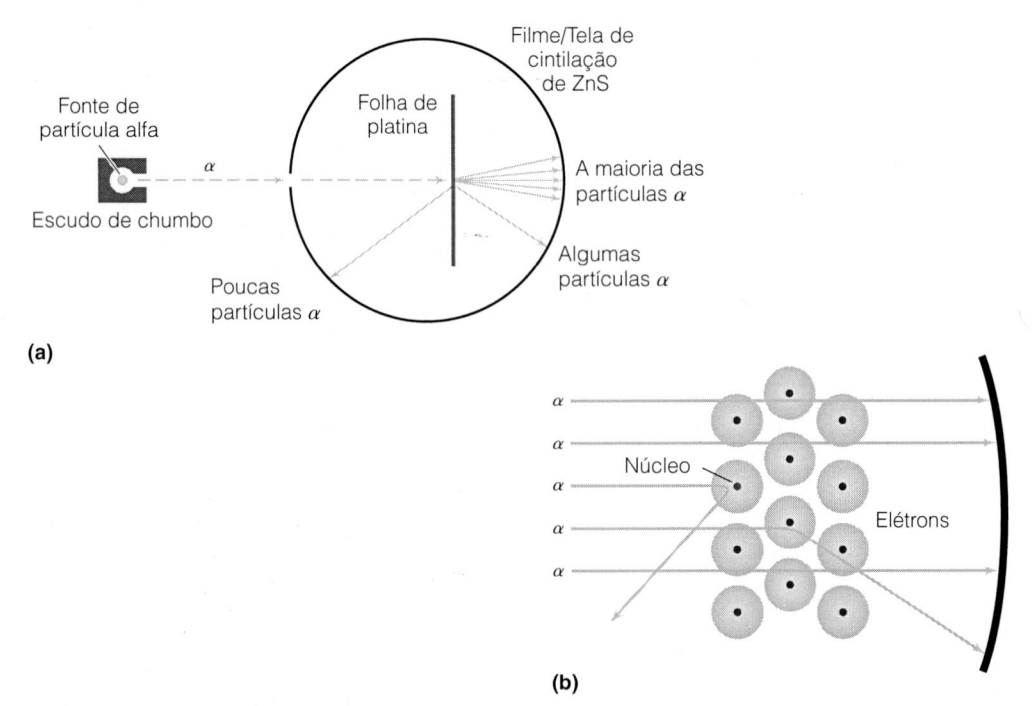

Figura 9.4 (a) Um esquema do arranjo experimental de Rutherford e Marsden, com folha de platina. (b) O modelo nuclear do átomo, baseado nas experiências. Três caminhos de partículas alfa através do átomo mostram como as partículas alfa são influenciadas por um núcleo maciço intensamente carregado. Apesar de alguns detalhes do modelo terem sido modificados, a idéia geral permanece intacta: um núcleo maciço com elétrons mais leves girando ao seu redor.

esses investigadores, de que a matéria era estável. As teorias vigentes do eletromagnetismo e da mecânica clássica simplesmente não explicavam a existência dos átomos. A própria composição deles, com partículas carregadas separadas, desafiava a compreensão do universo aceita até então. (A descoberta do nêutron, sem carga, anunciada por Chadwick, em 1932, não fazia parte desse problema, já que o nêutron é eletricamente neutro.)

A radioatividade, descoberta por Antoine-Henri Becquerel em 1896, era outro fenômeno relacionado à estrutura atômica, que representava outro enigma não explicado pela mecânica clássica. Estudos mostraram que os átomos liberavam espontaneamente três diferentes tipos de radiação, dois dos quais são partículas de matéria. A partícula alfa (α) é idêntica ao átomo de hélio duplamente ionizado, e a partícula beta (β) é idêntica ao elétron. [O terceiro tipo de radiação, denominada gama (γ), é uma forma de radiação eletromagnética.] Entretanto, nenhum processo químico conhecido poderia liberar partículas atômicas na forma de radioatividade.

9.6 O Efeito Fotoelétrico

Em 1887, Heinrich Hertz, mais conhecido por sua descoberta das ondas de rádio, notou, durante suas investigações com tubos evacuados, que, quando a luz passava por um objeto de metal no vácuo, eram produzidos vários efeitos elétricos. Não havia explicação para o fenômeno, porque o elétron ainda não tinha sido descoberto. Após a descoberta do elétron, uma reinvestigação do fenômeno por outros cientistas, especialmente pelo físico húngaro-germânico Philipp Eduard Anton von Lenard, mostrou que os metais estavam emitindo elétrons quando iluminados. A luz ultravioleta era a melhor para ser usada e, em uma série de experiências, foram observadas várias tendências interessantes. Primeiro, a freqüência da luz usada para iluminar o metal fazia diferença. Abaixo de uma determinada freqüência, chamada *freqüência limiar*, elétrons não eram liberados; acima daquela determinada freqüência, elétrons eram emitidos. Segundo, e mais inexplicável, uma luz com maior intensidade não causava a saída de elétrons com maior velocidade, mas aumentava o número de elétrons emitidos. Porém, uma luz com menor comprimento de onda (isto é, com maior freqüência) fazia os elétrons serem emitidos com maiores velocidades. Isso era incomum, pois a moderna teoria das ondas (especialmente as ondas de som) sugeria que a intensidade da onda estava diretamente relacionada à sua energia. Uma vez que a luz é uma onda, uma luz com maior intensidade deveria ter maior energia. Entretanto, os elétrons emitidos não eram liberados com energia cinética maior, quando a intensidade da luz aumentava. A energia cinética (igual a $\frac{1}{2}mv^2$) dos elétrons aumenta quando a *freqüência* da luz aumenta. O que se sabia na época sobre luz, ondas e elétrons não fornecia nenhuma justificativa razoável para estes resultados.

9.7 A Natureza da Luz

Desde a época de Newton, a questão "O que é a luz?" vinha sendo debatida, principalmente por causa de evidências conflitantes. Algumas evidências mostravam que a luz agia como partícula e outras evidências indicavam que a luz agia como onda. Porém, a experiência da dupla fenda, de Thomas Young, em 1801 (veja a Figura 9.5), mostrou de maneira conclusiva os padrões de difração causados por interferência construtiva e destrutiva da luz. Parecia claro que a luz era formada por ondas com comprimento muito curto, de cerca de 4000-7000 Å, dependendo da cor da luz. (Um ângstrom, 1 Å, é igual a 10^{-10} metros. Anders Jonas Ångström foi um físico e astrônomo sueco.)

Depois do surgimento do espectroscópio, os cientistas começaram a estudar a interação da luz com a matéria para entender como a luz era emitida e absorvida pelos corpos materiais. Corpos sólidos aquecidos até brilharem emitiam um espectro contínuo composto de todos os comprimentos de onda da luz. As intensidades dos diferentes comprimentos de onda da luz emitida eram medidas e tabeladas. A distribuição dessas intensidades aumentou muito o debate.

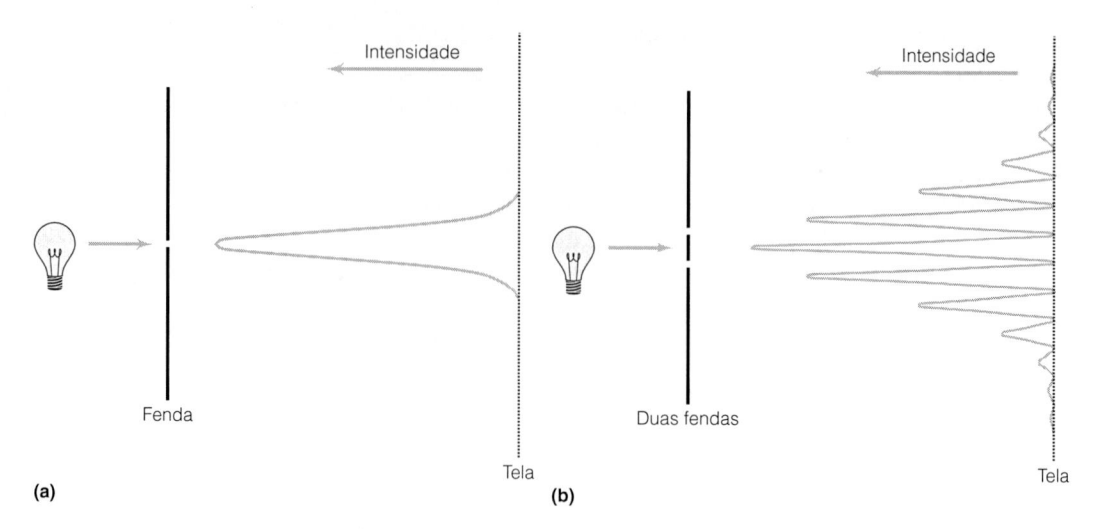

Figura 9.5 A "prova" de Thomas Young de que a luz é uma onda. (a) Quando a luz passa através de uma fenda muito estreita, uma única linha brilhante é observada em uma tela oposta à fenda. (b) Quando a luz passa por duas fendas muito estreitas e próximas, um padrão de linhas brilhantes e escuras é observado na tela. Este padrão é devido à interferência construtiva e destrutiva das ondas de luz.

Os corpos materiais mais fáceis de tratar teoricamente foram chamados de corpos negros. Um *corpo negro* é um perfeito absorvedor ou emissor de radiação. A distribuição da radiação absorvida ou emitida depende apenas da temperatura absoluta, e não do material do corpo negro. Um corpo negro pode ser considerado, aproximadamente, uma cavidade oca, pequena, com apenas um pequenino buraco para a luz escapar (veja a Figura 9.6). A luz emitida pelos corpos negros é, às vezes, chamada de *radiação da cavidade*.

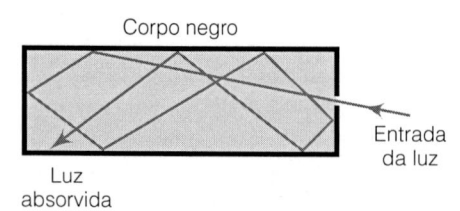

Figura 9.6 Uma boa aproximação de um corpo negro pode ser feita construindo uma cavidade que tenha um buraco muito pequeno. Definidos como perfeitos absorventes ou emissores de radiação, corpos negros não absorvem ou emitem radiações de todos os comprimentos de onda de forma igual. Este diagrama mostra a habilidade do corpo negro de absorver todas as radiações. A luz que entra pelo pequeno buraco do corpo negro reflete nas paredes internas, mas a possibilidade de escapar da cavidade após ser absorvida é muito pequena.

Quando os cientistas começaram a medir a intensidade ou "densidade de potência" da luz emitida em função do comprimento de onda $I(\lambda)$, a várias temperaturas, eles fizeram algumas observações interessantes:

1. Nem todos os comprimentos de onda de luz são emitidos igualmente. Em qualquer temperatura, a intensidade da luz emitida se aproxima de zero, à medida que o comprimento de onda se aproxima de zero. Aumenta até uma certa intensidade máxima, I_{max}, em um determinado comprimento de onda e, então, diminui para zero à medida que o comprimento de onda aumenta. Gráficos característicos de densidade de potência *versus* λ, a temperaturas específicas, são mostrados na Figura 9.7.
2. A potência *total* por unidade de área, na unidade de watt por metro quadrado (W/m^2), emitida por um corpo negro, a qualquer temperatura, é proporcional à quarta potência da temperatura absoluta:

$$\text{potência total por unidade de área} = \sigma T^4 \tag{9.18}$$

onde σ é a constante de *Stefan-Boltzmann*, cujo valor, medido experimentalmente pelo físico austríaco Josef Stefan em 1879, é $5{,}6705 \times 10^{-8}$ $W/m^2 \cdot K^4$. Esta relação foi deduzida por Ludwig Boltzmann, também austríaco, muitos anos depois.

3. O comprimento de onda na intensidade *máxima*, λ_{max}, varia indiretamente com a temperatura, de modo que

$$\lambda_{max} \cdot T = \text{constante} \quad (9.19)$$

onde o valor dessa constante é aproximadamente 2898 μm·K; a unidade do comprimento de onda é o mícron. Esta equação, enunciada por Wien, em 1894, é conhecida como *lei de deslocamento de Wien*. (Esta relação é usada ainda hoje para avaliar a temperatura de corpos quentes, usando um instrumento óptico chamado pirômetro para determinar as intensidades da luz emitidas em certos comprimentos de onda.)

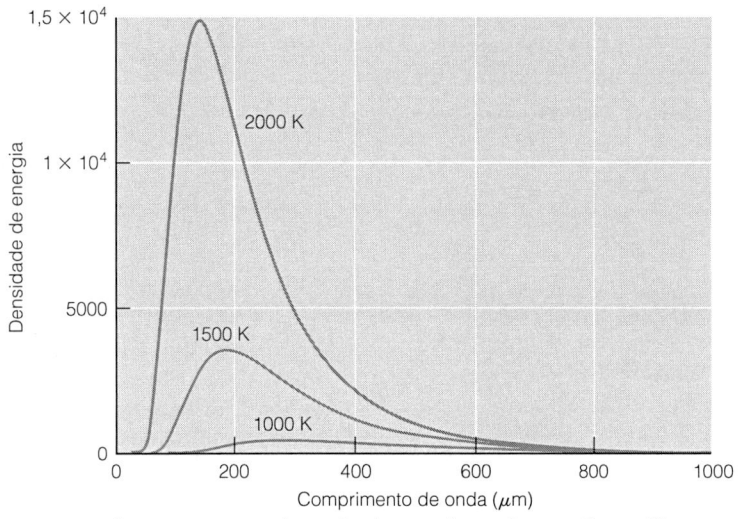

Figura 9.7 O comportamento dos corpos negros determinado experimentalmente. Este gráfico mostra a intensidade da luz em diferentes comprimentos de onda, em diferentes temperaturas de um corpo negro. Explicar essas curvas teoricamente era um grande problema para a mecânica clássica.

Exemplo 9.3

a. Qual é a potência total por unidade de área emitida por um corpo negro, a uma temperatura de 1250 K?
b. Se a área de um corpo negro é 1,00 cm² (0,000100 m²), qual é a potência total emitida por ele?

Solução
a. Usando a Equação 9.18 e o valor da constante de Stefan-Boltzmann, encontramos:

$$\text{potência total por unidade de área} = (5{,}6705 \times 10^{-8} \text{ W/m}^2\cdot\text{K}^4)(1250 \text{ K})^4$$

As unidades K^4 se cancelam, resultando em

$$\text{potência total por unidade de área} = 1{,}38 \times 10^5 \text{ W/m}^2$$

b. Uma vez que a potência total por unidade de área é $1{,}38 \times 10^5$ W/m², para uma área de 0,0001 m², a potência emitida será

$$\text{potência} = (1{,}38 \times 10^5 \text{ W/m}^2)(0{,}0001 \text{ m}^2)$$

$$\text{potência} = 13{,}8 \text{ W} = 13{,}8 \text{ J/s}$$

A definição da unidade "watt" (J/s) foi usada na última igualdade para mostrar que 13,8 joules de energia são emitidos por segundo.

Exemplo 9.4
Em que comprimento de onda um filamento de lâmpada, a 2500 K, emite luz com intensidade máxima?

Solução
Usando a lei de deslocamento de Wien, determinamos que

$$\lambda_{max} \cdot 2500 \text{ K} = 2898 \text{ }\mu\text{m·K}$$

$$\lambda_{max} = 1,1592 \text{ }\mu\text{m ou } 11,592 \text{ Å}$$

Este comprimento de onda de luz está em uma região do infravermelho muito próxima da região de luz visível. Isso não significa que não é emitida nenhuma luz visível, apenas que o *máximo* da emissão ocorre na região infravermelha do espectro.

Houve várias tentativas de criar um modelo para o comportamento da radiação do corpo negro, capaz de explicar essas relações, mas o sucesso foi apenas parcial. A tentativa de maior sucesso foi a que começou com a suposição, do barão inglês Lord John W. S. Rayleigh, de que as ondas de luz são produzidas por pequenos osciladores dentro do corpo negro. Rayleigh também supôs que a energia da onda de luz é proporcional ao seu comprimento, de modo que os comprimentos de onda menores seriam emitidos mais facilmente por esses osciladores minúsculos. Usando o princípio da eqüipartição, da teoria cinética dos gases (veja o Capítulo 19 no volume 2), Rayleigh propôs, e mais tarde James Hopwood Jeans corrigiu, uma fórmula simples para calcular a quantidade infinitesimal de energia por unidade de volume $d\rho$ (também conhecida como *densidade de energia*) em um corpo negro, em um intervalo de comprimento de onda $d\lambda$, que é a seguinte

$$d\rho = \left(\frac{8\pi kT}{\lambda^4}\right) d\lambda \qquad (9.20)$$

Nesta expressão, k é a constante de Boltzmann, λ é o comprimento de onda e T é a temperatura absoluta. A energia total por unidade de volume a uma determinada temperatura é dada pela integral da expressão acima. A Equação 9.20 é conhecida como *lei de Rayleigh-Jeans*.

Apesar de ser um primeiro passo importante na tentativa de criar um modelo para o comportamento da luz, a lei de Rayleigh-Jeans tem suas limitações. Ela se ajusta às curvas de intensidade do corpo negro, observadas experimentalmente (como aquelas mostradas na Figura 9.7), somente em altas temperaturas e nas regiões do espectro com longos comprimentos de onda. O maior problema está na previsão da intensidade da luz de comprimentos de onda curtos: a lei de Rayleigh-Jeans indica que à medida que o comprimento de onda fica menor, a densidade de energia, $d\rho$, emitida no intervalo de comprimento de onda $d\lambda$ aumenta em um fator na quarta potência. (Isto é uma conseqüência do termo λ^4 no denominador da Equação 9.20.) O resultado final é mostrado na Figura 9.8, que compara a equação de Rayleigh-Jeans com o comportamento conhecido do corpo negro: a intensidade prevista pela lei de Rayleigh-Jeans se aproxima do infinito, à medida que o comprimento de onda da luz se aproxima de zero. Segundo a suposição de Rayleigh, quanto menor o comprimento de onda da luz, menor é a sua energia, e assim, mais fácil se torna para o corpo negro irradiar essa luz. Porém, intensidades infinitas são impossíveis de se obter! Já era óbvio, a partir das experiências da época, que a intensidade da luz de comprimentos de onda curtos não se aproxima do infinito. Ao contrário, as intensidades vão se aproximando de zero à medida que o comprimento de onda diminui. A lei de Rayleigh-Jeans prevê uma *catástrofe ultravioleta* que não ocorre.

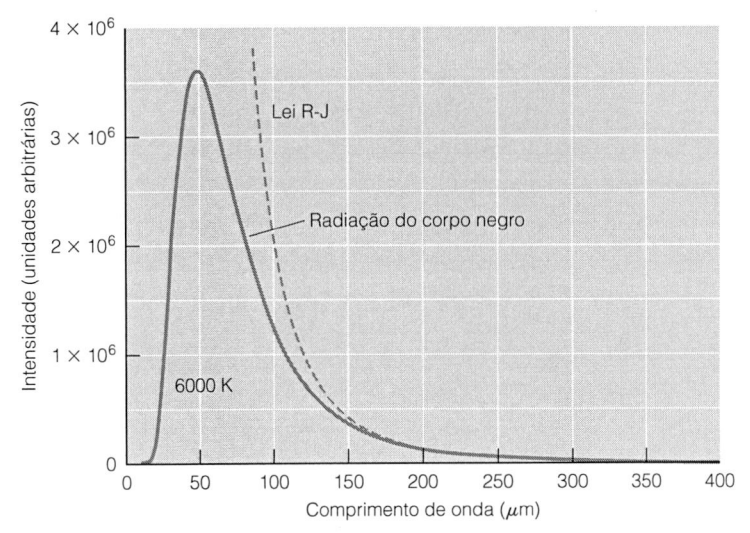

Figura 9.8 As primeiras tentativas de criar um modelo para o comportamento de um corpo negro incluíam a lei Rayleigh-Jeans. Mas, como mostra este gráfico, em uma ponta do espectro a intensidade calculada aumenta em direção ao infinito, a assim chamada catástrofe ultravioleta.

Outras tentativas foram feitas para explicar a natureza da luz em termos da radiação do corpo negro, mas nenhuma foi melhor do que a lei de Rayleigh-Jeans. O problema da radiação do corpo negro ficou sem solução até 1900. Como todos os fenômenos inexplicáveis mencionados anteriormente, este também permaneceu não explicado pelas teorias aceitas na época. Não que essas teorias estivessem erradas. Após centenas de anos aplicando o método científico, os cientistas estavam ficando cada vez mais confiantes de que começavam a entender o modo de o universo se comportar. Essas teorias eram, porém, incompletas. As experiências das últimas quatro décadas de 1800 começaram a investigar partes do universo nunca vistas antes – o universo atômico –, que não podiam ser explicadas pelas idéias da época. Novas idéias, novas teorias, novas maneiras de pensar sobre o universo se tornaram necessárias.

9.8 Teoria Quântica

O primeiro passo para uma melhor compreensão do universo foi dado em 1900, quando o físico alemão Max Karl Ernst Ludwig Planck propôs uma equação relativamente simples para predizer as intensidades da radiação do corpo negro. Existe alguma especulação de que Planck criou uma equação que se ajustava aos dados e depois elaborou uma justificativa, em vez de partir de uma nova idéia e trabalhar nela para ver o que aconteceria. O que importa, para nossos propósitos, é que ele estava certo.

Planck era um termodinâmico, e tendo estudado com Kirchhoff (famoso pela invenção do espectroscópio) em Berlim, conhecia o problema do corpo negro e o abordou do ponto de vista da termodinâmica. A dedução exata da equação não é difícil, mas vamos omiti-la, porque ela é apresentada nos livros sobre termodinâmica estatística. Planck considerou que a luz estivesse interagindo com osciladores elétricos na matéria. Ele supôs que a energia das oscilações não era arbitrária, mas proporcional à sua freqüência v:

$$E = hv \tag{9.21}$$

onde h é a constante de proporcionalidade. Planck chamou esta quantidade de energia de *quantum*, e consideramos que a energia do oscilador é *quantizada*. Ele então usou a estatística para deduzir uma expressão para a distribuição da densidade de energia da radiação do corpo negro. A forma moderna da equação que Planck propôs é

$$d\rho = \frac{8\pi hc}{\lambda^5} \left(\frac{1}{e^{hc/\lambda kT} - 1} \right) d\lambda \qquad (9.22)$$

onde λ é o comprimento de onda da luz, c é a velocidade da luz, k é a constante de Boltzmann, e T é a temperatura absoluta. A quantidade h representa uma constante que tem unidades de J·s (joules vezes segundos) e é conhecida como *constante de Planck*. Seu valor é de cerca de 6,626 × 10^{-34} J·s. A Equação 9.22 é chamada de *lei da distribuição da radiação*, de Planck, e é a parte central da *teoria quântica* de Planck da radiação do corpo negro.

Uma forma alternativa da equação de Planck é dada não em termos de densidade de energia, mas em termos de *potência* infinitesimal por unidade de área, ou fluxo de potência (também conhecido como *emitância*, que está relacionada com a intensidade). Lembre-se de que a potência é definida como energia por unidade de tempo. Em termos da potência infinitesimal por unidade de área $d\mathscr{E}$, emitida em um intervalo de comprimento de onda $d\lambda$, a lei de Planck é escrita do seguinte modo (omitimos a dedução):

$$d\mathscr{E} = \frac{2\pi hc^2}{\lambda^5} \left(\frac{1}{e^{hc/\lambda kT} - 1} \right) d\lambda \qquad (9.23)$$

Gráficos da Equação 9.23 são mostrados na Figura 9.9. Observe que são iguais aos gráficos da radiação do corpo negro e que, ao contrário da equação de Rayleigh-Jeans, a equação de Planck prevê a intensidade da radiação do corpo negro em *todos* os comprimentos de onda e em *todas* as temperaturas. Assim, ao prever as intensidades da radiação do corpo negro, a teoria quântica de Planck criou um modelo correto para um fenômeno que a ciência clássica não conseguiu modelar.

A equação de Planck também pode ser integrada a partir de $\lambda = 0$ até ∞, de modo direto, para resultar em

$$\mathscr{E} = \left(\frac{2\pi^5 k^4}{15c^2 h^3} \right) T^4 \qquad (9.24)$$

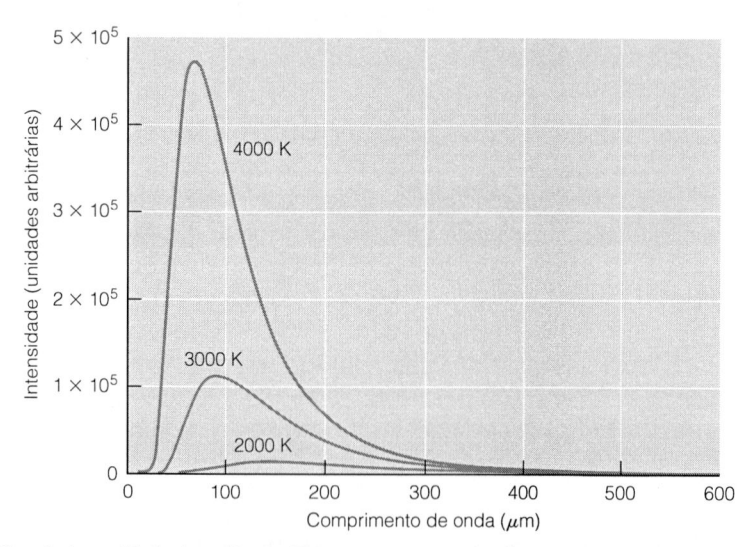

Figura 9.9 Gráfico de intensidade da radiação de um corpo negro *versus* comprimento de onda em diferentes temperaturas, supondo que a lei de radiação de Planck está correta. Previsões baseadas na lei de Planck estão de acordo com medidas experimentais, sugerindo uma base teórica correta — não importa quais sejam suas implicações.

onde $\mathscr{E}$ é o *fluxo total de potência* (em unidades de J/m²·s ou W/m²) e as constantes são as já conhecidas. Os grupos de constantes entre parênteses mostram que o fluxo total de potência é proporcional à temperatura absoluta à quarta potência. Isto é, a equação de Planck produz a lei de Stefan-Boltzmann (Equação 9.18) e fornece o valor correto, em termos de constantes fundamentais, da constante σ de Stefan-Boltzmann. Esta foi outra previsão da equação de Planck, que foi comprovada pela observação.

Em conjunto, essas correspondências sugeriram que a dedução de Planck não podia ser ignorada e que as suposições feitas por ele ao deduzir as Equações 9.22 e 9.24 deveriam ser levadas em consideração. Porém, muitos cientistas (incluindo inicialmente o próprio Planck) suspeitavam de que as equações de Planck eram mais uma curiosidade matemática e não tinham nenhuma importância física.

A teoria quântica de Planck foi uma curiosidade matemática durante cinco anos apenas. Em 1905, o físico alemão de 26 anos, Albert Einstein, publicou um artigo sobre o efeito fotoelétrico. Neste artigo, Einstein aplicou a suposição da energia quantizada de Planck não aos osciladores elétricos na matéria, mas à própria luz. Assim, um *quantum* de luz foi considerado como sendo a energia dessa luz, e a quantidade dessa energia é proporcional à sua freqüência:

$$E_{luz} = h\nu$$

Einstein fez várias suposições sobre o efeito fotoelétrico:

1. A luz é absorvida por elétrons em um metal, e a energia da luz aumenta a energia do elétron.
2. Um elétron está ligado a uma amostra de metal com uma energia característica. Quando a luz é absorvida pelo elétron, ele é ejetado do metal depois que esta energia de ligação é superada. A energia de ligação característica é chamada de *função de trabalho* do metal e é simbolizada por ϕ.
3. Se sobrar alguma energia depois que a função de trabalho for superada, o excesso será convertido em energia cinética ou energia de movimento.

A fórmula da energia cinética é $\frac{1}{2}mv^2$. Supondo que cada elétron absorvia a energia de um *quantum* de luz, Einstein deduziu a relação

$$h\nu = \phi + \tfrac{1}{2}mv^2 \tag{9.25}$$

onde a energia da luz, $h\nu$, é convertida em função de trabalho e energia cinética. Não é preciso dizer que, se a energia da luz for menor que a função de trabalho, nenhum elétron será ejetado, porque a energia cinética não pode ser menor do que zero. Portanto, a função de trabalho representa a energia limítrofe para o efeito fotoelétrico. Como a intensidade da luz não faz parte da equação, mudá-la não implica mudança na velocidade dos elétrons ejetados. Aumentar a intensidade da luz significa aumentar a quantidade de fótons e, assim, pode-se esperar um aumento do número de elétrons ejetados. Mas um aumento da freqüência da luz que incide na mesma amostra provoca um aumento da energia cinética dos elétrons ejetados (significando aumento da velocidade), já que a função de trabalho ϕ é constante para um determinado metal. Se fosse feito um gráfico da energia cinética dos elétrons ejetados *versus* a freqüência da luz usada, obteríamos uma linha reta, como mostra a Figura 9.10. Usando os dados disponíveis, Einstein, que não era um físico experimental, mostrou que esta interpretação realmente se ajustava aos fatos conhecidos com relação ao efeito fotoelétrico.

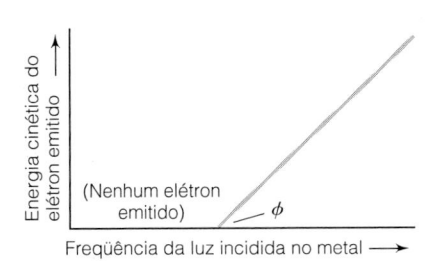

Figura 9.10 Um diagrama simples da energia cinética de um elétron ejetado (diretamente relacionada com sua velocidade) *versus* a freqüência da luz incidida na amostra de metal. Abaixo de certa freqüência limítrofe da luz, nenhum elétron é emitido. Esta freqüência limítrofe, ϕ, é chamada de função de trabalho do metal. Quanto mais alta a freqüência da luz, maior a energia cinética do elétron emitido, e mais rapidamente ele se move. Einstein relacionou a freqüência da luz com a energia cinética dos elétrons ejetados usando as idéias de Planck, sobre energias quantizadas e, ao fazer isso, forneceu uma base física independente para a lei de radiação de Planck, bem como o conceito da quantização da energia da luz.

Exemplo 9.5

a. Qual é a energia de um *quantum* de luz que tem um comprimento de onda de 11,592 Å? Você precisa usar a relação $c = \lambda v$ para converter comprimento de onda em freqüência. Use $c = 3,00 \times 10^8$ m/s.

b. Qual é a energia de um *quantum* de luz, cuja freqüência é 20.552 cm^{-1}?

Solução

a.
$$3,00 \times 10^8 \text{ m/s} = 11.592 \text{ Å} \cdot \left(\frac{1 \text{ m}}{10^{10} \text{ Å}}\right) \cdot v$$

$$v = 2,59 \times 10^{14} \text{ s}^{-1}$$

Usando a fórmula de Planck, a partir da Equação 9.21:

$$E = 6,626 \times 10^{-34} \text{ J·s} \times 2,59 \times 10^{14} \text{ s}^{-1}$$

$$E = 1,71 \times 10^{-19} \text{ J}$$

Isto não é muita energia. Entretanto, esta é a energia de um único *quantum* de luz.

b. A freqüência 20.552 cm^{-1} deve ser convertida em unidades de s^{-1}, a fim de se poder usar a constante de Planck diretamente. Com essas unidades,

$$\text{número de onda} = \frac{1}{\lambda}$$

que se pode rearranjar para obter

$$\lambda = \frac{1}{\text{número de onda}}$$

$$\lambda = \frac{1}{20,552 \text{ cm}^{-1}}$$

$$\lambda = 4,8728 \times 10^{-5} \text{ cm} = 4,8728 \times 10^{-7} \text{ m}$$

Usando $c = \lambda v$ ou $v = c/\lambda$:

$$v = \frac{3,00 \times 10^8 \text{ m/s}}{4,8728 \times 10^{-7} \text{ m}}$$

$$v = 6,16 \times 10^{14} \text{ s}^{-1}$$

Usando a constante de Planck juntamente com esta freqüência:

$$E = (6,626 \times 10^{-34} \text{ J·s})(6,16 \times 10^{14} \text{ s}^{-1})$$

$$E = 4,08 \times 10^{-19} \text{ J}$$

Novamente, não é muita energia.

Exemplo 9.6

Funções de trabalho, ϕ, geralmente são apresentadas em unidades de elétron volts, eV, onde 1 eV = 1,602 × 10^{-19} J. Qual é a velocidade de um elétron emitido por Li (ϕ = 2,90 eV) quando absorve luz com freqüência de 4,77 × 10^{15} s^{-1}?

Solução
Calculando a energia da luz:

$$E = (6{,}626 \times 10^{-34} \text{ J·s})(4{,}77 \times 10^{15} \text{ s}^{-1})$$

$$E = 3{,}16 \times 10^{-18} \text{ J}$$

Usando a equação de Einstein para o efeito fotoelétrico, e substituindo:

$$h\nu = \phi + \tfrac{1}{2}mv^2$$

$$3{,}16 \times 10^{-18} \text{ J} = (2{,}90\text{eV})(1{,}602 \times 10^{-19} \text{ J/eV}) + \tfrac{1}{2}(9{,}109 \times 10^{-31} \text{ kg}) \cdot v^2$$

$$3{,}16 \times 10^{-18} \text{ J} = 4{,}646 \times 10^{-19} \text{ J} + (4{,}555 \times 10^{-31} \text{ kg}) \cdot v^2$$

$$v^2 = 5{,}92 \times 10^{12} \text{ m}^2/\text{s}^2$$

$$v = 2{,}43 \times 10^6 \text{ m/s}$$

Verifique que as unidades atuam como unidades de velocidade, m/s. Esta velocidade é de cerca de 1% da velocidade da luz.

Este apoio experimental independente à distribuição da radiação de Planck (e sua aplicação à luz, feita por Einstein) não foi esquecido pela comunidade científica, e desde 1905 tem sido aceita como o entendimento correto do que é a luz. O trabalho de Planck e Einstein reintroduziu a idéia de que a luz pode ser tratada como *partícula* – uma partícula com certa quantidade de energia. Por outro lado, não havia como negar o fato de que a luz age como onda. Ela reflete, refrata e interfere, como apenas as ondas podem fazer. Mas também não se pode negar que a luz tem propriedades de partícula. A luz pode ser tratada como uma corrente de partículas individuais, cada uma delas carregando uma certa quantidade de energia, cujo valor é determinado por seu comprimento de onda.

Mais provas de que a luz tem natureza de partícula surgiram em 1923, quando Arthur Compton mostrou que a dispersão dos raios X *monocromáticos* (com mesmo comprimento de onda; literalmente, com a "mesma cor") pela grafite fazia com que os raios X mudassem para um comprimento de onda mais longo. O único modo de explicar esse fato era aceitar que os raios X monocromáticos agiam como partículas com uma energia específica e que a colisão de uma partícula de luz com um elétron da grafite causava a transferência de energia entre as duas partículas, diminuindo a energia da partícula de luz e, portanto, aumentando seu comprimento de onda. (Também houve considerações envolvendo momento, como veremos mais adiante.) Em 1926, G. N. Lewis propôs a palavra *fóton* como nome para a partícula de luz.

O valor de h é aproximadamente $6{,}626 \times 10^{-34}$ J·s. A unidade de h, joules vezes segundos, é necessária para que quando h for multiplicado por uma freqüência, que tem unidades de s^{-1}, o produto tenha a unidade joules, que é uma unidade de energia. (Outros valores de h têm diferentes unidades de energia, mas o princípio é o mesmo.) O valor numérico de h é extremamente pequeno: da ordem de 10^{-34}. A implicação disso é que não seria possível notar a condensação da energia em *quanta*,[6] a menos que se estivesse observando o comportamento de objetos extremamente pequenos, como átomos, moléculas e fótons. Apenas no final dos anos 1800 a ciência desenvolveu os instrumentos (como os espectroscópios) que tornaram possíveis essas observações, de modo que, só então, os cientistas puderam observar a diferença entre feixes discretos de energia e a chamada energia contínua.

---

[6] N. do T.: *Quanta* é o plural *de quantum*.

Por fim, as unidades de h, joule·segundo (ou J·s) são uma combinação de energia e tempo. Energia multiplicada por tempo resulta em uma quantidade conhecida como *ação*. Em épocas anteriores, os cientistas desenvolveram algo chamado de o princípio da mínima ação, que é um conceito importante na mecânica clássica. Na mecânica quântica, qualquer quantidade que tenha unidades de ação está intimamente relacionada com a constante de Planck.

A teoria quântica de Planck resolveu um dos grandes enigmas da antiga ciência, o da radiação do corpo negro. Ainda permaneciam várias questões sem resposta, e na tentativa de respondê-las, a teoria quântica foi a primeira ruptura com velhos conceitos, e é vista hoje como a fronteira entre a física clássica e a moderna. Qualquer desenvolvimento científico anterior a 1900 é conhecido como ciência clássica, e depois de 1900, como ciência moderna. Foi após 1900 que se formou uma nova compreensão dos átomos e das moléculas, que é a base de toda a química.

9.9 A Teoria de Bohr sobre o Átomo de Hidrogênio

O passo seguinte para entender o comportamento dos elétrons nos átomos foi dado pelo cientista dinamarquês Niels Henrik David Bohr, em 1913, ao utilizar a fórmula geral de Rydberg, Equação 9.17, para explicar as linhas de emissão do espectro do átomo de hidrogênio. Bohr considerou a equação de Rydberg à luz de duas novas idéias sobre a natureza: a teoria do átomo nuclear, recém-proposta por Rutherford, e a idéia da *quantização de uma quantidade mensurável*, a energia de um fóton. (Bohr e Einstein são considerados por muitos os dois cientistas mais influentes do século XX. Qual seria o mais influente ainda está em debate.)

A teoria do átomo nuclear propôs que o elétron carregado negativamente estaria em órbita ao redor de um núcleo com massa muito maior. Porém, a teoria de Maxwell sobre o eletromagnetismo requer que quando a matéria carregada eletricamente muda de direção, ela deve emitir radiação à medida que acelera. Mas os cientistas, na época, apenas podiam dizer que os elétrons nos átomos não emitem radiação enquanto estiverem em órbita ao redor do núcleo.

Bohr argumentou que talvez a energia não fosse a única quantidade que pudesse ser quantizada. Supôs que se uma partícula estivesse girando em órbita circular ao redor de um núcleo, *o seu momento angular seria quantizado*.

Bohr fez certas suposições não justificáveis, mas que foram *consideradas* verdadeiras, e, a partir dessas afirmações, ele deduziu certas expressões matemáticas sobre o comportamento do elétron no átomo de hidrogênio. Suas suposições foram:

1. No átomo de hidrogênio, o elétron se move em órbita circular ao redor do núcleo. Mecanicamente, a força centrípeta que curva a trajetória do elétron é fornecida pela força coulômbica de atração entre as partículas com cargas opostas (o elétron negativamente carregado e o próton positivamente carregado no núcleo).
2. A energia do elétron permanece constante enquanto ele permanecer em órbita ao redor do núcleo. Esta afirmação foi considerada uma violação da teoria do eletromagnetismo de Maxwell em relação a cargas em aceleração. Uma vez que parece que essa "violação" de fato ocorre, Bohr sugeriu que a aceitassem.
3. Apenas certas órbitas são permitidas, cada órbita tendo um valor quantizado do seu momento angular.
4. Transições entre órbitas são permitidas somente quando um elétron absorve ou emite um fóton, cuja energia é exatamente igual à diferença entre as energias das órbitas.

A suposição 1, no que se refere à relação entre as forças, pode ser escrita assim:

$$F_{cent} = F_{coul} \tag{9.26}$$

onde F_{cent} e F_{coul} são as forças centrípeta e coulômbica, respectivamente. Expressões para cada uma destas quantidades são conhecidas a partir da mecânica clássica e, substituindo por elas, temos

$$\frac{m_e v^2}{r} = \frac{e^2}{4\pi\varepsilon_0 r^2} \tag{9.27}$$

onde r é o raio da órbita circular, e é a carga do elétron, m_e é a massa do elétron, v é a velocidade do elétron e ε_0 é uma constante física chamada de *permissividade de espaço livre* (e é igual a $8,854 \times 10^{-12}$ $C^2/J \cdot m$). A energia total de um sistema é simplesmente a soma das energias cinética K e potencial V:

$$E_{tot} = K + V \tag{9.28}$$

As expressões para a energia cinética de um elétron em movimento, $\frac{1}{2}m_e v^2$, e a energia potencial de duas partículas carregadas, que se atraem, $-e^2/4\pi\varepsilon_0 r$, também são conhecidas, resultando em

$$E_{tot} = \frac{1}{2}m_e v^2 - \frac{e^2}{4\pi\varepsilon_0 r} \tag{9.29}$$

Se reescrevermos a equivalência sugerida por Bohr entre as forças centrípeta e coulômbica, Equação 9.27, temos

$$m_e v^2 = \frac{e^2}{4\pi\varepsilon_0 r} \tag{9.30}$$

podemos substituir o termo da energia cinética na Equação 9.29 e combinar os dois termos para obter

$$E_{tot} = -\frac{1}{2}\frac{e^2}{4\pi\varepsilon_0 r} \tag{9.31}$$

Agora, pode-se aplicar a suposição 3 de Bohr. Classicamente, se um objeto de massa m está girando em uma órbita circular, de raio r, ao redor de um centro, a magnitude[7] do momento angular L é

$$L = mvr \tag{9.32}$$

No sistema de unidades do SI, a unidade de massa é kg; a de velocidade é m/s e a de distância (o raio) é m. Portanto, o momento angular tem unidades de kg·m²/s. Mas J·s também pode ser reescrito como

$$J \cdot s = N \cdot m \cdot s = \frac{kg \cdot m}{s^2} \cdot m \cdot s = \frac{kg \cdot m^2}{s}$$

Isto é, a constante de Planck tem as mesmas unidades que o momento angular! Ou, reafirmando, o momento angular tem unidades de ação. Como foi sugerido anteriormente, qualquer quantidade que tenha unidades de ação está relacionada com h, e foi exatamente isso o que Bohr fez. Ele presumiu que os possíveis valores quantizados do momento angular eram determinados múltiplos de h:

$$L = m_e vr = \frac{nh}{2\pi} \tag{9.33}$$

---

[7] Momento angular é um vetor cuja definição formal inclui o produto cruzado do vetor de velocidade, **v**, e do vetor de raio, **r**:

$$\mathbf{L} = m\mathbf{r} \times \mathbf{v}$$

A Equação 9.32 relaciona apenas a magnitude do momento angular e considera que o vetor de velocidade é perpendicular ao vetor do raio.

onde h é a constante de Planck e n é um número inteiro (1, 2, 3...) indicando que o momento angular é um múltiplo inteiro da constante de Planck. O valor de $n = 0$ não é permitido, porque, se assim fosse, o elétron não teria um momento e não estaria orbitando o núcleo. O 2π no denominador da Equação 9.33 se deve ao fato de um círculo completo ter 2π radianos, e Bohr supôs que as órbitas do elétron eram circulares.

A Equação 9.33 pode ser reescrita como

$$v = \frac{nh}{2\pi m_e r}$$

e podemos substituir a velocidade na Equação 9.30, que vem da primeira suposição de Bohr sobre as forças. Fazendo esta substituição e rearranjando a expressão para resolver o raio r, obtemos

$$r = \frac{\varepsilon_0 n^2 h^2}{\pi m_e e^2} \qquad (9.34)$$

onde todas as variáveis são as já definidas acima. É fácil demonstrar que esta expressão tem unidades de comprimento. Observe que esta equação mostra que o raio da órbita de um elétron no átomo de hidrogênio terá seu valor determinado por uma série de constantes: ε_0, h, π, m_e, e, e pelo número inteiro n. A única quantidade que pode mudar é n, que está restrita a um número inteiro positivo, pela suposição 3 de Bohr. Portanto, os raios das órbitas do elétron no átomo de hidrogênio só podem ter certos valores, determinados apenas por n. Portanto, o raio das órbitas do elétron é *quantizado*, e o número inteiro representado por n é um *número quântico*. A Figura 9.11 mostra um diagrama de átomo de hidrogênio de Bohr, com os raios específicos das órbitas do elétron.

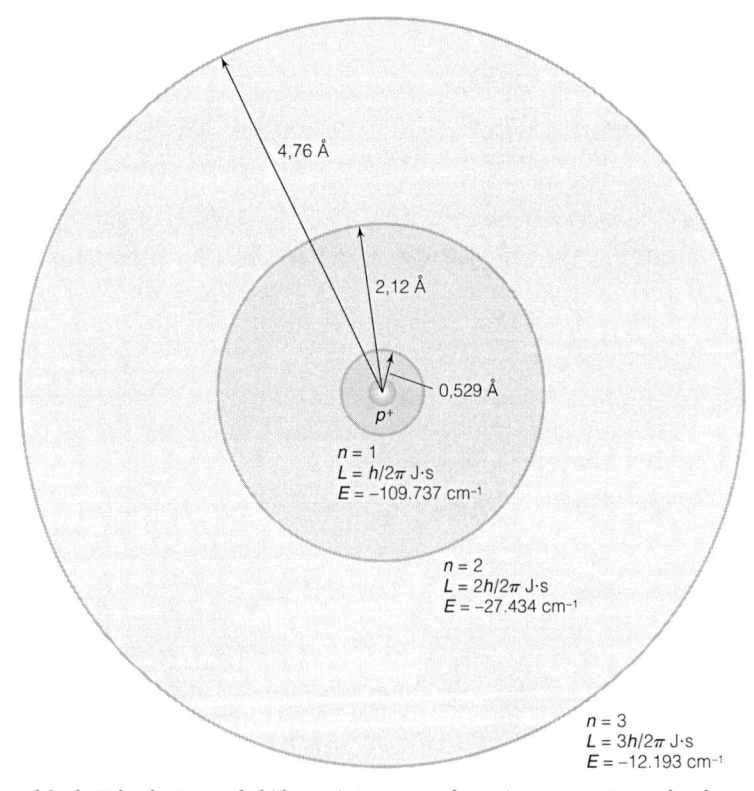

Figura 9.11 O modelo de Bohr do átomo de hidrogênio — mostrado aqui nos seus três estados de energia mais baixos – não é uma descrição correta, mas foi um passo fundamental no desenvolvimento da mecânica quântica moderna.

Antes de deixarmos a discussão sobre os raios, há outros dois pontos a considerar. Primeiro, observe que a expressão para r depende da constante de Planck h. Se Planck e outros não tivessem desenvolvido uma teoria quântica da luz, o próprio conceito de h não existiria, e Bohr não teria racionalizado suas suposições. Uma teoria quântica da luz foi a precursora necessária de uma teoria quântica da matéria – ou, pelo menos, uma teoria para o hidrogênio. Segundo, o menor valor de r corresponde ao valor 1 para o número quântico n. Substituindo todas as outras constantes pelos seus valores, que eram conhecidos na época de Bohr, encontramos para $n = 1$:

$$r = 5{,}29 \times 10^{-11} \text{ m} = 0{,}529 \text{ Å}$$

Esta distância, que acabou sendo uma medida importante para as distâncias atômicas, é chamada de o *primeiro raio de Bohr*. Isto significava que o átomo de hidrogênio tinha diâmetro da ordem de 1 Å. Naquela época, a ciência (incluindo o trabalho teórico de Einstein sobre o movimento Browniano) estava apenas começando a estimar o tamanho dos átomos. O valor deste raio, previsto teoricamente, foi exatamente o esperado, segundo as considerações experimentais.

A energia total de um sistema é de grande interesse, e usando a expressão para o raio quantizado do elétron em um átomo de hidrogênio, podemos substituir o raio na expressão para a energia total, Equação 9.31, para obter

$$E_{\text{tot}} = -\frac{m_e e^4}{8\varepsilon_0^2 n^2 h^2} \tag{9.35}$$

ou a energia total do átomo de hidrogênio. É fácil demonstrar que esta expressão tem unidades de energia:

$$\frac{\text{kg} \cdot \text{C}^4}{(\text{C}^2/\text{J} \cdot \text{m})^2 (\text{J} \cdot \text{s})^2} = \frac{\text{kg} \cdot \text{C}^4 \, \text{J}^2 \text{m}^2}{\text{C}^4 \text{J}^2 \text{s}^2}$$

$$= \frac{\text{kg} \cdot \text{m}^2}{\text{s}^2} = \text{J}$$

Observe que a energia total, assim como o raio, depende de um conjunto de constantes e de um número, n, restrito a valores inteiros. *A energia total do átomo de hidrogênio é quantizada.*

Por fim, a suposição 4 de Bohr trata das variações nos níveis de energia. A diferença entre a energia final, E_f, e a energia inicial, E_i, é definida como ΔE:

$$\Delta E = E_f - E_i \tag{9.36}$$

Bohr afirmou que este ΔE devia ser igual à energia do fóton:

$$\Delta E = h\nu \tag{9.37}$$

Agora que Bohr havia derivado uma equação para as energias totais do átomo de hidrogênio, ele podia substituir nas Equações 9.36 e 9.37:

$$\Delta E = h\nu = E_f - E_i = \left(-\frac{m_e e^4}{8\varepsilon_0^2 n_f^2 h^2} + \frac{m_e e^4}{8\varepsilon_0^2 n_i^2 h^2}\right)$$

$$= \frac{m_e e^4}{8\varepsilon_0^2 h^2}\left(\frac{1}{n_i^2} - \frac{1}{n_f^2}\right) \tag{9.38}$$

Para emissão, ΔE é negativo (isto é, energia é liberada), e para absorção, ΔE é positivo (energia é absorvida). Em termos de número de onda, $\tilde{\nu}$, a Equação 9.38 se torna

$$\tilde{\nu} = \frac{m_e e^4}{8\varepsilon_0^2 h^3 c} \left(\frac{1}{n_i^2} - \frac{1}{n_f^2} \right) \tag{9.39}$$

Compare esta equação com a de Rydberg, 9.17. É a mesma expressão! Portanto, Bohr deduziu uma equação que prevê o espectro do átomo de hidrogênio. Bohr também prevê que a constante de Rydberg R_H é

$$R_H = \frac{m_e e^4}{8\varepsilon_0^2 h^3 c} \tag{9.40}$$

Substituindo os valores conhecidos das constantes, naquela época, Bohr calculou, a partir das suas suposições, um valor para R_H que diferia em menos de 7% do valor determinado experimentalmente. Os valores dessas constantes na Equação 9.40, atualmente aceitos, produzem um valor teórico para R_H que difere em menos de 0,1% do valor experimental. (Esse valor pode ficar ainda mais próximo dos valores experimentais usando a massa reduzida do átomo de H, em vez da massa do elétron. Usaremos massas reduzidas no próximo capítulo.)

A importância desta conclusão não deve ser demasiadamente enfatizada. Ao usar a mecânica clássica, simplesmente ignorando o problema com a teoria eletromagnética de Maxwell e fazendo uma única nova suposição – a quantização do momento angular do elétron –, Bohr foi capaz de deduzir o espectro do átomo de hidrogênio, um feito não alcançado pela mecânica clássica. Ao deduzir o valor da constante de Rydberg, um parâmetro determinado experimentalmente, Bohr mostrou à comunidade científica que novas idéias sobre a natureza eram fundamentais para entender os átomos e as moléculas. Os cientistas do seu tempo não puderam ignorar o fato de que Bohr tinha apresentado uma nova maneira de entender o espectro de um átomo, independentemente de como chegou a esse entendimento. Este passo decisivo, considerando outras quantidades mensuráveis, como o momento angular quantizado, foi o que tornou a teoria de Bohr do átomo de hidrogênio uma das etapas mais importantes na moderna compreensão dos átomos e das moléculas.

Porém, as limitações da conclusão de Bohr não podem ser esquecidas. Elas se aplicam ao átomo de hidrogênio e *apenas* ao átomo de hidrogênio. Portanto, é limitada e não é aplicável a elementos com mais de um elétron. No entanto, a teoria de Bohr pode ser aplicada em sistemas atômicos com somente um elétron, mas com mais de um próton no núcleo (os sistemas envolvidos podem ser cátions intensamente carregados), e a equação final para a energia desses sistemas deve ser reescrita como

$$E_{tot} = -\frac{Z^2 m_e e^4}{8\varepsilon_0^2 n^2 h^2} \tag{9.41}$$

onde Z é a carga do núcleo. Assim, a teoria de Bohr é aplicável a U^{91+}, resultante de átomos de U que tiveram todos os seus elétrons retirados, exceto um. (Neste caso, efeitos relativistas estarão presentes, e a aplicabilidade da equação de Bohr é ainda mais limitada.) Infelizmente, a maioria dos materiais que interessam aos químicos não é composta de átomos com um só elétron e, por isso, a teoria de Bohr é inerentemente limitada.

Mas ela abriu os olhos dos cientistas contemporâneos para novas idéias: idéias de que os valores possíveis de algumas quantidades mensuráveis, chamadas de *observáveis*, não são contínuos como o número de posições em uma linha. Ao contrário, são diferentes ou *quantizadas*, e podem ter apenas certos valores. Esta idéia tornou-se uma das principais doutrinas da nova mecânica quântica.

9.10 A Equação de De Broglie

No período decorrido entre a introdução da teoria de Bohr e o desenvolvimento da mecânica quântica, houve pouquíssimas contribuições novas para a compreensão da matéria – exceto por uma nova idéia apresentada por Louis de Broglie, em 1924. De Broglie, um cientista cuja família fazia parte da aristocracia francesa, formulou a hipótese de que se uma onda de luz pode ter propriedades de partículas, por que partículas como os elétrons, prótons etc. não podem ter propriedades de *onda*?

Podemos entender a hipótese de De Broglie equacionando a expressão da energia a partir da relatividade especial e da teoria quântica:

$$E = mc^2$$

$$E = h\nu$$

Portanto

$$mc^2 = h\nu$$

Uma vez que $c = \lambda\nu$ (isto é, a velocidade da luz é igual a sua freqüência vezes seu comprimento de onda; esta é uma conversão padrão), podemos substituir a freqüência ν:

$$mc^2 = \frac{hc}{\lambda}$$

Cancelando c em ambos os lados, sabendo que c é a velocidade da luz e que massa vezes velocidade é o momento p, podemos rearranjar:

$$\lambda = \frac{h}{mc} = \frac{h}{p}$$

De Broglie sugeriu que esta relação se aplicava às partículas, para as quais o momento é igual à massa vezes a velocidade ($p = mv$). A *equação de De Broglie* para partículas é escrita como

$$\lambda = \frac{h}{mv} = \frac{h}{p} \tag{9.42}$$

Esta equação estabelece que o comprimento de onda de uma partícula é inversamente proporcional a seu momento, mv, e que a constante de proporcionalidade é h, a constante de Planck. Isto é, a implicação da equação de De Broglie é que uma partícula de massa m se comporta como uma onda. Lembre-se de que somente ondas podem ter comprimento de onda.

Havia sido sugerido experimentalmente, um ano antes, quando Compton anunciou a variação de energia dos raios X pela deflexão pela grafite, que os fótons têm momento. O efeito Compton envolve uma transferência simultânea de energia e momento, quando um fóton colide com um elétron. Uma compreensão da conservação da energia, bem como da conservação do momento, permitiu prever corretamente não apenas as novas energias dos fótons, mas também suas novas direções de movimento. Se ondas têm propriedades de partículas, talvez não seja tão fantasioso considerar que a matéria pode ter propriedades de onda.

Considere dois exemplos que mostram a importância da equação de De Broglie. Primeiro, se uma bola com massa de 150 gramas (0,150 kg) estivesse se movendo a uma velocidade de 150 quilômetros por hora (41,6 metros por segundo), seu comprimento de onda, segundo De Broglie, seria

$$\lambda = \frac{6{,}626 \times 10^{-34} \text{ J·s}}{(0{,}150 \text{ kg})(41{,}6 \text{ m/s})} = 1{,}06 \times 10^{-34} \text{ m}$$

Um comprimento de onda de um milionésimo de bilionésimo de bilionésimo de um ângstrom é indetectável, mesmo nas condições atuais. O comprimento de onda dessa bola nunca seria percebido, nem por cientistas do final do século XIX (nem pelos do século XXI).

O segundo exemplo é um elétron, que é muito menor do que aquela bola. Uma vez que o comprimento de onda de De Broglie é inversamente proporcional à massa, esperamos que o comprimento de onda de uma partícula aumente, à medida que sua massa diminua. Para um elétron se movendo na mesma velocidade que a bola do exemplo anterior, o comprimento de onda de De Broglie é

$$\lambda = \frac{6{,}626 \times 10^{-34} \text{ J·s}}{(9{,}109 \times 10^{-31} \text{ kg})(41{,}6 \text{ m/s})} = 1{,}75 \times 10^{-5} \text{ m}$$

que é 17,5 mícrons. Este "comprimento de onda" está na região infravermelha da luz! Mesmo no final do século XIX, este comprimento de onda podia ser detectado.

Elétrons geralmente se movem a velocidades muito maiores do que essa. Seus comprimentos de onda de De Broglie são menores e estão no intervalo correspondente ao dos raios X. Uma vez que se sabia que os raios X são difratados por cristais, por que não difratar elétrons? Em 1925, Clinton Joseph Davisson fez exatamente isso. Após ter quebrado acidentalmente um tubo de vácuo contendo uma amostra de níquel, Davisson recondicionou essa amostra aquecendo-a, tendo formado grandes cristais de níquel. Conhecendo as idéias de De Broglie, Davisson (com seu colaborador, Lester H. Germer) expôs um cristal de níquel a um feixe de elétrons e encontrou um padrão de difração, exatamente como seria de esperar se elétrons fossem de fato ondas. Esta difração de partículas mostrou que elas têm propriedades de ondas, conforme previsto por De Broglie. Um trabalho adicional confirmando a natureza ondulatória dos elétrons foi realizado mais tarde, no mesmo ano, por G. P. Thomson, filho de J. J. Thomson, o mesmo que em 1897 tinha descoberto a *partícula* elétron. A dupla natureza onda-partícula das partículas (bem como dos fótons) tem sido, desde então, uma das funções da ciência moderna.

Exemplo 9.7

Calcule o comprimento de onda de De Broglie para um automóvel com peso de 1000 kg, viajando a uma velocidade de 100 quilômetros por hora, e o de um elétron viajando a 1% da velocidade da luz ($0{,}01c = 3{,}00 \times 10^6$ m/s)

Solução

Para o automóvel:

$$\lambda = \frac{6{,}626 \times 10^{-34} \text{ J·s}}{(1000 \text{ kg})(100 \text{ km/hr})(1 \text{ hr}/3600 \text{ s})(1000 \text{ m/km})}$$

$$\lambda = 2{,}39 \times 10^{-38} \text{ m}$$

Para o elétron:

$$\lambda = \frac{6{,}626 \times 10^{-34}\ \text{J·s}}{(9{,}109 \times 10^{-31}\ \text{kg})(3{,}00 \times 10^{6}\ \text{m/s})}$$

$$\lambda = 2{,}43 \times 10^{-10}\ \text{m} \quad \text{ou} \quad 2{,}43\ \text{Å}$$

O comprimento de onda de De Broglie do automóvel é imperceptível, mesmo usando métodos modernos. O comprimento de onda de De Broglie do elétron é semelhante ao dos raios X, que são, com certeza, perceptíveis nas condições adequadas.

A previsão de De Broglie e a experiência de Davisson-Germer finalmente apontaram que a matéria tem propriedades de onda. Para grandes porções de matéria, as propriedades de onda podem ser ignoradas, mas para pequenas porções de matéria, como os elétrons, isso não pode acontecer. Uma vez que a mecânica clássica não considera a matéria como *ondas*, não era adequado descrever o comportamento da matéria.

9.11 Resumo: o Fim da Mecânica Clássica

Por volta de 1925, os cientistas perceberam que as idéias clássicas utilizadas para descrever a matéria não funcionavam no nível atômico. Algum progresso havia sido feito – a teoria quântica de Planck; a aplicação da teoria quântica à luz, por Einstein, a teoria do hidrogênio, de Bohr, a relação de De Broglie –, mas era tudo muito específico, e não aplicável de uma maneira geral a átomos e moléculas.

Foi preciso que uma nova geração de pensadores, expostos às novas e fantásticas idéias do último quarto de século, propusesse as novas teorias. Já se debateu, em termos filosóficos, se eram necessários novos pensadores; se os cientistas mais antigos ainda estariam ligados às velhas teorias e se eram incapazes de apresentar idéias totalmente novas.

Em 1925–1926, o físico alemão Werner Heisenberg e o físico austríaco Erwin Schrödinger, independentemente e com perspectivas diferentes, publicaram os primeiros trabalhos que anunciavam a formação da *mecânica quântica*, uma nova maneira de pensar nos elétrons e em seu comportamento. A partir de seus argumentos básicos, foi construída uma concepção de átomos e moléculas inteiramente nova. E o mais importante é que esta imagem dos átomos e das moléculas ainda sobrevive, porque responde às questões sobre as estruturas atômica e molecular, de modo mais completo do que qualquer teoria anterior ou posterior. Como acontece com muitas teorias, a mecânica quântica é baseada em uma série de suposições, chamadas de *postulados*. Alguns desses postulados parecem, hoje, e pareciam, com certeza, para os cientistas, em 1925, uma maneira completamente nova de pensar sobre a natureza. Mas o sucesso da mecânica quântica tornou mais fácil aceitar seus postulados como verdadeiros, para depois tentar desvendar o seu significado.

Antes de considerarmos a mecânica quântica propriamente dita, é importante salientar que a estaremos utilizando para entender o comportamento atômico e o molecular, e não o comportamento de grandes objetos macroscópicos. Geralmente, a mecânica clássica pode ser usada para se entender o comportamento de uma bola de tênis, mas não o de um elétron. Isso é análogo ao uso das equações de Newton para entender a velocidade de um carro a 100 km/h, mas usando as equações da relatividade, de Einstein, para entender a velocidade de um carro com uma velocidade próxima à da luz. Mesmo podendo usar as equações da relatividade para velocidades muito baixas, isso não é prático dentro dos limites de medição. Assim é com a mecânica quântica. Ela se aplica a toda matéria, mas não é necessária para descrever o comportamento de uma bola de tênis. No final do século XIX, os cientistas começaram a realizar experimentos com a matéria no nível atômico, e suas observações não puderam ser explicadas usando a mecânica clássica. Isso porque eles supunham que os átomos se comportavam do modo descrito por Newton, o que não era verdade. Havia a necessidade de um modelo diferente para explicar o comportamento individual dos elétrons e dos átomos.

A maior parte da mecânica quântica básica foi desenvolvida por volta de 1930. Porém, o desenvolvimento da mecânica quântica aplicada aos elétrons também levou a novas teorias sobre o núcleo atômico. Hoje, a mecânica quântica abrange todo o comportamento do átomo. E como a química começa com os átomos, a mecânica quântica fornece a base de toda a ciência química moderna.

EXERCÍCIOS DO CAPÍTULO 9

9.2 Leis do Movimento

9.1. Para um objeto com massa m, caindo na direção z, a energia cinética é $\frac{1}{2}m\dot{z}^2$ e a energia potencial é, mgz, onde g é a constante de aceleração gravitacional (aproximadamente 9,8 m/s^2) e z, a posição. Determine a função de Lagrange, L, e escreva a equação do movimento, de Lagrange, para esse movimento em uma dimensão.

9.2. Para o sistema descrito no Exercício 9.1, determine a equação de Hamilton, do movimento.

9.3. Verifique, no Exercício 9.2, que as Equações 9.14 e 9.15 são válidas para a Hamiltoniana que você deduziu.

9.4. (a) Determinadas forças atuam sobre um bloco de madeira que está sendo empurrado para cima em um plano inclinado: a força de tração, a força de atrito e a força devida à gravidade. Que equações de movimento são mais adequadas para descrever esse sistema, e por quê? (b) Responda a mesma questão para um foguete, cuja velocidade e altitude estão sendo constantemente monitoradas.

9.3-9.7 Fenômenos Inexplicáveis

9.5. Desenhe, nomeie e explique as funções das diferentes partes de um espectroscópio.

9.6. Transforme (a) um comprimento de onda de 218 Å em cm^{-1}, (b) uma freqüência de $8,077 \times 10^{13}$ s^{-1} em cm^{-1}, (c) um comprimento de onda de 3,31 μm em cm^{-1}.

9.7. Que conclusão pode ser tirada do fato de dois espectros de dois compostos diferentes apresentarem certas linhas exatamente no mesmo comprimento de onda?

9.8. Explique por que nenhuma linha da série de Balmer do espectro do átomo de hidrogênio tem números de onda maiores do que cerca de 27.434 cm^{-1}. (Isto é chamado de *limite de série*.)

9.9. Quais são os limites de série (veja o problema anterior) para as séries de Lyman ($n_2 = 1$) e Brackett ($n_4 = 4$)?

9.10. São os seguintes os números de n_2 para algumas séries de linhas do espectro do átomo de hidrogênio:

Lyman: 1 Balmer: 2 Paschen: 3 Brackett: 4 Pfund: 5

Calcule a variação de energia das linhas, dadas em cm^{-1}, em relação a cada um dos valores de n_1 para as séries:
(a) Lyman, $n_1 = 5$; (b) Balmer, $n_1 = 8$; (c) Paschen, $n_1 = 4$; (d) Brackett, $n_1 = 8$; (e) Pfund, $n_1 = 6$.

9.11. Calcule um valor médio para R, sabendo que os comprimentos de onda das três primeiras linhas da série de Balmer são 656,2; 486,1 e 434,0 nm.

9.12. Qual foi o valor da relação carga/massa, e/m, nas unidades de C/kg, obtido a partir dos números determinados por Millikan?

9.13. (a) Usando as identidades das partículas alfa (um núcleo de hélio) e beta (um elétron), bem como as massas do próton, nêutron e elétron, faça uma estimativa de quantas partículas beta seriam necessárias para completar a massa de uma partícula alfa. (b) A partir desse resultado, você espera que uma partícula alfa e uma beta, com a mesma energia cinética, sejam as emissões radioativas mais rápidas? (c) Sua resposta para b justifica a observação experimental de que as partículas beta são mais penetrantes que as alfa?

9.14. (a) Quanta energia radiante é liberada, em $watt/m^2$, por um forno elétrico com uma temperatura de 1000 K? (b) Se a área do forno for 250 cm^2, que potência, em watts, será emitida?

9.15. A lei de Stefan, Equação 9.18, sugere que todo corpo material emite energia, qualquer que seja a sua temperatura. Qual deve ser a temperatura de um pedaço de matéria para emitir um fluxo de energia de 1,00 W/m^2? E um fluxo de 10,00 W/m^2? E de 100,00 W/m^2?

9.16. Um corpo humano tem uma área superficial de, em média, 0,65 m^2. A uma temperatura corporal de 37 °C, quantos watts (ou J/s) de potência uma pessoa emite? (É importante para a NASA e para outras agências espaciais conhecer essa emissão para projetar roupas espaciais.)

9.17. A temperatura da superfície do Sol é de cerca de 5800 K. Admitindo que ele atua como um corpo negro: (a) Qual é a potência, em W/m^2, do fluxo irradiado pelo Sol? (b) Se a área superficial do Sol for $6,087 \times 10^{12}$ m^2, qual será a potência total emitida, em watts? (c) Uma vez que watts são dados em J/s, quantos joules de energia são irradiados em um ano (365 dias)? Nota: O Sol é, na verdade, um análogo muito pobre de um corpo negro.

9.18. O coeficiente angular da reta produzida pelo gráfico de energia *versus* comprimento de onda, da lei de Rayleigh-Jeans, é dado por um rearranjo da Equação 9.20:

$$\frac{d\rho}{d\lambda} = \frac{8\pi k T}{\lambda^4}$$

Quais são os valores e unidades desse coeficiente angular nas seguintes temperaturas e comprimentos de onda? (a) 1000 K, 500 nm; (b) 2000 K, 500 nm; (c) 2000 K, 5000 nm; (d) 2000 K, 10000 nm. Essa resposta indica a presença de uma catástrofe ultravioleta?

9.19. (a) Use a lei de Wien para determinar o λ_{max} do Sol, se a temperatura da superfície for 5800 K. (b) O olho humano enxerga com mais eficiência a luz com comprimento de onda de 5000 Å (1 Å = 10^{-10} m), que corresponde à região do verde ao azul do espectro. A que temperatura do corpo negro essa região corresponde? (c) Compare e comente as respostas às questões (a) e (b).

9.8 Teoria Quântica

9.20. O coeficiente angular do gráfico da energia *versus* comprimento de onda, pela lei de Planck, é dado por um rearranjo da Equação 9.22:

$$\frac{d\rho}{d\lambda} = \frac{8\pi hc}{\lambda^5}\left(\frac{1}{e^{hc/\lambda kT}-1}\right)$$

Dê o valor e as unidades desse coeficiente angular para um corpo negro com as seguintes temperaturas e os seguintes comprimentos de onda:
(a) 1000 K, 500 nm; **(b)** 2000 K, 500 nm; **(c)** 2000 K, 5000 nm; **(d)** 2000 K, 10000 nm; **(e)** Compare esses resultados com os obtidos no Problema 9.18; **(f)** A que temperaturas e em que regiões do espectro a lei de Rayleigh-Jeans está próxima da lei de Planck?

9.21. Integre a lei de Planck (Equação 9.23) entre os limites de comprimento de onda $\lambda = 0$ e $\lambda = \infty$, para chegar à Equação 9.24. Você terá de reescrever a expressão, redefinindo a variável (e seu infinitésimo), e usar a seguinte integral:

$$\int_0^\infty \frac{x^3}{e^x - 1}\, dx = \frac{\pi^4}{15} \qquad (9.43)$$

9.22. Calcule a potência da luz no intervalo de comprimentos de onda $\lambda = 350\text{--}351$ nm (isto é, faça $d\lambda$ ser $\Delta\lambda = 1$ nm na lei de Planck, e $\lambda = 350{,}5$ nm) nas temperaturas de 1000 K, 3000 K e 10000 K.

9.23. Mostre que o grupo de constantes na Equação 9.24 reproduz (ou quase) o valor da constante de Stefan-Boltzmann.

9.24. As funções de trabalho ϕ são expressas na unidade elétron volts, eV. 1 eV é igual a $1{,}602 \times 10^{-19}$ J. Determine o comprimento de onda mínimo de luz, necessário para superar a função de trabalho dos seguintes metais ("mínimo" significa que o excesso de energia cinética, $\frac{1}{2}mv^2$, é zero): Li, 2,90 eV; Cs, 2,14 eV; Ge, 5,00 eV.

9.25. Determine a velocidade de um elétron emitido pelo rubídio ($\phi = 2{,}16$ eV) quando luz com os seguintes comprimentos de onda incide sobre o metal, no vácuo: **(a)** 550 nm, **(b)** 450 nm, **(c)** 350 nm.

9.26. O efeito fotoelétrico é usado, hoje em dia, na fabricação de detectores de luz. Quando a luz atinge a superfície do metal em um compartimento fechado, uma corrente de elétrons é produzida se a luz tiver o comprimento de onda apropriado. O césio é um componente apropriado para esses detectores? Por quê?

9.27. Calcule a energia de um único fóton, em joules, e a energia de um mol de fótons, em J/mol, de luz com comprimento de onda de 10 m (ondas de rádio e de TV), 10,0 cm (microondas), 10 mícrons (região do infravermelho), 550 nm (luz verde), 300 nm (ultravioleta) e 1,00 Å (raios X). Esses números explicam o perigo relativo de radiações de comprimentos de onda diferentes?

9.9 Teoria de Bohr do Hidrogênio

9.28. Mostre que ambos os lados da Equação 9.27 se reduzem a unidades de força, ou N.

9.29. Use a Equação 9.34 para determinar o raio, em metros e ângstroms, do quarto, quinto e sexto níveis de energia do átomo de hidrogênio, de Bohr.

9.30. Calcule as energias de um elétron no quarto, quinto e sexto níveis do átomo de hidrogênio, de Bohr.

9.31. Calcule o momento angular de um elétron no quarto, quinto e sexto níveis do átomo de hidrogênio, de Bohr.

9.32. Mostre que o conjunto de constantes na Equação 9.40 fornece o valor numérico correto da constante de Rydberg.

9.33. As Equações 9.33 e 9.34 podem ser combinadas e rearranjadas para chegar à velocidade quantizada de um elétron no átomo de hidrogênio, de Bohr. **(a)** Determine a expressão para a velocidade do elétron. **(b)** A partir dessa expressão, calcule a velocidade de um elétron no estado quantizado mais baixo. Como ela se compara com a velocidade da luz? ($c = 2{,}9979 \times 10^8$ m/s) **(c)** Calcule o momento angular $L = mvr$ do elétron no estado de menor energia do átomo de hidrogênio, de Bohr. Como ele se compara com o valor assumido na Equação 9.33?

9.34. (a) Compare as Equações 9.31, 9.34 e 9.41 e proponha uma fórmula para o raio de um átomo semelhante ao de hidrogênio, com carga atômica Z. **(b)** Qual é o valor do raio de um íon de U^{91+}, considerando que o elétron tem um número quântico igual a 100? Ignore possíveis efeitos relativísticos.

9.10 A Equação de De Broglie

9.35. A equação de De Broglie para uma partícula pode ser aplicada a um elétron orbitando ao redor do núcleo, se admitirmos que a órbita é circular, de raio r, com um número exato de comprimentos de onda: $n\lambda = 2\pi r$. Utilizando essa equação, deduza a momento angular quantizado, postulado por Bohr.

9.36. Qual é o comprimento de onda de uma bola com massa igual a 100 g e velocidade de 160 km/h? Qual é o comprimento de onda de um elétron se movendo com a mesma velocidade?

9.37. Que velocidade deve ter um elétron para que seu comprimento de onda de De Broglie seja igual a 1,00 Å? Que velocidade deve ter um próton para que seu comprimento de onda seja o mesmo?

Exercícios de Simbolismo Matemático

9.38. Faça um gráfico da potência por unidade de área, da lei de Planck, *versus* o comprimento de onda, a várias temperaturas. Integre para mostrar que se pode obter a lei de Stefan-Boltzmann e a constante.

9.39. Determine sob que condições de temperatura e de comprimento de onda a lei de Rayleigh-Jeans se aproxima da lei de Planck.

9.40. Encontre soluções para a equação diferencial de segunda ordem para o movimento de um oscilador harmônico, e faça seu gráfico *versus* tempo.

9.41. Construa uma tabela das primeiras 50 linhas das primeiras seis séries do espectro do átomo de hidrogênio. Você pode prever os limites da série, em cada caso?

10 Introdução à Mecânica Quântica

COMO FOI INDICADO NO CAPÍTULO ANTERIOR, novas descobertas mostraram a necessidade de uma melhor teoria para descrever o comportamento da matéria no nível atômico. Esta teoria, chamada de *mecânica quântica*, representou um modelo completamente novo para a natureza. A mecânica quântica forneceu, finalmente, uma base para melhor descrever, explicar e prever o comportamento da matéria nos níveis atômico e molecular. Como acontece com toda teoria científica, a mecânica quântica é aceita pelos cientistas porque ela *funciona*. (Ela é, certamente, uma das teorias mais bem-sucedidas desenvolvidas pela ciência.) Isto é, ela proporciona uma bagagem teórica capaz de fazer previsões que estejam de acordo com os resultados da experiência. No começo, pode haver alguma dificuldade no nível conceitual. Uma questão comum entre os estudantes é: "por que a mecânica quântica é assim?". A filosofia por trás da mecânica quântica deve ser deixada para os filósofos. Aqui, queremos ver como a mecânica quântica é definida e como aplicá-la a sistemas atômicos e moleculares.

A mecânica quântica é baseada em várias afirmações, chamadas de *postulados*. Estes postulados são presumidos, não comprovados. Pode parecer difícil entender por que um modelo completo para elétrons, átomos e moléculas é baseado em suposições, mas o motivo é, simplesmente, porque as afirmações baseadas nestas suposições levam a previsões sobre átomos e moléculas que estão de acordo com as nossas observações. Não apenas algumas observações isoladas: por décadas, milhões de medições realizadas em átomos e moléculas têm fornecido dados que estão de acordo com as conclusões baseadas nos poucos postulados da mecânica quântica. Com tanta concordância entre a teoria e a experimentação, os postulados foram aceitos sem prova, e não foram mais questionados. Na discussão a seguir sobre os fundamentos da mecânica quântica, algumas afirmações podem parecer incomuns ou até contrárias ao esperado. Por mais questionáveis que possam parecer no começo, as afirmações e equações baseadas nestes postulados estão de acordo com a experiência e constituem um modelo apropriado para descrever a matéria subatômica, principalmente, os elétrons.

10.1 Sinopse

A mecânica quântica é, às vezes, difícil à primeira vista, em parte, porque envolve novas idéias e novas maneiras de pensar sobre a matéria. Estas idéias serão discutidas em detalhes nas sessões a seguir. No entanto, pode ser útil resumir estas idéias, para que o leitor entenda para onde o material está direcionado. Lembre-se de que o objetivo principal é ter uma teoria que proponha um comportamento da matéria e que preveja eventos que estejam de acordo com o que se observa; ou seja, ter uma teoria adequada aos resultados experimentais. Do contrário, outra teoria se faz necessária para entender os experimentos.

As idéias principais são:

- Sabe-se que os elétrons têm propriedades ondulatórias e que podem ser descritos por uma expressão matemática chamada de função de onda.
- A função de onda encerra toda a informação que se pode conhecer sobre um sistema.
- Funções de onda não são funções matemáticas arbitrárias, mas devem satisfazer certas condições simples. Por exemplo, elas têm de ser contínuas.
- A condição mais importante é que a função de onda deve satisfazer a equação de Schrödinger dependente do tempo. A partir de certas suposições, pode-se separar a variável tempo da função de onda, e o que se obtém é a equação de Schrödinger *independente* do tempo. Neste texto, focalizaremos, principalmente, a equação de Schrödinger independente do tempo.
- Nessas condições, quando aplicadas a sistemas reais, as funções de onda de fato fornecem informações concordantes com observações experimentais sobre esses sistemas: *a mecânica quântica prevê valores que concordam com medidas experimentais*. O sistema real mais simples de se entender, que será descrito no próximo capítulo, é o átomo de hidrogênio, um sistema que Rydberg, Balmer e depois Bohr estudaram, obtendo diferentes graus de sucesso. A mecânica quântica é superior às suas teorias, na medida em que não apenas reproduz o seu sucesso, mas também o expande, ao tentar descrever o comportamento de partículas subatômicas.

O restante deste capítulo discorrerá sobre as idéias mencionadas anteriormente. O entendimento correto da mecânica quântica requer a compreensão dos princípios que ela usa. A familiarização com esses princípios é essencial, até mesmo insubstituível. Ao lidar com estes princípios, não se esqueça da última afirmação feita na sinopse: a mecânica quântica descreve apropriadamente o comportamento da matéria, como determinado pela observação.

10.2 A Função de Onda

O comportamento de uma onda pode ser expresso por uma simples função matemática. Por exemplo,

$$y = A \operatorname{sen}(Bx + C) + D \tag{10.1}$$

é uma expressão geral para a amplitude, y, de uma onda do tipo seno (ou senoidal) se propagando na dimensão x. As constantes A, B, C e D têm certos valores que especificam exatamente a aparência da onda senoidal.

Considerando que De Broglie indicou que a matéria deve ter propriedades de onda, por que não descrever o comportamento da matéria usando a expressão *para uma onda*? O primeiro postulado da mecânica quântica é que o estado de um sistema pode ser descrito por uma expressão chamada *função de onda*. Funções de onda na mecânica quântica são representadas pelo símbolo ψ ou Ψ (a letra grega *psi*). Por várias razões físicas e matemáticas, essas funções Ψ são limitadas ou *forçadas* a:

1. Ter um valor único (ou seja, a função de onda deve ter apenas um valor $F(x)$ possível para cada valor de x.)
2. Ser contínua
3. Ser diferenciável (ou seja, não deve haver nenhuma razão matemática para que a derivada de Ψ não possa existir.)[1]

---

[1] O quadrado de muitas funções Ψ deve também ser integrável; ou seja, a integral de $|\Psi|^2$ também deve existir. No entanto, este requisito não é absoluto.

Entre outras coisas, esta última restrição proíbe funções que se aproximem do infinito, tanto pelo lado positivo como pelo negativo, exceto, talvez, para pontos individuais na função. Outra maneira de se afirmar isso é que a função é *limitada*. Por mais variáveis que possam existir em uma função de onda, estes limites devem ser satisfeitos para toda a gama de variáveis possíveis. Em alguns casos, a gama de variáveis pode ir de $+\infty$ a $-\infty$. Em outros casos, as variáveis podem estar limitadas a certos intervalos. Funções que obedecem a estes critérios são consideradas funções de onda aceitáveis. As que não se enquadram, provavelmente não fornecem nenhuma conclusão com significado físico. A Figura 10.1 mostra exemplos de funções de onda aceitáveis e inaceitáveis.

A parte final deste primeiro postulado afirma que toda informação possível sobre as várias propriedades observáveis de um sistema tem de derivar de uma função da onda. Isto, à primeira vista, pode parecer uma afirmação incomum. Mais adiante, neste capítulo, vamos desenvolver esta idéia completamente. Mas a seguinte questão deve ser colocada logo na introdução da função de onda: toda informação tem de ser obtida somente a partir de uma função que é definida como função de onda da partícula. Este fato confere à função de onda um papel central na mecânica quântica.

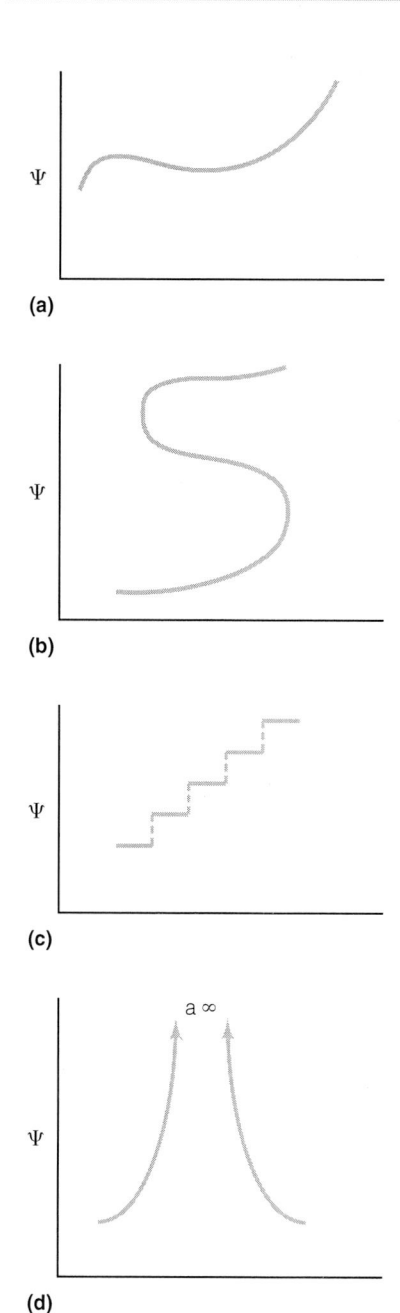

Figura 10.1 (a) Uma função de onda aceitável é contínua, possui valor único, tem limites e pode ser integrada. (b) Esta não é uma função de onda aceitável, porque não possui um valor único. (c) Esta não é uma função de onda aceitável, porque não é contínua. (d) Esta não é uma função de onda aceitável, porque não é limitada.

Exemplo 10.1

Quais das expressões abaixo são funções de onda aceitáveis, e quais não são? Para aquelas que não são, justifique por quê.

a. $f(x) = x^2 + 1$, onde x pode ter qualquer valor
b. $f(x) = \pm\sqrt{x}, x \geq 0$
c. $\Psi = \dfrac{1}{\sqrt{2}} \operatorname{sen} \dfrac{x}{2}, -\dfrac{\pi}{2} \leq x \leq \dfrac{\pi}{2}$
d. $\Psi = \dfrac{1}{4-x}, 0 \leq x \leq 10$
e. $\Psi = \dfrac{1}{4-x}, 0 \leq x \leq 3$

Solução

a. Não é aceitável, pois como x se aproxima de $+\infty$ ou $-\infty$, a função também se aproxima do infinito. Não é limitada.
b. Não é aceitável, pois a função não possui valor único.
c. Aceitável, pois ela obedece a todos os requisitos para uma função de onda aceitável.
d. Não é aceitável, pois a função se aproxima do infinito para $x = 4$.
e. Aceitável, pois a função obedece a todos os requisitos para uma função de onda aceitável, dentro de uma gama estabelecida de variáveis x. (Compare isto à conclusão na parte d.)

10.3 Observáveis e Operadores

Quando estudamos o estado de um sistema, normalmente, fazemos várias medições de suas propriedades, como massa, volume, posição, momento e energia. Cada propriedade individual é chamada de *observável*. Uma vez que a mecânica quântica postula que o estado de um sistema é dado por uma função de onda, como poderemos determinar o valor das várias observáveis (posição, momento ou energia) de uma função de onda?

O postulado seguinte da mecânica quântica estabelece que, para se determinar o valor de uma observável, temos de realizar alguma operação matemática em uma função de onda. Essa operação matemática é representada por um *operador*. Um operador é uma instrução matemática: "faça alguma coisa com esta função ou estes números". Em outras palavras, um operador atua numa função (ou funções) para executar essa função. (Constantes são tipos especiais de funções, que não mudam de valor.)

Por exemplo, na Equação 2 × 3 = 6, a operação é a multiplicação e o operador é o ×. Ele indica, "multiplique os dois números". Podemos definir as operações de multiplicação usando o símbolo $\hat{M}(a, b)$. Sua definição pode ser: "pegue dois números e multiplique-os". Portanto,

$$\hat{M}(2, 3) = 6$$

é a maneira sofisticada de escrever uma multiplicação. $\hat{M}$ é o *operador de multiplicação*, onde ^ significa operador.

Operadores podem realizar operações tanto em funções como em números. Considere a diferenciação de uma simples função de x, $F(x) = 3x^3 + 4x^2 + 5$:

$$\frac{d}{dx}(3x^3 + 4x^2 + 5) = 9x^2 + 8x$$

Isto também poderia ser representado simplesmente usando $F(x)$ para representar a função:

$$\frac{d}{dx}F(x) = 9x^2 + 8x$$

O operador é d/dx e pode ser representado pelo símbolo, digamos, $\hat{D}$, e assim a expressão acima pode ser simplificada para

$$\hat{D}[F(x)] = 9x^2 + 8x$$

O operador operou sobre uma função gerando outra função. É comum utilizarmos um símbolo para representar um operador, uma vez que alguns operadores podem ter formas relativamente complexas. Para realizar uma operação matemática mais complicada, digamos $(-h^2/8\pi^2 m)(d^2/dx^2)$, na função de onda Ψ, poderíamos escrever

$$\frac{-h^2}{8\pi^2 m}\frac{d^2}{dx^2}\Psi$$

ou, definindo o operador $(-h^2/8\pi^2 m)(d^2/dx^2)$ como $\hat{T}$, podemos reescrever a equação acima simplesmente como

$$\hat{T}\Psi$$

que é uma forma muito mais compacta. A expressão acima significa simplesmente "pegue o grupo de operações matemáticas indicadas por $(-h^2/8\pi^2 m)(d^2/dx^2)$ e as realize na função de onda indicada por Ψ". A execução de uma operação normalmente resulta em alguma expressão, seja numérica ou uma função.

Exemplo 10.2

Escreva a operação matemática completa e avalie a expressão para cada uma das seguintes combinações de operadores e funções.

$$\hat{O} = \frac{d}{dx} \quad \hat{B} = \frac{d^2}{dx^2} \quad \hat{S} = \exp(\ ) \text{ [elevando 2,7182818 ... a alguma potência]}$$

$$\Psi_1 = 2x + 4 \quad \Psi_2 = -3 \quad \Psi_3 = \text{sen } 4x$$

a. $\hat{S}\Psi_2$
b. $\hat{O}\Psi_1$
c. $\hat{B}\Psi_3$

Solução

a. $\hat{S}\Psi_2 = \exp(-3) = e^{-3} = 0{,}04978 \ldots$

b. $\hat{O}\Psi_1 = \dfrac{d}{dx}(2x + 4) = 2$

c. $\hat{B}\Psi_3 = \dfrac{d^2}{dx^2}(\text{sen } 4x) = \dfrac{d}{dx}(4\cos 4x) = -16\,\text{sen } 4x$

Nos exemplos acima, a combinação de operador e função fornece uma expressão que pode ser calculada matematicamente. No entanto, suponha que as combinações sejam $\hat{L} = \ln(\ )$ e $\Psi = -10$. A expressão $\hat{L}\Psi$ não pode ser calculada, porque logaritmos de números negativos não existem. Portanto, nem todas as combinações operador/função são matematicamente possíveis ou fornecem resultados com algum significado. A maioria das combinações operador/função que interessam à mecânica quântica *terão* resultados significativos.

Quando um operador atua sobre uma função, normalmente, uma outra função é gerada. Há um tipo especial de combinação operador/função, que, quando calculada, produz uma constante ou um grupo de constantes *vezes a função original*. No Exemplo 10.2c, o operador d^2/dx^2 é aplicado à função sen $4x$, produzindo uma constante vezes sen $4x$:

$$\frac{d^2}{dx^2}(\text{sen } 4x) = \frac{d}{dx}(4\cos 4x) = -16\,\text{sen } 4x$$

Se quisermos usar símbolos mais concisos para o operador e a função, a expressão acima pode ser representada por

$$\hat{B}\Psi = K\Psi \tag{10.2}$$

onde K é a constante (nesse caso, -16). Quando um operador atua numa função e produz a função original multiplicada por qualquer constante (que pode ser 1 ou, às vezes, 0), nos referimos à Equação 10.2 como *equação de autovalor* ou *valor próprio*[2] e a constante K é chamada de *autovalor*. A função é chamada de *autofunção* ou *função própria* do operador. Nem todas as funções são autofunções de todos os operadores. É uma ocorrência rara qualquer combinação aleatória operador/função fornecer uma equação de autovalor. No exemplo acima, a equação de autovalor é

$$\frac{d^2}{dx^2}(\text{sen } 4x) = -16(\text{sen } 4x)$$

onde os parênteses são usados para isolar a função original. A autofunção do operador é sen $4x$, e o autovalor é -16.

---

[2] N. do T.: Ambos os termos, autovalor e valor próprio, podem ser utilizados como tradução para *eigenvalue*. A palavra alemã *eigen* significa auto ou próprio.

> **Exemplo 10.3**
>
> Quais das combinações operador/função a seguir fornecem equações de autovalor? Quais são os autovalores das autofunções?
>
> a. $\dfrac{d^2}{dx^2}\left(\cos\dfrac{x}{4}\right)$
>
> b. $\dfrac{d}{dx}(e^{-4x})$
>
> c. $\dfrac{d}{dx}(e^{-4x^2})$
>
> **Solução**
> a. Como
>
> $$\dfrac{d^2}{dx^2}\left(\cos\dfrac{x}{4}\right) = -\dfrac{1}{16}\cos\dfrac{x}{4}$$
>
> esta é uma equação de autovalor com um autovalor de $-1/16$.
> b. Como
>
> $$\dfrac{d}{dx}(e^{-4x}) = -4(e^{-4x})$$
>
> esta é uma equação de autovalor com um autovalor de -4.
> c. Como
>
> $$\dfrac{d}{dx}(e^{-4x^2}) = -8x(e^{-4x^2})$$
>
> esta não é uma equação do autovalor porque, apesar de a função original se repetir, ela não é multiplicada por uma constante. Ao invés disso, ela é multiplicada por outra função, $-8x$.

Outro postulado da mecânica quântica afirma que para toda observável de interesse físico, existe um operador correspondente. Os *únicos* valores que serão obtidos da observável em uma única medição devem ser autovalores de uma equação de autovalor construída a partir de um operador e de uma função de onda (como mostra a Equação 10.2). Essa também é uma idéia central da mecânica quântica.

Duas observáveis básicas são a posição (normalmente – e arbitrariamente –, na direção x) e o momento linear correspondente. Na mecânica clássica, eles são designados como x e p_x. Muitas outras observáveis são várias combinações dessas duas observáveis. Em mecânica quântica, o *operador de posição* $\hat{x}$ é definido multiplicando a função pela variável x:

$$\hat{x} = x \cdot \qquad (10.3)$$

e o *operador de momento* $\widehat{p_x}$ (na direção x) é definido na forma diferencial como

$$\widehat{p_x} = -i\hbar\dfrac{\partial}{\partial x} \qquad (10.4)$$

onde i é a raiz quadrada de -1 e $\hbar$ é a constante de Planck dividida por 2π, $h/2\pi$. A constante $\hbar$ é comum em mecânica quântica. Veja a definição de momento como uma derivada em relação à posição, e não ao tempo, como na definição clássica. Existem operadores similares para as dimensões y e z.

O postulado que se refere a equações de autovalor e a autofunções é mais específico: os *únicos valores possíveis* de observáveis são os autovalores de uma função de onda quando trabalhada pelo operador correspondente. Nenhum outro valor será observado. Freqüentemente, como veremos, isto implica que muitas observáveis na escala atômica são quantizadas. Além disso, nem todas as quantidades experimentais são determinadas por uma dada função de onda; a função de onda dada é uma autofunção de alguns operadores (e assim, podemos determinar os valores dessas observáveis), mas não de outros operadores.

Exemplo 10.4

Qual é o valor da observável do momento, se a função de onda Ψ é e^{-i4x}?

Solução

De acordo com o postulado acima, o momento é igual ao autovalor produzido pela expressão

$$-i\hbar \frac{\partial}{\partial x} e^{-i4x}$$

A avaliação desta expressão nos dá

$$-i\hbar \frac{\partial}{\partial x} e^{-i4x} = (-i\hbar)(-i4)e^{-i4x} = -4\hbar e^{-i4x}$$

ou, de forma mais sucinta,

$$-i\hbar \frac{\partial}{\partial x} e^{-i4x} = -4\hbar e^{-i4x}$$

onde usamos $i \times i = -1$ para obter a expressão final. Esta é uma equação de autovalor com um autovalor igual a $-4\hbar$. Portanto, o valor do momento desta função de onda é $-4\hbar$. Numericamente, $-4\hbar$ é igual a $(-4)(6{,}626 \times 10^{-34}\ \text{J}\cdot\text{s})/2\pi = -4{,}218 \times 10^{-34}\ \text{J}\cdot\text{s} = -4{,}218 \times 10^{-34}\ \text{kg}\cdot\text{m}^2/\text{s}$.

Em mecânica quântica, as equações de autovalor que iremos considerar têm autovalores que são números reais. Apesar de já termos visto autofunções e operadores com a raiz imaginária *i*, quando se resolve para obter o autovalor, as partes imaginárias têm de se anular para dar um número real para o autovalor. *Operadores Hermitianos* são aqueles que sempre têm números reais (não-imaginários) como autovalores (isto é, *K* na Equação 10.2 será sempre um número real ou um conjunto de constantes que têm valores reais). Todos os operadores que fornecem observáveis na mecânica quântica são operadores Hermitianos, uma vez que, para uma quantidade ser observada, ela deve ser real. (Operadores Hermitianos têm esse nome em homenagem ao matemático francês do século XIX Charles Hermite.)

10.4 O Princípio da Incerteza

Talvez, a parte mais incomum da mecânica quântica seja a afirmação chamada de princípio da incerteza.[3] É, às vezes, chamada de princípio da incerteza de Heisenberg ou princípio de Heisenberg, em homenagem ao cientista alemão Werner Heisenberg, que o anunciou em 1927. O *princípio da incerteza* afirma que existem limites para a exatidão de certas medidas. Esta foi uma idéia problemática para muitos cientistas da época, porque a ciência, por si só, se preocupava em encontrar respostas específi-

---

[3] N. do R.T.: Chamado muitas vezes de princípio da indeterminação.

cas para várias questões. Os cientistas perceberam que existiam limites para o quão específicas estas respostas poderiam ser.

De acordo com a mecânica clássica, se conhecemos a posição e o momento de uma massa ao mesmo tempo (ou seja, se conhecemos estas quantidades *simultaneamente*), conhecemos tudo sobre o movimento da massa, pois sabemos onde ela está e para onde vai. Se uma pequena partícula de massa tem propriedades de onda e seu comportamento é descrito por uma função de onda, como poderemos especificar sua posição com alto grau de precisão? Segundo a equação de De Broglie, o comprimento da onda está relacionado ao momento, mas como poderemos determinar, simultaneamente, a posição e o momento de algo com um comportamento de onda? Quando os cientistas desenvolveram um melhor entendimento da matéria subatômica, perceberam que existem limites para a precisão com que se pode especificar duas observáveis simultaneamente.

Heisenberg percebeu isto e, em 1927, anunciou o seu princípio da incerteza. (Este princípio pode ser deduzido matematicamente e, portanto, não é um postulado da mecânica quântica. Não vamos tratar da dedução aqui.) O princípio da incerteza lida apenas com certas observáveis que podem ser medidas simultaneamente. Duas dessas observáveis são a posição x (na direção x) e o momento p_x (também na direção x). Se a incerteza na posição é simbolizada por Δx, e a incerteza no momento, por Δp_x, o princípio da incerteza de Heisenberg é

$$\Delta x \cdot \Delta p_x \geq \frac{\hbar}{2} \qquad (10.5)$$

onde $\hbar$ é $h/2\pi$. Observe o sinal de maior ou igual na equação. O princípio da incerteza define um limite *menor* para a incerteza, e não um limite maior. As unidades de posição, m (metros), vezes as unidades de momento, kg·m/s, são iguais às unidades da constante de Planck, J·s, que também pode ser escrita como kg·m²/s.

Já que a definição clássica de momento p é mv, a Equação 10.5, às vezes, pode ser escrita como

$$\Delta x \cdot m \cdot \Delta v \geq \frac{\hbar}{2} \qquad (10.6)$$

onde a massa m é assumida como sendo constante. A Equação 10.6 implica que, para massas grandes, o Δv e o Δx podem ser tão pequenos que não podem ser detectados. Porém, para massas muito pequenas, Δx e Δp (ou Δv) podem ser tão grandes, relativamente, que não podem ser ignorados.

Exemplo 10.5

Determine a incerteza na posição, Δx, nos seguintes casos:
a. Um carro de corrida pesando 1000 kg, viajando a uma velocidade de 100 metros por segundo, ou uma incerteza de 1 metro por segundo.
b. Um elétron viajando a $2,00 \times 10^6$ metros por segundo (a velocidade aproximada de um elétron no primeiro nível quântico de Bohr), com uma incerteza na velocidade de 1% do valor real.

Solução
a. Para um carro viajando a 100 metros por segundo, uma incerteza de 1 metro por segundo também é uma incerteza de 1%. A equação do princípio da incerteza se torna

$$\Delta x \cdot (1000 \text{ kg})(1 \text{ m/s}) \geq \frac{6{,}626 \times 10^{-34} \text{ J·s}}{2 \cdot 2 \cdot \pi}$$

onde todos os valores das variáveis foram substituídos na Equação 10.5. Resolvendo para Δx:

$$\Delta x \geq 5{,}27 \times 10^{-38} \text{ m}$$

Talvez, você queira verificar não apenas os números, mas também as unidades. Este mínimo de incerteza é imperceptível, mesmo usando medições modernas de posição. Portanto, este limite menor da medida jamais seria notado.

b. Para um pequeno elétron, usando a mesma equação, mas números diferentes:

$$\Delta x (9{,}109 \times 10^{-31} \text{ kg})(2{,}00 \times 10^4 \text{ m/s}) \geq \frac{6{,}626 \times 10^{-34} \text{ J·s}}{2 \cdot 2 \cdot \pi}$$

onde usamos a massa de um elétron e, para 1% da velocidade do elétron, $[0{,}01(2{,}00 \times 10^6) = 2{,}00 \times 10^4]$. Resolvendo para Δx:

$$\Delta x \geq 2{,}89 \times 10^{-9} \text{ m} \geq 2{,}89 \text{ nm} \geq 28{,}9 \text{ Å}$$

A incerteza na posição do elétron é de cerca de 3 nanômetros, várias vezes maior que os próprios átomos. Seria fácil perceber experimentalmente que não é possível localizar com precisão a posição de um elétron dentro de 3 nm!

O exemplo acima ilustra que a idéia de incerteza não pode ser ignorada *no nível atômico*. Se conhecêssemos a velocidade com uma precisão menor, digamos, de 10%, o mínimo de incerteza correspondente na *posição* seria, certamente, menor. O princípio da incerteza afirma matematicamente que enquanto uma aumenta, a outra diminui, mas nenhuma pode ser zero, quando determinadas simultaneamente. O princípio da incerteza não estabelece um máximo para a incerteza e, portanto, ela pode ser (e normalmente é) maior que o calculado usando a equação. Mas algumas medições têm uma limitação fundamental no que se refere à exatidão com que elas podem ser determinadas simultaneamente a outras observáveis.

Por fim, posição e momento não são as duas únicas observáveis cujas incertezas estão relacionadas entre si pelo princípio da incerteza. (De fato, uma outra forma matemática do princípio da incerteza é expressa em termos dos operadores das observáveis, como as Equações 10.3 e 10.4, e não dos valores das observáveis.) Existem muitas combinações de observáveis, como de componentes múltiplos de momento angular. Existem também combinações de observáveis para as quais não se aplica uma relação determinada pelo princípio da incerteza, significando que essas observáveis *podem* ser conhecidas simultaneamente com qualquer nível de precisão. Posição e momento são comumente usados para introduzir a incerteza, mas este conceito não é limitado a x e p_x.

10.5 A Interpretação de Born para as Funções de Onda; Probabilidades

O que temos são duas idéias aparentemente incompatíveis. Uma é que o comportamento de um elétron é descrito por uma função de onda. A outra é que o princípio da incerteza limita a certeza com que se pode medir várias combinações de observáveis, como posição e momento. Como podemos discutir o movimento de elétrons em detalhes?

O cientista alemão Max Born interpretou a função de onda de modo a aceitar o princípio da incerteza, e a *interpretação de Born* é geralmente considerada como a maneira mais correta de se pensar no Ψ. Por causa do princípio da incerteza, Born sugeriu que não pensássemos no Ψ como uma indicação de um caminho *específico* para um elétron. É muito difícil estabelecer *com exatidão* que um determinado elétron está em um certo lugar em um determinado tempo. Por outro lado, após um longo período, o elétron tem uma certa probabilidade de estar em uma determinada região. A probabilidade pode ser definida a partir de uma função de onda Ψ. Born afirmou que a probabilidade P de um elétron estar em uma certa região entre dois pontos a e b no espaço é, especificamente,

$$P = \int_b^a \Psi^*\Psi \, d\tau \qquad (10.7)$$

onde Ψ^* é o *complexo conjugado* de Ψ (sendo todo i na função de onda substituído por $-i$), $d\tau$ é o infinitésimo a ser integrado, que cobre a dimensão espacial de interesse [dx para uma dimensão, ($dx\,dy$) para duas dimensões, ($dx\,dy\,dz$) para três dimensões e ($r^2\,\text{sen}\,\theta\,dr\,d\theta\,d\phi$) para coordenadas polares esféricas], e a integral é calculada sobre o intervalo que interessa (entre os pontos a e b, nesse caso). Observe que Ψ^* e Ψ estão apenas se multiplicando (o que, às vezes, é escrito como $|\Psi|^2$). A operação de multiplicação é entendida como a maneira pela qual o integrando (a parte interna do sinal de integral) é escrito. A interpretação de Born também requer que a probabilidade seja calculada sobre uma *região* definida, e não em um ponto específico do espaço. Assim, podemos pensar em Ψ como um indicador da *probabilidade* de o elétron estar em uma determinada região do espaço.

A interpretação de Born afeta todo o significado da mecânica quântica. Em vez de Ψ dar a localização exata de um elétron, ele fornece apenas a probabilidade de sua localização. Para aqueles que, com base nas *leis de Newton*, estavam satisfeitos por entenderem que poderiam calcular com *exatidão* onde a matéria se encontrava, esta interpretação foi um problema, uma vez que lhes negava a capacidade de afirmar, com *exatidão*, como a matéria se comportava. Tudo o que podiam fazer era declarar a *probabilidade* de a matéria estar se comportando daquela maneira. No final, a interpretação de Born foi aceita como a maneira mais adequada de considerar as funções de onda.

Exemplo 10.6

Calcule as seguintes probabilidades, usando a interpretação de Born para um elétron que tem uma função de onda unidimensional $\Psi = \sqrt{2}\,\text{sen}\,\pi x$, entre os limites de $x = 0$ a 1.

a. A probabilidade de o elétron estar na primeira metade do limite $x = 0$ a 0,5
b. A probabilidade de o elétron estar no meio do limite $x = 0,25$ a 0,75

Solução

Para ambas as partes, é preciso resolver a seguinte integral

$$P = \int_b^a (\sqrt{2}\,\text{sen}\,\pi x)^*(\sqrt{2}\,\text{sen}\,\pi x)\,dx$$

mas entre limites iniciais e finais diferentes. Uma vez que a função de onda é a função real, o complexo conjugado não muda a função, e a integral se torna

$$P = 2\int_b^a \text{sen}^2\,\pi x\,dx$$

onde a constante 2 foi tirada para fora do sinal de integral. Esta integral tem uma solução conhecida, que é

$$\int_b^a \text{sen}^2 \pi x \, dx = \frac{x}{2} - \frac{1}{4\pi} \text{sen } 2\pi x \Big|_b^a$$

onde substituímos as constantes deste exemplo em particular, na forma geral da integral (você deve verificar esta substituição).

a. Calculando para a região $x = 0$ a $0,5$:

$$P = 2[0,25 - 0 - (0 - 0)]$$

$$P = 2(0,25)$$

$$P = 0,50$$

cuja porcentagem é 50%. Isto deveria, talvez, ser o que se espera: na metade da região que nos interessa, a probabilidade de o elétron estar lá é de 50%.

b. Para $x = 0,25$ a $0,75$:

$$P = 2\left[0,375 - \frac{1}{4\pi}(-1) - \left(0,125 - \frac{1}{4\pi}1\right)\right]$$

$$P = 2(0,409)$$

$$P = 0,818$$

o que significa que a probabilidade de encontrar o elétron na metade da metade dessa região é de 81,8% — muito maior do que na primeira metade! Este resultado é conseqüência de a função de onda ser uma função seno. Isso também ilustra algumas das previsões mais incomuns da mecânica quântica.

A interpretação de Born torna óbvia a necessidade de as funções de onda serem limitadas e de valor único. Se uma função de onda não for limitada, ela se aproxima do infinito. Então, a integral sobre aquele espaço, isto é, a probabilidade, é infinita. Probabilidades não podem ser infinitas. Como a probabilidade de existência representa uma observável física, ela deve ter um valor específico; portanto, as Ψ (e seus quadrados) devem ter valor único.

Como a função de onda, neste último exemplo, não depende do tempo, sua distribuição de probabilidade também não depende do tempo. Esta é a definição de um *estado estacionário*: um estado cuja distribuição de probabilidade, relacionada com $|\Psi(x)|^2$ pela interpretação de Born, não varia com o tempo.

10.6 Normalização

A interpretação de Born sugere que deve haver outra exigência para que funções de onda sejam aceitáveis. Se a probabilidade de encontrar uma partícula que tenha uma função de onda Ψ for calculada em todo o espaço onde esta partícula existe, essa probabilidade deve ser igual a 1, ou 100%. Para que este seja o caso, a função de onda deve ser *normalizada*. Em termos matemáticos, uma função de onda é normalizada se, e somente se

$$\int_{-\infty}^{+\infty} \Psi^* \Psi \, d\tau = 1 \tag{10.8}$$

Os limites $+\infty$ e $-\infty$ são convencionalmente usados para representar "todo o espaço", embora todo o espaço de um sistema na realidade não possa se estender até o infinito em ambas as direções. Os limites da integral podem ser modificados para representar os limites do espaço em que a partícula habita. O que a Equação 10.8 normalmente significa é que funções de onda devem ser multiplicadas por alguma constante para que a área sob a curva de $\Psi^*\Psi$ seja igual a 1. De acordo com a interpretação de Ψ por Born, a normalização também garante que a probabilidade de a partícula existir em todo o espaço é de 100%.

Exemplo 10.7

Assuma que a função de onda para um sistema existe e é $\Psi(x) = \text{sen}\,(\pi x/2)$, onde x é a única variável. Se a região de interesse é de $x = 0$ a $x = 1$, normalize a função.

Solução

Pela Equação 10.8, a função deve ser multiplicada por alguma constante, para que $\int_0^1 \Psi^*\Psi\,dx = 1$. Perceba que os limites vão de 0 a 1, não de $-\infty$ a $+\infty$, e que $d\tau$ é simplesmente dx para este exemplo unidimensional. Vamos assumir que Ψ é multiplicado por uma constante N:

$$\Psi \longrightarrow N\Psi$$

Substituindo Ψ na integral, temos

$$\int_0^1 (N\Psi)^*(N\Psi)\,dx = \int_0^1 N^*N\left(\text{sen}\,\frac{\pi x}{2}\right)^*\left(\text{sen}\,\frac{\pi x}{2}\right)dx$$

Como N é uma constante, ela pode ser retirada da integral, e como esta função seno é uma função real, o * não tem nenhum efeito sobre a função (lembre-se de que ela muda todo i para $-i$, mas não existe nenhuma parte imaginária da função neste exemplo). Portanto, temos

$$\int_0^1 N^*N\left(\text{sen}\,\frac{\pi x}{2}\right)^*\left(\text{sen}\,\frac{\pi x}{2}\right)dx = N^2 \int_0^1 \text{sen}^2\,\frac{\pi x}{2}\,dx$$

A normalização requer que esta expressão seja igual a 1:

$$N^2 \int_0^1 \text{sen}^2\,\frac{\pi x}{2}\,dx = 1$$

A integral nessa expressão tem uma forma conhecida e pode ser resolvida, e a integral definida entre os limites 0 a 1 pode ser calculada. Consultando a Tabela de integrais no Apêndice 1, encontramos

$$\int \text{sen}^2\,bx\,dx = \frac{x}{2} - \frac{1}{4b}\,\text{sen}\,2bx$$

Nesse caso, $b = \pi/2$. Calculando a integral entre os limites, descobrimos que os requisitos para a normalização se reduzem a

$$N^2\left(\frac{1}{2}\right) = 1$$

Resolvendo para N:

$$N = \sqrt{2}$$

onde consideramos que a raiz quadrada é positiva. A função de onda normalizada corretamente é, portanto, $\Psi(x) = \sqrt{2}[\text{sen}\,(\pi x/2)]$.

A *função de onda* no exemplo anterior não mudou. Ela continua sendo uma função seno. No entanto, é agora multiplicada por uma constante, para que a condição de normalização seja satisfeita. A constante de normalização não afeta a forma da função. Ela apenas impõe um fator escalar na sua amplitude – fator este bastante conveniente, como veremos adiante. No restante deste texto, todas as funções de onda devem ser normalizadas, a menos que se afirme o contrário.

Exemplo 10.8

A função de onda $\Psi = \sqrt{2}\operatorname{sen} \pi x$ é válida para o intervalo de $x = 0$ a 1. Mostre que um elétron tem uma probabilidade de 100% de existir neste intervalo, verificando que esta função de onda é normalizada.

Solução

Calcule a expressão

$$P = 2 \int_0^1 \operatorname{sen}^2 \pi x \, dx$$

e mostre que ela é numericamente igual a 1. Esta integral tem uma solução conhecida, e substituindo esta solução, temos

$$P = 2\left[\frac{x}{2} - \frac{1}{4\pi} \operatorname{sen}(2\pi x)\Big|_0^1\right]$$

$$= 2\left[\frac{1}{2} - 0 - \left(\frac{0}{2} - 0\right)\right]$$

onde os limites foram substituídos na expressão da integral. Resolvendo:

$$P = 1$$

que mostra que a função de onda está normalizada. Assim, partindo da interpretação de Born, a probabilidade de se encontrar a partícula no intervalo de $x = 0$ a 1 é de exatamente 100%.

10.7 A Equação de Schrödinger

Uma das idéias mais importantes na mecânica quântica é a equação de Schrödinger, que lida com a observável mais importante: a energia. A variação de energia de um sistema atômico ou molecular é uma das coisas mais fáceis de se medir (geralmente, por métodos espectroscópicos, como foi discutido no capítulo anterior) e, portanto, é importante que a mecânica quântica seja capaz de prever energias.

Em 1925 e 1926, Erwin Schrödinger reuniu muitas das idéias apresentadas no Capítulo 9, bem como as apresentadas nas primeiras seções deste capítulo, como operadores e funções de onda. A equação de Schrödinger é baseada na função Hamiltoniana (Seção 9.2), uma vez que estas equações produzem, naturalmente, a energia total do sistema:

$$E_{\text{tot}} = K + V$$

onde K representa a energia cinética e V é a energia potencial. Vamos começar com um sistema unidimensional. Energia cinética, a energia do movimento, tem uma fórmula específica derivada da mecânica clássica. Nos termos do momento linear p_x, a energia cinética é dada por

$$K = \frac{p_x^2}{2m}$$

Schrödinger, no entanto, pensou em termos de operadores atuando em funções de onda e, portanto, reescreveu a função Hamiltoniana nos termos dos operadores. Usando a definição de operador de momento,

$$\widehat{p_x} = -i\hbar \frac{\partial}{\partial x}$$

e supondo que a energia potencial é uma função da *posição* (ou seja, uma função de x), e, assim, pode ser escrita nos termos do operador de posição,

$$\hat{x} = x \cdot$$

Schrödinger substituiu na expressão da energia total para deduzir um operador para a energia, chamado de *operador Hamiltoniano* $\hat{H}$:

$$\hat{H} = -\frac{\hbar^2}{2m}\frac{\partial^2}{\partial x^2} + \hat{V}(x) \tag{10.9}$$

Este operador $\hat{H}$ opera em uma função de onda Ψ e o autovalor corresponde à energia total do sistema E:

$$\left[-\frac{\hbar^2}{2m}\frac{\partial^2}{\partial x^2} + \hat{V}(x)\right]\Psi = E\Psi \tag{10.10}$$

A Equação 10.10 é conhecida como a *equação de Schrödinger*, muito importante na mecânica quântica. Apesar de termos colocado certas restrições para as funções de onda (ser contínua, ter valor único, e assim por diante), até agora, não houve nenhum pré-requisito para que uma função de onda aceitável satisfaça a qualquer equação de autovalor *particular*. No entanto, se Ψ é um estado estacionário (ou seja, se sua distribuição de probabilidade não depende do tempo), também deve satisfazer à equação de Schrödinger. Observe também que a Equação 10.10 não inclui a variável tempo. Por causa disso, a Equação 10.10 é chamada, mais especificamente, de *equação de Schrödinger independente do tempo*. (A equação de Schrödinger *dependente* do tempo será discutida no final do capítulo e representa outro postulado da mecânica quântica.)

Apesar de a equação de Schrödinger parecer, em princípio, difícil de aceitar, ela funciona: quando aplicada a sistemas ideais ou até mesmo reais, ela fornece os valores para as energias dos sistemas. Por exemplo, ela prevê corretamente variações na energia do átomo de hidrogênio, um sistema que havia sido estudado por décadas, antes do trabalho de Schrödinger. Entretanto, a mecânica quântica usa uma ferramenta matemática nova – a equação de Schrödinger – para prever fenômenos atômicos observáveis. A equação de Schrödinger e funções de onda são consideradas a forma correta de se pensar a respeito dos fenômenos atômicos, porque os valores de observáveis atômicas e moleculares são previstos de maneira adequada por meio delas. O comportamento dos elétrons é descrito por uma função de onda. A função de onda é usada para determinar todas as propriedades dos elétrons. Os valores dessas propriedades podem ser previstos operando a função de onda com o operador adequado. O operador adequado para prever a energia do elétron é o operador Hamiltoniano.

Para ver como a equação de Schrödinger funciona, o exemplo seguinte ilustra como o operador Hamiltoniano atua em uma função de onda.

Exemplo 10.9

Considere um elétron confinado em um sistema finito. O estado do elétron é descrito pela função de onda $\Psi = \sqrt{2}\,\text{sen}\,k\pi x$, onde k é uma constante. Assuma que a energia potencial é zero, ou $V(x) = 0$. Qual é a energia do elétron?

Solução
Como a energia potencial é zero, o elétron tem apenas energia cinética. A equação de Schrödinger fica reduzida a

$$\left[-\frac{\hbar^2}{2m}\frac{\partial^2}{\partial x^2}\right]\Psi = E\Psi$$

Podemos reescrevê-la como

$$-\frac{\hbar^2}{2m}\frac{\partial^2 \Psi}{\partial x^2} = E\Psi$$

Precisamos calcular a segunda derivada de Ψ, multiplicá-la pelo conjunto apropriado de constantes, regenerar a função de onda original e descobrir que constante E está multiplicando Ψ. Este E é a energia do elétron. Calculando a segunda derivada:

$$\frac{\partial^2}{\partial x^2}(\sqrt{2}\,\text{sen}\,k\pi x) = -k^2\pi^2(\sqrt{2}\,\text{sen}\,k\pi x) = -k^2\pi^2\Psi$$

Portanto, podemos substituir $-k^2\pi^2\Psi$ no lado esquerdo da equação de Schrödinger:

$$-\frac{\hbar^2}{2m}(-k^2\pi^2\Psi) = \frac{\hbar^2 k^2 \pi^2}{2m}\Psi$$

A partir dessa expressão, devemos observar que o autovalor da energia tem a equação

$$E = \frac{k^2 \hbar^2 \pi^2}{2m}$$

A parte da energia cinética do operador Hamiltoniano tem uma forma semelhante para todos os sistemas (apesar de poder ser descrita usando diferentes sistemas de coordenadas, como veremos para o movimento rotacional). No entanto, o operador de energia potencial $\hat{V}$ depende do sistema que nos interessa. Nos exemplos de sistemas usando a equação de Schrödinger, serão usadas diferentes expressões para a energia potencial. Vamos verificar que a forma exata da energia potencial determina se a equação diferencial de segunda ordem pode ser resolvida com exatidão. Em caso positivo, teremos uma solução *analítica*. Em muitos casos, ela *não* pode ser solucionada analiticamente e deve ser resolvida por aproximação. As aproximações podem ser muito boas, o suficiente para que suas previsões estejam de acordo com as determinações experimentais. No entanto, soluções exatas da equação de Schrödinger, juntamente com previsões específicas de várias observáveis, como a energia, por exemplo, são necessárias para ilustrar a verdadeira utilidade da mecânica quântica.

Dentre os operadores da mecânica quântica apresentados até agora, o Hamiltoniano é, provavelmente, o mais importante. Na Tabela 10.1, temos uma pequena lista de operadores da mecânica quântica, juntamente com seus equivalentes clássicos.

Tabela 10.1 Operadores para várias observáveis e seus equivalentes clássicos[a]

Observável	Operador	Equivalente clássico
Posição	$\hat{x} = x \cdot$ E assim sucessivamente para coordenadas diferentes de x	x
Momento (linear)	$\hat{p_x} = -i\hbar \dfrac{\partial}{\partial x}$ E assim sucessivamente para coordenadas diferentes de x	$p_x = mv_x$
Momento (angular)	$\hat{L_x} = -i\hbar \left(\hat{y} \dfrac{\partial}{\partial z} - \hat{z} \dfrac{\partial}{\partial y} \right)$	$L_x = yp_z - zp_y$
Energia cinética, 1-D[b]	$\hat{K} = -\dfrac{\hbar^2}{2m} \dfrac{d^2}{dx^2}$	$K = \dfrac{1}{2} mv_x^2 = \dfrac{p_x^2}{2m}$
Energia cinética, 3-D[b]	$\hat{K} = -\dfrac{\hbar^2}{2m} \left(\dfrac{\partial^2}{\partial x^2} + \dfrac{\partial^2}{\partial y^2} + \dfrac{\partial^2}{\partial z^2} \right)$	$K = \dfrac{1}{2} m(v_x^2 + v_y^2 + v_z^2)$ $= \dfrac{p_x^2 + p_y^2 + p_z^2}{2m}$
Energia potencial:		
Oscilador harmônico	$\hat{V} = \dfrac{1}{2} kx^2 \cdot$	$V = \dfrac{1}{2} kx^2$
Coulômbica	$\hat{V} = \dfrac{q_1 \cdot q_2}{4\pi\epsilon_0 r} \cdot$	$V = \dfrac{q_1 \cdot q_2}{4\pi\epsilon_0 r}$
Energia total	$\hat{H} = -\dfrac{\hbar^2}{2m} \left(\dfrac{\partial^2}{\partial x^2} + \dfrac{\partial^2}{\partial y^2} + \dfrac{\partial^2}{\partial z^2} \right) + \hat{V}$	$H = \dfrac{p^2}{2m} + V$

[a]Operadores expressos em x, y e/ou z são operadores cartesianos; operadores expressos em r, θ e/ou ϕ são operadores polares esféricos.
[b]O operador de energia cinética é também simbolizado por $\hat{T}$.

10.8 Uma Solução Analítica: a Partícula na Caixa

Pouquíssimos sistemas têm soluções analíticas (isto é, com forma matemática específica, seja um número ou uma expressão) para a equação de Schrödinger. A maioria dos sistemas que têm soluções analíticas são definidos de forma ideal. Mas isso não deve causar preocupação. Os poucos sistemas ideais, para os quais se pode obter soluções exatas, não estão perdidos no imaginário, porque têm aplicações no mundo real! Vários destes sistemas foram reconhecidos pelo próprio Schrödinger, enquanto ele desenvolvia sua equação.

O primeiro sistema para o qual existe uma solução analítica é uma partícula de matéria capturada em uma "prisão" unidimensional, cujas paredes são barreiras infinitamente altas. Este sistema é chamado de *partícula na caixa*. As barreiras infinitamente altas correspondem às energias potenciais infinitas; a energia potencial dentro da caixa é definida como sendo zero. A Figura 10.2 ilustra o sistema. Estamos determinando, arbitrariamente, um lado da caixa em $x = 0$ e o outro a uma distância a. A energia potencial dentro dessa caixa é 0. Fora dela, a energia potencial é infinita.

A análise deste sistema usando a mecânica quântica é semelhante à análise que será aplicada a todos os sistemas. Primeiro, considere as duas regiões em que a energia potencial é infinita. De acordo com a equação de Schrödinger,

$$\left[-\frac{\hbar^2}{2m} \frac{\partial^2}{\partial x^2} + \infty \right] \Psi = E\Psi$$

deve ser verdade para $x < 0$ e $x > a$. O infinito apresenta um problema e, nesse caso, a maneira de eliminá-lo é multiplicando por zero. Assim, Ψ tem de ser igual a zero nas regiões $x < 0$ e $x > a$. Não

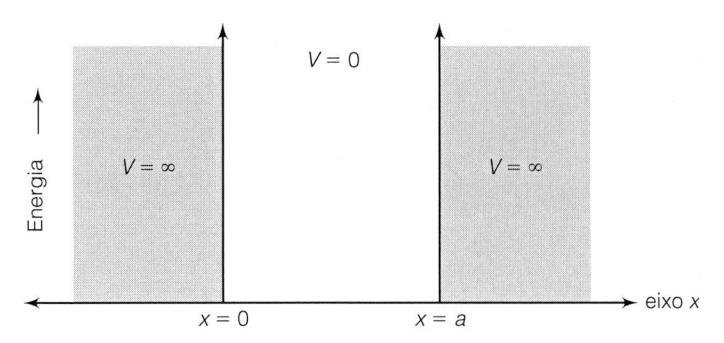

Figura 10.2 A partícula na caixa é o sistema ideal mais simples tratado pela mecânica quântica. Consiste de uma região entre $x = 0$ e $x = a$ (um comprimento), em que a energia potencial é zero. Fora dessa região ($x < 0$ ou $x > a$), a energia potencial é ∞, portanto, qualquer partícula na caixa não estará presente fora dela.

importa quais sejam os autovalores para a energia, porque com Ψ igual a zero, pela interpretação de Born, a partícula tem uma probabilidade zero de estar naquelas regiões.

Considere a região onde x varia de 0 a a. A energia potencial é definida como zero nesta região e, então, a equação de Schrödinger se torna

$$\left[-\frac{\hbar^2}{2m} \frac{\partial^2}{\partial x^2} \right] \Psi = E\Psi$$

que é uma equação diferencial de segunda ordem. Esta equação diferencial tem uma solução analítica conhecida. Isto é, funções que são conhecidas podem ser substituídas na equação acima para satisfazer a igualdade. A forma mais geral para a solução da equação diferencial acima é

$$\Psi = A \cos kx + B \operatorname{sen} kx$$

onde A, B e k são constantes a serem definidas pelas condições do sistema.[4]

Como sabemos a forma de Ψ, podemos determinar a expressão para E substituindo Ψ na equação de Schrödinger e calculando a segunda derivada. Ela se torna

$$E = \frac{k^2 \hbar^2}{2m}$$

Exemplo 10.10

Mostre que a expressão para a energia de uma partícula na caixa é $E = k^2\hbar^2/2m$.

Solução
Basta substituir a função de onda $\Psi = A \cos kx + B \operatorname{sen} kx$ na equação de Schrödinger, lembrando que a energia potencial V é zero.

---

[4] Soluções aceitáveis também podem ser escritas na forma.

$$\Psi = A' e^{ikx} + B' e^{-ikx}$$

Esta forma está relacionada a $\Psi = A \cos kx + B \operatorname{sen} kx$, por meio do teorema de Euler, que afirma que $e^{i\theta} = \cos \theta + i \operatorname{sen} \theta$.

Obtemos

$$\frac{-\hbar^2}{2m}\frac{\partial^2}{\partial x^2}(A\cos kx + B\sen kx) = \frac{-\hbar^2}{2m}\frac{\partial}{\partial x}(kA\sen kx - kB\cos kx)$$

$$= \frac{-\hbar^2}{2m}(-k^2 A\cos kx - k^2 B\sen kx)$$

Fatorando $-k^2$ fora dos termos em parênteses, podemos obter novamente nossa função de onda original:

$$= \frac{-(-k^2)\hbar^2}{2m}(A\cos kx + B\sen kx)$$

Os dois sinais negativos se anulam, os termos que multiplicam a função de onda são todos constantes. Mostramos, assim, que a operação do operador Hamiltoniano nesta função de onda fornece uma equação de autovalor; o autovalor é a energia da partícula que tem aquela função de onda:

$$E = \frac{k^2\hbar^2}{2m}$$

Observe que, até agora, não temos idéia de qual é a constante k.

No exemplo acima, a função de onda determinada é deficiente em alguns aspectos, especificamente, as identidades de várias constantes. Até este ponto, nada forçou essas constantes a assumirem um valor numérico específico. Classicamente, as constantes podem ter qualquer valor, indicando que a energia pode ter qualquer valor. No entanto, a mecânica quântica impõe certas restrições às funções de onda permitidas.

O primeiro requisito é que a função de onda deve ser contínua. Uma vez que a função de onda nas regiões $x < 0$ e $x > a$ deve ser zero, o valor da função de onda em $x = 0$ e $x = a$ deve ser zero. Isto é verdadeiro quando nos aproximamos desses limites de x por *fora* da caixa, mas a continuidade da função de onda exige que isto também aconteça quando nos aproximamos desses limites de *dentro* da caixa. Isto é, $\Psi(0)$ deve ser igual a $\Psi(a)$, que deve ser igual a zero. Este requisito, de que a função de onda deve ter um valor determinado, dentro dos limites do sistema, é chamado de *condição de contorno*.[5]

A condição de contorno $\Psi(0)$ é aplicada em primeiro lugar: como $x = 0$, a função de onda se torna

$$\Psi(0) = 0 = A\cos 0 + B\sen 0$$

Como sen $0 = 0$, o segundo termo não coloca nenhuma restrição ao(s) possível(eis) valor(es) de B. Porém, cos $0 = 1$, e isso é um problema, a menos que $A = 0$. Então, para satisfazer esta primeira condição de contorno, A tem de ser zero, o que significa que as únicas funções de onda aceitáveis são

$$\Psi(x) = B\sen kx$$

Agora, aplicaremos a outra condição de contorno: $\Psi(a) = 0$. Usando a função de onda acima:

$$\Psi(a) = 0 = B\sen ka$$

---

[5] Condições de contorno também podem ser observadas em algumas ondas clássicas. Por exemplo, uma corda vibrante de um violão tem um movimento de onda cuja amplitude é zero nas extremidades, onde a corda é amarrada.

onde x foi substituído por a. Não podemos exigir que B seja igual a zero. Se assim fosse, Ψ seria zero entre 0 e a e, portanto, seria zero em qualquer lugar, e a partícula não existiria em lugar nenhum. Rejeitamos esta possibilidade, uma vez que a existência da partícula é inquestionável. Para que a função de onda seja igual a zero em $x = a$, o valor do sen ka tem de ser zero:

$$\text{sen } ka = 0$$

Quando sen ka é igual a zero? Em termos de radianos, isso ocorre quando ka é igual a 0, π, 2π, 3π, 4π, ... ou para todos os valores inteiros de π. Rejeitamos o valor 0, porque sen *0* é igual a 0 e, então, a função de onda não existiria em lugar nenhum. Assim, temos a seguinte restrição ao argumento da função seno:

$$ka = n\pi \qquad n = 1, 2, 3, \ldots$$

Resolvendo para k,

$$k = \frac{n\pi}{a}$$

onde n é um número inteiro positivo. Apesar de não existir nenhuma razão matemática para n não poder ser um número inteiro negativo, o uso de números inteiros negativos não agrega nada de novo à solução, portanto, eles são ignorados. Entretanto, esse não será sempre o caso.

Tendo uma expressão para k, podemos reescrever a função de onda e a expressão para as energias:

$$\Psi(x) = B \text{ sen } \frac{n\pi x}{a}$$

$$E = \frac{n^2\pi^2\hbar^2}{2ma^2} = \frac{n^2h^2}{8ma^2}$$

onde, na última expressão para a energia, substituímos $\hbar$ pelo seu valor, segundo sua definição. Os valores da energia dependem de algumas constantes e de n, que é restrito a valores de números inteiros positivos. Isso significa que a energia não pode ter qualquer valor; ela pode ter apenas valores determinados por h, m, a e – mais importante – por n. A energia da partícula na caixa é *quantizada*, já que o valor da energia se restringe a valores determinados por n. O número inteiro n é chamado de *número quântico*.

A determinação da função de onda não está completa. Ela tem de ser normalizada e, por isso, deve ser multiplicada por alguma constante N, de modo que

$$\int_0^a (N\Psi)^*(N\Psi)\, dx = 1$$

Os limites da integral são 0 e a, porque a única região de interesse para uma função de onda diferente de zero vai de $x = 0$ a $x = a$. Assim, o infinitesimal $d\tau$ é simplesmente dx.

Vamos assumir que a constante de normalização é parte da constante B, que multiplica a parte seno da função de onda. A integral a ser calculada é

$$\int_0^a \left(N \text{ sen } \frac{n\pi x}{a}\right)^* \left(N \text{ sen } \frac{n\pi x}{a}\right) dx = 1$$

O complexo conjugado não muda nada dentro dos parênteses, onde temos números reais e funções reais. Uma função semelhante a esta foi calculada no Exemplo 10.7. Seguindo o mesmo procedimento desse exemplo, descobrimos que $N = \sqrt{2/a}$ (você deve verificar que o procedimento fornece esse resultado). Como a função de onda e a energia dependem do mesmo número quântico n, elas geralmente recebem um subscrito n, sendo escritas como Ψ_n e E_n, para indicar esta dependência. As funções de onda aceitáveis para uma partícula na caixa unidimensional são escritas como

$$\Psi_n(x) = \sqrt{\frac{2}{a}} \operatorname{sen} \frac{n\pi x}{a}, \qquad n = 1, 2, 3, 4, \ldots \quad (10.11)$$

As energias quantizadas das partículas na caixa são

$$E_n = \frac{n^2 h^2}{8 m a^2} \quad (10.12)$$

Qual é o aspecto dessas funções de onda? A Figura 10.3 mostra gráficos das primeiras funções de onda. Todas elas são zero nas paredes da caixa, como é imposto pelas condições de contorno. Todas se parecem com funções seno simples (que é o que elas são), com valores positivos e negativos.

Exemplo 10.11

Determine as funções de onda e as energias dos quatro primeiros níveis de um elétron em uma caixa com largura de 10,0 Å; isto é, com $a = 10{,}0$ Å $= 1{,}00 \times 10^{-9}$ m.

Solução

Usando a Equação 10.11, as expressões das funções de onda saem diretamente:

$$\Psi_1(x) = \sqrt{\frac{2}{a}} \operatorname{sen} \frac{\pi x}{a}$$

$$\Psi_2(x) = \sqrt{\frac{2}{a}} \operatorname{sen} \frac{2\pi x}{a}$$

$$\Psi_3(x) = \sqrt{\frac{2}{a}} \operatorname{sen} \frac{3\pi x}{a}$$

$$\Psi_4(x) = \sqrt{\frac{2}{a}} \operatorname{sen} \frac{4\pi x}{a}$$

Usando a Equação 10.12, as energias são

$$E_1 = \frac{1^2 h^2}{8 m_e a^2} = \frac{1^2 (6{,}626 \times 10^{-34} \text{ J·s})^2}{8(9{,}109 \times 10^{-31} \text{ kg})(1{,}00 \times 10^{-9} \text{ m})^2} =$$

$$= 6{,}02 \times 10^{-20} \text{ J}$$

$$E_2 = \frac{2^2 h^2}{8 m_e a^2} = \frac{2^2 (6{,}626 \times 10^{-34} \text{ J·s})^2}{8(9{,}109 \times 10^{-31} \text{ kg})(1{,}00 \times 10^{-9} \text{ m})^2} =$$

$$= 24{,}1 \times 10^{-20} \text{ J}$$

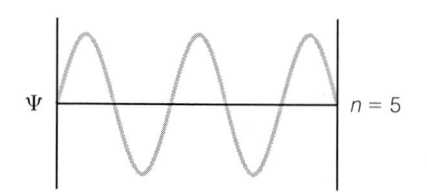

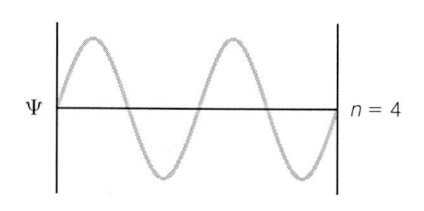

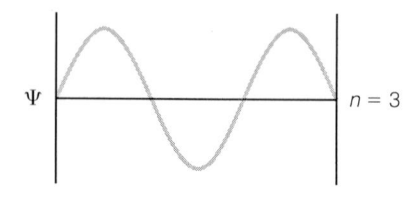

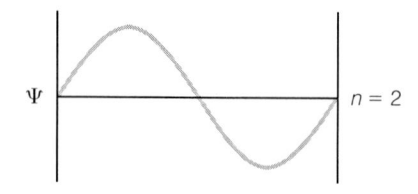

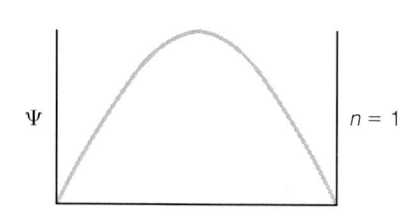

Figura 10.3 Gráficos das primeiras funções de onda da partícula na caixa, aceitáveis em mecânica quântica.

$$E_3 = \frac{3^2 h^2}{8 m_e a^2} = \frac{3^2 (6{,}626 \times 10^{-34}\ \text{J·s})^2}{8(9{,}109 \times 10^{-31}\ \text{kg})(1{,}00 \times 10^{-9}\ \text{m})^2} = 54{,}2 \times 10^{-20}\ \text{J}$$

$$E_4 = \frac{4^2 h^2}{8 m_e a^2} = \frac{4^2 (6{,}626 \times 10^{-34}\ \text{J·s})^2}{8(9{,}109 \times 10^{-31}\ \text{kg})(1{,}00 \times 10^{-9}\ \text{m})^2} = 96{.}4 \times 10^{-20}\ \text{J}$$

Os fatores exponenciais, que indicam a grandeza das energias, foram mantidos os mesmos, 10^{-20}, para mostrar como a energia varia com o número quântico n. Observe que, enquanto as funções de onda dependem de n, as energias dependem de n^2. Verifique que as unidades na expressão anterior produzem joules como unidade de energia.

10.9 Valores Médios e Outras Propriedades

Existem outras observáveis comuns, além da energia. Poderíamos operar sobre a função de onda com o operador de posição, $\hat{x}$, que é a simples multiplicação pela coordenada x. Mas a multiplicação das funções seno da partícula na caixa pela coordenada x não fornece uma equação de autovalor. *As funções Ψ da Equação 10.11 não são autofunções do operador de posição.*

Isso não deve ser motivo de preocupação. Os postulados da mecânica quântica não exigem que os Ψ aceitáveis sejam autofunções do operador de posição. (Exigem uma relação especial com o operador Hamiltoniano, mas não com qualquer outro.) Isso não significa que não podemos obter *nenhuma* informação sobre a posição a partir da função de onda, apenas que não podemos determinar observáveis com autovalor para posição. O mesmo é verdadeiro para outros operadores, como o momento.

O próximo postulado da mecânica quântica do qual vamos tratar diz respeito a observáveis como esta. Está postulado que, apesar de os valores *específicos* de algumas observáveis não poderem ser resultantes de todas as funções de onda, podemos determinar valores *médios* dessas observáveis. Em mecânica quântica, o *valor médio* ou *valor esperado* $\langle A \rangle$ de uma observável A, cujo operador é $\hat{A}$, é dado pela expressão

$$\langle A \rangle = \int_b^a \Psi^* \hat{A} \Psi\, d\tau \tag{10.13}$$

A Equação 10.13, que é outro postulado da mecânica quântica, assume que a função de onda está normalizada. Se não estiver, a definição de valor médio se expande ligeiramente para

$$\langle A \rangle = \frac{\int_b^a \Psi^* \hat{A} \Psi\, d\tau}{\int_b^a \Psi^* \Psi\, d\tau}$$

Um valor médio se restringe à sua definição: se alguém medisse repetidamente a mesma quantidade, qual seria o valor médio calculado? Em mecânica quântica, se alguém fosse capaz de realizar um número infinito de medidas, o valor médio seria a média de todas essas infinitas medidas.

Qual é a diferença entre um valor médio, como o determinado pela Equação 10.13, e o autovalor único de uma certa observável, determinado a partir de uma equação de autovalor? Para algumas observáveis, não existe diferença. Se sabemos que a partícula na caixa está em um certo estado, ela possui uma função de onda determinada por esse estado. Pode-se conhecer sua energia exata por meio da equação de Schrödinger. O valor médio dessa energia é o mesmo que sua energia instantânea, porque quando em um estado descrito por esta função de onda, a energia não varia. No entanto, algumas observáveis não podem ser determinadas a partir de funções de onda, usando uma equação de autovalor. As funções de onda para a partícula na caixa, por exemplo, não são autofunções dos operadores de posição ou de momento. Não podemos determinar valores instantâneos e exatos para estas observáveis. Mas *podemos* determinar valores médios para elas. (Reconheça que apesar de o princípio da incerteza nos negar a oportunidade de conhecer os valores *específicos* de posição e momento de qualquer partícula simultaneamente, não há nenhuma restrição para conhecermos os valores *médios*.)

Exemplo 10.12

Determine $\langle x \rangle$, o valor médio da posição de um elétron em uma partícula na caixa, que tem o nível de energia mais baixo ($n = 1$).

Solução

Por definição, o valor médio da posição $\langle x \rangle$ para o nível mais baixo de energia é

$$\langle x \rangle = \int_0^a \left(\sqrt{\frac{2}{a}} \operatorname{sen} \frac{\pi x}{a} \right)^* \cdot x \cdot \left(\sqrt{\frac{2}{a}} \operatorname{sen} \frac{\pi x}{a} \right) dx$$

onde todas as funções dentro da integral se multiplicam, os limites do sistema são 0 e a, e $d\tau$ é dx. Porque a função é real, o complexo conjugado não muda nada, e a expressão se torna (porque a multiplicação é comutativa)

$$\langle x \rangle = \frac{2}{a} \int_0^a x \cdot \operatorname{sen}^2 \frac{\pi x}{a} dx$$

Esta integral também tem uma solução conhecida (veja o Apêndice 1). Resolvendo esta equação, obtemos

$$\frac{2}{a} \left(\frac{x^2}{4} - \frac{xa}{4\pi} \operatorname{sen} \frac{2\pi x}{a} - \frac{a^2}{8\pi^2} \cos \frac{2\pi x}{a} \right) \Big|_0^a$$

Quando calculamos, o valor médio para a posição é

$$\langle x \rangle = \frac{a}{2}$$

Assim, a posição média dessa partícula, com a função de onda dada, está no meio da caixa.

O exemplo acima mostra duas coisas. Primeiro, que valores médios *podem* ser calculados para observáveis que não podem ser determinadas usando uma equação de autovalor (o que um postulado da mecânica quântica exige de suas observáveis); e segundo, que valores médios devem fazer sentido. É de se esperar que a posição média de uma partícula que se move para frente e para trás em uma caixa esteja no meio da mesma. Ela deveria passar o mesmo tempo de um lado e do outro da caixa e, portanto, sua posição média estaria bem no meio. Este é o resultado da Equação 10.13: um valor intuitivamente razoável, pelo menos neste caso. Existem muitos exemplos em mecânica quântica nos quais uma média razoável é produzida, embora partindo de um argumento diferente da mecânica clássica. Isso simplesmente reforça a aplicabilidade da mecânica quântica. O valor médio da posição de uma partícula na caixa é $a/2$ para *qualquer* valor do número quântico n. Calcule, como exercício, o valor médio da observável da posição para

$$\Psi_3(x) = \sqrt{\frac{2}{a}} \operatorname{sen} \frac{3\pi x}{a}$$

|Ψ|²   n = alto

|Ψ|²   n = 18

|Ψ|²   n = 5

|Ψ|²   n = 2

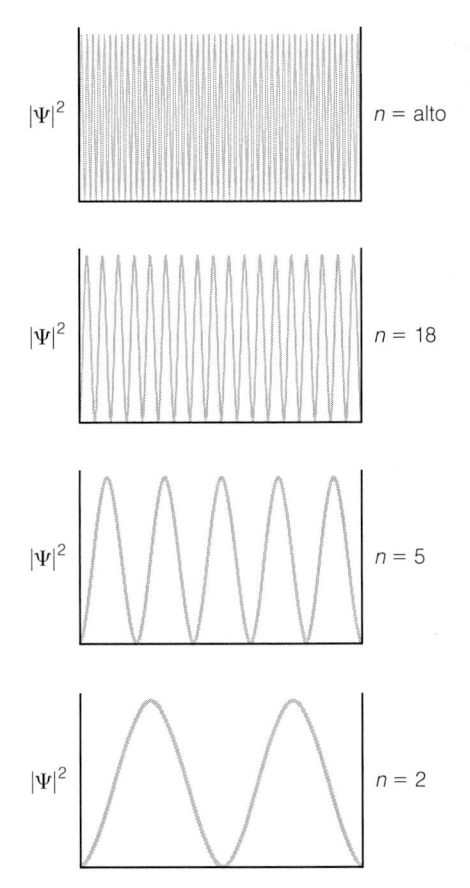

Figura 10.4 Os gráficos de $|\Psi|^2$ ilustram o princípio da correspondência: para grandes números quânticos, a mecânica quântica começa a se aproximar da mecânica clássica. Para um n grande, é como se a partícula na caixa estivesse presente em todas as regiões da caixa com igual probabilidade.

onde o subscrito em Ψ indica que o número quântico dessa função de onda é $n = 3$. A solução da integral usada para o valor médio mostra que o número quântico, qualquer que seja, não tem efeito na determinação de $\langle x \rangle$. (Estas conclusões se aplicam somente a estados estacionários da partícula na caixa. Se as funções de onda não forem estados estacionários, $\langle x \rangle$ e outros valores médios não serão, necessariamente, intuitivamente consistentes com a mecânica clássica.)

Outras propriedades da partícula na caixa também podem ser determinadas a partir de Ψ. Enfatizamos estas propriedades, porque elas podem ser determinadas para todos os sistemas que serão considerados. Já foi discutida a energia de uma partícula que tem uma determinada função de onda. O Exemplo 10.12 mostrou que a observável de posição pode ser determinada, apesar de ser apenas um valor médio. O valor médio do momento (unidimensional) também pode ser determinado usando o operador momento. A Figura 10.3, que mostra alguns gráficos das primeiras funções de onda da partícula na caixa, ilustra outras características das funções de onda. Por exemplo, existem posições na caixa em que a função de onda deve ser idêntica a zero: nos limites da caixa, $x = 0$ e $x = a$, em todos os casos. Para Ψ_1, estas são as únicas posições em que $\Psi = 0$. Para valores maiores do número quântico n, existem mais posições em que a função de onda chega a zero. Para Ψ_2, existe mais uma posição no centro da caixa. Para Ψ_3, existem mais duas posições entre os limites da caixa; para Ψ_4, existem mais três. Um *nó* é o ponto em que a função de onda é exatamente zero. Não incluindo os limites, para Ψ_n, existem $n - 1$ nós na função de onda.

Mais informações podem ser obtidas a partir de um gráfico de $\Psi^*\Psi$, que está relacionado à densidade de probabilidade de uma partícula existir em qualquer ponto da caixa (apesar de as densidades de probabilidades serem calculadas apenas para *regiões* de espaço, e não para pontos individuais no espaço).[6] Estes gráficos para algumas funções de onda de partículas na caixa são mostrados na Figura 10.4 e indicam que a partícula tem uma probabilidade variável de existir em regiões diferentes da caixa. Nos limites e em cada nó, a probabilidade de a partícula existir naquele ponto é exatamente zero. Nos limites, isso não causa nenhum problema, mas e nos nós? Como pode uma partícula estar de um lado e do outro do nó, sem nenhuma probabilidade de estar no próprio nó? É como estar dentro de uma sala e depois fora dela, sem nunca ter passado pela porta. Esta é a primeira de várias singularidades na interpretação da mecânica quântica.

Outra coisa a se notar sobre os gráficos de densidade de probabilidade é que, à medida que os números quânticos se tornam cada vez maiores, o gráfico de $|\Psi|^2$ se aproxima de uma probabilidade constante. Este é um exemplo do *princípio de correspondência*: em energias suficientemente altas, a mecânica quântica está de acordo com a mecânica clássica. O princípio de correspondência foi introduzido primeiramente por Niels Bohr, e coloca a mecânica clássica no seu devido lugar: uma primeira aproximação muito boa, quando aplicada a sistemas atômicos com alta energia ou em estados com

---

[6] Às vezes, a expressão $\Psi^*\Psi$ é escrita como $|\Psi|^2$, indicando que é um valor real (ou seja, não-imaginário).

números quânticos elevados (e, para todos os fins práticos, é absolutamente correta quando aplicada a sistemas macroscópicos).

Antes de terminarmos esta sessão, vamos esclarecer que este sistema "ideal" tem aplicação no mundo real. Existem muitos exemplos de moléculas orgânicas grandes, que têm ligações simples e duplas que se alternam, formando o chamado sistema de duplas ligações conjugadas. Nesses casos, os elétrons nas duplas ligações podem se mover com alguma liberdade de um lado para o outro deste sistema alternado, se comportando como uma espécie de partícula na caixa. Os comprimentos de onda de luz absorvido pelas moléculas podem ser calculados, com boa aproximação, usando as expressões deduzidas para o sistema da partícula na caixa. Apesar de teoria e prática não se encaixarem perfeitamente, são suficientemente próximas para que possamos reconhecer a utilidade do modelo da partícula na caixa.

Exemplo 10.13

β-carotenos são polienos altamente conjugados, encontrados em vários vegetais. Eles podem ser oxidados e usados na síntese de pigmentos que desempenham papel importante na química da visão dos mamíferos. O composto mais simples da série, o β-caroteno, tem uma absorção máxima de luz em 480 nm. Se esta transição corresponde a uma transição de um elétron em um sistema do tipo partícula na caixa de $n = 11$ a $n = 12$, qual é o comprimento aproximado da "caixa" molecular?

Solução

Primeiro, devemos converter o comprimento da onda da luz absorvida no seu equivalente em energia, em joules:

$$E = \frac{hc}{\lambda} = \frac{(6{,}626 \times 10^{-34}\ \text{J·s})(2{,}9979 \times 10^8\ \text{m/s})}{4{,}8 \times 10^{-7}\ \text{m}} = 4{,}14 \times 10^{-19}\ \text{J}$$

Em seguida, usando este valor da variação de energia para a transição e a expressão para os valores de energia da partícula na caixa, podemos definir a seguinte relação:

$$\Delta E = E_{12} - E_{11}$$

$$= \frac{12^2 h^2}{8 m_e a^2} - \frac{11^2 h^2}{8 m_e a^2} = (144 - 121)\frac{h^2}{8 m_e a^2} = 23 \frac{h^2}{8 m_e a^2} = 4{,}14 \times 10^{-19}\ \text{J}$$

Por último, igualamos a diferença de energia entre os dois níveis de energia à energia da luz absorvida. Sabemos quais são os valores de h e m_e e, portanto, podemos substituí-los na equação e resolver para a, que é o comprimento da "caixa" molecular. Temos

$$\frac{23 \cdot (6{,}626 \times 10^{-34}\ \text{J·s})^2}{8 \cdot (9{,}109 \times 10^{-31}\ \text{kg}) \cdot a^2} = 4{,}14 \times 10^{-19}\ \text{J}$$

$$a^2 = \frac{23 \cdot (6{,}626 \times 10^{-34}\ \text{J·s})^2}{8 \cdot (9{,}109 \times 10^{-31}\ \text{kg}) \cdot 4{,}14 \times 10^{-19}\ \text{J}}$$

Todas as unidades se cancelam, exceto m² no numerador. (Você deve decompor a unidade J para obter m².) Calculando

$$a^2 = 3{,}35 \times 10^{-18}\ \text{m}^2$$

$$a = 1{,}83 \times 10^{-9}\ \text{m} = 18{,}3\ \text{Å}$$

o comprimento de uma molécula de β-caroteno, determinado experimentalmente, é de aproximadamente 29 Å. Não é uma concordância perfeita, mas boa o suficiente para ser utilizada com propósitos qualitativos, especialmente, se comparada a moléculas semelhantes de ligações conjugadas com comprimentos diferentes.

10.10 Tunelamento

Assumimos, no modelo da partícula na caixa, que a energia potencial fora da caixa é infinita, para que a partícula não tenha nenhuma chance de penetrar na parede. A função de onda é numericamente zero em qualquer posição onde a energia potencial é infinita. E se a energia potencial não fosse infinita, se apenas o valor de K fosse muito grande?[7] E se não fosse tão grande assim, mas apenas um valor maior do que o da energia da partícula? Se a parede fosse limitada em largura (isto é, se alguma área do outro lado tivesse $V = 0$ novamente), como isso afetaria a função de onda?

Este sistema é ilustrado na Figura 10.5 e descreve, na realidade, um grande número de sistemas fisicamente reais. Por exemplo, pode-se aproximar uma ponta de metal muito fina a uma distância muito pequena – a vários ângstroms, mas ainda sem ter contato físico – de uma superfície limpa. O espaço entre as duas porções de matéria representa uma barreira finita de energia potencial, cuja altura é maior em energia do que a energia dos elétrons que estão dos dois lados da barreira.

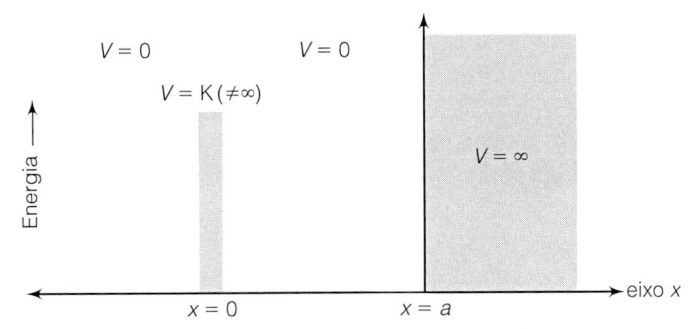

Figura 10.5 Um diagrama de energia potencial onde pode ocorrer tunelamento. Muitos sistemas reais imitam este tipo de esquema de energia potencial. Tunelamento é um fenômeno observável, que não é previsto pela mecânica clássica.

As funções de onda aceitáveis de um elétron, do outro lado do sistema, *têm de* ser determinadas pela aplicação dos postulados da mecânica quântica. Em particular, a equação de Schrödinger deve ser satisfeita por qualquer função de onda que uma partícula possa ter. Dentro das regiões na Figura 10.5, onde a energia potencial é zero, as funções de onda são similares às da partícula na caixa. Mas na região em que a energia potencial tem um valor diferente de zero e de infinito,

$$-\frac{\hbar^2}{2m}\frac{\partial^2}{\partial x^2}\Psi + \hat{V}\Psi = E\Psi$$

a equação precisa ser resolvida. Assumindo que a energia potencial V é uma constante, independente de x, mas maior que E, esta expressão pode ser algebricamente rearranjada para

$$\frac{2m(V-E)}{\hbar^2}\Psi = \frac{\partial^2}{\partial x^2}\Psi$$

Esta equação diferencial de segunda ordem tem uma solução analítica conhecida. As funções de onda gerais que satisfazem a equação acima são

$$\Psi = Ae^{kx} + Be^{-kx} \tag{10.14}$$

---

[7] N. do R.T.: Lembre-se de que $E_{tot} = K + V$, onde K = energia cinética e V = energia potencial.

onde

$$k = \left[\frac{2m(V-E)}{\hbar^2}\right]^{1/2}$$

Observe a semelhança entre a função de onda na Equação 10.14 e a forma exponencial da função de onda da partícula na caixa (mostrada no primeiro rodapé na Seção 10.8). Nesse caso, no entanto, as exponenciais têm expoentes reais, não imaginários.

Sem mais informações sobre o sistema, não podemos dizer muita coisa a respeito da forma exata (em termos de A e B) das funções de onda nesta região. Por exemplo, Ψ em todo o espaço deve ser contínua, o que coloca algumas restrições sobre os valores de A e B em termos do comprimento da região de potencial zero e das funções de onda naquela região. Mas há uma coisa que podemos perceber imediatamente: a função de onda não é zero na região da Figura 10.5, onde a energia potencial é elevada, mesmo que a energia potencial seja maior do que a energia total da partícula. Além disso, a forma matemática dessa função de onda garante que ela jamais será zero para qualquer valor finito de x. Isto significa que existe uma probabilidade diferente de zero de que a partícula com esta função de onda irá existir no outro lado da caixa, apesar de a energia total da partícula ser menor do que a barreira potencial. Isto é ilustrado, qualitativamente, na Figura 10.6. Pela mecânica clássica, se a barreira fosse maior do que a energia total, a partícula não poderia existir do outro lado da barreira. Na mecânica quântica, pode. É o chamado *tunelamento*.

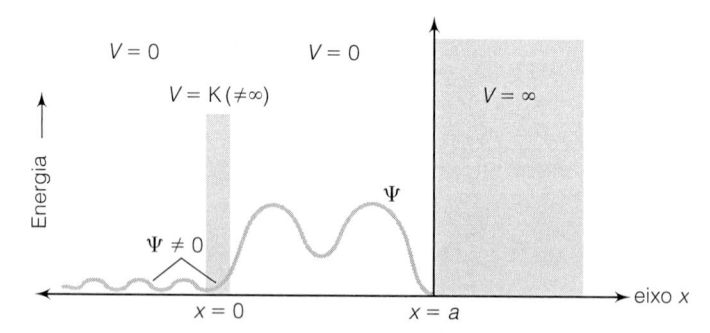

Figura 10.6 Devido à altura não-infinita e à profundidade da barreira da energia potencial, a função de onda tem uma probabilidade diferente de zero de existir do outro lado da barreira. A partícula alfa declina, e os pequenos espaços entre as duas superfícies são dois sistemas onde o tunelamento ocorre.

Tunelamento é uma previsão simples, mas profunda, da mecânica quântica. Após estas conclusões terem sido anunciadas, em 1928, o cientista russo George Gamow usou o tunelamento como uma explicação para o decaimento alfa em núcleos radioativos. Havia especulações sobre o modo como, exatamente, a partícula alfa (um núcleo de hélio) poderia escapar da enorme barreira de energia potencial das outras partículas nucleares. Mais recentemente, presenciamos o desenvolvimento do microscópio de varredura com tunelamento (MVT). Este equipamento simples, ilustrado na Figura 10.7, usa o tunelamento dos elétrons para que eles passem por um espaço muito pequeno entre uma ponta afiada e uma superfície. Como a quantidade de tunelamento varia espontaneamente com a distância, mesmo pequenas alterações na distância podem gerar grandes diferenças na quantidade de tunelamento de elétrons (medido como uma corrente, que é o fluxo de elétrons). A sensibilidade extrema dos MVT permite fotografar superfícies macias *em uma escala atômica*. A Figura 10.8 mostra uma imagem medida por um MVT.

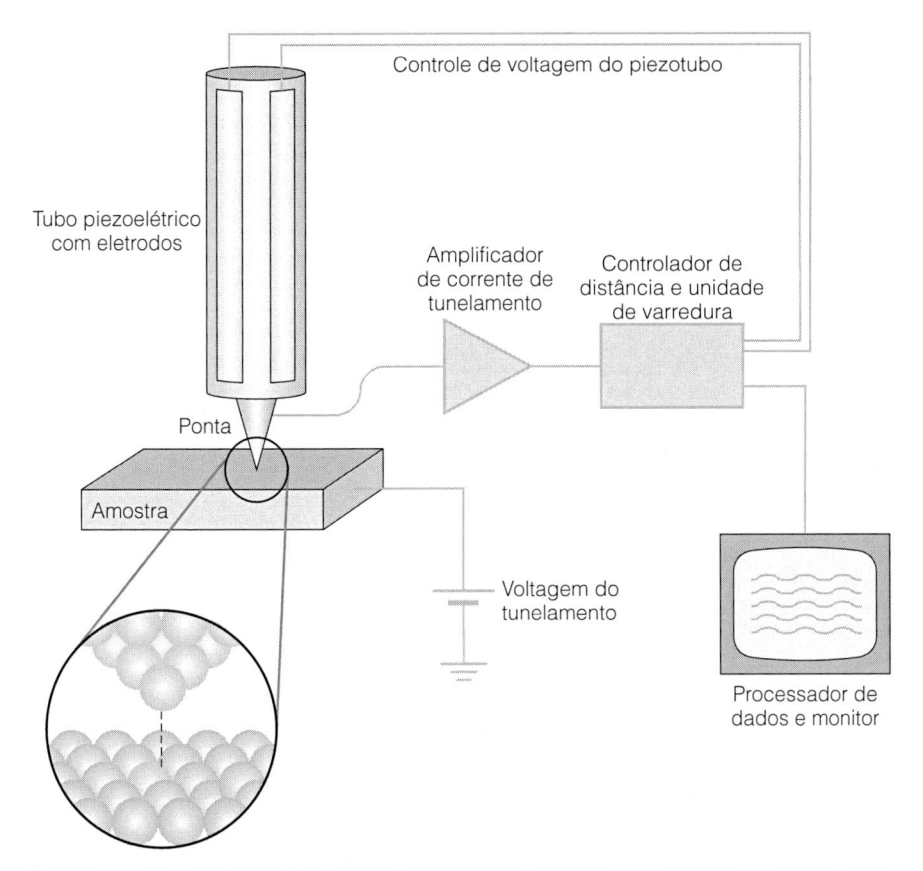

Figura 10.7 Um microscópio de varredura com tunelamento, MVT, comercial. Inventado no início dos anos 80, os MVT aproveitam um fenômeno da mecânica quântica.

Figura 10.8 A imagem de um anel de átomos de Fe em uma superfície de cobre obtida por meio de um MVT.

Tunelamento é um fenômeno detectável, real. Não é previsto pela mecânica clássica (e seria proibido por ela), mas surge naturalmente da mecânica quântica. Sua existência é o primeiro exemplo da vida real, dado aqui, do estranho e maravilhoso mundo da teoria quântica.

10.11 A Partícula na Caixa Tridimensional

A partícula na caixa unidimensional pode ser expandida para duas ou três dimensões com facilidade. Uma vez que os tratamentos são semelhantes, consideramos aqui apenas o sistema tridimensional (e acreditamos que o estudante será capaz de simplificar o tratamento a seguir, para um sistema bidimensional; veja o Exercício 10.53 ao final deste capítulo). Um sistema geral, mostrando que a caixa tem sua origem em (0, 0, 0) e dimensões $a \times b \times c$, é ilustrado na Figura 10.9. Mais uma vez, definimos o sistema com $V = 0$ dentro da caixa e $V = \infty$ fora dela. A equação de Schrödinger para a partícula em uma caixa tridimensional é

$$\frac{-\hbar^2}{2m}\left(\frac{\partial^2}{\partial x^2} + \frac{\partial^2}{\partial y^2} + \frac{\partial^2}{\partial z^2}\right)\Psi = E\Psi \tag{10.15}$$

O operador tridimensional $\partial^2/\partial x^2 + \partial^2/\partial y^2 + \partial^2/\partial z^2$ é muito comum e é simbolizado por ∇^2, ou "delta quadrado", e chamado de *operador Laplaciano*:

$$\nabla^2 \equiv \frac{\partial^2}{\partial x^2} + \frac{\partial^2}{\partial y^2} + \frac{\partial^2}{\partial z^2} \tag{10.16}$$

A equação de Schrödinger em 3D é, normalmente, escrita como

$$\frac{-\hbar^2}{2m}\nabla^2\Psi = E\Psi$$

No restante deste texto, usaremos o símbolo ∇^2 para representar o Laplaciano que opera no Ψ da equação de Schrödinger para um determinado sistema.

Determinamos as funções de onda aceitáveis para este sistema, tentando uma nova premissa. Vamos admitir que a $\Psi(x, y, z)$ tridimensional completa, que deve ser uma função de x, y e z, pode ser escrita como um produto de três funções, cada qual podendo ser escrita em termos de uma *única* variável. Isto é:

$$\Psi(x, y, z) = X(x) \cdot Y(y) \cdot Z(z) \tag{10.17}$$

onde $X(x)$ é uma função apenas de x (isto é, independe de y e z), $Y(y)$ é uma função somente de y, e $Z(z)$ é uma função somente de z. Funções de onda que podem ser escritas desta maneira são chamadas de *separáveis*. Por que fazer esta suposição em particular? Porque, assim, no cálculo do delta quadrado da equação de Schrödinger, cada segunda derivada irá atuar apenas em uma das funções em separado, e as outras irão se anular, fornecendo uma solução final muito mais simplificada da equação de Schrödinger.

Também simplificamos a notação, retirando as variáveis intercaladas nas três funções. A equação de Schrödinger apresentada na Equação 10.15 se torna

$$\frac{-\hbar^2}{2m}\left(\frac{\partial^2}{\partial x^2} + \frac{\partial^2}{\partial y^2} + \frac{\partial^2}{\partial z^2}\right)XYZ = E \cdot XYZ$$

Agora, distribuímos o produto XYZ por todas as três derivadas no operador Hamiltoniano:

$$\frac{-\hbar^2}{2m}\left(\frac{\partial^2}{\partial x^2}XYZ + \frac{\partial^2}{\partial y^2}XYZ + \frac{\partial^2}{\partial z^2}XYZ\right) = E \cdot XYZ$$

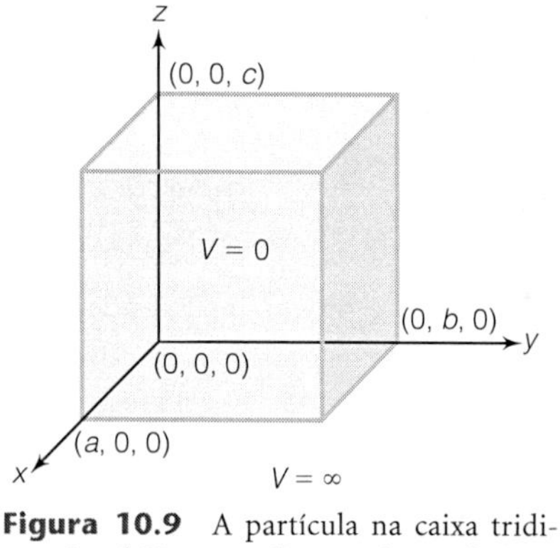

Figura 10.9 A partícula na caixa tridimensional. Um entendimento de suas funções de onda é baseado nas funções de onda da partícula na caixa 1D, e ilustra o conceito de separação de variáveis. Geralmente, $a \neq b \neq c$, mas quando $a = b = c$, as funções de onda podem ter algumas características especiais.

Em seguida, aproveitamos uma propriedade das derivadas parciais: elas atuam apenas na variável declarada e assumimos que todas as outras variáveis são constantes. No primeiro termo da derivada, a derivada parcial é calculada em relação a x, significando que y e z são mantidas constantes. Como definimos anteriormente, apenas a função X depende da variável x; as funções Y e Z não. Assim, toda a função Y e toda a função Z – quaisquer que sejam – são constantes e podem ser retiradas da derivada. O primeiro termo, então, se parece com:

$$YZ \cdot \frac{d^2}{dx^2} X$$

A mesma análise pode ser aplicada à segunda e terceira derivadas, que tratam de y e z, respectivamente. A equação de Schrödinger pode, portanto, ser reescrita como

$$\frac{-\hbar^2}{2m}\left(YZ\frac{d^2}{dx^2}X + XZ\frac{d^2}{dy^2}Y + XY\frac{d^2}{dz^2}Z\right) = E \cdot XYZ$$

Por fim, vamos dividir ambos os lados desta expressão por XYZ e passar $-\hbar^2/2m$ para o outro lado. Algumas das funções serão canceladas de cada termo do lado esquerdo, e ficaremos com:

$$\left(\frac{1}{X}\frac{d^2}{dx^2}X + \frac{1}{Y}\frac{d^2}{dy^2}Y + \frac{1}{Z}\frac{d^2}{dz^2}Z\right) = -\frac{2mE}{\hbar^2}$$

Cada termo do lado esquerdo depende de uma única variável: x, y ou z. Cada termo do lado direito é uma constante: 2, m, E e $\hbar$. Nesse caso, cada termo do lado esquerdo também tem de ser uma constante – esta é a única maneira pela qual os três termos, cada um dependente de uma variável diferente, podem se somar para dar um valor constante. Vamos definir o primeiro termo como sendo $-(2mE_x)/\hbar^2$:

$$\frac{1}{X}\frac{d^2}{dx^2}X \equiv -\frac{2mE_x}{\hbar^2}$$

onde E_x é a energia da partícula que deriva da parte X da função de onda completa. Do mesmo modo, para o segundo e o terceiro termos:

$$\frac{1}{Y}\frac{d^2}{dy^2}Y \equiv -\frac{2mE_y}{\hbar^2}$$

$$\frac{1}{Z}\frac{d^2}{dz^2}Z \equiv -\frac{2mE_z}{\hbar^2}$$

onde E_y e E_z são as energias derivadas das partes Y e Z da função de onda completa. Estas três expressões podem ser reescritas como

$$-\frac{\hbar^2}{2m}\frac{d^2}{dx^2}X = E_x X$$

$$-\frac{\hbar^2}{2m}\frac{d^2}{dy^2}Y = E_y Y \qquad (10.18)$$

$$-\frac{\hbar^2}{2m}\frac{d^2}{dz^2}Z = E_z Z$$

Comparando estas três equações com a equação de Schrödinger original para este sistema, não é difícil perceber que

$$E = E_x + E_y + E_z \qquad (10.19)$$

Vimos expressões com a mesma forma da Equação 10.18: *elas têm a mesma forma da equação de Schrödinger para a partícula na caixa unidimensional*. Ao invés de termos que deduzir novamente soluções para o caso tridimensional, podemos simplesmente usar as mesmas funções, mas com os símbolos apropriados ao sistema tridimensional. Assim, a solução para a dimensão x é

$$X(x) = \sqrt{\frac{2}{a}} \operatorname{sen} \frac{n_x \pi x}{a}$$

onde n_x é 1, 2, 3, 4... e é um número quântico (observe o x subscrito no número quântico). A energia quantizada, E_x, também pode ser obtida a partir do sistema formado pela caixa unidimensional:

$$E_x = \frac{n_x^2 h^2}{8ma^2}$$

Esta análise pode ser repetida para as outras duas dimensões. As respostas são claramente similares:

$$Y(y) = \sqrt{\frac{2}{b}} \operatorname{sen} \frac{n_y \pi y}{b}$$

$$Z(z) = \sqrt{\frac{2}{c}} \operatorname{sen} \frac{n_z \pi z}{c}$$

Y e Z dependem apenas das coordenadas y e z, respectivamente. As constantes b e c representam os comprimentos da caixa nas direções y e z, e os números quânticos n_y e n_z se referem apenas à dimensão correspondente. Lembre-se, no entanto, de que a função de onda Ψ é o produto de X, Y e Z, para que a função de onda 3-D completa seja

$$\Psi(x, y, z) = \sqrt{\frac{8}{abc}} \operatorname{sen} \frac{n_x \pi x}{a} \cdot \operatorname{sen} \frac{n_y \pi y}{b} \cdot \operatorname{sen} \frac{n_z \pi z}{c} \quad (10.20)$$

onde todas as constantes foram agrupadas. A energia total da partícula na caixa tridimensional é:

$$E = \frac{n_x^2 h^2}{8ma^2} + \frac{n_y^2 h^2}{8mb^2} + \frac{n_z^2 h^2}{8mc^2} = \frac{h^2}{8m}\left(\frac{n_x^2}{a^2} + \frac{n_y^2}{b^2} + \frac{n_z^2}{c^2}\right) \quad (10.21)$$

Embora as funções de onda da partícula na caixa 3-D sejam qualitativamente similares àquelas da partícula na caixa 1-D, existem algumas diferenças. Primeiro, toda observável tem três partes: uma parte x, uma parte y e uma parte z. (Veja a expressão para E na Equação 10.21.) Por exemplo, o momento de uma partícula em uma caixa em 3D é mais apropriadamente descrito como sendo composto de três componentes: um momento na direção x, chamado p_x; um momento na direção y, chamado p_y, e um momento na direção z, chamado chamado p_z. Cada observável tem um operador correspondente, que nesse exemplo é $\widehat{p_x}$, $\widehat{p_y}$ ou $\widehat{p_z}$:

$$\widehat{p_x} = -i\hbar \frac{\partial}{\partial x}$$

$$\widehat{p_y} = -i\hbar \frac{\partial}{\partial y} \quad (10.22)$$

$$\widehat{p_z} = -i\hbar \frac{\partial}{\partial z}$$

É importante entender que o operador deve atuar na função de onda como um todo, apesar de ela estar dividida em três, uma para cada dimensão. Embora a função de onda esteja em três dimensões, o operador unidimensional atua apenas na parte que depende da coordenada que interessa.

Também, deve-se entender que os valores médios são tratados de forma diferente nos casos 3 D e 1 D, por causa das dimensões adicionais. Deve ocorrer uma integração independente sobre cada dimensão, porque as dimensões são independentes umas das outras. Isso triplica o número de integrais a serem calculadas, mas como a função de onda pode ser dividida em partes x, y e z, as integrais são calculadas de forma direta. Como este sistema é tridimensional, o $d\tau$ para a integração deve ter três infinitesimais: $d\tau = dx\, dy\, dz$. Para uma função de onda normalizada, o valor médio de uma observável é dado por

$$\langle A \rangle = \int_x \int_y \int_z \Psi^* \hat{A} \Psi\, dx\, dy\, dz \quad (10.23)$$

Para funções de onda e operadores que são separáveis nas partes x, y e z, esta integral tripla se separa, por fim, no produto das três integrais:

$$\langle A \rangle = \int_x \Psi_x^* \widehat{A_x} \Psi_x \, dx \cdot \int_y \Psi_y^* \widehat{A_y} \Psi_y \, dy \cdot \int_z \Psi_z^* \widehat{A_z} \Psi_z \, dz$$

Cada integral tem seus próprios limites, dependendo dos limites do sistema particular naquela dimensão. Se o operador não inclui uma determinada dimensão, ele não tem influência na integral sobre aquela dimensão. O exemplo seguinte ilustra isso.

Exemplo 10.14

Embora as funções de onda da partícula na caixa não sejam autofunções dos operadores de momento, podemos determinar valores médios ou esperados para o momento. Encontre $\langle p_y \rangle$ para a função de onda 3 D.

$$\Psi(x, y, z) = \sqrt{\frac{8}{abc}} \, \text{sen} \, \frac{1\pi x}{a} \cdot \text{sen} \, \frac{2\pi y}{b} \cdot \text{sen} \, \frac{3\pi z}{c}$$

(Esta função de onda tem $n_x = 1$, $n_y = 2$, e $n_z = 3$.)

Solução
Para determinar $\langle p_y \rangle$, a seguinte integral deve ser calculada:

$$\langle p_y \rangle = \int_x \int_y \int_z \sqrt{\frac{8}{abc}} \, \text{sen} \, \frac{1\pi x}{a} \cdot \text{sen} \, \frac{2\pi y}{b} \cdot \text{sen} \, \frac{3\pi z}{c}$$
$$\times -i\hbar \frac{\partial}{\partial y} \left(\sqrt{\frac{8}{abc}} \, \text{sen} \, \frac{1\pi x}{a} \cdot \text{sen} \, \frac{2\pi y}{b} \cdot \text{sen} \, \frac{3\pi z}{c} \right) dx \, dy \, dz$$

Embora pareça complicado, a expressão pode ser simplificada no produto de três integrais, onde a constante de normalização será dividida apropriadamente, e o operador, afetando apenas a parte y de Ψ, aparece somente na integração de y:

$$\langle p_y \rangle = \int_{x=0}^{a} \sqrt{\frac{2}{a}} \, \text{sen} \, \frac{1\pi x}{a} \sqrt{\frac{2}{a}} \, \text{sen} \, \frac{1\pi x}{a} \, dx$$
$$\times \int_{y=0}^{b} \sqrt{\frac{2}{b}} \, \text{sen} \, \frac{2\pi y}{b} \cdot -i\hbar \frac{\partial}{\partial y} \sqrt{\frac{2}{b}} \, \text{sen} \, \frac{2\pi y}{b} \, dy$$
$$\times \int_{z=0}^{c} \sqrt{\frac{2}{c}} \, \text{sen} \, \frac{3\pi z}{c} \sqrt{\frac{2}{c}} \, \text{sen} \, \frac{3\pi z}{c} \, dz$$

Este produto de três integrais é relativamente fácil de ser calculado, apesar de seu tamanho. As integrais de x e z são exatamente as mesmas das funções de onda da partícula na caixa 1 D, sendo calculadas de um limite ao outro da caixa, *à medida em que são normalizadas*. Assim, a primeira e a terceira integrais têm o valor 1. A expressão se torna

$$\langle p_y \rangle = 1 \cdot \int_{y=0}^{b} \sqrt{\frac{2}{b}} \, \text{sen} \, \frac{2\pi y}{b} \cdot -i\hbar \frac{\partial}{\partial y} \sqrt{\frac{2}{b}} \, \text{sen} \, \frac{2\pi y}{b} \, dy \cdot 1$$

Para a parte y, o cálculo da parte da derivada do operador é direto, e reescrevendo a integral, trazendo todas as constantes para fora do sinal da integral, temos

$$\langle p_y \rangle = \frac{2}{b} \cdot \frac{2\pi}{b} \cdot -i\hbar \int_{y=0}^{b} \operatorname{sen} \frac{2\pi y}{b} \cdot \cos \frac{2\pi y}{b} \, dy$$

Usando a tabela de integrais do Apêndice 1, descobrimos que esta integral é exatamente zero. Assim,

$$\langle p_y \rangle = 0$$

Isto não deve ser uma grande surpresa. Embora a partícula tenha, com certeza, momento a qualquer instante, ela terá cada um dos dois vetores de momentos opostos, exatamente na metade do tempo. Como os vetores de momento opostos se anulam, o *valor médio* do momento é zero.

O exemplo acima ilustra que, embora a integral tripla possa parecer difícil, ela pode ser separada em partes mais fáceis de se trabalhar. Essa capacidade da integral de ser dividida está diretamente ligada à premissa de que a própria função de onda é separável. Sem a divisibilidade de Ψ, teríamos de resolver uma integral tripla em três variáveis simultaneamente – uma tarefa muito complicada! Veremos outros exemplos de como a divisibilidade de Ψ torna as coisas mais fáceis. Por fim, a questão da separabilidade é fundamental na aplicação da equação de Schrödinger em sistemas reais.

10.12 Degenerescência

Para a partícula na caixa unidimensional, todas as energias das autofunções são diferentes. Para uma partícula na caixa 3 D, em geral, pode-se imaginar que, em alguns casos, números quânticos e comprimentos são tais que diferentes conjuntos de números quânticos $\{n_x, n_y \text{ e } n_z\}$ produzem a *mesma* energia para as duas *funções de onda* diferentes. Isso porque a energia total depende não apenas dos números quânticos n_x, n_y e n_z mas também das dimensões individuais, a, b e c, da caixa.

Esta situação é bem possível em sistemas simétricos. Considere uma caixa cúbica: $a = b = c$. Usando a variável a para representar todos os lados da caixa cúbica, as funções de onda e as energias se tornam

$$\Psi(x, y, z) = \sqrt{\frac{8}{a^3}} \operatorname{sen} \frac{n_x \pi x}{a} \cdot \operatorname{sen} \frac{n_y \pi y}{a} \cdot \operatorname{sen} \frac{n_z \pi z}{a} \tag{10.24}$$

$$E = \frac{n_x^2 h^2}{8ma^2} + \frac{n_y^2 h^2}{8ma^2} + \frac{n_z^2 h^2}{8ma^2} = \frac{h^2}{8ma^2}(n_x^2 + n_y^2 + n_z^2) \tag{10.25}$$

A energia depende de um conjunto de constantes e da soma dos quadrados dos números quânticos. Se um conjunto de três números quânticos se soma ao mesmo total que um outro conjunto de três números quânticos diferentes, ou se os próprios números quânticos trocam valores entre si, as energias serão exatamente as mesmas, ainda que as funções de onda sejam diferentes. Esta condição é chamada de *degenerescência*. Funções de onda diferentes, linearmente independentes, que têm a mesma energia, são chamadas de *degeneradas*. Um nível específico de degenerescência é indicado pelo número de funções de onda diferentes que têm exatamente a mesma energia. Se existirem duas, o nível de energia será chamado de *duplamente* (ou *duas vezes*) degenerado; se forem três as funções de onda, o nível será *triplamente* (ou *três vezes*) degenerado; e assim por diante.

A partir da Equação 10.25, a energia específica é determinada pelos valores que os números quânticos têm. Denominamos cada energia como E_{xyz}, onde os índices x, y e z indicam quais são os números quânticos. Logo,

$$E_{111} = \frac{h^2}{8ma^2}(1 + 1 + 1) = 3 \cdot \frac{h^2}{8ma^2}$$

$$E_{112} = \frac{h^2}{8ma^2}(1 + 1 + 4) = 6 \cdot \frac{h^2}{8ma^2}$$

$$E_{113} = \frac{h^2}{8ma^2}(1 + 1 + 9) = 11 \cdot \frac{h^2}{8ma^2}$$

e assim por diante. (É mais fácil ilustrar esse ponto deixando as energias em termos de h, m e a em vez de calcularmos seus valores exatos em joules.) E_{112} é o autovalor da função de onda que tem $n_x = 1$, $n_y = 1$ e $n_z = 2$. Também temos as seguintes funções de onda:

$$\Psi_{121} = \sqrt{\frac{8}{a^3}} \, \text{sen} \, \frac{1\pi x}{a} \cdot \text{sen} \, \frac{2\pi y}{a} \cdot \text{sen} \, \frac{1\pi z}{a}$$

$$\Psi_{211} = \sqrt{\frac{8}{a^3}} \, \text{sen} \, \frac{2\pi x}{a} \cdot \text{sen} \, \frac{1\pi y}{a} \cdot \text{sen} \, \frac{1\pi z}{a}$$

onde estamos agora começando a nomear as funções de onda como Ψ_{xyz}, do mesmo modo que fizemos com as energias. Essas são funções de onda *diferentes*. Devemos aceitar que elas são diferentes (uma tem o número quântico 2 na dimensão x e a outra tem o número quântico 2 na dimensão y). Suas energias são

$$E_{121} = \frac{h^2}{8ma^2}(1 + 4 + 1) = 6 \cdot \frac{h^2}{8ma^2}$$

$$E_{211} = \frac{h^2}{8ma^2}(4 + 1 + 1) = 6 \cdot \frac{h^2}{8ma^2}$$

E_{121} e E_{211} são os mesmos que E_{112}, ainda que a energia observável corresponda a uma função de onda diferente. Esse valor de energia é *triplamente* degenerado. Existem três funções de onda *diferentes* que têm a mesma energia. (Funções de onda degeneradas podem ter autovalores diferentes de outras observáveis.)

Este exemplo de degenerescência é uma conseqüência de a função de onda estar em um espaço tridimensional, onde as dimensões são diferentes, mas equivalentes. Isso pode ser considerado *degenerescência por simetria*. Podemos também encontrar exemplos de degenerescência *acidental*. Por exemplo, uma caixa cúbica tem funções de onda com o conjunto de números quânticos (3, 3, 3) e (5, 1, 1), e as energias são

$$E_{333} = \frac{h^2}{8ma^2}(9 + 9 + 9) = 27 \cdot \frac{h^2}{8ma^2}$$

$$E_{511} = \frac{h^2}{8ma^2}(25 + 1 + 1) = 27 \cdot \frac{h^2}{8ma^2}$$

Aqui está um exemplo de degenerescência por acidente. As funções de onda correspondentes não têm os mesmos números quânticos, mas seus autovalores de energia são exatamente os mesmos. Se reconhecermos, neste exemplo, que E_{151} e E_{115} são iguais a E_{511}, o nível de energia se torna *quatro vezes* degenerado. Um diagrama dos níveis de energia da partícula na caixa 3 D é mostrado na Figura 10.10 e ilustra a degenerescência dos níveis de energia.

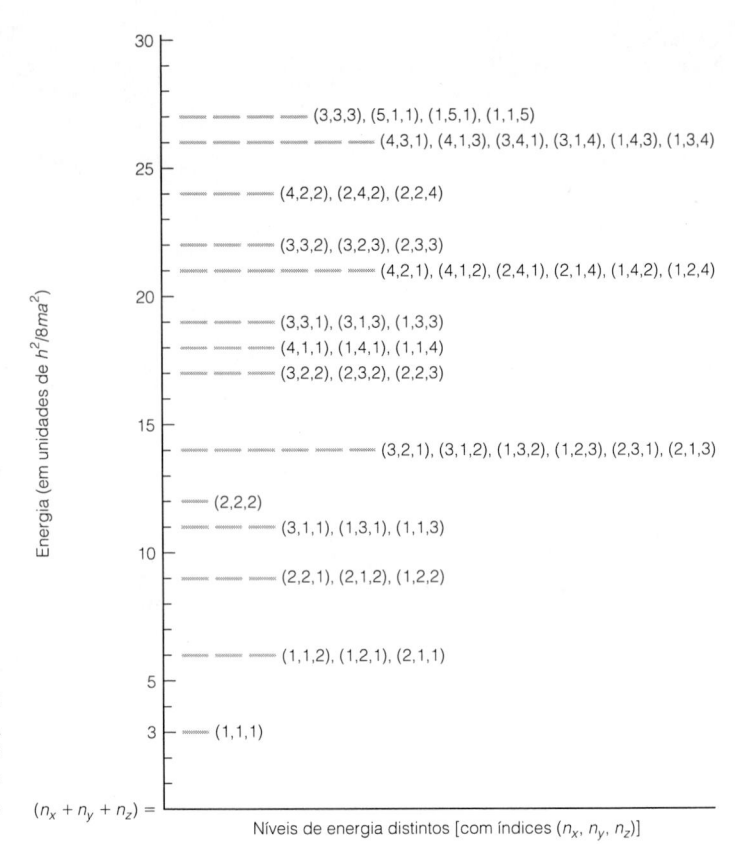

Figura 10.10 Os níveis de energia da partícula 3 D na caixa (cúbica). Neste sistema, diferentes funções de onda podem ter a mesma energia. Isto é um exemplo de degenerescência.

Níveis de energia distintos [com índices (n_x, n_y, n_z)]

Energia (em unidades de $h^2/8ma^2$)

$(n_x + n_y + n_z) =$

- 3: (1,1,1)
- 6: (1,1,2), (1,2,1), (2,1,1)
- 9: (2,2,1), (2,1,2), (1,2,2)
- 11: (3,1,1), (1,3,1), (1,1,3)
- 12: (2,2,2)
- 14: (3,2,1), (3,1,2), (1,3,2), (1,2,3), (2,3,1), (2,1,3)
- 17: (3,2,2), (2,3,2), (2,2,3)
- 18: (4,1,1), (1,4,1), (1,1,4)
- 19: (3,3,1), (3,1,3), (1,3,3)
- 21: (4,2,1), (4,1,2), (2,4,1), (2,1,4), (1,4,2), (1,2,4)
- 22: (3,3,2), (3,2,3), (2,3,3)
- 24: (4,2,2), (2,4,2), (2,2,4)
- 26: (4,3,1), (4,1,3), (3,4,1), (3,1,4), (1,4,3), (1,3,4)
- 27: (3,3,3), (5,1,1), (1,5,1), (1,1,5)

Exemplo 10.15

Escreva as quatro funções de onda de uma caixa cúbica que tem energia de 27 $(h^2/8ma^2)$, para mostrar que elas realmente são autofunções diferentes.

Solução

Usando as combinações de números quânticos (3, 3, 3), (5, 1, 1), (1, 5, 1) e (1, 1, 5) na função de onda da partícula na caixa 3 D:

$$\Psi_{333} = \sqrt{\frac{8}{a^3}} \, \text{sen}\, \frac{3\pi x}{a} \cdot \text{sen}\, \frac{3\pi y}{a} \cdot \text{sen}\, \frac{3\pi z}{a}$$

$$\Psi_{511} = \sqrt{\frac{8}{a^3}} \, \text{sen}\, \frac{5\pi x}{a} \cdot \text{sen}\, \frac{1\pi y}{a} \cdot \text{sen}\, \frac{1\pi z}{a}$$

$$\Psi_{151} = \sqrt{\frac{8}{a^3}} \, \text{sen}\, \frac{1\pi x}{a} \cdot \text{sen}\, \frac{5\pi y}{a} \cdot \text{sen}\, \frac{1\pi z}{a}$$

$$\Psi_{115} = \sqrt{\frac{8}{a^3}} \, \text{sen}\, \frac{1\pi x}{a} \cdot \text{sen}\, \frac{1\pi y}{a} \cdot \text{sen}\, \frac{5\pi z}{a}$$

(Nesse caso, estamos escrevendo o número quântico 1 para ilustrar o ponto; geralmente valores de 1 não são escritos de maneira explícita.) É óbvio que estas quatro funções de onda são todas diferentes, pois têm números quânticos inteiros que são diferentes ou estão em partes diferentes da função de onda.

10.13 Ortogonalidade

Precisamos apresentar uma outra propriedade importante das funções de onda. Vimos até agora que um sistema não tem apenas uma função de onda, mas muitas funções de onda possíveis, cada uma com sua energia (obtida usando equações de autovalor) e talvez outras observáveis de autovalor. Podemos resumir as múltiplas soluções para a equação de Schrödinger, escrevendo-as como

$$\hat{H}\Psi_n = E_n\Psi_n \qquad n = 1, 2, 3, \ldots \qquad (10.26)$$

A Equação 10.26, quando satisfeita, geralmente produz não apenas uma única função de onda, mas um conjunto delas (talvez, até um número infinito), como aquelas para a partícula na caixa. Este conjunto de equações tem uma propriedade muito útil do ponto de vista matemático. As funções de onda devem ser normalizadas, para cada Ψ_n:

$$\int_{\text{todo o espaço}} \Psi_n^* \Psi_n \, d\tau = 1$$

Esta é a expressão que define normalização. Se, por outro lado, duas funções de onda *diferentes* forem usadas na expressão acima, as funções de onda diferentes Ψ_m e Ψ_n terão uma propriedade *que requer que a integral seja exatamente zero*:

$$\int_{\text{todo o espaço}} \Psi_m^* \Psi_n \, d\tau = 0 \qquad \Psi_m \neq \Psi_n \qquad (10.27)$$

Não importa em que ordem as funções são multiplicadas, pois a integral ainda será sempre numericamente zero. Esta propriedade é chamada de *ortogonalidade*; as funções de onda são ortogonais entre si. A ortogonalidade é útil porque, uma vez que sabemos que todas as funções de onda de um sistema são ortogonais entre si, muitas integrais se tornam numericamente zero. Precisamos apenas reconhecer que as funções de onda dentro de uma integral são diferentes e podemos aplicar a propriedade da ortogonalidade: a integral se iguala a zero. As duas funções de onda devem ser para o mesmo sistema, têm de ter autovalores diferentes,[8] e não deve haver operador no sinal da integral (pode haver um operador constante, mas as constantes podem ser removidas da integral, e o que sobra deve satisfazer a Equação 10.27).

As propriedades de ortogonalidade e normalidade das funções de onda são geralmente combinadas numa única expressão, denominada *ortonormalidade*:

$$\int \Psi_m^* \Psi_n \, d\tau = \begin{cases} 0 \text{ se } m \neq n \\ 1 \text{ se } m = n \end{cases} \qquad (10.28)$$

Exemplo 10.16

Demonstre explicitamente que para a partícula na caixa 1 D, Ψ_1 é ortogonal a Ψ_2.

Solução
Calcule a seguinte integral:

$$\frac{2}{a} \int_0^a \sen \frac{1\pi x}{a} \sen \frac{2\pi x}{a} \, dx$$

---

[8] A Equação 10.26 não se aplica, se as duas funções de onda Ψ_m e Ψ_n têm o mesmo autovalor de energia (ou seja, se elas forem degeneradas). Outras considerações são necessárias para evitar isto, mas não vamos discuti-las aqui.

(A constante 2/a foi retirada para fora da integral, e os limites de integração são definidos de maneira apropriada, como sendo de 0 a a.) Usando a tabela de integrais no Apêndice 1:

$$\frac{2}{a}\int_0^a \operatorname{sen}\frac{1\pi x}{a}\operatorname{sen}\frac{2\pi x}{a}\,dx = \frac{2}{a}\cdot\left[\frac{\operatorname{sen}(\frac{1\pi}{a}-\frac{2\pi}{a})x}{2(\frac{1\pi}{a}-\frac{2\pi}{a})} - \frac{\operatorname{sen}(\frac{1\pi}{a}+\frac{2\pi}{a})x}{2(\frac{1\pi}{a}+\frac{2\pi}{a})}\right]\Big|_0^a$$

$$= \frac{2}{a}\cdot\left[\frac{\operatorname{sen}(-\frac{1\pi}{a})x}{(-\frac{2\pi}{a})} - \frac{\operatorname{sen}(\frac{3\pi}{a})x}{(\frac{6\pi}{a})}\right]\Big|_0^a$$

Substituindo os limites 0 e a dentro dessa expressão e calculando:

$$= \frac{2}{a}\cdot\left[\frac{\operatorname{sen}(-\frac{1\pi}{a})\cdot a}{(-\frac{2\pi}{a})} - \frac{\operatorname{sen}(\frac{3\pi}{a})\cdot a}{(\frac{6\pi}{a})}\right] - \frac{2}{a}\cdot\left[\frac{\operatorname{sen}(-\frac{1\pi}{a})\cdot 0}{(-\frac{2\pi}{a})} - \frac{\operatorname{sen}(\frac{3\pi}{a})\cdot 0}{(\frac{6\pi}{a})}\right]$$

$$= \frac{2}{a}\cdot\left[\frac{\operatorname{sen}(-\pi)}{(-\frac{2\pi}{a})} - \frac{\operatorname{sen}(3\pi)}{(\frac{6\pi}{a})}\right] - \frac{2}{a}\cdot\left[\frac{\operatorname{sen} 0}{(-\frac{2\pi}{a})} - \frac{\operatorname{sen} 0}{(\frac{6\pi}{a})}\right]$$

$$= \frac{2}{a}\cdot\left[\frac{0}{(-\frac{2\pi}{a})} - \frac{0}{(\frac{6\pi}{a})}\right] - \frac{2}{a}\cdot\left[\frac{0}{(-\frac{2\pi}{a})} - \frac{0}{(\frac{6\pi}{a})}\right] = 0$$

Logo,

$$\frac{2}{a}\int_0^a \operatorname{sen}\frac{1\pi x}{a}\operatorname{sen}\frac{2\pi x}{a}\,dx = 0$$

que é exatamente como deve ser para funções ortogonais. Devemos aceitar que obteremos a mesma resposta, se calcularmos a integral quando usamos o complexo conjugado Ψ_2, ao invés de Ψ_1.

Ortonormalidade é um conceito muito útil. Integrais cujos valores são exatamente 0 ou exatamente 1 tornam as deduções matemáticas muito mais fáceis. Por isso, é importante desenvolver a capacidade de reconhecer quando as integrais são exatamente 1 (porque as funções de onda no integrando estão normalizadas) ou exatamente 0 (porque as funções de onda no integrando são ortogonais). Por fim, observe que a condição de ortonormalidade requer que *nenhum operador esteja presente dentro da integral*. Se um operador estiver presente, a operação deverá ser realizada antes que se possa avaliar se a integral pode ser exatamente 0 ou 1.

10.14 A Equação de Schrödinger Dependente do Tempo

Embora a equação de Schrödinger independente do tempo tenha sido bastante utilizada neste capítulo, ela não é a forma fundamental da equação de Schrödinger. Apenas estados estacionários — funções de onda cujas distribuições probabilísticas não variam no tempo — fornecem autovalores significativos usando a equação de Schrödinger independente do tempo. Há uma forma da equação de Schrödinger que inclui o tempo. Ela é chamada *equação de Schrödinger dependente de tempo*, e tem a forma

$$\widehat{H}\Psi(x,t) = i\hbar\frac{\partial \Psi(x,t)}{\partial t} \tag{10.29}$$

onde as dependências de Ψ, de x e t, são escritas explicitamente para indicar que Ψ varia com o tempo da mesma forma que com a posição. Schrödinger postulou que todas as funções de onda devem satisfazer esta equação diferencial, e é este último postulado que iremos considerar, apenas brevemente. É este postulado que estabelece a importância primordial do operador Hamiltoniano na mecânica quântica.

Uma maneira comum de abordar a Equação 10.29 é assumindo a separabilidade do tempo e da posição, de modo semelhante à separação de x, y e z na caixa 3 D. Isto é

$$\Psi(x, t) = f(t) \cdot \Psi(x) \tag{10.30}$$

onde parte da função de onda completa depende apenas do tempo e parte depende apenas da posição. Embora seja relativamente simples de deduzir, vamos omitir a dedução e apresentar as seguintes soluções aceitáveis para $\Psi(x, t)$:

$$\Psi(x, t) = e^{-iEt/\hbar} \cdot \Psi(x) \tag{10.31}$$

onde E é a energia total do sistema. Esta solução para a dependência do tempo de uma função de onda não impõe restrição à forma da função dependente da posição $\Psi(x)$. Com relação às funções de onda, voltamos ao ponto de partida, no início do capítulo. Com essa premissa, para os sistemas que interessam, a dependência do tempo da função de onda total é bastante simples na forma, e a dependência da posição da função de onda total precisa ser considerada. Se t pode ser separado da posição em $\Psi(x, t)$ e a função de onda tem a forma da Equação 10.31, a equação de Schrödinger dependente do tempo pode ser simplificada para produzir a equação de Schrödinger independente do tempo, como é mostrado abaixo.

Exemplo 10.17

Demonstre que as soluções para Ψ, dadas na Equação 10.31, quando usadas na equação de Schrödinger dependente do tempo, produzem a equação de Schrödinger independente do tempo.

Solução
Usando a solução em separado para $\Psi(x, t)$:

$$\hat{H}[e^{-iEt/\hbar} \cdot \Psi(x)] = i\hbar \frac{\partial}{\partial t}[e^{-iEt/\hbar} \cdot \Psi(x)]$$

Derivando a exponencial em relação ao tempo [a derivada não afeta $\Psi(x)$, uma vez que ela não depende do tempo]:

$$\hat{H}[e^{-iEt/\hbar} \cdot \Psi(x)] = i\hbar \cdot \Psi(x) \cdot \frac{-iE}{\hbar} \cdot [e^{-iEt/\hbar}]$$

À direita, $\hbar$ se anula, e o sinal de menos cancela i^2. Como o operador Hamiltoniano não inclui tempo, a exponencial no lado esquerdo pode ser movida para fora do operador. Então, temos:

$$e^{-iEt/\hbar} \cdot \hat{H}\Psi(x) = E \cdot \Psi(x) \cdot e^{-iEt/\hbar}$$

As exponenciais em ambos os lados se anulam, e o que resta é

$$\hat{H}\Psi(x) = E\Psi(x)$$

que é a equação de Schrödinger independente do tempo.

O exemplo acima mostra como a equação de Schrödinger dependente do tempo produz a equação de Schrödinger independente do tempo, assumindo uma determinada forma de $\Psi(x, t)$ e $\hat{H}$ independente do tempo. Portanto, é mais correto dizer que a Equação 10.29 é a equação fundamental da mecânica quântica. Entretanto, considerando a premissa da separabilidade, os livros-texto dedicam mais atenção para compreender a parte dependente da posição da Equação de Schrödinger completa, dependente do tempo. É fácil demonstrar que as funções de onda com a forma da Equação 10.31 são estados estacionários, porque suas distribuições de probabilidade não dependem do tempo. A equação de Schrödinger dependente do tempo deve ser usada quando a função de onda não tem a forma da Equação 10.31, o que ocorre em alguns casos.

10.15 Resumo

Na Tabela 10.2, temos uma lista dos postulados da mecânica quântica (mesmo aqueles não discutidos especificamente neste capítulo). Fontes diferentes relacionam números diferentes de postulados, alguns divididos em afirmações independentes, e alguns, agrupados. Esperamos mostrar como aplicamos estas afirmações ao primeiro sistema ideal, a partícula na caixa.

Tabela10.2 Os postulados da mecânica quântica	
Postulado I. O estado de um sistema de partículas é dado por uma função de onda Ψ, que é uma função das coordenadas das partículas e do tempo. Ψ contém toda informação que pode ser obtida sobre o estado do sistema. Ψ deve ter valor único, ser contínua, limitada, e $|\Psi|^2$ tem que ser integrável. (Conforme foi discutido na Seção 10.2)	(Seção 10.14) (Se admitirmos que Ψ é separável em funções do tempo e da posição, descobrimos que essa expressão pode ser reescrita para fornecer a equação de Schrödinger independente do tempo, $\hat{H}\Psi = E\Psi$.) (Seção 10.7)
Postulado II. Para toda observável ou variável física O, existe um operador Hermitiano correspondente, $\hat{O}$. Operadores são criados escrevendo suas expressões clássicas em termos de posição e momento (linear), substituindo "x vezes" (isto é, $x \cdot$) para cada variável x e $-i\hbar(\partial/\partial x)$ para cada variável p_x na expressão. Substituições semelhantes podem ser feitas para coordenadas e momentos y e z. (Seção 10.3)	Postulado V. O valor médio de uma observável, $\langle O \rangle$, é dado pela expressão $$\langle O \rangle = \int_{\text{todo o espaço}} \Psi^* \hat{O} \Psi \, d\tau$$ para funções de onda normalizadas. (Seção 10.9)
Postulado III. Os únicos valores de observáveis que podem ser obtidos por uma única medida são os autovalores da equação de autovalor criada a partir de um operador e da função de onda correspondente, Ψ: $$\hat{O}\Psi = K \cdot \Psi$$ onde K é uma constante. (Seção 10.3)	Postulado VI. O conjunto de autofunções para qualquer operador da mecânica quântica é um conjunto matemático completo de funções.
Postulado IV. Funções de onda devem satisfazer a equação de Schrödinger dependente do tempo: $$\hat{H}\Psi = i\hbar \frac{\partial \Psi}{\partial t}$$	Postulado VII. Se, para um determinado sistema, a função de onda Ψ é uma combinação linear de funções de onda não degeneradas Ψ_n, que têm autovalores a_n: $$\Psi = \sum_n c_n \Psi_n \quad \text{e} \quad \hat{A}\Psi_n = a_n \Psi_n$$ a probabilidade de que a_n será o valor da medida correspondente é $|c_n|^2$. A criação de Ψ como a combinação linear de todos os Ψ_n possíveis é chamada de *princípio da superposição*.

Embora nenhuma partícula exista, de verdade, em uma caixa com paredes com altura infinita, a partícula na caixa ilustra todos os aspectos importantes da mecânica quântica: satisfaz a equação de Schrödinger, normalização, ortogonalidade, valores de energia quantificados, degenerescência. Todos os outros sistemas, reais e ideais, também têm estas propriedades. Continuaremos a aplicar a mecânica quântica a outros sistemas ideais e reais, no próximo capítulo, quando assumiremos que o leitor esteja familiarizado com estes tópicos. Se não estiver, reveja o material deste capítulo. Ele contém toda a base de conhecimento preliminar necessária para aplicar a teoria da mecânica quântica para átomos e moléculas a qualquer sistema, desde a partícula na caixa ideal até uma molécula de DNA. Embora alguns conceitos novos sejam apresentados nos capítulos seguintes e no volume 2, a maioria dos componentes básicos da mecânica quântica já foi apresentada. Toda a discussão sobre mecânica quântica é fundamentalmente baseada no material deste capítulo.

EXERCÍCIOS DO CAPÍTULO 10

10.1. Enuncie, com suas próprias palavras, os postulados da mecânica quântica apresentados neste capítulo.

10.2 Funções de Onda

10.2. Quais são os quatro requisitos para que uma função de onda seja aceitável?

10.3. Determine se as seguintes funções de onda são aceitáveis no intervalo dado. Se não forem, explique o porquê.

(a) $F(x) = x^2 + 1$, $0 \leq x \leq 10$
(b) $F(x) = \sqrt{x} + 1$, $-\infty < x < +\infty$
(c) $f(x) = \tan(x)$, $-\pi \leq x \leq \pi$
(d) $\Psi = e^{-x^2}$, $-\infty < x < +\infty$
(e) $\Psi = e^{x^2}$, $-\infty < x < +\infty$
(f) $F(x) = \operatorname{sen} 4x$, $-\pi \leq x \leq +\pi$
(g) $x = y^2$, $x \geq 0$
(h) A função que se parece com esta:

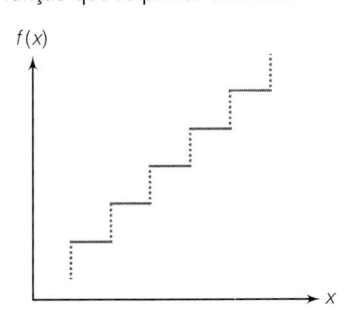

[gráfico de f(x) em forma de escada crescente]

(i) A função que se parece com esta:

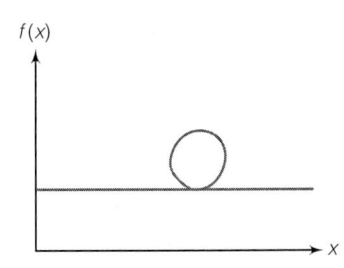

[gráfico de f(x) com um círculo sobre o eixo x]

10.3 Observáveis e Operadores

10.4. Quais são as operações realizadas nas seguintes equações?

(a) 2×3
(b) $4 + 5$
(c) $\ln x^2$
(d) $\operatorname{sen}(3x - 3)$
(e) $e^{-\Delta E/kT}$
(f) $\dfrac{d}{dx}\left(4x^3 - 7x + \dfrac{7}{x}\right)$

10.5. Calcule as operações nas partes a, b e f do problema anterior.

10.6. Definimos os seguintes operadores e funções:

$$\hat{A} = \frac{\partial}{\partial x}(\ ) \quad \hat{B} = \operatorname{sen}(\ ) \quad \hat{C} = \frac{1}{(\ )} \quad \hat{D} = 10^{(\ )}$$

$$p = 4x^3 - 2x^{-2} \quad q = -0{,}5 \quad r = 45xy^2 \quad s = \frac{2\pi x}{3}$$

Calcule: (a) $\hat{A}p$ (b) $\hat{C}q$ (c) $\hat{B}s$ (d) $\hat{D}q$ (e) $\hat{A}(\hat{C}r)$ (f) $\hat{A}(\hat{D}q)$

10.7. Múltiplos operadores podem atuar em uma função. Se $\hat{P_x}$ atua na coordenada x para produzir $-x$, $\hat{P_y}$ atua na coordenada y produzindo $-y$, e $\hat{P_z}$ atua na coordenada z produzindo $-z$, calcule as seguintes expressões escritas em termos de coordenadas cartesianas 3 D:

(a) $\hat{P_x}(4, 5, 6)$
(b) $\hat{P_y}\hat{P_z}(0, -4, -1)$
(c) $\hat{P_x}\hat{P_x}(5, 0, 0)$
(d) $\hat{P_y}\hat{P_x}(\pi, \pi/2, 0)$
(e) $\hat{P_x}\hat{P_y}$ é igual a $\hat{P_y}\hat{P_x}$ para qualquer conjunto de coordenadas? Por que sim ou por que não?

10.8. Indique qual das seguintes expressões produz equações de autovalor e indique o autovalor.

(a) $\dfrac{d}{dx} \operatorname{sen} \dfrac{\pi x}{2}$

(b) $\dfrac{d^2}{dx^2} \operatorname{sen} \dfrac{\pi x}{2}$

(c) $-i\hbar \dfrac{\partial}{\partial x} \operatorname{sen} \dfrac{\pi x}{2}$

(d) $-i\hbar \dfrac{\partial}{\partial x} e^{-imx}$, onde m é uma constante

(e) $\dfrac{\partial}{\partial x}(e - x^2)$

(f) $\left(\dfrac{-\hbar^2}{2m} \dfrac{d^2}{dx^2} + 0{,}5\right) \operatorname{sen} \dfrac{2\pi x}{3}$

10.9. Por que a multiplicação de uma função por uma constante é considerada uma equação de autovalor?

10.10. Com relação à questão acima, alguns textos consideram a multiplicação de uma função por zero como sendo uma equação de autovalor. Por que essa pode ser uma definição problemática?

10.11. Usando a definição original do operador de momento e a forma clássica da energia cinética, deduza o operador de energia cinética unidimensional

$$\hat{K} = \frac{-\hbar^2}{2m} \frac{d^2}{dx^2}$$

10.12. Sob quais condições o operador descrito como multiplicação por i (a raiz quadrada de -1) pode ser considerado um operador Hermitiano?

10.13. Uma partícula em um anel tem uma função de onda

$$\Psi = \frac{1}{\sqrt{2\pi}} e^{im\phi}$$

onde ϕ é igual a 0 até 2π e m é uma constante. Calcule o momento angular p_ϕ de uma partícula, se

$$\widehat{p_\phi} = -i\hbar \frac{\partial}{\partial \phi}$$

Como o momento angular depende da constante m?

10.4 Princípio da Incerteza

10.14. Calcule a incerteza na posição, Δx, de uma bola de *baseball* com massa de 250 g a uma velocidade de 160 ± 2 km/h. Calcule a incerteza na posição de um elétron com a mesma velocidade.

10.15. Em um átomo de mercúrio, um elétron no orbital 1s tem uma velocidade aproximada de 58% (0,58) da velocidade da luz. A essa velocidade, correções relativísticas ao comportamento do elétron são necessárias. Se a massa do elétron com essa velocidade é 1,23 m_e (onde m_e é a massa em repouso do elétron) e a incerteza na velocidade é 10.000 m/s, qual é a incerteza na posição desse elétron?

10.16. Mostre como a teoria de Bohr do átomo de hidrogênio é inconsistente com o princípio da incerteza. (De fato, foi essa inconsistência, junto com sua restrita aplicação a sistemas diferentes de hidrogênio, que limitou a teoria de Bohr.)

10.17. Embora não estritamente equivalente, há uma relação de incerteza similar entre as observáveis tempo e energia:

$$\Delta E \cdot \Delta t \geq \frac{\hbar}{2}$$

Na espectroscopia de emissão, a largura das linhas (que dá a medida de ΔE) em um espectro pode estar relacionada ao tempo de vida (isto é, Δt) do estado excitado. Se a largura de uma linha do espectro de uma certa transição eletrônica é 1,00 cm^{-1}, qual é a incerteza mínima do tempo de vida da transição? Atenção com as unidades.

10.5 Probabilidades

10.18. Considere uma partícula num estado cuja função de onda normalizada no intervalo de $x = 0$ até a é

$$\Psi = \sqrt{\frac{2}{a}} \operatorname{sen} \frac{\pi x}{a}$$

Qual é a probabilidade de que essa partícula exista nos seguintes intervalos?

(a) $x = 0$ a $0{,}02\,a$ **(b)** $x = 0{,}24a$ a $0{,}26a$
(c) $x = 0{,}49a$ a $0{,}51a$ **(d)** $x = 0{,}74a$ a $0{,}76a$
(e) $x = 0{,}98a$ a $1{,}00a$

Faça um gráfico das probabilidades *versus* x. O que esse gráfico ilustra sobre a probabilidade?

10.19. Uma partícula em um anel tem uma função de onda $\Psi = e^{im\phi}$, onde $\phi = 0$ a 2π e m é uma constante.

(a) Normalize a função de onda, onde $d\tau$ é $d\phi$. Como a constante de normalização depende da constante m?

(b) Qual é a probabilidade de que a partícula esteja no anel indicado por uma faixa angular de $\phi = 0$ a $2\pi/3$? Esta resposta faz sentido? Como a probabilidade depende da constante m?

10.20. Uma partícula com massa m é descrita como tendo a função de onda (não-normalizada) $\Psi = k$, onde k é uma constante, quando restrita a um intervalo unidimensional, com comprimento a (isto é, o intervalo de interesse é $x = 0$ a a). Qual é a probabilidade de que a partícula exista no primeiro terço do intervalo, isto é, de $x = 0$ a $(1/3)a$? Qual é a probabilidade de que a partícula esteja no terceiro terço da caixa, isto é, de $x = (2/3)a$ a a?

10.21. Considere a mesma partícula na mesma caixa do problema anterior, mas com função de onda (não-normalizada) diferente. Agora, assuma que $\Psi = kx$, onde o valor da função de onda é diretamente proporcional à distância ao longo da caixa. Calcule as duas probabilidades e comente as diferenças entre elas, neste caso e no anterior.

10.6 Normalização

10.22. Quais são os complexos conjugados das seguintes funções de onda? **(a)** $\Psi = 4x^3$ **(b)** $\Psi(\theta) = e^{im\theta}$ **(c)** $\Psi = 4 + 3i$ **(d)** $\Psi = i \operatorname{sen} \frac{3\pi x}{2}$ **(e)** $\Psi = e^{-iEt/\hbar}$

10.23. Normalize as seguintes funções de onda no intervalo indicado. Pode-se ter de usar a tabela de integrais, no Apêndice 1.

(a) $\Psi = x^2$, $x = 0$ a 1
(b) $\Psi = 1/x$, $x = 5$ a 6
(c) $\Psi = \cos x$, $x = -\pi/2$ a $\pi/2$
(d) $\Psi = e^{-r/a}$, $r = 0$ a ∞, a é uma constante, $d\tau = 4\pi r^2\, dr$
(e) $\Psi = e^{-r^2/a}$, $r = -\infty$ a ∞, a é uma constante. Use $d\tau$ da parte d.

10.24. Para uma partícula solta (ou "livre"), com massa m, na ausência completa de energia potencial (isto é, $V = 0$), as funções de onda unidimensionais aceitáveis são $\Psi = Ae^{i(2mE)^{1/2}x/\hbar} + Be^{-i(2mE)^{1/2}x/\hbar}$, onde A e B são constantes e E é a energia da partícula. Esta função de onda é normalizada no intervalo $-\infty < x < +\infty$? Explique o significado da sua resposta.

10.7 A Equação de Schrödinger

10.25. Por que a equação de Schrödinger tem um operador específico para a energia cinética e apenas uma expressão geral, V, para a energia potencial?

10.26. Explique a razão pela qual o operador da parte da energia cinética da equação de Schrödinger é uma derivada, enquanto o operador da parte da energia potencial dessa equação é, simplesmente, "multiplicação vezes uma função V".

10.27. Use a equação de Schrödinger para calcular a energia total de uma partícula com massa m, cujo movimento é descrito por uma função de onda constante $\Psi = k$. Assuma que $V = 0$. Justifique sua resposta.

10.28. Avalie a expressão para a energia total de uma partícula com massa m e função de onda $\Psi = \sqrt{2}$ sen πx, se a energia potencial V é 0 e se a energia potencial V é 0,5 (assuma unidades arbitrárias). Qual a diferença entre os dois autovalores para a energia? Esta diferença faz sentido?

10.29. Explique como o operador Hamiltoniano é Hermitiano. (Veja a Seção 10.3 para verificar as limitações de operadores Hermitianos.)

10.30. Verifique se as seguintes funções de onda são de fato autofunções da equação de Schrödinger e determine seus autovalores de energia.

(a) $\Psi = e^{iKx}$, onde $V = 0$ e K é uma constante

(b) $\Psi = e^{iKx}$, onde $V = k$, k é uma energia potencial constante e K é uma constante

(c) $\Psi = \sqrt{\dfrac{2}{a}}$ sen $\dfrac{\pi x}{a}$, onde $V = 0$

10.31. No Exercício 10.30a, a função de onda não é normalizada. Normalize a função de onda e verifique se ela ainda satisfaz a equação de Schrödinger. Os limites de x são 0 e 2π. Como difere a expressão para o autovalor da energia ?

10.8 Partícula na Caixa

10.32. Verifique se a Equação 10.11 satisfaz a equação de Schrödinger e se a Equação 10.12 fornece os valores para a energia.

10.33. O espectro eletrônico de uma molécula de butadieno, $CH_2=CH-CH=CH_2$, pode ser estimado usando a partícula na caixa unidimensional, se assumirmos que as duplas ligações conjugadas cobrem a cadeia de quatro carbonos inteira. Se o elétron que absorve um fóton com comprimento de onda de 2170 Å vai do nível $n = 2$ para o nível $n = 3$, qual é o comprimento aproximado da molécula de C_4H_6? (O valor experimental é de cerca de 4,8 Å.)

10.34. Quantos nós existem para a partícula na caixa unidimensional no estado descrito por Ψ_5? Por Ψ_{10}? Por Ψ_{100}? Não incluir os lados da caixa como nós.

10.35. Desenhe (ao menos aproximadamente) as primeiras cinco funções de onda para a partícula na caixa. Desenhe as probabilidades para as mesmas funções de onda. Que similaridades há entre as funções de onda e suas respectivas probabilidades?

10.36. Mostre que as constantes de normalização para a forma geral da função de onda $\Psi =$ sen $(n\pi x/a)$ são as mesmas e não dependem do número quântico n.

10.37. Calcule a probabilidade de um elétron existir no centro de uma caixa, de aproximadamente 0,495a a 0,505a, para o primeiro, segundo, terceiro e quarto níveis da partícula na caixa. Que propriedade da função de onda fica evidente em suas respostas?

10.38. O princípio da incerteza é consistente com a descrição das funções de onda da partícula na caixa 1 D? (Dica: lembre-se de que a posição não é um operador de autovalor para funções de onda da partícula na caixa.)

10.39. A partir dos gráficos das probabilidades das partículas que existem em funções de onda de alta energia na caixa 1 D (como aquelas mostradas na Figura 10.7), mostre como o princípio da correspondência indica que, para altas energias, a mecânica quântica concorda com a mecânica clássica em que a partícula está simplesmente se movimentando para frente e para trás na caixa.

10.40. Ao invés de $x = 0$ a a, assuma que os limites na caixa 1 D sejam $x = -(a/2)$ to $+(a/2)$. Deduza funções de onda aceitáveis para esta partícula na caixa. (Pode ser necessário consultar a tabela de integrais para determinar a constante de normalização.) Quais são as energias quantizadas para a partícula?

10.9 Valores Médios

10.41. Explique como $\Psi = \sqrt{2/a}$ sen$(n\pi x/a)$ não é um autovalor do operador de posição.

10.42. Calcule o valor médio da posição, $\langle x \rangle$, para Ψ_2 de uma partícula na caixa e compare-o com a resposta obtida no Exemplo 10.12.

10.43. Calcule $\langle p_x \rangle$ para Ψ_1 de uma partícula na caixa.

10.44. Calcule $\langle E \rangle$ para Ψ_1 de uma partícula na caixa e mostre que é exatamente o mesmo valor do autovalor para a energia, obtido usando a equação de Schrödinger. Justifique sua conclusão.

10.45. Assuma que para uma partícula em um anel, o operador do momento angular, $\widehat{p_\phi}$, é $-i\hbar(\partial/\partial\phi)$. Qual é o autovalor para o momento de uma partícula que tem Ψ (não normalizada) igual a $e^{3i\phi}$? Os limites de integração são 0 e 2π. Qual é o valor médio do momento, $\langle p_\phi \rangle$, para uma partícula que tem esta função de onda? Como estes valores são justificados?

10.46. Matematicamente, a incerteza ΔA em algumas observáveis A é dada por $\Delta A = \sqrt{\langle A^2 \rangle - \langle A \rangle^2}$. Use esta fórmula para determinar Δx e Δp_x para $\Psi = \sqrt{2/a}$ sen $(\pi x/a)$ e mostre que o princípio da incerteza se mantém.

10.11 e 10.12 Partícula na Caixa 3 D; Degenerescência

10.47. Por que definimos $(1/X)(d^2/dx^2)X$ como $(-2mE/\hbar^2)$, e não simplesmente como E?

10.48. Quais são as unidades de $(1/X)(d^2/dx^2)X$? Isto ajuda a explicar a sua resposta para a questão anterior?

10.49. Verifique se as funções de onda na Equação 10.20 satisfazem a equação de Schrödinger tridimensional.

10.50. Um elétron é confinado em uma caixa de dimensões 2Å $\times$ 3Å $\times$ 5Å. Determine as funções de onda para os cinco estados de baixa energia.

10.51. Assuma que uma partícula está confinada em uma caixa cúbica. Para qual conjunto de três números quânticos aparecerão primeiro funções de onda degeneradas? Para que conjuntos de *diferentes* números quânticos aparecerão primeiro funções de onda degeneradas?

10.52. Determine a degenerescência de todos os níveis da função de onda de mais baixa energia de uma caixa cúbica, descrita pelo conjunto de números quânticos (1, 1, 1) para a função de onda descrita pelo conjunto de números quânticos (4, 4, 4). *Dica*: pode ser necessário utilizar números quânticos maiores do que 4 para determinar degenerescências apropriadas. Veja o Exemplo 10.15.

10.53. A partir das expressões para as partículas na caixa 1 D e 3 D, sugira as formas do operador Hamiltoniano, das funções de onda aceitáveis e das energias quantizadas de uma partícula numa caixa bidimensional.

10.54. Quais são $\langle x \rangle$, $\langle y \rangle$ e $\langle z \rangle$ para Ψ_{111} de uma partícula na caixa 3 D? (Os operadores de y e z são similares ao operador de x, exceto que y é substituído por x sempre que ele aparece, e o mesmo se aplica para z.) Que ponto na caixa é descrito por estes valores médios?

10.55. Quais são $\langle x^2 \rangle$, $\langle y^2 \rangle$ e $\langle z^2 \rangle$ para Ψ_{111} de uma partícula na caixa 3 D? Assuma que o operador $\widehat{x^2}$ é simplesmente a multiplicação por x^2 e que os outros operadores são definidos similarmente. Verifique a tabela de integrais no Apêndice 1 para as integrais necessárias.

10.13 Ortogonalidade

10.56. Mostre que Ψ_{111} e Ψ_{112} para a partícula na caixa 3 D são ortogonais entre si.

10.57. Verifique se $\int \Psi_1^* \Psi_2 \, dx = \int \Psi_2^* \Psi_1 \, dx = 0$ para a partícula na caixa 1 D, mostrando que não importa a ordem das funções de onda dentro do sinal da integral.

10.58. Calcule as seguintes integrais das funções de onda das partículas na caixa usando a Equação 10.28, ao invés de resolver as integrais:

(a) $\int \Psi_4^* \Psi_4 \, d\tau$ (b) $\int \Psi_3^* \Psi_4 \, d\tau$
(c) $\int \Psi_4^* \widehat{H} \Psi_4 \, d\tau$ (d) $\int \Psi_4^* \widehat{H} \Psi_2 \, d\tau$
(e) $\iiint \Psi_{111}^* \Psi_{111} \, d\tau$ (f) $\iiint \Psi_{111}^* \Psi_{121} \, d\tau$
(g) $\iiint \Psi_{111}^* \widehat{H} \Psi_{111} \, d\tau$ (h) $\iiint \Psi_{223}^* \widehat{H} \Psi_{322} \, d\tau$

10.14 Equação de Schrödinger Dependente do Tempo

10.59. Substitua $\Psi(x, t) = e^{-iEt/\hbar} \cdot \Psi(x)$ na equação de Schrödinger dependente do tempo e mostre que isso resolve a equação diferencial.

10.60. Escreva $\Psi(x, t) = e^{-iEt/\hbar} \cdot \Psi(x)$ em termos de seno e co-seno, usando o teorema de Euler: $e^{i\theta} = \cos\theta + i \operatorname{sen}\theta$. Como se parece um gráfico de $\Psi(x, t)$ versus tempo?

10.61. Calcule $|\Psi(x, t)|^2$. Como se compara isto com $|\Psi(x)|^2$?

Exercícios de Simbolismo Matemático

10.62. Construa gráficos das probabilidades das primeiras três funções de onda para a partícula na caixa unidimensional que tem comprimento a. Identifique onde estão os nós.

10.63. Integre numericamente a expressão do valor médio da posição para Ψ_{10} em uma partícula na caixa e explique a resposta.

10.64. Construa uma tabela de energias de uma partícula na caixa 3 D *versus* os números quânticos n_x, n_y e n_z, onde os números quânticos variam de 1 a 10. Expresse as energias em unidades de $h^2/8ma^2$. Identifique todos os exemplos de degenerescência acidental.

10.65. Integre numericamente a função de onda que é produto de $\Psi_3^* \Psi_4$ da partícula na caixa 1 D sobre todo o espaço e mostre que as duas funções são ortogonais.

11 Mecânica Quântica: Sistemas-Modelo e o Átomo de Hidrogênio

O CAPÍTULO ANTERIOR INTRODUZIU os postulados básicos da mecânica quântica, ilustrou pontos-chave e aplicou os postulados a um sistema ideal simples, a partícula na caixa. Apesar de ser um modelo definido como ideal, as idéias da partícula na caixa são aplicáveis em compostos que têm ligações duplas carbono-carbono, como o etileno, e também a sistemas que têm ligações múltiplas conjugadas, como o butadieno, o 1,3,5-hexatrieno, e algumas moléculas de corantes. Os elétrons nesses sistemas não agem como partículas na caixa perfeitas, mas o modelo é muito bom para descrever as energias nessas moléculas, com certeza, muito melhor do que a mecânica clássica poderia descrevê-las. Considere o que a mecânica quântica forneceu até agora: uma descrição simples, aproximada, porém aplicável, dos elétrons em algumas ligações π. Isto é mais do que qualquer coisa que a mecânica clássica pôde dar.

Outros sistemas-modelo podem ser resolvidos matematicamente e exatamente, usando a equação de Schrödinger, independente do tempo. Em tais sistemas, a equação de Schrödinger é resolvida *analiticamente*, isto é, deduzindo uma expressão específica que resulta em respostas exatas (como as expressões para as funções de onda e energias da partícula na caixa). A equação de Schrödinger pode ser resolvida analiticamente somente para alguns sistemas, e consideraremos a maioria deles. Para todos os outros sistemas, a equação de Schrödinger deve ser resolvida numericamente, inserindo números ou expressões, e vendo que respostas aparecem. A mecânica quântica fornece os instrumentos para fazê-lo, por isso, não deixe que o fato de as soluções analíticas serem raras abale o conhecimento de que a mecânica quântica é a melhor teoria para se entender o comportamento dos elétrons e, portanto, dos átomos e das moléculas, e da química em geral.

11.1 Sinopse

Consideraremos os sistemas a seguir, cujo comportamento de Ψ na equação de Schrödinger tem soluções analíticas exatas:

- O oscilador harmônico, no qual uma massa se move para frente e para trás, em um movimento do tipo da lei de Hooke, e cuja energia potencial é proporcional ao quadrado do deslocamento.

- O movimento rotacional bidimensional, que descreve o movimento em uma trajetória circular.
- O movimento rotacional tridimensional, que descreve o movimento em uma superfície esférica.

Concluiremos este capítulo com uma discussão sobre o átomo de hidrogênio. Lembre-se de que a teoria de Bohr descreveu o átomo de hidrogênio e previu corretamente o seu espectro. Entretanto, a teoria de Bohr se baseou em algumas suposições que, quando aplicadas, forneciam a resposta correta. A mecânica quântica tem seus postulados, e veremos que ela também prevê o mesmo espectro para o átomo de hidrogênio. Para ser uma teoria superior, a mecânica quântica precisa não apenas explicar as mesmas observações que as teorias anteriores, mas avançar em relação a elas. No próximo capítulo, veremos como a mecânica quântica é aplicada a sistemas maiores do que o hidrogênio (e a maioria dos sistemas de nosso interesse são consideravelmente maiores do que o hidrogênio!) e, assim, faremos uma descrição melhor da matéria.

11.2 O Oscilador Harmônico Clássico

O *oscilador harmônico* clássico é um movimento repetitivo que segue a lei de Hooke. Essa lei afirma que, para uma massa m, em deslocamento unidimensional **x** a partir de uma posição de equilíbrio, a força **F** agindo contra o deslocamento (isto é, a força que está agindo para fazer a massa retornar ao ponto de equilíbrio) é proporcional ao deslocamento:

$$\mathbf{F} = -k\mathbf{x} \tag{11.1}$$

onde k é chamado de *constante de força*. Observe que **F** e **x** são vetores, e o sinal negativo na equação indica que os vetores da força e do deslocamento estão em direções opostas. Uma vez que a força é medida em unidades de newtons ou dinas, e o deslocamento, em unidades de distância, a constante de força pode ter unidades como N/m, ou outras unidades que, às vezes, produzem números mais manipuláveis, como milidinas por ângstrom (mdin/Å).

A energia potencial, V, de um oscilador harmônico, segundo a lei de Hooke, relaciona-se à força por uma integral simples. A relação e o resultado final são

$$V = -\int \mathbf{F}\, d\mathbf{x} = \tfrac{1}{2}k\mathbf{x}^2$$

Para simplificar nossa apresentação, ignoramos a característica vetorial da posição e focalizamos a sua magnitude, x. Como x está ao quadrado na expressão para V, valores negativos de x não precisam ser tratados de forma especial. A equação de trabalho que resulta para a energia potencial de um oscilador harmônico é mais simples, e é escrita como:

$$V = \tfrac{1}{2}kx^2 \tag{11.2}$$

A energia potencial não depende da massa do oscilador. Um gráfico dessa energia potencial é mostrado na Figura 11.1.[1]

Classicamente, o comportamento do oscilador harmônico ideal é bem conhecido. A posição do oscilador *versus* tempo, $x(t)$, é

$$x(t) = x_0\, \text{sen}\left(\sqrt{\frac{k}{m}}\,t + \phi\right)$$

onde x_0 é a amplitude máxima da oscilação, k e m são a constante de força e a massa, t é o tempo e ϕ é algum *fator de fase* (que indica a posição absoluta da massa no instante inicial, isto

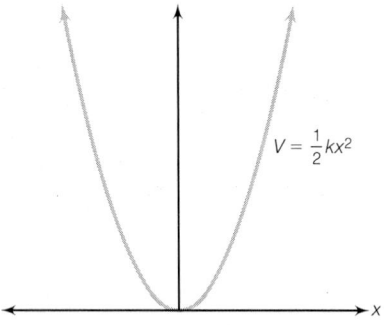

Figura 11.1 Um gráfico do diagrama de energia potencial $V(x) = \tfrac{1}{2}kx^2$ para um oscilador harmônico ideal.

---

[1] Um oscilador *não-harmônico* é o que não segue a lei de Hooke e, por fim, não tem uma energia potencial, como a definida na Equação 11.2. Os osciladores não-harmônicos serão discutidos em um capítulo posterior.

é, quando $t = 0$). Obtemos esta equação resolvendo as equações de movimento adequadas, sejam elas expressas no formato definido por Newton, Lagrange ou Hamilton.

Leva um certo tempo, τ segundos, para o oscilador realizar um ciclo completo. Portanto, em 1 segundo, haverá $1/\tau$ oscilações. Em um movimento sinusoidal, um ciclo corresponde a uma variação angular de 2π. A *freqüência* do oscilador em número de ciclos por segundo ou simplesmente 1/segundo (s^{-1}; um outro nome aprovado pelo SI para s^{-1} é *hertz*, ou Hz) é definida como ν (a letra *nu*, em grego) e é igual a

$$\nu = \frac{1}{\tau} = \frac{1}{2\pi}\sqrt{\frac{k}{m}} \tag{11.3}$$

A freqüência ν é independente do deslocamento. Tais relações são conhecidas desde o final dos anos 1600. Os osciladores harmônicos conhecidos incluem massas sobre molas e pêndulos de relógio, entre outros.

Exemplo 11.1

Assumindo as unidades N/m para a constante de força, e kg, para a massa, verifique se a Equação 11.3 produz unidades de s^{-1} para a freqüência.

Solução
Lembre-se de que o newton é uma unidade composta e que

$$1\text{ N} = 1\,\frac{\text{kg}\cdot\text{m}}{\text{s}^2}$$

As unidades básicas para k, portanto, são

$$\frac{\text{kg}\cdot\text{m}}{\text{s}^2} \div \text{m} = \frac{\text{kg}\cdot\text{m}}{\text{m}\cdot\text{s}^2} = \frac{\text{kg}}{\text{s}^2}$$

Como o termo $1/2\pi$ não tem unidades associadas a ele, as unidades da Equação 11.3 se tornam

$$\sqrt{\frac{\text{kg/s}^2}{\text{kg}}} = \sqrt{\frac{1}{\text{s}^2}} = \frac{1}{\text{s}} = \text{s}^{-1}$$

confirmando, assim, que a freqüência ν tem unidades de s^{-1}.

Exemplo 11.2

a. Para pequenos deslocamentos, o pêndulo de um relógio pode ser tratado como um oscilador harmônico. Um pêndulo tem uma freqüência de 1,00 s^{-1}. Se a massa do pêndulo for 5,00 kg, qual é a constante de força atuando sobre o pêndulo, em unidades de N/m? Qual é esta constante de força em unidades de mdin/Å?
b. Calcule a constante de força similar para um átomo de hidrogênio que tem uma massa de $1,673 \times 10^{-27}$ kg, ligada a uma superfície de metal atomicamente plana e vibrando com uma freqüência de $6,000 \times 10^{-13}$ s^{-1}.

Solução
a. É preciso simplesmente substituir na Equação 11.3. Usando unidades consistentes com N/m para a constante de força, a equação é

$$1,00\text{ s}^{-1} = \frac{1}{2\pi}\sqrt{\frac{k}{5,00\text{ kg}}}$$

A expressão é rearranjada para resolver para k, e o resultado é 197 N/m. Há 10^5 dinas por Newton, 1000 mdin por dina, e 10^{10} Å por metro, de modo que é fácil mostrar que isto é igual a 1,97 mdin/Å.
b. No segundo caso, usando novamente a Equação 11.3:

$$6,000 \times 10^{13} \text{ s}^{-1} = \frac{1}{2\pi}\sqrt{\frac{k}{1,673 \times 10^{-27} \text{ kg}}}$$

Calculando, temos 237,8 N/m, que é igual a 2,378 mdin/Å.

11.3 O Oscilador Harmônico Mecânico-Quântico

Do ponto de vista da mecânica quântica, uma função de onda para um oscilador harmônico unidimensional pode ser determinada usando a equação de Schrödinger (independente do tempo)

$$\left[-\frac{\hbar^2}{2m}\frac{d^2}{dx^2} + \widehat{V}(x)\right]\Psi = E\Psi$$

A energia potencial para o sistema mecânico-quântico tem a mesma forma que a energia potencial para o sistema clássico. (De modo geral, como as energias potenciais são energias de *posição*, a forma mecânico-quântica da energia potencial é a mesma que a forma clássica. Mas agora, por causa da forma da equação de Schrödinger, o *operador* de energia potencial é multiplicado pela função de onda Ψ). A equação de Schrödinger para o oscilador harmônico é

$$\left[-\frac{\hbar^2}{2m}\frac{d^2}{dx^2} + \frac{1}{2}kx^2\right]\Psi = E\Psi \tag{11.4}$$

e as funções de onda aceitáveis para este sistema unidimensional devem satisfazer esta equação de autofunção.

Esta equação diferencial tem uma solução analítica. O método que usamos aqui é uma técnica geral para resolver equações diferenciais: definimos a função de onda como uma série de potências. Por fim, o que descobriremos é que para resolver a equação de Schrödinger, a série de potências precisa ter uma forma especial.

Primeiro, a Equação 11.4, de Schrödinger, será reescrita usando-se a Equação 11.3 para substituir k. Rearranjando a Equação 11.3, a constante de força k é

$$k = 4\pi^2\nu^2 m \tag{11.5}$$

e, assim, a equação de Schrödinger para o oscilador harmônico unidimensional se torna

$$\left[-\frac{\hbar^2}{2m}\frac{d^2}{dx^2} + 2\pi^2\nu^2 mx^2\right]\Psi = E\Psi$$

Agora, faremos três coisas. Primeiro, definiremos

$$\alpha \equiv \frac{2\pi\nu m}{\hbar}$$

Segundo, dividiremos ambos os lados da equação pelo termo $-\hbar^2/2m$. Terceiro, traremos todos os termos para um lado da equação, obtendo uma expressão igual a zero. A equação de Schrödinger se torna

$$\left[\frac{d^2}{dx^2} - \alpha^2 x^2\right]\Psi + \frac{2mE}{\hbar^2}\Psi = 0$$

ou

$$\frac{d^2\Psi}{dx^2} + \left(\frac{2mE}{\hbar^2} - \alpha^2 x^2\right)\Psi = 0 \tag{11.6}$$

onde a Equação 11.6 foi rearranjada a partir da expressão anterior para mostrar entre parênteses os dois termos que estão sendo multiplicados por Ψ. O primeiro termo é a segunda derivada de Ψ.

Agora, consideramos que a forma da função de onda Ψ que satisfaz esta equação de Schrödinger tem a forma de uma série de potências na variável x. Isto é, a função de onda é uma função $f(x)$, que tem um termo contendo x^0 (que é simplesmente 1), um termo contendo x^1, um termo contendo x^2, *ad infinitum*, todos eles somados. Cada potência de x tem uma constante chamada de *coeficiente*, que a multiplica e, assim, a forma de $f(x)$ (sabendo que $x^0 = 1$) é:

$$f(x) = c_0 + c_1 x^1 + c_2 x^2 + c_3 x^3 + \cdots$$

Os c são os coeficientes multiplicando as potências de x. Fica mais conciso escrever a função acima usando a notação de somatória padrão, como a seguir:

$$f(x) = \sum_{n=0}^{\infty} c_n x^n \tag{11.7}$$

onde n é o *índice* da somatória. Por enquanto, a somatória vai ao infinito. Isto gera um problema em potencial, porque as somas que vão até um número infinito de termos, freqüentemente, se aproximam, elas mesmas, do infinito, a menos que haja um modo de cada termo sucessivo ficar cada vez menor. Uma solução parcial é assumir que cada termo na soma é multiplicado por outro termo que fica cada vez menor, à medida que o próprio x (e, portanto, x^n) se torna maior. O termo que funcionará nesse caso é $e^{-\alpha x^2/2}$. (Note a inclusão da constante α aqui. Você pode se perguntar por que usamos esta função exponencial em particular. Neste momento, a única justificativa para usar esta função é que isso resultará em uma solução analítica.) Esta exponencial é um exemplo de uma *função do tipo Gaussiano* (assim chamada em homenagem ao matemático Karl Friedrich Gauss, que viveu entre o fim do século XVIII e o início do século XIX). A função de onda para este sistema é agora

$$\Psi = e^{-\alpha x^2/2} \cdot f(x) \tag{11.8}$$

onde $f(x)$ é a série de potências definida na Equação 11.7.

Neste ponto, a primeira e, depois, a segunda derivada podem ser determinadas em relação a x. Então, as expressões para a segunda derivada, bem como a função original, podem ser substituídas na forma adequada da equação de Schrödinger, Equação 11.6. Uma vez feito isso, a lógica da escolha da função exponencial $e^{-\alpha x^2/2}$ se tornará matematicamente aparente. Usando a regra do produto da diferenciação, a primeira derivada é:

$$\Psi' = (-\alpha x)e^{-\alpha x^2/2} \cdot f(x) + e^{-\alpha x^2/2} \cdot f'(x)$$

onde Ψ' e $f'(x)$ se referem às primeiras derivadas de Ψ e de $f(x)$ em relação a x. Usando a equação acima, a segunda derivada de Ψ em relação a x pode ser determinada aplicando a regra do produto. Após empregar um pouco de álgebra, ela é:

$$\Psi'' = e^{-\alpha x^2/2}[\alpha^2 x^2 f(x) - \alpha f(x) - 2\alpha x f'(x) + f''(x)] \tag{11.9}$$

Aqui, $e^{-\alpha x^2/2}$ foi fatorado na segunda derivada. Substituindo as formas Ψ e Ψ'' na forma da equação de Schrödinger, dada pela Equação 11.6, o resultado é

$$e^{-\alpha x^2/2}[\alpha^2 x^2 f(x) - \alpha f(x) - 2\alpha x f'(x) + f''(x)] + \left(\frac{2mE}{\hbar^2} - \alpha^2 x^2\right)e^{-\alpha x^2/2} \cdot f(x) = 0 \tag{11.10}$$

Todos os termos da Equação 11.10 têm a exponencial $e^{-\alpha x^2/2}$, de modo que ela pode ser excluída algebricamente. É óbvia a sua influência residual na Equação 11.10, na forma dos α e dos x na expressão da segunda derivada. Além disso, os termos em $f(x)$, $f'(x)$, e $f''(x)$ podem ser agrupados e simplificados, de modo que a equação de Schrödinger substituída se torna [omitindo a parte (x) da série de potências f]:

$$f'' - 2\alpha x f' + \left(\frac{2mE}{\hbar^2} - \alpha\right)f = 0 \tag{11.11}$$

Esta equação tem termos originados da série de potências f, sua primeira derivada f' e sua segunda derivada f''. Os termos $\alpha^2 x^2 \cdot f$ se cancelaram. Uma vez que estamos supondo que f é uma série de potências, podemos escrever, termo a termo, quais são as derivadas. Reescrevendo primeiro a série de potências original, as derivadas são:

$$f(x) = \sum_{n=0}^{\infty} c_n x^n \quad \text{(a partir da Equação 11.7)}$$

$$f' = \sum_{n=1}^{\infty} n c_n x^{n-1}$$

$$f'' = \sum_{n=2}^{\infty} n(n-1) c_n x^{n-2}$$

As constantes c_n não são afetadas pela derivação, uma vez que são constantes. O valor inicial do índice n muda com cada derivada. Na primeira derivada, como o primeiro termo da função original f é constante, perdemos o termo $n = 0$. Agora, o termo $n = 1$ é uma constante, uma vez que a potência de x para o termo $n = 1$ é 0, isto é, $x^{1-1} = x^0 = 1$. Na segunda derivada, o termo $n = 1$, uma constante na expansão f', se torna zero para a segunda derivada; assim, a somatória começa em $n = 2$. Você deve entender que este é, de fato, o caso, e que as três expressões acima com os limites da somatória dados estão corretas (é claro que o limite infinito não muda).

Já que o primeiro termo da somatória para f se torna 0 em f', a primeira derivada f' não muda se acrescentarmos um 0 como um primeiro termo e começarmos a somatória em $n = 0$. Entenda que isso não muda f', uma vez que o primeiro termo, $n = 0$, é simplesmente zero. Porém, isso nos permite começar a somatória em $n = 0$, em vez de $n = 1$ (a importância disso será vista em breve). Portanto, podemos escrever f' como

$$f' = \sum_{n=0}^{\infty} n c_n x^{n-1} \tag{11.12}$$

Novamente, isto não muda a série de potências; só muda o valor inicial do índice n. A mesma tática *pode* ser usada com f'', mas, matematicamente, não levará a lugar algum. Em vez disso, fazendo uma *redefinição do índice* em duas etapas, podemos obter muito mais. Como o índice n é simplesmente um número usado para identificar os termos na série de potências, podemos mudar o índice apenas redefinindo, digamos, um índice i como $i \equiv n - 2$. Como isso significa que $n = i + 2$, a expressão para a segunda derivada f'' pode ser reescrita, substituindo cada n:

$$f'' = \sum_{i+2=2}^{\infty} (i+2)(i+2-1) c_{i+2} x^{i+2-2}$$

que simplesmente se torna

$$f'' = \sum_{i=0}^{\infty} (i+2)(i+1) c_{i+2} x^i$$

Matematicamente, a função f″ não mudou. O que mudou foi o índice, que se deslocou em 2 unidades. É a mesma função da segunda derivada determinada originalmente.

É claro que não importa qual letra é usada para designar o índice. E se esse é o caso, por que não usar *n*? A segunda derivada f'' se torna

$$f'' = \sum_{n=0}^{\infty}(n+2)(n+1)c_{n+2}x^n \tag{11.13}$$

que é a forma útil da segunda derivada.

A razão de toda esta manipulação é que quando as somatórias são substituídas na equação de Schrödinger, todos os termos podem ser agrupados sob o mesmo sinal de somatória (e isso não pode ser feito, a menos que o índice da somatória comece no mesmo número e signifique a mesma coisa em todas as expressões). Agora, as somatórias para f, f' e f'' podem ser substituídas na Equação 11.11. A equação resultante é

$$\sum_{n=0}^{\infty}(n+2)(n+1)c_{n+2}x^n - 2\alpha x\sum_{n=0}^{\infty}nc_n x^{n-1} + \left(\frac{2mE}{\hbar^2} - \alpha\right)\sum_{n=0}^{\infty}c_n x^n = 0$$

Todas as somatórias na equação começam com zero, tendem ao infinito e usam o mesmo índice, e por isso podem ser escritas como uma única somatória. Esta é a razão pela qual se obtém os mesmos índices em todas as somatórias. A equação se torna

$$\sum_{n=0}^{\infty}\left[(n+2)(n+1)c_{n+2}x^n - 2\alpha x n c_n x^{n-1} + \left(\frac{2mE}{\hbar^2} - \alpha\right)c_n x^n\right] = 0$$

Esta equação pode ser simplificada reconhecendo que os *x* no segundo termo podem ser combinados, de modo que a potência de *x* se torne *n* e que todos os três termos agora tenham *x* elevado à potência de *n*. Fazendo a combinação e fatorando x^n de todos os termos, temos

$$\sum_{n=0}^{\infty}\left[(n+2)(n+1)c_{n+2} - 2\alpha n c_n + \left(\frac{2mE}{\hbar^2} - \alpha\right)c_n\right]x^n = 0 \tag{11.14}$$

Agora, precisamos determinar os valores das constantes c_n. Lembre-se de que esta equação foi determinada substituindo uma função de onda de prova na equação de Schrödinger, de modo que, se o sistema oscilador harmônico tiver funções de onda que são autofunções da equação de Schrödinger, essas autofunções de onda teriam a forma dada na Equação 11.8 [isto é, $\Psi = e^{-\alpha x^2/2} \cdot f(x)$]. Identificando as constantes, completamos a determinação das funções de onda de um oscilador harmônico.

A Equação 11.14 é uma soma infinita exatamente igual a zero. Esta é uma conclusão notável: somando todos os termos ao infinito, o total seria exatamente zero. O único modo de garantir isto para todos os valores de *x* é que *cada* coeficiente que multiplica x^n na Equação 11.14 seja *exatamente* zero:

$$(n+2)(n+1)c_{n+2} - 2\alpha n c_n + \left(\frac{2mE}{\hbar^2} - \alpha\right)c_n = 0 \qquad \text{para qualquer } n$$

Isso não significa que cada coeficiente c_n seja exatamente zero [isto implicaria nossa série de potências $f(x)$ ser exatamente zero], mas que *a expressão inteira* acima deve ser zero. Este requisito nos permite reescrever a equação acima para obtermos uma relação entre um coeficiente c_n e o coeficiente duas posições adiante, c_{n+2}.

$$c_{n+2} = \frac{\alpha + 2\alpha n - 2mE/\hbar^2}{(n+2)(n+1)} c_n \qquad (11.15)$$

Uma equação como esta que relaciona coeficientes seqüenciais é chamada de *relação recorrente*, e permite determinar coeficientes sucessivos, conhecendo os coeficientes anteriores. Finalmente, apenas duas constantes precisam ser conhecidas no começo: c_0, a partir da qual os coeficientes elevados às potências pares c_2, c_4, c_6, ... podem ser determinados, e c_1, a partir da qual os coeficientes elevados às potências ímpares c_3, c_5, c_7, ... podem ser determinados.

Agora, pode-se aplicar um dos requisitos para funções de onda adequadas: elas precisam ser *limitadas* (ou *confinadas*). Embora esta derivação tenha começado supondo uma série infinita como solução, a função de onda não pode ser infinita e ainda se aplicar à realidade. Mesmo a inclusão do termo $e^{-\alpha x^2/2}$ não garante que a soma infinita estará limitada. Mas a relação recorrente na Equação 11.15 fornece um meio para se obter esta garantia. Como o coeficiente c_{n+2} depende de c_n, se para algum n o coeficiente c_n for exatamente zero, todas as constantes sucessivas, c_{n+2}, c_{n+4}, c_{n+6}, ..., também serão exatamente zero. É claro que isso não afeta os outros coeficientes c_{n+1}, c_{n+3}, ... Assim, para garantir uma função de onda confinada, precisamos primeiro separar os termos pares e ímpares em duas séries de potências separadas:

$$f_{\text{par}} = \sum_{n=0}^{\infty,\,\text{par}} c_n x^n$$

$$f_{\text{ímpar}} = \sum_{n=1}^{\infty,\,\text{ímpar}} c_n x^n$$

Vamos precisar que as próprias funções de onda sejam compostas de $e^{-\alpha x^2/2}$ vezes *ou* uma soma de apenas termos ímpares *ou* uma soma de apenas termos pares. Para que a função de onda não seja infinita, é necessário, agora, para cada soma, que em algum valor de n o próximo coeficiente c_{n+2} se torne zero. Desse modo, todos os demais coeficientes também serão zero. Como o coeficiente c_{n+2} pode ser calculado a partir da constante anterior c_n, devido à relação de recorrência, podemos substituir c_{n+2} por zero:

$$0 = \frac{\alpha + 2\alpha n - 2mE/\hbar^2}{(n+2)(n+1)} c_n$$

O único modo de o coeficiente c_{n+2} se tornar idêntico a zero é que o numerador na equação acima se torne zero para aquele valor de n:

$$\alpha + 2\alpha n - \frac{2mE}{\hbar^2} = 0$$

Esta expressão inclui a energia total E do oscilador harmônico. A energia é uma observável importante, então vamos considerá-la agora. Para que a função de onda não seja infinita, a energia do oscilador harmônico, quando combinada com os outros termos, como α, n, m e $\hbar$, deve ter apenas valores que satisfazem a equação acima. Portanto, podemos resolver para qualquer que seja o valor da energia. Substituindo também para $\alpha \equiv 2\pi\nu m/\hbar$, chegamos a uma conclusão simples:

$$E = (n + \tfrac{1}{2})h\nu \qquad (11.16)$$

onde n é o valor do índice em que o próximo coeficiente da série se torna zero, h é a constante de Planck e ν é a freqüência clássica do oscilador. Isto é, a energia total do oscilador depende *apenas* de sua freqüência clássica (determinada por sua massa e constante de força), da constante de Planck e de um número inteiro n. Uma vez que a energia pode ter apenas valores determinados por essa equação, a energia total do oscilador harmônico é *quantizada*. O índice n é o *número quântico* e pode ter qualquer valor inteiro, de 0 a infinito. (Como veremos pela forma da função de onda, nesse caso, 0 é um valor possível para o número quântico.)

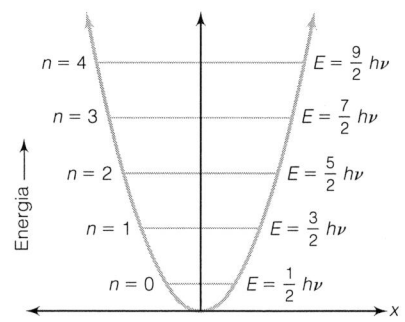

Figura 11.2 Um diagrama dos níveis de energia de um oscilador harmônico, conforme previsto pelas soluções da equação de Schrödinger. Note que o nível mais baixo quantizado, E (n = 0), não tem energia zero.

$n = 4 \quad E = \frac{9}{2} h\nu$
$n = 3 \quad E = \frac{7}{2} h\nu$
$n = 2 \quad E = \frac{5}{2} h\nu$
$n = 1 \quad E = \frac{3}{2} h\nu$
$n = 0 \quad E = \frac{1}{2} h\nu$

Antes de voltarmos às funções de onda, temos de considerar alguns pontos em relação à energia total. Um diagrama dos níveis de energia para diferentes números quânticos (considerando que a massa e a constante de força permaneçam as mesmas) é mostrado na Figura 11.2. Para um oscilador harmônico ideal, os níveis de energia são espaçados pela mesma quantidade. É fácil mostrar que os níveis de energia são separados por $\Delta E = h\nu$. Além disso, o valor mais baixo possível para a energia não é zero. Isto se vê substituindo o número quântico n por zero, que é o seu valor mais baixo possível. Obtemos

$$E(n = 0) = (0 + \tfrac{1}{2})h\nu = \tfrac{1}{2}h\nu$$

que é um valor diferente de zero para a energia total. Isto introduz o conceito de *energia do ponto zero*. No valor mínimo do número quântico (o *estado fundamental* do oscilador), ainda há no sistema uma quantidade de energia *diferente de zero*.

A freqüência, ν, deve ser dada em unidades de s^{-1}. Multiplicar s^{-1} pelas unidades da constante de Planck, J·s ou erg·s, resulta em unidades de J ou erg, que são unidades de energia. É comum expressar a diferença de energia em termos do fóton usado para excitar um sistema de um nível de energia para outro, uma vez que osciladores harmônicos podem ir de um estado a outro pela absorção ou emissão de um fóton, como ocorre com o átomo de hidrogênio de Bohr. Uma característica usada para descrever o fóton é seu comprimento de onda. Usando a equação $c = \lambda \nu$ (onde c é a velocidade da luz e λ seu comprimento de onda), pode-se converter comprimento de onda em freqüência. O exemplo seguinte mostra isso.

Exemplo 11.3

Um único átomo de oxigênio ligado a uma superfície de metal lisa vibra com uma freqüência de $1,800 \times 10^{13}$ s^{-1}. Calcule sua energia total para os números quânticos $n = 0$, 1 e 2.

Solução

Usamos a Equação 11.16 com $\nu = 1,800 \times 13^{13}$ s^{-1} e $n = 0$, 1 e 2:

$$E(n = 0) = (0 + \tfrac{1}{2})(6,626 \times 10^{-34} \text{ J·s})(1,800 \times 10^{13} \text{ s}^{-1})$$

$$E(n = 1) = (1 + \tfrac{1}{2})(6,626 \times 10^{-34} \text{ J·s})(1,800 \times 10^{13} \text{ s}^{-1})$$

$$E(n = 2) = (2 + \tfrac{1}{2})(6,626 \times 10^{-34} \text{ J·s})(1,800 \times 10^{13} \text{ s}^{-1})$$

A partir das expressões acima, obtemos

$$E(n = 0) = 5,963 \times 10^{-21} \text{ J}$$

$$E(n = 1) = 1,789 \times 10^{-20} \text{ J}$$

$$E(n = 2) = 2,982 \times 10^{-20} \text{ J}$$

A energia mínima deste átomo de oxigênio em vibração, sua energia do ponto zero, é $5,963 \times 10^{-21}$ J.

Exemplo 11.4

Calcule o comprimento de onda da luz necessário para excitar um oscilador harmônico de um estado de energia para o estado adjacente mais alto no Exemplo 11.3. Expresse o comprimento de onda em unidades de m, μm (micrômetros) e Å.

Solução
A diferença de energia entre estados adjacentes é a mesma e é igual a $h\nu$, ou

$$\Delta E = (6{,}626 \times 10^{-34} \text{ J·s})(1{,}800 \times 10^{13} \text{ s}^{-1}) = 1{,}193 \times 10^{-20} \text{ J}$$

Como a energia de um fóton é dada pela equação $E = h\nu$, o cálculo pode ser invertido para se obter a freqüência necessária do fóton. É óbvio que a freqüência do fóton é, portanto, $1{,}800 \times 10^{13} \text{ s}^{-1}$. Usando a equação $c = \lambda\nu$:

$$2{,}9979 \times 10^8 \text{ m/s} = \lambda(1{,}800 \times 10^{13} \text{ s})$$

$$\lambda = 0{,}00001666 \text{ m} = 1{,}666 \times 10^{-5} \text{ m}$$

Isso corresponde a 16,66 μm ou 166.600 Å. Cálculos que usam as equações $E = h\nu$ e $c = \lambda\nu$ são comuns em físico-química. Os estudantes devem sempre se lembrar de que estas equações podem ser usadas para converter quantidades como E, ν e λ para valores correspondentes em outras unidades.

11.4 As Funções de Onda do Oscilador Harmônico

Voltemos à função de onda. Já foi estabelecido que a função de onda é uma exponencial $e^{-\alpha x^2/2}$ vezes uma série de potências que tem um número de termos limitado, não infinito. O termo final na soma é determinado pelo valor do número quântico n, que também especifica a energia total do oscilador. Além disso, cada função de onda na série de potências é composta ou por potências ímpares de x ou por potências pares de x. As funções de onda podem ser representadas como

$$\begin{aligned}
\Psi_0 &= e^{-\alpha x^2/2}(c_0) \\
\Psi_1 &= e^{-\alpha x^2/2}(c_1 x) \\
\Psi_2 &= e^{-\alpha x^2/2}(c_0 + c_2 x^2) \\
\Psi_3 &= e^{-\alpha x^2/2}(c_1 x + c_3 x^3) \\
\Psi_4 &= e^{-\alpha x^2/2}(c_0 + c_2 x^2 + c_4 x^4) \\
\Psi_5 &= e^{-\alpha x^2/2}(c_1 x + c_3 x^3 + c_5 x^5) \\
&\vdots
\end{aligned} \quad (11.17)$$

Deve-se salientar que a constante c_0 em Ψ_0 não tem o mesmo valor que o c_0 em Ψ_2 ou Ψ_4, ou outros Ψ. Isso também é verdadeiro para os valores de c_1, c_2, e assim por diante, nas expansões das somatórias. A primeira função de onda, Ψ_0, consiste apenas do termo exponencial multiplicado pela constante c_0. Esta função de onda diferente de zero é que permite a existência de um número quântico 0 neste sistema, diferentemente da situação da partícula na caixa. Todas as outras funções de onda consistem do termo exponencial multiplicado por uma série de potências de x que é composta de um ou mais termos. Em vez de uma série de potências infinita, este conjunto de termos é apenas um *polinômio*.

Como qualquer função de onda apropriada, estas funções de onda devem ser normalizadas. A função de onda Ψ_0 é mais fácil de normalizar porque tem apenas um único termo no seu polinômio. O intervalo do oscilador harmônico unidimensional vai de $-\infty$ a $+\infty$, já que não existe restrição quanto à possível mudança na posição.

Para ser normalizada, a função de onda Ψ_0 deve ser multiplicada por uma constante N, tal que

$$N^2 \int_{-\infty}^{+\infty} (c_0 e^{-\alpha x^2/2})^*(c_0 e^{-\alpha x^2/2}) \, dx = 1 \qquad (11.18)$$

Uma vez que N e c_0 são ambas constantes, costuma-se combiná-las em uma só constante N. O complexo conjugado da exponencial não muda a forma da exponencial, já que não contém a raiz imaginária i. A integral se torna

$$N^2 \int_{-\infty}^{+\infty} e^{-\alpha x^2} \, dx = 1$$

A mudança final para esta integral começa com a compreensão de que, devido ao fato de o x na exponencial estar ao quadrado, tanto seus valores negativos quanto positivos resultam no mesmo valor de $e^{-\alpha x^2}$. Este é um modo de definir uma função matemática *par*. [Formalmente, $f(x)$ é par se, para todos os x, $f(-x) = f(x)$. Para uma função *ímpar*, $f(-x) = -f(x)$. Exemplos de funções simples pares e ímpares são mostrados na Figura 11.3]. O fato de que a exponencial acima tem os mesmos valores para os valores negativos e positivos de x significa que a integral desde $x = 0$ até $x = -\infty$ é igual à integral desde $x = 0$ até $+\infty$. Assim, em vez de nosso intervalo ser de $x = -\infty$ a $x = +\infty$, o consideramos como de $x = 0$ até $x = +\infty$, e consideramos *duas vezes* o valor daquela integral. O equação de normalização se torna

$$2 \cdot N^2 \int_0^{+\infty} e^{-\alpha x^2} \, dx = 1$$

A integral $\int_0^{+\infty} e^{-\alpha x^2} \, dx$ tem um valor conhecido, $\frac{1}{2}(\frac{\pi}{a})^{1/2}$. Nesse caso, $a \equiv \alpha$. Substituindo e resolvendo para N, encontramos

$$N = \left(\frac{\alpha}{\pi}\right)^{1/4}$$

A função de onda completa Ψ_0 é, portanto,

$$\Psi_0 = \left(\frac{\alpha}{\pi}\right)^{1/4} e^{-\alpha x^2/2}$$

Acontece que o conjunto das funções de onda do oscilador harmônico já era conhecido. Isso porque as equações diferenciais, como a Equação 11.6, a equação de Schrödinger reescrita, havia sido estudada e resolvida matematicamente, antes que a mecânica quântica tivesse sido desenvolvida. As partes polino-

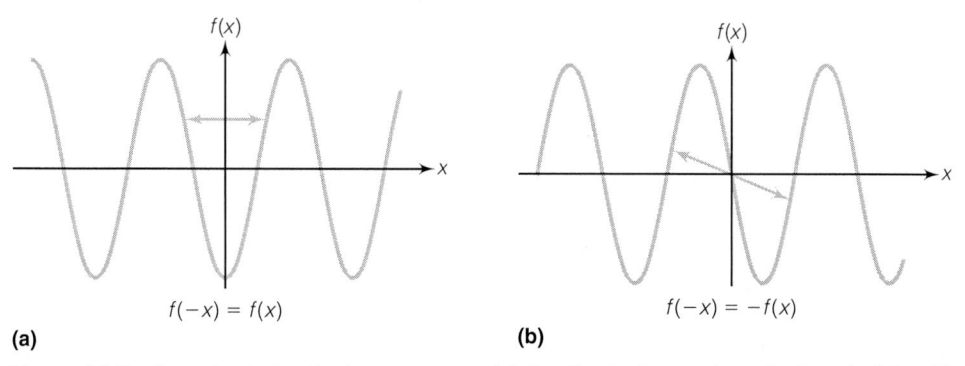

Figura 11.3 Exemplos de funções ímpares e pares. (a) Esta função é par, pois mudando o sinal de x (de x para $-x$), obtemos o mesmo valor de $f(x)$, como mostra a seta. (b) Esta função é ímpar, e mudando o sinal de x, obtemos $-f(x)$, como mostra a seta.

miais da função de onda de um oscilador harmônico são chamadas de *polinômios de Hermite*, em homenagem a Charles Hermite, o matemático francês do século XIX que estudou suas propriedades. Por conveniência, se definirmos $\xi \equiv \alpha^{1/2} x$ (onde ξ é a letra grega *xi*, pronunciada "zigh"), o polinômio de Hermite, cuja maior potência de x é n, é simbolizado por $H_n(\xi)$. Os primeiros seis polinômios $H_n(\xi)$ estão na Tabela 11.1, e a Tabela 11.2 apresenta as soluções para uma integral envolvendo os polinômios de Hermite. As Tabelas 11.1 e 11.2 devem ser usadas com cuidado, por causa da mudança das variáveis. O exemplo a seguir ilustra algumas das armadilhas potenciais no uso de polinômios de Hermite tabelados.

Tabela 11.1 Os primeiros seis polinômios de Hermite[a]

n	$H_n(\xi)$
0	1
1	2ξ
2	$4\xi^2 - 2$
3	$8\xi^3 - 12\xi$
4	$16\xi^4 - 48\xi^2 + 12$
5	$32\xi^5 - 160\xi^3 + 120\xi$
6	$64\xi^6 - 480\xi^4 + 720\xi^2 - 120$

[a] No tratamento do oscilador harmônico, observe que $\xi = \alpha^{1/2} x$.

Tabela 11.2 Integrais envolvendo polinômios de Hermite

$$\int_{-\infty}^{+\infty} H_a(\xi)^* H_b(\xi) e^{-\xi^2} d\xi = \begin{cases} 0 \text{ se } a \neq b \\ 2^a a! \pi^{1/2} \text{ se } a = b \end{cases}$$

Exemplo 11.5

Usando as integrais da Tabela 11.2, normalize Ψ_1 para um oscilador harmônico mecânico-quântico.

Solução

A integral da Tabela 11.2 deverá ser usada com cuidado, por causa das diferenças nas variáveis entre a equação da tabela e a função de onda Ψ_1. Se $\xi \equiv \alpha^{1/2} x$, então $d\xi = \alpha^{1/2} dx$, e depois de substituir ξ e $d\xi$, a integral pode ser aplicada diretamente. O requisito de normalização significa, matematicamente,

$$\int_{-\infty}^{+\infty} \Psi^* \Psi \, dx = 1$$

Os limites da integral são $+\infty$ e $-\infty$, e o infinitésimo é dx para o integrando unidimensional. Para a função de onda Ψ_1 do oscilador harmônico, pressupõe-se que a função de onda é multiplicada por alguma constante N, tal que

$$N^2 \int_{-\infty}^{+\infty} [H_1(\alpha^{1/2} x) \cdot e^{-\alpha x^2/2}]^* \cdot H_1(\alpha^{1/2} x) \cdot e^{-\alpha x^2/2} \, dx = 1$$

Substituindo por ξ e $d\xi$, ela se transforma em

$$N^2 \int_{-\infty}^{+\infty} [H_1(\xi) \cdot e^{-\xi^2/2}]^* \cdot H_1(\xi) \cdot e^{-\xi^2/2} \frac{d\xi}{\alpha^{1/2}} = 1$$

O complexo conjugado não muda a função de onda e, portanto, pode ser ignorado. Como $\alpha^{1/2}$ é uma constante, pode ser retirada da integral. As funções dentro do sinal de integral são todas multiplicadas, e a integral pode ser simplificada para

$$\frac{N^2}{\alpha^{1/2}} \int_{-\infty}^{+\infty} H_1(\xi) \cdot H_1(\xi) \cdot e^{-\xi^2} \, d\xi = 1$$

De acordo com a Tabela 11.2, esta integral tem uma forma conhecida e, para $n = 1$, é igual a $2^1 1! \pi^{1/2}$ (onde ! significa fatorial). Portanto,

$$\frac{N^2}{\alpha^{1/2}} \cdot 2^1 1! \pi^{1/2} = 1$$

$$N^2 = \frac{\alpha^{1/2}}{2\pi^{1/2}}$$

$$N = \frac{\alpha^{1/4}}{\sqrt{2}\pi^{1/4}}$$

Por convenção, apenas a raiz quadrada positiva é usada. A $\sqrt{2}$ na expressão acima é geralmente convertida na raiz quarta de 4 (isto é, $\sqrt[4]{4}$, ou $4^{1/4}$), de modo que todas as potências podem ser combinadas, e a constante de normalização pode ser reescrita como

$$N = \left(\frac{\alpha}{4\pi}\right)^{1/4}$$

A função de onda completa para o nível $n = 1$ é, depois de substituir novamente nos termos de x:

$$\Psi_1 = \left(\frac{\alpha}{4\pi}\right)^{1/4} H_1(\alpha^{1/2}x) \cdot e^{-\alpha x^2/2}$$

As constantes de normalização para as funções de onda Ψ_n do oscilador harmônico seguem um certo padrão (principalmente, porque as fórmulas para as integrais envolvem polinômios de Hermite) e, assim, podem ser expressas em uma fórmula. A fórmula geral para as funções de onda do oscilador harmônico, apresentada abaixo, inclui uma expressão para a constante de normalização, em termos do número quântico n:

$$\Psi(n) = \left(\frac{\alpha}{\pi}\right)^{1/4} \cdot \left(\frac{1}{2^n n!}\right)^{1/2} \cdot H_n(\alpha^{1/2}x) \cdot e^{-\alpha x^2/2} \tag{11.19}$$

onde todos os termos já foram definidos.

Determinar se uma função é ímpar ou par pode ser útil, uma vez que para uma função ímpar que vai de $+\infty$ a $-\infty$ e está centrada em $x = 0$, a integral é idêntica a zero. Afinal, o que é uma integral se não uma área debaixo de uma curva? Para uma função ímpar, a área positiva de uma metade da curva é cancelada pela área negativa da outra metade. Reconhecer isso elimina a necessidade de avaliar matematicamente a integral. Determinar se um produto de funções é ímpar ou par depende das próprias funções individuais, uma vez que (ímpar) × (ímpar) = (par), (par) × (par) = (par), e (par) × (ímpar) = (ímpar). Isso imita as regras da multiplicação de números positivos e negativos. O exemplo seguinte mostra como tirar vantagem disso.

Exemplo 11.6

Avalie $\langle x \rangle$ para Ψ_3 de um oscilador harmônico por inspeção. Isto é, avalie considerando as propriedades das funções, em vez de calcular o valor médio matematicamente.

Solução

O valor médio da posição do oscilador harmônico no estado Ψ_3 pode ser determinado usando a fórmula

$$\langle x \rangle = N^2 \int_{-\infty}^{+\infty} [H_3(\xi) \cdot e^{-\alpha x^2/2}]^* \hat{x} [H_3(\xi) \cdot e^{-\alpha x^2/2}] \, dx$$

onde N é a constante de normalização e nenhuma substituição foi feita na variável x (o que não tem importância). Isto pode ser simplificado, lembrando que o operador de posição $\hat{x}$ é uma multiplicação pela coordenada x, e todas as outras partes do integrando estão sendo multiplicadas umas pelas outras:

$$\langle x \rangle = N^2 \int_{-\infty}^{+\infty} x \cdot [H_3(\xi)]^2 \cdot e^{-\alpha x^2} \, dx$$

O polinômio de Hermite $H_3(\xi)$ contém apenas potências ímpares de x, mas elevado ao quadrado, se torna um polinômio que tem apenas potências pares de x. Portanto, é uma função par. A exponencial tem x^2, assim, é uma função par. O termo x em si é uma função *ímpar*. (O dx não é considerado, pois é parte da operação de integração, e não uma função). Portanto, a função total é ímpar, e a integral propriamente dita, centrada em zero e indo de $-\infty$ para $+\infty$, é idêntica a zero. Desse modo, $\langle x \rangle = 0$.

Esta propriedade das funções ímpares é extremamente útil. Para funções pares, a integral *precisa* ser avaliada. Provavelmente, o melhor método de fazê-lo, neste ponto, é substituir pela forma do polinômio de Hermite, multiplicar os termos e avaliar cada termo de acordo com sua forma. Várias integrais do Apêndice 1 podem ser úteis. Porém, funções ímpares integradas sobre o intervalo correto são exatamente zero, e essa determinação pode ser feita pela inspeção da função, em vez da avaliação da integral — uma rotina que, quando possível, economiza tempo.

Gráficos das primeiras cinco funções de onda do oscilador harmônico são mostrados na Figura 11.4. Sobreposta a eles, está a curva da energia potencial de um oscilador harmônico. Apesar de as dimensões exatas na Figura 11.4 serem dependentes da natureza de m e k, as conclusões gerais sobre o sistema independem de m e k. Lembre-se de que em um oscilador harmônico clássico, uma massa vai e vem em torno de um centro. Quando passa pelo centro $x = 0$, a massa tem uma energia potencial mínima (que pode ser estabelecida como zero) e o máximo de energia cinética, e está se movendo na sua maior velocidade. À medida que a massa se afasta do centro, a energia potencial aumenta até que toda a energia seja potencial e nenhuma seja cinética, e a massa pára momentaneamente. Então, ela começa o movimento na outra direção. O ponto em que a massa retorna é chamado de *ponto de retorno clássico*. Um oscilador harmônico clássico nunca vai além de seu ponto de retorno, já que isso significaria que sua energia potencial seria maior do que a total.

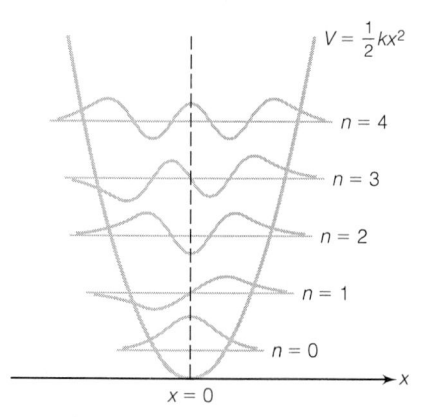

Figura 11.4 Gráficos das primeiras cinco funções de onda do oscilador harmônico. Elas são superpostas à energia potencial do sistema. As posições em que as funções de onda vão para fora da energia potencial são chamadas de pontos de retorno clássicos. Classicamente, um oscilador harmônico nunca irá além de seu ponto de retorno, pois não tem energia suficiente. De acordo com a mecânica quântica, existe uma probabilidade diferente de zero de que exista uma partícula que atue como um oscilador harmônico além desse ponto.

Como se pode ver na Figura 11.4, as funções de onda de um oscilador harmônico mecânico-quântico existem em regiões além do ponto em que, classicamente, toda a energia seria potencial. Isto é, as funções de onda são diferentes de zero e, portanto, o oscilador pode existir *além* de seu ponto de retorno clássico. Isto sugere a conclusão paradoxal de que o oscilador deve ter energia cinética negativa! Na rea-

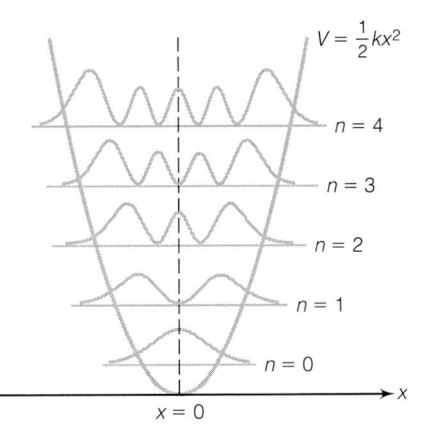

Figura 11.5 Gráficos das cinco primeiras funções de onda $|\Psi|^2$, superpostas ao diagrama da energia potencial. À medida que o número quântico aumenta, a probabilidade de que a partícula esteja no centro do poço de energia potencial decresce, e a probabilidade de estar nos lados do poço aumenta. Nos números quânticos altos, a mecânica quântica está imitando a mecânica clássica. Este é um outro exemplo do princípio de correspondência.

lidade, é um "paradoxo" baseado nas expectativas clássicas. Este não é o primeiro exemplo da mecânica quântica propondo algo que vai contra as expectativas clássicas. O tunelamento de uma partícula através de uma barreira finita é outro exemplo, e a existência da função de onda além do ponto de retorno clássico é semelhante ao tunelamento. Nesse caso, a "parede" é uma superfície curva de energia potencial, e não uma barreira do tipo "sobe e desce".

Lembre-se de que a probabilidade de a partícula existir em qualquer lugar ao longo deste espaço unidimensional é proporcional a $|\Psi|^2$. Vários gráficos de $|\Psi|^2$ são mostrados na Figura 11.5. O gráfico do topo tem um número quântico alto, e sua forma começa a imitar o comportamento de um oscilador harmônico clássico: move-se muito rapidamente nas proximidades de $x = 0$ (que é onde há uma menor probabilidade de existência), mas faz uma pausa próximo do ponto de retorno, que é onde existe uma probabilidade maior de ser encontrado. Este é outro exemplo do princípio de correspondência: para números quânticos altos (e portanto altas energias), a mecânica quântica se aproxima das expectativas da mecânica clássica.

Exemplo 11.7

Avalie o valor médio do momento (na direção de x) para Ψ_1 de um oscilador harmônico.

Solução
Usando a definição do operador de momento, precisamos avaliar

$$\langle p_x \rangle = N^2 \int_{-\infty}^{+\infty} [H_1(\alpha^{1/2}x) \cdot e^{-\alpha x^2/2}]^* \cdot -i\hbar \frac{\partial}{\partial x}[H_1(\alpha^{1/2}x) \cdot e^{-\alpha x^2/2}] \, dx$$

Seria mais fácil usar a forma do polinômio de Hermite em termos de $\alpha^{1/2}x$, em vez de ξ (apesar de se poder fazer dos dois modos; julgue qual é o seu modo preferido). A partir da Tabela 11.1:

$$\langle p_x \rangle = N^2 \int_{-\infty}^{+\infty} (2\alpha^{1/2}x \cdot e^{-\alpha x^2/2})^* \cdot -i\hbar \frac{\partial}{\partial x}(2\alpha^{1/2}x \cdot e^{-\alpha x^2/2}) \, dx$$

O complexo conjugado não muda nada. Avaliando a derivada no lado direito da expressão e tirando as constantes da integral:

$$\langle p_x \rangle = -4\alpha i\hbar N^2 \int_{-\infty}^{+\infty} x \cdot e^{-\alpha x^2/2} \cdot (e^{-\alpha x^2/2} - \alpha x^2 e^{-\alpha x^2/2}) \, dx$$

o que se simplifica para

$$\langle p_x \rangle = -4\alpha i\hbar N^2 \int_{-\infty}^{+\infty} (xe^{-\alpha x^2} - \alpha x^3 e^{-\alpha x^2}) \, dx$$

No total, ambos os termos entre parênteses são ímpares no intervalo da integração. Portanto, suas integrais são exatamente zero. Assim,

$$\langle p_x \rangle = 0$$

Uma vez que o momento é uma quantidade vetorial e que a massa está indo e voltando em ambas as direções, faz sentido que o valor médio do momento seja zero.

11.5 A Massa Reduzida

Muitos osciladores harmônicos não são, simplesmente, uma massa se movendo para lá e para cá, como um pêndulo ou um átomo, ligado a uma parede maciça e imóvel. Muitos são como moléculas diatômicas, cada uma com dois átomos se movendo, juntos, para lá e para cá, como na Figura 11.6. Mas para descrever tal sistema como um oscilador harmônico, a massa do oscilador não é a soma das duas massas dos átomos. Tal sistema precisa ser definido de um modo um pouco diferente.

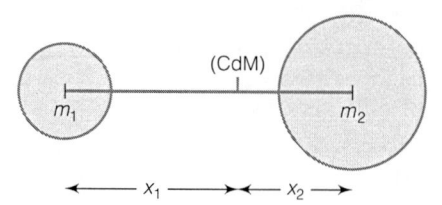

Figura 11.6 Duas massas, m_1 e m_2, se movendo para a frente e para trás em relação a um centro da massa (CdM) imóvel. Este comportamento é utilizado para definir a massa reduzida μ.

Vamos supor que as duas massas, m_1 e m_2, na Figura 11.6, têm posições denominadas x_1 e x_2, mas estão se movendo de um lado para outro, como um oscilador harmônico. Ignoraremos qualquer outro movimento destas duas massas (como translação ou rotação) e focalizaremos somente a oscilação. Em uma oscilação puramente harmônica (também chamada de *vibração*), o centro da massa² não muda, de modo que

$$m_1 \frac{dx_1}{dt} = -m_2 \frac{dx_2}{dt}$$

O sinal negativo indica que as massas estão se movendo em direções opostas. Adicionando o termo misto $m_2 (dx_1/dt)$ a ambos os lados, obtemos

$$m_1 \frac{dx_1}{dt} + m_2 \frac{dx_1}{dt} = -m_2 \frac{dx_2}{dt} + m_2 \frac{dx_1}{dt}$$

$$(m_1 + m_2) \frac{dx_1}{dt} = m_2 \left(\frac{dx_1}{dt} - \frac{dx_2}{dt} \right)$$

(onde, no lado direito, trocamos a ordem das derivadas). Isto é rearranjado para dar:

$$\frac{dx_1}{dt} = \frac{m_2}{m_1 + m_2} \left(\frac{dx_1}{dt} - \frac{dx_2}{dt} \right) \tag{11.20}$$

É conveniente, em muitos casos, definir coordenadas *relativas*, em vez de coordenadas absolutas. Por exemplo, especificar certos valores das coordenadas cartesianas é um modo de usar coordenadas absolutas. Porém, as *diferenças* nas coordenadas cartesianas são relativas, porque não dependem dos valores iniciais e finais (por exemplo, a diferença entre 5 e 10 é a mesma diferença entre 125 e 130). Se definirmos a coordenada relativa q como

$$q \equiv x_1 - x_2$$

e assim

$$\frac{dq}{dt} \equiv \frac{dx_1}{dt} - \frac{dx_2}{dt}$$

Agora, podemos substituir na Equação 11.20 para obter

$$\dot{x}_1 = \frac{dx_1}{dt} = \frac{m_2}{m_1 + m_2} \frac{dq}{dt} \tag{11.21}$$

---

² Lembre-se de que o centro da massa (x_{cm}, y_{cm}, z_{cm}) de um sistema com múltiplas partículas é definido como $x_{cm} = (\Sigma m_i \cdot x_i)/(\Sigma m_i)$, onde cada soma é realizada sobre as partículas i no sistema, m_i é a massa da partícula, e x_i é a coordenada x da partícula. Expressões similares se aplicam a y_{cm} e z_{cm}.

onde usamos $\dot{x}_1$ para indicar a derivada de x em relação ao tempo. Fazendo uma adição paralela de $m_1 \, dx_2/dt$ à expressão do centro de massa original, podemos também obter

$$\dot{x}_2 = \frac{dx_2}{dt} = \frac{m_1}{m_1 + m_2} \frac{dq}{dt} \tag{11.22}$$

como uma segunda expressão.

Considerando a energia total desta oscilação harmônica, a energia potencial é a mesma que para qualquer outro oscilador harmônico, mas a energia cinética é a soma das energias cinéticas das duas partículas. Isto é,

$$K = \tfrac{1}{2} m_1 \dot{x}_1^2 + \tfrac{1}{2} m_2 \dot{x}_2^2$$

Usando as Equações 11.21 e 11.22, é fácil substituir e mostrar que a energia cinética tem uma forma simples em termos da derivada da coordenada relativa, em relação ao tempo $\dot{q}$:

$$K = \frac{1}{2} \frac{m_1 m_2}{m_1 + m_2} \dot{q}^2 \tag{11.23}$$

A *massa reduzida* μ é definida como

$$\mu \equiv \frac{m_1 m_2}{m_1 + m_2} \tag{11.24}$$

de modo que a energia cinética total é simplesmente

$$K = \tfrac{1}{2} \mu \dot{q}^2 \tag{11.25}$$

que é uma expressão mais simples para a energia cinética. A massa reduzida também pode ser determinada usando a expressão

$$\frac{1}{\mu} = \frac{1}{m_1} + \frac{1}{m_2} \tag{11.26}$$

Isto significa que a energia cinética do oscilador pode ser representada pela energia cinética de uma *massa única se movendo para frente e para trás*, se essa massa única tiver a massa reduzida das duas massas no sistema original. Isso nos permite tratar o oscilador harmônico de *duas* partículas como um oscilador harmônico de uma partícula e usar as mesmas equações e expressões que derivamos para um oscilador harmônico simples. Assim, todas as equações apresentadas nas seções anteriores se aplicam, supondo que se use a massa *reduzida* do sistema. Por exemplo, a Equação 11.3 se torna

$$\nu = \frac{1}{\tau} = \frac{1}{2\pi} \sqrt{\frac{k}{\mu}} \tag{11.27}$$

A equação de Schrödinger, em termos da massa reduzida, é

$$\left[-\frac{\hbar^2}{2\mu} \frac{d^2}{dx^2} + \widehat{V}(x) \right] \Psi = E\Psi \tag{11.28}$$

Felizmente, nossas deduções não precisam ser repetidas, porque podemos, simplesmente, substituir μ por m em qualquer expressão afetada. A unidade de massa reduzida é massa, como é fácil demonstrar.

Exemplo 11.8

Mostre que a massa reduzida tem unidades de massa.

Solução
Substituindo somente unidades na Equação 11.24, obtemos

$$\mu = \frac{\text{kg} \cdot \text{kg}}{\text{kg} + \text{kg}} = \frac{\text{kg}^2}{\text{kg}} = \text{kg}$$

que confirma que a massa reduzida tem unidades de massa.

Exemplo 11.9

A molécula de hidrogênio vibra com uma freqüência de cerca de $1{,}32 \times 10^4$ Hz. Calcule o seguinte:
a. A constante de força da ligação H—H
b. A variação na energia que acompanha a transição do nível vibracional $n = 1$ para $n = 2$, supondo que a molécula de hidrogênio está atuando como um oscilador harmônico ideal.

Solução

a. A massa de um único átomo de hidrogênio, em quilogramas, é $1{,}674 \times 10^{-27}$ kg. Portanto, a massa reduzida de uma molécula de hidrogênio é

$$\mu = \frac{(1{,}674 \times 10^{-27} \text{ kg})(1{,}674 \times 10^{-27} \text{ kg})}{1{,}674 \times 10^{-27} \text{ kg} + 1{,}674 \times 10^{-27} \text{ kg}} = 8{,}370 \times 10^{-28} \text{ kg}$$

Usando a Equação 11.5 rearranjada em termos de k e lembrando de usar a massa reduzida, em vez da massa, encontramos

$$k = 4\pi^2 (1{,}32 \times 10^{14} \text{ s}^{-1})^2 (8{,}370 \times 10^{-28} \text{ kg})$$

$$k = 575 \text{ kg/s}^2$$

que, como foi explicado anteriormente, é igual a 575 N/m ou 5,75 mdin/Å.

b. De acordo com a Equação 11.16, a energia de um oscilador harmônico é

$$E = (n + \tfrac{1}{2})h\nu$$

Para $n = 1$ e 2, as energias são

$$E(n = 1) = (1 + \tfrac{1}{2})(6{,}626 \times 10^{-34} \text{ J·s})(1{,}32 \times 10^{14} \text{ s}^{-1}) = 1{,}31 \times 10^{-19} \text{ J}$$

$$E(n = 2) = (2 + \tfrac{1}{2})(6{,}626 \times 10^{-34} \text{ J·s})(1{,}32 \times 10^{14} \text{ s}^{-1}) = 2{,}19 \times 10^{-19} \text{ J}$$

A diferença de energia é $2{,}19 \times 10^{-19}$ J menos $1{,}31 \times 10^{-19}$ J, ou $8{,}8 \times 10^{-20}$ J.

Exemplo 11.10

A molécula de HF tem uma freqüência vibracional harmônica de $1{,}241 \times 10^{14}$ Hz.
a. Determine sua constante de força usando a massa reduzida de HF.
b. Suponha que o átomo de F não se move e que a vibração é devida apenas ao movimento do átomo de H. Usando a massa do átomo de H e a constante de força recém-calculada, determine qual é a freqüência esperada para o átomo. Comente a diferença.

Solução

a. Usando as massas de H e F, que são $1{,}674 \times 10^{-27}$ kg e $3{,}154 \times 10^{-26}$ kg, respectivamente, a massa reduzida pode ser calculada como

$$\mu = \frac{(1{,}674 \times 10^{-27} \text{ kg})(3{,}154 \times 10^{-26} \text{ kg})}{1{,}674 \times 10^{-27} \text{ kg} + 3{,}154 \times 10^{-26} \text{ kg}} = 1{,}590 \times 10^{-27} \text{ kg}$$

Substituindo na mesma expressão, vista no exemplo anterior, encontramos para k:

$$k = 4\pi^2 (1{,}241 \times 10^{14} \text{ s}^{-1})^2 (1{,}590 \times 10^{-27} \text{ kg}) = 966{,}7 \text{ kg/s}^2$$

b. A freqüência vibracional esperada para um átomo de hidrogênio com a massa de $1{,}674 \times 10^{-27}$ kg e uma constante de força vibracional de 967 kg/s² é dada por

$$\nu = \frac{1}{2\pi}\sqrt{\frac{k}{m}}$$

$$\nu = \frac{1}{2\pi}\sqrt{\frac{966{,}7\,\text{kg/s}^2}{1{,}674 \times 10^{-27}\,\text{kg}}}$$

$$\nu = 1{,}209 \times 10^{14}\,\text{Hz}$$

Esta é uma freqüência mais baixa, cerca de $2\tfrac{1}{2}\%$ menor do que a encontrada experimentalmente. Isto mostra que o uso da massa reduzida tem um efeito sobre o cálculo. O efeito é ainda mais óbvio quando duas partículas têm massas similares. Repita este exemplo usando H_2 (veja o Exemplo 11.9) e HD, onde $D = {}^2H$.

Em todos os casos em que várias partículas em nosso sistema estão se movendo umas *em relação* às outras, a massa reduzida deve ser considerada no lugar da massa real. No oscilador harmônico, a massa reduzida é usada, porque duas partículas se movem uma em relação à outra. Em um movimento puramente translacional, duas massas estão se movendo no espaço, mas permanecem nas mesmas posições *uma em relação à outra*. Portanto, a soma das massas, isto é, a massa total, é a massa necessária para descrever corretamente o movimento translacional.

11.6 Rotações Bidimensionais

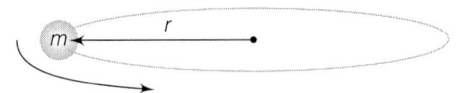

Figura 11.7 O movimento de rotação bidimensional pode ser definido como uma massa se movimentando ao redor de um ponto, em um círculo com um raio r fixo.

Um outro sistema-modelo consiste de uma massa percorrendo um círculo. Um diagrama simplificado de tal sistema é mostrado na Figura 11.7. A partícula com massa m se move em um círculo com um raio r *fixo*. Pode ou não haver outra massa no centro, mas o único movimento a ser considerado é o da partícula no círculo, com raio r. Para este sistema, a energia potencial V é fixa e pode ser arbitrariamente estabelecida como sendo 0. Uma vez que a partícula está se movendo em duas dimensões, escolhidas como as dimensões x e y, a equação de Schrödinger para este sistema é

$$-\frac{\hbar^2}{2m}\left(\frac{\partial^2}{\partial x^2} + \frac{\partial^2}{\partial y^2}\right)\Psi = E\Psi \qquad (11.29)$$

Esta não é, de fato, a melhor forma para a equação de Schrödinger. Como a partícula está se movendo em um círculo com raio fixo e apenas mudando seu ângulo, à medida que se move, faz sentido tentar descrever o movimento da partícula em termos de seu movimento angular, e não de seu movimento cartesiano. Do contrário, deveríamos poder resolver a equação de Schrödinger, mostrada anteriormente, simultaneamente em duas dimensões. Diferentemente da partícula na caixa 3D, nesse caso, não podemos separar o movimento x do movimento y, já que nossa partícula está se movendo em ambas as dimensões, x e y, simultaneamente.

Será mais fácil encontrar autofunções para a equação de Schrödinger se expressarmos a energia cinética total em termos de movimento angular. A mecânica clássica afirma que uma partícula se movendo em um círculo tem um *momento angular*, que foi definido no Capítulo 9 como sendo $L = mvr$. Porém, podemos também definir momento angular em termos de momentos lineares, p_i, em cada dimensão. Se uma partícula está confinada ao plano xy, ela tem momento angular ao longo do eixo z, cuja magnitude é dada pela expressão da mecânica clássica

$$L_z = xp_y - yp_x \tag{11.30}$$

onde p_x e p_y são os momentos lineares nas direções x e y. A esta altura, por uma questão de simplicidade, estamos ignorando a propriedade vetorial dos momentos (exceto na direção z).

Em termos do momento angular, a energia cinética de uma partícula que tem a massa m e gira a uma distância r, ao redor de um centro, é

$$K = \frac{L_z^2}{2mr^2} = \frac{L_z^2}{2I} \tag{11.31}$$

onde I foi definido como mr^2 e é chamado de *momento de inércia*. (Você deve estar ciente de que há diferentes expressões para o momento de inércia de um objeto físico, dependendo da forma do objeto. A expressão $I = mr^2$ é o momento de inércia para uma única massa se movendo em uma trajetória circular.)

Do ponto de vista da mecânica quântica, já que os operadores para os momentos lineares são definidos, um operador para o momento angular também pode ser definido:

$$\hat{L}_z = -i\hbar\left(\hat{x}\frac{\partial}{\partial y} - \hat{y}\frac{\partial}{\partial x}\right) \tag{11.32}$$

Portanto, por analogia, pode-se escrever a equação de Schrödinger para este sistema em termos das Equações 11.31 e 11.32, como

$$\frac{\hat{L}_z^2}{2I}\Psi = E\Psi \tag{11.33}$$

Por mais útil que seja o operador angular, ele ainda não é a melhor opção, uma vez que o usando no Hamiltoniano, ainda obteremos uma expressão em termos de x e y. Em vez de usar coordenadas cartesianas para descrever o movimento circular, empregaremos coordenadas polares. Nas *coordenadas polares*, todo o espaço bidimensional pode ser descrito usando um raio r a partir do centro, e um ângulo ϕ medido a partir de uma direção específica (geralmente, o eixo positivo x). A Figura 11.8 mostra como as coordenadas polares são definidas. Nas coordenadas polares, o operador de momento angular tem uma forma muito simples:

$$\hat{L}_z = -i\hbar\frac{\partial}{\partial \phi} \tag{11.34}$$

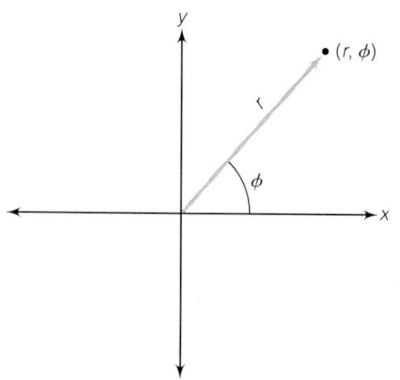

Figura 11.8 Coordenadas polares bidimensionais são definidas como uma distância de uma origem, r, e um ângulo ϕ em relação a uma direção arbitrária. Aqui, ϕ é o ângulo com o eixo positivo x.

Usando esta forma do momento angular, a equação de Schrödinger para a rotação bidimensional se torna

$$-\frac{\hbar^2}{2I}\frac{\partial^2}{\partial \phi^2}\Psi = E\Psi \tag{11.35}$$

A Equação 11.35 mostra que, apesar de chamarmos este sistema de "movimento bidimensional", nas coordenadas polares, apenas uma coordenada está variando: o ângulo ϕ. A Equação 11.35 é uma simples equação diferencial de segunda ordem, que tem soluções analíticas conhecidas para Ψ, que é o que estamos tentando encontrar. As expressões possíveis para Ψ são

$$\Psi = Ae^{im\phi} \tag{11.36}$$

onde os valores das constantes A e m serão determinados em breve, ϕ é a coordenada polar introduzida anteriormente, e i é a raiz quadrada de -1. (Não confunda a constante m com a massa de uma partícula.) O leitor atento vai reconhecer que esta função de onda pode ser escrita em termos de (cos $m\phi$ + i sen $m\phi$), mas a expressão exponencial apresentada anteriormente é a forma mais útil.

Apesar de a referida função de onda satisfazer a equação de Schrödinger, as funções de onda adequadas também devem ter outras propriedades. Primeiro, elas devem ser limitadas. Isso não é um problema (como mostra o exame da forma co-seno/seno da função de onda). Elas devem ser contínuas e passíveis de diferenciação. Mais uma vez, as funções exponenciais deste tipo são matematicamente bem-comportadas.

Elas também precisam ser de valor único, e isso pode representar um problema em potencial. Como a partícula está se movendo em um círculo, ela refaz seu caminho após 360° ou 2π radianos. Quando isso ocorre, a condição de "valor único" da função de onda aceitável requer que o valor da função de onda seja o mesmo quando a partícula fizer um círculo completo. (Isso também é chamado, algumas vezes, de condição de contorno circular.) Matematicamente, isso é escrito como

$$\Psi(\phi) = \Psi(\phi + 2\pi)$$

Podemos usar a forma da função de onda na Equação 11.36 e simplificá-la em etapas:

$$Ae^{im\phi} = Ae^{im(\phi+2\pi)}$$

$$e^{im\phi} = e^{im\phi}e^{im2\pi}$$

$$1 = e^{2\pi im}$$

onde A e $e^{im\phi}$ foram cancelados seqüencialmente em cada etapa, e na última etapa, os símbolos no expoente foram rearranjados. Esta última equação é a equação-chave. Provavelmente, é mais bem entendida se usarmos o *teorema de Euler* ($e^{i\theta}$ = cos θ + i sen θ) e escrevermos a exponencial imaginária em termos de seno e co-seno:

$$e^{2\pi im} = \cos 2\pi m + i \text{ sen } 2\pi m = 1$$

Para satisfazer esta equação, o termo seno deve ser exatamente zero (porque o número 1 não tem parte imaginária) e o termo co-seno deve ser exatamente 1. Isso ocorrerá somente quando $2\pi m$ for igual a qualquer múltiplo de 2π (incluindo 0 e valores negativos):

$$2\pi m = 0, \pm 2\pi, \pm 4\pi, \pm 6\pi, \ldots$$

Isto significa que o número m deve ter apenas valores de números inteiros:

$$m = 0, \pm 1, \pm 2, \pm 3, \ldots$$

Assim, a constante m na exponencial não pode ter qualquer valor arbitrário, mas deve ser um *número inteiro*, para que se tenha uma função de onda com comportamento adequado. Portanto, as funções de onda não são apenas funções exponenciais arbitrárias, mas um conjunto de funções exponenciais, no qual os expoentes devem ter certos valores especificados. O número m é um *número quântico*.

Para normalizar a função de onda, precisamos determinar $d\tau$ e os limites da integral. Como a única grandeza que varia é ϕ, o infinitésimo a ser integrado é $d\phi$. O valor de ϕ vai de 0 a 2π, antes de começar a repetir o espaço que está cobrindo; assim, os limites da integração são de 0 a 2π. A normalização da função de onda continua como segue.

$$N^2 \int_0^{2\pi} (e^{im\phi})^* e^{im\phi}\, d\phi = 1$$

Pela primeira vez nestes sistemas-modelo, o complexo conjugado muda algo na função de onda: afeta i no expoente da função. O primeiro expoente se torna negativo:

$$N^2 \int_0^{2\pi} e^{-im\phi} e^{im\phi}\, d\phi = 1$$

As duas funções exponenciais se cancelam, deixando apenas a infinitesimal. A normalização é completada:

$$N^2 \int_0^{2\pi} d\phi = 1$$

$$N^2 \phi \big|_0^{2\pi} = 1$$

$$N^2 (2\pi) = 1$$

$$N^2 = \frac{1}{2\pi}$$

$$N = \frac{1}{\sqrt{2\pi}}$$

onde, novamente, apenas a raiz quadrada positiva é usada. A função de onda completa para o movimento rotacional bidimensional é, então:

$$\Psi_m = \frac{1}{\sqrt{2\pi}} e^{im\phi} \qquad m = 0, \pm 1, \pm 2, \pm 3, \ldots \qquad (11.37)$$

A constante de normalização é a mesma para todas as funções de onda e não depende do número quântico m. A Figura 11.9 mostra gráficos de algumas das primeiras funções Ψ. As dimensões de Ψ lembram ondas estacionárias circulares e sugerem a descrição de De Broglie dos elétrons em um orbital circular. É apenas sugestivo, e essa analogia não é uma descrição verdadeira do movimento do elétron.

Agora, os autovalores de energia do sistema podem ser avaliados, utilizando, é claro, a equação de Schrödinger:

$$-\frac{\hbar^2}{2I} \frac{\partial^2}{\partial \phi^2} \Psi = E\Psi$$

Inserindo a forma geral da função de onda dada na Equação 11.37, obtemos

$$\frac{-\hbar^2}{2I} \frac{\partial^2}{\partial \phi^2} \left(\frac{1}{\sqrt{2\pi}} e^{im\phi} \right) = E \left(\frac{1}{\sqrt{2\pi}} e^{im\phi} \right)$$

A segunda derivada da exponencial é facilmente avaliada como sendo $-m^2 e^{im\phi}$. (A constante $1/\sqrt{2\pi}$ não é afetada pela derivada). Substituindo e rearranjando as constantes para manter os termos agrupados na função de onda original:

$$\frac{m^2 \hbar^2}{2I} \left(\frac{1}{\sqrt{2\pi}} e^{im\phi} \right) = E \left(\frac{1}{\sqrt{2\pi}} e^{im\phi} \right)$$

Isso mostra que o autovalor é $m^2 \hbar^2 / 2I$. Uma vez que o autovalor da equação de Schrödinger corresponde à observável de energia, a conclusão é que

$$E = \frac{m^2 \hbar^2}{2I} \qquad (11.38)$$

onde $m = 0, \pm 1, \pm 2$ etc. Uma certa massa especificada, a uma distância fixa r, tem um certo momento de inércia I. Como a constante de Planck é obviamente uma constante, a única variável na expressão da energia é m, que é um número inteiro. Portanto, *a energia total de uma partícula em rotação é quantizada* e depende do número quântico m. O exemplo seguinte mostra como estas quantidades se unem para produzir unidades de energia.

	Representação circular	Representação linear
$|m| = 3$		
$|m| = 2$		
$|m| = 1$		
$|m| = 0$		

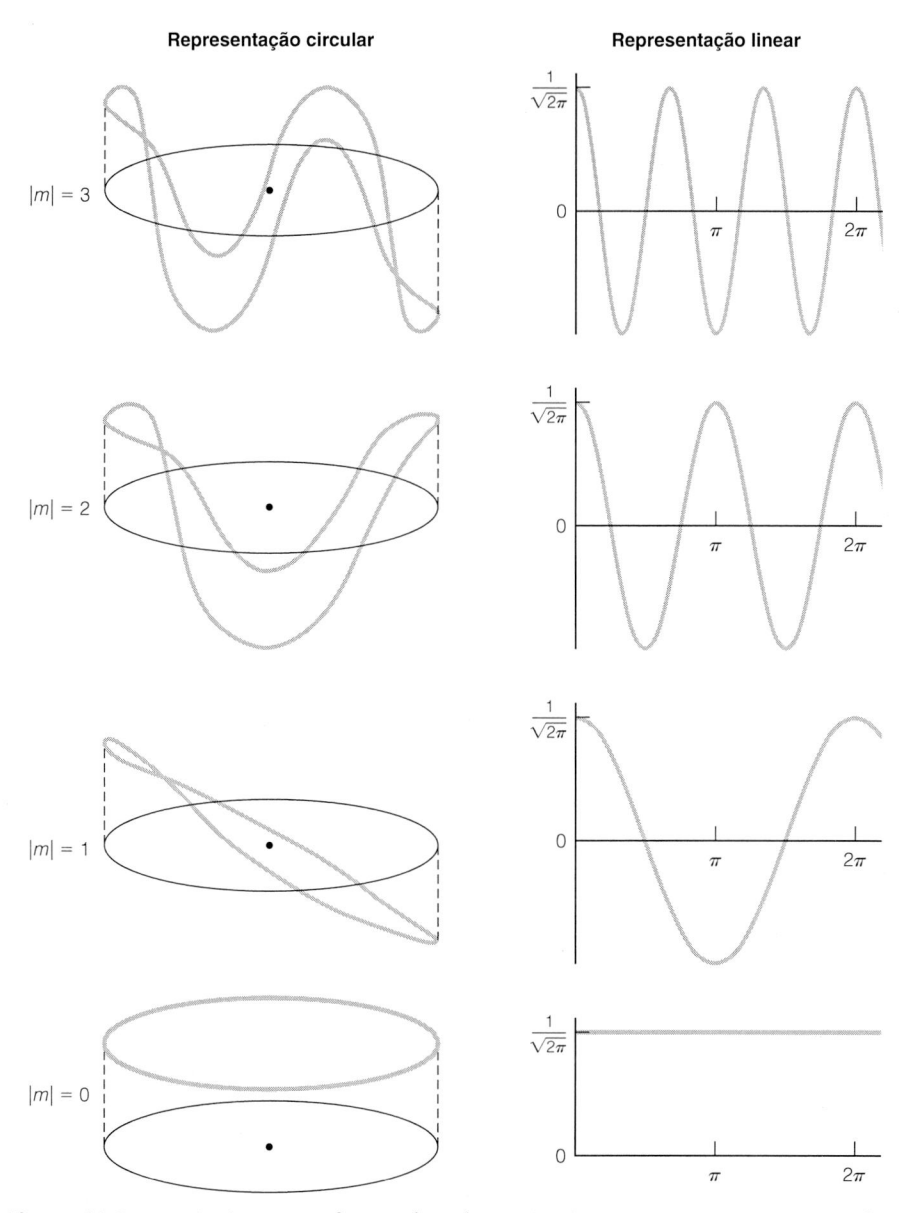

Figura 11.9 As primeiras quatro funções de onda rotacionais em 2D. As representações circulares imitam a verdadeira geometria do sistema, e as representações lineares mostram como se parecem as funções de onda. Cada representação linear representa um circuito (2π radianos) do rotor rígido.

Exemplo 11.11

Um elétron está se movendo em um círculo que tem o raio de 1,00 Å. Calcule os autovalores de energia das primeiras cinco funções de onda; isto é, onde $m = 0$, ± 1 e ± 2.

Solução

Primeiro, calculamos o momento de inércia do elétron. Usando $m_e = 9{,}109 \times 10^{-31}$ kg e o raio dado de 1,00 Å = $1{,}00 \times 10^{-10}$ m, o momento de inércia é

$$I = mr^2 = (9{,}109 \times 10^{-31} \text{ kg})(1{,}00 \times 10^{-10} \text{ m})^2 = 9{,}11 \times 10^{-51} \text{ kg} \cdot \text{m}^2$$

Estas são as unidades corretas para o momento de inércia. Agora, podemos considerar as energias de cada estado. Uma vez que $m = 0$ para o primeiro estado, é fácil perceber que

$$E(m = 0) = 0$$

Para os outros estados, lembramos que a energia depende do quadrado do número quântico. Portanto, a energia quando $m = 1$ é a mesma quando $m = -1$.

$$E(m = \pm 1) = \frac{1^2(6{,}626 \times 10^{-34} \text{ J·s})^2}{2(9{,}11 \times 10^{-51} \text{ kg·m}^2)(2\pi)^2} = 6{,}10 \times 10^{-19} \text{ J}$$

$$E(m = \pm 2) = \frac{2^2(6{,}626 \times 10^{-34} \text{ J·s})^2}{2(9{,}11 \times 10^{-51} \text{ kg·m}^2)(2\pi)^2} = 2{,}44 \times 10^{-18} \text{ J}$$

Os termos $(2\pi)^2$ nos denominadores são por conta de $\hbar$. As unidades são joules, como ilustra a seguinte análise de unidades:

$$\frac{(\text{J·s})^2}{\text{kg·m}^2} = \frac{\text{J}^2 \text{·s}^2}{\text{kg·m}^2} = \frac{\text{J·s}^2}{\text{kg·m}^2}\left(\frac{\text{kg·m}^2}{\text{s}^2}\right) = \text{J}$$

onde, na penúltima etapa, uma das unidades de joule é desmembrada em suas unidades básicas.

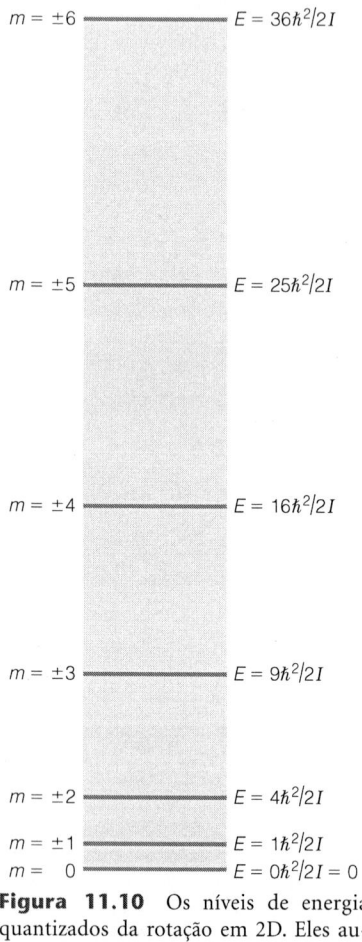

$m = \pm 6$ —— $E = 36\hbar^2/2I$

$m = \pm 5$ —— $E = 25\hbar^2/2I$

$m = \pm 4$ —— $E = 16\hbar^2/2I$

$m = \pm 3$ —— $E = 9\hbar^2/2I$

$m = \pm 2$ —— $E = 4\hbar^2/2I$
$m = \pm 1$ —— $E = 1\hbar^2/2I$
$m = 0$ —— $E = 0\hbar^2/2I = 0$

Figura 11.10 Os níveis de energia quantizados da rotação em 2D. Eles aumentam em energia de acordo com o *quadrado* do número quântico *m*.

Um diagrama dos níveis de energia do movimento rotacional bidimensional é mostrado na Figura 11.10. Do mesmo modo que para a partícula na caixa, a energia depende do quadrado do número quântico, em vez de variar linearmente com o número quântico. Os níveis de energia ficam mais e mais espaçados, à medida que o número quântico m aumenta.

Devido à dependência entre o quadrado da energia e o número quântico m, valores positivos e negativos de m da mesma magnitude resultam no mesmo valor de energia (como se viu no Exemplo 11.11). Portanto, todos os níveis de energia (exceto para o estado $m = 0$) são *duplamente degenerados*: duas funções de onda têm a mesma energia.

Este sistema tem mais uma observável a se considerar: o momento angular, em função do qual a energia total foi definida. Se as funções de onda forem autofunções do operador do momento angular, o autovalor produzido corresponderia à observável do momento angular. Usando a forma da coordenada polar para o operador do momento angular:

$$\hat{L}_z \Psi = -i\hbar \frac{\partial}{\partial \phi}\left(\frac{1}{\sqrt{2\pi}}e^{im\phi}\right) = -i\hbar(im)\left(\frac{1}{\sqrt{2\pi}}e^{im\phi}\right)$$

$$\hat{L}_z \Psi = m\hbar \Psi \qquad (11.39)$$

As funções de onda que são autofunções da equação de Schrödinger também são autofunções do operador do momento angular. Considere os próprios autovalores: um produto de $\hbar$, por uma constante, e pelo número quântico m. *O momento angular da partícula é quantizado*. Ele só pode ter certos valores, que são ditados pelo número quântico m.

Exemplo 11.12

No Exemplo 11.11, quais são os momentos angulares dos cinco estados do elétron que está girando?

Solução

De acordo com a Equação 11.39, os valores dos momentos angulares são $-2\hbar$, $-1\hbar$, 0, $1\hbar$ e $2\hbar$. Note que apesar de as energias serem as mesmas para certos pares de números quânticos, os valores dos momentos angulares quantizados não o são.

Alguns comentários sobre o momento angular se fazem necessários. Primeiro, a mecânica clássica trata os valores possíveis do momento angular como se fossem contínuos, ao passo que a mecânica quântica limita o momento angular a valores descontínuos, quantizados. Segundo, o momento angular quantizado não depende da massa ou do momento de inércia. Isso vai completamente contra as idéias da mecânica clássica, em que a massa de uma partícula está intimamente ligada ao seu momento. Este é um outro exemplo no qual a mecânica quântica se afasta das idéias da mecânica clássica.

Além disso, como os valores quantizados do momento angular dependem de m, e não de m^2, cada função de onda tem seu próprio valor característico do momento angular, conforme foi mencionado no Exemplo 11.12. Os níveis de energia podem ser duplamente degenerados, mas cada estado tem seu próprio momento angular. Um estado tem um valor de momento angular igual a $m\hbar$, e o outro igual a $-m\hbar$. Como o momento é uma quantidade vetorial, há um modo simples de racionalizar as diferenças entre os dois estados. Em um estado, a partícula está se movendo em uma direção (digamos, no sentido horário), e no outro, está se movendo na direção oposta (digamos, no sentido anti-horário).

Nos casos em que duas massas (dois átomos) estão ligadas e em rotação em um plano, todas as equações já mostradas se aplicariam, apenas a massa seria substituída pela *massa reduzida* do sistema de duas massas. Isso é consistente com os tratamentos anteriores de duas massas se movendo uma em relação à outra. Um sistema de duas (ou mais) partículas em rotação em duas dimensões é chamado de *rotor rígido 2D*.

Exemplo 11.13

A distância da ligação no HCl é de 1,29 Å. No seu estado rotacional mais baixo, a molécula não está em rotação, e as equações do rotor rígido indicam que sua energia rotacional é zero. Qual é a energia e seu momento angular quando se está no primeiro estado de energia, diferente de zero? Use o peso atômico do Cl como uma aproximação da massa do átomo de Cl.

Solução

Usando as massas de H e Cl, como sendo $1{,}674 \times 10^{-27}$ kg e $5{,}886 \times 10^{-26}$ kg, a massa reduzida da molécula é $1{,}628 \times 10^{-27}$ kg. A distância de ligação, em metros, é $1{,}29 \times 10^{-10}$ m. Para este caso, não calcularemos o momento de inércia como uma etapa separada, mas substituiremos os números na fórmula da energia, conforme o adequado. Para o primeiro estado de energia rotacional diferente de zero:

$$E(m=1) = \frac{(1)^2 (6{,}626 \times 10^{-34} \text{ J}\cdot\text{s})^2}{2(1{,}628 \times 10^{-27} \text{ kg})(1{,}29 \times 10^{-10} \text{ m})^2 (2\pi)^2}$$

$$E(m=1) = 2{,}05 \times 10^{-22} \text{ J}$$

Uma vez que a molécula pode ter esta energia no estado $m = 1$ e no estado $m = -1$, o momento angular da molécula pode ser ou $1\hbar$ ou $-1\hbar$. Com a informação dada, não há um modo de distinguir entre as possibilidades.

A constante de Planck, *h*, tem as mesmas unidades, J·s, que o momento angular kg·m²/s. Esta é uma unidade diferente do momento *linear*, cuja unidade é kg·m/s. A constante de Planck *h* tem unidades que a mecânica clássica chamaria de unidades de *ação*. O que descobriremos é que qualquer observável atômica que tem unidades de ação é um tipo de momento angular, e seu valor, no nível atômico, está relacionado à constante de Planck. Relações como esta é que reforçam o papel central e insubstituível da constante de Planck na compreensão (de fato, na própria existência) da matéria.

Por fim, agora que mostramos que o momento angular é quantizado para alguns sistemas, recorremos a uma antiga idéia, que Bohr teve quando apresentou sua teoria do átomo de hidrogênio. Ele supôs que o momento angular era quantizado! Ao fazê-lo, Bohr foi capaz de prever teoricamente o espectro do átomo de hidrogênio, apesar de a justificativa para essa suposição ser muito discutível. A mecânica quântica não supõe a quantização do momento angular. Na verdade, a mecânica quântica mostra que ela é inevitável.

Exemplo 11.14

A molécula orgânica do benzeno, C_6H_6, tem uma estrutura cíclica na qual os átomos de carbono formam um hexágono. Os elétrons π na molécula cíclica podem ser considerados como tendo um movimento rotacional bidimensional. Calcule o diâmetro deste "anel de elétrons", supondo que uma transição ocorrendo a 260,0 nm corresponde a um elétron indo de $m = 3$ a $m = 4$.

Solução

Primeiro, calcule a variação de energia em J, que corresponde a um comprimento de onda do fóton de 260,0 nm, que é $2,60 \times 10^{-7}$ m:

$$c = \lambda \nu$$

$$2,9979 \times 10^8 \text{ m/s} = (2,60 \times 10^{-7} \text{ m}) \cdot \nu$$

$$\nu = 1,15 \times 10^{15} \text{ s}^{-1}$$

Portanto, usando $E = h\nu$:

$$E = (6,626 \times 10^{-34} \text{ J·s})(1,15 \times 10^{15} \text{ s}^{-1})$$

$$E = 7,64 \times 10^{-19} \text{ J}$$

Esta diferença de energia deve ser igual à diferença entre os níveis $m = 4$ e $m = 3$:

$$\Delta E = 7,64 \times 10^{-19} \text{ J} = \frac{4^2 \hbar^2}{2mr^2} - \frac{3^2 \hbar^2}{2mr^2}$$

onde mr^2 substitui I nos denominadores. Substituindo h, 2π e a massa do elétron:

$7,64 \times 10^{-19}$ J

$$= \frac{4^2 (6,626 \times 10^{-34} \text{ J·s})^2}{(2\pi)^2 \cdot 2(9,109 \times 10^{-31} \text{ kg}) \cdot r^2} - \frac{3^2 (6,626 \times 10^{-34} \text{ J·s})^2}{(2\pi)^2 \cdot 2(9,109 \times 10^{-31} \text{ kg}) \cdot r^2}$$

$$7,64 \times 10^{-19} \text{ J} = (16 - 9) \frac{6,104 \times 10^{-39} \text{ m}^2}{r^2}$$

$$r^2 = 5,59 \times 10^{-20} \text{ m}^2$$

$$r = 2,36 \times 10^{-10} \text{ m} = 2,36 \text{ Å}$$

A molécula de benzeno tem um *diâmetro* um pouco maior do que 3 Å. Supõe-se que o diâmetro do "anel de elétrons" seja um pouco menor do que isso, na média. Este modelo prevê um diâmetro um pouco maior (= 2 raios, ou ~4,7 Å, nesse caso). Porém, dadas as aproximações que fizeram parte de nossas suposições ao aplicar este modelo ao benzeno, chegar tão perto deve ser considerado um sinal positivo.

O movimento rotacional bidimensional é o último sistema que consideramos, no qual a solução da função de onda é obtida. Daqui em diante, conclusões importantes serão apresentadas diretamente, em vez de deduzidas. Os sistemas considerados até este ponto demonstraram, suficientemente, como os postulados da mecânica quântica são aplicados a sistemas, e como os resultados são obtidos. Depois disso, vamos nos concentrar mais nos resultados e no que eles significam, do que na obtenção, passo a passo, das soluções. Se você estiver interessado nos detalhes matemáticos, consulte um material de referência mais avançado.

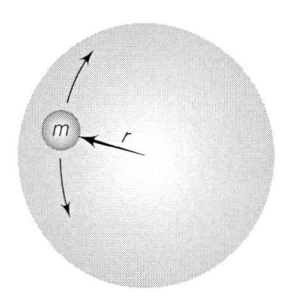

Figura 11.11 Rotações tridimensionais podem ser definidas como uma massa se movendo ao longo da superfície de uma esfera que tem um raio *r* fixo.

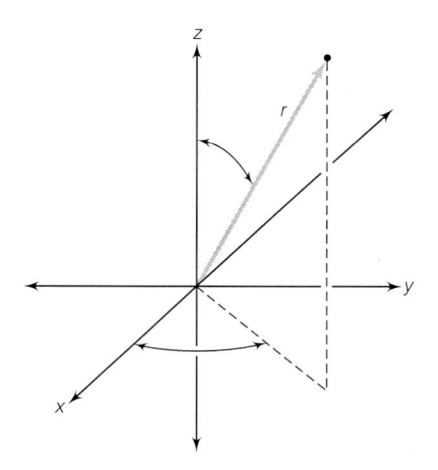

Figura 11.12 As definições das coordenadas polares esféricas *r*, θ e φ. A coordenada *r* é a distância entre um ponto e a origem. O ângulo φ é definido em relação à projeção do vetor *r* no plano *xy*, e é o ângulo que esta projeção faz com o eixo positivo *x* (com o movimento na direção do eixo positivo *y* sendo considerado um valor angular positivo). O ângulo θ é o ângulo entre o vetor *r* e o eixo positivo *z*.

11.7 Rotações Tridimensionais

Expandir a rotação de uma partícula ou de um rotor rígido para três dimensões é uma etapa trivial. O raio de uma partícula a partir de um centro permanece fixo, assim, a rotação tridimensional descreve um movimento na superfície de uma esfera, como se vê na Figura 11.11. Porém, a fim de poder descrever a esfera completa, o sistema de coordenadas se expande para incluir um segundo ângulo θ. Juntas, as três coordenadas (*r*, θ, φ) definem *coordenadas polares esféricas*. As definições destas coordenadas são apresentadas na Figura 11.12. Para tratar desse tema de forma mais eficiente, várias afirmações relativas às coordenadas polares esféricas são apresentadas, sem provas (apesar de poderem ser comprovadas sem muito esforço, se desejado).

Existe uma relação direta entre as coordenadas cartesianas tridimensionais (*x*, *y*, *z*) e as coordenadas polares esféricas (*r*, θ, φ). As relações são:

$$x = r \operatorname{sen} \theta \cos \phi$$
$$y = r \operatorname{sen} \theta \operatorname{sen} \phi \quad (11.40)$$
$$z = r \cos \theta$$

Quando se fazem integrações nas coordenadas polares esféricas, a forma de *d*τ e os limites da integração devem ser considerados. A forma completa de *d*τ para a integração de todas as três coordenadas (que deve ser uma integral tripla, cada integral lidando independentemente com uma só coordenada polar) é

$$d\tau = r^2 \operatorname{sen} \theta \, dr \, d\phi \, d\theta \quad (11.41)$$

No caso da integração em 2D, de apenas φ e θ, a infinitesimal *d*τ é

$$d\tau = \operatorname{sen} \theta \, d\phi \, d\theta \quad (11.42)$$

Como dois ângulos estão definidos, para integrar todo o espaço somente uma vez, os limites de integração de um ângulo vão de 0 a π, enquanto os limites de integração do outro ângulo variam de 0 a 2π (se ambos os limites fossem de 0 a 2π, todo o espaço acabaria sendo coberto duas vezes). A convenção aceita é que os limites de integração de ϕ vão de 0 a 2π, e os limites de θ vão de 0 a π. Nos casos em que se considera a integração em termos de r, os limites da integração vão de 0 a ∞.

Por fim, como no caso do movimento rotacional em 2D, a forma do Hamiltoniano é diferente quando são usadas coordenadas polares esféricas. No caso em que θ e ϕ variam (mas r ainda é constante!), o operador Hamiltoniano é

$$\hat{H} = -\frac{\hbar^2}{2I}\left(\frac{\partial^2}{\partial\theta^2} + \cot\theta\frac{\partial}{\partial\theta} + \frac{1}{\text{sen}^2\theta}\frac{\partial^2}{\partial\phi^2}\right) + \hat{V} \tag{11.43}$$

onde I é o momento de inércia e $\hat{V}$ é o operador de energia potencial. Como nas rotações bidimensionais, o Hamiltoniano pode ser escrito em termos do momento angular, mas agora deve ser escrito em termos do momento angular *total*, e não apenas considerando uma única dimensão. O Hamiltoniano rotacional em 3D é também escrito como

$$\hat{H} = \frac{\hat{L}^2}{2I} + \hat{V} \tag{11.44}$$

Verificando as duas expressões anteriores, perceba que

$$\hat{L}^2 = -\hbar^2\left(\frac{\partial^2}{\partial\theta^2} + \cot\theta\frac{\partial}{\partial\theta} + \frac{1}{\text{sen}^2\theta}\frac{\partial^2}{\partial\phi^2}\right) \tag{11.45}$$

A raiz quadrada do lado direito da Equação 11.45 *não pode ser obtida analiticamente*. Portanto, um operador para o momento angular total não é comumente usado nos sistemas mecânico-quânticos em 3D. Somente um operador é comum para o *quadrado* do momento angular total. Para se definir o momento angular, é preciso determinar o valor (na verdade, um autovalor) do quadrado do momento angular e extrair a raiz quadrada dessa observável.

De novo, a energia potencial V para o movimento rotacional em 3D pode ser fixada em zero, de modo que as funções de onda aceitáveis para a rotação em três dimensões devem satisfazer a equação de Schrödinger, que é

$$\frac{-\hbar^2}{2I}\left(\frac{\partial^2}{\partial\theta^2} + \cot\theta\frac{\partial}{\partial\theta} + \frac{1}{\text{sen}^2\theta}\frac{\partial^2}{\partial\phi^2}\right)\Psi = E\Psi \tag{11.46}$$

Mesmo que a massa esteja se movendo nas três coordenadas cartesianas, nas coordenadas polares esféricas, precisamos apenas de θ e ϕ para definir o movimento. A solução detalhada da equação diferencial anterior é longa, e não será apresentada aqui. Porém, vários aspectos podem ser apontados, antes que a solução seja simplesmente apresentada. Primeiro, supõe-se que a solução é *separável*. Isto é, consideramos que as funções de onda são produtos de duas funções Φ e Θ, e que cada uma delas depende apenas das variáveis ϕ e θ, respectivamente:

$$\Psi(\phi, \theta) \equiv \Phi(\phi) \cdot \Theta(\theta)$$

Se considerarmos as variáveis θ e ϕ na Equação 11.46, independentemente, veremos que apenas um termo da diferencial contém ϕ, o último termo. Se θ fosse mantido constante, os dois primeiros termos da diferencial seriam idênticos a zero (as derivadas são zero se a variável em questão for mantida constante), e a equação de Schrödinger teria a mesma forma que a do movimento rotacional em 2D:

$$\Phi(\phi) = \frac{1}{\sqrt{2\pi}}e^{im\phi}$$

As mesmas restrições sobre os possíveis valores do número quântico m se mantêm para este caso: $m = 0, \pm 1, \pm 2$, e assim por diante.

Tabela 11.3		Os polinômios associados de Legendre Θ_{ℓ,m_ℓ}
ℓ	m_ℓ	Θ_{ℓ,m_ℓ}
0	0	$\frac{1}{2}\sqrt{2}$
1	0	$\frac{1}{2}\sqrt{6}\cos\theta$
1	±1	$\frac{1}{2}\sqrt{3}\,\text{sen}\,\theta$
2	0	$\frac{1}{4}\sqrt{10}(3\cos^2\theta - 1)$
2	±1	$\frac{1}{2}\sqrt{15}\,\text{sen}\,\theta\cos\theta$
2	±2	$\frac{1}{4}\sqrt{15}\,\text{sen}^2\theta$
3	0	$\frac{3}{4}\sqrt{14}(\frac{5}{3}\cos^3\theta - \cos\theta)$
3	±1	$\frac{1}{8}\sqrt{42}\,\text{sen}\,\theta(5\cos^2\theta - 12)$
3	±2	$\frac{1}{4}\sqrt{105}\,\text{sen}^2\theta\cos\theta$
3	±3	$\frac{1}{8}\sqrt{70}\,\text{sen}^3\theta$

Infelizmente, uma análise semelhante não pode ser feita mantendo φ constante e variando apenas θ, para encontrar a função Θ(θ). Isto porque todos os três termos diferenciais no Hamiltoniano contêm θ, e, assim, não se pode simplificar. (O terceiro termo não é uma diferencial em termos de θ, mas tem o termo sen²θ no denominador). A mistura de variáveis no terceiro termo introduz outra mudança. A solução final para Θ(θ) também dependerá do número quântico *m*. Além disso, veremos que as restrições impostas às funções de onda aceitáveis (isto é, elas devem estar limitadas) irão gerar uma relação entre o número quântico *m* e qualquer outro número quântico que apareça.

A parte θ da Equação diferencial 11.46 tem uma solução conhecida, que é um conjunto de funções chamadas de *polinômios associados de Legendre*. (Do mesmo modo que nos polinômios de Hermite, equações diferenciais na forma da Equação 11.46 foram estudadas anteriormente pelo matemático francês Adrien Legendre, mas por diferentes motivos.) Estes polinômios, apresentados na Tabela 11.3, são funções apenas de θ, mas têm dois índices identificando as funções. Um dos índices, um número inteiro denominado ℓ, indica a máxima potência, ou *ordem*, dos termos θ. (Também indica a ordem total da combinação dos termos cos θ e sen θ.) O segundo índice, *m*, especifica qual combinação dos termos sen θ e cos θ estão no polinômio de Legendre daquela ordem em particular. Para os polinômios associados de Legendre, o valor absoluto de *m* produz o mesmo polinômio. As combinações possíveis são limitadas àquelas em que o valor absoluto de *m* tem sempre um valor menor do que ou igual a ℓ. Isto é, devido aos requisitos dos polinômios associados de Legendre, há um novo *número quântico* ℓ, cujo valor deve ser um número inteiro não-negativo:

$$\ell = 0, 1, 2, ... \quad (11.47)$$

e os únicos valores possíveis do número quântico *m*, associado a qualquer número quântico ℓ em particular, são números inteiros cujo valor absoluto seja menor que ou igual a ℓ:

$$|m| \leq \ell \quad (11.48)$$

Estas restrições são impostas pelas formas dos polinômios, que devem ser *funções de onda aceitáveis e autofunções da equação de Schrödinger*. Por causa do limite que ℓ impõe a *m*, é comum usar o símbolo m_ℓ como a identificação para este número quântico.

Exemplo 11.15

Enumere os possíveis valores de m_ℓ para os primeiros cinco valores possíveis de ℓ.

Solução

O número quântico ℓ pode ter valores inteiros começando em zero. Portanto, os primeiros cinco valores possíveis de ℓ são 0, 1, 2, 3 e 4. Para $\ell = 0$, m_ℓ só pode ser 0. Para $\ell = 1$, o valor absoluto de m_ℓ deve ser menor do que ou igual a 1; assim, para números inteiros, as únicas possibilidades são 0, 1 e −1 (ou apresentados como −1, 0, 1). Para $\ell = 2$, os valores inteiros possíveis para m_ℓ são −2, −1, 0, 1 e 2. Para $\ell = 3$, os valores possíveis de m_ℓ são −3, −2, −1, 0, 1, 2 e 3. Para $\ell = 4$, os valores possíveis de m_ℓ são −4, −3, −2, −1, 0, 1, 2, 3 e 4.

Como o número quântico m_ℓ pode ter valores inteiros de $-\ell$ até ℓ, incluindo 0, existem $2\ell + 1$ valores possíveis de m_ℓ para cada valor de ℓ.

A Tabela 11.3 apresenta vários polinômios associados de Legendre. Eles são representados aqui como θ_{ℓ,m_ℓ}. Não importa se m_ℓ é positivo ou negativo; sua grandeza determina qual é o polinômio necessário.

Agora, as duas partes da solução da Equação 11.46 podem ser combinadas para se obter a solução completa para o movimento rotacional em 3D. As funções de onda aceitáveis são

$$\Psi = \frac{1}{\sqrt{2\pi}} e^{im_\ell \phi} \cdot \theta_{\ell,m_\ell} \tag{11.49}$$

onde se aplicam as seguintes condições:

$$\ell = 0, 1, 2, 3, \ldots$$

$$|m_\ell| \leq \ell$$

Estas funções de onda eram bem conhecidas pelas pessoas que desenvolveram a mecânica quântica. Elas são chamadas de *harmônicas esféricas* e são identificadas como $Y_{m_\ell}^{\ell}$ (ou Y_{ℓ,m_ℓ}). Mais uma vez, a matemática clássica se antecipou à mecânica quântica na solução das equações diferenciais. Apesar de os polinômios de Legendre não distinguirem entre valores positivos e negativos do número quântico m, a parte exponencial das funções de onda completas faz esta distinção. Cada conjunto de números quânticos (ℓ, m_ℓ) indica, portanto, uma única função de onda, denominada Ψ_{ℓ,m_ℓ}, que pode descrever o estado possível de uma partícula confinada à superfície de uma esfera. A própria função de onda *não* depende nem da massa da partícula nem do raio da esfera que define o sistema.

Exemplo 11.16

Mostre que a função de onda $\Psi_{1,1}$ é normalizada sobre todo o espaço. Use o polinômio associado de Legendre, apresentado na Tabela 11.3.

Solução

A função de onda completa consiste do polinômio associado de Legendre apropriado, bem como da parte apropriada $(1/\sqrt{2\pi})e^{im_\ell \phi}$. A função de onda completa $\Psi_{1,1}$ é

$$\Psi_{1,1} = \frac{1}{\sqrt{2\pi}} \cdot e^{i \cdot 1 \cdot \phi} \cdot \frac{1}{2}\sqrt{3}\, \text{sen}\, \theta$$

que se simplifica para

$$\Psi_{1,1} = \frac{\sqrt{3}}{2\sqrt{2\pi}} \cdot e^{i\phi}\, \text{sen}\, \theta$$

O requisito para a normalização é que a integral do quadrado da função de onda sobre todo o espaço seja igual a 1. Assim, estabelecemos a função de onda e a integramos sobre ϕ e θ:

$$\Psi_{1,1} = \int_{\phi=0}^{2\pi} \int_{\theta=0}^{\pi} \left(\frac{\sqrt{3}}{2\sqrt{2\pi}} \cdot e^{i\phi}\, \text{sen}\, \theta\right)^{*} \frac{\sqrt{3}}{2\sqrt{2\pi}} \cdot e^{i\phi}\, \text{sen}\, \theta\, d\phi\, \text{sen}\, \theta\, d\theta$$

onde o termo final sen θ vem da definição de $d\tau$ neste sistema bidimensional.

$$\Psi_{1,1} = \frac{3}{4 \cdot 2\pi} \int_{\phi=0}^{2\pi} \int_{\theta=0}^{\pi} e^{-i\phi}\, \text{sen}\, \theta\, e^{i\phi}\, \text{sen}\, \theta\, d\phi\, \text{sen}\, \theta\, d\theta$$

As duas exponenciais se cancelam. Separando as partes remanescentes ϕ e θ em suas respectivas integrais:

$$\Psi_{1,1} = \frac{3}{8\pi} \int_{\phi=0}^{2\pi} d\phi \int_{\theta=0}^{\pi} \text{sen}^3\, \theta\, d\theta$$

Cada integral pode ser resolvida separadamente. A primeira integral, sobre ϕ, é facilmente mostrada como sendo

$$\int_{\phi=0}^{2\pi} d\phi = \phi\big|_0^{2\pi} = 2\pi - 0 = 2\pi$$

A segunda integral, sobre θ, deve ser integrada por partes ou procurada em uma tabela de integrais. Esta integral está incluída no Apêndice 1.

$$\int_{\theta=0}^{\pi} \text{sen}^3\,\theta\, d\theta = -\tfrac{1}{3}\cos\theta(\text{sen}^2\,\theta + 2)\big|_0^{\pi}$$
$$= -\tfrac{1}{3}[(-1)(0+2) - (1)(0+2)] = \tfrac{4}{3}$$

Se combinarmos todos os termos da integral, encontraremos

$$\Psi_{1,1} = \frac{3}{8\pi} \cdot 2\pi \cdot \frac{4}{3} = 1$$

confirmando que a função de onda harmônica esférica está de fato normalizada.

Usando as formas explícitas das harmônicas esféricas, pode-se aplicar as integrais trigonométricas padrão para mostrar que as funções de onda também são mutuamente ortogonais. Isto é,

$$\int \Psi^*_{\ell,m_\ell} \Psi_{\ell',m'_\ell}\, d\tau = 0 \quad \text{a menos que} \quad \ell = \ell' \quad \text{e} \quad m_\ell = m_{\ell'} \tag{11.50}$$

Os autovalores da energia para o movimento rotacional em 3D podem ser determinados analiticamente, colocando as harmônicas esféricas na equação de Schrödinger e resolvendo para a energia. É um procedimento matemático direto (veja o Exercício 11.33), mas estamos mais interessados na expressão analítica para a energia. Ela é

$$E \equiv E(\ell) = \frac{\ell(\ell+1)\hbar^2}{2I} \tag{11.51}$$

A energia do movimento rotacional em 3D depende do momento de inércia da partícula, da constante de Planck e de ℓ. Uma vez que a energia total não pode ter quaisquer valores diferentes destes, *a energia total é quantizada* e depende do número quântico ℓ. Ela não depende de m_ℓ. Portanto, cada nível de energia é $(2\ell + 1)$ vezes degenerado.

A expressão para a energia de uma rotação em 3D é um pouco diferente dos níveis de energia de uma rotação em 2D. Por causa do termo $\ell + 1$ no numerador, a energia de uma rotação em 3D aumenta um pouco mais depressa com o número quântico ℓ do que a energia de uma rotação em 2D *versus* m. Isto é ilustrado na Figura 11.13, que mostra os diagramas dos primeiros oito níveis de energia de ambas as rotações, em 2D e em 3D.

Um *rotor rígido em 3D* é um sistema com mais de uma partícula, tendo posições relativas fixas (isto é, uma molécula), que está girando no espaço tridimensional. A única mudança em qualquer das expressões deduzidas acima é a substituição de m, a massa, por μ, a massa reduzida. (Cuidado para não confundir massa e número quântico rotacional, uma vez que ambos podem ser representados por m.) As funções de onda, os autovalores da energia e os autovalores do momento angular podem ser determinados usando as mesmas expressões após a substituição por μ.

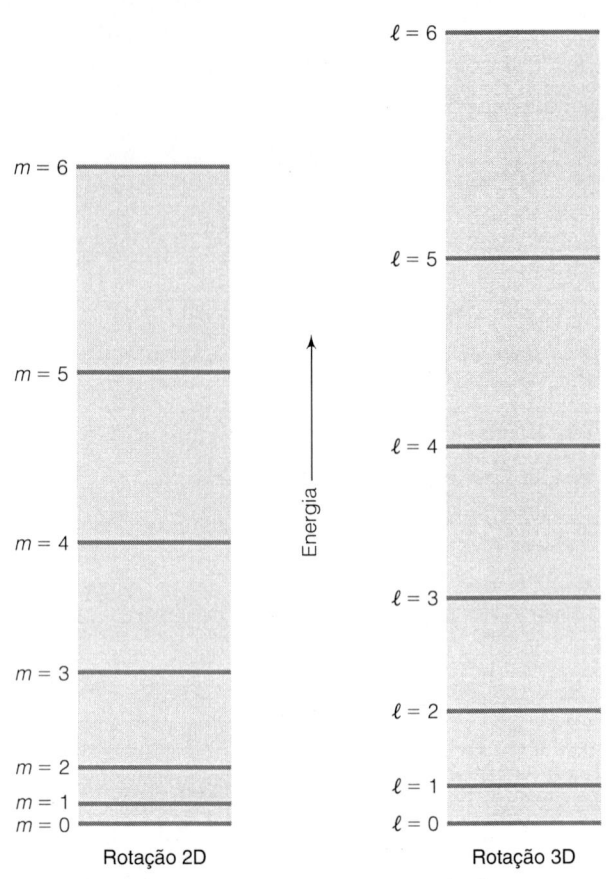

Figura 11.13 Uma comparação entre as energias quantizadas das rotações em 2D e em 3D. O desenho está em uma escala vertical. Rotações em 3D têm um pouco mais de energia do que rotações em 2D do mesmo número quântico.

Exemplo 11.17

A molécula de carbono buckminsterfulereno, C_{60}, pode ser aproximada como uma esfera, e os elétrons da molécula podem ser considerados como estando confinados à superfície de uma esfera. Se uma das absorções de C_{60} corresponde a um elétron indo do estado $\ell = 4$ para o estado $\ell = 5$, que comprimento de onda de luz causaria esta mudança? Use $r = 3{,}50$ Å para calcular o momento de inércia. (Uma transição no espectro de C_{60} é observada em 404 nm.)

Solução

O momento de inércia de um elétron neste sistema é

$$I = (9{,}109 \times 10^{-31} \text{ kg})(3{,}50 \times 10^{-10} \text{ m})^2 = 1{,}12 \times 10^{-49} \text{ kg·m}^2$$

Portanto, a energia do estado $\ell = 4$ é

$$E(\ell = 4) = \frac{4(4+1)(6{,}626 \times 10^{-34} \text{ J·s})^2}{2 \cdot 1{,}12 \times 10^{-49} \text{ kg·m}^2 \cdot (2\pi)^2} = 9{,}93 \times 10^{-19} \text{ J}$$

e a energia para o estado $\ell = 5$ é

$$E(\ell = 5) = \frac{5(5+1)(6{,}626 \times 10^{-34} \text{ J·s})^2}{2 \cdot 1{,}12 \times 10^{-49} \text{ kg·m}^2 \cdot (2\pi)^2} = 1{,}49 \times 10^{-18} \text{ J}$$

A diferença nas energias é

$$\Delta E = 4{,}96 \times 10^{-19}\ \text{J}$$

Usando $E = h\nu$, pode-se mostrar que esta diferença de energia corresponde à absorção de um fóton com a freqüência ν de

$$\nu = 7{,}49 \times 10^{14}\ \text{s}^{-1}$$

Usando $c = \lambda\nu$, esta freqüência corresponde a um comprimento de onda de

$$\lambda = 4{,}00 \times 10^{-7}\ \text{m}$$

que é 400 nm. Isto se compara muito bem com a absorção medida experimentalmente e que aparece em 404 nm.

O exemplo anterior mostra que o modelo rotacional em 3D é aplicável a um sistema real, assim como a partícula na caixa e o movimento rotacional em 2D podem ser aplicados a sistemas reais. Outras transições de C_{60} também podem servir nas equações da rotação em 3D, e serão vistas nos exercícios. Estes exemplos mostram que, apesar de serem sistemas-modelo, eles têm aplicação no mundo real. A situação é semelhante àquela do gás ideal: temos equações para expressar o comportamento de um gás ideal. E apesar de não existir, de fato, um gás ideal, o comportamento dos gases reais pode se aproximar do comportamento do gás ideal, e então, as equações do gás ideal têm um propósito útil na vida real. Estas equações da mecânica quântica têm a mesma aplicabilidade que as equações de um gás ideal. Estes sistemas-modelo não existem na realidade, mas há alguns sistemas atômicos ou moleculares que podem se aproximar deles. As equações da mecânica quântica funcionam razoavelmente bem; na verdade, melhor do que qualquer coisa que a mecânica clássica pôde oferecer.

11.8 Outras Observáveis em Sistemas Rotacionais

Há outras observáveis a considerar, começando pelo momento angular total. O operador é $\hat{L}^2$; assim, o autovalor será o quadrado do momento angular total. Uma vez que a energia total pode ser escrita em termos do quadrado do momento angular total, não deveria ser surpresa o fato de os harmônicos esféricos serem também autofunções do momento angular total ao quadrado. Da mesma forma que para os autovalores da energia, a demonstração analítica da equação de autovalor é complexa. Aqui, apenas o resultado final é apresentado:

$$\hat{L}^2 \Psi_{\ell, m_\ell} = \ell(\ell + 1)\hbar^2 \Psi_{\ell, m_\ell} \quad (11.52)$$

O quadrado do momento angular total tem o valor de $\ell(\ell + 1)\hbar^2$. O momento angular total é a raiz quadrada dessa expressão; assim, o momento angular tridimensional total de qualquer estado descrito pelos números quânticos ℓ e m_ℓ é

$$L = \sqrt{\ell(\ell + 1)}\hbar \quad (11.53)$$

O momento angular total não depende do número quântico m_ℓ nem depende da massa da partícula, ou da dimensão da esfera. Estas idéias também são contrárias aos conceitos da mecânica clássica.

Exemplo 11.18

Quais são os momentos angulares totais de um elétron nos estados $\ell = 4$ e $\ell = 5$ de C_{60}? (Veja o Exemplo 11.17, mostrado anteriormente.)

Solução

De acordo com a Equação 11.53, o momento angular total depende apenas de ℓ e $\hbar$. Para $\ell = 4$ e 5, os momentos angulares dos elétrons são

$$L(\ell = 4) = \sqrt{4(4 + 1)}(6{,}626 \times 10^{-34} \text{ J·s})/2\pi$$

$$L(\ell = 5) = \sqrt{5(5 + 1)}(6{,}626 \times 10^{-34} \text{ J·s})/2\pi$$

Avaliando as expressões acima:

$$L(\ell = 4) = 4{,}716 \times 10^{-34} \text{ J·s}$$

$$L(\ell = 5) = 5{,}776 \times 10^{-34} \text{ J·s}$$

Há uma terceira observável que nos interessa: é o componente z do momento angular total, L_z. As relações entre os operadores do momento angular permitem o conhecimento simultâneo do momento angular total (por meio de seu quadrado, L^2) e *um* de seus componentes cartesianos. Por convenção, o componente escolhido é z. Isto se deve, em parte, ao sistema de coordenadas polares esférico e à definição, relativamente simples, do componente z do momento angular em termos de ϕ, conforme visto na discussão sobre o sistema rotacional em 2D.

Como anteriormente, o componente z do momento angular é definido como

$$\hat{L}_z = -i\hbar \frac{\partial}{\partial \phi} \quad (11.54)$$

Este é o mesmo operador que usamos para a rotação em 2D. Como a parte ϕ da função de onda rotacional em 3D é exatamente a mesma que para a função de onda rotacional em 2D, não é surpresa que a equação de autovalor e, portanto, o valor da observável L_z, seja exatamente a mesma:

$$\hat{L}_z \Psi = m_\ell \hbar \Psi \quad (11.55)$$

O componente z do momento angular tridimensional, que tem componentes nas direções x, y e z, é *quantizado*. Seu valor quantizado depende do número quântico m_ℓ.

L_z é apenas um componente do momento angular total L. Os outros componentes são L_x e L_y. Porém, os princípios da mecânica quântica não nos permitem conhecer os valores quantizados para estes dois componentes simultaneamente com L_z. Portanto, apenas um dos três componentes do momento angular total pode ter um autovalor conhecido simultaneamente com o próprio L^2. Por conveniência, escolhemos o componente z do momento angular, L_z, para ser a observável conhecida.[3]

Graficamente, os momentos angulares quantizados, total e do componente z, estão ilustrados na Figura 11.14. O comprimento de cada vetor representa o momento angular total e é o mesmo para todos os cinco vetores onde $\ell = 2$. Porém, os componentes z dos cinco vetores são diferentes, cada um indicando um valor diferente do número quântico m_ℓ (de -2 a 2). Esta figura também mostra que todo o momento não pode estar completamente na direção de z, uma vez que não há um número inteiro e diferente de zero W tal que $W = \sqrt{(W)(W + 1)}$.

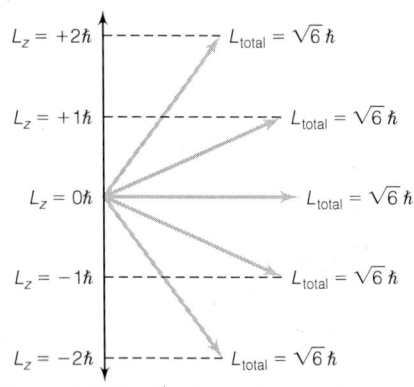

Figura 11.14 O mesmo valor quantizado de L pode ter diferentes valores quantizados para L_z. Para $\ell = 2$, existem $2\ell + 1 = 5$ valores possíveis de m_ℓ, cada um com um valor diferente de L_z.

---

[3] Tecnicamente, poderíamos escolher o componente x ou y do momento angular total para ser a observável conhecida, mas o componente z é escolhido se uma dimensão é única comparada às outras duas.

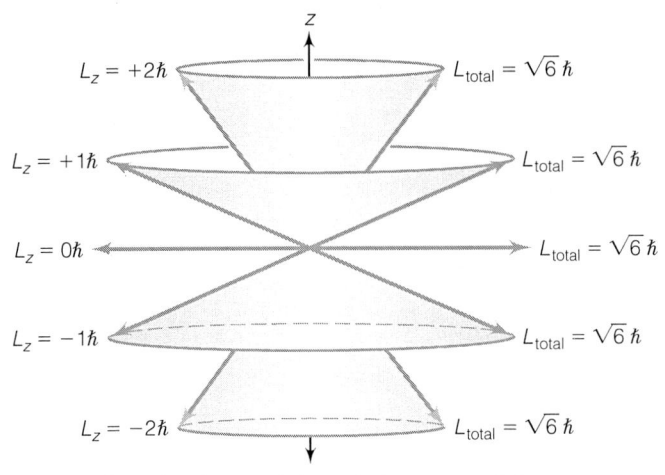

Mecânica Quântica: Sistemas-Modelo e o Átomo de Hidrogênio

Figura 11.15 Devido ao fato de a mecânica quântica não se referir aos componentes do momento angular na dimensão x ou y, o diagrama correto relacionando L e L_z é um cone, em que o momento angular total e o componente z do momento angular total são quantizados, mas os componentes x e z são indeterminados e podem ter qualquer valor.

Como os valores de L_x e L_y são indeterminados para ℓ e m_ℓ específicos, as representações gráficas da Figura 11.14 são mais bem representadas tridimensionalmente como cones, em vez de como vetores. Tal representação é mostrada na Figura 11.15. Essa figura mostra os vetores do momento angular superpostos em uma esfera, representando nossa superfície em 3D. Novamente, o "comprimento" de cada cone é constante. A orientação de cada cone em relação ao eixo z é diferente e determinada pelo valor do número quântico m_ℓ.[4]

Uma vez que a energia do movimento rotacional em 3D depende apenas do número quântico ℓ, que tem $2\ell + 1$ valores possíveis de m_ℓ, cada nível de energia tem uma degenerescência de $2\ell + 1$.

Exemplo 11.19

Quais são as degenerescências dos níveis $\ell = 4$ e $\ell = 5$ para C_{60}, supondo que os elétrons se comportam como partículas confinadas à superfície de uma esfera?

Solução

O nível de energia $\ell = 4$ tem $2(4) + 1 = 9$ valores possíveis para m_ℓ; assim, este nível de energia tem uma degenerescência de 9. Similarmente, o nível de energia $\ell = 5$ tem uma degenerescência de 11.

Exemplo 11.20

Construa a harmônica esférica completa para $\Psi_{3,+3}$ e use os operadores para E, L^2 e L_z para determinar, explicitamente, a energia, o momento angular total e o componente z do momento angular. Mostre que os valores destas observáveis são iguais àqueles previstos pelas expressões analíticas para E, L^2 e L_z. (O objetivo deste exemplo é mostrar que os operadores de fato operam sobre a função de onda para produzir a equação de autovalor adequada).

---

[4] N. do R.T.: Positivo ou negativo.

Solução

A harmônica esférica completa $\Psi_{3,+3}$ é dada por

$$\Psi_{3,+3} = \frac{\sqrt{70}}{8\sqrt{2\pi}} e^{+3i\phi} \, \text{sen}^3 \, \theta$$

Vamos considerar, em primeiro lugar, o momento angular total, já que podemos usar os resultados das manipulações para obter a energia total. O momento angular total pode ser determinado a partir de

$$\hat{L}^2\Psi = -\hbar^2\left(\frac{\partial^2}{\partial\theta^2} + \cot\theta\frac{\partial}{\partial\theta} + \frac{1}{\text{sen}^2\,\theta}\frac{\partial^2}{\partial\phi^2}\right)\Psi$$

Obtendo primeiro as derivadas em relação a θ, encontramos

$$\frac{\partial}{\partial\theta}\left(\frac{\sqrt{70}}{8\sqrt{2\pi}} e^{+3i\phi} \, \text{sen}^3 \, \theta\right) = \frac{3\sqrt{70}}{8\sqrt{2\pi}} e^{+3i\phi} \, \text{sen}^2 \, \theta \cos \theta$$

$$\frac{\partial^2}{\partial\theta^2}\left(\frac{\sqrt{70}}{8\sqrt{2\pi}} e^{+3i\phi} \, \text{sen}^3 \, \theta\right) = \frac{3\sqrt{70}}{8\sqrt{2\pi}} e^{+3i\phi} (2\cos^2\theta \, \text{sen}\,\theta - \text{sen}^3\,\theta)$$

A derivada em relação a ϕ é simplesmente

$$\frac{\partial^2}{\partial\phi^2}\left(\frac{\sqrt{70}}{8\sqrt{2\pi}} e^{+3i\phi} \, \text{sen}^3 \, \theta\right) = 3^2 i^2 \frac{\sqrt{70}}{8\sqrt{2\pi}} e^{+3i\phi} \, \text{sen}^3 \, \theta$$

$$= -9\frac{\sqrt{70}}{8\sqrt{2\pi}} e^{+3i\phi} \, \text{sen}^3 \, \theta$$

Organizando todos esses dados, temos

$$\hat{L}^2\Psi = -\hbar^2\left[\frac{3\sqrt{70}}{8\sqrt{2\pi}} e^{+3i\phi}(2\cos^2\theta \, \text{sen}\,\theta - \text{sen}^3\,\theta)\right.$$
$$\left. + \cot\theta \frac{3\sqrt{70}}{8\sqrt{2\pi}} e^{+3i\phi} \, \text{sen}^2\theta \cos\theta + \frac{1}{\text{sen}^2\,\theta}\left(-9\frac{\sqrt{70}}{8\sqrt{2\pi}} e^{+3i\phi}\right)\right]$$

Isto pode ser simplificado, fatorando-se as constantes da função de onda e a exponencial de todos os termos para obter

$$\hat{L}^2\Psi = -\hbar^2\left[3(2\cos^2\theta\,\text{sen}\,\theta - \text{sen}^3\,\theta)\right.$$
$$\left. + 3\cot\theta\,\text{sen}^2\theta\cos\theta - 9\frac{1}{\text{sen}^2\theta}\text{sen}^3\,\theta\right]\frac{\sqrt{70}}{8\sqrt{2\pi}} e^{+3i\phi}$$

Simplificando todos os termos e lembrando da definição de co-tangente:

$$\hat{L}^2\Psi = -\hbar^2(6\cos^2\theta\,\text{sen}\,\theta - 3\,\text{sen}^3\,\theta$$
$$+ 3\,\text{sen}\,\theta\cos^2\theta - 9\,\text{sen}\,\theta)\frac{\sqrt{70}}{8\sqrt{2\pi}} e^{+3i\phi}$$

$$= -\hbar^2(9\cos^2\theta\,\text{sen}\,\theta - 3\,\text{sen}^3\,\theta - 9\,\text{sen}\,\theta)\frac{\sqrt{70}}{8\sqrt{2\pi}} e^{+3i\phi}$$

Substituindo a identidade trigonométrica $\cos^2\theta = 1 - \text{sen}^2\theta$:

$$\hat{L}^2\Psi = -\hbar^2[9(1 - \text{sen}^2\theta)\,\text{sen}\,\theta - 3\,\text{sen}^3\theta - 9\,\text{sen}\,\theta]\frac{\sqrt{70}}{8\sqrt{2\pi}}\,e^{+3i\phi}$$

$$= -\hbar^2(9\,\text{sen}\,\theta - 9\,\text{sen}^3\theta - 3\,\text{sen}^3\theta - 9\,\text{sen}\,\theta)\frac{\sqrt{70}}{8\sqrt{2\pi}}\,e^{+3i\phi}$$

$$= -\hbar^2(-12\,\text{sen}^3\theta)\,\frac{\sqrt{70}}{8\sqrt{2\pi}}\,e^{+3i\phi}$$

$$= 12\hbar^2\Psi_{3,+3}$$

Assim, recorrendo ao postulado que diz que o valor de uma observável é igual ao autovalor da equação de autovalor correspondente:

$$\hat{L}^2\Psi_{3,+3} = 12\hbar^2\Psi_{3,+3}$$

ou

$$L^2 = 12\hbar^2$$

Como o autovalor do quadrado do momento angular total é $12\hbar^2$, o valor do momento angular total deve ser a sua raiz quadrada, ou $\sqrt{12}\hbar$. Este valor, numericamente, é $3,653 \times 10^{-34}$ J·s ou $3,653 \times 10^{-34}$ kg·m^2/s. O valor da energia pode ser determinado por

$$E = \frac{L^2}{2I}$$

que é

$$E = \frac{12\hbar^2}{2I}$$

O valor numérico exato da energia total dependerá do momento de inércia do sistema (que não é dado e, portanto, não podemos calcular a energia numericamente). O componente z do momento angular, L_z, é determinado pela equação de autovalor

$$\hat{L}_z = -i\hbar\frac{\partial}{\partial\phi}\Psi_{3,+3} = -i\hbar\frac{\partial}{\partial\phi}\left(\frac{\sqrt{70}}{8\sqrt{2\pi}}\,e^{+3i\phi}\,\text{sen}^3\theta\right)$$

$$= -i\hbar(3i)\left(\frac{\sqrt{70}}{8\sqrt{2\pi}}\,e^{+3i\phi}\,\text{sen}^3\theta\right) = 3\hbar\left(\frac{\sqrt{70}}{8\sqrt{2\pi}}\,e^{+3i\phi}\,\text{sen}^3\theta\right)$$

$$= 3\hbar\Psi_{3,+3}$$

Assim, o valor do componente z do momento angular é dado pelo autovalor $3\hbar$, que é igual a $3,164 \times 10^{-34}$ J·s.

Em todos os três casos, as observáveis previstas são as mesmas que aquelas determinadas pelas fórmulas analíticas de cada observável.

Seria mais fácil (e mais breve!) usar as fórmulas da energia e dos momentos para determinar os valores destas três observáveis quantizadas. Mas é importante compreender que estas equações diferenciais funcionam, de fato, quando as funções de onda são operadas por elas. O exemplo anterior mostra que todos os operadores produzem os valores apropriados das observáveis.

Existem alguns outros sistemas analiticamente solucionáveis, mas a maioria são variações de temas apresentados aqui e no capítulo anterior. Por enquanto, vamos interromper nossa abordagem dos sistemas-modelo e prosseguir para um sistema que é, obviamente, mais relevante do ponto de vista químico. Mas antes de fazê-lo, é importante enfatizar novamente algumas das conclusões sobre os sistemas tratados até aqui. (1) Em todos os nossos sistemas-modelo, a energia total (cinética + potencial) é quantizada. Isto é resultado dos postulados da mecânica quântica. (2) Em alguns dos sistemas, outras observáveis também são quantizadas e têm expressões analíticas para seus valores quantizados (como o momento). Se outras observáveis têm ou não têm expressões analíticas para seus valores quantizados, isso depende do sistema. *Valores médios*, em vez de valores quantizados, podem ser tudo o que poderá ser determinado. (3) Todos estes sistemas-modelo têm análogos aproximados na realidade, de modo que as conclusões obtidas a partir da análise destes sistemas podem ser aplicadas, aproximadamente, a sistemas químicos conhecidos (muito semelhante ao modo como as leis dos gases ideais são aplicadas ao comportamento de gases reais). (4) a mecânica clássica foi incapaz de racionalizar estas observações dos sistemas atômicos e moleculares. É este último ponto que justifica a necessidade de se compreender a mecânica quântica para se entender a química.

11.9 O Átomo de Hidrogênio: O Problema da Força Central

É um salto muito pequeno do rotor rígido em 3D para o átomo de hidrogênio. O hidrogênio nada mais é do que um núcleo (com um só próton) e um elétron "em órbita" ao redor desse núcleo. Para um sistema de duas partículas com o movimento ocorrendo relativamente (isto é, o elétron é geralmente considerado como se movendo ao redor do núcleo), a massa reduzida deveria ser usada em qualquer expressão em que a massa aparecesse. Em vez de um simples movimento eletrônico, é mais correto pensar em um movimento de duas partículas ao redor de um centro comum de massa. (A massa reduzida é muito similar à massa do elétron, mas a diferença é mensurável.)

A parte final da descrição mecânico-quântica do sistema do átomo de hidrogênio trata da terceira coordenada polar esférica, r. No rotor rígido em 3D, supomos uma constante r. Em tratamentos anteriores do átomo (especificamente na teoria do átomo de hidrogênio de Bohr), ingenuamente, supunha-se que os elétrons tinham órbitas fixas ao redor dos núcleos. A mecânica clássica fornecia a base para tal suposição. Considere uma pedra amarrada na ponta de uma corda, girando acima de sua cabeça. Se você segurar a corda firmemente, é claro que a pedra girará em um raio constante! Seria contrário à experiência pensar que o raio da corda muda, à medida que o peso gira. Outro movimento circular reforça este raciocínio: carrosséis, rodas-gigantes, pneus de automóveis, piões. Em nossa experiência, quase todo movimento circular ocorre a uma distância fixada por um eixo.

Considere, porém, a escala atômica. O princípio da incerteza sugere que especificar uma certa posição de um elétron é incompatível com outras observáveis que usamos para descrever o estado do elétron, como o momento e a energia. Talvez, *não possamos* fixar o elétron a uma distância determinada por um raio definido.

Um tratamento mecânico-quântico adequado de H não faz suposições sobre a distância entre um elétron e um núcleo. Assim, a descrição do átomo de hidrogênio é a mesma que a do rotor rígido em 3D, exceto que inclui a variação de r, que vai de 0 a ∞. Isto é ilustrado na Figura 11.16. O átomo de hidrogênio é definido como um rotor rígido em 3D, só que agora o raio também pode variar. Funções de onda que descrevem o movi-

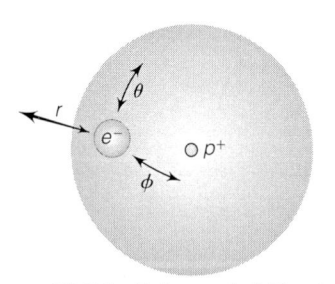

Figura 11.16 O átomo de hidrogênio, conforme definido pela mecânica quântica. Este sistema é definido similarmente ao rotor rígido em 3D (Figura 11.11), exceto que r pode variar.

mento de um elétron em um átomo de hidrogênio devem, portanto, satisfazer a equação polar esférica em 3D, de Schrödinger

$$\left\{-\frac{\hbar^2}{2\mu}\left[\frac{1}{r^2}\frac{\partial}{\partial r}\left(r^2\frac{\partial}{\partial r}\right) + \frac{1}{r^2 \operatorname{sen}\theta}\frac{\partial}{\partial \theta}\left(\operatorname{sen}\theta\frac{\partial}{\partial \theta}\right) + \frac{1}{r^2 \operatorname{sen}^2\theta}\frac{\partial^2}{\partial \phi^2}\right] + \hat{V}\right\}\Psi = E\Psi \quad (11.56)$$

onde a forma do operador Hamiltoniano reflete o fato de que todas as três coordenadas polares esféricas, r, θ e ϕ, podem variar. Observe a relação entre a Equação 11.56 e a Equação 11.46, onde a coordenada polar esférica r não varia. Observe também que estamos usando a massa reduzida μ na equação de Schrödinger, e não a massa do elétron.

No caso do átomo de hidrogênio, a energia potencial não é zero. Há uma interação entre o elétron e o núcleo nesse sistema. A interação é eletrostática, devido à atração entre o núcleo carregado positivamente e o elétron carregado negativamente. Felizmente, essa energia potencial eletrostática tem uma fórmula matemática conhecida, baseada nas idéias de Coulomb:

$$V = \frac{-e^2}{4\pi\epsilon_0 r} \quad (11.57)$$

onde $e = 1,602 \times 10^{-19}$ coulombs, ϵ_0 é a permissividade do vácuo, que é igual a $8,854 \times 10^{-12}$ C^2/J·m, e r é a distância entre as duas partículas carregadas. A partir disso, é fácil mostrar que a expressão para V na Equação 11.57 produz unidades de J, uma unidade de energia.

A energia potencial V depende apenas da distância r que separa o núcleo do elétron, e não dos ângulos θ ou ϕ. Isso significa que a energia potencial é a mesma para um valor constante de r, não importando quais sejam os valores de θ ou ϕ; e a energia potencial é *esfericamente simétrica*. A força entre o elétron e o núcleo de hidrogênio também é esfericamente simétrica. Por isso, diz-se que essa é uma *força central*, e a descrição do átomo de hidrogênio na mecânica quântica é um exemplo do que geralmente é conhecido como um *problema da força central*.

A equação de Schrödinger completa para este problema da força central é, portanto,

$$\left\{-\frac{\hbar^2}{2\mu}\left[\frac{1}{r^2}\frac{\partial}{\partial r}\left(r^2\frac{\partial}{\partial r}\right) + \frac{1}{r^2 \operatorname{sen}\theta}\frac{\partial}{\partial \theta}\left(\operatorname{sen}\theta\frac{\partial}{\partial \theta}\right) + \frac{1}{r^2 \operatorname{sen}^2\theta}\frac{\partial^2}{\partial \phi^2}\right] + \frac{-e^2}{4\pi\epsilon_0 r}\right\}\Psi = E\Psi \quad (11.58)$$

e as funções de onda aceitáveis para um átomo de hidrogênio devem satisfazer esta equação. Deve-se observar que há uma outra maneira de escrever esta equação de Schrödinger, usando o operador do momento angular total $\hat{L}^2$:

$$\left\{-\frac{\hbar^2}{2\mu}\left[\frac{1}{r^2}\frac{\partial}{\partial r}\left(r^2\frac{\partial}{\partial r}\right)\right] + \frac{1}{2\mu r^2}\hat{L}^2 + \frac{-e^2}{4\pi\epsilon_0 r}\right\}\Psi = E\Psi \quad (11.59)$$

11.10 O Átomo de Hidrogênio: A Solução Mecânico-Quântica

Uma solução matemática detalhada das Equações 11.58 ou 11.59 não será apresentada aqui, mas a abordagem será explicada. Do mesmo modo que para o movimento rotacional em 3D, vamos supor que as funções de onda aceitáveis Ψ são separáveis em três funções, que dependem apenas de r, de θ e de ϕ:

$$\Psi(r, \theta, \phi) = R(r) \cdot \Theta(\theta) \cdot \Phi(\phi)$$

Pode não ser surpresa constatar que as partes Θ e Φ da função de onda Ψ são os harmônicos esféricos, discutidos anteriormente para o rotor rígido em 3D. Estas soluções impõem dois números inteiros chamados de números quânticos ℓ e m_ℓ, que determinam a expressão matemática exata. Como a equação de Schrödinger pode ser escrita em termos do operador do momento angular total $\hat{L}^2$, podemos substituir as soluções para aquela parte do operador na equação de Schrödinger e obter a equação diferencial apenas em termos de r e R:

$$\left\{\frac{-\hbar^2}{2\mu}\left[\frac{1}{r^2}\frac{\partial}{\partial r}\left(r^2\frac{\partial}{\partial r}\right)\right] + \frac{\hbar^2\ell(\ell+1)}{2\mu r^2} + \frac{-e^2}{4\pi\epsilon_0 r}\right\}R = ER \tag{11.60}$$

A influência da parte das harmônicas esféricas da função de onda completa é vista no segundo termo da esquerda. Apesar de esta ser uma equação diferencial apenas em termos de r, o número quântico ℓ está presente. Isto sugere que a solução para esta equação diferencial depende do número quântico ℓ, assim como o número quântico m_ℓ depende de ℓ nas harmônicas esféricas.

As soluções para a Equação diferencial 11.60 eram conhecidas, assim como as harmônicas esféricas. Uma parte da solução de R é uma função exponencial com um expoente negativo, similar à solução para o oscilador harmônico. A exponencial que funciona nesse caso é $e^{-r/na}$, onde n é um número inteiro positivo e a é o conjunto de constantes dado por

$$a = \frac{4\pi\epsilon_0 \hbar^2}{\mu e^2}$$

onde todas as constantes na definição de a têm seus significados usuais. Veremos novamente esta expressão mais adiante. Estas exponenciais estão multiplicando um polinômio, novamente em uma situação similar à das funções de onda do oscilador harmônico, que compõe o restante da solução da Equação diferencial 11.60. O polinômio é um de um conjunto de polinômios com número variável de termos, chamados de *polinômios associados de Laguerre*. Um número inteiro positivo, geralmente indicado pela letra n, identifica cada polinômio associado de Laguerre. Este n tem o mesmo valor que o n na parte exponencial da solução para R. Além disso, para cada n pode haver vários polinômios de Laguerre, cada um tendo um valor diferente de ℓ (o número quântico do movimento rotacional em 3D), mas não qualquer valor de ℓ: os polinômios associados de Laguerre restringem os valores possíveis de ℓ a qualquer número inteiro tal que

$$\ell < n$$

Portanto, o número inteiro n restringe os valores inteiros possíveis de ℓ (sendo 0 o valor mínimo). Como n é um número inteiro positivo, há uma única série de valores de ℓ para cada n:

n	possíveis valores de ℓ
1	0
2	0,1
3	0,1,2
4	0,1,2,3
5	0,1,2,3,4
⋮	⋮

Uma vez que os valores possíveis de m_ℓ são restringidos pelo valor específico de ℓ, n restringe também os valores de m_ℓ. Porém, vemos novamente que a restrição surge das restrições inerentes às soluções matemáticas permitidas para a equação de Schrödinger.

A função de onda completa para o átomo de hidrogênio é uma combinação da harmônica esférica, $Y^\ell_{m_\ell} = (1/\sqrt{2\pi})e^{im_\ell\phi} \cdot \theta_{\ell,m_\ell}$, com o polinômio exponencial associado de Laguerre, que é chamado de $R_{n,\ell}$:

$$\Psi(r, \theta, \phi) = R_{n,\ell} \cdot Y^{\ell}_{m_\ell} = \frac{1}{\sqrt{2\pi}} e^{im_\ell \phi} \cdot \Theta_{\ell,m_\ell} \cdot R_{n,\ell} \tag{11.61}$$

com as seguintes restrições:

$$\begin{aligned} n &= 1, 2, 3, \ldots \\ \ell &< n \\ |m_\ell| &\leq \ell \end{aligned} \tag{11.62}$$

Tabela 11.4 Funções de onda completas para átomos do tipo hidrogênio[a]

n	ℓ	m_ℓ	Ψ_{n,ℓ,m_ℓ}
1	0	0	$\left(\frac{Z^3}{\pi a^3}\right)^{1/2} e^{-Zr/a}$
2	0	0	$\frac{1}{8}\left(\frac{2Z^3}{\pi a^3}\right)^{1/2}\left(2 - \frac{Zr}{a}\right)e^{-Zr/2a}$
2	1	−1	$\frac{1}{8}\left(\frac{2Z^3}{\pi a^3}\right)^{1/2}\frac{Zr}{a}e^{-Zr/2a}\operatorname{sen}\theta \cdot e^{-i\phi}$
2	1	0	$\frac{1}{8}\left(\frac{2Z^3}{\pi a^3}\right)^{1/2}\frac{Zr}{a}e^{-Zr/2a}\cos\theta$
2	1	+1	$\frac{1}{8}\left(\frac{2Z^3}{\pi a^3}\right)^{1/2}\frac{Zr}{a}e^{-Zr/2a}\operatorname{sen}\theta \cdot e^{i\phi}$
3	0	0	$\frac{1}{243}\left(\frac{3Z^3}{\pi a^3}\right)^{1/2}\left(27 - \frac{18Zr}{a} + \frac{2Zr^2}{a^2}\right)e^{-Zr/3a}$
3	1	−1	$\frac{1}{81}\left(\frac{Z^3}{\pi a^3}\right)^{1/2}\frac{Zr}{a}\left(6 - \frac{Zr}{a}\right)e^{-Zr/3a}\operatorname{sen}\theta \cdot e^{-i\phi}$
3	1	0	$\frac{1}{81}\left(\frac{2Z^3}{\pi a^3}\right)^{1/2}\frac{Zr}{a}\left(6 - \frac{Zr}{a}\right)e^{-Zr/3a}\cos\theta$
3	1	1	$\frac{1}{81}\left(\frac{Z^3}{\pi a^3}\right)^{1/2}\frac{Zr}{a}\left(6 - \frac{Zr}{a}\right)e^{-Zr/3a}\operatorname{sen}\theta \cdot e^{i\phi}$
3	2	−2	$\frac{1}{162}\left(\frac{Z^3}{\pi a^3}\right)^{1/2}\frac{Z^2 r^2}{a^2}e^{-Zr/3a}\operatorname{sen}^2\theta \cdot e^{-2i\phi}$
3	2	−1	$\frac{1}{81}\left(\frac{Z^3}{\pi a^3}\right)^{1/2}\frac{Z^2 r^2}{a^2}e^{-Zr/3a}\operatorname{sen}\theta\cos\theta \cdot e^{-i\phi}$
3	2	0	$\frac{1}{486}\left(\frac{6Z^3}{\pi a^3}\right)^{1/2}\frac{Z^2 r^2}{a^2}e^{-Zr/3a}(3\cos^2\theta - 1)$
3	2	+1	$\frac{1}{81}\left(\frac{Z^3}{\pi a^3}\right)^{1/2}\frac{Z^2 r^2}{a^2}e^{-Zr/3a}\operatorname{sen}\theta\cos\theta \cdot e^{i\phi}$
3	2	+2	$\frac{1}{162}\left(\frac{Z^3}{\pi a^3}\right)^{1/2}\frac{Z^2 r^2}{a^2}e^{-Zr/3a}\operatorname{sen}^2\theta \cdot e^{2i\phi}$

[a] $a = \frac{4\pi\epsilon_0 \hbar^2}{\mu e^2}$

Por conveniência, várias das primeiras funções de onda são apresentadas na Tabela 11.4, junto com seus respectivos números quânticos n, ℓ e m_ℓ. Cada conjunto característico (n, ℓ, m_ℓ) se refere a uma função de onda específica. É fácil mostrar que, para qualquer n, o número total de funções de onda possíveis tendo o valor de n é n^2. (Este aumenta em um fator de 2 quando incluímos o spin do elétron, mas isto será considerado no Capítulo 12).

O autovalor para a energia também tem uma solução analítica. Ela é

$$E = -\frac{e^4 \mu}{8\epsilon_0^2 h^2 n^2} \tag{11.63}$$

Aqui, a energia é *negativa*. Isto se deve à convenção de que a interação entre partículas com cargas opostas contribui para uma diminuição na energia. (Inversamente, a repulsão entre partículas com cargas iguais é positiva em termos de energia.) Uma energia igual a zero corresponde ao próton e ao elétron a uma distância infinita um do outro (de modo que a energia potencial é zero), e não existe energia cinética entre eles. A energia depende de um conjunto de constantes – a carga do elétron, e; a massa reduzida do átomo de hidrogênio, μ; a permissividade do espaço livre, ϵ_0; a constante de Planck, h – e do número inteiro n. Como depende do índice n, que é um número quântico, a energia total é quantizada. A energia do átomo de hidrogênio não depende dos números quânticos ℓ ou m_ℓ, somente de n. O índice n é, portanto, chamado de *número quântico principal*. Como n^2 funções de onda têm o mesmo número quântico n, a degenerescência de cada estado de energia do átomo de hidrogênio é n^2. (Novamente, isto mudará em um fator de 2.) Cada conjunto de funções de onda com o mesmo valor para o número quântico principal define uma *camada*.

Exemplo 11.21

Calcule os valores de energia para as três primeiras camadas do átomo de hidrogênio. A massa reduzida do átomo de hidrogênio é $9{,}104 \times 10^{-31}$ kg.

Solução

Os valores de $n = 1, 2$ e 3 são substituídos na Equação 11.63:

$$E = -\frac{(1{,}602 \times 10^{-19} \text{ C})^4 (9{,}104 \times 10^{-31} \text{ kg})}{8[8{,}854 \times 10^{-12} \text{ C}^2/(\text{J}\cdot\text{m})]^2 (6{,}626 \times 10^{-34} \text{ J}\cdot\text{s})^2 1^2}$$

$$E = -\frac{(1{,}602 \times 10^{-19} \text{ C})^4 (9{,}104 \times 10^{-31} \text{ kg})}{8[8{,}854 \times 10^{-12} \text{ C}^2/(\text{J}\cdot\text{m})]^2 (6{,}626 \times 10^{-34} \text{ J}\cdot\text{s})^2 2^2}$$

$$E = -\frac{(1{,}602 \times 10^{-19} \text{ C})^4 (9{,}104 \times 10^{-31} \text{ kg})}{8[8{,}854 \times 10^{-12} \text{ C}^2/(\text{J}\cdot\text{m})]^2 (6{,}626 \times 10^{-34} \text{ J}\cdot\text{s})^2 3^2}$$

Estas expressões dão

$$E(n=1) = 2{,}178 \times 10^{-18} \text{ J}$$
$$E(n=2) = 5{,}445 \times 10^{-19} \text{ J}$$
$$E(n=3) = 2{,}420 \times 10^{-19} \text{ J}$$

onde se pode demonstrar facilmente que as unidades são joules:

$$\frac{\text{C}^4 \cdot \text{kg}}{[\text{C}^2/(\text{J}\cdot\text{m})]^2 (\text{J}\cdot\text{s})^2} = \frac{\text{C}^4 \cdot \text{kg} \cdot \text{J}^2 \cdot \text{m}^2}{\text{C}^4 \cdot \text{J}^2 \cdot \text{s}^2} = \frac{\text{kg}\cdot\text{m}^2}{\text{s}^2} = \text{J}$$

Lembre-se de que a espectroscopia mede as mudanças na energia entre dois estados. A mecânica quântica também pode ser usada para determinar uma mudança na energia, ΔE, para o átomo de hidrogênio:

$$E(n_1) - E(n_2) \equiv \Delta E = -\frac{e^4 \mu}{8\epsilon_0^2 h^2 n_1^2} - \left(-\frac{e^4 \mu}{8\epsilon_0^2 h^2 n_2^2}\right)$$

onde os números quânticos principais n_1 e n_2 são utilizados para diferenciar entre os dois níveis de energia envolvidos. Um pequeno rearranjo algébrico resulta em

$$\Delta E = \frac{e^4 \mu}{8\epsilon_0^2 h^2}\left(\frac{1}{n_2^2} - \frac{1}{n_1^2}\right) \tag{11.64}$$

Esta é a mesma forma da equação que Balmer obteve ao considerar o espectro do hidrogênio, e que Bohr obteve ao supor o momento angular quantizado! Na verdade, o conjunto de constantes que multiplica a expressão do número quântico é familiar:

$$\frac{e^4\mu}{8\epsilon_0^2 h^2} = \frac{(1{,}602 \times 10^{-19} \text{ C})^4 (9{,}104 \times 10^{-31} \text{ kg})}{8[8{,}854 \times 10^{-12} \text{ C}^2/(\text{J}\cdot\text{m})]^2 (6{,}626 \times 10^{-34} \text{ J}\cdot\text{s})^2}$$

$$= 2{,}178 \times 10^{-18} \text{ J}$$

que facilmente se mostra a seguir, em unidades de números de onda e para quatro algarismos significativos,

$$\frac{e^4\mu}{8\epsilon_0^2 h^2} = 109{,}700 \text{ cm}^{-1}$$

Esta é a constante de Rydberg, R_H, do espectro do átomo de hidrogênio.[5] *Portanto, a mecânica quântica prevê o espectro do átomo de hidrogênio determinado experimentalmente.* Neste ponto, a mecânica quântica prevê tudo o que a teoria de Bohr fez, e mais ainda, superando a teoria de Bohr para o átomo de hidrogênio.

Como as harmônicas esféricas são parte das funções de onda do átomo de hidrogênio, não é surpresa que o momento angular total e o componente z do momento angular total também sejam observáveis, que têm valores analíticos conhecidos e quantizados. Eles são

$$\hat{L}^2 \Psi_{n,\ell,m_\ell} = \ell(\ell+1)\hbar^2 \Psi_{n,\ell,m_\ell}$$

$$\hat{L}_z \Psi_{n,\ell,m_\ell} = m_\ell \hbar \Psi_{n,\ell,m_\ell}$$

de modo que os valores quantizados para o momento angular total são $\sqrt{\ell(\ell+1)}\hbar$ e para o componente z são $m_\ell \hbar$. O número quântico ℓ é chamado de *número quântico do momento angular*. O número quântico m_ℓ é o *número quântico do componente z do momento angular*, às vezes, chamado de número quântico magnético, devido ao comportamento diferenciado, em um campo magnético, das funções de onda com valores de m_ℓ diferentes (outro tópico que será abordado mais adiante). O momento angular do átomo de hidrogênio (devido, principalmente, ao elétron) é quantizado, como Bohr supôs. Porém, os valores exatos do momento angular quantizado são um pouco diferentes da suposição de Bohr. Mas não era possível saber isto em 1913, e apesar de incorreta, a teoria de Bohr deve, afinal, ser lembrada como um passo decisivo na direção certa.

Este tratamento do átomo de hidrogênio também é aplicável a qualquer átomo que tenha apenas um elétron. No caso de outros átomos, a carga do núcleo é diferente da do hidrogênio, e o próprio átomo tem uma carga positiva. O número atômico, Z, e a massa reduzida, μ, são as únicas mudanças em qualquer uma das equações acima (e a massa reduzida se aproxima da massa do elétron, à medida que o núcleo se torna maior). A equação de Schrödinger para estes íons *semelhantes ao hidrogênio* é

$$\left\{\frac{-\hbar^2}{2\mu}\left[\frac{1}{r^2}\frac{\partial}{\partial r}\left(r^2\frac{\partial}{\partial r}\right) + \frac{1}{r^2 \operatorname{sen}\theta}\frac{\partial}{\partial \theta}\left(\operatorname{sen}\theta\frac{\partial}{\partial \theta}\right) + \frac{1}{r^2 \operatorname{sen}^2\theta}\frac{\partial^2}{\partial \phi^2}\right] + \frac{-Ze^2}{4\pi\epsilon_0 r}\right\}\Psi = E\Psi \quad (11.65)$$

onde Z apenas aparece na energia potencial. A única outra mudança importante está na expressão para a energia quantizada desses íons, que agora têm a forma

$$E = -\frac{Z^2 e^4 \mu}{8\epsilon_0^2 h^2 n^2} \quad (11.66)$$

As próprias funções de onda também são dependentes de Z. A Tabela 11.4 mostra as funções de onda completas, com sua dependência de Z já incluída. (Em nosso tratamento anterior do átomo de hidrogênio,

---

[5] Usando valores modernos das constantes fundamentais e para oito algarismos significativos, $R_H = 109.677{,}58 \text{ cm}^{-1}$.

Z era 1.) Os momentos angulares observáveis têm as mesmas formas que as apresentadas antes. Os espectros dos íons do tipo do hidrogênio, que foram observados experimentalmente, são tão simples como o do átomo de hidrogênio. As transições, porém, aparecem em diferentes comprimentos de onda.

Exemplo 11.22

Preveja o comprimento de onda da luz emitida por um íon de Li^{2+} excitado ($Z = 3$), à medida que um elétron passa do estado $n = 4$ para o estado $n = 2$. Use a massa do elétron no lugar da massa reduzida (isso introduz um erro muito pequeno no cálculo, de 0,008%).

Solução

Podemos usar uma expressão para ΔE similar à da Equação 11.64, com a adição do termo Z^2:

$$\Delta E = \frac{Z^2 e^4 \mu}{8\epsilon_0^2 h^2}\left(\frac{1}{n_2^2} - \frac{1}{n_1^2}\right)$$

Para $n_2 = 2$ e $n_1 = 4$:

$$\Delta E = \frac{3^2(1,602 \times 10^{-19} \text{ C})^4(9,104 \times 10^{-31} \text{ kg})}{8[8,854 \times 10^{-12} \text{ C}^2/(\text{J} \cdot \text{m})]^2(6,626 \times 10^{-34} \text{ J} \cdot \text{s})^2}\left(\frac{1}{2^2} - \frac{1}{4^2}\right)$$

$$\Delta E = 3,677 \times 10^{-18} \text{ J}$$

Usando $E = h\nu$ e $c = \lambda\nu$ para converter, podemos determinar o comprimento de onda do fóton como tendo esta energia:

$$\lambda = 54,0 \text{ nm}$$

Este comprimento de onda está na região ultravioleta do espectro, no vácuo.

11.11 As Funções de Onda do Átomo de Hidrogênio

Para encerrar este capítulo, vamos analisar as próprias funções de onda mais detalhadamente. Cada função de onda de um átomo de hidrogênio é chamada de *orbital*. Como já foi mencionado, a energia de um elétron em um orbital (isto é, um elétron tendo seu movimento descrito por uma função de onda particular) depende apenas do número quântico principal n e de um conjunto de constantes físicas. Cada grupo de funções de onda com o mesmo valor de energia quantizada define uma *camada*. Cada camada tem uma degenerescência de n^2. Cada grupo de funções de onda ℓ (para cada ℓ, há $2\ell + 1$ funções de onda, com diferentes valores de m_ℓ) constitui uma *subcamada*. No átomo de hidrogênio e em átomos semelhantes ao do hidrogênio, todas as subcamadas de uma mesma camada têm a mesma energia. Isto está ilustrado na Figura 11.17. Para identificar camadas e subcamadas de átomos semelhantes ao do hidrogênio (e outros átomos, conforme veremos), fazemos uso dos números quânticos n e ℓ. O valor numérico do número quântico principal é usado para identificar, e para ℓ, usa-se uma letra como designação:

ℓ	Letra para designação
0	s
1	p
2	d
3	f
4	g
⋮	⋮

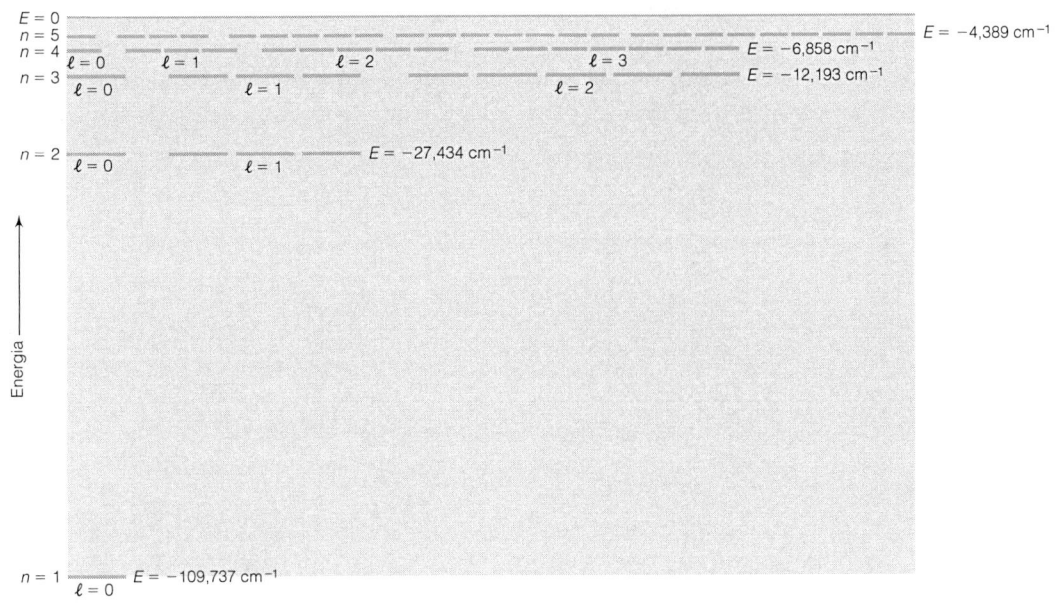

Figura 11.17 O diagrama de nível de energia para um átomo de hidrogênio, mostrando os números quânticos n e ℓ para os níveis. Os níveis de energia quantizada são identificados. São mostradas as funções de onda degeneradas.

Os orbitais são designados associando o valor do número quântico principal com a letra representando o valor de ℓ: 1s, 2s, 2p, 3s, 3p, 3d, e assim por diante. Um subscrito numérico pode ser usado para identificar os valores de m_ℓ dos orbitais individuais: $2p_{-1}$, $2p_0$, $2p_{+1}$, e assim por diante. Como o valor de n restringe o valor de ℓ, a primeira camada tem apenas uma subcamada s (porque ℓ só pode ser 0). A segunda camada tem apenas as subcamadas s e p (porque ℓ só pode ser 0 ou 1), e assim por diante. Estas restrições se devem à natureza da solução matemática da equação de Schrödinger.

Exemplo 11.23

Quais são as subcamadas possíveis na camada $n = 5$? Quantos orbitais existem em cada subcamada? Não inclua as identificações m_ℓ.

Solução

Para $n = 5$, ℓ pode ser 0, 1, 2, 3 ou 4. Cada subcamada tem $2\ell + 1$ orbitais. Na forma de tabela:

n, ℓ	Identificação	Nº de Orbitais
5, 0	5s	1
5, 1	5p	3
5, 2	5d	5
5, 3	5f	7
5, 4	5g	9

As funções de onda para sistemas semelhantes ao hidrogênio, determinadas por números quânticos, podem ser identificadas com esses números quânticos. Portanto, é comum ver Ψ_{1s}, Ψ_{3d}, e assim por diante.

Como pode ser visto na Tabela 11.4, as funções de onda com valor para m_ℓ diferente de zero têm uma parte exponencial imaginária. Isto significa que a função de onda completa é uma função complexa. Nos casos em que se quer funções completamente reais, é útil definir as funções de onda reais como combinações lineares das funções de onda complexas, tirando vantagem do teorema de Euler. Por exemplo:

$$\Psi_{2p_x} \equiv \frac{1}{\sqrt{2}}(\Psi_{2p_{+1}} + \Psi_{2p_{-1}})$$

$$\Psi_{2p_y} \equiv -\frac{i}{\sqrt{2}}(\Psi_{2p_{+1}} - \Psi_{2p_{-1}})$$

(11.67)

As funções de onda p definidas dessa maneira são reais, não complexas, e assim, em muitas situações, são mais fáceis de se trabalhar. Funções de onda reais para d, f e outros orbitais são definidas de modo semelhante. Estas funções de onda não-imaginárias *não* são mais autofunções de $\hat{L}_z$ uma vez que são compostas de partes que têm diferentes autovalores de m_ℓ. Porém, elas ainda são autofunções da energia e do momento angular total. (De fato, é somente *porque* as funções de onda originais são degeneradas, que somos capazes de utilizar combinações lineares, como as da Equação 11.67.)

O comportamento das funções de onda no espaço levanta alguns pontos interessantes. Cada orbital do tipo s tem simetria esférica, pois não há dependência angular na função de onda. Devido ao fato de a probabilidade de um elétron existir em qualquer ponto no espaço estar relacionada a $|\Psi|^2$ ou, neste caso, $|R|^2$, a probabilidade de um elétron s existir no espaço também é esfericamente simétrica. Começando no núcleo e percorrendo uma linha reta, pode-se traçar o gráfico da probabilidade de o elétron ter um certo valor de r *versus* a própria distância radial r. Tal gráfico para Ψ_{1s} é mostrado na Figura 11.18, demonstrando a conclusão surpreendente de que o raio de máxima probabilidade ocorre *no núcleo*, isto é, onde $r = 0$.

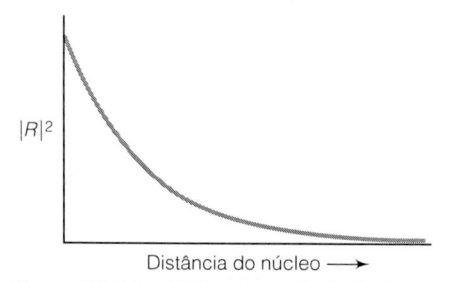

Figura 11.18 Gráfico do quadrado da função radial de Ψ_{1s} *versus* a distância do núcleo do átomo de hidrogênio. Ele sugere que o elétron tem uma probabilidade máxima de estar no núcleo.

Esta análise é um pouco enganosa. Do ponto de vista das polares esféricas, há pouco volume de espaço próximo do núcleo, porque para todos os valores de θ e ϕ, um pequeno valor de r define uma esfera muito pequena. A probabilidade total de o elétron estar em um volume tão pequeno de espaço deve ser mínima. Porém, à medida que o raio aumenta, o volume esférico definido pela função de onda esfericamente simétrica se torna cada vez maior, e se espera um aumento na probabilidade de o elétron estar localizado a maiores distâncias do núcleo.

Em vez de considerar a probabilidade de o elétron estar ao longo de uma linha reta a partir do núcleo, considere a probabilidade de o elétron estar em uma superfície esférica ao redor do núcleo, cada superfície esférica ficando cada vez maior. Matematicamente, a superfície esférica corresponde não a $|R|^2$, mas a $4\pi r^2 |R|^2$. Um gráfico de $4\pi r^2 |R|^2$ *versus* r para Ψ_{1s} é mostrado na Figura 11.19. A probabilidade começa em zero (uma conseqüência do volume "zero" no núcleo), aumenta até um valor máximo e depois vai diminuindo até zero, à medida que o raio se torna maior e se aproxima do infinito. A mecânica quântica mostra que

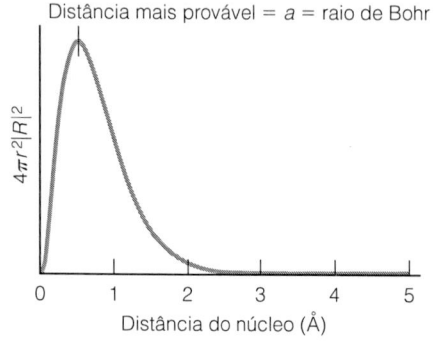

Figura 11.19 Gráfico de $4\pi r^2 |R|^2$ para Ψ_{1s} *versus* a distância do núcleo. A contribuição de $4\pi r^2$ deve-se à simetria esférica da função de onda 1s ao redor do núcleo. Observando a probabilidade de existência em camadas esféricas, em vez de a uma distância direta do núcleo, obtemos um quadro mais realista do comportamento que se espera de um elétron em um átomo de hidrogênio.

um elétron não está a uma distância *específica* do núcleo. Em vez disso, ele pode estar em um intervalo de distâncias com diferentes probabilidades. Ele está a uma distância mais provável. Pode-se demonstrar matematicamente que o valor de *r* na distância mais provável é

$$r_{max} = \frac{4\pi\hbar^2\epsilon_0}{\mu e^2} \equiv a \qquad (11.68)$$

$$a = 0,529 \text{ Å} \qquad (11.69)$$

onde *a* é a mesma constante previamente definida para as funções *R*. A constante *a* é formada por um grupo de constantes e tem unidades de comprimento (mostradas na Equação 11.69 com unidades de Å). A constante *a* é chamada de *raio de Bohr*. Esta distância mais provável é *exatamente a mesma distância* do núcleo que um elétron, segundo a teoria de Bohr, teria na sua primeira órbita. A mecânica quântica não restringe a distância do elétron a partir do núcleo, como fez a teoria de Bohr, mas ela prevê que a distância que Bohr calculou para o elétron em seu estado de energia mais baixo é, de fato, a distância *mais provável* do elétron em relação ao núcleo. (Algumas vezes, se escreve a_0, que é definido de modo semelhante, usando a massa do elétron, em vez da massa reduzida do átomo de hidrogênio. A diferença é muito pequena.)

Exemplo 11.24

a. Qual é a probabilidade de um elétron no orbital Ψ_{1s} do hidrogênio estar dentro de um raio de 2,00 Å a partir do núcleo?
b. Calcule uma probabilidade similar, mas, dessa vez, para um elétron a uma distância de 0,250 Å de um núcleo de Be^{3+}.

Solução
a. Para uma função de onda normalizada, a probabilidade *P* é igual a

$$P = \int_a^b \Psi^*\Psi \, d\tau$$

onde *a* e *b* são os limites do espaço que está sendo considerado. Para o átomo de hidrogênio, esta se torna uma expressão tridimensional.

$$P = \frac{1}{a^3\pi} \int_0^{2\pi} d\phi \cdot \int_0^{\pi} \text{sen } \theta \, d\theta \cdot \int_0^{2,00 \text{ Å}} r^2 e^{-2r/a} \, dr$$

onde a função de onda em termos do raio de Bohr *a* já foi elevada ao quadrado, e a expressão foi separada em três integrais. As duas integrais angulares que fizemos antes, e a integral sobre *r*, podem ser encontradas no Apêndice 1. A expressão se torna

$$P = \frac{1}{a^3\pi} \cdot 2\pi \cdot 2\left[e^{-2r/a}\left(\frac{-r^2 a}{2} - \frac{ra^2}{2} - \frac{a^3}{4}\right)\right]\Big|_0^{2,00\text{Å}}$$

Se o valor de *a* em ângstroms, 0,529 Å, for usado na expressão acima, o limite de 2,00 Å pode ser usado diretamente, porque as quantidades são expressas nas mesmas unidades. Substituindo e calculando a expressão nos seus limites:

$$P = \frac{1}{(0,529 \text{ Å})^3 \pi} \cdot 2\pi \cdot 2[(5,201 \times 10^{-4})(1,337841)\text{Å}^3 - (1)(-3,701 \times 10^{-2})\text{Å}^3]$$

Observe que as unidades Å³ se cancelam na expressão, e a probabilidade não tem unidades (como deve ser). Calculando, descobrimos que

$$P = 0,981, \quad \text{ou } 98,1\%$$

Este exemplo mostra que o elétron tem uma probabilidade de 98,1% de estar dentro de um raio de 2,00 Å, um pouco abaixo de 4 raios de Bohr a partir do núcleo. Você pode comparar isto com a Figura 11.19, onde a probabilidade é representada pela área sob a curva. Finalmente, observe que isso implica uma chance de 1,9% de o elétron estar a mais de 2 Å de distância do núcleo.

b. Para o núcleo de Be^{3+}, a solução do problema é semelhante, mas a carga do berílio deve ser incluída explicitamente. Para $Z = 4$, as integrais sob avaliação são

$$P = \frac{4^3}{a^3\pi} \int_0^{2\pi} d\phi \cdot \int_0^{\pi} \text{sen } \theta \, d\theta \cdot \int_0^{0,250\text{Å}} r^2 e^{-8r/a} \, dr$$

Observe que o limite superior da integral r agora é 0,250 Å. Essas expressões são integradas para dar

$$P = \frac{64}{a^3\pi} \cdot 2\pi \cdot 2\left[e^{-8r/a}\left(\frac{-r^2 a}{8} - \frac{ra^2}{32} - \frac{a^3}{256}\right)\right]\Big|_0^{0,250\text{Å}}$$

que produz

$$P = \frac{64}{(0,529 \text{ Å})^3 \pi} \cdot 2\pi \cdot 2[(2,28 \times 10^{-2})(-0,00690)\text{Å}^3$$
$$- (1)(-5,78 \times 10^{-4})\text{Å}^3]$$
$$P = 0,728 \quad \text{ou } 72,8\%$$

Estes valores são esperados, uma vez que a carga nuclear maior atrai o elétron para mais perto do núcleo. Portanto, há uma probabilidade de 72% de encontrar um elétron Ψ_{1s} dentro de uma distância de 0,250 Å de um núcleo de Be^{3+}.

Gráficos das probabilidades radiais para Ψ_{2s}, Ψ_{2p}, Ψ_{3s}, Ψ_{3p}, Ψ_{3d}, ... são mostrados na Figura 11.20. Para cada função de onda com números quânticos n e ℓ existem $n - \ell - 1$ pontos ao longo do raio esférico, em que a probabilidade de encontrar um elétron se torna exatamente igual a zero. Esses pontos são *nós*. Especificamente, esses são *nós radiais*, uma vez que estamos considerando a probabilidade total de o elétron estar na camada esférica determinada pelo valor do raio.

Apesar de as subcamadas *s* serem esfericamente simétricas, as subcamadas *p*, *d*, *f*, ... não o são e têm dependência angular. Há várias maneiras de expressar a dependência angular das subcamadas. Uma maneira comum é traçar um contorno dentro do qual a probabilidade de aparecimento do elétron seja de 90%. O mais fácil é usar a forma real das funções de onda para mostrar este comportamento. A Figura 11.21 mostra 90% das superfícies-limite das subcamadas *p* e *d* reais (isto é, não-imaginárias) do hidrogênio. São estas distribuições angulares das subcamadas que emprestam os nomes de "halteres" e de "roseta" aos orbitais *p* e *d*, respectivamente.

Há várias coisas a se notar sobre esses gráficos. Primeiro, para cada orbital, são usados eixos diferentes para ilustrar o gráfico, o que significa que os orbitais *apontam para diferentes direções no espaço*, apesar de parecerem muito semelhantes. Cada seção dos gráficos é identificada com os sinais de mais ou de menos para indicar o sinal da função de onda naquela região. Segundo, para cada orbital *p*, há um plano que é tangente a toda probabilidade do elétron. Por exemplo, para o orbital p_z, o plano xy é o plano onde a probabilidade de encontrar o elétron é exatamente zero. Para o orbital p_x, o plano yz tem probabilidade zero para o elétron. Para os orbitais *d*, há dois planos onde a probabilidade de encontrar o elétron é zero. Estes são exemplos de *nós angulares* (também chamados de planos nodais ou superfícies nodais). A Figura 11.22 mostra alguns nós angulares para os orbitais *p* e *d*. Para o orbital d_{z^2}, a superfície nodal é um cone bidimensional. Para o número quântico ℓ, haverá ℓ nós angulares. Combinando nós angulares com nós radiais, haverá um total de $n - 1$ nós (tanto radiais quanto angulares) para qualquer função de onda $\Psi_{n,\ell}$.

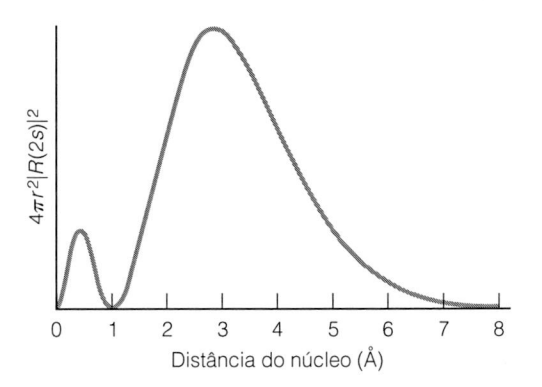

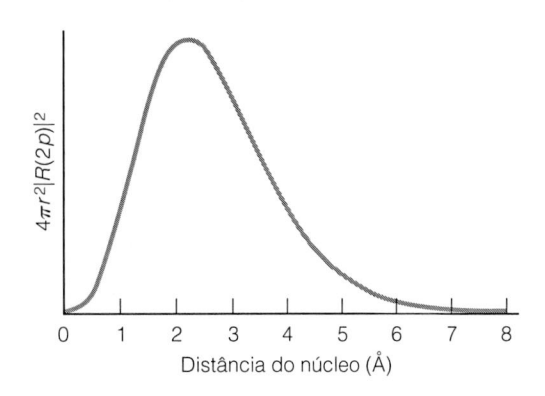

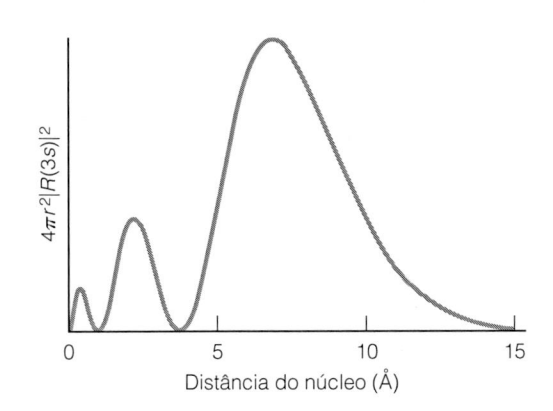

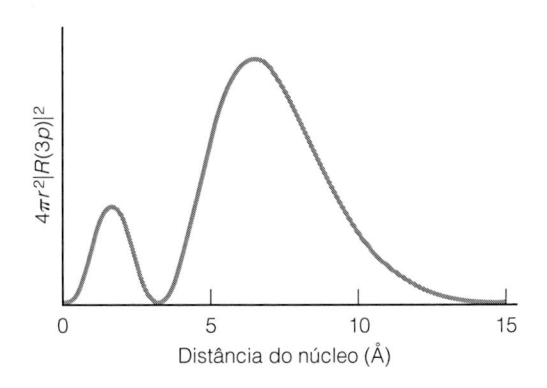

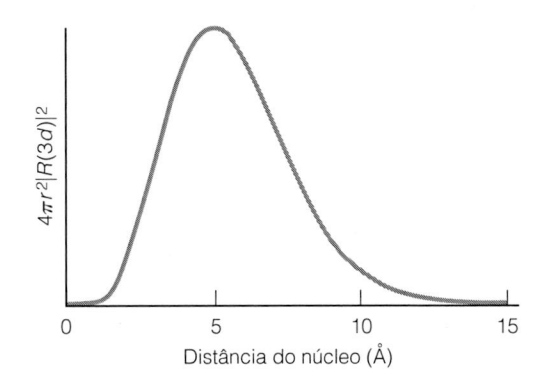

Figura 11.20 Gráficos de $4\pi r^2|R|^2$ versus a distância para outras funções de onda do átomo de hidrogênio, como está identificado. Há uma relação simples entre os números quânticos e o número de nós radiais.

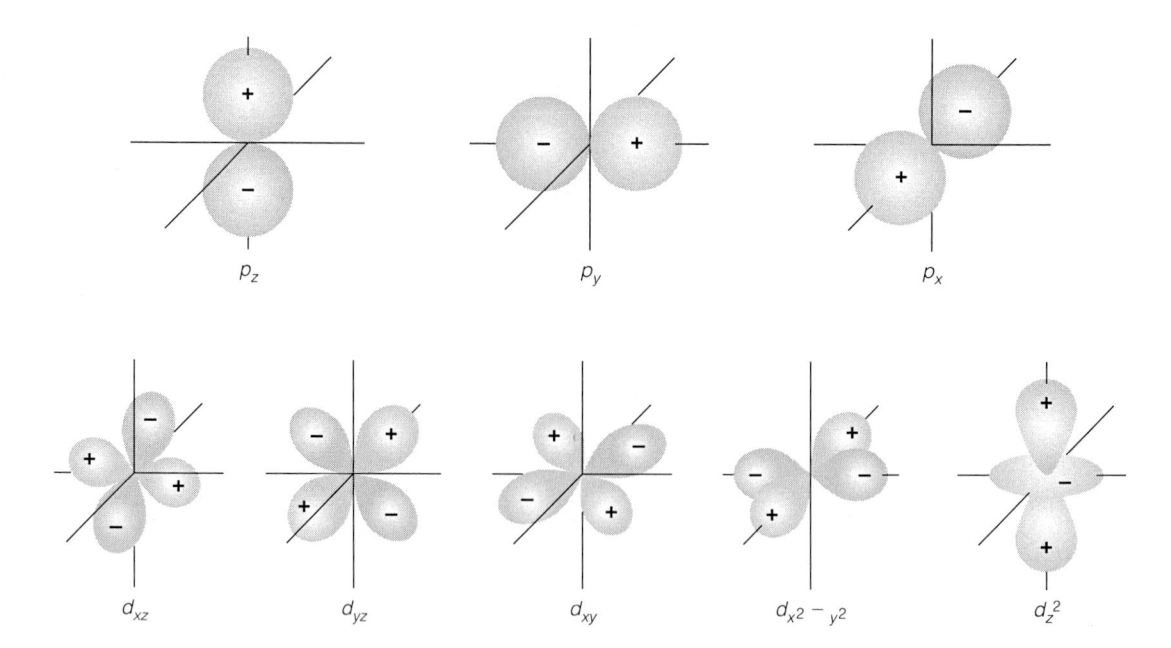

Figura 11.21 Os gráficos com 90% de contorno, para as formas reais das funções de onda p e d. A identificação específica nos orbitais p e d depende da direção que o orbital toma no espaço em 3D.

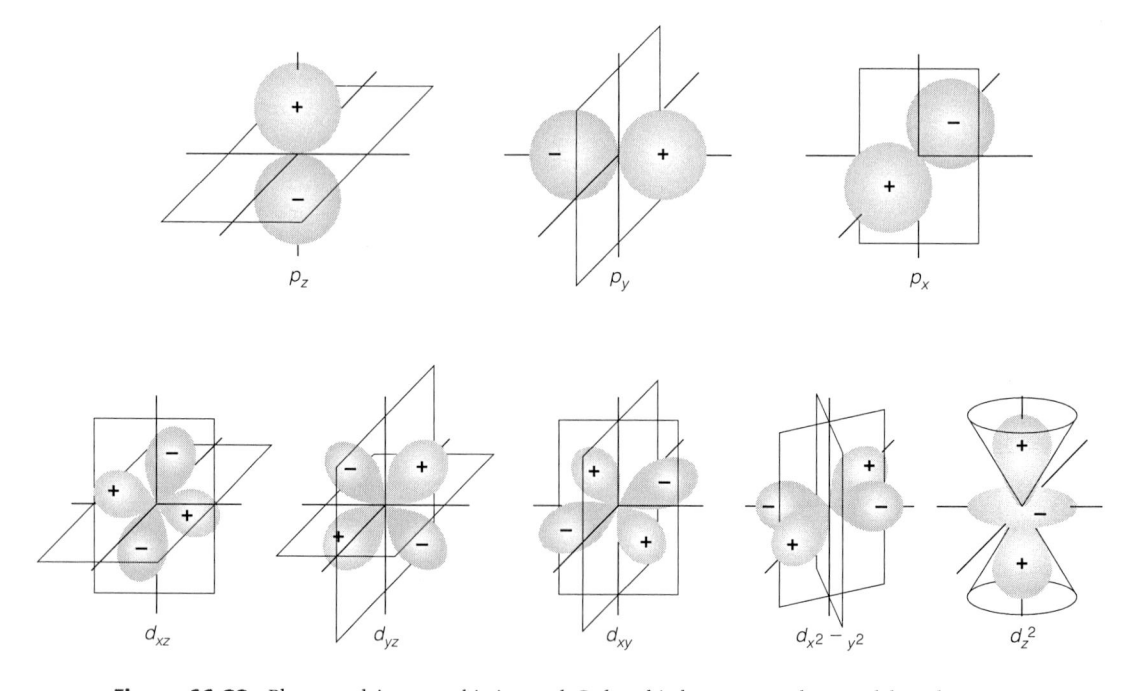

Figura 11.22 Planos nodais para orbitais p e d. Cada orbital p tem um plano nodal. Cada orbital d tem dois planos nodais. Para o orbital d_{z^2}, os planos nodais são representados por uma superfície cônica.

Exemplo 11.25

a. Qual é o valor médio do momento angular total de Ψ_{3p} para o átomo de hidrogênio?
b. Há um modo mais fácil de determinar este valor?

Solução

a. O *quadrado* do momento angular total está definido; assim, vamos supor que o momento angular médio é a raiz quadrada do momento angular ao quadrado. Portanto, precisamos definir

$$\langle L \rangle = \sqrt{\langle L^2 \rangle}$$

Para fazer isto, precisamos determinar o valor médio $\langle L^2 \rangle$. Isto se obtém pela seguinte expressão:

$$\langle L^2 \rangle = \int \Psi_{3p}^* \hat{L}^2 \Psi_{3p} \, d\tau$$

Inicialmente, pode parecer que precisaremos usar a forma longa, completa, de Ψ_{3p} e a forma longa, completa, de $\hat{L}^2$; porém isso não será necessário. Como Ψ_{3p} é uma autofunção de $\hat{L}^2$, podemos substituir o autovalor pelo operador na integral anterior. Como o autovalor é $\ell(\ell+1)\hbar^2$, a integral anterior se torna

$$\langle L^2 \rangle = \int \Psi_{3p}^* [\ell(\ell+1)\hbar^2] \Psi_{3p} \, d\tau$$

onde as constantes são multiplicadas com as funções de onda, em vez de se realizar qualquer operação de mudança de função. Constantes multiplicativas são retiradas do sinal de integral, e assim, a expressão anterior se torna

$$\langle L^2 \rangle = \ell(\ell+1)\hbar^2 \int \Psi_{3p}^* \Psi_{3p} \, d\tau$$

A função de onda é normalizada, e a integral é simplesmente 1. Portanto,

$$\langle L^2 \rangle = \ell(\ell+1)\hbar^2$$

e usando o valor de $\ell = 1$ para o orbital p, podemos determinar o valor médio do momento angular total $\langle L \rangle$ como

$$\langle L \rangle = \sqrt{\langle L^2 \rangle} = \sqrt{\ell(\ell+1)\hbar^2} = \sqrt{2}\hbar = 1{,}491 \times 10^{-34} \text{ J·s}$$

b. O modo mais fácil é perceber que L^2 é uma observável quantizada para a função de onda $3p$ de um átomo de hidrogênio. O valor médio é igual ao valor quantizado. Nem sempre este será o caso (veja os Exercícios 11.58 e 11.60, por exemplo).

11.12 Resumo

Com a solução do átomo de hidrogênio, está completa a lista dos sistemas analiticamente solucionáveis a ser considerada aqui. A teoria quântica da luz, de Planck, descrevia a radiação do corpo negro, e agora a simplicidade do espectro do hidrogênio (e de íons semelhantes ao do átomo de hidrogênio) está explicada adequadamente pela mecânica quântica. No próximo capítulo, veremos que, apesar de uma compreensão *analítica* exata do comportamento dos elétrons em átomos maiores não estar próxima, a mecânica quântica fornece as ferramentas para uma solução numérica para sistemas maiores, como as moléculas (para moléculas menores, na prática, e para moléculas maiores, pelo menos na teoria). Como isso é muito mais do que as teorias clássicas da química e da física podiam fornecer, a mecânica quântica é aceita como a teoria superior sobre o comportamento da matéria, no nível eletrônico. Os postulados da mecânica quântica permitem algum comportamento aparentemente incomum e inesperado – como o tunelamento, os momentos angulares quantizados e os orbitais de elétron "indefinidos". Mas até agora, as previsões da mecânica quântica foram confirmadas quando examinadas experimentalmente. Este é o verdadeiro teste para uma teoria.

EXERCÍCIOS DO CAPÍTULO 11

11.2 O Oscilador Harmônico Clássico

11.1 Converta 3,558 mdin/Å em unidades de N/m.

11.2 Um pêndulo com massa de 500,0 kg oscila com uma freqüência 0,277 Hz. Calcule a constante de força desse oscilador harmônico.

11.3 Um objeto com massa m a uma altura do solo h tem uma energia potencial gravitacional mgh, onde g é a aceleração devida à gravidade (~9,8 m/s^2). Explique por que objetos se movendo para a frente e para trás, sob a influência da gravidade (como um pêndulo de relógio), podem ser tratados como osciladores harmônicos. (*Dica*: veja a Equação 11.1.)

11.3 Oscilador Harmônico Mecânico-Quântico

11.4 Na Equação 11.6, para subtrair corretamente os dois termos do lado esquerdo entre parênteses, eles têm de ter as mesmas unidades globais. Mostre que $2mE/\hbar^2$ e $\alpha^2 x^2$ têm as mesmas unidades. Use as unidades padrão do SI para x (posição e distância). Faça o mesmo para os dois termos entre parênteses, na Equação 11.11.

11.5. Demonstre que as três substituições mencionadas no texto fornecem a Equação 11.6.

11.6. Demonstre que a segunda derivada de Ψ, dada pela Equação 11.8, produz a Equação 11.9.

11.7. Deduza a Equação 11.6 a partir da equação imediatamente anterior.

11.8. Mostre que a energia que separa dois níveis de energia *quaisquer*, de um oscilador harmônico clássico, é $h\nu$, onde ν é a freqüência clássica do oscilador.

11.9. (a) Qual é a diferença de energia, em J, entre dois níveis de energia quantizados de um pêndulo com uma freqüência clássica de 1,00 s^{-1}? (b) Calcule o comprimento de onda da luz que precisa ser absorvido para que o pêndulo vá de um nível de energia para outro. (c) Você pode determinar em que região do espectro eletromagnético está situado esse comprimento de onda? (d) Baseado no seu conhecimento sobre o estado da ciência no início do século XX, comente seus resultados obtidos nas partes e e b. Porque o comportamento mecânico-quântico da natureza ainda não havia sido observado?

11.10. (a) Um átomo de hidrogênio ligado a uma superfície atua como um oscilador harmônico com uma freqüência clássica de 6,000 × 10^{13} s^{-1}. Qual é a diferença de energia, em J, entre os níveis de energia quantizados? (b) Calcule o comprimento de onda da luz que precisa ser absorvido para que o átomo de hidrogênio vá de um nível para outro. (c) Você pode determinar a que região do espectro eletromagnético esse comprimento de onda pertence? (c) Baseado no seu conhecimento sobre o estado da ciência no início do século XX, comente seus resultados obtidos nas partes a e b.

11.11. A ligação O-H da água vibra com uma freqüência de 3650 cm^{-1}. Que comprimento de onda e que freqüência (em s^{-1}) da luz seriam necessários para mudar o número quântico de $n = 0$ para $n = 4$, admitindo que O-H atua como um oscilador hormônico?

11.4 As Funções de Onda do Oscilador Harmônico

11.12. Mostre que Ψ_2 e Ψ_3 para o oscilador harmônico são ortogonais.

11.13. Substitua Ψ_1 na expressão completa do operador Hamiltoniano de um oscilador harmônico ideal e mostre que $E = \frac{3}{2}h\nu$.

11.14. Calcule $\langle p_x \rangle$ para Ψ_0 e Ψ_1 para um oscilador harmônico. Os valores que você obteve fazem sentido?

11.15. Use a expressão para Ψ_1 nas Equações 11.17 e normalize as funções de onda. Use a integral definida para os polinômios de Hermite na Tabela 11.2. Compare sua resposta com a função de onda definida pela Equação 11.19.

11.16. Usando apenas argumentos baseados em funções ímpares ou pares, determine se as seguintes integrais, envolvendo osciladores harmônicos, são idênticas a zero, se não são idênticas a zero, ou se são indeterminadas. Se forem indeterminadas, explique por quê.

a) $\int_{-\infty}^{+\infty} \Psi_1^* \Psi_2 \, dx$ **(b)** $\int_{-\infty}^{+\infty} \Psi_1^* \, \hat{x} \, \Psi_1 \, dx$

(c) $\int_{-\infty}^{+\infty} \Psi_1^* \hat{x}^2 \Psi_1 \, dx$, onde $\hat{x}^2 = \hat{x} \cdot \hat{x}$

(d) $\int_{-\infty}^{+\infty} \Psi_1^* \Psi_3 \, dx$ **(e)** $\int \Psi_3^* \Psi_3 \, dx$

(f) $\int_{-\infty}^{+\infty} \Psi_1^* \hat{V} \Psi_1 \, dx$, onde $\hat{V}$ é uma função de energia potencial indefinida.

11.17. Determine o valor, ou valores de x para o ponto de inversão clássico de um oscilador harmônico, em termos de k e n. Pode haver outras constantes na expressão deduzida.

11.5 A Massa Reduzida

11.18. Compare a massa do elétron, m_e, com (a) a massa reduzida do átomo de hidrogênio; (b) a massa reduzida do átomo de deutério (deutério = ^{2}H); (c) a massa reduzida do átomo de carbono-12, com carga +5, isto é, C^{5+}. Sugerir uma conclusão para a tendência apresentada pelas partes de a–c.

11.19. As massas reduzidas não são utilizadas apenas para sistemas atômicos. Um sistema solar ou um sistema planeta/satélite, por exemplo, pode ter o seu comportamento descrito determinando, inicialmente, sua massa reduzida. Se a massa da Terra é de 2,435 × 10^{24} kg, e a da Lua é de 2,995 × 10^{22} kg, qual é a massa reduzida do sistema Terra-Lua? (Isto não implica nenhum apoio ao modelo planetário para os átomos!)

11.20. (a) Calcule a freqüência esperada do oscilador harmônico para o monóxido de carbono, CO, se a constante de força é 1902 N/m. **(b)** Qual é a freqüência esperada do ^{13}CO, assumindo que a constante de força é a mesma?

11.21. Uma ligação O–H tem uma freqüência de 3650 cm^{-1}. Usando duas vezes a Equação 11.27, estabeleça o raio e determine a freqüência esperada de uma ligação O–D, sem calcular a constante de força. D = deutério (^2H). Assuma que a constante de força permanece a mesma.

11.6 Rotações em 2D

11.22. Por que os valores quantizados do momento angular em 2D não podem ser usados para determinar a massa de um sistema em rotação, como pode fazer o momento angular clássico?

11.23. Mostre que Ψ_3 do movimento rotacional em 2D tem a mesma constante de normalização que Ψ_{13}, normalizando ambas as funções de onda.

11.24. Quais são as energias e os momentos angulares dos cinco primeiros níveis de energia do benzeno, obtidos a partir da aproximação rotacional em 2D? Use a massa do elétron e o raio de 1,51 Å para determinar *I*.

11.25. Uma criança de 25 kg está em um carrossel que vai girando em um grande círculo, com um raio de 8 metros. A criança tem um momento angular de 600 kg m^2/s. **(a)** A partir desses fatos, faça uma estimativa do número quântico aproximado do momento angular da criança. **(b)** Faça uma estimativa da quantidade de energia quantizada que a criança tem nessa situação. Como essa energia quantizada se compara com a energia clássica da criança? Que princípio isso ilustra?

11.26. Use a identidade de Euler para reescrever as primeiras quatro funções de onda rotacionais em 2D, em termos de seno e co-seno.

11.27. (a) Usando a expressão para a energia de um rotor rígido em 2D, construa a expressão para a diferença de energia entre dois níveis adjacentes, $E(m + 1) - E(m)$. **(b)** Para o HCl, $E(1) - E(0) = 20,7$ cm^{-1}. Calcule $E(2) - E(1)$, admitindo que o HCl age como um rotor rígido em 2D. **(c)** Essa diferença de energia é determinada experimentalmente como sendo 41,4 cm^{-1}. O quanto este modelo em 2D é bom para este sistema?

11.28. Deduza a Equação 11.35 a partir da Equação 11.34.

11.7 e 11.8 Rotações em 3D

11.29. Use a trigonometria para verificar a relação entre as coordenadas cartesianas e esféricas polares, conforme dadas na Equação 11.40.

11.30. Por que a raiz quadrada da Equação 11.45 não pode ser obtida analiticamente? (*Dica*: considere como você poderia obter a raiz quadrada do lado direito da equação. Isso é possível?)

11.31. Para rotações em 2D e 3D, o raio da trajetória das partículas é mantido constante. Considere uma energia potencial constante diferente de zero atuando sobre a partícula. Mostre que a forma da Equação 11.46 seria equivalente à forma da equação de Schrödinger, se *V* for idêntica a zero. (*Dica*: use a idéia de que $E_{nova} = E = V$.)

11.32. Você pode avaliar $\langle r \rangle$ para o harmônico esférico Y^2_{-2}? Por que sim ou por que não?

11.33. Usando a forma completa de $\Psi_{3,-2}$ (onde $\ell = 3$ e $m_\ell = -2$) para rotações em 3D (use os polinômios de Legendre, da Tabela 11.3), e as formas completas dos operadores, avalie os autovalores de **(a)** L^2, **(b)** L_z, **(c)** *E*. Não use as expressões analíticas para as observáveis. Em vez disso, opere sobre $\Psi_{3,-2}$ usando os operadores apropriados e veja se você pode obter a equação de autovalor apropriada. A partir da equação de autovalor, determine o valor da observável.

11.34. Uma função de onda rotacional em 3D tem o número quântico ℓ igual a 2 e um momento de inércia de $4,445 \times 10^{-47}$ kg·m^2. Quais são os valores numéricos possíveis de **(a)** a energia; **(b)** o momento angular total; **(c)** o componente *z* do momento angular total?

11.35. (a) Usando a expressão para a energia de um rotor rígido em 3D, construa a expressão para a diferença de energia entre dois níveis adjacentes, $E(\ell + 1) - E(\ell)$.
(b) Para o HCl, $E(1) - E(0) = 20,7$ cm^{-1}. Calcule $E(2) - E(1)$, supondo que o HCl atua como rotor rígido em 3D.
(c) A diferença de energia é determinada experimentalmente como sendo 41,4 cm^{-1}. O quanto um modelo em 3D seria bom para esse sistema.

11.36. Veja o Exemplo 11.17, com relação à molécula "esférica" C_{60}. Supondo que os elétrons nessa molécula sofrem rotações em 3D, calcule o comprimento de onda da luz, necessário para causar uma transição do estado $\ell = 5$ para $\ell = 6$, e de $\ell = 7$ para $\ell = 8$. Compare as suas respostas com as absorções nos comprimentos de onda de 328 e 256 nm, obtidas experimentalmente. O quanto esse modelo seria bom para descrever as absorções eletrônicas da molécula C_{60}?

11.37. No Exercício 11.36, relacionado com a molécula C_{60}, quais são os valores numéricos do momento angular total do elétron para cada um dos estados com número quântico ℓ? Quais são os componentes *z* do momento angular para cada estado?

11.38. Desenhe as representações gráficas (veja a Figura 11.15) dos possíveis valores de ℓ e m_ℓ para os primeiros quatro níveis de energia do rotor rígido em 3D. Quais são as degenerescências de cada estado?

11.39. Qual é a explicação física para a diferença entre uma partícula com uma função de onda rotacional em 3D $\Psi_{3,2}$ e uma partícula idêntica com as funções $\Psi_{3,-2}$?

11.9, 11.10 e 11.11. Os Átomos Hidrogenóides

11.40. Relacione os átomos hidrogenóides, cujos núcleos são dos seguintes elementos: **(a)** lítio, **(b)** carbono, **(c)** ferro, **(d)** samário, **(e)** xenônio, **(f)** frâncio, **(g)** urânio, **(h)** seabórgio.

11.41. Calcule a energia potencial eletrostática V entre um elétron e um próton, se a distância entre eles é de 1 raio de Bohr (0,529 Å). Cuide para que as unidades usadas sejam corretas.

11.42. Usando a lei da gravidade de Newton e a relação entre força e energia potencial, pode-se escrever a energia potencial gravitacional como

$$V = -G\frac{m_1 m_2}{r}$$

Use as massas do elétron e do próton, e a constante de gravidade $G = 6,673 \times 10^{-11}$ N·m²/kg², para mostrar que a energia potencial é desprezível, se comparada com a energia potencial eletrostática a uma distância de 1 raio de Bohr.

11.43. Mostre que a Equação 11.56 se transforma na Equação 11.46 quando r = constante e $V = 0$. (*Dica*: você terá de aplicar a regra da cadeia para a diferenciação às derivadas no segundo termo da Equação 11.56.)

11.44. Calcule a diferença entre os raios de Bohr definidos como a e a_0.

11.45. As primeiras quatro linhas da série de Balmer no espectro do átomo de hidrogênio $n_2 = 2$), com quatro algarismos significativos, aparecem em 656,5 nm, 486,3 nm, 434,2 nm e 410,3 nm. **(a)** Calcule o valor médio da constante de Rydberg, R_H, a partir desses números. **(b)** Em que comprimento de onda ocorreriam transições similares para o He⁺?

11.46. Quais seriam os comprimentos de onda da série de Balmer para o deutério?

11.47. Construa um diagrama de níveis de energia mostrando todos os orbitais do átomo de hidrogênio até $n = 5$, identificando cada orbital com o seu número quântico. Quantos orbitais diferentes há em cada camada?

11.48. Quais são os valores de E, L e L_z para um átomo de F⁸⁺, cujos elétrons têm as seguintes funções de onda, relacionadas como Ψ_{n,ℓ,m_ℓ}? **(a)** $\Psi_{1,0,0}$ **(b)** $\Psi_{3,2,2}$ **(c)** $\Psi_{2,1,-1}$ **(d)** $\Psi_{9,6,-3}$.

11.49. Por que a função de onda $\Psi_{4,4,0}$ não existe? Similarmente, por que a subcamada 3f não existe? (Veja o Exercício 11.48 para definir a notação.)

11.50. Calcule a energia eletrônica total de um mol de átomos de hidrogênio. Calcule a energia eletrônica total de um mol de átomos de He⁺. Qual é a causa da diferença entre as duas energias totais?

11.51. Qual é a probabilidade de se encontrar um elétron no orbital 1s, a uma distância menor ou igual a 0,1 Å de um núcleo de hidrogênio?

11.52. Qual é a probabilidade de se encontrar um elétron no orbital 1s, a uma distância menor ou igual a 0,1 Å de um núcleo de Ne⁹⁺? Compare sua resposta com a do Exercício 11.51 e justifique a diferença.

11.53. Estabeleça quantos nós radiais, angulares e totais existem em cada uma das seguintes funções de onda hidrogenóides: **(a)** Ψ_{2s} **(b)** Ψ_{3s} **(c)** Ψ_{3p} **(d)** Ψ_{4f} **(e)** Ψ_{6g} **(f)** Ψ_{7s}.

11.54. Mostre que as funções de onda são ortogonais, avaliando $\int \Psi_{2s}^* \Psi_{1s}\, d\tau$ sobre todo o espaço.

11.55. Verifique o valor específico do raio de Bohr, a, substituindo os vários valores da Equação 11.68 e calculando-o.

11.56. Mostre que r_{max} para Ψ_{1s} é fornecido pela Equação 11.68. Considere a derivada de $4\pi r^2 \Psi^2$ em relação a r, iguale-a a zero e resolva para r.

11.57. Use as formas das funções de onda da Tabela 11.4 para determinar as formas explícitas das funções não-imaginárias 2_{p_x} e 2_{p_y}.

11.58. Avalie $\langle L_z \rangle$ para 3_{p_x}. Compare com a resposta do Exemplo 11.25 e explique a diferença entre as respostas.

11.59. Usando as Equações 11.67 como exemplo, mostre como seria a combinação das funções de onda 3D reais.

11.60. Avalie $\langle r \rangle$ para Ψ_{1s} (admita que o operador $\hat{r}$ é definido como "multiplicação pela coordenada r"). Por que $\langle r \rangle$ para Ψ_{1s} não é igual a 0,529 Å? Nesse caso, $d\tau = 4\pi r^2\, dr$.

Exercícios de Simbolismo Matemático

11.61. Faça os gráficos das cinco primeiras funções de onda dos osciladores harmônicos e de suas probabilidades. Superponha esses gráficos à função de energia potencial para um oscilador harmônico e determine os valores numéricos de x para os pontos de retorno clássicos. Qual é a probabilidade de que um oscilador exista entre os pontos de retorno clássicos? Os gráficos das probabilidades começam a mostrar uma distribuição como a esperada pelo princípio da correspondência?

11.62. Construa gráficos em três dimensões das três primeiras famílias de harmônicos esféricos. Você pode identificar os valores de θ e ϕ que correspondem a nós?

11.63. Estabeleça e avalie numericamente as integrais que mostram que Y_1^1 e Y_{-1}^1 são ortogonais.

11.64. Faça gráficos das superfícies correspondentes a 90%, das funções de onda 2s e 2p angulares, em 3D, do átomo de hidrogênio. Você pode identificar nós no seu gráfico?

12 Átomos e Moléculas

VIMOS COMO A MECÂNICA QUÂNTICA fornece ferramentas para entendermos alguns sistemas simples, inclusive, o átomo de hidrogênio. O entendimento do átomo H é um ponto crucial porque ele é *real*, e não um sistema-modelo. A mecânica quântica mostrou que pode descrever o átomo de hidrogênio como a teoria de Bohr o fez. Ela também descreve outros sistemas-modelo, que têm aplicação no mundo real. (Lembre-se de que todos os sistemas-modelo – partícula na caixa, rotores rígidos em 2D e 3D, osciladores harmônicos – podem ser *aplicados* a sistemas reais, mesmo que estes não sejam exatamente ideais.) Como teoria, a mecânica quântica é mais aplicável do que a teoria de Bohr e pode ser considerada "melhor". Concluiremos o desenvolvimento da mecânica quântica vendo como ela se aplica a sistemas mais complicados do que o átomo H: outros átomos e até moléculas. Veremos que soluções analíticas explícitas não são possíveis, mas que a mecânica quântica fornece as ferramentas para entendermos estes sistemas.

12.1 Sinopse

Neste capítulo, iremos considerar mais uma propriedade do elétron, chamada spin. O spin tem conseqüências importantes para a estrutura da matéria, conseqüências que não puderam ser consideradas pelos padrões da mecânica clássica. Veremos que uma solução analítica exata não é possível para um átomo simples como o de hélio, e que a equação de Schrödinger não pode ser resolvida analiticamente para os átomos maiores ou para moléculas. Mas existem duas ferramentas para estudarmos sistemas maiores em todos os níveis de precisão: a teoria da perturbação e a teoria variacional. Cada uma destas ferramentas tem suas vantagens, e ambas são utilizadas hoje para estudar átomos e moléculas, e suas reações.

Finalizando, veremos, de forma simples, como a mecânica quântica considera um sistema molecular. *Podemos* aplicar a mecânica quântica a moléculas, apesar de estas poderem ser muito complicadas. Terminaremos este capítulo com uma introdução aos orbitais moleculares e como eles são definidos para uma molécula muito simples, a H_2^+. Mesmo sendo um sistema simples, a molécula H_2^+ abre o caminho para outras moléculas.

12.2 Spin

Uma observação experimental muito importante foi feita um pouco antes de a mecânica quântica ser desenvolvida. Em 1922, Otto Stern e W. Gerlach fizeram uma tentativa de medir o momento magnético de um átomo de prata. Eles passaram vapor de prata através de um campo magnético e gravaram o padrão que o feixe de átomos seguia após atravessar este campo. Surpreendentemente, o feixe se dividiu em dois. A experiência é ilustrada na Figura 12.1.

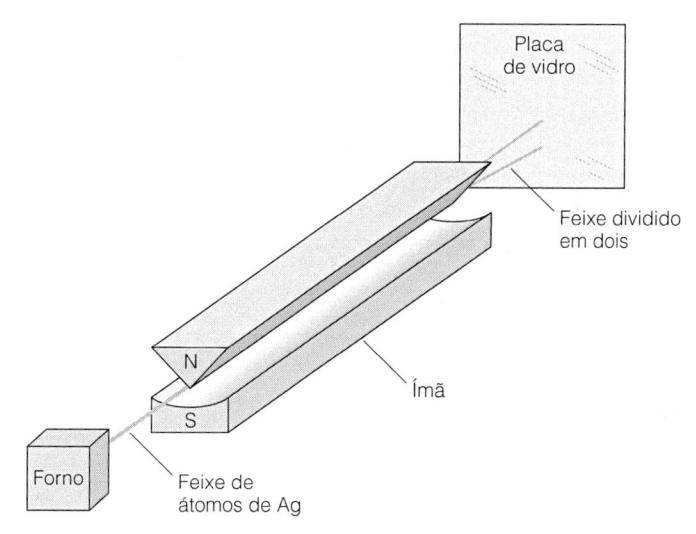

Figura 12.1 Diagrama da experiência de Stern-Gerlach. Um feixe de átomos de prata passa através de um campo magnético e se divide em dois. Esta descoberta foi usada para propor a existência do spin do elétron.

As tentativas de explicar este fato pela teoria de Bohr e pelo momento angular quantizado dos elétrons em suas órbitas falharam. Finalmente, em 1925, George Uhlenbeck e Samuel Goudsmit propuseram uma explicação admitindo que o elétron tem *seu próprio* momento angular, que seria uma propriedade intrínseca do próprio elétron, e não uma conseqüência de qualquer um de seus movimentos. Para explicar os resultados de suas experiências, Uhlenbeck e Goudsmit propuseram que os componentes do momento angular intrínseco, chamado *momento angular do spin*, têm valores quantizados de $+\frac{1}{2}\hbar$ ou $-\frac{1}{2}\hbar$. (Lembre-se de que $\hbar$ tem unidades de momento angular.)

A partir dessa proposição, entende-se que todos os elétrons têm um momento angular intrínseco chamado *spin*. Apesar de ser geralmente comparado ao movimento de rotação ao redor de um eixo, o momento angular do spin de um elétron não se deve a esse movimento. Na realidade, seria impossível determinar se um elétron está realmente girando. O spin é uma propriedade que é conseqüência da existência da partícula. Esta propriedade se comporta como momento angular e, assim, é considerada para os devidos fins.

Do mesmo modo que para o momento angular de um elétron em sua órbita, existem duas grandezas mensuráveis que podem ser observadas simultaneamente para o spin: o quadrado do spin total e o componente z do mesmo. Sendo o spin um momento angular, existem equações de autovalor para as suas observáveis, que são as mesmas que para $\hat{L}^2$ e $\hat{L}_z$, só que usamos os operadores $\hat{S}^2$ e $\hat{S}_z$ para indicá-las. Também introduzimos os números quânticos s e m_s para representar os valores quantizados do spin das partículas. (Não confunda s, o símbolo para o momento angular do spin, com s, um orbital com $\ell = 0$.) As equações de autovalor são, portanto,

$$\hat{S}^2\Psi = s(s+1)\hbar^2\Psi \tag{12.1}$$

$$S_z\Psi = m_s\hbar\Psi \qquad (12.2)$$

Os valores dos números quânticos permitidos s e m_s são mais restritos que para ℓ e m_ℓ. Todos os elétrons têm um valor de $s = \frac{1}{2}$. O valor de s acaba sendo característico de um determinado tipo de partícula subatômica, e todos os elétrons têm o mesmo valor para seus números quânticos s. Para os valores possíveis do componente z do spin, há uma relação parecida com a que existe entre os valores de m_ℓ e ℓ: m_s que vai diretamente de $-s$ a $+s$, em etapas integrais, e então, m_s pode ser igual a $-\frac{1}{2}$ ou $+\frac{1}{2}$. Assim, existe apenas um valor possível para s e dois valores possíveis para m_s.

O spin também não tem nenhuma contrapartida clássica. Nada na mecânica clássica prevê ou explica a existência da propriedade que chamamos spin. Até mesmo a mecânica quântica, no princípio, não deu nenhuma justificativa para o spin. Apenas em 1928, quando Paul A. M. Dirac incorporou a teoria da relatividade na equação de Schrödinger, o spin foi mostrado como uma previsão teórica natural da mecânica quântica. A incorporação da relatividade foi um dos últimos grandes avanços no desenvolvimento da mecânica quântica. Entre outras coisas, ela levou à previsão da antimatéria, cuja existência foi verificada empiricamente por Carl Anderson (com a descoberta do pósitron), em 1932.

Exemplo 12.1

Qual é o valor, em J·s, do spin de um elétron? Compare com o valor do momento angular para um elétron nos orbitais s e p, em um átomo semelhante ao H.

Solução

O valor do momento angular do spin de um elétron é determinado usando a Equação 12.1. Devemos reconhecer que o operador é o quadrado do spin total, e para encontrar o valor do spin, teremos de achar sua raiz quadrada. Temos

$$\text{spin} = \sqrt{s(s+1)\hbar^2} = \sqrt{\frac{1}{2}\left(\frac{1}{2}+1\right)\left(\frac{6{,}626 \times 10^{-34}\,\text{J·s}}{2\pi}\right)^2}$$

$$= 9{,}133 \times 10^{-35}\,\text{J·s}$$

O momento angular de um elétron em um orbital s é zero, já que $\ell = 0$ para um elétron em um orbital s. Em um orbital p, $\ell = 1$, então, o momento angular é

$$\sqrt{\ell(\ell+1)}\,\hbar = \sqrt{1 \cdot 2}\,\frac{6{,}626 \times 10^{-34}\,\text{J·s}}{2\pi} = 1{,}491 \times 10^{-34}\,\text{J·s}$$

que é quase duas vezes maior que o spin. A magnitude do spin do momento angular não é muito menor do que o momento angular de um elétron em sua órbita. Portanto, seus efeitos não podem ser ignorados.

A existência de um momento angular intrínseco requer algumas especificações adicionais, ao se referir a momentos angulares de elétrons. Devemos saber qual é a diferença entre o momento angular do *orbital* e o momento angular do *spin*. Ambas as observáveis são momentos angulares, porém elas vêm de diferentes propriedades do elétron: uma vem de seu movimento ao redor do núcleo, e a outra, de sua própria existência.

O momento angular do spin de um elétron pode ter apenas determinados valores específicos. O spin é *quantizado*. Assim como o componente z do momento angular do orbital, m_s tem $2s + 1$ valores possíveis. No caso do elétron, $s = \frac{1}{2}$, então, os únicos valores possíveis de m_s são $-\frac{1}{2}$ e $+\frac{1}{2}$. A especificação do spin de um elétron representa, portanto, dois outros números quânticos que podem ser usados para indicar o estado deste elétron. Na prática, no entanto, convém não especificar s, visto que ele é sempre $\frac{1}{2}$ para elétrons. Isto nos dá um total de quatro números quânticos: o principal, n; o do momento angular do orbital, ℓ; o do momento angular do orbital do componente z, m_ℓ; e o do momento angular do spin (componente z), m_s. Estes são os únicos quatro números quânticos necessários para especificar o estado completo de um elétron.

Exemplo 12.2

Relacione todas as combinações possíveis dos quatro números quânticos para um elétron no orbital $2p$ de um átomo de hidrogênio.

Solução

Na forma de tabela, as combinações possíveis são

Símbolo	Valores possíveis		
n	2		
ℓ	1		
m_ℓ	-1	0	1
m_s	$+\frac{1}{2}$ ou $-\frac{1}{2}$	$+\frac{1}{2}$ ou $-\frac{1}{2}$	$+\frac{1}{2}$ ou $-\frac{1}{2}$

Nesse caso, existe um total de seis combinações possíveis dos quatro números quânticos.

Embora não tenha sido considerado até agora, o m_s do elétron em um átomo de hidrogênio é $+\frac{1}{2}$ ou $-\frac{1}{2}$. Uma conseqüência fascinante do spin, em astronomia, é o fato de que um elétron no hidrogênio tem energias ligeiramente diferentes, dependendo da orientação relativa dos spins do elétron e do próton no núcleo. (Um próton também tem um número quântico spin característico, que é $\frac{1}{2}$.) Se um elétron em um átomo de hidrogênio muda seu spin, ocorre uma mudança concomitante na energia, equivalente a uma luz com freqüência de 1420,40575 MHz, ou um comprimento de onda de aproximadamente 21 cm, como mostra a Figura 12.2. Por causa da difusão (dispersão) do hidrogênio no espaço, esta "radiação de 21 cm" é importante para os radioastrônomos que estudam a estrutura do universo.

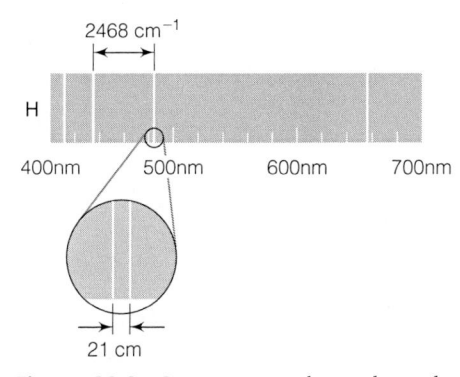

Figura 12.2 O espectro em alta resolução do átomo de hidrogênio mostra uma pequena separação, devida ao spin do elétron, que é causada pela interação do spin do elétron com o spin nuclear do átomo de hidrogênio (um próton).

Por fim, como o spin é parte das propriedades do elétron, seus valores observáveis podem ser determinados a partir da função da onda do elétron. Isto é, uma parte do Ψ total deve ser uma função de onda do spin. Uma discussão sobre a forma exata da parte devida ao spin de uma função de onda está além dos objetivos deste livro. No entanto, como existe apenas um valor observável possível do spin total ($s = \frac{1}{2}$) e apenas dois valores possíveis do componente z do spin ($m_s = +\frac{1}{2}$ ou $-\frac{1}{2}$), é típico representar a parte do spin da função de onda pelas letras gregas α e β, dependendo se o número quântico m_s for $+\frac{1}{2}$ ou $-\frac{1}{2}$, respectivamente. O spin não é afetado por nenhuma outra propriedade ou observável do elétron, e o componente do spin da função de onda de um elétron é separável da parte espacial da função de onda. Do mesmo modo que as três partes da função de onda eletrônica do átomo de hidrogênio, a função do spin multiplica o restante de Ψ. Por exemplo, as funções de onda completas para um elétron em um átomo de hidrogênio são

$$\Psi = R_{n,\ell} \cdot \Theta_{\ell,m_\ell} \cdot \phi_{m_\ell} \cdot \alpha$$

para um elétron que tenha m_s igual a $+\frac{1}{2}$. Uma função de onda similar, em termos de β, pode ser escrita para um elétron que tenha $m_s = -\frac{1}{2}$.

12.3 O Átomo de Hélio

No capítulo anterior, mostramos como a mecânica quântica nos dá uma solução analítica exata para a equação de Schrödinger, quando esta é aplicada ao átomo de hidrogênio. Mesmo a existência do spin, discutida na última sessão, não altera esta solução (apenas acrescenta a ela alguma complexidade, que não consideraremos mais aqui). O maior átomo seguinte é o do hélio, He, que tem uma carga nuclear de 2+ e tem dois elétrons ao redor do núcleo. O átomo de hélio é ilustrado na Figura 12.3, junto com algumas coordenadas utilizadas para descrever as posições das partículas subatômicas. Está implícita na discussão que segue a idéia de que ambos os elétrons do hélio irão ocupar o nível de energia mais baixo possível.

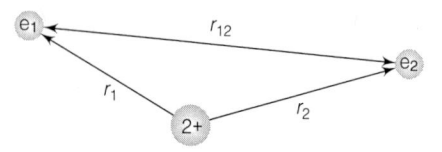

Figura 12.3 Definições das coordenadas radiais para o átomo de hélio.

Para escrever adequadamente a forma completa da equação de Schrödinger para o hélio, é importante entender a origem das energias cinética e potencial do átomo. Considerando apenas o movimento eletrônico em relação ao núcleo sem movimento, a energia cinética vem do movimento dos dois elétrons. Admite-se que a parte devida à energia cinética do operador Hamiltoniano é a mesma para os dois elétrons e que a energia cinética total é a soma das duas partes individuais. Para simplificar o Hamiltoniano, vamos usar o símbolo ∇^2, chamado delta ao quadrado, para indicar o operador da segunda derivada tridimensional:

$$\nabla^2 \equiv \frac{\partial^2}{\partial x^2} + \frac{\partial^2}{\partial y^2} + \frac{\partial^2}{\partial z^2} \tag{12.3}$$

Esta definição do operador faz com que a equação de Schrödinger pareça menos complicada. ∇^2 é também chamado de *operador Laplaciano*. É importante lembrar, no entanto, que o delta ao quadrado representa a soma de três derivadas isoladas. A parte da energia cinética do Hamiltoniano pode ser escrita como

$$-\frac{\hbar^2}{2\mu}\nabla_1^2 - \frac{\hbar^2}{2\mu}\nabla_2^2$$

onde ∇_1^2 é a segunda derivada tridimensional para o elétron 1, e ∇_2^2 é a segunda derivada tridimensional para o elétron 2.

A energia potencial do átomo de hélio tem três partes, todas de natureza coulômbica: existe uma atração entre o elétron 1 e o núcleo, uma atração entre o elétron 2 e o núcleo, e uma *repulsão* entre o elétron 1 e o elétron 2 (já que ambos estão carregados negativamente). Cada parte depende da distância entre as partículas envolvidas; as distâncias são chamadas r_1, r_2 e r_{12}, como ilustra a Figura 12.3. Assim, a parte da energia potencial do Hamiltoniano é, respectivamente,

$$\hat{V} = -\frac{2e^2}{4\pi\epsilon_0 r_1} - \frac{2e^2}{4\pi\epsilon_0 r_2} + \frac{e^2}{4\pi\epsilon_0 r_{12}}$$

onde as outras variáveis foram definidas no capítulo anterior. O número 2 no numerador de cada um dos dois primeiros termos se deve à carga 2+ no núcleo do hélio. Os dois primeiros termos são negativos, indicando uma atração, e o termo final é positivo, indicando uma repulsão. O operador Hamiltoniano completo para o átomo de hélio é

$$\hat{H} = -\frac{\hbar^2}{2\mu}\nabla_1^2 - \frac{\hbar^2}{2\mu}\nabla_2^2 - \frac{2e^2}{4\pi\epsilon_0 r_1} - \frac{2e^2}{4\pi\epsilon_0 r_2} + \frac{e^2}{4\pi\epsilon_0 r_{12}} \quad (12.4)$$

Isto significa que a equação de Schrödinger a ser resolvida para o átomo de hélio é

$$\left(-\frac{\hbar^2}{2\mu}\nabla_1^2 - \frac{\hbar^2}{2\mu}\nabla_2^2 - \frac{2e^2}{4\pi\epsilon_0 r_1} - \frac{2e^2}{4\pi\epsilon_0 r_2} + \frac{e^2}{4\pi\epsilon_0 r_{12}}\right)\Psi = E_{\text{total}}\Psi \quad (12.5)$$

onde E_{total} representa a energia eletrônica total de um átomo de hélio.

O Hamiltoniano (e, assim, a equação de Schrödinger) pode ser rearranjado agrupando os dois termos (um cinético e outro potencial) referentes apenas ao elétron 1 e também agrupando os dois termos referentes apenas ao elétron 2:

$$\hat{H} = \left(-\frac{\hbar^2}{2\mu}\nabla_1^2 - \frac{2e^2}{4\pi\epsilon_0 r_1}\right) + \left(-\frac{\hbar^2}{2\mu}\nabla_2^2 - \frac{2e^2}{4\pi\epsilon_0 r_2}\right) + \frac{e^2}{4\pi\epsilon_0 r_{12}} \quad (12.6)$$

Dessa forma, o Hamiltoniano se parece com dois Hamiltonianos de um elétron que foram colocados juntos. Isto sugere que a função de onda do átomo do hélio talvez seja, simplesmente, a combinação de duas funções de onda semelhantes à do hidrogênio. Talvez, uma abordagem do tipo "separação de elétrons" nos permita resolver a equação de Schrödinger para o hélio.

O problema está no último termo: $e^2/4\pi\epsilon_0 r_{12}$. Ele contém um termo, r_{12}, que depende da posição de *ambos* os elétrons. Ele não pertence somente aos termos do elétron 1 nem aos do elétron 2. Devido a este último termo não poder ser separado em partes que envolvam apenas um elétron por vez, o operador Hamiltoniano completo *não é separável* e, portanto, não pode ser resolvido pela separação em partes menores, referentes a um elétron. Para que a equação de Schrödinger para o átomo de hélio possa ser resolvida analiticamente, ela tem de ser resolvida completamente; ou não poderá ser resolvida de modo nenhum.

Até os dias de hoje, não existe nenhuma solução analítica conhecida para a diferencial de segunda ordem da equação de Schrödinger para o átomo de hélio. Isso não significa que não há solução, ou que as funções de onda não existem, mas que ainda não conhecemos nenhuma função *matemática* que satisfaça a equação diferencial. Na verdade, para átomos e moléculas que têm mais de um elétron, a impossibilidade de separação leva diretamente ao fato de que *não há solução analítica conhecida para nenhum átomo maior que o do hidrogênio*. Mais uma vez, isso não significa que a função de onda não existe, mas apenas que precisamos utilizar outros métodos para entender o comportamento dos elétrons em tais sistemas. (Foi provado matematicamente que não existe solução analítica para o assim chamado problema dos três corpos, como o átomo de He pode ser descrito. Portanto, devemos abordar os sistemas de multieletrônicos de maneira diferente.)

Esta lacuna também não deve ser considerada como uma falha da mecânica quântica. Neste livro, podemos utilizar apenas superficialmente as ferramentas que a mecânica quântica nos dá, para entendermos os sistemas multieletrônicos. Átomos e moléculas que têm mais de um elétron podem ser estudados e compreendidos aplicando estas ferramentas com maior exatidão de detalhes. O nível de detalhes depende do tempo disponível, dos recursos e da paciência da pessoa que está aplicando as ferramentas. Teoricamente, pode-se determinar energias, momentos e outras observáveis no mesmo nível em que se pode obter tais variáveis para o átomo de hidrogênio, usando estas ferramentas.

Exemplo 12.3

Admita que a função de onda do hélio é o produto de duas funções de onda iguais à do hidrogênio (ou seja, não leve em consideração o termo de repulsão entre os elétrons) na camada quântica principal, $n = 1$. Calcule a energia eletrônica do átomo de hélio e compare-a com o valor de $-1{,}265 \times 10^{-17}$ J, determinado experimentalmente. (Energias totais são determinadas experimentalmente medindo-se a quantidade de energia necessária para remover todos os elétrons de um átomo.)

Solução

Usando a Equação 12.6 e desprezando o termo de repulsão eletrônica, assumindo que a função de onda é o produto de duas funções de onda semelhantes à do hidrogênio:

$$\Psi_{He} = \Psi_{H,1} \times \Psi_{H,2}$$

a equação de Schrödinger para o átomo de hélio pode ser aproximada para

$$\left[\left(-\frac{\hbar^2}{2\mu}\nabla_1^2 - \frac{2e^2}{4\pi\epsilon_0 r_1}\right) + \left(-\frac{\hbar^2}{2\mu}\nabla_2^2 - \frac{2e^2}{4\pi\epsilon_0 r_2}\right)\right]\Psi_{H,1}\Psi_{H,2} \approx E_{He}\Psi_{H,1}\Psi_{H,2}$$

onde E_{He} é a energia do átomo de hélio. Devido ao primeiro termo entre parênteses ser uma função apenas do elétron 1 e de o segundo termo entre parênteses ser uma função apenas do elétron 2, esta equação de Schrödinger pode ser separada do mesmo modo que uma partícula na caixa bidimensional. Tendo isso em mente, podemos separar a equação de Schrödinger, mostrada anteriormente, em duas partes:

$$\left(-\frac{\hbar^2}{2\mu}\nabla_1^2 - \frac{2e^2}{4\pi\epsilon_0 r_1}\right)\Psi_{H,1} = E_1\Psi_{H,1}$$

$$\left(-\frac{\hbar^2}{2\mu}\nabla_2^2 - \frac{2e^2}{4\pi\epsilon_0 r_2}\right)\Psi_{H,2} = E_2\Psi_{H,2}$$

onde $E_{He} = E_1 + E_2$. Estas expressões são simplesmente as equações de Schrödinger para um elétron em um átomo do tipo do hidrogênio, com carga nuclear igual a 2. É conhecida uma expressão para o autovalor da energia para esse sistema. De acordo com o capítulo anterior, ela é:

$$E = -\frac{Z^2 e^4 \mu}{8\epsilon_0^2 h^2 n^2}$$

para cada energia semelhante à do hidrogênio. Para esta aproximação, assumimos que a energia do hélio é a soma de duas energias semelhantes à do hidrogênio. Portanto,

$$E_{He} = E_{H,1} + E_{H,2}$$

$$= -\frac{2^2 e^4 \mu}{8\epsilon_0^2 h^2 n^2} - \frac{2^2 e^4 \mu}{8\epsilon_0^2 h^2 n^2} = -\frac{e^4 \mu}{\epsilon_0^2 h^2 n^2}$$

onde obtemos o termo final, combinando os dois termos da esquerda. Tenha em mente que μ é a massa reduzida para um elétron ao redor do núcleo do hélio, e que o número quântico principal é 1 para ambos os termos. Substituindo os valores das várias constantes, juntamente com o valor da massa reduzida do sistema elétron-núcleo de hélio ($9{,}108 \times 10^{-31}$ kg), temos

$$E_{He} = -1{,}743 \times 10^{-17} \text{ J}$$

que é ~37,8% menor do que a experimental. Ignorar a repulsão entre os elétrons nos leva a um erro significativo na energia total do sistema, portanto, um bom modelo do átomo He *não* deve ignorar a repulsão elétron-elétron.

O exemplo anterior mostra que considerar que os elétrons no hélio – e em qualquer outro átomo multieletrônico – são simples combinações de elétrons, semelhantes às do hidrogênio, é uma suposição ingênua, que prevê energias quantizadas que estão longe dos valores medidos experimentalmente. Precisamos de outros meios para estimar melhor as energias em tais sistemas.

12.4 Orbitais spin e o Princípio de Pauli

No Exemplo 12.3 para o átomo de hélio, consideramos que ambos os elétrons têm o número quântico principal igual a 1. Se a analogia com as funções de onda semelhantes às do hidrogênio for levada adiante, podemos dizer que ambos os elétrons estão na subcamada s da primeira camada – eles estariam em orbitais $1s$. De fato, existe evidência experimental (principalmente nos espectros) para esta premissa. E o próximo elemento, Li? Ele tem um terceiro elétron. Este terceiro elétron também dividiria um orbital aproximadamente $1s$ semelhante ao do hidrogênio? A evidência experimental (espectros) mostra que não. Em vez disso, ele ocuparia o que é aproximadamente a subcamada s da camada do segundo número quântico principal: que é considerado um elétron $2s$. Por que ele não ocupa a camada $1s$?

Começamos com a suposição de que os elétrons num átomo multieletrônico podem de fato estar associados a orbitais *aproximados* semelhantes aos do hidrogênio, e que a função de onda do átomo completo é o *produto* das funções de onda de cada orbital ocupado. Estes orbitais podem ser indicados pelos números quânticos n e ℓ: $1s$, $2s$, $2p$, $3s$, $3p$, e assim por diante. Cada subcamada s, p, d, f... também pode ser indicada por um número quântico m_ℓ, onde m_ℓ varia de $-\ell$ a ℓ ($2\ell + 1$ valores possíveis). Porém, ele também pode ser indicado por um número quântico spin m_s $+\frac{1}{2}$ ou $-\frac{1}{2}$. A parte do spin da função de onda é indicada com α ou β, dependendo do valor de m_s para cada elétron. Portanto, existem várias possibilidades simples para a função de onda aproximada do estado de menor energia (o estado fundamental) do átomo de hélio:

$$\Psi_{He} = (1s_1\alpha)(1s_2\alpha)$$

$$\Psi_{He} = (1s_1\alpha)(1s_2\beta)$$

$$\Psi_{He} = (1s_1\beta)(1s_2\alpha)$$

$$\Psi_{He} = (1s_1\beta)(1s_2\beta)$$

onde o subscrito em $1s$ se refere ao elétron, individualmente. Assumiremos que cada Ψ_{He} individual é normalizada. Como cada Ψ_{He} é a combinação de uma função de onda do spin com uma função de onda do orbital, as Ψ_{He} são chamadas, mais apropriadamente, de *orbitais spin*.

Como o spin é um vetor, e os vetores podem ser adicionados e subtraídos entre si, podemos determinar, facilmente, um *spin total* para cada orbital spin de hélio possível. (Este é na verdade um *componente z* do spin total.) Para a primeira equação do orbital spin mostrada anteriormente, ambos os spins são α, e o spin total é $(+\frac{1}{2}) + (+\frac{1}{2}) = 1$. Similarmente, para o último orbital spin, o spin total é $(-\frac{1}{2}) + (-\frac{1}{2}) = -1$. Para os dois orbitais spin do meio, o spin total (componente z) é exatamente zero. Resumindo:

Função de onda aproximada	Spin total (componente z)
$\Psi_{He} = (1s_1\alpha)(1s_2\alpha)$	$+1$
$\Psi_{He} = (1s_1\alpha)(1s_2\beta)$	0
$\Psi_{He} = (1s_1\beta)(1s_2\alpha)$	0
$\Psi_{He} = (1s_1\beta)(1s_2\beta)$	-1

Neste momento, devem ser apresentadas evidências experimentais. (Não pode ser esquecida a necessidade de se comparar as previsões teóricas com os resultados experimentais.) Os campos magnéticos podem mostrar a diferença entre os momentos angulares de partículas carregadas; então, existe um meio de determinar experimentalmente se os átomos têm ou não um momento angular total. Uma vez que o spin é uma forma de momento angular, não deve ser surpresa o fato de que campos magnéticos podem ser usados para determinar o spin total em um átomo. Experimentos mostram que átomos de hélio no estado fundamental têm o componente z do spin igual a zero. Isso significa que, das quatro funções de onda aproximadas apresentadas anteriormente, a primeira e a última não são aceitáveis, uma vez que não concordam com os fatos determinados experimentalmente. Apenas as duas do meio, $(1s_1\alpha)(1s_2\beta)$ e $(1s_1\beta)(1s_2\alpha)$, podem ser consideradas para o hélio.

Qual das duas funções de onda é aceitável? Ou ambas o são? Pode-se propor que ambas as funções de onda são aceitáveis e que o átomo de hélio é duplamente degenerado. Isso resulta em uma afirmação inaceitável porque, em parte, implica que um experimentador pode determinar, sem nenhuma dúvida, que o elétron 1 tem uma das funções de onda do spin e que o elétron 2 tem a outra. Infelizmente, não podemos diferenciar um elétron do outro. Eles são indistinguíveis.

Esta impossibilidade de distinção sugere que a melhor maneira de descrever a função de onda eletrônica do hélio não é por meio de cada função de onda possível individualmente, mas pela combinação delas. Tais combinações são geralmente consideradas como somas e/ou diferenças. Dadas n funções de onda, pode-se determinar matematicamente n combinações diferentes, que são linearmente independentes. Dessa forma, para as duas funções de onda "aceitáveis" do He, duas possíveis combinações podem ser feitas para explicar o fato de que os elétrons são indistinguíveis. Estas duas combinações são a soma e a diferença de dois orbitais spin individuais:

$$\Psi_{He,1} = \frac{1}{\sqrt{2}}[(1s_1\alpha)(1s_2\beta) + (1s_1\beta)(1s_2\alpha)]$$

$$\Psi_{He,2} = \frac{1}{\sqrt{2}}[(1s_1\alpha)(1s_2\beta) - (1s_1\beta)(1s_2\alpha)]$$

O termo $1/\sqrt{2}$ é um fator de renormalização, que leva em conta a combinação de duas funções de onda normalizadas. Estas combinações têm a forma apropriada para as duas funções de onda possíveis do átomo de hélio.

Ambas são aceitáveis, ou apenas uma das duas? Agora, vamos tomar como base um postulado proposto por Wolfgang Pauli, em 1925, baseado no estudo do espectro atômico e no crescente conhecimento da necessidade dos números quânticos. Uma vez que os elétrons são indistinguíveis, um determinado elétron no hélio pode ser o elétron 1 ou o 2. Não podemos dizer ao certo qual, mas como o elétron tem spin igual a $\frac{1}{2}$, ele tem certas propriedades que afetam sua função de onda (os detalhes sobre quais são essas propriedade não podem ser considerados aqui). Pauli postulou que se o elétron 1 for *trocado* pelo elétron 2, a função de onda completa *deve mudar de sinal*. Matematicamente, isto é escrito como

$$\Psi(1, 2) = -\Psi(2, 1)$$

A mudança na ordem dos índices 1 e 2 implica que os dois elétrons foram trocados. O elétron 1 agora tem as coordenadas do elétron 2, e vice-versa. Uma função de onda que tem essa propriedade é chamada de *anti-simétrica*. (Por outro lado, se $\Psi(1, 2) = \Psi(2, 1)$, a função de onda é denominada *simétrica*.) Partículas que têm spin fracionário ($\frac{1}{2}, \frac{3}{2}, \frac{5}{2}, ...$) são chamadas, em conjunto, de *férmions*. O *princípio de Pauli* afirma que os férmions devem ter funções de onda anti-simétricas com relação à troca de partículas. Partículas que têm spins inteiros, chamadas de *bósons*, são restritas a terem funções de onda simétricas em relação à troca.

Os elétrons são férmions (têm spin = $\frac{1}{2}$) e, assim, de acordo com o princípio de Pauli, devem ter funções de onda anti-simétricas. Considere, então, as duas possíveis funções de onda aproximadas para o hélio. Elas são

$$\Psi_{He,1} = \frac{1}{\sqrt{2}}[(1s_1\alpha)(1s_2\beta) + (1s_1\beta)(1s_2\alpha)] \quad (12.7)$$

$$\Psi_{He,2} = \frac{1}{\sqrt{2}}[(1s_1\alpha)(1s_2\beta) - (1s_1\beta)(1s_2\alpha)] \quad (12.8)$$

Alguma delas é anti-simétrica? Podemos verificar isso trocando os elétrons 1 e 2 na primeira função de onda, Equação 12.7, e obtemos

$$\Psi(2, 1) = \frac{1}{\sqrt{2}}[(1s_2\alpha)(1s_1\beta) + (1s_2\beta)(1s_1\alpha)]$$

(Perceba a mudança nos subscritos 1 e 2.) Ela poderia ser reconhecida como sendo a função de onda $\Psi(1, 2)$ original, só que rearranjada algebricamente. (Demonstre isso.) No entanto, fazendo a troca de elétrons, a segunda função de onda, Equação 12.8, se torna

$$\Psi(2, 1) = \frac{1}{\sqrt{2}}[(1s_2\alpha)(1s_1\beta) - (1s_2\beta)(1s_1\alpha)] \quad (12.9)$$

que pode ser demonstrado algebricamente com sendo $-\Psi(1, 2)$. (Demonstre isto também.) Portanto, esta função de onda anti-simétrica, no que diz respeito à mudança dos elétrons e pelo princípio de Pauli, é a função de onda apropriada para os orbitais spin do átomo de hélio. A Equação 12.8, mas não a 12.7, representa a forma correta para uma função de onda do tipo orbital spin do estado fundamental do He.

O enunciado rigoroso do princípio de Pauli diz que as funções de onda devem ser anti-simétricas no que diz respeito à troca de elétrons. Existe uma afirmação mais simples do princípio de Pauli, originada do reconhecimento de que a Equação 12.8, a única função de onda aceitável para o hélio, pode ser escrita na forma do determinante de uma matriz.

Lembre-se de que o determinante de uma matriz 2×2, escrita como

$$\begin{vmatrix} a & d \\ c & b \end{vmatrix}$$

é simplesmente $(a \times b) - (c \times d)$, que pode ser lembrada mnemonicamente como

$$\begin{matrix} + \\ - \end{matrix} \begin{vmatrix} a & d \\ c & b \end{vmatrix} \begin{matrix} -c \times d \\ a \times b \end{matrix}$$

A função de onda anti-simétrica apropriada, Equação 12.8, para o átomo de hélio, também pode ser escrita como um determinante 2×2:

$$\Psi_{He} = \frac{1}{\sqrt{2}} \begin{vmatrix} 1s_1\alpha & 1s_1\beta \\ 1s_2\alpha & 1s_2\beta \end{vmatrix} \quad (12.10)$$

O termo $1/\sqrt{2}$ multiplica todo o determinante, do mesmo modo que multiplica toda a função de onda na Equação 12.8. Estes determinantes usados para representar uma função de onda anti-simétrica são chamados de *determinantes de Slater*, em homenagem a J. C. Slater, que enfatizou tais construções para expressar as funções de onda, em 1929.

O uso dos determinantes de Slater para expressar funções de onda que são automaticamente raízes anti-simétricas resulta do fato de que quando duas linhas (ou duas colunas) de um determinante são trocadas, o determinante da matriz se torna negativo. No determinante de Slater mostrado na Equação 12.10, os orbitais spin possíveis para o elétron 1 são estão mostrados na primeira linha, e os orbitais spin para o elétron 2 estão relacionados na segunda linha. Trocar estas duas linhas seria o mesmo que trocar os dois elétrons no átomo de hélio. Quando isso acontece, o determinante muda de sinal, que é o requisito do princípio de Pauli para as funções de onda de férmions, aceitáveis. Ao escrever uma função de onda nos termos de um determinante de Slater apropriado, garante-se que ela seja anti-simétrica.

A forma do determinante de Slater para uma função de onda garante algo mais, que nos leva a uma versão simplificada do princípio de Pauli. Suponha que os dois elétrons de hélio tenham exatamente o mesmo orbital spin. A parte determinante da função de onda terá a forma

$$\begin{vmatrix} 1s_1\alpha & 1s_1\alpha \\ 1s_2\alpha & 1s_2\alpha \end{vmatrix} \quad \text{que é exatamente 0} \tag{12.11}$$

Ser exatamente zero é uma das propriedades dos determinantes em geral. (Se duas colunas ou linhas quaisquer de um determinante forem exatamente zero, o valor do determinante é zero.) Portanto, a função de onda é numericamente igual a zero e este estado não existirá. A mesma conclusão é valida se o spin de ambos os elétrons for β. Considere, então, o átomo de lítio. Assumindo que os três elétrons estejam no nível 1s, as duas únicas formas possíveis dos determinantes das funções de onda seriam (dependendo da função do spin no terceiro elétron):

$$\begin{vmatrix} 1s_1\alpha & 1s_1\beta & 1s_1\alpha \\ 1s_2\alpha & 1s_2\beta & 1s_2\alpha \\ 1s_3\alpha & 1s_3\beta & 1s_3\alpha \end{vmatrix} \quad \text{ou} \quad \begin{vmatrix} 1s_1\alpha & 1s_1\beta & 1s_1\beta \\ 1s_2\alpha & 1s_2\beta & 1s_2\beta \\ 1s_3\alpha & 1s_3\beta & 1s_3\beta \end{vmatrix} \tag{12.12}$$

Note que, em ambos os casos, duas colunas dos determinantes representam os mesmos orbitais spin para dois dos três elétrons (1ª e 3ª colunas no primeiro determinante, 2ª e 3ª colunas no segundo determinante). A matemática dos determinantes requer que se duas linhas ou colunas são exatamente iguais, o valor do determinante é exatamente zero. Não podemos ter uma função de onda para Li com três elétrons na camada 1s. Em vez disso, o terceiro elétron *tem* de estar em uma camada diferente. A próxima camada e subcamada são 2s.

Assim como atribuímos um conjunto de quatro números quânticos para elétrons em orbitais como os do hidrogênio, podemos fazer o mesmo para os orbitais spin de átomos multieletrônicos, para obter uma aproximação com os orbitais semelhantes aos do hidrogênio. Na primeira linha da Equação 12.11, os dois orbitais spin podem ser representados por um conjunto de quatro números quânticos (n, ℓ, m_ℓ, m_s), como sendo $(1, 0, 0, \frac{1}{2})$ e $(1, 0, 0, \frac{1}{2})$: os mesmos quatro números quânticos. (Você pôde ver como estes números foram determinados a partir da expressão para o orbital spin?) Na primeira linha da Equação 12.12, os três orbitais spin, no primeiro caso, têm os conjuntos $(1, 0, 0, \frac{1}{2})$, $(1, 0, 0, -\frac{1}{2})$, e $(1, 0, 0, \frac{1}{2})$: o primeiro e terceiro orbitais spin são os mesmos. No segundo caso, na primeira linha, os orbitais spin podem ser representados pelos números quânticos $(1, 0, 0, \frac{1}{2})$, $(1, 0, 0, -\frac{1}{2})$ e $(1, 0, 0, -\frac{1}{2})$, com o segundo e terceiro orbitais spin tendo o mesmo conjunto de quatro números quânticos. Em todos os três casos, as outras linhas do determinante de Slater podem ter números quânticos atribuídos a elas; e em todos os casos, o determinante é exatamente zero, significando que a função de onda completa não existe.

Com base nisso, uma conseqüência do princípio de Pauli é que *dois elétrons em qualquer sistema não podem ter o mesmo conjunto de quatro números quânticos*. (Este enunciado é, algumas vezes, usado no lugar do enunciado original do princípio de Pauli.) Isto significa que cada elétron e todos os elétrons devem ter seu próprio e único orbital spin, e uma vez que há apenas duas funções spin possíveis para um elétron, cada orbital pode estar associado a apenas dois elétrons. Assim, uma subcamada s pode acomodar no máximo dois elétrons; cada subcamada p, com três orbitais individuais p, pode acomodar um máximo de seis elétrons; cada subcamada d, com cinco orbitais d, pode acomodar um máximo de dez elétrons; e assim por diante. Como esta conseqüência do princípio de Pauli exclui orbitais spin com mais de um elétron, este enunciado de Pauli é comumente denominado *princípio da exclusão, de Pauli*.

Funções de onda escritas em termos de um determinante de Slater têm um fator de normalização igual a $1/\sqrt{n!}$, onde n é o número de linhas ou colunas no determinante (e é igual ao número de elétrons no átomo). Isso porque a forma expandida da função de onda Ψ tem $n!$ termos. Na construção de determinantes de Slater, seguiremos o padrão de escrever os orbitais spin individuais da esquerda para a direita, com as duas funções de onda espaciais, uma com função de onda do spin α e outra com β, e relacionar os elétrons seqüencialmente, de cima para baixo. Isto é:

$$
\begin{array}{r}
\text{Orbitais spin} \longrightarrow \\
\begin{array}{r|ccccc}
1 \text{ elétron} & 1s\alpha & 1s\beta & 2s\alpha & 2s\beta & \ldots \\
2 \text{ elétrons} & 1s\alpha & 1s\beta & 2s\alpha & 2s\beta & \ldots \\
3 \text{ elétrons} & \ldots & \ldots & \ldots & \ldots & \ldots \\
\vdots & & & & &
\end{array}
\end{array}
$$

Indo de um lado para outro do determinante, a parte do spin se alterna: $\alpha, \beta, \alpha, \beta, \ldots$ Também não se deve perder de vista os números quânticos n, ℓ, e m_ℓ, para ter certeza de que cada camada e subcamada está representada na ordem correta e pelos números apropriados. O exemplo seguinte ilustra o uso dessa idéia.

Exemplo 12.4

O terceiro elétron no Li ocupa o orbital 2s. Assumindo uma constante de (re)normalização de $1/\sqrt{6}$, construa uma função de onda anti-simétrica apropriada para o Li, em termos de um determinante de Slater.

Solução

As linhas irão representar os elétrons 1, 2 e 3; as colunas irão representar os orbitais spin $1s\alpha$, $1s\beta$ e $2s\alpha$ (ou $2s\beta$). Seguindo a orientação anterior, o determinante que representa a função de onda anti-simétrica é

$$\Psi_{Li} = \frac{1}{\sqrt{6}} \begin{vmatrix} 1s_1\alpha & 1s_1\beta & 2s_1\alpha \\ 1s_2\alpha & 1s_2\beta & 2s_2\alpha \\ 1s_3\alpha & 1s_3\beta & 2s_3\alpha \end{vmatrix}$$

Como há duas funções de onda possíveis para o Li (dependendo do orbital spin para a última coluna, que pode ser $2s\alpha$ ou $2s\beta$), concluímos que este nível de energia é duplamente degenerado.

12.5 Outros Átomos e o Princípio da Construção

Presumimos, mais do que provamos, que átomos com vários elétrons podem ser conceitualmente aproximados como sendo combinações de orbitais semelhantes aos do hidrogênio (ainda que, como mostrou o exemplo do hélio, as energias previstas não sejam muito próximas). Além disso, o princípio de Pauli restringe os orbitais a terem apenas dois elétrons, cada um com um spin diferente. Como consideraremos átomos cada vez maiores, os elétrons nestes átomos ocuparão orbitais descritos com números quânticos principais cada vez maiores.

Lembre-se de que, no átomo de hidrogênio, o número quântico principal é o único número quântico que afeta a energia total. Este não é o caso com átomos com vários elétrons, porque interações inter-eletrônicas afetam as energias dos orbitais e, por isso, as subcamadas dentro das camadas têm diferentes energias. A Figura 12.4 ilustra o que acontece aos níveis de energia eletrônica dos átomos. No caso do hidrogênio, as energias dos orbitais são determinadas por um único número quântico. Em átomos com vários elétrons, o número quântico principal é um fator importante na energia de um orbital, mas o número quântico do momento angular é também um fator. (Numa extensão muito menor, os números quânticos m_ℓ e m_s também afetam a energia exata de um orbital spin, mas seus efeitos na energia são mais notáveis em moléculas, e seus efeitos nas energias exatas dos elétrons são praticamente desprezíveis para átomos fora dos campos magnéticos. Veja a Figura 12.2, por exemplo.)

Quando atribuímos elétrons a orbitais em átomos com vários elétrons, podemos admitir que eles ocupariam a camada e a subcamada disponíveis, que tenham a energia mais baixa. Esta é uma afirmação equivocada. Os elétrons residem nos orbitais spin disponíveis que produzem a *energia total mais baixa para o átomo*. A colocação não é necessariamente determinada pela energia individual do orbital spin, mas deve considerar a energia total do átomo. Quando os elétrons de um átomo ocupam orbitais que produzem a energia total mais baixa, diz-se que o átomo está em seu *estado fundamental*. Qualquer outro estado eletrônico que, por definição, tenha uma energia total maior é considerado um *estado excitado*. Os elétrons num átomo podem alcançar estados excitados absorvendo energia; este é um dos processos básicos da espectroscopia.

Considere um átomo do elemento berílio, que possui quatro elétrons. Dois dos elétrons ocupam o orbital chamado $1s$. Os dois elétrons remanescentes ocupam um orbital na segunda camada, mas quais deles? A camada $n = 2$ tem $\ell = 0$ e $\ell = 1$, tal que as subcamadas possíveis sejam $2s$ e $2p$. Por ser a energia da subcamada $2p$ ligeiramente mais alta, os elétrons ocupam a subcamada $2s$, que pode manter dois elétrons, se eles tiverem funções spin diferentes. A ocupação dos orbitais num átomo é descrita como uma *configuração eletrônica*, usando sobrescritos para indicar o número de elétrons em cada subcamada individualmente. Assume-se que para os estados fundamentais, os spins dos elétrons são os indicados e satisfazem o princípio da exclusão, de Pauli. A configuração eletrônica para o Be é escrita como

$$1s^2\ 2s^2$$

Esta é uma configuração eletrônica óbvia, uma vez que a subcamada $2p$ tem energia mais elevada do que a subcamada $2s$, como mostra a Figura 12.4. Entretanto, como veremos em breve, não é sempre tão simples atribuir uma configuração eletrônica.

Exemplo 12.5

Configurações eletrônicas são bastante abreviadas quando comparadas à forma do determinante de Slater mais completa da função de onda anti-simétrica. Compare a configuração eletrônica do Be com a sua forma pelo determinante de Slater de Ψ.

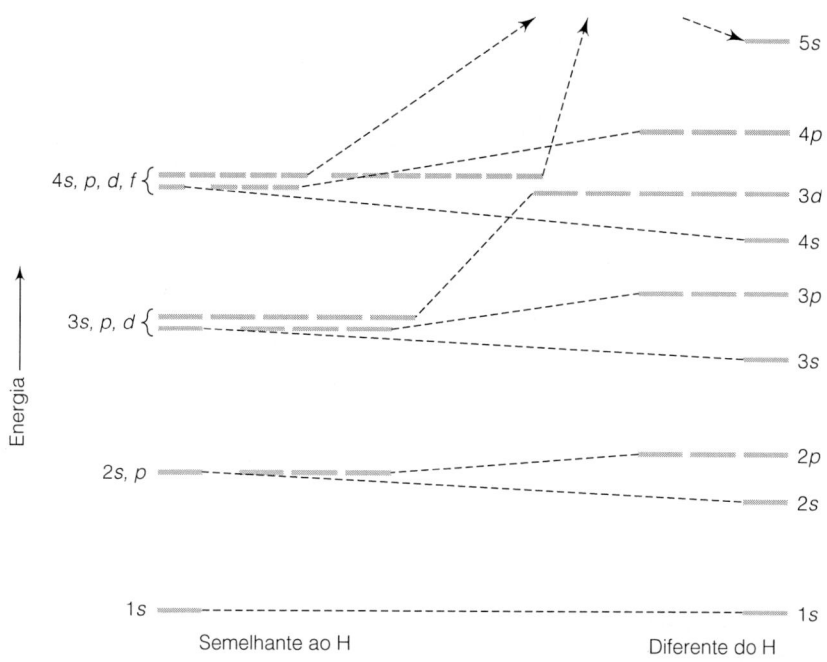

Figura 12.4 O efeito de mais de um elétron nos níveis eletrônicos de energia de um átomo. Para átomos semelhantes ao hidrogênio, todos os níveis de energia com o mesmo número quântico principal n são degenerados. Para átomos com mais de um elétron, as camadas também são separadas pelo número quântico ℓ. (O eixo de energia não está em escala.)

Solução

A configuração eletrônica para o Be, dada anteriormente, é simplesmente $1s^2\,2s^2$. Usando a regra anterior para construir determinantes de Slater, a forma mais completa de Ψ é

$$\Psi = \frac{1}{\sqrt{24}} \begin{vmatrix} 1s_1\alpha & 1s_1\beta & 2s_1\alpha & 2s_1\beta \\ 1s_2\alpha & 1s_2\beta & 2s_2\alpha & 2s_2\beta \\ 1s_3\alpha & 1s_3\beta & 2s_3\alpha & 2s_3\beta \\ 1s_4\alpha & 1s_4\beta & 2s_4\alpha & 2s_4\beta \end{vmatrix}$$

Escrita como um determinante, esta função de onda é, de fato, anti-simétrica. Se o determinante fosse calculado, ele seria expandido em 24 termos. A configuração eletrônica, entretanto, tem um total de seis caracteres alfanuméricos. Embora a função de onda pelo determinante de Slater seja mais completa, a configuração eletrônica é muito mais conveniente.

À medida que consideramos átomos cada vez maiores, os elétrons começam a ocupar orbitais da subcamada $2p$. Deve-se reconhecer que, com três orbitais p possíveis, há várias maneiras de, digamos, dois elétrons ocuparem os vários orbitais p. Um enunciado conhecido como *regra de Hund* indica que os elétrons ocupam todos os orbitais degenerados, antes de se começar a emparelhar dois elétrons de spins contrários nesses orbitais. (Esta regra foi enunciada por Friedrich Hund, em 1925, depois de examinar detalhadamente espectros atômicos.) Na ausência de qualquer outra influência, os orbitais permanecem degenerados, não havendo, neste ponto, preferência quanto a quais orbitais p serão ocupados, primeiro por um e depois por dois elétrons. Assim, uma configuração eletrônica específica para o estado fundamental do boro pode ser escrita como $1s^2\,2s^2\,2p_x^1$, e uma configuração eletrônica específica para o estado fundamental do carbono pode ser dada como $1s^2\ 2s^2\ 2p_x^1\ 2p_y^1$. Se considerarmos a regra de Hund, uma configuração eletrônica mais geral do C poderia ser abreviada para $1s^2\ 2s^2\ 2p^2$.

Exemplo 12.6

Escreva duas outras configurações eletrônicas aceitáveis para o estado fundamental do B e do C. Dê uma configuração eletrônica inaceitável para o estado fundamental do C.

Solução

Uma vez que não importa quais orbitais p são usados, o estado fundamental do B pode ser escrito como $1s^2\ 2s^2\ 2p_y^1$ ou $1s^2\ 2s^2\ 2p_z^1$. Para o C, as outras configurações eletrônicas aceitáveis são $1s^2\ 2s^2\ 2p_y^1\ 2p_z^1$ ou $1s^2\ 2s^2\ 2p_x^1\ 2p_z^1$. Ambas podem ser abreviadas como $1s^2\ 2s^2\ 2p^2$. Uma configuração eletrônica inaceitável para o estado fundamental pode ser $1s^2\ 2s^2\ 2p_x^2$, já que esta tem os elétrons emparelhados num único orbital p, ao invés de distribuídos pelos orbitais p degenerados, como requer a regra de Hund.

O preenchimento dos orbitais spin até agora tem sido na ordem $1s$, $2s$, $2p$. Como estamos considerando as configurações eletrônicas de átomos maiores, os elétrons continuam a ocupar orbitais na ordem $3s$ e $3p$. Mas no caso do potássio ($Z = 19$), em vez de preencher o orbital $3d$, o orbital $4s$ é ocupado primeiro. Apenas depois que um segundo elétron ocupa o orbital $4s$ (para o cálcio), a subcamada $3d$ começa a ser ocupada.

Por que isso acontece? A resposta simplificada é que o orbital $4s$ tem menor energia do que o orbital $3d$. Uma vez que as energias dos orbitais em átomos com vários elétrons são determinadas pelo número quântico ℓ e pelo número quântico n, deve ser neste ponto que a energia E_{4s} se torna menor do que a energia E_{3d}. Na verdade, este argumento é enganoso. A razão para que o orbital $4s$ seja ocupado primeiro é que a *energia total* do átomo é menor do que seria se o elétron ocupasse um orbital $3d$.

Isso parece estranho. Se o orbital $3d$ tivesse menor energia, não deveria ser ocupado por um elétron antes? Se fosse um átomo do tipo do hidrogênio, com um único elétron, a energia absoluta do orbital seria o único fator a determinar a ordem de ocupação do orbital. Mas em átomos com vários elétrons, há um fator adicional. A energia absoluta do orbital não é o único aspecto que determina a energia total de um átomo, mas o quanto um elétron naquele orbital *interage com os outros elétrons e com o núcleo* é também um critério importante.

Para ilustrar este ponto, a Figura 12.5 mostra as probabilidades das funções radiais em camadas esfericamente simétricas ao redor do núcleo, na mesma escala (isto é, $4\pi r^2 |R|^2$ versus r), para as funções de onda semelhantes às do hidrogênio, $3d$ e $4s$. Ambas as funções de onda apresentam um valor máximo a vários ângstroms do núcleo.[1] Entretanto, note que o orbital $4s$ tem três máximos relativos antes de seu máximo absoluto, e que esses vários máximos indicam que um elétron no orbital $4s$ tem uma probabilidade consideravelmente maior de estar mais próximo do núcleo do que um elétron no orbital $3d$. Diz-se que um elétron no orbital $4s$ *penetra* no átomo em direção ao núcleo. O aumento da penetração de um elétron $4s$, negativamente carregado, em direção ao núcleo, positivamente carregado, significa uma estabilização adicional da energia do sistema como um todo, e como resultado, o último elétron do K ocupa o orbital $4s$. Isso permite que todo o átomo de K tenha uma energia total mais baixa. No Ca, o átomo seguinte em tamanho, em relação ao K, o último elétron também ocupa o orbital $4s$, em vez do $3d$, formando um par com o primeiro elétron no orbital $4s$, mesmo que a energia de repulsão diminua uma pouco o ganho de energia. (No entanto, existem algumas exceções, como mostrará a revisão das configurações de elétrons.) Apenas com a introdução de um outro elétron, para um átomo de escândio, o elétron ocupa um orbital $3d$ em vez de um $4p$.

---

[1] Na verdade, num átomo com vários elétrons, os valores máximos deveriam estar um pouco mais distantes, por causa de um efeito de blindagem do núcleo pelos elétrons que ocupam as camadas internas.

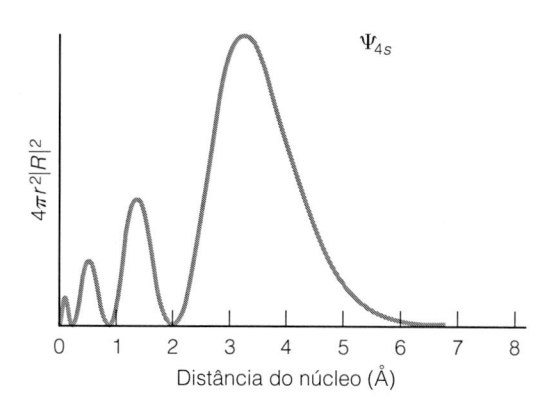

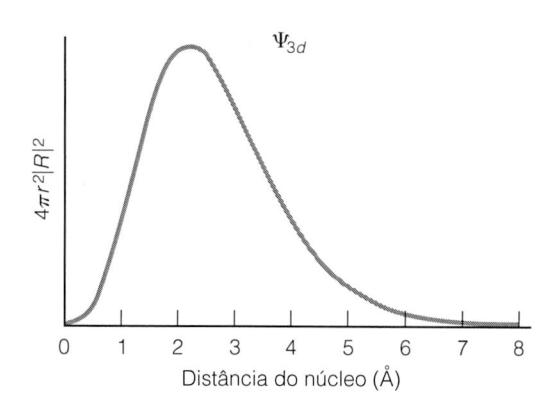

Figura 12.5 Gráficos de $4\pi r^2|R|^2$ *versus* distância do núcleo, para as funções de onda 3d e 4s. Note que os gráficos têm o mesmo eixo *x*, e que o elétron 4s tem alguma probabilidade de estar muito próximo do núcleo. Para átomos com vários elétrons, a penetração do elétron 4s em combinação com o efeito de blindagem dos outros elétrons serve para fazer com que o orbital 4s seja ocupado por elétrons, antes do 3d.

Esta construção de configurações eletrônicas, colocando elétrons nos orbitais, é chamada de *princípio da construção*[2]. Embora possa parecer, a essa altura, que existe pouca regularidade na montagem das configurações dos átomos maiores, existe um certo nível de consistência. Por exemplo, o formato da tabela periódica é determinado pelo preenchimento dos orbitais pelos elétrons. O número de elétrons de valência quase nunca excede 8, devido à eventual regularidade no preenchimento dos orbitais. Existem vários recursos mnemônicos utilizados para lembrar a ordem na qual os orbitais são preenchidos pelos elétrons. Talvez, o mais comum seja o mostrado na Figura 12.6. Este ordenamento dos orbitais e a idéia de que cada subcamada é completamente preenchida antes de os elétrons ocuparem o próximo orbital é rigorosamente aplicável a configurações eletrônicas de 85 dos 103 primeiros elementos. (Até hoje, existe pouca ou nenhuma verificação experimental das configurações eletrônicas do elemento 104 e das maiores.) A Figura 12.7 mostra a relação entre o princípio da construção e a estrutura da tabela periódica. A Tabela 12.1 apresenta uma lista das configurações eletrônicas dos elementos em seus estados eletrônicos de menor energia.

---

[2] N. do R.T.: Em muitos textos, inclusive no original deste livro, o princípio da construção é chamado de princípio de *aufbau* (*aufbau* significa construir, em alemão).

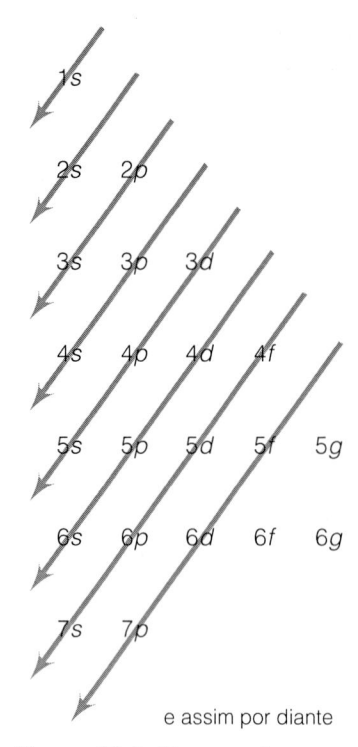

Figura 12.6 Uma maneira conveniente de se lembrar da ordem de preenchimento das subcamadas da maioria dos átomos (de 1 a 85). Simplesmente, siga a ordem das subcamadas atravessadas pelas setas.

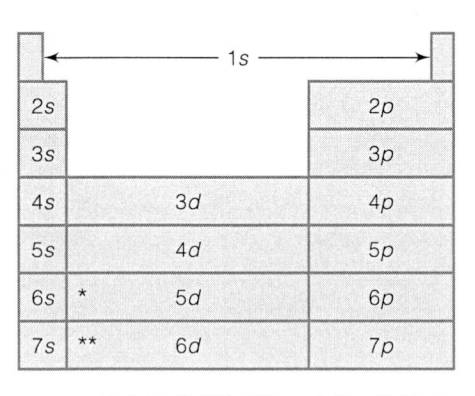

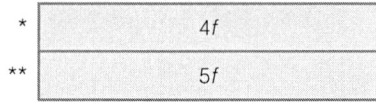

Figura 12.7 O princípio de construção racionaliza a estrutura da tabela periódica. Compare a ordem de preenchimento das subcamadas na Figura 12.6 com os nomes delas mostrados nesta tabela periódica. (Observe onde as subcamadas 4f e 5f estão preenchidas.)

12.6 Teoria da Perturbação

Na sessão anterior, presumimos que as funções de onda de átomos com vários elétrons podem ser, aproximadamente, produtos de orbitais semelhantes aos do hidrogênio:

$$\Psi_Z \cong \Psi_{H,1} \cdot \Psi_{H,2} \cdot \Psi_{H,3} \cdots \Psi_{H,Z} \tag{12.13}$$

onde Ψ_Z é a função de onda para um átomo que tenha uma carga nuclear Z e $\Psi_{H,1}, \ldots \Psi_{H,Z}$ são as funções de onda como as do hidrogênio para cada elétron Z. De modo geral, esta é uma descrição *qualitativa* muito útil dos elétrons em átomos maiores. No entanto, vimos que para o He, este não é um bom sistema para se fazer uma previsão *quantitativa* do total de sua energia eletrônica. Como pudemos perceber, não existe uma solução exata conhecida para a equação diferencial, que é a equação de Schrödinger para o átomo de hélio; ela não tem uma solução *analítica*. Não existe nenhuma expressão simples (e nem uma complicada!) conhecida para Ψ que possamos substituir na equação de Schrödinger, como aquela dada na Equação 12.5, e satisfazê-la para que um autovalor E seja produzido.

Tabela 12.1 Configurações eletrônicas dos elementos no estado fundamental[a]

Elemento	Configuração	Elemento	Configuração
H	$1s^1$	I	$1s^2\,2s^2\,2p^6\,3s^2\,3p^6\,4s^2\,3d^{10}\,4p^6\,5s^2\,4d^{10}\,5p^5$
He	$1s^2$	Xe	$1s^2\,2s^2\,2p^6\,3s^2\,3p^6\,4s^2\,3d^{10}\,4p^6\,5s^2\,4d^{10}5p^6$
Li	$1s^2\,2s^1$	Cs	$1s^2\,2s^2\,2p^6\,3s^2\,3p^6\,4s^2\,3d^{10}\,4p^6\,5s^2\,4d^{10}5p^6\,6s^1$
Be	$1s^2\,2s^2$	Ba	$1s^2\,2s^2\,2p^6\,3s^2\,3p^6\,4s^2\,3d^{10}\,4p^6\,5s^2\,4d^{10}5p^6\,6s^2$
B	$1s^2\,2s^2\,2p^1$	La*	$1s^2\,2s^2\,2p^6\,3s^2\,3p^6\,4s^2\,3d^{10}\,4p^6\,5s^2\,4d^{10}\,5p^6\,6s^2\,5d^1$
C	$1s^2\,2s^2\,2p^2$	Ce*	$1s^2\,2s^2\,2p^6\,3s^2\,3p^6\,4s^2\,3d^{10}\,4p^6\,5s^2\,4d^{10}\,5p^6\,6s^2\,4f^1\,5d^1$
N	$1s^2\,2s^2\,2p^3$	Pr	$1s^2\,2s^2\,2p^6\,3s^2\,3p^6\,4s^2\,3d^{10}\,4p^6\,5s^2\,4d^{10}\,5p^6\,6s^2\,4f^3$
O	$1s^2\,2s^2\,2p^4$	Nd	$1s^2\,2s^2\,2p^6\,3s^2\,3p^6\,4s^2\,3d^{10}\,4p^6\,5s^2\,4d^{10}\,5p^6\,6s^2\,4f^4$
F	$1s^2\,2s^2\,2p^5$	Pm	$1s^2\,2s^2\,2p^6\,3s^2\,3p^6\,4s^2\,3d^{10}\,4p^6\,5s^2\,4d^{10}\,5p^6\,6s^2\,4f^5$
Ne	$1s^2\,2s^2\,2p^6$	Sm	$1s^2\,2s^2\,2p^6\,3s^2\,3p^6\,4s^2\,3d^{10}\,4p^6\,5s^2\,4d^{10}\,5p^6\,6s^2\,4f^6$
Na	$1s^2\,2s^2\,2p^6\,3s^1$	Eu	$1s^2\,2s^2\,2p^6\,3s^2\,3p^6\,4s^2\,3d^{10}\,4p^6\,5s^2\,4d^{10}\,5p^6\,6s^2\,4f^7$
Mg	$1s^2\,2s^2\,2p^6\,3s^2$	Gd*	$1s^2\,2s^2\,2p^6\,3s^2\,3p^6\,4s^2\,3d^{10}\,4p^6\,5s^2\,4d^{10}\,5p^6\,6s^2\,4f^7\,5d^1$
Al	$1s^2\,2s^2\,2p^6\,3s^2\,3p^1$	Tb	$1s^2\,2s^2\,2p^6\,3s^2\,3p^6\,4s^2\,3d^{10}\,4p^6\,5s^2\,4d^{10}\,5p^6\,6s^2\,4f^9$
Si	$1s^2\,2s^2\,2p^6\,3s^2\,3p^2$	Dy	$1s^2\,2s^2\,2p^6\,3s^2\,3p^6\,4s^2\,3d^{10}\,4p^6\,5s^2\,4d^{10}\,5p^6\,6s^2\,4f^{10}$
P	$1s^2\,2s^2\,2p^6\,3s^2\,3p^3$	Ho	$1s^2\,2s^2\,2p^6\,3s^2\,3p^6\,4s^2\,3d^{10}\,4p^6\,5s^2\,4d^{10}\,5p^6\,6s^2\,4f^{11}$
S	$1s^2\,2s^2\,2p^6\,3s^2\,3p^4$	Er	$1s^2\,2s^2\,2p^6\,3s^2\,3p^6\,4s^2\,3d^{10}\,4p^6\,5s^2\,4d^{10}\,5p^6\,6s^2\,4f^{12}$
Cl	$1s^2\,2s^2\,2p^6\,3s^2\,3p^5$	Tm	$1s^2\,2s^2\,2p^6\,3s^2\,3p^6\,4s^2\,3d^{10}\,4p^6\,5s^2\,4d^{10}\,5p^6\,6s^2\,4f^{13}$
Ar	$1s^2\,2s^2\,2p^6\,3s^2\,3p^6$	Yb	$1s^2\,2s^2\,2p^6\,3s^2\,3p^6\,4s^2\,3d^{10}\,4p^6\,5s^2\,4d^{10}\,5p^6\,6s^2\,4f^{14}$
K	$1s^2\,2s^2\,2p^6\,3s^2\,3p^6\,4s^1$	Lu	$1s^2\,2s^2\,2p^6\,3s^2\,3p^6\,4s^2\,3d^{10}\,4p^6\,5s^2\,4d^{10}\,5p^6\,6s^2\,4f^{14}\,5d^1$
Ca	$1s^2\,2s^2\,2p^6\,3s^2\,3p^6\,4s^2$	Hf	$1s^2\,2s^2\,2p^6\,3s^2\,3p^6\,4s^2\,3d^{10}\,4p^6\,5s^2\,4d^{10}\,5p^6\,6s^2\,4f^{14}\,5d^2$
Sc	$1s^2\,2s^2\,2p^6\,3s^2\,3p^6\,4s^2\,3d^1$	Ta	$1s^2\,2s^2\,2p^6\,3s^2\,3p^6\,4s^2\,3d^{10}\,4p^6\,5s^2\,4d^{10}\,5p^6\,6s^2\,4f^{14}\,5d^3$
Ti	$1s^2\,2s^2\,2p^6\,3s^2\,3p^6\,4s^2\,3d^2$	W	$1s^2\,2s^2\,2p^6\,3s^2\,3p^6\,4s^2\,3d^{10}\,4p^6\,5s^2\,4d^{10}\,5p^6\,6s^2\,4f^{14}\,5d^4$
V	$1s^2\,2s^2\,2p^6\,3s^2\,3p^6\,4s^2\,3d^3$	Re	$1s^2\,2s^2\,2p^6\,3s^2\,3p^6\,4s^2\,3d^{10}\,4p^6\,5s^2\,4d^{10}\,5p^6\,6s^2\,4f^{14}\,5d^5$
Cr*	$1s^2\,2s^2\,2p^6\,3s^2\,3p^6\,4s^1\,3d^5$	Os	$1s^2\,2s^2\,2p^6\,3s^2\,3p^6\,4s^2\,3d^{10}\,4p^6\,5s^2\,4d^{10}\,5p^6\,6s^2\,4f^{14}\,5d^6$
Mn	$1s^2\,2s^2\,2p^6\,3s^2\,3p^6\,4s^2\,3d^5$	Ir	$1s^2\,2s^2\,2p^6\,3s^2\,3p^6\,4s^2\,3d^{10}\,4p^6\,5s^2\,4d^{10}\,5p^6\,6s^2\,4f^{14}\,5d^7$
Fe	$1s^2\,2s^2\,2p^6\,3s^2\,3p^6\,4s^2\,3d^6$	Pt*	$1s^2\,2s^2\,2p^6\,3s^2\,3p^6\,4s^2\,3d^{10}\,4p^6\,5s^2\,4d^{10}\,5p^6\,6s^1\,4f^{14}\,5d^9$
Co	$1s^2\,2s^2\,2p^6\,3s^2\,3p^6\,4s^2\,3d^7$	Au*	$1s^2\,2s^2\,2p^6\,3s^2\,3p^6\,4s^2\,3d^{10}\,4p^6\,5s^2\,4d^{10}\,5p^6\,6s^1\,4f^{14}\,5d^{10}$
Ni	$1s^2\,2s^2\,2p^6\,3s^2\,3p^6\,4s^2\,3d^8$	Hg	$1s^2\,2s^2\,2p^6\,3s^2\,3p^6\,4s^2\,3d^{10}\,4p^6\,5s^2\,4d^{10}\,5p^6\,6s^2\,4f^{14}\,5d^{10}$
Cu*	$1s^2\,2s^2\,2p^6\,3s^2\,3p^6\,4s^1\,3d^{10}$	Tl	$1s^2\,2s^2\,2p^6\,3s^2\,3p^6\,4s^2\,3d^{10}\,4p^6\,5s^2\,4d^{10}\,5p^6\,6s^2\,4f^{14}\,5d^{10}\,6p^1$
Zn	$1s^2\,2s^2\,2p^6\,3s^2\,3p^6\,4s^2\,3d^{10}$	Pb	$1s^2\,2s^2\,2p^6\,3s^2\,3p^6\,4s^2\,3d^{10}\,4p^6\,5s^2\,4d^{10}\,5p^6\,6s^2\,4f^{14}\,5d^{10}\,6p^2$
Ga	$1s^2\,2s^2\,2p^6\,3s^2\,3p^6\,4s^2\,3d^{10}\,4p^1$	Bi	$1s^2\,2s^2\,2p^6\,3s^2\,3p^6\,4s^2\,3d^{10}\,4p^6\,5s^2\,4d^{10}\,5p^6\,6s^2\,4f^{14}\,5d^{10}\,6p^3$
Ge	$1s^2\,2s^2\,2p^6\,3s^2\,3p^6\,4s^2\,3d^{10}\,4p^2$	Po	$1s^2\,2s^2\,2p^6\,3s^2\,3p^6\,4s^2\,3d^{10}\,4p^6\,5s^2\,4d^{10}\,5p^6\,6s^2\,4f^{14}\,5d^{10}\,6p^4$
As	$1s^2\,2s^2\,2p^6\,3s^2\,3p^6\,4s^2\,3d^{10}\,4p^3$	At	$1s^2\,2s^2\,2p^6\,3s^2\,3p^6\,4s^2\,3d^{10}\,4p^6\,5s^2\,4d^{10}\,5p^6\,6s^2\,4f^{14}\,5d^{10}\,6p^5$
Se	$1s^2\,2s^2\,2p^6\,3s^2\,3p^6\,4s^2\,3d^{10}\,4p^4$	Rn	$1s^2\,2s^2\,2p^6\,3s^2\,3p^6\,4s^2\,3d^{10}\,4p^6\,5s^2\,4d^{10}\,5p^6\,6s^2\,4f^{14}\,5d^{10}\,6p^6$
Br	$1s^2\,2s^2\,2p^6\,3s^2\,3p^6\,4s^2\,3d^{10}\,4p^5$	Fr	$1s^2\,2s^2\,2p^6\,3s^2\,3p^6\,4s^2\,3d^{10}\,4p^6\,5s^2\,4d^{10}\,5p^6\,6s^2\,4f^{14}\,5d^{10}\,6p^6\,7s^1$
Kr	$1s^2\,2s^2\,2p^6\,3s^2\,3p^6\,4s^2\,3d^{10}\,4p^6$	Ra	$1s^2\,2s^2\,2p^6\,3s^2\,3p^6\,4s^2\,3d^{10}\,4p^6\,5s^2\,4d^{10}\,5p^6\,6s^2\,4f^{14}\,5d^{10}\,6p^6\,7s^2$
Rb	$1s^2\,2s^2\,2p^6\,3s^2\,3p^6\,4s^2\,3d^{10}\,4p^6\,5s^1$	Ac*	$1s^2\,2s^2\,2p^6\,3s^2\,3p^6\,4s^2\,3d^{10}\,4p^6\,5s^2\,4d^{10}\,5p^6\,6s^2\,4f^{14}\,5d^{10}\,6p^6\,7s^2\,6d^1$
Sr	$1s^2\,2s^2\,2p^6\,3s^2\,3p^6\,4s^2\,3d^{10}\,4p^6\,5s^2$	Th*	$1s^2\,2s^2\,2p^6\,3s^2\,3p^6\,4s^2\,3d^{10}\,4p^6\,5s^2\,4d^{10}\,5p^6\,6s^2\,4f^{14}\,5d^{10}\,6p^6\,7s^2\,6d^2$
Y	$1s^2\,2s^2\,2p^6\,3s^2\,3p^6\,4s^2\,3d^{10}\,4p^6\,5s^2\,4d^1$	Pa*	$1s^2\,2s^2\,2p^6\,3s^2\,3p^6\,4s^2\,3d^{10}\,4p^6\,5s^2\,4d^{10}\,5p^6\,6s^2\,4f^{14}\,5d^{10}\,6p^6\,7s^2\,5f^2\,6d^1$
Zr	$1s^2\,2s^2\,2p^6\,3s^2\,3p^6\,4s^2\,3d^{10}\,4p^6\,5s^2\,4d^2$	U*	$1s^2\,2s^2\,2p^6\,3s^2\,3p^6\,4s^2\,3d^{10}\,4p^6\,5s^2\,4d^{10}\,5p^6\,6s^2\,4f^{14}\,5d^{10}\,6p^6\,7s^2\,5f^3\,6d^1$
Nb*	$1s^2\,2s^2\,2p^6\,3s^2\,3p^6\,4s^2\,3d^{10}\,4p^6\,5s^1\,4d^4$	Np*	$1s^2\,2s^2\,2p^6\,3s^2\,3p^6\,4s^2\,3d^{10}\,4p^6\,5s^2\,4d^{10}\,5p^6\,6s^2\,4f^{14}\,5d^{10}\,6p^6\,7s^2\,5f^4\,6d^1$
Mo*	$1s^2\,2s^2\,2p^6\,3s^2\,3p^6\,4s^2\,3d^{10}\,4p^6\,5s^1\,4d^5$	Pu	$1s^2\,2s^2\,2p^6\,3s^2\,3p^6\,4s^2\,3d^{10}\,4p^6\,5s^2\,4d^{10}\,5p^6\,6s^2\,4f^{14}\,5d^{10}\,6p^6\,7s^2\,5f^6$
Tc	$1s^2\,2s^2\,2p^6\,3s^2\,3p^6\,4s^2\,3d^{10}\,4p^6\,5s^2\,4d^5$	Am	$1s^2\,2s^2\,2p^6\,3s^2\,3p^6\,4s^2\,3d^{10}\,4p^6\,5s^2\,4d^{10}\,5p^6\,6s^2\,4f^{14}\,5d^{10}\,6p^6\,7s^2\,5f^7$
Ru*	$1s^2\,2s^2\,2p^6\,3s^2\,3p^6\,4s^2\,3d^{10}\,4p^6\,5s^1\,4d^7$	Cm*	$1s^2\,2s^2\,2p^6\,3s^2\,3p^6\,4s^2\,3d^{10}\,4p^6\,5s^2\,4d^{10}\,5p^6\,6s^2\,4f^{14}\,5d^{10}\,6p^6\,7s^2\,5f^7\,6d^1$
Rh*	$1s^2\,2s^2\,2p^6\,3s^2\,3p^6\,4s^2\,3d^{10}\,4p^6\,5s^1\,4d^8$	Bk	$1s^2\,2s^2\,2p^6\,3s^2\,3p^6\,4s^2\,3d^{10}\,4p^6\,5s^2\,4d^{10}\,5p^6\,6s^2\,4f^{14}\,5d^{10}\,6p^6\,7s^2\,5f^9$
Pd*	$1s^2\,2s^2\,2p^6\,3s^2\,3p^6\,4s^2\,3d^{10}\,4p^6\,5s^0\,4d^{10}$	Cf	$1s^2\,2s^2\,2p^6\,3s^2\,3p^6\,4s^2\,3d^{10}\,4p^6\,5s^2\,4d^{10}\,5p^6\,6s^2\,4f^{14}\,5d^{10}\,6p^6\,7s^2\,5f^{10}$
Ag*	$1s^2\,2s^2\,2p^6\,3s^2\,3p^6\,4s^2\,3d^{10}\,4p^6\,5s^1\,4d^{10}$	Es	$1s^2\,2s^2\,2p^6\,3s^2\,3p^6\,4s^2\,3d^{10}\,4p^6\,5s^2\,4d^{10}\,5p^6\,6s^2\,4f^{14}\,5d^{10}\,6p^6\,7s^2\,5f^{11}$
Cd	$1s^2\,2s^2\,2p^6\,3s^2\,3p^6\,4s^2\,3d^{10}\,4p^6\,5s^2\,4d^{10}$	Fm	$1s^2\,2s^2\,2p^6\,3s^2\,3p^6\,4s^2\,3d^{10}\,4p^6\,5s^2\,4d^{10}\,5p^6\,6s^2\,4f^{14}\,5d^{10}\,6p^6\,7s^2\,5f^{12}$
In	$1s^2\,2s^2\,2p^6\,3s^2\,3p^6\,4s^2\,3d^{10}\,4p^6\,5s^2\,4d^{10}5p^1$	Md	$1s^2\,2s^2\,2p^6\,3s^2\,3p^6\,4s^2\,3d^{10}\,4p^6\,5s^2\,4d^{10}\,5p^6\,6s^2\,4f^{14}\,5d^{10}\,6p^6\,7s^2\,5f^{13}$
Sn	$1s^2\,2s^2\,2p^6\,3s^2\,3p^6\,4s^2\,3d^{10}\,4p^6\,5s^2\,4d^{10}5p^2$	No	$1s^2\,2s^2\,2p^6\,3s^2\,3p^6\,4s^2\,3d^{10}\,4p^6\,5s^2\,4d^{10}\,5p^6\,6s^2\,4f^{14}\,5d^{10}\,6p^6\,7s^2\,5f^{14}$
Sb	$1s^2\,2s^2\,2p^6\,3s^2\,3p^6\,4s^2\,3d^{10}\,4p^6\,5s^2\,4d^{10}5p^3$	Lr	$1s^2\,2s^2\,2p^6\,3s^2\,3p^6\,4s^2\,3d^{10}\,4p^6\,5s^2\,4d^{10}\,5p^6\,6s^2\,4f^{14}\,5d^{10}\,6p^6\,7s^2\,6d^1$
Te	$1s^2\,2s^2\,2p^6\,3s^2\,3p^6\,4s^2\,3d^{10}\,4p^6\,5s^2\,4d^{10}5p^4$		

[a] Um asterisco no símbolo indica que o elemento não segue estritamente as regras ditadas pelo princípio da construção. Entretanto, na maioria dos casos, a variação se deve a um único elétron. Apenas os elementos com Z até 103 estão incluídos, uma vez que as configurações eletrônicas dos elementos com valores maiores não foram verificadas experimentalmente.

Isso não significa que não se possa entender tais sistemas, ou que não exista recurso para estudá-los; nem implica ser a mecânica quântica uma teoria inútil para estes sistemas. Existem duas ferramentas principais para se aplicar a mecânica quântica a sistemas cujas equações de Schrödinger não podem ser resolvidas com exatidão. O uso de uma ou de outra depende do tipo de sistema que está sendo estudado, bem como do tipo de informação que se deseja obter.

A primeira destas ferramentas é chamada *teoria da perturbação*, que assume que um sistema pode ser tratado aproximadamente como um sistema conhecido e solucionável, e que toda a diferença entre o sistema que nos interessa e o sistema conhecido é uma pequena perturbação, adicional, que pode ser calculada separadamente e depois incluída. Assumiremos que todos os níveis de energia em discussão são simplesmente degenerados e, então, esta ferramenta é chamada mais apropriadamente de *teoria da perturbação não-degenerada*. A teoria da perturbação também pode ser apresentada de forma bastante complexa, com vários níveis de aproximação. Aqui, nos concentraremos no primeiro nível de aproximação, chamado de teoria da perturbação de *primeira ordem*.

A teoria da perturbação presume que o Hamiltoniano para um sistema real pode ser escrito como

$$\hat{H}_{sistema} = \hat{H}_{ideal} + \hat{H}_{perturbação} \equiv \hat{H}^\circ + \hat{H}' \tag{12.14}$$

onde $\hat{H}_{sistema}$ é o Hamiltoniano do sistema que nos interessa e que está sendo aproximado, $\hat{H}^\circ$ é o Hamiltoniano de um sistema-modelo, e $\hat{H}'$ representa a pequena perturbação adicional. Por exemplo, no caso do átomo de hélio, a parte ideal do Hamiltoniano pode representar dois átomos semelhantes ao hidrogênio. A parte de perturbação do Hamiltoniano pode representar a repulsão coulômbica entre os elétrons:

$$\hat{H}_{He} = (\hat{H}_{semelhante\ ao\ H} + \hat{H}_{semelhante\ ao\ H}) + \frac{e^2}{4\pi\epsilon_0 r_{12}}$$

(Nesse caso, existem dois Hamiltonianos semelhantes ao do hidrogênio, porque existem dois elétrons. Apesar dessa correção, a equação de Schrödinger para o He não variou muito e ainda é analiticamente não-solucionável.) Qualquer número de perturbações adicionais pode ser combinado com um Hamiltoniano ideal. É claro que é mais fácil manter a quantidade de termos no Hamiltoniano o menor possível. O que normalmente se verifica é que existe um equilíbrio entre o número de termos e a precisão da solução para a equação de Schrödinger.

Se assumirmos que a função de onda Ψ do sistema real é similar à função de onda do sistema ideal, chamada de $\Psi^{(0)}$, então, pode-se dizer que, *aproximadamente*,

$$\hat{H}_{sistema}\Psi^{(0)} \approx E_{sistema}\Psi^{(0)} \tag{12.15}$$

onde $E_{sistema}$ é o autovalor para a energia do sistema real. Ao longo de várias observações, pode-se chegar a um valor médio de energia observável, $\langle E \rangle$. Usando um dos postulados da mecânica quântica, $\langle E \rangle$ pode ser aproximado pela expressão

$$\langle E \rangle \approx \int (\Psi^{(0)})^\star \hat{H}_{sistema}\Psi^{(0)}\, d\tau \tag{12.16}$$

Devido à forma de $\hat{H}_{sistema}$, pode-se substituir na Equação 12.16, e calcular parcialmente:

$$\begin{aligned}\langle E \rangle &\approx \int (\Psi^{(0)})^\star(\hat{H}^\circ + \hat{H}')\Psi^{(0)}\, d\tau \\ &= \int (\Psi^{(0)})^\star \hat{H}^\circ \Psi^{(0)}\, d\tau + \int (\Psi^{(0)})^\star \hat{H}' \Psi^{(0)}\, d\tau \\ &= \langle E^{(0)} \rangle + \int (\Psi^{(0)})^\star \hat{H}' \Psi^0\, d\tau = \langle E^{(0)} \rangle + \langle E^{(1)} \rangle\end{aligned} \tag{12.17}$$

onde $\langle E^{(0)} \rangle$ é a energia média do sistema ideal ou modelo (isto é, geralmente, um autovalor de energia) e $\langle E^{(1)} \rangle$ é a *correção de primeira ordem* para a energia. Assim, a primeira aproximação para a energia de um sistema real é igual à da energia ideal, mais uma quantia adicional dada por $\int (\Psi^{(0)})^* \hat{H}' \Psi^{(0)} d\tau$. Se essa integral puder ser calculada ou aproximada, a correção para a energia poderá ser determinada. O que a Equação 12.17 significa é que quando escrevemos um Hamiltoniano como um operador ideal perturbado, a energia – a observável associada com o Hamiltoniano – também é perturbada em relação à ideal.

Exemplo 12.7

Qual é a correção para a energia de um átomo de hélio, assumindo que a perturbação pode ser aproximada como sendo uma repulsão coulômbica entre os dois elétrons?

Solução
De acordo com a Equação 12.17, a perturbação é

$$\langle E^{(1)} \rangle = \int (\Psi^{(0)})^* \frac{e^2}{4\pi\epsilon_0 r_{12}} \Psi^{(0)} d\tau$$

Se encontrarmos uma maneira de calcular esta integral, a correção para a energia total — e, assim, uma aproximação da teoria da perturbação para a energia de um átomo de He — poderá ser aproximada.

A integral no exemplo anterior pode ser aproximada, por meio de técnicas matemáticas e substituições que não abordaremos aqui. (Uma discussão de suas soluções pode ser encontrada em textos mais avançados.) Aproximações e substituições são possíveis, e a integral anterior pode ser estimada como

$$\langle E^{(1)} \rangle = \frac{5}{4} \left(\frac{e^2}{4\pi\epsilon_0 a_0} \right)$$

onde e é a carga do elétron, ϵ_0 é a permissividade do espaço livre e a_0 é o primeiro raio de Bohr (0,529 Å). Quando substituímos os valores das constantes nessa expressão, temos

$$\langle E^{(1)} \rangle = 5{,}450 \times 10^{-18} \text{ J}$$

Combinando este resultado com a energia "ideal", que foi determinada assumindo a soma das energias de dois elétrons de hidrogênio (veja o Exemplo 12.3), obtemos para a energia total do hélio

$$E_{He} = -1{,}743 \times 10^{-17} \text{ J} + 5{,}450 \times 10^{-18} \text{ J} = -1{,}198 \times 10^{-17} \text{ J}$$

que, quando comparada com a energia do átomo de hélio determinada empiricamente (dada no Exemplo 12.3 como sendo $-1{,}265 \times 10^{-17}$ J), mostra uma diferença de apenas 5,3%. Comparada com a aproximação do hélio semelhante à do hidrogênio, é uma grande melhora. Ela nos mostra a utilidade da teoria da perturbação.

Exemplo 12.8

Em uma partícula na caixa com comprimento a, ao invés de a energia potencial na caixa ser zero, ela é uma função linear da posição. Isto é,

$$V = kx$$

a. Usando a teoria da perturbação, estime a energia média de uma partícula com massa m e cujo movimento é descrito pela função de onda de menor energia ($n = 1$).

b. A integral na parte a pode ser resolvida com exatidão. Explique por que esse valor calculado não é o valor exato para a energia de uma partícula nesse sistema.

Solução

a. Segundo a teoria da perturbação, a energia da partícula é

$$\langle E \rangle = \langle E^{(0)} \rangle + \langle E^{(1)} \rangle$$

Se assumirmos que $\hat{H}°$ é o Hamiltoniano para a partícula na caixa, então, a parte de perturbação $\hat{H}'$ do Hamiltoniano completo é kx. De acordo com a Equação 12.17, a energia é

$$\langle E \rangle = \frac{n^2 h^2}{8ma^2} + \langle E^{(1)} \rangle$$

Para calcular $\langle E^{(1)} \rangle$, devemos determinar a integral

$$\langle E^{(1)} \rangle = \frac{2}{a} \int_0^a \left(\operatorname{sen} \frac{\pi x}{a} \right)^* \cdot kx \cdot \operatorname{sen} \frac{\pi x}{a} \, dx$$

onde a constante de normalização foi trazida para fora da integral, e $d\tau$ e os limites da integração são para partículas na caixa unidimensionais. Esta integral é simplificada para

$$\langle E^{(1)} \rangle = \frac{2k}{a} \int_0^a x \cdot \left(\operatorname{sen}^2 \frac{\pi x}{a} \right) dx$$

Esta integral tem uma solução conhecida (veja a tabela de integrais no Apêndice 1).
Esta integral deve ser calculada como exercício. Substituindo a integral já calculada, esta expressão se torna

$$\langle E^{(1)} \rangle = \frac{a^2}{4} \cdot \frac{2k}{a} = \frac{ka}{2}$$

Portanto, a energia do nível $n = 1$ é

$$\langle E \rangle = \frac{n^2 h^2}{8ma^2} + \frac{ka}{2}$$

b. Esta energia não é exata para esse sistema, uma vez que as funções de onda usadas para determinar as energias foram as funções de onda da partícula na caixa, e não as funções de onda para uma caixa que tenha o fundo inclinado. Portanto, mesmo que a integral para a energia de perturbação seja analiticamente solucionável, ela não corrige a energia para o valor *exato* da verdadeira energia, porque não estamos usando as autofunções do sistema definido. (Nem estamos usando o operador Hamiltoniano completo para o sistema definido.) A teoria da perturbação de ordem mais elevada, não discutida neste texto, talvez tenha melhores chances de se aproximar da função de onda exata e das autofunções das energias para este sistema.

O exemplo anterior mostra que, apesar de termos definido a correção de primeira ordem para a *energia*, ainda estamos usando formas ideais de funções de onda. Também precisamos de correção para as *funções de onda*. Assumindo que, para corrigir a energia, a correção de primeira ordem para a função de onda é uma correção adicionada à função de onda ideal para aproximá-la da função de onda real:

$$\Psi_{\text{real}} \approx \Psi^{(0)} + \Psi^{(1)} \qquad (12.18)$$

Por enquanto, deve-se entender que não há apenas uma função de onda para um sistema-modelo, mas um grande número delas. Muitas vezes, um número infinito, cada uma com seus próprios números quânticos. A Equação 12.18 pode ser reescrita de forma a demonstrar o fato de que as muitas funções de onda são diferentes e deveriam ser identificadas. Por exemplo, usando o índice n (não confundir com o número quântico!):

$$\Psi_{n,\text{real}} \approx \Psi_n^{(0)} + \Psi_n^{(1)} \qquad (12.19)$$

O grupo inteiro de funções de onda para um sistema-modelo é considerado um *conjunto completo* de autofunções. Para um sistema-modelo, as funções de onda individuais são ortogonais; este fato será importante mais adiante. Essa situação é análoga à das coordenadas x, y e z definindo o espaço tridimensional: o conjunto (x, y, z) representa um conjunto completo de "funções", usado para definir qualquer ponto no espaço. Qualquer ponto no espaço em 3D pode ser descrito como a combinação apropriada de muitas unidades vetoriais x, muitas unidades vetoriais y e muitas unidades vetoriais z.[3]

Isso é parecido com o que acontece com o conjunto completo de funções de onda. Tal conjunto pode ser usado para determinar o "espaço" completo de um sistema. A verdadeira função de onda para um sistema real, ou seja, não-ideal, pode ser escrita em termos do conjunto completo de funções de onda ideais, assim como qualquer ponto no espaço pode ser escrito em termos de x, y e z. Usando a teoria da perturbação de primeira ordem, qualquer função de onda real $\Psi_{n,\text{real}}$ pode ser escrita como uma função de onda ideal *mais* a soma das contribuições do conjunto completo das funções de onda ideais $\Psi_m^{(0)}$:

$$\Psi_{n,\text{real}} = \Psi_n^{(0)} + \sum_m a_m \cdot \Psi_m^{(0)} \qquad (12.20)$$

onde a_m é o coeficiente que multiplica cada $\Psi_m^{(0)}$ ideal; eles são chamados *coeficientes de expansão*. Cada função de onda real $\Psi_{n,\text{real}}$ tem um conjunto de coeficientes de expansão diferente e único, que a define em termos das autofunções ideais. A somatória que aparece na Equação 12.20 é chamada *combinação linear*, porque combina as funções de onda ideais, que devem ser elevadas à primeira potência (o que define uma relação linear).

Apesar de ser um procedimento longo, ele é algebricamente direto para determinar quais são os coeficientes de expansão para a correção da enésima função de onda real, $\Psi_{n,\text{real}}$. Lembre-se de que cada $\Psi_{n,\text{real}}$ é inicialmente aproximada por uma $\Psi_n^{(0)}$ ideal. O m-ésimo coeficiente de expansão a_m para a perturbação da enésima função de onda real $\Psi_{n,\text{real}}$ pode ser definido em termos do operador de perturbação $\hat{H}'$, das enésimas e m-ésimas funções de onda *ideais* $\Psi_m^{(0)}$ e $\Psi_n^{(0)}$, e das energias E_n e E_m das funções de onda *ideais*. Especificamente,

$$a_m = \frac{\int (\Psi_m^{(0)}) \hat{H}' \Psi_n^{(0)} \, d\tau}{E_n^{(0)} - E_m^{(0)}} \qquad m \neq n \qquad (12.21)$$

A restrição $m \neq n$ vem da dedução da Equação 12.21. A integração no numerador está sobre o espaço completo do sistema. O requisito de que esta teoria da perturbação seja não-degenerada também elimina a possibilidade de as duas energias $E_n^{(0)}$ e $E_m^{(0)}$ serem iguais, devido a funções de onda degeneradas. (A extensão da teoria da perturbação para funções de onda degeneradas não será discutida aqui.)

---

[3] As unidades vetoriais nas direções x, y e z são denominadas **i**, **j** e **k**, respectivamente, de modo que qualquer ponto no espaço 3D pode ser representado por $x\mathbf{i} + y\mathbf{j} + z\mathbf{k}$.

Usando a Equação 12.21, a enésima função de onda real $\Psi_{n,\text{real}}$ é escrita como

$$\Psi_{n,\text{real}} = \Psi_n^{(0)} + \sum_m \left[\frac{\int (\Psi_m^{(0)}) \hat{H}' \Psi_n^{(0)} \, d\tau}{E_n^{(0)} - E_m^{(0)}} \right] \Psi_m^{(0)} \qquad m \neq n \qquad (12.22)$$

Observe a ordem dos termos com os índices m e n, na equação anterior; é importante mantê-la. $\Psi_{n,\text{real}}$ continua muito semelhante à enésima função de onda ideal, apesar de agora estar corrigida em termos das outras funções de onda $\Psi_m^{(0)}$, que definem o conjunto completo de funções de onda para o sistema-modelo. Funções de onda reais definidas desta forma não são normalizadas; elas devem ser normalizadas independentemente, assim que o conjunto apropriado de coeficientes de expansão tenha sido determinado.

A presença do termo $E_n^{(0)} - E_m^{(0)}$ no denominador da Equação 12.22 é muito útil. Embora esta seja apenas uma primeira correção da função de onda, pode-se adicionar um número *infinito* de termos à função de onda na Equação principal 12.22. Considere, entretanto, o denominador da Equação 12.21, que define o coeficiente de expansão. Quando a diferença é pequena, o valor da razão – e, dessa forma, a_m – é relativamente grande. Por outro lado, se a diferença $E_n^{(0)} - E_m^{(0)}$ for grande, a razão e, dessa forma, a_m são pequenos. Às vezes, insignificantes. Considere a expansão linear de quatro termos:

$$\Psi_{0,\text{real}} \approx \Psi_0^{(0)} + 0{,}95\Psi_1^{(0)} + 0{,}33\Psi_2^{(0)} + 0{,}74\Psi_3^{(0)} + 0{,}01\Psi_4^{(0)}$$

O quarto termo da expansão, $\Psi_{4,\text{ideal}}$, tem um coeficiente de expansão muito pequeno. Isto sugere que, ou a integral no numerador de a_4 é muito pequena ou o denominador de a_4 é muito grande (ou ambos). Em qualquer um dos casos, quase nenhum efeito se tem sobre a aproximação, se esse termo for omitido:

$$\Psi_{0,\text{real}} \approx \Psi_0^{(0)} + 0{,}95\Psi_1^{(0)} + 0{,}33\Psi_2^{(0)} + 0{,}74\Psi_3^{(0)}$$

Há poucas maneiras de saber de antemão qual é o tamanho da integral no numerador da Equação 12.21. Embora as funções de onda ideais $\Psi_m^{(0)}$ e $\Psi_n^{(0)}$ sejam ortogonais, a presença do operador $\hat{H}'$ pode fazer o valor da integral ser maior do que zero, talvez, até grande. Mas no denominador, as energias são apenas do sistema-modelo, $E_m^{(0)}$ e $E_n^{(0)}$. Uma vez que um sistema-modelo geralmente tem autovalores de energia conhecidos, uma boa regra, simples e prática (mas não necessariamente infalível) de se usar, é: *se as diferenças entre os autovalores das energias das funções de onda forem suficientemente grandes, o coeficiente de expansão será pequeno.* Isto implica que as correções mais importantes na função de onda real $\Psi_{n,\text{real}}$ são funções de onda cujas energias estão próximas da energia da função de onda ideal $\Psi_n^{(0)}$ obtida como aproximação da função de onda original. Assim, embora o conjunto completo de funções de onda possa ter um número infinito de funções de onda ideais, apenas aquelas que têm autovalores para energia que são próximos da energia do enésimo estado terão um impacto significativo na correção da função de onda.

Exemplo 12.9

Devido à diferença de eletronegatividade, o elétron p numa ligação entre dois átomos diferentes, no íon $C \equiv N^-$, por exemplo, não se comporta exatamente como uma partícula na caixa (plana), mas como uma partícula em uma caixa que tem uma energia potencial levemente maior num lado do que no outro. Assuma, então, uma perturbação de $\hat{H}' = kx$ para um estado fundamental Ψ_1 de um sistema de partícula na caixa.
a. Faça um desenho do sistema perturbado.
b. Assumindo que a única correção para a função de onda real no estado fundamental é a segunda função de onda da partícula na caixa Ψ_2, calcule o coeficiente a_2 e determine a função de onda corrigida de primeira ordem.

Solução

a. O sistema tem este aspecto:

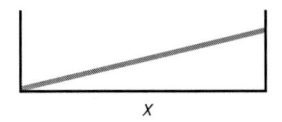

onde a linha inclinada indica o verdadeiro fundo da caixa.

b. Para determinar a_2, necessitamos avaliar a expressão

$$a_2 = \frac{\int_0^a \Psi_{2,\text{PNC}}^* \cdot kx \cdot \Psi_{1,\text{PNC}}\, dx}{E_{1,\text{PNC}} - E_{2,\text{PNC}}}$$

onde PNC representa a partícula na caixa. As funções de onda e energias para o sistema de partícula na caixa são conhecidas, e basta introduzi-las na equação anterior.

$$a_2 = \frac{\int_0^a \sqrt{\frac{2}{a}}\,\text{sen}\,\frac{2\pi x}{a} \cdot kx \cdot \sqrt{\frac{2}{a}}\,\text{sen}\,\frac{1\pi x}{a}\, dx}{\dfrac{1^2 h^2}{8ma^2} - \dfrac{2^2 h^2}{8ma^2}}$$

Uma vez que todas as funções na integral estão sendo multiplicadas pelo mesmo fator, elas podem ser rearranjadas (e as constantes são removidas do sinal da integral, e o denominador é simplificado) para produzir

$$a_2 = \frac{\dfrac{2k}{a}\int_0^a x \cdot \text{sen}\,\dfrac{2\pi x}{a} \cdot \text{sen}\,\dfrac{1\pi x}{a}\, dx}{-\dfrac{3h^2}{8ma^2}}$$

Para integrar essa equação, é necessário substituir sen ax . sen bx por sua identidade trigonométrica $\frac{1}{2}[\cos(a-b)x - \cos(a+b)x]$ e depois usar a tabela de integrais, do Apêndice 1. Obtemos:

$$a_2 = \frac{\dfrac{2k}{a}\left[\dfrac{1}{2}\int_0^a \left(x\cos\dfrac{\pi x}{a} - x\cos\dfrac{3\pi x}{a}\right) dx\right]}{-\dfrac{3h^2}{8ma^2}}$$

$$= \frac{\dfrac{k}{a}\left[\dfrac{a^2}{\pi^2}\cos\dfrac{\pi x}{a} + \dfrac{ax}{\pi}\text{sen}\,\dfrac{\pi x}{a} - \dfrac{a^2}{9\pi^2}\cos\dfrac{3\pi x}{a} - \dfrac{ax}{3\pi}\text{sen}\,\dfrac{3\pi x}{a}\right]_0^a}{-\dfrac{3h^2}{8ma^2}}$$

Calculando esta equação dentro dos limites e simplificando, chega-se a

$$a_2 = \frac{128\,kma^3}{27\pi^2 h^2}$$

e assim, a função de onda aproximada é

$$\Psi_{1,\text{real}} \approx \Psi_{1,\text{PNC}} + \frac{128\,kma^3}{27\pi^2 h^2} \cdot \Psi_{2,\text{PNC}}$$

Para a espécie cianeto, em que a massa é m_e, $k \approx 1 \times 10^{-7}$ kg·m/s² e $a \approx 1{,}15$ Å (isto é, $1{,}15 \times 10^{-10}$ m), pode-se calcular a expressão anterior e obter

$$\Psi_{1,\text{real}} \approx \Psi_{1,\text{PNC}} + 0{,}1516 \cdot \Psi_{2,\text{PNC}}$$

Um tratamento mais completo inclui as contribuições de Ψ_3, Ψ_4, e assim por diante, mas suas contribuições se tornam cada vez menos importantes, à medida que a diferença entre as energias ideais aumenta. Por fim, lembre-se de que a_2 para $\Psi_{2,\text{real}}$ (ou qualquer outra Ψ real) será diferente do a_2 calculado anteriormente para $\Psi_{1,\text{real}}$.

12.7 Teoria Variacional

A segunda teoria de aproximação mais importante usada na mecânica quântica é chamada de *teoria variacional*, que se baseia no fato de que qualquer função de onda usada como teste para um sistema tem uma energia média que é igual a ou maior do que a verdadeira energia no estado fundamental desse sistema. Assim, a idéia geral é que *quanto menor a energia, melhor a energia aproximada* (e, dessa forma, *melhor a função de onda*). O que se faz é propor uma função de onda aproximada que tenha algum parâmetro variável, determinar a expressão para a energia do sistema (usando a equação de Schrödinger ou a definição da energia média, $\langle E \rangle$), e, então, determinar que valor a variável deve ter para produzir a menor energia possível. Uma vez que a função de onda também deve fornecer valores médios para outras observáveis, tais valores podem ser determinados já que uma energia mínima é determinada para aquela função de onda aproximada.[4] Um dos pontos fortes da teoria variacional é que as funções de onda aproximadas podem ser *qualquer* função, contanto que atinjam os padrões das funções de onda em geral (isto é, ser contínua, integrável, com valor único, e assim por diante) e satisfaçam todos os requisitos inerentes ao sistema (tal como se aproximar de zero conforme x se aproxima de $\pm\infty$ ou das barreiras do sistema).

Uma forma de expor a idéia básica da teoria variacional é a seguinte: para um sistema que tem um operador Hamiltoniano $\hat{H}$, funções de onda verdadeiras $\Psi_{\text{verdadeira}}$, e um autovalor de energia mínimo E_1, o *teorema da variação* afirma que para *qualquer* função de onda aproximada normalizada ϕ,

$$\int \phi^* \hat{H} \phi \, d\tau \geq E_1 \qquad (12.23)$$

Se, para o estado fundamental, ϕ for idêntica a $\Psi_{\text{verdadeira}}$, a Equação 12.23 é uma igualdade. Se ϕ não for *exatamente* a função de onda do estado fundamental, então, a Equação 12.23 é uma desigualdade e a energia calculada pela integral é *sempre maior* do que a verdadeira energia do estado fundamental do sistema. Portanto, quanto menor a energia prevista, mais perto ela estará da verdadeira energia do estado fundamental, e será um autovalor de energia "melhor". Uma demonstração da teoria variacional é apresentada como exercício no final deste capítulo. Para uma função de onda não normalizada, a Equação 12.23 é escrita como

$$\frac{\int \phi^* \hat{H} \phi \, d\tau}{\int \phi^* \phi \, d\tau} \geq E_1 \qquad (12.24)$$

Normalmente, as funções de onda aproximadas têm um conjunto de parâmetros ajustáveis (a, b, c, ...). A energia é calculada como uma expressão em termos desses parâmetros, e essa expressão é

---

[4] Entretanto, não há garantia de que esta função de onda aproximada irá produzir valores precisos para outras observáveis.

minimizada em relação aos mesmos. Em termos de cálculo, se a energia é uma expressão de uma única variável $E(a)$, a energia mínima ocorre quando a inclinação do gráfico E versus a é zero:[5]

$$\left[\frac{\partial E(a)}{\partial a}\right]_{\text{at } a=a_{\min}} = 0$$

e a energia calculada neste ponto é a mínima:

$$E(a_{\min}) = E_{\min}$$

Esta energia mínima é a "melhor" energia que esta função de onda aproximada pode fornecer. Quando há múltiplas variáveis na função de onda aproximada, então, o mínimo absoluto em relação a todas as variáveis, simultaneamente, é a menor energia que essa função de onda aproximada produz. Essas expressões relativamente simples se aplicam apenas ao estado fundamental de um sistema, embora a teoria variacional forneça expressões mais complicadas para as energias dos estados excitados.

As funções de onda aproximadas podem ter qualquer número de parâmetros variáveis; número este que é limitado, principalmente, pela eficiência na determinação da energia mínima. A teoria variacional é mais bem ilustrada com um exemplo. Iniciaremos usando uma função de onda aproximada sem parâmetros, para mostrar que a Equação 12.23 é satisfeita. Para a partícula na caixa de comprimento a, assuma que em vez de uma função seno, a função de onda do estado fundamental é uma parábola virada para baixo, no centro da caixa, $a/2$:

$$\phi = ax - x^2$$

Esta função de onda aproximada é mostrada na Figura 12.8. Como se pode ver, ela possui todos os requisitos de uma função de onda para um sistema do tipo partícula na caixa: tem valor único, é contínua, integrável, e tende a zero nas extremidades. Para calcular a energia para esta função de onda aproximada, é necessário determinar

$$\int_0^a (ax - x^2)^* \hat{H}(ax - x^2)\, dx$$

onde o Hamiltoniano da partícula na caixa é $-(\hbar^2/2m)(d^2/dx^2)$. A segunda derivada da função de onda aproximada é -2, o que reduz a integral para

$$\frac{\hbar^2}{m}\int_0^a (ax - x^2)\, dx$$

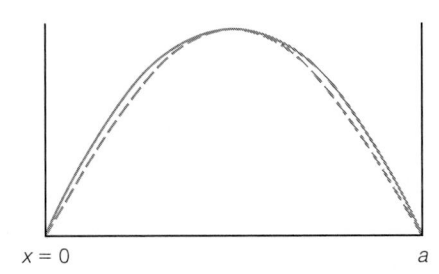

Figura 12.8 Funções de onda aproximadas para um tratamento com a teoria variacional do estado fundamental da partícula na caixa. A linha sólida é a função de onda aproximada parabólica, e a linha pontilhada é a função de onda verdadeira.

A expressão dentro da integral pode ser integrada e calculada entre os limites de 0 a a. Obtemos

$$\frac{\hbar^2 a^3}{6m}$$

Esta função de onda aproximada não é normalizada, mas pode-se determinar que a constante de normalização é $\sqrt{30/a^5}$. Isso determina a energia prevista do estado fundamental (ajustada pelo quadrado da constante de normalização)

$$E_{\text{tent}} = \frac{5\hbar^2}{ma^2} = \frac{5h^2}{4\pi^2 ma^2}$$

---

[5] Energias máximas também seguem este critério; então, é importante verificar que a energia assim determinada é a mínima, não a máxima.

Isto se compara à energia verdadeira para o estado fundamental da partícula na caixa, de $h^2/8ma^2$, com uma diferença de 1,32%. A energia aproximada é 1,32% *maior* que a energia verdadeira.

O Exemplo 12.10 mostra como a teoria variacional funciona com a variável que permite que a energia do sistema seja minimizada. Ele usa a idéia de que num átomo com vários elétrons, estes possivelmente não "sintam" a carga nuclear total, por causa da presença de outros elétrons. Esse efeito é conhecido como *blindagem*. Ele também ilustra uma necessidade quando se avança a uma mecânica quântica de mais alto nível: a necessidade de ser capaz de calcular muitos tipos diferentes de integrais. Um bom manual sobre integrais e a capacidade de calculá-las por métodos numéricos são muito úteis quando se deseja resolver matematicamente problemas da mecânica quântica, mesmo os mais simples.

Exemplo 12.10

No átomo de hélio, admita que cada elétron não "sinta" carga nuclear total +2, mas, devido à blindagem do outro elétron, experimente uma carga nuclear efetiva de Z'. Use Z' como a variável na forma do orbital 1s semelhante ao do hidrogênio, para obter a menor energia média do hélio.

Solução

Usando orbitais 1s do tipo do hidrogênio, normalizados como funções de onda aproximadas, o ϕ de dois elétrons é

$$\phi = \frac{Z'^3}{\pi a^3} e^{-Z' r_1/a} e^{-Z' r_2/a}$$

onde a foi definido no Capítulo 11 como sendo $4\pi\epsilon_0 \hbar^2/\mu e^2$. Admitindo que a carga nuclear experimentada por cada elétron seja Z', o Hamiltoniano inicial para o átomo de hélio é

$$\left(-\frac{\hbar^2}{2\mu}\nabla_1^2 - \frac{Z'e^2}{4\pi\epsilon_0 r_1} \right) + \left(-\frac{\hbar^2}{2\mu}\nabla_2^2 - \frac{Z'e^2}{4\pi\epsilon_0 r_2} \right) + \frac{e^2}{4\pi\epsilon_0 r_{12}}$$

No entanto, este Hamiltoniano não está completo. Se o primeiro elétron está experimentando um potencial de atração de $Z'e^2/4\pi\epsilon_0 r_1$, o outro elétron deve estar experimentando um potencial de $[(2-Z')e^2]/4\pi\epsilon_0 r_2$. Este termo deveria aparecer para ambos os elétrons. O Hamiltoniano completo é, então,

$$\left(-\frac{\hbar^2}{2\mu}\nabla_1^2 - \frac{Z'e^2}{4\pi\epsilon_0 r_1} \right) + \left(-\frac{\hbar^2}{2\mu}\nabla_2^2 - \frac{Z'e^2}{4\pi\epsilon_0 r_2} \right)$$

$$- \frac{(2-Z')e^2}{4\pi\epsilon_0 r_1} - \frac{(2-Z')e^2}{4\pi\epsilon_0 r_2} + \frac{e^2}{4\pi\epsilon_0 r_{12}}$$

Os termos podem ser rearranjados, e a energia média pode ser calculada. Como estamos presumindo um sistema com um elétron nos dois primeiros termos entre parênteses, podemos usar os autovalores de energia do átomo de hidrogênio. Obtemos

$$\langle E_{\text{tent}} \rangle = 2 \frac{-Z'^2 e^4 \mu}{8\epsilon_0^2 h^2} + \frac{Z'^6}{\pi^2 a^6} \int e^{-Z' r_1/a} e^{-Z' r_2/a}$$

$$\times \left[-(2-Z')\frac{e^2}{4\pi\epsilon_0 r_1} - (2-Z')\frac{e^2}{4\pi\epsilon_0 r_2} + \frac{e^2}{4\pi\epsilon_0 r_{12}} \right] e^{-Z' r_1/a} e^{-Z' r_2/a} \, d\tau$$

onde $d\tau$ diz respeito aos elétrons 1 e 2; ou seja, $d\tau = dr_1 \, dr_2$. Usando as substituições e manipulações apropriadas (que serão omitidas aqui), a integral pode ser calculada analiticamente. Seu valor é

$$\left(-8Z' + \frac{10}{8}Z' \right) \frac{-e^4 \mu}{8\epsilon_0^2 h^2}$$

Portanto, a energia total do átomo de hélio é

$$\langle E_{\text{tent}} \rangle = 2\frac{-Z'^2 e^4 \mu}{8\epsilon_0^2 h^2} + \left(-8Z' + \frac{10}{8}Z'\right)\frac{-e^4 \mu}{8\epsilon_0^2 h^2}$$

$$\langle E_{\text{tent}} \rangle = \left(2Z'^2 - 8Z' + \frac{10}{8}Z'\right)\frac{-e^4 \mu}{8\epsilon_0^2 h^2}$$

onde todos os termos tiveram a expressão $-e^4\mu/8\epsilon_0^2 h^2$ fatorada. Para que a energia seja a mínima no que diz respeito a Z', devemos encontrar o valor de Z', tal que

$$\frac{\partial \langle E \rangle}{\partial Z'} = 0$$

A única parte de $\langle E \rangle$ que depende de Z' é a primeira parte da equação, entre parênteses, e para que a energia possa ser minimizada, a sua derivada deve ser igual a zero. Então,

$$\frac{\partial \langle E \rangle}{\partial Z'} = \frac{\partial (2Z'^2 - 8Z' + \frac{10}{8}Z')}{\partial Z'} = 4Z' - 8 + \frac{10}{8} = 0$$

que nos dá $Z' = 2 - \frac{5}{16}$. Portanto, de acordo com este modelo, a carga nuclear média "experimentada" por cada elétron no He é $\frac{27}{16}$, ou um pouco menor do que 2. Agora que a carga nuclear efetiva foi determinada, a energia pode ser calculada substituindo todas as constantes e Z'. Encontramos

$$\langle E_{\text{He}} \rangle = -1{,}241 \times 10^{-17} \text{ J}$$

que, comparado com $-1{,}265 \times 10^{-17}$ J, determinado empiricamente, é 1,9% maior. Isto é um pouco melhor do que o tratamento da teoria da perturbação, apresentado anteriormente.

O exemplo anterior mostra duas coisas. Primeiro, que a teoria variacional *pode* nos dar um valor mais preciso para a energia do sistema. Segundo, que isso requer esforço. Porém, usando computadores para fazer os cálculos, o esforço pessoal diminui muito, e, portanto, a teoria variacional se adapta particularmente bem ao uso de computadores. Na verdade, a maior parte do esforço empregado na aplicação da mecânica quântica moderna está na criação de programas de computador. Problemas variacionais são quase que exclusivamente resolvidos em computadores, uma vez que estes podem ser programados para que um grande número de variáveis mude no decorrer dos cálculos.

Neste capítulo, consideramos o problema da energia no He usando vários métodos. A Tabela 12.2 resume esses métodos, comparando os valores da energia calculados com um valor experimental. Estes não são os únicos métodos possíveis, que foram usados aqui nas suas formas mais simples. A Tabela 12.2 lhe dará uma idéia da utilidade das várias ferramentas da mecânica quântica.

Tabela 12.2 Diferentes energias do átomo de hélio

$E(\text{He})$ ($\times 10^{-17}$ J)	Método
−1,743	Aproximação H + H
−1,198	Usando a teoria da perturbação, $e^2/4\pi\epsilon_0 r_{12}$
−1,241	Usando a teoria variacional, carga nuclear efetiva
−1,265	Experimental

12.8 Teoria Variacional Linear

A teoria variacional auxiliada pelo uso de computadores é especialmente útil quando há um grande número de variáveis na função aproximada. Uma das formas mais comuns de isso ocorrer é quando se assume que a função aproximada ϕ_i é uma combinação linear de um conjunto de funções conhecidas $\{\Psi_j\}$, chamado de *conjunto-base*:

$$\phi_i = \sum_j c_{i,j} \Psi_j \qquad (12.25)$$

onde Ψ_j é uma *função-base* individual (por exemplo, uma função de onda de um sistema-modelo ou uma função que pode ser facilmente integrada) e os valores de $c_{i,j}$ são os coeficientes de expansão que devem ser determinados como parte da solução. Assim, não apenas não conhecemos ainda a energia minimizada, como também não conhecemos os valores dos coeficientes de expansão. Como já foi estabelecido, para encontrarmos a energia mais baixa, esta deve ser minimizada em relação a todas as variáveis simultaneamente:

$$\frac{\partial E}{\partial c_{i,1}} = \frac{\partial E}{\partial c_{i,2}} = \frac{\partial E}{\partial c_{i,3}} = \cdots = 0 \qquad (12.26)$$

Existe uma maneira de determinar não apenas a energia, mas também os coeficientes. Este importante uso da teoria variacional é chamado *teoria variacional linear*.

Esta forma de teoria variacional é melhor ilustrada por um exemplo. Apesar de a mesma idéia poder ser aplicada a funções de onda aproximadas que tenham qualquer número de termos, um exemplo simples envolve o uso de uma combinação linear de dois termos:

$$\phi_a = c_{a,1} \Psi_1 + c_{a,2} \Psi_2$$

Neste exemplo, o conjunto-base $\{\Psi_j\}$ é composto de duas funções-base Ψ_1 e Ψ_2. Esta forma de função aproximada pode ser substituída na Equação 12.24 e expandida em vários termos, tendo em mente que a ordem das funções-base é importante, por causa da operação conjugada complexa:

$$\frac{\int (c_{a,1}\Psi_1 + c_{a,2}\Psi_2)^* \hat{H}(c_{a,1}\Psi_1 + c_{a,2}\Psi_2)\,d\tau}{\int (c_{a,1}\Psi_1 + c_{a,2}\Psi_2)^*(c_{a,1}\Psi_1 + c_{a,2}\Psi_2)\,d\tau} \geq E_1 \qquad (12.27)$$

Para simplificar, introduzimos as seguintes definições:

$$\begin{aligned} H_{11} &\equiv \int \Psi_1^* \hat{H} \Psi_1 \, d\tau \\ H_{22} &\equiv \int \Psi_2^* \hat{H} \Psi_2 \, d\tau \\ H_{12} = H_{21} &\equiv \int \Psi_2^* \hat{H} \Psi_1 \, d\tau \\ S_{11} &\equiv \int \Psi_1^* \Psi_1 \, d\tau \\ S_{22} &\equiv \int \Psi_2^* \Psi_2 \, d\tau \\ S_{12} = S_{21} &\equiv \int \Psi_2^* \Psi_1 \, d\tau \end{aligned} \qquad (12.28)$$

Substituições podem ser feitas na Equação 12.27 para produzir:

$$\frac{c_{a,1}^2 H_{11} + 2c_{a,1}c_{a,2}H_{12} + c_{a,2}^2 H_{22}}{c_{a,1}^2 S_{11} + 2c_{a,1}c_{a,2}S_{12} + c_{a,2}^2 S_{22}} = E_{\text{tent}} \equiv E \geq E_1 \qquad (12.29)$$

As integrais H_{ij} são integrais de energia média. As integrais S_{ij} são chamadas de *integrais de recobrimento*. Para funções de onda ortonormais, os valores de S_{ij} são 0 ou 1, mas em muitas situações, funções de onda não-ortonormais são usadas. Para simplificar, foi omitido o subscrito na energia.

Agora, de acordo com a teoria variacional, a condição de minimização representada pela Equação 12.26 deve ser satisfeita. Por causa das substituições feitas para se chegar à Equação 12.29, as derivadas em relação a $c_{a,1}$ e $c_{a,2}$ contêm muitos termos, mas que são relativamente fáceis de se determinar. Encontramos (depois de substituir a expressão para o próprio E na expressão para a derivada):

$$\frac{\partial E}{\partial c_{a,1}} = 0 = (H_{11} - ES_{11})c_{a,1} + (H_{12} - ES_{12})c_{a,2} = 0$$

$$\frac{\partial E}{\partial c_{a,2}} = 0 = (H_{21} - ES_{21})c_{a,1} + (H_{22} - ES_{22})c_{a,2} = 0$$

(12.30)

Obtemos duas equações em termos dos coeficientes $c_{a,1}$ e $c_{a,2}$, que também têm como parte delas as integrais de energia H_{11}, H_{12} (igual a H_{21}) e H_{22}, e também as integrais de recobrimento S_{11}, S_{12} (igual a S_{21}) e S_{22}. Para que ambas as derivadas sejam iguais a zero, as duas *equações simultâneas*, 12.30, devem ser satisfeitas ao mesmo tempo. Teríamos mais equações simultâneas para resolver, se estivéssemos usando um exemplo com mais termos e, portanto, com mais constantes $c_{i,j}$.

Existem métodos matemáticos para encontrar soluções para um conjunto de equações simultâneas iguais a zero (como as Equações 12.30). A álgebra linear oferece duas possibilidades. A primeira é que todas as constantes, nesse caso $c_{a,1}$ e $c_{a,2}$, sejam exatamente zero. Embora esta possibilidade satisfaça às Equações 12.30, ela apresenta uma solução inútil, trivial ($\Psi = 0$: uma função de onda que já foi rejeitada antes, devido à sua inutilidade). A outra possibilidade pode ser definida em termos dos coeficientes de c nas Equações 12.30, isto é, as expressões envolvendo os H' e os S'. A álgebra linear permite uma solução não-trivial das Equações simultâneas 12.30, se o determinante formado a partir das expressões dos coeficientes dessas equações for igual a zero:

$$\begin{vmatrix} H_{11} - ES_{11} & H_{12} - ES_{12} \\ H_{21} - ES_{21} & H_{22} - ES_{22} \end{vmatrix} = 0$$

(12.31)

O determinante anterior é chamado de *determinante secular*. A teoria variacional linear tem como base a Equação 12.31: se o determinante secular formado a partir da energia e das integrais de recobrimento e dos autovalores da energia (que são desconhecidos!) for igual a zero, então, as Equações 12.30 serão satisfeitas e a energia será minimizada.

Houve uma mudança no enfoque da discussão. Primeiro, nos concentramos nos coeficientes $c_{a,1}$ e $c_{a,2}$, e agora estamos preocupados com um determinante envolvendo integrais e energias. Isto é apenas uma conseqüência da álgebra linear. Não se deixe confundir por esta mudança de enfoque, pois a energia mínima do sistema ainda é o objetivo principal. Veja, entretanto, que o determinante 2 × 2 na Equação 12.31 pode ser facilmente calculado, mas produzirá uma equação com um termo E^2. Portanto, ao resolvermos E, teremos duas respostas (usando a fórmula quadrática). A energia do estado fundamental é a mais baixa das duas. Geralmente, se temos uma função aproximada ϕ_i com n coeficientes de expansão, teremos um determinante secular $n \times n$ com a forma

$$\begin{vmatrix} H_{11} - ES_{11} & H_{12} - ES_{12} & \ldots & H_{1n} - ES_{1n} \\ H_{21} - ES_{21} & H_{22} - ES_{22} & \ldots & H_{2n} - ES_{2n} \\ \ldots & \ldots & \ldots & \ldots \\ H_{n1} - ES_{n1} & H_{n2} - ES_{n2} & \ldots & H_{nn} - ES_{nn} \end{vmatrix} = 0$$

(12.32)

onde E é a incógnita. (Lembre-se de que H_{ij} e S_{ij} são, respectivamente, as energias e as integrais sobrepostas, em termos das funções-base. Os valores dessas integrais devem ser possíveis de se determinar.) Calculando este determinante, teremos um polinômio de ordem n, no qual a potência mais elevada de E será E^n. O polinômio terá até n soluções de E (algumas das quais podem ser as mesmas, indicando funções de onda degeneradas). O valor mais baixo de E é a energia calculada para o estado fundamental. Apesar de o enfoque ter mudado, abruptamente, da determinação dos coeficientes para a determinação da energia, devemos nos lembrar de que a energia é, geralmente, o objetivo que mais nos interessa.

Tendo as energias, podemos determinar os coeficientes $c_{i,j}$. No exemplo para uma função experimental de dois termos, teremos duas energias E_1 e E_2: a menor das duas é o estado de energia menor. Usando as equações simultâneas 12.30, é fácil ver que os dois coeficientes podem ser expressos como relações

$$\frac{c_{a,1}}{c_{a,2}} = -\frac{H_{12} - ES_{12}}{H_{11} - ES_{11}}$$

$$\frac{c_{a,1}}{c_{a,2}} = -\frac{H_{22} - ES_{22}}{H_{21} - ES_{21}}$$
(12.33)

onde E é a energia de qualquer um dos estados. A energia e as integrais de recobrimento são calculáveis; e as energias já foram determinadas quando foi resolvido o determinante secular da Equação 12.31. As Equações 12.33 fornecem duas *relações* para $c_{a,1}$ e $c_{a,2}$, que devem produzir a mesma relação para cada valor individual da energia calculada a partir do determinante secular. Os valores exatos dos coeficientes são, então, ajustados para que ϕ seja normalizada. Se forem utilizadas funções-base ortonormais, a condição de normalização para a função de onda aproximada é fácil de expressar:

$$\sum_j c_{i,j}^2 = 1$$
(12.34)

Isto é, a soma dos quadrados dos coeficientes deve ser igual a 1. Depois de determinar os coeficientes $c_{a,1}$ e $c_{a,2}$, *o cálculo das funções de onda do estado fundamental está completo* para este exemplo. Também se pode obter a energia aproximada e a função de onda para o primeiro estado excitado. (Em geral, quando são usadas n funções de onda ideais de um sistema aproximado, pode-se determinar n combinações lineares para os primeiros n níveis de energia.) Estas determinações – a energia e a função de onda do estado fundamental – são os objetivos da teoria variacional linear.

Se as próprias funções-base são ortogonais entre si, as funções de onda aproximadas determinadas usando a teoria variacional também o são. Como a função de onda aproximada é expressa em termos de uma combinação linear de outras funções e são as integrais destas outras funções que devem ser calculadas ao resolvermos o determinante secular, é importante saber escolher essas funções básicas para que suas integrais possam ser facilmente calculadas e para que os determinantes e coeficientes possam ser determinados para qualquer sistema real. Esta idéia é o principal impulso para o cálculo na mecânica quântica moderna, que é efetuado, na maioria das vezes, por computadores (que podem ser programados para realizar as várias manipulações algébricas lineares de uma função de onda aproximada pré-estabelecida).

Exemplo 12.11

Assuma que, para um sistema real, uma função de onda real é a combinação linear de duas funções-base ortonormais, onde as integrais de energia são as seguintes: $H_{11} = -15$ (unidades arbitrárias de energia), $H_{22} = -4$ e $H_{12} = H_{21} = -1$. Calcule as energias aproximadas do sistema real e determine os coeficientes da expansão:

$$\phi_a = c_{a,1}\Psi_1 + c_{a,2}\Psi_2$$

Solução

Segundo a Equação 12.31, a solução não-trivial das equações simultâneas, encontrada ao minimizar a energia, será dada por

$$\begin{vmatrix} -15 - E \cdot 1 & -1 - E \cdot 0 \\ -1 - E \cdot 0 & -4 - E \cdot 1 \end{vmatrix} = 0$$

onde incluímos explicitamente o fato de que, para as funções de onda ortonormais, $S_{11} = S_{22} = 1$ e $S_{12} = S_{21} = 0$. Este determinante secular se torna

$$\begin{vmatrix} -15 - E & -1 \\ -1 & -4 - E \end{vmatrix} = 0$$

que pode ser expandido para obtermos a equação quadrática

$$E^2 + 19E + 59 = 0$$

Usando a fórmula quadrática, os dois valores possíveis para E que irão satisfazer a equação são

$$E_1 = -15,09 \quad \text{e} \quad E_2 = -3,91$$

Acontece que um nível de energia é ligeiramente mais baixo que o menor nível ideal de energia (dado por H_{11}) e o outro é ligeiramente mais elevado que o maior dos dois níveis ideais de energia (dado por H_{22}). Os coeficientes $c_{a,1}$ e $c_{a,2}$ também podem ser calculados para o estado de energia mais baixo (onde $E = -15,09$):

$$\frac{c_{a,1}}{c_{a,2}} = -\frac{-1 - (-15,09)(0)}{-15 - (-15,09)(1)} = \frac{1}{0,09}$$

$$0,09 c_{a,1} = c_{a,2}$$

Então, para normalizar a função de onda:

$$\sum_j c_{i,j}^2 = 1 = c_{a,1}^2 + c_{a,2}^2$$

$$c_{a,1}^2 + (0,09 c_{a,1}^2) = 1$$

$$c_{a,1} = 0,996$$

e, conseqüentemente,

$$c_{a,2} = 0,0896$$

A função de onda completa para o estado fundamental, onde $E = -15,09$ (que é a energia mais negativa, ou *mais baixa*), é

$$\phi_a = 0,996 \Psi_{a,1} + 0,0896 \Psi_{a,2}$$

Os coeficientes para o primeiro estado excitado são dados usando $E = -3,91$ (que é o *mais elevado* dos dois valores de energia) em qualquer uma das relações na Equação 12.33:

$$\frac{c_{a,1}}{c_{a,2}} = -\frac{-4 - (-3,91)(1)}{-1 - (-3,91)(0)} = -\frac{0,09}{1}$$

$$c_{a,1} = -0,09 c_{a,2}$$

Normalizando, obtemos os seguintes valores para os dois coeficientes:

$$c_{a,1} = -0,0896 \quad \text{e} \quad c_{a,2} = 0,996$$

A função de onda cuja energia é $-3,91$ é

$$\phi_a = -0,0896 \Psi_{a,1} + 0,996 \Psi_{a,2}$$

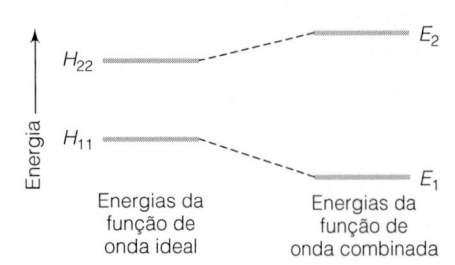

Figura 12.9 Uma representação da variação nos valores da energia quando as funções de onda são combinadas. As energias das funções de onda isoladas, H_{11} e H_{22}, estão à esquerda, e os valores para as energias das funções de onda combinadas, E_1 e E_2, estão à direita. A energia ideal mais baixa diminui ligeiramente, enquanto a energia ideal mais alta aumenta.

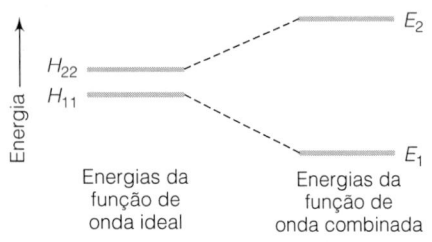

Figura 12.10 Quando as funções de onda a serem combinadas são quase degeneradas, a separação das energias após a combinação é muito maior do que quando os autovalores da energia estão distantes. Compare com a Figura 12.9.

A Figura 12.9 mostra uma representação das energias da função-base inicial comparada às energias aproximadas da combinação linear, como foi mostrado no Exemplo 12.11. Às vezes, nos referimos ao processo de obtenção de combinações lineares de funções de onda ideais como uma *mistura* de funções de onda. Observe que houve uma ligeira variação na energia, com a combinação das duas funções-base para produzir uma função de onda aproximada para um sistema real. Nesse caso, os níveis de energia vão se separando, à medida que passam de um sistema ideal para um sistema real, que é aproximado pela combinação linear das funções de onda ideais. Em todos os casos em que se combinam duas funções-base, as energias ficam mais separadas. Quanto mais próximas estiverem as energias dos níveis ideais, maior a separação. A Figura 12.10 mostra, qualitativamente, como funções-base que são quase degeneradas se combinam e produzem funções de onda aproximadas, cujas energias são relativamente distantes. No entanto, a soma das energias dos dois níveis – ideal e aproximado – permanece a mesma. (Isto só é verdade se as funções-base forem ortogonais.)

Cálculos envolvendo apenas dois níveis são relativamente simples. Na mecânica quântica computacional moderna, dezenas ou até mesmo centenas de níveis podem ser calculados usando meios semelhantes aos descritos anteriormente, porém mais complexos.

12.9 Comparação das Teorias Variacional e da Perturbação

Das duas teorias de aproximação, qual delas é "melhor"? Como para muitas perguntas do gênero, a resposta é: isso depende. Em ambos os casos, a energia pode ser determinada com mais precisão do que a função de onda. Na teoria variacional, as funções-base podem ser *qualquer uma*, contanto que a função proposta se enquadre nos requisitos para as funções de onda em geral e satisfaça todas as condições de contorno que possam existir. Na aplicação em vários sistemas grandes, os pesquisadores usam funções de onda ideais que tenham apenas uma ligeira semelhança com as funções de onda verdadeiras, mas que possam ser integradas facilmente por computador. [Por exemplo, funções do tipo Gaussiana (ou seja, funções baseadas em e^{-x^2}) são comuns em aplicações da teoria variacional, apesar de orbitais atômicos não serem funções Gaussianas.] A idéia de que "quanto menor a energia, melhor ela é, e melhor é a função de onda" ajuda bastante em cálculos difíceis de funções de onda resolvendo o determinante secular. Mas as funções usadas nas funções de onda aproximadas talvez não façam sentido, por não terem a forma de um verdadeiro orbital atômico, ou talvez não sejam facilmente visualizadas. Computadores são praticamente insubstituíveis nos cálculos da teoria variacional, porque a manipulação de um grande número de equações necessita de velocidade.

A teoria da perturbação não tem a mesma garantia da teoria variacional. Resultados de cálculos da teoria da perturbação podem produzir uma energia que pode ser mais alta ou mais baixa do que a energia verdadeira. Por isso, até certo ponto, a energia prevista por um cálculo da teoria da perturbação é sempre suspeita. Mas os Hamiltonianos das perturbações, $\hat{H}$, podem, geralmente, ser definidos de maneira a fazer sentido, uma vez que suas formas matemáticas e seus comportamentos são normalmente bem conhecidos. Por exemplo, perturbações comuns incluem interações elétricas e magnéticas, interações entre dois e três corpos, de dipolo-dipolo ou dipolo-induzido, ou de campo cristalino. Todas têm formas matemáticas conhecidas e, assim, podem ser facilmente incluídas como partes de um Hamiltoniano completo. Geralmente, as funções de onda da perturbação também fazem sentido, uma vez que muitas delas são simplesmente correções para as funções de onda ideais, bem conhecidas. Todas perturbações comuns mostradas anteriormente podem ser tratadas como parte da função de onda total e, assim, a função de onda completa é a soma de muitas partes simples. Computadores também são úteis na teoria da perturbação, especialmente se o número de perturbações incluídas num cálculo for muito grande. Entretanto, como muitas das perturbações são selecionadas por terem um comportamento matemático conhecido, o cálculo manual das energias perturbadas não é propriamente difícil.

Pesquisadores dos cálculos da mecânica quântica devem entender as limitações e pontos fortes de cada método. O método usado deve ser aquele que forneça a informação que o pesquisador deseja sobre um sistema real. Se forem desejados um Hamiltoniano e uma função de onda bem-definidos, a teoria da perturbação pode fornecê-los. Se a energia absoluta é importante, a teoria variacional proporciona um modo de se obterem resultados cada vez melhores. O custo do cálculo também é um fator importante. Aqueles que têm acesso a supercomputadores podem trabalhar com muitas equações num espaço de tempo relativamente curto. Quem não tiver esse acesso, pode estar limitado a um pequeno número de correções para as funções de onda ideais.

Um detalhe importante sobre as duas teorias é que, quando aplicadas corretamente, elas podem fornecer informações úteis para se entender qualquer sistema atômico ou molecular. Empregando cada vez mais termos num tratamento da teoria da perturbação ou mais e melhores funções aproximadas para lidar com a teoria variacional, pode-se realizar cálculos de aproximação que produzem resultados praticamente exatos. Assim, mesmo que a equação de Schrödinger não possa ser resolvida *analiticamente* para sistemas com vários elétrons, ela pode ser resolvida *numericamente* usando estas técnicas. A falta de soluções analíticas não significa que a mecânica quântica esteja errada, incorreta ou incompleta; significa apenas que soluções analíticas não estão disponíveis. *A mecânica quântica fornece instrumentos para o entendimento de qualquer sistema atômico ou molecular e, assim, substitui a mecânica clássica como uma maneira de descrever corretamente o comportamento do elétron.*

12.10 Moléculas Simples e a Aproximação de Born-Oppenheimer

Uma vez que a maior parte dos sistemas químicos são moléculas, é importante entender como a mecânica quântica á aplicada a elas. Quando usamos a palavra *molécula*, geralmente estamos falando de um sistema envolvendo uma ligação química, que existe como conjuntos distintos de átomos ligados uns aos outros de uma maneira específica. Isto se contrasta com os compostos iônicos, que são átomos (ou grupos de átomos ligados covalentemente, os também chamados íons poliatômicos) mantidos juntos por cargas opostas; isto é, são compostos de cátions e ânions. Como se pode esperar a partir das discussões anteriores sobre funções de onda em átomos com vários elétrons, as funções de onda de moléculas são ainda mais complicadas. Na verdade, há algumas simplificações que veremos no próximo volume, mas uma consideração geral sobre uma molécula diatômica simples é útil neste momento.

A molécula diatômica mais simples é o H_2^+, o cátion da molécula diatômica de hidrogênio. Este sistema tem dois núcleos e um único elétron. Está ilustrado na Figura 12.11, junto

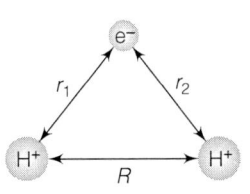

Figura 12.11 Definições das coordenadas para a molécula H_2^+.

com as coordenadas usadas para descrever as posições das partículas. Como dois núcleos estão presentes, devemos considerar não apenas a interação do elétron com os dois núcleos, mas também a interação dos dois núcleos entre si. A parte da energia cinética do Hamiltoniano completo terá três termos, um para cada partícula. A parte da energia potencial também tem três termos: um potencial eletrostático atrativo entre o elétron e o núcleo 1, um potencial eletrostático atrativo entre o elétron e o núcleo 2, e um potencial eletrostático repulsivo entre os núcleos 1 e 2. O Hamiltoniano completo para o H_2^+ é

$$\hat{H} = -\frac{\hbar^2}{2m_p}\nabla_{p_1}^2 - \frac{\hbar^2}{2m_p}\nabla_{p_2}^2 - \frac{\hbar^2}{2m_e}\nabla_e^2 - \frac{e^2}{4\pi\epsilon_0 r_1} - \frac{e^2}{4\pi\epsilon_0 r_2} + \frac{e^2}{4\pi\epsilon_0 R} \quad (12.35)$$

onde ∇^2 é a segunda derivada espacial tridimensional para cada uma das três partículas ($\nabla_{p_1}^2$ se refere ao primeiro próton, $\nabla_{p_2}^2$ se refere ao segundo próton e ∇_e^2 se refere ao elétron). Os primeiros dois termos da energia potencial (o quarto e quinto termos na Equação 12.35) são os potenciais de *atração* entre o elétron e o próton 1, e o elétron e o próton 2, respectivamente (daí o sinal negativo), e o termo final é o potencial de *repulsão* entre os dois núcleos (daí o sinal positivo). O m_p e m_e são as massas do próton e do elétron. As distâncias r_1, r_2 e R são as definidas na Figura 12.11.

Como é de se esperar, nenhuma das funções de onda analíticas conhecidas é uma autofunção do operador Hamiltoniano da Equação 12.35. Algumas simplificações são necessárias para se determinar soluções aproximadas usando a teoria da perturbação ou a teoria variacional. Uma das complicações deste sistema é que, agora, há dois núcleos, e uma função de onda apropriada deve levar em conta não apenas o comportamento do elétron, mas também o comportamento dos núcleos. Deve ficar claro que se as posições relativas dos núcleos mudam (por exemplo, durante uma vibração na qual os núcleos estão se movendo alternadamente para mais perto e para mais longe um do outro), o movimento eletrônico também mudará, para compensar. Qualquer função de onda verdadeira para os elétrons necessita considerar o comportamento nuclear.

Entretanto, os núcleos são muito mais pesados do que os elétrons (a massa de um próton é 1836 vezes maior que a de um elétron) e, por isso, os núcleos devem se mover muito mais lentamente do que os elétrons. De fato, pode-se assumir que o movimento dos núcleos é tão mais lento que o dos elétrons que, na prática, o movimento de um elétron pode ser tratado, de maneira aproximada, *como se os núcleos não estivessem se movendo*. Embora os núcleos *estejam se movendo*, tratamos seu movimento independentemente do movimento dos elétrons. Esta afirmação é chamada de *aproximação de Born-Oppenheimer*, devida a Max Born e J. Robert Oppenheimer. Esta afirmação é o último fundamento da *mecânica quântica molecular*.

Matematicamente, a aproximação de Born-Oppenheimer é escrita como

$$\Psi_{\text{molécula}} \approx \Psi_{\text{núcleo}} \times \Psi_{\text{elétron}} \quad (12.36)$$

que diz que a função de onda molecular completa é o produto de uma função de onda nuclear por uma função de onda eletrônica. Este tratamento, no qual as variáveis são separadas, lembra o utilizado na solução da partícula na caixa em 3D e o do movimento rotacional em 3D. O Hamiltoniano completo para o H_2^+ pode ser aproximado por duas equações de Schrödinger separadas. A equação de Schrödinger para a parte eletrônica é

$$\left(-\frac{\hbar^2}{2m_e}\nabla_e^2 - \frac{e^2}{4\pi\epsilon_0 r_1} - \frac{e^2}{4\pi\epsilon_0 r_2} + \frac{e^2}{4\pi\epsilon_0 R}\right)\Psi_{\text{el}} = E_{\text{el}}\Psi_{\text{el}} \quad (12.37)$$

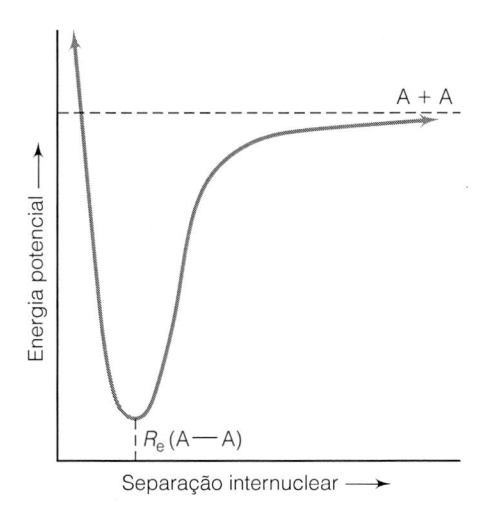

Figura 12.12 Uma curva simples de energia potencial para uma molécula diatômica A_2. Quando os núcleos ficam muito próximos, a repulsão nuclear aumenta rapidamente. Quando os núcleos ficam muito separados, a ligação se quebra, e a molécula se separa em dois átomos A, de maior energia. A distância internuclear de energia mínima, chamada R_e, representa a distância de equilíbrio da ligação A-A na molécula estável.

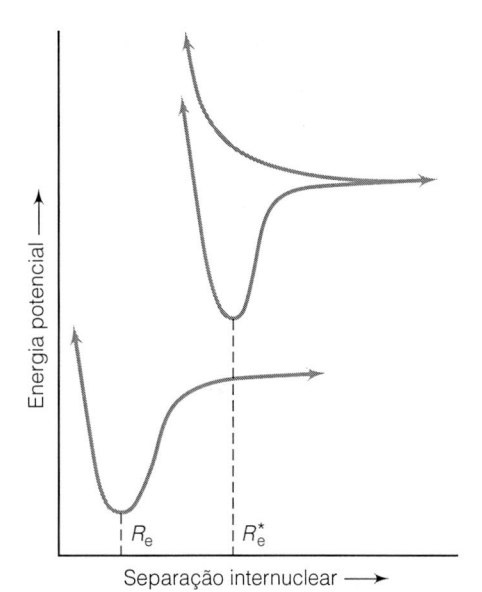

Figura 12.13 Um conjunto típico de curvas de energia potencial para o estado fundamental e dois estados excitados de uma molécula diatômica hipotética. A distância internuclear de energia mínima para o estado excitado, R_e^*, não é necessariamente a mesma do R_e para o estado fundamental. Diagramas de energia potencial para moléculas reais são muito mais complicados do que este.

onde R é a distância internuclear e é fixada em algum valor. Assim, o último termo entre parênteses representa um valor de energia potencial *fixo* para um dado valor de R. A equação de Schrödinger para os núcleos tem a forma

$$\left(-\frac{\hbar^2}{2m_p}\nabla^2_{p_1} - \frac{\hbar^2}{2m_p}\nabla^2_{p_2} + E_{el}(R)\right)\Psi_{núcleo} = E_{núcleo}\Psi_{núcleo} \tag{12.38}$$

onde $\nabla^2_{p_1}$ e $\nabla^2_{p_2}$ são os operadores Laplacianos para os dois núcleos (que são apenas prótons) e $E_{el}(R)$ é a energia potencial eletrônica da equação de Schrödinger eletrônica, 12.37. Estas duas equações devem ser resolvidas simultaneamente para se obter uma função de onda completa para a molécula.

Na aplicação da aproximação de Born-Oppenheimer para moléculas diatômicas, a energia cinética dos núcleos é freqüentemente desprezada e a repulsão internuclear para uma distância internuclear particular R (por exemplo, a distância de equilíbrio da ligação) é estimada a partir de considerações clássicas. Esta repulsão é incluída na energia potencial da parte eletrônica de Schrödinger da Equação 12.37, que é resolvida utilizando as técnicas de perturbação ou variacional. Um tratamento mais completo calcula o potencial internuclear para uma série de valores de R e, então, calcula (numericamente) a energia eletrônica em cada R. A partir daí, pode ser construído um gráfico da energia eletrônica *versus* a distância internuclear, como o da Figura 12.12. Esse gráfico é chamado de *curva de energia potencial* da molécula. Essa Figura mostra uma curva da energia potencial para o estado eletrônico fundamental, em que a energia da molécula é mais baixa na distância de equilíbrio da ligação. Cada função de onda eletrônica, que tem sua própria energia característica, terá sua própria curva de energia potencial em função da distância internuclear. A Figura 12.13 mostra a curva de energia potencial para os estados fundamental e excitado de um sistema diatômico simples.

12.11 Introdução à Teoria dos OM-CLOA

Na seção anterior, vimos que a aproximação de Born-Oppenheimer é útil porque permite que as partes eletrônicas sejam separadas das partes nucleares das funções de onda. Entretanto, ela não ajuda a determinar o que são as funções de onda eletrônicas. Elétrons em moléculas são descritos, aproximadamente, como tendo orbitais como elétrons em átomos. Vimos como a mecânica quântica trata orbitais atômicos. Como a mecânica quântica trata orbitais moleculares? A teoria dos orbitais moleculares é a maneira mais popular de descrever elétrons em moléculas. Em vez de estar localizado em átomos individuais, um elétron numa molécula tem uma função de onda que se estende pela molécula inteira. Há vários procedimentos matemáticos para descrever orbitais moleculares, um dos quais iremos considerar nesta seção. (Uma outra perspectiva sobre os orbitais moleculares, chamada teoria da ligação de valência, é discutida no Capítulo 13 no volume 2. A teoria da ligação de valência trata dos elétrons na camada de valência.)

Considere o que acontece quando uma molécula é formada: dois (ou mais) átomos se combinam para formar um sistema molecular. Os orbitais individuais dos átomos separados se combinam para formar orbitais que pertencem à molécula inteira. Usamos esta descrição como fundamento para definir orbitais moleculares. Usando a teoria variacional linear podemos fazer combinações lineares de orbitais atômicos ocupados e construir matematicamente orbitais moleculares. Isto define a teoria dos *orbitais moleculares-combinação linear de orbitais atômicos* (OM-CLOA), algumas vezes, chamada simplesmente de *teoria dos orbitais moleculares*.

No caso do H_2^+, os orbitais moleculares podem ser expressos em termos dos orbitais atômicos do estado fundamental de cada átomo de hidrogênio:

$$\phi_{H_2^+} = c_1\Psi_{H(1)} + c_2\Psi_{H(2)} \quad (12.39)$$

onde $\Psi_{H(1)}$ se refere à função de onda atômica do estado fundamental (isto é, 1s) do hidrogênio 1, e $\Psi_{H(2)}$, à função de onda atômica 1s do hidrogênio 2. Como ambos os átomos de hidrogênio participam igualmente na molécula, pode-se dizer que as duas constantes c_1 e c_2 têm a mesma magnitude. Pode-se também argumentar que há duas combinações lineares possíveis de dois orbitais atômicos (OA), uma soma e uma diferença. Assim, os dois orbitais atômicos são combinados para formar dois *orbitais moleculares* (OM), que têm as formas:

$$\phi_{H_2^+,1} = c_1(\Psi_{H(1)} + \Psi_{H(2)})$$
$$\phi_{H_2^+,2} = c_2(\Psi_{H(1)} - \Psi_{H(2)}) \quad (12.40)$$

Lembre-se de que quando n orbitais atômicos forem utilizados, haverá n combinações lineares independentes para descrever n orbitais moleculares. Neste ponto, não podemos admitir que $c_1 = c_2$. Uma representação gráfica da soma e diferença dos dois orbitais atômicos é mostrada na Figura 12.14. Cada função de onda do hidrogênio é esfericamente simétrica, apesar de que a combinação de dois átomos torna o sistema não mais esfericamente simétrico. No entanto, notamos que ele tem uma simetria *cilíndrica* e, portanto, a Figura 12.14, na realidade, representa a grandeza das funções de onda ao longo do eixo de um cilindro, que é o eixo internuclear da molécula.

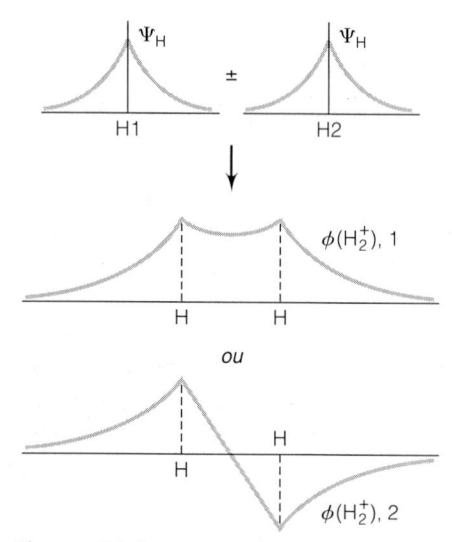

Figura 12.14 Representações dos orbitais moleculares de H_2^+, obtidos a partir das combinações de orbitais atômicos do hidrogênio. O OM no gráfico do meio é a soma dos dois AOs, com densidade eletrônica concentrada entre os núcleos. O OM de baixo é a diferença entre os dois AOs, com densidade eletrônica concentrada nas regiões mais externas em relação aos núcleos.

Assim como na teoria variacional linear, os coeficientes podem ser determinados usando um determinante secular. Mas diferentemente dos exemplos anteriores, em que foram usados determinantes seculares, nesse caso, algumas das integrais não são numericamente iguais a zero ou 1, pois não existe ortonormalidade. Nos casos em que existe uma integral em termos de $\Psi^*_{H(1)}\Psi_{H(2)}$, ou vice-versa, *não podemos assumir que a integral é numericamente zero.* Isto é devido às funções de onda estarem centradas em átomos diferentes. As condições da ortonormalidade, até agora, são estritamente aplicáveis às funções de onda de um mesmo sistema. Como as funções de onda ideais $\Psi_{H(1)}$ e $\Psi_{H(2)}$ estão centradas em núcleos diferentes, a condição de ortonormalidade não se aplica automaticamente. A solução para o determinante secular será, portanto, um pouco mais complicada.

Como os orbitais moleculares devem ser normalizados, podemos obter expressões para c_1 e c_2. Normalizando a primeira das Equações 12.40:

$$\int \phi^*_{H_2^+,1}\phi_{H_2^+,1}\, d\tau = 1 = c_1^2 \int (\Psi^*_{H(1)}\Psi_{H(1)} + 2\Psi^*_{H(1)}\Psi_{H(2)} + \Psi^*_{H(2)}\Psi_{H(2)})\, d\tau$$

$$1 = c_1^2(2 + 2\int \Psi^*_{H(1)}\Psi_{H(2)}\, d\tau)$$

onde o fato de os orbitais atômicos do mesmo átomo serem normalizados foi usado para simplificar a equação. A integral $\int \Psi^*_{H(1)}\Psi_{H(2)}\, d\tau$ envolve uma função de onda de cada centro atômico e, como foi discutido anteriormente, não pode ser numericamente igual a zero. Isso é um exemplo de uma integral de recobrimento, que é normalmente abreviada como S_{12}. (Definimos as integrais de recobrimento na discussão anterior sobre a teoria variacional linear.) A normalização da função de onda molecular se comporta como

$$1 = c_1^2(2 + 2S_{12})$$

$$c_1 = \frac{1}{\sqrt{2 + 2S_{12}}} \quad (12.41)$$

Realizando uma normalização similar, pode-se demonstrar que o coeficiente para o segundo orbital molecular é

$$c_2 = \frac{1}{\sqrt{2 - 2S_{12}}} \quad (12.42)$$

Os dois coeficientes não são iguais, a menos que S_{12} seja igual a zero! As funções de onda completas são

$$\phi_{H_2^+,1} = \frac{1}{\sqrt{2 + 2S_{12}}}(\Psi_{H(1)} + \Psi_{H(2)})$$

$$\phi_{H_2^+,2} = \frac{1}{\sqrt{2 - 2S_{12}}}(\Psi_{H(1)} - \Psi_{H(2)}) \quad (12.43)$$

Agora, vamos calcular as energias médias desses dois orbitais moleculares do H_2^+. Usando a primeira função de onda e o Hamiltoniano puramente eletrônico, onde os núcleos estão separados a uma distância R

$$E_1 = c_1^2 \int (\Psi^*_{H(1)}\hat{H}\Psi_{H(1)} + \Psi^*_{H(1)}\hat{H}\Psi_{H(2)} + \Psi^*_{H(2)}\hat{H}\Psi_{H(1)} + \Psi^*_{H(2)}\hat{H}\Psi_{H(2)})\, d\tau$$

(Observe os subscritos em cada um dos Ψ.) Substituímos as seguintes definições provenientes da teoria variacional linear na equação anterior:

$$H_{11} = H_{22} \equiv \int \Psi^*_{H(1)}\hat{H}\Psi_{H(1)}\, d\tau = \int \Psi^*_{H(2)}\hat{H}\Psi_{H(2)}\, d\tau$$

$$H_{21} = H_{12} \equiv \int \Psi^*_{H(1)}\hat{H}\Psi_{H(2)}\, d\tau = \int \Psi^*_{H(2)}\hat{H}\Psi_{H(1)}\, d\tau \quad (12.44)$$

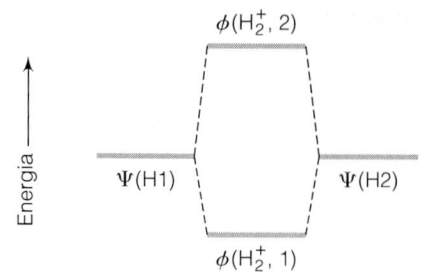

Figura 12.15 Quando os OAs de dois átomos de hidrogênio se combinam para formar os dois OMs do H_2^+, o aumento da energia do orbital antiligante em relação aos OMs é um pouco maior do que a diminuição de energia do orbital ligante. (O eixo da energia não está em escala.) Expressões como as Equações 12.42 e 12.44 podem ser usadas para estimar as diferenças de energia entre orbitais atômicos e moleculares.

Essas integrais são muito semelhantes àquelas da Equação 12.28, exceto que agora as funções de onda de átomos diferentes podem interagir matematicamente. H_{11} e H_{22} são, simplesmente, as energias dos orbitais atômicos. H_{12} e H_{21}, no entanto, representam um tipo de energia da mistura de funções de onda de dois átomos diferentes. Essas integrais são chamadas de *integrais de ressonância*. Integrais desse tipo – em que um Ψ vem de um centro atômico e o outro Ψ vem de outro centro atômico – não são previstas pela mecânica clássica e têm origem puramente na mecânica quântica. As igualdades na Equação 12.44 surgem do fato de que ambos os átomos são de hidrogênio. Se esse fosse um sistema heteronuclear diatômico, cada integral de ressonância H_{11}, H_{12}, H_{21} e H_{22} teria sua própria definição independente.

Com as substituições, as expressões para as energias médias se tornam

$$E_1 = \frac{H_{11} + H_{12}}{1 + S_{12}}$$

$$E_2 = \frac{H_{22} - H_{12}}{1 - S_{12}}$$

(12.45)

onde E_1 é menor que E_2. Curiosamente, a soma das energias do orbital molecular E_1 e E_2 não é a mesma que a soma das duas energias dos dois orbitais atômicos originais. A energia total depende das magnitudes de H_{12} e S_{12}; no caso do H_2^+, a soma das duas energias orbitais aumentou ligeiramente. Isso é ilustrado na Figura 12.15. A energia *total* do sistema inclui não apenas a energia dos orbitais, mas a energia de repulsão entre os dois núcleos separados por uma distância R. Esta energia total deve, portanto, ser calculada para minimizar a energia em termos de R, H_{12} e S_{12}. As integrais de ressonância e de recobrimento podem ser calculadas analiticamente usando coordenadas polares elípticas (em vez de coordenadas polares esféricas).[6] As expressões que se pode obter para as integrais aplicando coordenadas polares elípticas são

$$H_{12} = E_{11} S_{12} + 2 E_{11} e^{-R/a_0}\left(1 + \frac{R}{a_0}\right)$$

(12.46)

$$S_{12} = e^{-R/a_0}\left(1 + \frac{R}{a_0} + \frac{R^2}{3 a_0^2}\right)$$

(12.47)

onde E_{11} é simplesmente a energia do orbital $1s$ do hidrogênio atômico e a_0 é o primeiro raio de Bohr, 0,529 Å. O único parâmetro remanescente é R. Variando R e calculando a energia, podemos definir a distância internuclear para a qual a energia é minimizada. Quando isso é feito, são obtidos um R de 1,32 Å e uma energia de $-2,82 \times 10^{-19}$ J com relação a $H + H^+$. (A energia dos $H + H^+$ infinitamente separados é arbitrariamente estabelecida como sendo igual a zero. Nosso resultado significa que a energia do sistema H_2^+ é calculada como sendo $2,82 \times 10^{-19}$ J menor que a dos átomos separados, significando que é mais estável por essa quantidade.) Isto pode ser comparado com as propriedades determinadas experimentalmente, de $R = 1,06$ Å e $E = -4,76 \times 10^{-19}$ J (relativo a $H + H^+$). Nada mal para uma primeira aproximação.

---

[6] Na verdade, o H_2^+ é um sistema que pode ser resolvido analiticamente, se a aproximação de Born-Oppenheimer for imposta primeiro no sistema. Do contrário, não é analiticamente solúvel.

Exemplo 12.12

Comente o valor de S_{12} à medida que a distância interatômica R vai de 0 a ∞.

Solução

Quando R é zero, os dois núcleos representam essencialmente um único átomo de carga 2+. Devido à ortonormalidade, a integral de recobrimento S_{12} deveria ser igual a 1. À medida que os dois núcleos se separam, as funções de onda atômicas do estado fundamental se sobrepõem cada vez menos. Em $R = \infty$, cada átomo é efetivamente isolado um do outro, e a integral de recobrimento deve ser igual a 0. Em distâncias intermediárias, S_{12} pode ter qualquer valor entre 0 e 1. Esta análise ilustra por que S_{12} deve ser chamada de integral de recobrimento. Isso indica uma quantidade relativa de sobreposição entre os orbitais atômicos.

Exemplo 12.13

Usando $R = 1{,}32$ Å, calcule S_{12}, H_{12}, E_1, E_2 e as funções de onda para o H_2^+. Use $-13{,}60$ eV como o valor para a energia de um elétron de hidrogênio $1s$, e expresse as respostas em unidades de eV. (Um elétron volt, ou eV, é igual a $1{,}602 \times 10^{-19}$ J, e é uma unidade útil para valores de energia em escala atômica.)

Solução

Como R e a_0 estão em Å, é desnecessário realizar qualquer conversão de unidades. Usando a expressão acima,

$$S_{12} = e^{-1{,}32\text{Å}/0{,}529\text{Å}}\left[1 + \frac{1{,}32\text{ Å}}{0{,}529\text{ Å}} + \frac{(1{,}32\text{ Å})^2}{3(0{,}529\text{ Å})^2}\right] = 0{,}459$$

$$H_{12} = (-13{,}60\text{ eV})(0{,}459) + 2(-13{,}60\text{ eV}) \cdot e^{-1{,}32\text{Å}/0{,}529\text{Å}}\left(1 + \frac{1{,}32\text{ Å}}{0{,}529\text{ Å}}\right)$$

$$= -14{,}08\text{ eV}$$

$$E_1 = \frac{-13{,}60\text{ eV} - 14{,}08\text{ eV}}{1 + 0{,}459} = -18{,}97\text{ eV}$$

$$E_2 = \frac{-13{,}60\text{ eV} - (-14{,}08\text{ eV})}{1 - 0{,}459} = +0{,}887\text{ eV}$$

As funções de onda que têm estas energias são

$$\phi_{H_2^+,1} = 0{,}585(\Psi_{H(1)} + \Psi_{H(2)})$$

$$\phi_{H_2^+,2} = 0{,}961(\Psi_{H(1)} - \Psi_{H(2)})$$

12.12 Propriedades dos Orbitais Moleculares

Considere as funções de onda determinadas para os OMs de H_2^+. Embora sejam orbitais moleculares muito simples, eles têm certas características que podem ser usadas para descrever todos os orbitais moleculares. A Figura 12.16 mostra uma representação da soma e da diferença de dois orbitais

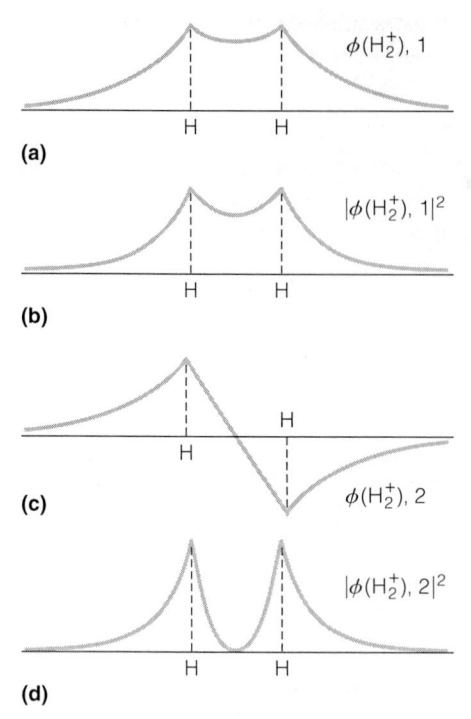

Figura 12.16 Gráficos radiais de orbitais moleculares e suas probabilidades para o H_2^+. No orbital ligante (a), há um aumento na probabilidade de o o elétron estar entre os núcleos (b). No orbital antiligante (c), há uma diminuição na probabilidade de o elétron estar entre os núcleos (d). O orbital antiligante mostra um nó entre os dois núcleos.

atômicos de H e de seus quadrados. Visto que a probabilidade de que o elétron exista em uma região do espaço é proporcional ao quadrado da função de onda, a Figura 12.16b indica a probabilidade de um elétron existir na molécula. Uma vez que o sistema é cilíndrico, a probabilidade também é (esta discussão das probabilidades é semelhante à realizada para as camadas radiais do átomo de hidrogênio). Na função de onda de menor energia (Figuras 12.16a e b), a probabilidade de o elétron estar no volume cilíndrico *entre* os dois núcleos aumentou em relação às funções de onda atômicas originais separadas. Como os dois núcleos positivos se repelem mutuamente, este aumento na probabilidade eletrônica ou densidade eletrônica serve para diminuir a repulsão e estabilizar o sistema molecular inteiro; isto é, ele diminui a energia. Qualquer orbital molecular cuja energia é mais baixa do que a energia dos orbitais atômicos separados é chamado de *orbital ligante*.

Por outro lado, o orbital molecular de maior energia (Figuras 12.16c e d), concentra maior probabilidade eletrônica num volume cilíndrico *do lado de fora* dos dois núcleos. Um elétron neste orbital teria uma probabilidade menor de se encontrar entre os núcleos, e a repulsão entre os núcleos carregados positivamente aumentaria, desestabilizando todo o sistema. Todo orbital molecular cuja energia é maior do que a dos orbitais atômicos separados é chamado *orbital antiligante*. Este orbital tem uma superfície nodal entre os núcleos; a probabilidade de o elétron estar naquele ponto é exatamente zero. Se todos os orbitais atômicos se combinassem para formar orbitais moleculares, metade desses orbitais seria ligante, e a outra metade dos orbitais seria antiligante. (Há também *orbitais não-ligantes*, que não contribuem para ligações moleculares, mas não serão considerados neste ponto.) Uma definição útil é a de ordem de ligação. Se o número de elétrons nos orbitais ligantes fosse $n_{ligante}$ e o número de elétrons nos orbitais antiligantes fosse $n_{antiligante}$, a *ordem de ligação n* seria

$$n = \frac{n_{ligante} - n_{antiligante}}{2} \tag{12.48}$$

A ordem de ligação está qualitativamente relacionada à força e ao número (isto é, simples, dupla, tripla) de ligações entre átomos em uma molécula.

Assumimos que nosso sistema e nossos orbitais são cilindricamente simétricos. Isto faz sentido, porque nossos orbitais moleculares eram inicialmente esféricos, e a combinação de duas esferas produz um formato cilíndrico ao redor da linha que conecta os dois núcleos. Uma função de onda cilíndrica tem uma magnitude que é simétrica em relação a um eixo, nesse caso, definido como a linha traçada diretamente entre os dois núcleos. Essa linha é usada para indicar uma ligação. Qualquer orbital cujo comportamento ou magnitude é cilíndrico em relação à ligação entre os dois átomos é chamado de *orbital sigma* (σ). A combinação das duas funções de onda atômicas no H_2^+, portanto, produz um orbital sigma ligante (denominado σ) e um orbital sigma antiligante (denominado σ^*).

A Figura 12.17 mostra um diagrama para os dois orbitais moleculares do H_2^+.

Uma vez que o orbital σ para o H_2^+ tem uma energia mais baixa do que os dois orbitais individuais dos átomos de H separados, se um elétron fosse residir naquele orbital, a energia completa do sistema molecular diminuiria. Baixas energias são mais estáveis e, assim, o sistema do H_2^+ seria considerado energeticamente estável em seu estado fundamental. Apesar de isso requerer condições especiais para acontecer, o H_2^+ é uma espécie estável em relação às espécies $H + H^+$ separadas. Como existe um elétron no orbital ligante e nenhum no orbital antiligante, a ordem de ligação do H_2^+ é $\frac{1}{2}$. Isto também implica a existência da ligação e que a espécie seria estável. Se, no entanto, o elétron no H_2^+ absorver energia e for promovido para o orbital antiligante, a repulsão entre os núcleos aumenta, e a molécula se rompe formando as espécies mais estáveis $H + H^+$. Isto é o que realmente acontece na prática.

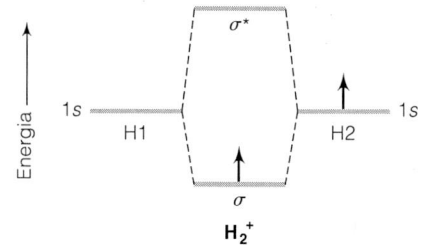

Figura 12.17 Um diagrama de orbitais moleculares para o H_2^+, mostrando os nomes σ e σ* para os orbitais moleculares. (Compare com a Figura 12.17.) No estado fundamental, o único elétron ocupa o orbital molecular de menor energia. Como isto representa uma diminuição da energia em relação à energia dos átomos, a molécula é mais estável do que os átomos separados.

12.13. Orbitais Moleculares de Outras Moléculas Diatômicas

O conceito de orbitais moleculares pode ser estendido para moléculas diatômicas maiores que o sistema do H_2^+. Incluindo um segundo elétron, formamos a molécula neutra de hidrogênio, H_2. Para o estado eletrônico fundamental, podemos utilizar o diagrama de orbitais moleculares do H_2^+, que tem um único elétron no orbital ligante σ. O segundo elétron no H_2 também reside neste orbital, mas com spin oposto ao do primeiro elétron, satisfazendo o princípio de exclusão, de Pauli. O diagrama de OM para o H_2 é mostrado na Figura 12.18.

A função de onda aproximada para a molécula H_2^+ é semelhante à do átomo do He, no sentido de que existem agora dois elétrons que necessitam de funções espaciais, e a função de onda orbital spin completa tem de ser anti-simétrica, no que diz respeito à troca dos dois elétrons. Lembre-se de que a partir da Equação 12.43, a função de onda para o elétron no orbital ligante do H_2^+ é

$$\phi_{H_2^+,1} = \frac{1}{\sqrt{2+2S_{12}}}(\Psi_{H(1)} + \Psi_{H(2)})$$

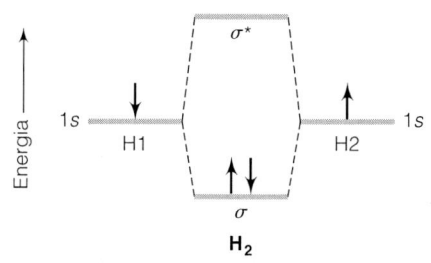

Figura 12.18 Um diagrama qualitativo de orbitais moleculares do H_2 é muito semelhante ao do H_2^+, exceto pela presença de um segundo elétron com um spin oposto ao do primeiro.

A outra função de onda da Equação 12.43 é para o orbital de antiligante. Como ambos os elétrons podem ser descritos por esta função de onda espacial, a função de onda espacial para a molécula do H_2 é o produto das duas ϕ:

$$\phi_{H_2} = \frac{1}{2+2S_{12}}[\Psi_{H(1)}(el.1) + \Psi_{H(2)}(el.1)][\Psi_{H(1)}(el.2) + \Psi_{H(2)}(el.2)] \quad (12.49)$$

onde cada combinação linear foi identificada como se referindo ao elétron 1 ou ao elétron 2 (el. 1 ou 2). Esta função de onda espacial deve ser multiplicada pela função spin anti-simétrica

$1/\sqrt{2}[\alpha(1)\beta(2) - \alpha(2)\beta(1)]$ para fornecer a função de onda completa que satisfaça o princípio de Pauli (ou seja, anti-simétrica). A função de onda completa é

$$\phi_{H_2} = \frac{1}{\sqrt{2}} \frac{1}{2 + 2S_{12}} [\Psi_{H(1)}(el.1) + \Psi_{H(2)}(el.1)] \qquad (12.50)$$
$$\times [(\Psi_{H(1)}(el.2) + \Psi_{H(2)}(el.2)][\alpha(1)\beta(2) - \alpha(2)\beta(1)]$$

A energia média dessa função de onda pode também ser calculada *versus R*, segundo a aproximação de Born-Oppenheimer. Podemos calculá-la em relação aos dois átomos de H separados; a queda de energia devida à ligação é $4{,}32 \times 10^{-19}$ J para a molécula de hidrogênio (comparada ao valor experimental de $7{,}59 \times 10^{-19}$ J), a um R de energia mínima de 0,85 Å (comparado ao valor experimental de 0,74 Å). A ordem da ligação calculada para o H_2 é 1, correspondendo à existência de uma ligação simples.

Como ambos os elétrons residem no orbital ligante σ, a "configuração eletrônica" do σ^2 pode ser usada para descrever o estado eletrônico fundamental de H_2. (Visto que H_2 é uma molécula diatômica homonuclear, iremos acrescentar um subscrito "g" à denominação σ^2, ou seja, σ_g^2, para indicar a propriedade de simetria do orbital em relação ao centro da molécula. Elétrons no orbital antiligante são denominados σ_u^*, o "u", também se referindo às propriedades de simetria do orbital.[7] A simetria será discutida no próximo capítulo no volume 2.) Para enfatizar que os elétrons no orbital σ derivam de elétrons 1s de átomos de H, a nomenclatura mais detalhada $(\sigma_g 1s)^2$ também pode ser usada.

Átomos maiores têm orbitais atômicos mais ocupados, que podem se combinar formando orbitais moleculares. É comum utilizar a segunda fileira de átomos, do Li até o Ne, para ilustrar os princípios. Para moléculas diatômicas que têm elétrons que se originam de diferentes camadas eletrônicas atômicas, adotamos a aproximação de que *apenas orbitais atômicos de energias semelhantes se combinam para formar orbitais moleculares*.

Assim, para Li_2, o orbital 1s de um átomo de Li irá interagir com o orbital 1s de outro átomo de Li, como ocorre com o H_2. Além disso, o orbital 2s do primeiro átomo de Li irá interagir com o orbital 2s do segundo átomo de Li, criando um outro par de orbitais moleculares, ligante e antiligante. Os quatro elétrons 1s preencherão os orbitais moleculares $\sigma_g 1s$ e $\sigma_g^* 1s$, e os dois elétrons 2s ocuparão o orbital molecular ligante $\sigma_g 2s$ (e têm spins opostos). Um diagrama de orbitais moleculares para o Li_2 é mostrado na Figura 12.19.

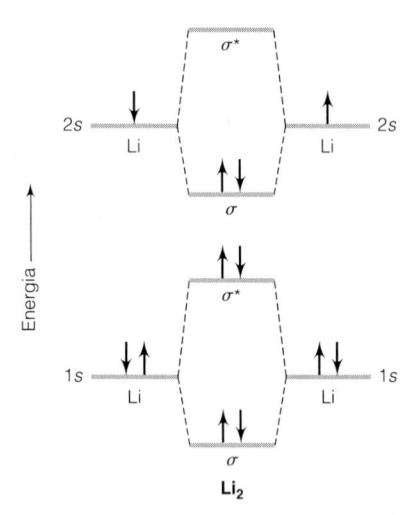

Figura 12.19 Um diagrama de orbitais moleculares para o Li_2, mostrando que os orbitais atômicos 1s interagem com orbitais 1s, e que orbitais 2s interagem com orbitais 2s. Embora isto seja uma aproximação, nos ajuda a entender as funções de onda destas moléculas simples.

Exemplo 12.14

Com base na configuração eletrônica molecular do H_2, qual é a configuração eletrônica do Li_2?

Solução

Uma vez que temos dois elétrons no orbital molecular $\sigma_g 1s$, dois elétrons no orbital antiligante $\sigma_g^* 1s$ e dois elétrons no orbital molecular $\sigma_g 2s$, a configuração eletrônica é

$$(\sigma_g 1s)^2 (\sigma_g^* 1s)^2 (\sigma_g 2s)^2$$

Note que a combinação de orbitais atômicos 2s também forma orbitais sigma.

---

[7] As denominações "g" e "u" representam as palavras alemãs *gerade* (par) e *ungerade* (ímpar), respectivamente.

Uma nova consideração deve ser feita, quando orbitais p participam na construção de orbitais moleculares. Devido ao direcionamento dos orbitais p, há duas possibilidades de combinação. Um orbital p de cada átomo (arbitrariamente, o orbital p_z) pode se combinar na forma frontal, axial (Figura 12.20a); os outros dois orbitais p (p_x e p_y) devem se combinar lateralmente, fora do eixo z (Figura 12.20b). Apesar de as duas combinações p sobrepostas lateralmente serem degeneradas, estes orbitais moleculares *não* têm a mesma energia que o orbital molecular formado pelos orbitais p axialmente sobrepostos. O orbital molecular axial, com a densidade eletrônica aumentada no eixo internuclear, também é um orbital σ; a combinação de dois orbitais atômicos p também produz orbitais ligantes e antiligantes.

Os quatro orbitais p sobrepostos lateralmente formam *orbitais moleculares pi* (π), cujas densidades eletrônicas existem fora do eixo inter-molecular. (De fato, o eixo inter-molecular representa um nó para orbitais π.) A combinação dos quatro orbitais atômicos π produz dois orbitais ligantes degenerados π e dois orbitais antiligantes degenerados π. (No preenchimento de orbitais degenerados π, a regra de Hund ainda se aplica.) Por causa de suas propriedades de simetria, orbitais ligantes π têm a designação "u", e orbitais antiligantes π têm a designação "g", para moléculas diatômicas homonucleares.

A ordem de energia dos orbitais moleculares σ e π em relação aos orbitais atômicos p depende dos átomos da segunda fila envolvidos. Para Li_2 até N_2, a ordem é $(\pi_u 2p_x, \pi_u 2p_y) < \sigma_g 2p_z < (\pi_g^* 2p_x, \pi_g^* 2p_y) < \sigma_u^* 2p_z$. Para O_2 e F_2 (e Ne_2, embora esta espécie não exista como uma molécula estável), a ordem é trocada: $\sigma_g 2p_z < (\pi_u 2p_x, \pi_u 2p_y) < (\pi_g^* 2p_x, \pi_g^* 2p_y) < \sigma_u^* 2p_z$. Como podemos justificar esta diferença na ordem dos orbitais moleculares? Primeiramente, notamos que nos átomos menores, as energias dos orbitais 2s e 2p são mais próximas do que nos átomos maiores. Sabendo que apenas orbitais atômicos de energias semelhantes irão interagir, a interação entre os orbitais 2s e 2p nos átomos menores será maior que entre esses mesmos orbitais nos átomos maiores. Com o aumento da interação, um orbital molecular resultante aumenta sua energia e o outro orbital molecular diminui sua energia. Além disso, nem todos os três pares de orbitais moleculares 2p derivados irão interagir intensamente com o orbital 2s — suas orientações não são adequadas para uma boa interação. (Isto é uma conseqüência da simetria, que será discutida no Capítulo 13 no volume 2.) Apenas um dos orbitais moleculares tem a orientação correta e irá interagir, alterando a energia esperada. Isto finalmente produz uma ordenação relativa dos orbitais moleculares do Li_2 até o N_2, que difere daquela do O_2 até o Ne_2.

Talvez, a observação experimental mais óbvia a favor deste modelo de funções de onda moleculares seja o paramagnetismo do O_2, causado por um elétron desemparelhado em cada um dos dois orbitais

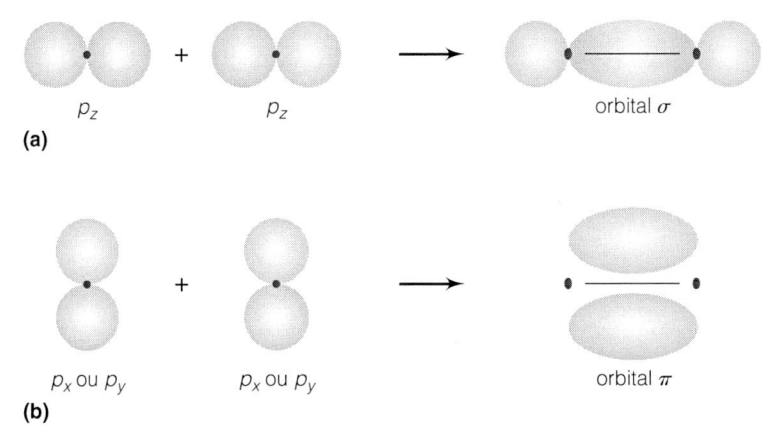

Figura 12.20 (a) Os orbitais atômicos p_z interagem frontalmente, produzindo orbitais σ ligantes e antiligantes. (b) Os orbitais atômicos p_x e p_y interagem lateralmente, produzindo orbitais π, cuja densidade eletrônica está fora do eixo internuclear. As diferentes sombras nos lóbulos indicam diferentes fases das funções de onda.

degenerados π_g^*. A Figura 12.21 resume as ocupações dos orbitais moleculares em moléculas diatômicas de elementos da segunda fila.

Para moléculas diatômicas heteronucleares, o esquema dos orbitais moleculares é semelhante, embora as energias dos orbitais atômicos não sejam mais as mesmas. Os diagramas de orbitais moleculares mostram orbitais atômicos em diferentes níveis da escala vertical de energia, como mostra a Figura 12.22 para NO e HF. Observe que no HF, dois dos orbitais atômicos p do F originalmente degenerados não participam na ligação (por esta aproximação). Logo, eles permanecem em orbitais não-ligantes duplamente degenerados. A configuração eletrônica do HF, $(\sigma)^2(2p_x^2, 2p_y^2)$, não denomina os orbitais atômicos que formam o orbital ligante σ duplamente ocupado, que forma a ligação entre os núcleos. Nesse caso, ele é derivado do orbital atômico $1s$ do H e do orbital atômico $2p_z$ de F.

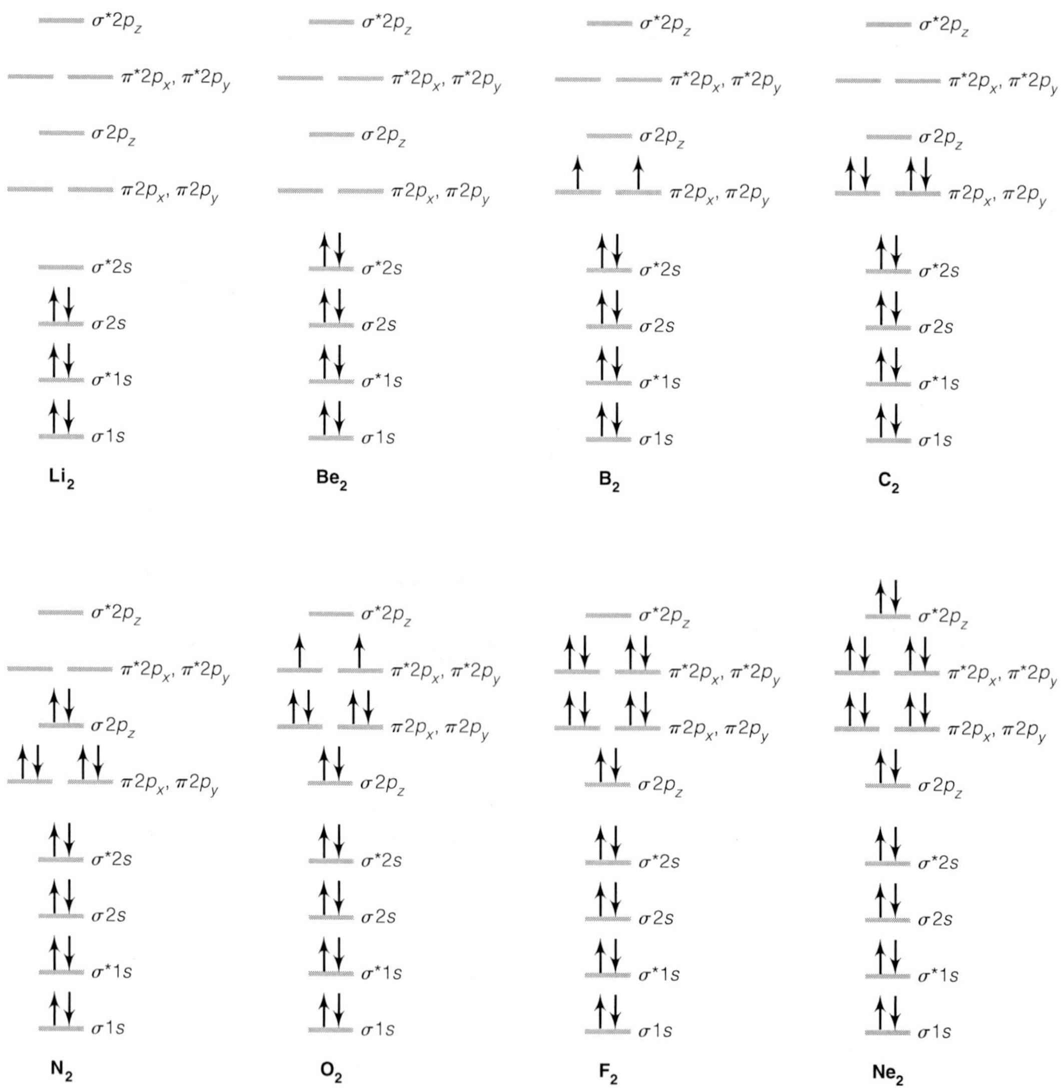

Figura 12.21 Orbitais moleculares de Li_2 até F_2. O eixo da energia não está em escala, mas este diagrama dá uma idéia de como os orbitais moleculares para estas moléculas diatômicas homonucleares são ordenados e preenchidos com elétrons.

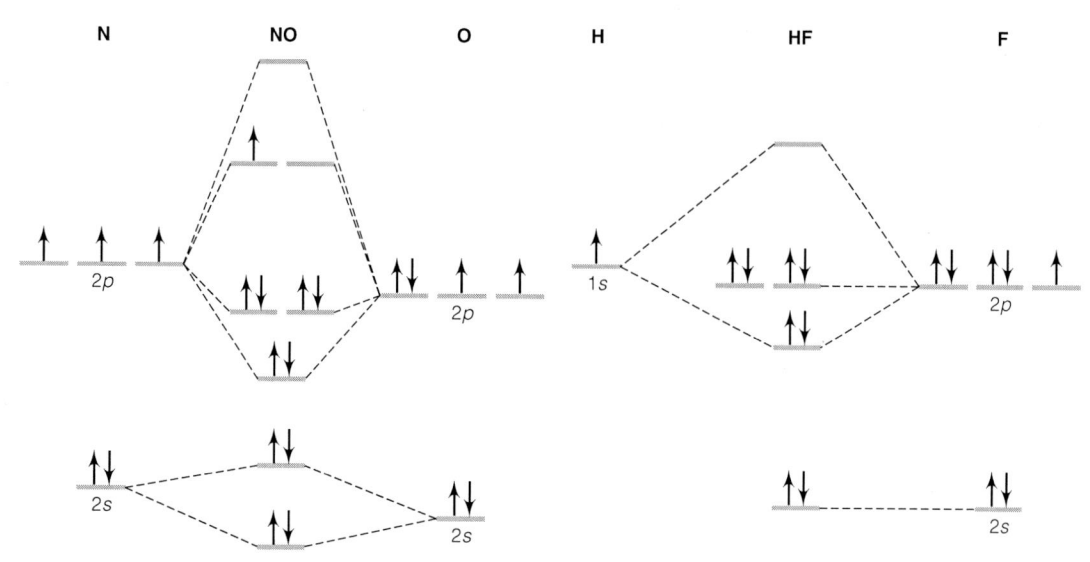

Figura 12.22 Orbitais moleculares das moléculas diatômicas heteronucleares de NO e HF. O eixo da energia não está em escala, e apenas os elétrons no nível de valência são mostrados. Compare este diagrama com os da Figura 12.23.

12.14 Resumo

O spin tem conseqüências fundamentais para a estrutura eletrônica dos átomos. Conforme o princípio de Pauli, no máximo, dois elétrons podem permanecer em cada orbital. Devido às restrições nos números quânticos ℓ e m_ℓ, sucessivas camadas nos átomos são preenchidas com sucessivos elétrons. Isto define *o tamanho* do átomo. Se o princípio de Pauli não se aplicasse aos elétrons, todos eles poderiam se acomodar dentro de um orbital 1s como no hidrogênio. Mas como a permissão para ocupar cada orbital é de apenas dois elétrons com spins diferentes, cada vez mais e maiores camadas devem ser preenchidas, à medida que o número de elétrons aumenta. Finalmente, o princípio de Pauli define os tamanhos dos átomos.

Não existem soluções analíticas conhecidas para a equação de Schrödinger para sistemas mais complexos do que o átomo de hidrogênio. Isto não significa que a mecânica quântica não seja aplicável a sistemas maiores que o átomo de hidrogênio. As teorias da perturbação e variacional são duas ferramentas usadas na mecânica quântica para aproximar o modelo, o comportamento e a energia de sistemas com vários elétrons. A aplicação de ambas as técnicas pode, em princípio, produzir autovalores de energia tão próximos do experimental quanto se queira. Lembre-se de que este é o verdadeiro teste de uma teoria: quanto ela reproduz e explica bem experimentos (como a descoberta da antimatéria, prevista pela mecânica quântica relativista de Dirac. Tal concordância entre teoria e experiência reforça a confiança em ambas). Dependendo de como se aborda um sistema, pode-se divisar o seu comportamento eletrônico em termos numéricos. Também iremos descobrir nos próximos capítulos, no volume 2, como a mecânica quântica pode ser aplicada ao comportamento não apenas de elétrons, mas de moléculas como um todo.

Nosso entendimento da mecânica quântica molecular começa com os orbitais moleculares, que são baseados nos orbitais atômicos. Assim como acontece com muitos instrumentos usados para descrever a natureza, começamos da base para encontrar o caminho. Os fundamentos da mecânica quântica molecular nos fornecem os instrumentos para entender a maior parte do assunto, no mínimo, como o entendemos hoje. Os próximos capítulos ampliam as aplicações da mecânica quântica a sistemas moleculares.

EXERCÍCIOS DO CAPÍTULO 12

12.2 Spin

12.1. No experimento de Stern-Gerlach, foram utilizados átomos de prata. Esta foi uma boa escolha, uma vez que funcionou. Usando a configuração eletrônica dos átomos de prata, explique por que a prata foi uma boa opção para se observar o momento angular intrínseco do elétron. (*Dica*: Não use o princípio da construção para determinar a configuração eletrônica de Ag, porque esta é uma das exceções. Consulte a configuração eletrônica exata na tabela.)

12.2. Usando as identificações α e β, escreva duas funções de onda possíveis para um elétron no orbital $3d_{-2}$ do He^+.

12.3. Antimatéria e matéria se destroem mutuamente, desprendendo radiação eletromagnética enquanto a massa total das partículas é convertida em energia. Usando a equação de equivalência matéria-energia, de Einstein, $E = mc^2$, calcule o número de joules de energia desprendida quando **(a)** um elétron e um pósitron se destroem (a massa do pósitron é a mesma do elétron), e **(b)** 1 mol de elétrons destrói 1 mol de pósitrons.

12.4. As duas funções de spin α e β são ortogonais? Por que sim ou por que não?

12.5. (a) Diferencie o número quântico s do m_s. **(b)** Quais são os possíveis valores de m_s para uma partícula que tem números quânticos s de 0, 2 e $\frac{3}{2}$?

12.3 O Átomo de He

12.6. As expressões matemáticas para as seguintes energias potenciais são positivas ou negativas? Explique o porquê de cada caso. **(a)** a atração entre um elétron e um núcleo de hélio; **(b)** a repulsão entre dois prótons num núcleo; **(c)** a atração entre um pólo norte e um pólo sul magnéticos; **(d)** a força de gravidade entre o sol e a Terra; **(e)** uma rocha apoiada na borda de um penhasco (em relação à base do penhasco).

12.7. Escreva a equação de Schrödinger completa para o Li e indique que termos no operador tornam a equação insolúvel.

12.8. (a) Assuma que a energia eletrônica do Li é um produto de três funções de onda como as do hidrogênio, com número quântico principal igual a 1. Qual seria a energia total do Li?
(b) Assuma que dois dos números quânticos principais são 1 e que o terceiro número quântico principal é 2. Calcule a energia eletrônica estimada.
(c) Compare ambas as energias com o valor experimental de $-3,26 \times 10^{-17}$ J. Qual estimativa é a melhor? Há alguma razão para se assumir de início que esta estimativa seria melhor?

12.4 Orbitais Spin; Princípio de Pauli

12.9. Os orbitais spin são produtos das funções de onda espacial e do spin, mas formas anti-simétricas corretas de funções de onda para átomos com vários elétrons são somas e diferenças entre funções de onda espaciais. Explique por que funções de onda anti-simétricas aceitáveis são somas e diferenças (isto é, combinações), em vez de *produtos* de funções de onda espaciais.

12.10. Mostre que o comportamento correto de uma função de onda para o He é anti-simétrico, trocando os elétrons para mostrar que $\Psi(1,2) = -\Psi(2,1)$.

12.11. Use o determinante de Slater para encontrar a função de onda para o estado fundamental do Li^+ que se comporta corretamente.

12.12. Por que o conceito de funções de onda anti-simétricas não precisa ser considerado para o átomo de hidrogênio?

12.13. (a) Construa funções de onda do determinante de Slater para Be e B. (*Dica*: Embora seja necessário apenas incluir um orbital p para B, deve-se reconhecer que até seis possíveis determinantes podem ser construídos.)
(b) Quantos determinantes de Slater diferentes podem ser construídos para C, assumindo que os elétrons p se espalham entre os orbitais p disponíveis e têm o mesmo spin? Quantos determinantes de Slater diferentes existem para F?

12.14. Exemplos no capítulo sugerem que o número de termos em uma função de onda anti-simétrica dada por um determinante de Slater é $n!$, onde n é o número de elétrons e ! indica o fatorial de n ($n! = 1 \cdot 2 \cdot 3 \cdot 4 \cdots n$). A utilização dos termos corretos para uma função de onda apropriada agiliza uma tarefa difícil; daí a extrema simplicidade propiciada por um determinante de Slater.
(a) Verifique a relação $n!$ para os exemplos do He, Li e Be, dados neste texto. (*Dica*: Pode-se ter de revisar as regras para calcular os determinantes.)
(b) Determine o número de termos em uma função de onda anti-simétrica para C, Na, Si e P.

12.5 Princípio da Construção

12.15. Usando a tabela periódica (ou a Tabela 12.1), encontre os elementos cujas configurações eletrônicas não seguem estritamente o princípio da construção. Comente qualquer relação entre estes elementos e suas posições na tabela periódica.

12.16. Denomine a configuração eletrônica de cada átomo da lista abaixo como sendo de um estado fundamental ou estado excitado. **(a)** Li, $1s^2\,2p^1$ **(b)** C, $1s^2\,2s^2\,2p^2$ **(c)** K, $1s^2\,2s^2\,2p^6\,3s^2\,3p^6\,4p^1$ **(d)** Be, $1s^2\,3s^2$ **(e)** U (apenas as camadas externas) $7s^2\,5f^3\,7p^1$.

12.17. Para cada estado atômico no Exercício 12.16, determine de quantas maneiras possíveis os elétrons nas camadas mais externas podem ocupar orbitais spin e satisfazer à regra de Hund, e enumere-os explicitamente. Por exemplo, no caso do Li, a camada mais externa tem mais três possibilidades específicas: $2p_x^1$ (spin α ou spin β), $2p_y^1$ (spin α ou spin β) ou $2p_z^1$ (spin α ou spin β), para um total de seis possibilidades.

12.6 Teoria da Perturbação

12.18. Ao derivar a Equação 12.17, estabelecemos que a correção para a energia é uma aproximação. Por que não podemos simplesmente assumir que a integral representando a correção de primeira ordem pode ser resolvida analiticamente e, dessa forma, ser exata?

12.19. Um oscilador *não-harmônico* tem a função potencial $V = \frac{1}{2}kx^2 + cx^4$, onde c pode ser considerada um tipo de *constante de não-harmonicidade*. Determine a correção da energia para o estado fundamental do oscilador não-harmônico em termos de c, assumindo que $\hat{H}°$ é o operador Hamiltoniano do oscilador harmônico ideal. Use a tabela de integrais do Apêndice 1, deste livro.

12.20. Por que uma perturbação $\hat{H}' = cx^3$ não produziria efeito para uma correção de energia em um oscilador harmônico no estado fundamental? (*Dica*: tente calcular a energia explicitamente e, então, considere como chegar à resposta sem calcular a integral.)

12.21. Calcule a_3 para a função de onda real do Exemplo 12.9.

12.22. Para um polieno verdadeiro (isto é, uma molécula orgânica que tem múltiplas ligações duplas conjugadas do tipo carbono-carbono), pode haver uma pequena variação de energia potencial nas extremidades, que pode ser aproximada para $V = k(x - a/4)^2$, onde k é uma constante. Aplique esta perturbação a uma partícula na caixa no estado fundamental e determine sua energia. Você terá de multiplicar a função dentro de um polinômio e calcular cada termo individualmente.

12.23. O efeito Stark é a variação de energia de um sistema, devido à presença de um campo elétrico (descoberto pelo físico alemão Johannes Stark, em 1913). Considere o átomo de hidrogênio. Seu orbital 1s, normalmente esférico, distorce suavemente quando exposto a um campo elétrico. Se o campo elétrico está na direção z, ele age para introduzir, ou *combinar*, algum caráter $2p_z$ no orbital 1s. O átomo é dito *polarizável*, e a extensão em que ele varia é considerada a medida da sua *polarizabilidade* (que é designada pela letra α; não confunda com a função spin α!). O Hamiltoniano da perturbação é definido como $\hat{H}' = e \cdot E \cdot r \cdot \cos\theta$, onde e é a carga do elétron, E é a força do campo elétrico, e r e θ representam as coordenadas do elétron. Calcule a energia da perturbação do átomo de hidrogênio. Será necessário integrar todas as três coordenadas polares esféricas no cálculo de $\hat{H}'$. (Existe para os campos magnéticos um efeito similar, o *efeito Zeeman*, que também pode ser abordado usando a teoria da perturbação.)

12.7 e 12.8 Teoria Variacional

12.24. Quais das seguintes funções não-normalizadas podem ser usadas no tratamento da teoria variacional para uma partícula na caixa de comprimento a?
(a) $\phi = \cos(Ax + B)$, A e B são constantes
(b) $\phi = e^{-ar}$ **(c)** $\phi = e^{-ar^3}$
(d) $\phi = x^2(x - a)^2$ **(e)** $\phi = (x - a)^2$
(f) $\phi = a/(a - x)$ **(g)** $\phi = \text{sen}(Ax/a)\cos(Ax/a)$

12.25. Confirme a Equação 12.29 substituindo as definições da Equação 12.28 na Equação 12.27.

12.26. Mostre que o tratamento da teoria variacional de H usando $\phi = e^{-kr}$ como uma função aproximada não-normalizada produz a solução correta de energia mínima para o átomo de hidrogênio, quando a expressão específica para k é determinada.

12.27. Explique por que é desnecessário assumir uma "carga nuclear efetiva", como a usada no tratamento do átomo de hélio, no Exemplo 12.10, para um tratamento do átomo de hidrogênio.

12.28. Mostre que as duas funções de onda reais determinadas no Exemplo 12.11 são ortonormais.

12.29. Considere um sistema real. Assuma que uma função de onda real é uma combinação de duas funções ortogonais, tal que $H_{11} = -15$, $H_{22} = -4$ e $H_{21} = -2,5$ (unidades de energia arbitrárias). **(a)** Calcule as energias aproximadas do sistema real e calcule os coeficientes de expansão $\phi_a = c_{a,1}\Psi_1 + c_{a,2}\Psi_2$. **(b)** Compare sua resposta com as respostas do Exercício 12.12, e comente.

12.30. (a) Qual é o aspecto do determinante secular para um sistema que é descrito em termos de quatro funções de onda ideais?
(b) Comente o aumento da complexidade de um determinante secular, conforme o número de funções de onda ideais aumenta. Quantas integrais H e S necessitam ser calculadas?

12.31. Prove o teorema variacional. Assuma que a energia mais baixa possível de um sistema é E_1. Então, considere que qualquer função de onda aproximada ϕ pode ser escrita como uma soma de funções de onda verdadeiras Ψ_1 do sistema:

$$\phi = \sum_i c_i \Psi_i \quad \text{onde } \hat{H}\Psi_i = E_i\Psi_i$$

Determine $\langle E \rangle$ usando ϕ como as funções de onda aproximada e mostre que $\langle E \rangle \geq E_1$, igualando E_1 se ϕ for idêntica a Ψ_1, e maior do que E_1, se ϕ não for idêntica a Ψ_1.

12.9 Comparando as Teorias da Variação e da Perturbação

12.32. Ao introduzir as teorias variacional e da perturbação, foram dados exemplos que tinham respostas calculáveis, deixando a impressão de que os sistemas considerados têm soluções ideais. Porém, em todos os casos, foram feitas aproximações. Identifique o ponto na introdução de cada teoria em que é feita uma aproximação que finalmente conduz a uma solução não exata, mas aproximada.

12.10 e 12.11 Aproximação de Born-Oppenheimer; Teoria dos OM-CLOA

12.33. Enuncie a aproximação de Born-Oppenheimer em palavras e matematicamente, e indique como a forma matemática está implícita no enunciado.

12.34. Considere as moléculas diatômicas de H_2 e Cs_2. Para qual delas a aproximação de Born-Oppenheimer provavelmente introduz menor erro, e por quê?

12.35. A espectroscopia trata das diferenças de energia entre níveis. Deduza uma expressão para ΔE, a diferença de energia, entre os dois orbitais moleculares de H_2^+.

12.36. Repita a determinação de $\phi_{H_2^+,1}$ e $\phi_{H_2^+,2}$, bem como a de E_1 e E_2 para $R = 1,00$, $1,15$, $1,45$, e $1,60$ Å. Combine estas com as determinações do Exemplo 12.13 e construa um diagrama simples de energia potencial para este sistema.

12.37. Qual é a ordem de ligação para o estado excitado mais baixo do H_2^+? A partir deste único resultado, proponha uma afirmação geral a respeito de moléculas diatômicas *instáveis* e suas ordens de ligação.

12.38. O átomo de hélio foi definido como tendo dois elétrons e um único núcleo, e o íon-molécula de hidrogênio como tendo um só elétron e dois núcleos. Parece que a única diferença é uma mudança na identidade das partículas do sistema; porém, a maneira como a mecânica quântica os trata é completamente diferente, bem como seus resultados. Explique por quê.

12.12 e 12.13. Orbitais Moleculares; Mais Moléculas Diatômicas

12.39. Explique como sabemos que o primeiro ϕ na Equação 12.43 é a função de onda para o orbital ligante, e que o segundo ϕ na Equação 12.43 é a função de onda para o orbital antiligante.

12.40. A partir da Figura 12.21, dê as configurações eletrônicas moleculares para todas as moléculas diatômicas mostradas.

12.41. Use a Figura 12.21 para determinar as configurações eletrônicas para O_2^{2+}, O_2^- e O_2^{2-}.

12.42. Use argumentos da teoria dos orbitais moleculares para decidir se o diânion difluoreto deve ou não existir como um íon estável.

12.43. Qual é a ordem de ligação para a molécula de NO? Use a Figura 12.22. para dar uma resposta.

Exercícios de Simbolismo Matemático

12.44. Use um *software* matemático para definir o determinante simbólico de uma função de onda de um determinante 4 × 4 para um átomo de Be, que tem quatro elétrons. Pode-se escrever as funções de onda representadas pelos termos individuais e identificar os números quânticos para cada função?

12.45. Calcule numericamente a integral no Exemplo 12.7 para $\langle E^{(1)} \rangle$ e demonstre o nível de concordância que existe com o valor da correção de energia, de $5,450 \times 10^{-18}$ J.

12.46. Use um programa de simbolismo matemático para avaliar as funções de onda aproximadas dadas no Exemplo 12.10. Você obtém o mesmo valor para Z'?

12.47. Calcule as energias das funções de onda que são combinações lineares dos três termos, cuja energia e as integrais de recobrimento têm os seguintes valores (em unidades arbitrárias):

$H_{11} = 18$ $S_{11} = 0,55$
$H_{22} = 14$ $S_{22} = 0,29$
$H_{33} = 13,5$ $S_{33} = 0,067$
$H_{12} = 2,44$ $S_{12} = 0,029$
$H_{13} = 1,04$ $S_{13} = 0,006$
$H_{23} = 0,271$ $S_{23} = 0,077$

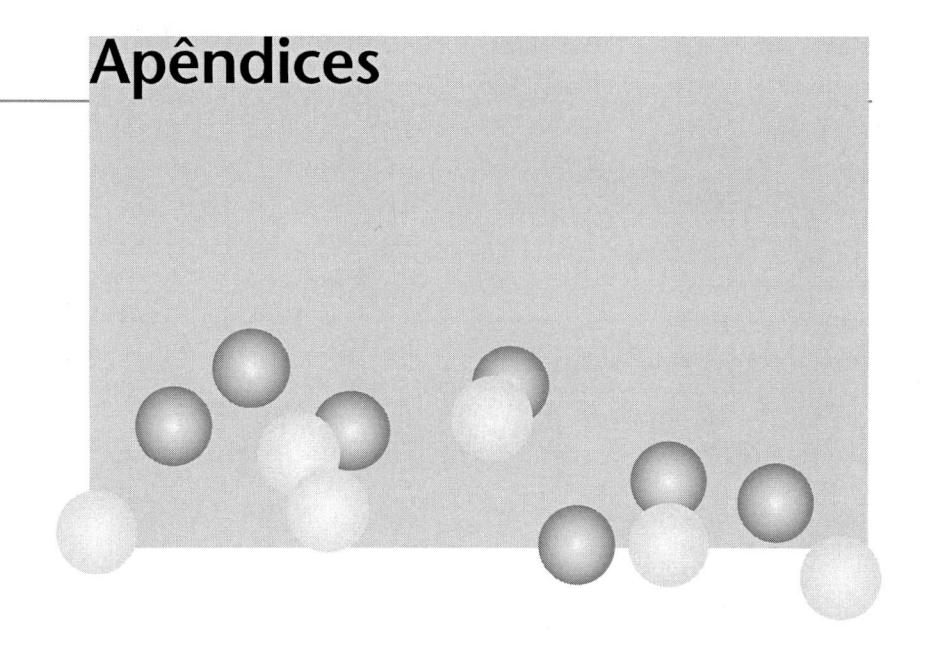

Apêndice 1 Integrais Úteis
Integrais indefinidas[1]

$$\int \operatorname{sen} bx \cos bx \, dx = \frac{1}{b} \operatorname{sen}^2 bx$$

$$\int \operatorname{sen} ax \cdot \operatorname{sen} bx \, dx = \frac{\operatorname{sen}(a-b)x}{2(a-b)} + \frac{\operatorname{sen}(a+b)x}{2(a+b)}$$

$$\int \operatorname{sen}^2 bx \, dx = \frac{x}{2} - \frac{1}{4b} \operatorname{sen}(2bx)$$

$$\int \cos^2 bx \, dx = \frac{x}{2} + \frac{1}{4b} \operatorname{sen}(2bx)$$

$$\int \operatorname{sen}^3 bx \, dx = -\frac{1}{3b} \cos bx (\operatorname{sen}^2 bx + 2)$$

$$\int x \operatorname{sen}^2 bx \, dx = \frac{x^2}{4} - \frac{x}{4b} \operatorname{sen}(2bx) - \frac{1}{8b^2} \cos(2bx)$$

$$\int x \cos bx \, dx = \frac{1}{b^2} \cos bx + \frac{x}{b} \operatorname{sen} bx$$

$$\int x^2 \operatorname{sen}^2 bx \, dx = \frac{x^3}{6} - \left(\frac{x^2}{4b} - \frac{1}{8b^3}\right) \operatorname{sen} 2bx - \frac{x}{4b^2} \cos 2bx$$

$$\int e^{bx} \, dx = \frac{1}{b} e^{bx}$$

---
[1]Cada expressão precisa ser avaliada dentro de limites específicos, determinados, tipicamente, pela situação sob consideração.

$$\int xe^{bx}\,dx = e^{bx}\cdot\frac{1}{b^2}(bx-1)$$

$$\int x^2 e^{bx}\,dx = e^{bx}\left(\frac{x^2}{b}-\frac{2x}{b^2}+\frac{2}{b^3}\right)$$

$$\int x^m e^{bx}\,dx = e^{bx}\sum_{k=0}^{m}(-1)^k\frac{m!\cdot x^{m-k}}{(m-k)!\cdot b^{k+1}}$$

Integrais Definidas[2]

$$\int_0^{\infty} e^{-bx^2}\,dx = \frac{1}{2}\left(\frac{\pi}{b}\right)^{1/2}$$

$$\int_0^{\infty} xe^{-bx^2}\,dx = \frac{1}{2b}$$

$$\int_0^{\infty} x^n e^{-bx}\,dx = \frac{n!}{b^{n+1}},\qquad n\neq -1,\ b>0$$

$$\int_{-\infty}^{\infty} x^2 e^{-bx^2}\,dx = \frac{1}{2}\left(\frac{\pi}{b^3}\right)^{1/2}$$

$$\int_0^{\infty} x^{2n} e^{-bx^2}\,dx = \frac{1\cdot 3\cdot 5\cdots(2n-1)}{2^{n+1}\cdot b^n}\cdot\sqrt{\frac{\pi}{b}}$$

---

[2] Cada expressão deve ser avaliada nos limites especificados na integral.

Apêndice 2 Propriedades Termodinâmicas de Várias Substâncias

Composto	$\Delta_f H°$ (a 298 K, em kJ/mol)	$\Delta_f G°$ (a 298 K, em kJ/mol)	$S°$ [a 298 K, em J/(mol·K)]
Ag (s)	0	0	42,55
AgBr (s)	−100,37	−96,90	107,11
AgCl (s)	−127,01	−109,80	96,25
Al (s)	0	0	28,30
Al_2O_3 (s)	−1675,7	−1582,3	50,92
Ar (g)	0	0	154,84
Au (s)	0	0	47,32
$BaSO_4$ (s)	−1473,19	−1362,3	132,2
Bi (s)	0	0	56,53
Br_2 (ℓ)	0	0	152,21
C (s, diamante)	1,897	2,90	2,377
C (s, grafite)	0	0	5,69
CCl_4 (ℓ)	−128,4	−62,6	214,39
CH_2O (g)	−115,90	−109,9	218,95
$CH_3COOC_2H_5$ (ℓ)	−480,57	−332,7	259,4
CH_3COOH (ℓ)	−483,52	−390,2	158,0
CH_3OH (ℓ)	−238,4	−166,8	127,19
CH_4 (g)	−74,87	−50,8	188,66
CO (g)	−110,5	−137,16	197,66
CO_2 (g)	−393,51	−394,35	213,785
CO_3^{2-} (aq), 1 M	−413,8	−386,0	117,6
C_2H_5OH (ℓ)	−277,0	−174,2	159,86
C_2H_6 (g)	−83,8	−32,8	229,1
C_6H_{12} (ℓ)	−157,7	26,7	203,89
$C_6H_{12}O_6$ (s)	−1277	−910,4	209,19
C_6H_{14} (ℓ)	−198,7	−3,8	296,06
$C_6H_5CH_3$ (ℓ)	12,0	113,8	220,96
C_6H_5COOH (s)	−384,8	−245,3	165,71
C_6H_6 (ℓ)	48,95	124,4	173,26
$C_{10}H_8$ (s)	77,0	201,0	217,59
$C_{12}H_{22}O_{11}$ (s)	−2221,2	−1544,7	392,40
Ca (s)	0	0	41,59
Ca^{2+} (aq), 1 M	−542,83	−553,54	−53,1
$CaCl_2$ (s)	−795,80	−748,1	104,62
$CaCO_3$ (s, arag)	−1207,1	−1127,8	92,9
$CaCO_3$ (s, calc)	−1206,9	−1128,8	88,7
Cl (g)	121,30	105,3	165,19
Cl^- (aq), 1 M	−167,2	−131,3	56,4
Cl_2 (g)	0	0	223,08
Cr (s)	0	0	23,62
Cr_2O_3 (s)	−1134,70	105,3	80,65
Cs (s)	0	0	85,15
Cu (s)	0	0	33,17
D_2 (g)	0	0	144,96
D_2O (ℓ)	−249,20	−234,54	198,34
F^- (aq), 1 M	−332,63	−278,8	−13,8
F_2 (g)	0	0	202,791
Fe (s)	0	0	27,3
$Fe_2(SO_4)_3$ (s)	−2583,00	−2262,7	307,46

Composto	$\Delta_f H°$ (a 298 K, em kJ/mol)	$\Delta_f G°$ (a 298 K, em kJ/mol)	$S°$ [a 298 K, em J/(mol·K)]
Fe_2O_3 (s)	−825,5	−743,5	87,4
Ga (s)	0	0	40,83
H^+ (aq), 1 M	0	0	0
HBr (g)	−36,29	−53,51	198,70
HCl (g)	−92,31	−95,30	186,90
HCO_3^- (aq), 1 M	−691,99	−586,85	91,2
HD (g)	0,32	−1,463	143,80
HF (g)	−273,30	−274,6	173,779
HI (g)	26,5	1,7	114,7
HNO_2 (g)	−76,73	−41,9	249,41
HNO_3 (g)	−134,31	−73,94	266,39
HSO_4^- (aq), 1 M	−887,3	−755,9	131,8
H_2 (g)	0	0	130,68
H_2O (g)	−241,8	−228,61	188,83
H_2O (ℓ)	−285,83	−237,14	69,91
H_2O (s)	−292,72	—	—
He (g)	0	0	126,04
Hg (ℓ)	0	0	75,90
Hg_2Cl_2 (s)	−265,37	−210,5	191,6
I (g)	106,76	70,18	180,787
I_2 (s)	0	0	116,14
K (s)	0	0	64,63
KBr (s)	−393,8	−380,7	95,9
KCl (s)	−436,5	−408,5	82,6
KF (s)	−567,3	−537,8	66,6
KI (s)	−327,9	−324,9	106,3
Li (s)	0	0	29,09
Li^+ (aq), 1 M	−278,49	−293,30	13,4
LiBr (s)	−351,2	−342,0	74,3
LiCl (s)	−408,27	−372,2	59,31
LiF (s)	−616,0	−587,7	35,7
LiI (s)	−270,4	−270,3	86,8
Mg (s)	0	0	32,67
Mg^{2+} (aq), 1 M	−466,85	−454,8	−138,1
MgO (s)	−601,60	−568,9	26,95
NH_3 (g)	−45,94	−16,4	192,77
NO (g)	90,29	86,60	210,76
NO_2 (g)	33,10	51,30	240,04
NO_3^- (aq), 1 M	−207,36	−111,34	146,4
N_2 (g)	0	0	191,609
N_2O (g)	82,05	104,2	219,96
N_2O_4 (g)	9,08	97,79	304,38
N_2O_5 (g)	11,30	118,0	346,55
Na (s)	0	0	153,718
Na^+ (aq), 1 M	−240,12	−261,88	59,1
NaBr (s)	−361,1	−349,0	86,8
NaCl (s)	−385,9	−365,7	95,06
NaF (s)	−576,6	−546,3	51,1
NaI (s)	−287,8	−286,1	—
$NaHCO_3$ (s)	−950,81	−851,0	101,7
NaN_3 (s)	21,71	93,76	96,86
Na_2CO_3 (s)	−1130,77	−1048,01	138,79

Composto	$\Delta_f H°$ (a 298 K, em kJ/mol)	$\Delta_f G°$ (a 298 K, em kJ/mol)	$S°$ [a 298 K, em J/(mol·K)]
Na_2O (s)	−417,98	−379,1	75,04
Na_2SO_4 (s)	−331,64	−303,50	35,89
Ne (g)	0	0	146,328
Ni (s)	0	0	29,87
O_2 (g)	0	0	205,14
O_3 (g)	142,67	163,2	238,92
OH^- (aq), 1 M	−229,99	−157,28	−10,75
PH_3 (g)	22,89	30,9	210,24
P_4 (s)	0	0	41,08
Pb (s)	0	0	64,78
$PbCl_2$ (s)	−359,41	−314,1	135,98
PbO_2 (s)	−274,47	−215,4	71,78
$PbSO_4$ (s)	−919,97	−813,20	148,50
Pt (s)	0	0	25,86
Rb (s)	0	0	76,78
S (s)	0	0	32,054
SO_2 (g)	−296,81	−300,13	248,223
SO_3 (g)	−395,77	−371,02	256,77
SO_3 (ℓ)	−438	−368	95,6
SO_4^{2-} (aq), 1 M	−909,3	−744,6	20,1
Si (s)	0	0	18,82
U (s)	0	0	50,20
UF_6 (s)	−2197,0	−2068,6	227,6
UO_2 (s)	−1085,0	−1031,8	77,03
Xe (g)	0	0	169,68
Zn (s)	0	0	41,6
Zn^{2+} (aq), 1 M	−153,89	−147,03	−112,1
$ZnCl_2$ (s)	−415,05	−369,45	111,46

Fonte: Dados do National Institute of Standards and Technology's Chemistry Webbok (disponível *on-line* no *site* webbook.nist.gov.chemistry); D. R. Lide, ed., *CRC Handbook of Chemistry and Physics*, 82. ed., CRC Press, Boca Raton, Fla., 2001; J. A. Dean, ed., *Lange's Handbook of Chemistry*, 14. ed., McGraw-Hill, Nova York, 1992.

Apêndice 3   Tabelas de Caracteres

As letras na coluna final indicam as representações irredutíveis das vibrações (designações x, y e z) e das rotações (designações R_x, R_y e R_z) para moléculas com essa simetria. Degenerescências são indicadas por mais de uma designação entre parênteses. Mais de uma designação, mas sem parênteses, indica que não existe, necessariamente, degenerescências (veja, por exemplo, o grupo pontual C_{2h}).

C_1	E	
A	1	todos

C_s ($\equiv C_{1h}$)	E	σ_h	
A'	1	1	$x, y, R_z, x^2, y^2, z^2, xy$
A''	1	−1	z, R_x, R_y, yz, xz

C_i ($\equiv S_2$)	E	i	
A_g	1	1	R_x, R_y e R_z, todas funções de segunda ordem
A_u	1	−1	x, y, z

C_2	E	C_2	
A	1	1	$z, R_z, x^2, y^2, z^2, xy$
B	1	−1	x, y, R_x, R_y, yz, xz

C_3	E	C_3	C_3^2	$\epsilon = e^{2\pi i/3}$
A	1	1	1	z, R_z, x^2+y^2, z^2
E	$\begin{Bmatrix}1\\1\end{Bmatrix}$	$\begin{matrix}\epsilon\\\epsilon^*\end{matrix}$	$\begin{matrix}\epsilon^*\\\epsilon\end{matrix}$	$(x, y)(R_x, R_y)(x^2-y^2, xy)(xz, yz)$

C_4	E	C_4	C_2	C_4^3	
A	1	1	1	1	z, R_z, x^2+y^2, z^2
B	1	−1	1	−1	x^2-y^2, xy
E	$\begin{Bmatrix}1\\1\end{Bmatrix}$	$\begin{matrix}i\\-i\end{matrix}$	$\begin{matrix}-1\\1\end{matrix}$	$\begin{matrix}-i\\i\end{matrix}$	$(x, y)(R_x, R_y)(xz, yz)$

D_2	E	C_2	C_2'	C_2''	
A	1	1	1	1	x^2, y^2, z^2
B_1	1	1	−1	−1	z, R_z, xy
B_2	1	−1	1	−1	y, R_y, xz
B_3	1	−1	−1	1	x, R_x, yz

D_3	E	$2C_3$	$3C_2$	
A_1	1	1	1	x^2+y^2, z^2
A_2	1	1	−1	z, R_z
E	2	−1	0	$(x, y)(R_x, R_y)(x^2-y^2, xy), (xz, yz)$

D_4	E	$2C_4$	C_2	$2C_2'$	$2C_2''$	
A_1	1	1	1	1	1	x^2+y^2, z^2
A_2	1	1	1	−1	−1	z, R_z
B_1	1	−1	1	1	−1	x^2-y^2
B_2	1	−1	1	−1	1	xy
E	2	0	−2	0	0	$(x, y)(R_x, R_y)(xz, yz)$

S_4	E	S_4	C_2	S_4^3	
A	1	1	1	1	R_z, x^2+y^2, z^2
B	1	−1	1	−1	z, x^2-y^2, xy
E	$\begin{Bmatrix}1\\1\end{Bmatrix}$	$\begin{matrix}i\\-i\end{matrix}$	$\begin{matrix}-1\\-1\end{matrix}$	$\begin{matrix}-i\\i\end{matrix}$	$(x,y)(R_x, R_y)(xz, yz)$

C_{2v}	E	C_2	σ_v	σ_v'	
A_1	1	1	1	1	z, x^2, y^2, z^2
A_2	1	1	−1	−1	R_z, xy
B_1	1	−1	1	−1	x, R_y, xz
B_2	1	−1	−1	1	y, R_x, yz

C_{3v}	E	$2C_3$	$3\sigma_v$	
A_1	1	1	1	z, x^2+y^2, z^2
A_2	1	1	−1	R_z
E	2	−1	0	$(x,y)(R_x, R_y)(x^2-y^2, xy), (xz, yz)$

C_{4v}	E	$2C_4$	C_2	$2\sigma_v$	$2\sigma_d$	
A_1	1	1	1	1	1	z, x^2+y^2, z^2
A_2	1	1	1	−1	−1	R_z
B_1	1	−1	1	1	−1	x^2-y^2
B_2	1	−1	1	−1	1	xy
E	2	0	−2	0	0	$(x,y)(R_x, R_y)(xz, yz)$

C_{6v}	E	$2C_6$	$2C_3$	C_2	$3\sigma_v$	$3\sigma_d$	
A_1	1	1	1	1	1	1	z, x^2+y^2, z^2
A_2	1	1	1	1	−1	−1	R_z
B_1	1	−1	1	−1	1	−1	
B_2	1	−1	1	−1	−1	1	
E_1	2	1	−1	−2	0	0	$(x,y)(R_x, R_y)(xz, yz)$
E_2	2	−1	−1	2	0	0	(x^2-y^2, xy)

C_{2h}	E	C_2	i	σ_h	
A_g	1	1	1	1	R_z, x^2, y^2, z^2, xy
B_g	1	−1	1	−1	R_x, R_y, xz, yz
A_u	1	1	−1	−1	z
B_u	1	−1	−1	1	x, y

C_{3h}	E	C_3	C_3^2	σ_h	S_3	S_3^5	$\epsilon = e^{2\pi i/3}$
A'	1	1	1	1	1	1	R_z, x^2+y^2, z^2
E'	$\begin{Bmatrix}1\\1\end{Bmatrix}$	$\begin{matrix}\epsilon\\\epsilon^*\end{matrix}$	$\begin{matrix}\epsilon^*\\\epsilon\end{matrix}$	$\begin{matrix}1\\1\end{matrix}$	$\begin{matrix}\epsilon\\\epsilon^*\end{matrix}$	$\begin{matrix}\epsilon^*\\\epsilon\end{matrix}$	$(x,y)(x^2-y^2, xy)$
A''	1	1	1	−1	−1	−1	z
E''	$\begin{Bmatrix}1\\1\end{Bmatrix}$	$\begin{matrix}\epsilon\\\epsilon^*\end{matrix}$	$\begin{matrix}\epsilon^*\\\epsilon\end{matrix}$	$\begin{matrix}-1\\-1\end{matrix}$	$\begin{matrix}\epsilon\\\epsilon^*\end{matrix}$	$\begin{matrix}\epsilon^*\\\epsilon\end{matrix}$	$(R_x, R_y)(xz, yz)$

D_{2h}	E	C_2	C_2'	C_2''	i	$\sigma(xy)$	$\sigma'(yz)$	$\sigma''(xz)$	
A_g	1	1	1	1	1	1	1	1	x^2, y^2, z^2
B_{1g}	1	1	−1	−1	1	1	−1	−1	R_z, xy
B_{2g}	1	−1	1	−1	1	−1	1	−1	R_y, xz
B_{3g}	1	−1	−1	1	1	−1	−1	1	R_x, yz
A_u	1	1	1	1	−1	−1	−1	−1	
B_{1u}	1	1	−1	−1	−1	−1	1	1	z
B_{2u}	1	−1	1	−1	−1	1	−1	1	y
B_{3u}	1	−1	−1	1	−1	1	1	−1	x

D_{3h}	E	$2C_3$	$3C_2$	σ_h	$2S_3$	$3\sigma_v$	
A_1'	1	1	1	1	1	1	$x^2 + y^2, z^2$
A_2'	1	1	−1	1	1	−1	R_z
E'	2	−1	0	2	−1	0	$(x, y)(x^2 − y^2, xy)$
A_1''	1	1	1	−1	−1	−1	
A_2''	1	1	−1	−1	−1	1	z
E''	2	−1	0	−2	1	0	(R_x, R_y)

D_{4h}	E	$2C_4$	C_2	$2C_2'$	$2C_2''$	i	$2S_4$	σ_h	$2\sigma_v$	$2\sigma_d$	
A_{1g}	1	1	1	1	1	1	1	1	1	1	$x^2 + y^2, z^2$
A_{2g}	1	1	1	−1	−1	1	1	1	−1	−1	R_z
B_{1g}	1	−1	1	1	−1	1	−1	1	1	−1	$x^2 − y^2$
B_{2g}	1	−1	1	−1	1	1	−1	1	−1	1	xy
E_g	2	0	−2	0	0	2	0	−2	0	0	$(R_x, R_y)(xz, yz)$
A_{1u}	1	1	1	1	1	−1	−1	−1	−1	−1	
A_{2u}	1	1	1	−1	−1	−1	−1	−1	1	1	z
B_{1u}	1	−1	1	1	−1	−1	1	−1	−1	1	
B_{2u}	1	−1	1	−1	1	−1	1	−1	1	−1	
E_u	2	0	−2	0	0	−2	0	2	0	0	(x, y)

D_{6h}	E	$2C_6$	$2C_3$	C_2	$3C_2'$	$3C_2''$	i	$2S_3$	$2S_6$	σ_h	$3\sigma_d$	$3\sigma_v$	
A_{1g}	1	1	1	1	1	1	1	1	1	1	1	1	$x^2 + y^2, z^2$
A_{2g}	1	1	1	1	−1	−1	1	1	1	1	−1	−1	R_z
B_{1g}	1	−1	1	−1	1	−1	1	−1	1	−1	1	−1	
B_{2g}	1	−1	1	−1	−1	1	1	−1	1	−1	−1	1	
E_{1g}	2	1	−1	−2	0	0	2	1	−1	−2	0	0	$(R_x, R_y)(xz, yz)$
E_{2g}	2	−1	−1	2	0	0	2	−1	−1	2	0	0	$(x^2 − y^2, xy)$
A_{1u}	1	1	1	1	1	1	−1	−1	−1	−1	−1	−1	
A_{2u}	1	1	1	1	−1	−1	−1	−1	−1	−1	1	1	z
B_{1u}	1	−1	1	−1	1	−1	−1	1	−1	1	−1	1	
B_{2u}	1	−1	1	−1	−1	1	−1	1	−1	1	1	−1	
E_{1u}	2	1	−1	−2	0	0	−2	−1	1	2	0	0	(x, y)
E_{2u}	2	−1	−1	2	0	0	−2	1	1	−2	0	0	

D_{2d}	E	$2S_4$	C_2	$2C_2'$	$2\sigma_d$	
A_1	1	1	1	1	1	$x^2 + y^2, z^2$
A_2	1	1	1	−1	−1	R_z
B_1	1	−1	1	1	−1	$x^2 − y^2$
B_2	1	−1	1	−1	1	z, xy
E	2	0	−2	0	0	$(x, y)(R_x, R_y)(xz, yz)$

D_{3d}	E	$2C_3$	$3C_2$	i	$2S_6$	$3\sigma_d$	
A_{1g}	1	1	1	1	1	1	x^2+y^2, z^2
A_{2g}	1	1	−1	1	1	−1	R_z
E_g	2	−1	0	2	−1	0	$(R_x, R_y)(x^2-y^2, xy)(xz, yz)$
A_{1u}	1	1	1	−1	−1	−1	
A_{2u}	1	1	−1	−1	−1	1	z
E_u	2	−1	0	−2	1	0	(x, y)

D_{4d}	E	$2S_8$	$2C_4$	$2S_8^3$	C_2	$4C_2'$	$4\sigma_d$	
A_1	1	1	1	1	1	1	1	x^2+y^2, z^2
A_2	1	1	1	1	1	−1	−1	R_z
B_1	1	−1	1	−1	1	1	−1	
B_2	1	−1	1	−1	1	−1	1	z
E_1	1	$\sqrt{2}$	0	$-\sqrt{2}$	−2	0	0	(x, y)
E_2	1	0	−2	0	2	0	0	(x^2-y^2, xy)
E_3	1	$-\sqrt{2}$	0	$\sqrt{2}$	−2	0	0	$(R_x, R_y)(xz, yz)$

T_d	E	$8C_3$	$3C_2$	$6S_4$	$6\sigma_d$	
A_1	1	1	1	1	1	$x^2+y^2+z^2$
A_2	1	1	1	−1	−1	
E	2	−1	2	0	0	$(x^2-y^2, 2z^2-x^2-y^2)$
T_1	3	0	−1	1	−1	(R_x, R_y, R_z)
T_2	3	0	−1	−1	1	$(x, y, z)(xy, xz, yz)$

O_h	E	$8C_3$	$3C_2$	$6C_4$	$6C_2'$	i	$8S_6$	$3\sigma_h$	$6S_4$	$6\sigma_d$	
A_{1g}	1	1	1	1	1	1	1	1	1	1	$x^2+y^2+z^2$
A_{2g}	1	1	1	−1	−1	1	1	1	−1	−1	
E_g	2	−1	2	0	0	2	−1	2	0	0	$(x^2-y^2, 2z^2-x^2-y^2)$
T_{1g}	3	0	−1	1	−1	3	0	−1	1	−1	(R_x, R_y, R_z)
T_{2g}	3	0	−1	−1	1	3	0	−1	−1	1	(xy, xz, yz)
A_{1u}	1	1	1	1	1	−1	−1	−1	−1	−1	
A_{2u}	1	1	1	−1	−1	−1	−1	−1	1	1	
E_u	2	−1	2	0	0	−2	1	−2	0	0	
T_{1u}	3	0	−1	1	−1	−3	0	1	−1	1	(x, y, z)
T_{2u}	3	0	−1	−1	1	−3	0	1	1	−1	

$C_{\infty v}$	E	$2C_\phi$	$\infty\sigma_v$	ϕ = qualquer ângulo
Σ^+	1	1	1	z, x^2+y^2, z^2
Σ^-	1	1	−1	R_z
Π	2	$2\cos\phi$	0	$(x, y)(R_x, R_y)(xz, yz)$
Δ	2	$2\cos 2\phi$	0	(x^2-y^2, xy)
Φ	2	$2\cos 3\phi$	0	
⋮	⋮	⋮	⋮	
Γ_j	2	$2\cos j\phi$	0	

$D_{\infty h}$	E	$2C_\phi$	∞C_2	i	$2S_{(-\phi)}$	$\infty \sigma_v$	ϕ = qualquer ângulo
Σ_g^+	1	1	1	1	1	1	$x^2 + y^2, z^2$
Σ_g^-	1	1	-1	1	1	-1	R_z
Π_g	2	$2\cos\phi$	0	2	$-2\cos\phi$	0	$(R_x, R_y)(xz, yz)$
Δ_g	2	$2\cos 2\phi$	0	2	$2\cos 2\phi$	0	$(x^2 - y^2, xy)$
$\vdots$	$\vdots$	$\vdots$	$\vdots$	$\vdots$	$\vdots$	$\vdots$	
$\Gamma_{j,g}$	2	$2\cos j\phi$		2	$(-1)^j \cdot 2\cos j\phi$	0	
Σ_u^+	1	1	1	-1	-1	1	z
Σ_u^-	1	1	-1	-1	-1	-1	
Π_u	2	$2\cos\phi$	0	-2	$2\cos\phi$	0	(x, y)
Δ_u	2	$2\cos 2\phi$	0	-2	$2\cos 2\phi$	0	
$\vdots$	$\vdots$	$\vdots$	$\vdots$	$\vdots$	$\vdots$	$\vdots$	
$\Gamma_{j,u}$	2	$2\cos j\phi$	0	-2	$-(-1)^j \cdot 2\cos j\phi$	0	

$R_h(3)$	E	C_ϕ	i	$S_{(-\phi)}$	σ	ϕ = qualquer ângulo
$D_g^{(0)}$	1	1	1	1	1	
$D_g^{(1)}$	3	$1 + 2\cos\phi$	3	$1 - 2\cos\phi$	-1	
$D_g^{(2)}$	5	$1 + 2\cos\phi + 2\cos 2\phi$	5	$1 - 2\cos\phi + 2\cos 2\phi$	1	
$\vdots$	$\vdots$	$\vdots$	$\vdots$	$\vdots$	$\vdots$	
$D_g^{(2j+1)}$	$2j+1$	$1 + \sum_{\ell=1}^{j} 2\cos\ell\phi$	$2j+1$	$1 + \sum_{\ell=1}^{j} (-1)^\ell \cdot 2\cos\ell\phi$	$(-1)^j$	
$D_u^{(0)}$	1	1	-1	-1	-1	
$D_u^{(1)}$	3	$1 + 2\cos\phi$	-3	$-1 + 2\cos\phi$	1	
$D_u^{(2)}$	5	$1 + 2\cos\phi + 2\cos 2\phi$	-5	$-1 + 2\cos\phi - 2\cos 2\phi$	-1	
$\vdots$	$\vdots$	$\vdots$	$\vdots$	$\vdots$	$\vdots$	
$D_u^{(2j+1)}$	$2j+1$	$1 + \sum_{\ell=1}^{j} 2\cos\ell\phi$	$-(2j+1)$	$-1 - \sum_{\ell=1}^{j} (-1)^\ell \cdot 2\cos\ell\phi$	$-(-1)^j$	

Apêndice 4 Tabelas de Correlação do Infravermelho

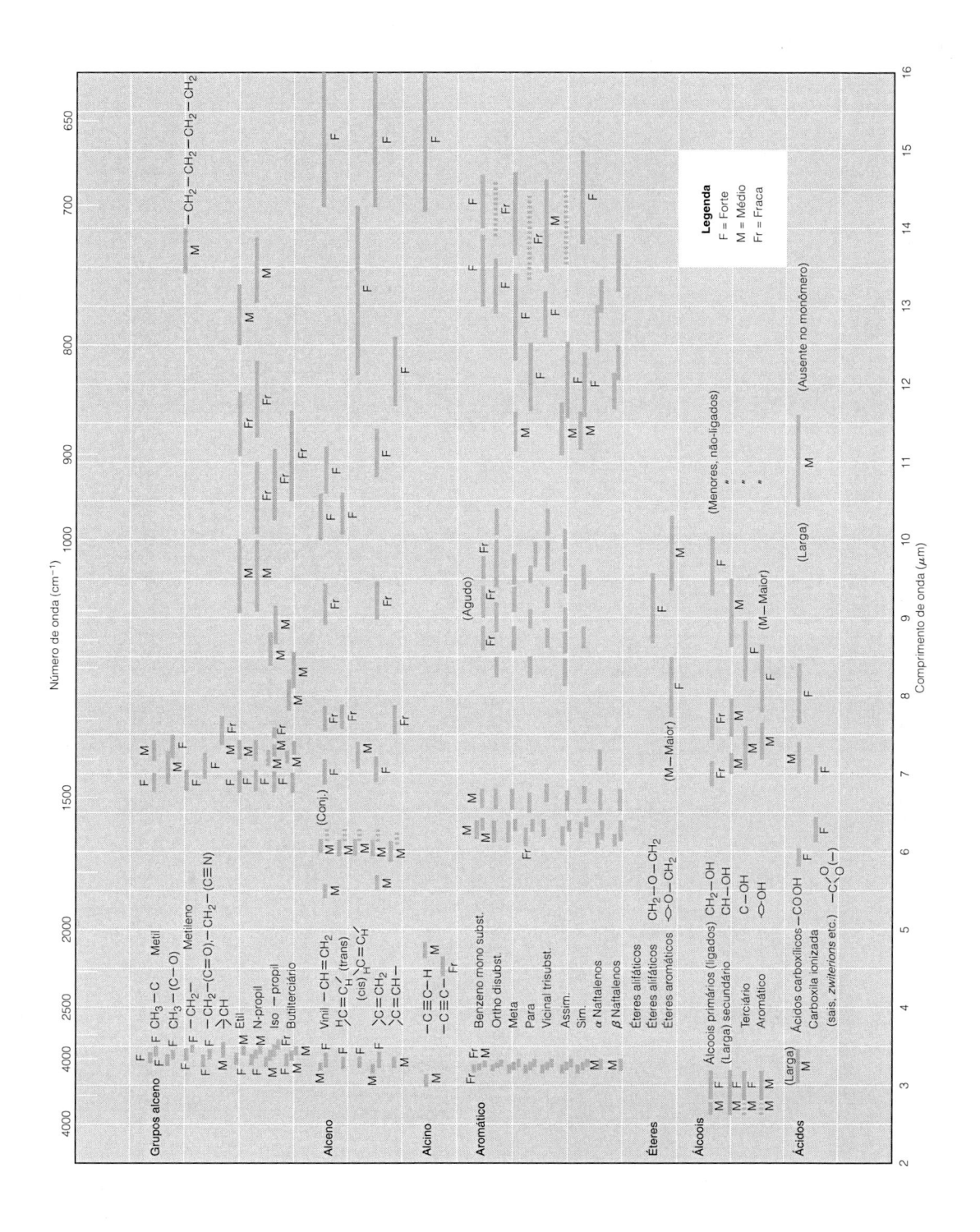

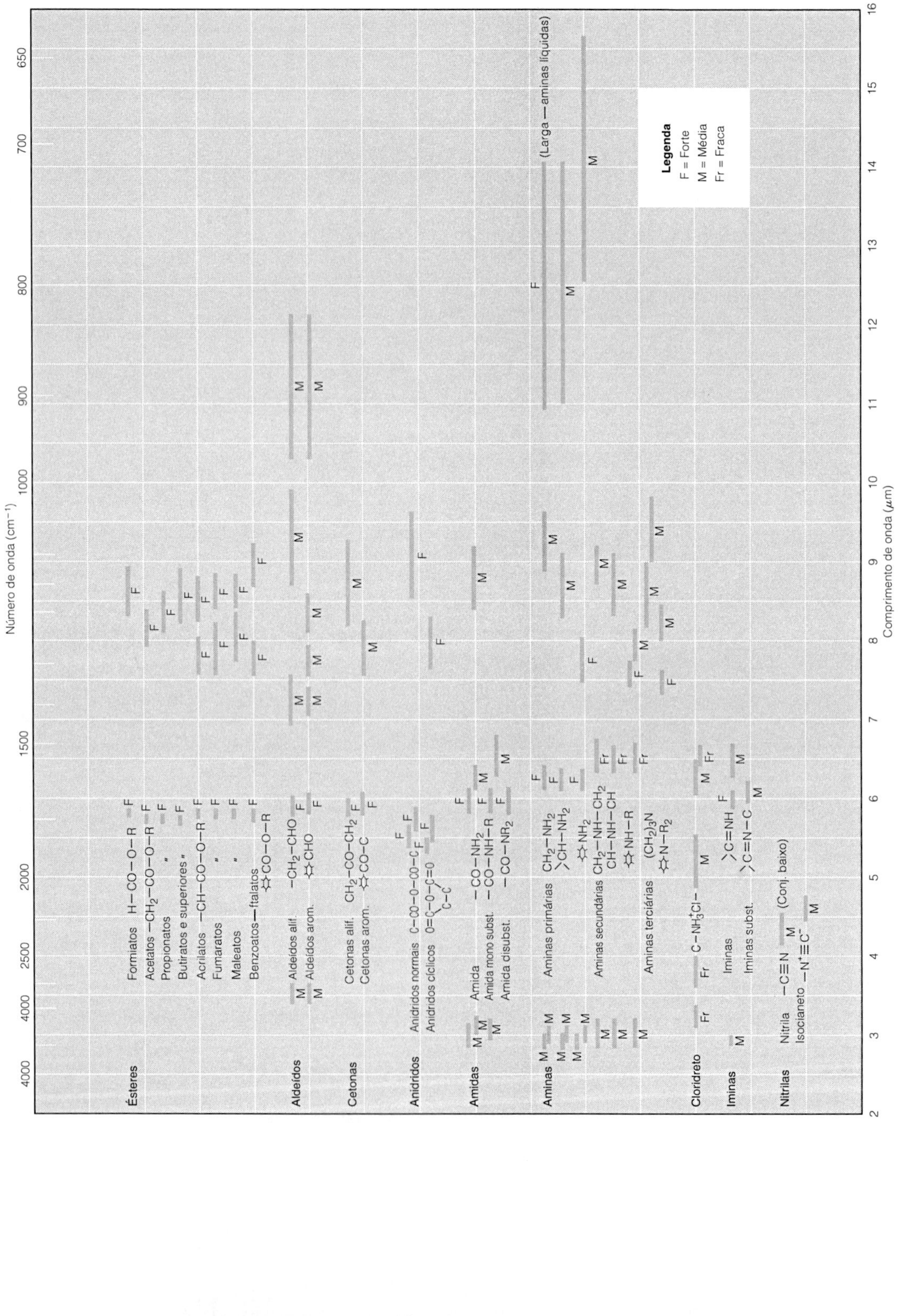
Número de onda (cm⁻¹)
4000 4000 2500 2000 1500 1000 900 800 700 650
Ésteres
Formiatos H–CO–O–R
Acetatos –CH2–CO–O–R
Propionatos "
Butiratos e superiores "
Acrilatos –CH–CO–O–R
Fumaratos "
Maleatos "
Benzoatos—ftalatos
CO–O–R
Aldeídos
Aldeídos alif. –CH2–CHO
Aldeídos arom. CHO
Cetonas
Cetonas alif. CH2–CO–CH2
Cetonas arom. CO–C
Anidridos
Anidridos normais C–CO–O–CO–C
Anidridos cíclicos
Amidas
Amida –CO–NH2
Amida mono subst. –CO–NH–R
Amida disubst. –CO–NR2
Aminas
Aminas primárias CH2–NH2
CH–NH2
NH2
Aminas secundárias CH2–NH–CH2
CH–NH–CH
NH–R
Aminas terciárias (CH2)3N
N–R2
(Larga — aminas líquidas)
Cloridreto
C–NH3+Cl–
Iminas
Iminas C=NH
Iminas subst. C=N–C
Nitrilas
Nitrila –C≡N
Isocianeto –N+≡C–
(Conj. baixo)
Legenda
F = Forte
M = Média
Fr = Fraca
2 3 4 5 6 7 8 9 10 11 12 13 14 15 16
Comprimento de onda (μm)

Apêndice 4 Tabelas de Correlação do Infravermelho

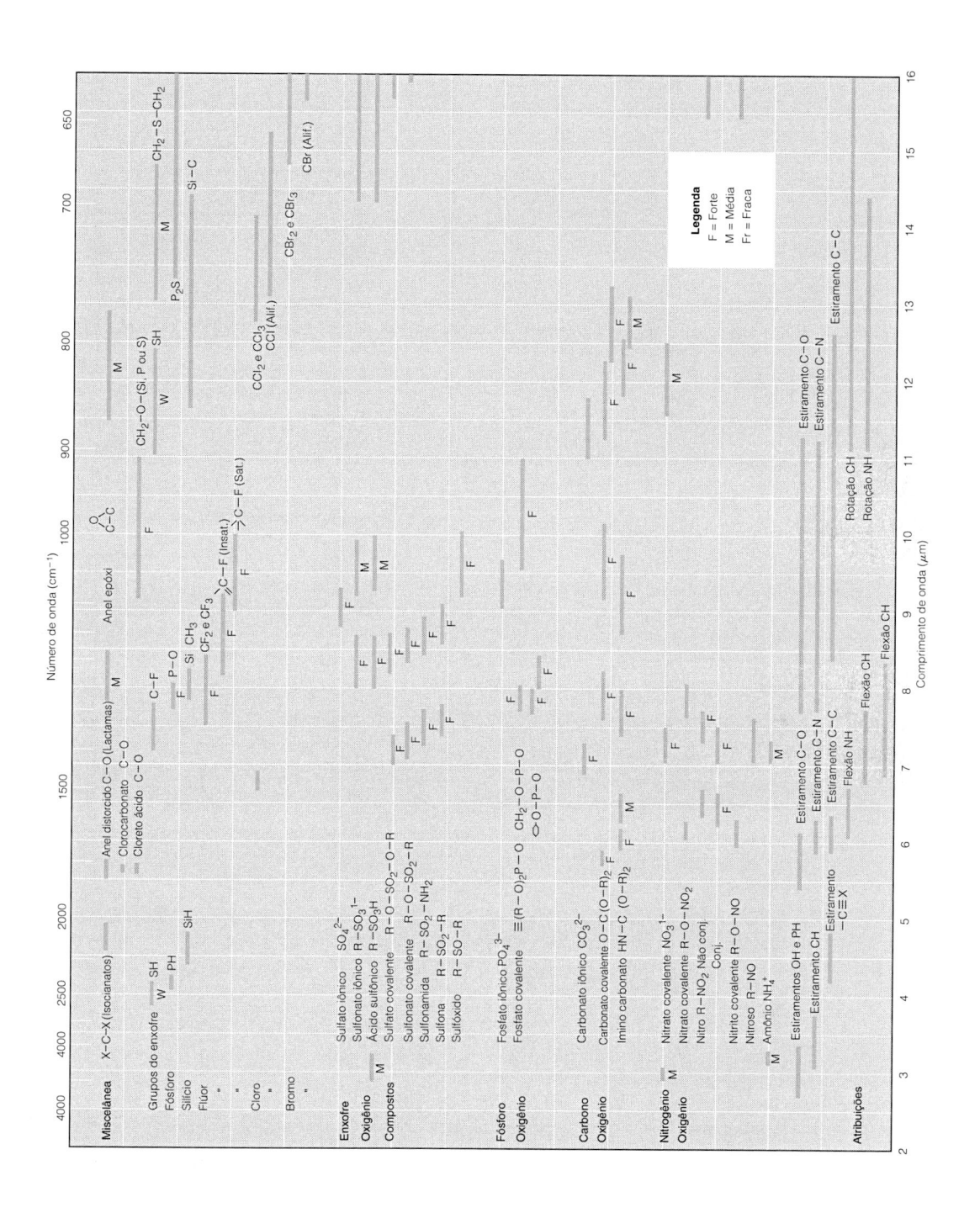

Fonte: D. R. Lide, ed., *CRC Handbook of Chemistry and Physics*, CRC Press, Boca Raton, Fla., 2001. Reimpresso com permissão.

Apêndice 5 Propriedades Nucleares

Núcleo	Spin, I	Fator nuclear g, g_N
^{1}H	$\frac{1}{2}$	5,586
^{2}H	1	0,857
^{3}He	$\frac{1}{2}$	−4,2552
^{6}Li	1	0,8220
^{7}Li	$\frac{3}{2}$	2,1709
^{11}B	$\frac{3}{2}$	1,7923
^{13}C	$\frac{1}{2}$	1,405
^{14}C	0	
^{14}N	1	0,40375
^{15}N	$\frac{1}{2}$	−0,5662
^{16}O	0	
^{17}O	$\frac{5}{2}$	−0,7575
^{19}F	$\frac{1}{2}$	5,2567
^{23}Na	$\frac{3}{2}$	1,4783
^{25}Mg	$\frac{5}{2}$	−0,3422
^{27}Al	$\frac{5}{2}$	1,457
^{28}Si	0	
^{29}Si	$\frac{1}{2}$	−1,1105
^{31}P	$\frac{1}{2}$	2,2634
^{32}S	0	
^{33}S	$\frac{3}{2}$	0,429
^{35}Cl	$\frac{3}{2}$	0,5479
^{37}Cl	$\frac{3}{2}$	0,4560
^{39}K	$\frac{3}{2}$	0,26098
^{42}K	2	NA
^{43}Ca	$\frac{7}{2}$	−0,3763
^{47}Ti	$\frac{5}{2}$	−0,3154
^{49}Ti	$\frac{7}{2}$	−0,31547
^{51}V	$\frac{7}{2}$	1,471
^{53}Cr	$\frac{3}{2}$	−0,3163
^{55}Mn	$\frac{5}{2}$	1,3875
^{67}Zn	$\frac{5}{2}$	0,3502
^{77}Se	$\frac{1}{2}$	1,068
^{81}Br	$\frac{3}{2}$	1,5180
^{87}Rb	$\frac{3}{2}$	1,8337
^{87}Sr	$\frac{9}{2}$	−0,24289
^{95}Mo	$\frac{5}{2}$	−0,3654
^{109}Ag	1	−0,1305
^{111}Cd	$\frac{1}{2}$	−1,1900
^{125}Te	$\frac{1}{2}$	−1,7744
^{127}I	$\frac{5}{2}$	1,1236
^{133}Cs	$\frac{7}{2}$	0,7368
^{135}Ba	$\frac{3}{2}$	0,5581
^{137}Ba	$\frac{3}{2}$	0,6243
^{183}W	$\frac{1}{2}$	0,2338
^{195}Pt	$\frac{1}{2}$	1,204
^{201}Hg	$\frac{1}{2}$	−1,1166
^{238}U	0	

Fonte: G.W.C. Kaye, T. H. Laby, *Tables of Physical and Chemical Constants*, 15. ed., Longman/Wiley, Nova York, 1986.

Respostas a Exercícios Selecionados

Capítulo 1

1.2. Um sistema é uma parte do universo sob observação. Um sistema fechado é um sistema para o qual não é permitida a transferência de matéria dele para os arredores ou dos arredores para ele. Energia, entretanto, pode ser transferida entre os arredores e um sistema fechado.

1.3. **(a)** $1,256 \times 10^4$ cm^3 **(b)** 318 K **(c)** $1,069 \times 10^5$ Pa **(d)** 1,64 bar **(e)** 125 cm^3 **(f)** $-268,9°$C **(g)** 0,2575 bar

1.4. **(a)** 0°C é a temperatura mais alta. **(b)** 300 K **(c)** $-20°$C

1.6. $F(T) = 0,164$ L·atm; $V \approx 0,164$ L.

1.7. $F(p) = 1,04 \times 10^{-4} \frac{L}{K}$; $T \approx 643$ K.

1.12. **(a)** $p_{tot} = 1.25$ atm **(b)** $p_{He} = 0.250$ atm, $p_{Ne} = 1,00$ atm **(c)** $x_{He} = 0,200$, $x_{Ne} = 0,800$

1.13. $p_{N_2} = 11,8$ lb/in^2, $p_{O_2} = 2,94$ lb/in^2

1.14. 0,0626 g CO$_2$ por cm^3

1.15. **(a)** 5 e 5 **(b)** 25 e 55 **(c)** $-0,28$ e $-0,07$, respectivamente.

1.16. **(a)** $3y^2 - \frac{y^2 z^3}{w}$ **(b)** $\frac{3w^2 z^3}{32y} + \frac{xy^2 z^3}{w^2}$ **(c)** $6xy - \frac{w^3 z^3}{32y^2} - \frac{xyz^3}{2w}$ **(d)** $-\frac{3y^2 z^2}{w}$

1.17. **(a)** $-\frac{nRT}{p^2}$ **(b)** $\frac{RT}{p}$ **(c)** $\frac{p}{nR}$ **(d)** $\frac{nR}{V}$ **(e)** $\frac{RT}{V}$

1.18. R é uma constante, não uma variável.

1.19. $\left[\frac{\partial}{\partial p}\left(\frac{\partial T}{\partial V}\right)_{n,p}\right]_{n,V}$ ou $\left[\frac{\partial}{\partial V}\left(\frac{\partial T}{\partial p}\right)_{n,V}\right]_{n,p}$

1.21. $T_B(CO_2) = 1026$ K, $T_B(O_2) = 521$ K, $T_B(N_2) = 433$ K

1.23. Unidades de C são L^2; unidades de C' são L/atm (para quantidades molares).

1.25. Na ordem de comportamento previsível mais próximo para o mais distante do ideal: He, H$_2$, Ne, N$_2$, O$_2$, Ar, CH$_4$, CO$_2$.

1.26. $a = 2,135 \times 10^5$ bar·cm^6/mol^2. A unidade cm^6 vem do fato que 1L = 1000 cm^3, e que há um termo L^2 na unidade original de a.

1.27. Nas condições "normais" de cerca de 1 atm de pressão e 25 °C, V(gás) é aproximadamente 24.500 cm^3. Portanto, o termo B/V é cerca de $6,1 \times 10^{-4}$ para H$_2$, aumentando a sua compressibilidade de cerca de 0,06 %. Para H$_2$O, a compressibilidade diminui de cerca de 4,6 %, um desvio da idealidade fácil de ser notado.

1.30. A temperatura Boyle do nitrogênio é muito próxima da temperatura ambiente, implicando que o coeficiente virial B é próximo de zero. Portanto, deve-se esperar que N$_2$ tenha um comportamento próximo da idealidade, a temperatura ambiente.

1.32. $\left(\frac{\partial p}{\partial p}\right)_T = -\frac{\left(\frac{\partial T}{\partial p}\right)_p}{\left(\frac{\partial T}{\partial p}\right)_p}$, de acordo com a regra cíclica.

Entretanto, não faz sentido tomar a derivada com relação a uma variável mantida constante. Assim, nenhuma informação pode ser obtida dessa expressão. A expressão original é também sem utilidade matemática uma vez que precisamos, por exemplo, da variação em p com outras variáveis diferentes.

1.33. κ tem unidades 1/(pressão), como 1/atm ou 1/bar. α tem unidades 1/(temperatura) ou 1/K.

Capítulo 2

2.1. (a) 900 J (b) 640 J
2.3. −0,932 L·atm ou −94,4 J
2.4. −3,345 L·atm ou −338,9 J
2.6. $c = 0,18$ J/(g·°C)
2.8. Temperatura final = 24,4 °C
2.9. Aproximadamente 1070 pequenas porções da massa são necessárias para aumentar a temperatura em 1,00 °C.
2.13. A equação 2.10 é aplicável a sistemas isolados (sem transferências de massa ou de energia). A Equação 2.11 é aplicável a sistemas fechados, que permitem a transferência de energia entre o sistema e seus arredores.
2.14. $\Delta U = -70,7$ J
2.15. $w = +5180$ J
2.16. $w = -5705$ J (reversível), $w = -912$ J (irreversível). Mais trabalho é obtido da expansão reversível.
2.20. (a) $w_{total} = 0$ (b) $\Delta U = 0$
2.21. (a) $p_{final} = 242$ atm (b) $w = 0$, $q = 1,44 \times 10^6$ J, $\Delta U = 1,44 \times 10^6$ J
2.22. Quando $q = -w$, $\Delta U = 0$ mesmo se as condições finais não forem as mesmas que as condições iniciais.
2.23. $w = +2690$ J, $q = -1270$ J, $\Delta U = 1420$ J, $\Delta H = +1420$ J
2.24. $\Delta H = 2260$ J, $w = -172$ J, $\Delta U = 2088$ J
2.26. $\Delta U = -4450$ J
2.27. As unidades poderiam ser J/K, J/K² e J·K, respectivamente.
2.33. $T(He) \approx 36$ K (comparado a 40 K medido experimentalmente), $T(H_2) \approx 224$ K (comparado a 202 K medido experimentalmente).
2.39. O processo é adiabático: $w = -107$ J, $\Delta U = -107$ J
2.40. $T_f = 186$°C
2.44. A temperatura diminui para cerca de 55,0% da temperatura original.
2.45. $\Delta H = 333,5$ J, $\Delta U = 333,491$ J $\approx 333,5$ J (4 algarismos significativos). Mesmo no caso de H_2O, que experimenta uma mudança de 9% em volume com a fusão, a diferença entre ΔH e ΔU, para a mudança de fase sólido-líquido, é desprezível.
2.46. O sistema realiza um trabalho de 0,165 J.
2.48. 6,777 g de gelo podem ser fundidas.
2.55. $q = -31723$ J, $\Delta U = -31723$ J, $w = 0$, $\Delta H = -31735$ J
2.56. $q = -31723$ J, $\Delta H = -31723$ J, $w = 12$ J, $\Delta U = -31711$ J
2.57. $\Delta H(-492,9$ KJ$) = -285,94$ kJ, não muito diferente do que em ΔH (25°C).

Capítulo 3

3.1. (a) espontâneo (b) não espontâneo (c) espontâneo (d) não espontâneo (e) espontâneo (f) espontâneo (g) não espontâneo.
3.3. $e = 0,267$
3.4. Os passos individuais devem também ser levados a efeito sob condições apropriadas (isto é, reversível & adiabática, ou reversível & isotérmica). Se isso ocorrer, então, de acordo com os dados, $e = 0,303$.
3.5. $T_{baixa} = -36$ °C
3.6. $e = 0,268$
3.12. $\Delta S = 74,5$ J/K
3.14. $\Delta S = 23,5$ J/K
3.15. $\Delta S = 100,9$ J/K
3.16. Maior que 0,368 J/K.
3.18. ΔS é igual a zero se o processo é reversível. Entretanto, na maior parte dos casos, a expansão de um gás comprimido é um processo irreversível, e assim a variação de entropia deve ser maior que zero.
3.22. $\Delta S_{mix} = 4,6$ J/K
3.23. $\Delta S_{mix} = 2,20$ J/K, $\Delta S_{expansão} = 3,72$ J/K; $\Delta S_{total} = 5,92$ J/K.
3.34. Da entropia mais alta para a mais baixa: $C_{dia} < C_{gra} < Si < Fe < NaCl < BaSO_4$
3.36. (a) −163,29 J/K (b) −44,24 J/K (c) −1074,1 J/K
3.39. A diferença entre os dois valores da variação de entropia é 118,87 J/K. A diferença é devida à fase do produto, H_2O.
3.40. $\Delta S = 37,5$ J/K
3.41. $\Delta S = 9,09 \times 10^5$ J/K

Capítulo 4

4.8. ΔA é menor ou igual à quantidade máxima de trabalho que o sistema pode produzir. O trabalho calculado nas condições dadas e o reconhecimento de que ΔA precisa ser menor que a quantidade máxima de trabalho, uma vez que o processo não é reversível, leva a: $\Delta A < -293$ J.
4.9. A reação pode produzir até 237,17 kJ por mol de H_2O que reage.
4.10. $\Delta A = -536$ J
4.11. $w = -15.700$ J, $q = 15.700$ J, $\Delta U = 0$, $\Delta H = 0$, $\Delta A = -15.700$ J, $\Delta S = 57,5$ J/K
4.12. −97,7 kJ
4.13. +2,3 kJ e +138,3 kJ
4.17. $\Delta A = 0$ (porque é uma função de estado)
4.23. (a) sim (b) sim (c) sim (d) sim (e) sim
4.28. ΔU deve mudar por aproximadamente 4460 J.
4.34. 38,5 J/K
4.36. Coeficiente angular $= \dfrac{1}{\Delta H}$
4.37. $\Delta G = -967$ J

4.42. Todas são varáveis intensivas.
4.44. (a) $-1{,}91 \times 10^3$ J (b) $-5{,}74 \times 10^3$ J
4.45. $-29{,}7$ J

Capítulo 5

5.5. O ξ mínimo é 0. O ξ máximo é 0,169 mol, como determinado pelo reagente limitante HCl.
5.6. (a) $\xi = 1{,}5$ mol (b) ξ não pode igualar a 3, neste caso, porque H_2 irá atuar como reagente limitante a $\xi = 1{,}66$ mol.
5.9. Falso, $p°$ é a pressão padrão, definida como sendo 1 atm ou 1 bar.
5.10. $\Delta_{reagente}G° = -514{,}38$ kJ; $\Delta_{reagente}G = -539{,}26$ kJ
5.11. (b) $\Delta G° = -68$ kJ (c) $K = 8{,}2 \times 10^{11}$
5.12. O sistema não precisa, necessariamente, estar no equilíbrio, porque p_i ou p_j na Equação 5.9 têm agora valores diferentes. Apenas se houvesse o mesmo número de mols nos dois lados da reação química, as pressões parciais se cancelariam automaticamente e as constantes de equilíbrio teriam o mesmo valor.
5.14. (a) $\Delta G° = -32{,}8$ kJ (b) $\Delta_{reagente}G = -29{,}4$ kJ
5.15. ΔG será zero quando todas as pressões parciais forem, aproximadamente, $1{,}29 \times 10^{-3}$ atm.
5.16. $p(H_2) = 0{,}4167$ atm, $p(D_2) = 0{,}0167$ atm, $p(HD) = 0{,}1667$ atm, $\xi = 0{,}0833$ mol
5.18. (a) $K = 6{,}96$ (b) $\xi = 0{,}393$
5.19. $\Delta G° = 10{,}2$ kJ, $K = 1{,}63 \times 10^{-2}$

5.21. (a) $K = \dfrac{\dfrac{\gamma_{Pb^{+2}} \cdot m_{Pb^{+2}}}{m°}\left(\dfrac{\gamma_{Cl^-} \cdot m_{Cl^-}}{m°}\right)^2}{\dfrac{\gamma_{PbCl_2} \cdot m_{PbCl_2}}{m°}}$

(b) $\dfrac{\dfrac{\gamma_{H^+} \cdot m_{H^+}}{m°}\dfrac{\gamma_{NO_2^-} \cdot m_{NO_2^-}}{m°}}{\dfrac{\gamma_{HNO_2} \cdot m_{HNO_2}}{m°}}$ (c) $\dfrac{\dfrac{p_{CO_2}}{p°}}{\dfrac{\gamma_{H_2C_2O_4} \cdot m_{H_2C_2O_4}}{m°}}$

5.22. $K = 0{,}310$
5.23. $p \approx 1{,}49 \times 10^4$ atm
5.24. $K = 6{,}3 \times 10^{-5}$
5.25. (a) $\Delta G° = 10{,}96$ kJ (b) $m_{H^+} = m_{SO_4^{2-}} = 6{,}49 \times 10^{-3}$ molal, $m_{HSO_4^-} = 3{,}51 \times 10^{-3}$ molal
5.26. $\Delta H° \approx -77$ kJ
5.27. Uma queda de 5 K na temperatura, até 293 K, aumenta K por um fator de 2. Diminuindo a temperatura até 282 K, uma queda de 16 K, aumenta K por um fator de 10. Para $\Delta H = -20$ kJ, as temperaturas são, necessariamente, 274 K e 232 K, respectivamente.

Capítulo 6

6.1. (a) 1 (b) 2 (c) 4 (d) 2 (e) 2
6.3. $FeCl_2$ e $FeCl_3$ são os únicos materiais com um componente quimicamente estável que podem ser preparados a partir de ferro e cloro. Note que os compostos, e não os seus elementos constituintes, são identificados como componentes simples.
6.6. (a) Os equilíbrios são deslocados na direção da fase líquida. (b) Os equilíbrios são deslocados na direção da fase gasosa. (c) Os equilíbrios são deslocados na direção da fase sólida. (d) Nenhuma mudança de fase é esperada (a menos que haja um alótropo sólido ou forma cristalina mais estável; estanho metálico é um exemplo).
6.7. Por definição, toda substância pura tem apenas um ponto de ebulição normal.
6.8. $-dn_{líquido} = dn_{sólido}$
6.12. $\partial \mu / \partial T = -214$ J/K
6.13. $\Delta S = 87{,}0$ J/mol
6.14. MP (Ni) ≈ 1452 °C
6.15. MP (Pt) ≈ 3820 °C
6.17. As suposições são que ΔH e ΔV são invariantes no intervalo de temperatura envolvido.
6.19. A pressão de ~7,3 atm tornará a forma rômbica do enxofre a fase estável a 100 °C.
6.21. (a) sim (b) sim (c) não (d) não (e) não (f) não (g) não (h) sim
6.23. A pressão de ~7,3 atm irá tornar a forma rômbica do enxofre a sua forma mais estável a 100 °C. Esta pressão é muito parecida com a predita na Equação 6.10.
6.26. A equação de Clausius-Clapeyron prediz uma diminuição das pressões de vapor na seguinte ordem: terc-butanol (44,7 mmHg), butanol-2 (20,5 mmHg), isobutanol (13,6 mmHg) e butanol-1 (9,6 mmHg). Esta ordem é também a do menor para o maior ponto de ebulição.
6.27. $dp/dT = 7{,}8 \times 10^{-6}$ bar/K, ou cerca de $\frac{6}{1000}$ mmHg por grau K
6.28. $p = 0{,}035$ bar
6.30. $p \approx 97$ atm, o que corresponde a aproximadamente 960 m abaixo da superfície do oceano.
6.38. São necessárias pressões mais elevadas para se ter uma fase líquida estável para um composto que sublima abaixo da pressão normal. CO_2 é um exemplo.

Capítulo 7

7.1. Graus de liberdade = 3
7.3. Seriam necessárias cinco fases distintas (por exemplo, você poderia ter três fases sólidas diferentes).
7.7. A quantidade mínima de H_2O é $6{,}39 \times 10^{-3}$ mol (0,115 g); a quantidade mínima de CH_3OH é $3{,}36 \times 10^{-2}$ mol (1,08 g).
7.8. $y_{H_2O} = 0{,}0928$; $y_{CH_3OH} = 0{,}907$
7.9. $a = 0{,}984$
7.12. A pressão de vapor total é igual a 124,5 torr.
7.13. $p_{EtOH} = 0{,}0693$ torr
7.14. $x_{MeOH} = 0{,}669$, $x_{EtOH} = 0{,}331$
7.16. $y_{C_6H_{14}} = 0{,}608$, $y_{C_6H_{12}} = 0{,}392$

7.18. A Equação 7.24 está escrita em termos da composição da fase *vapor* e não da composição da fase líquida.
7.19. $\Delta_{mix}G = -3380$ J (para 2 mols de material), $\Delta_{mix}S = -11,5$ J/K (para 2 mols de material)
7.23. Determine a temperatura da transição de fase (fusão, ebulição) e compare-a com a dos componentes puros.
7.24. Benzeno é venenoso e possível agente cancerígeno.
7.25. Usando uma mistura 50:50 de etilenoglicol e água, diminuímos o ponto de solidificação para abaixo daqueles dos componentes individuais.
7.26. $K = 1,23 \times 10^6$ mmHg $= 1,62 \times 10^3$ atm $= 1,64 \times 10^3$ bar
7.28. $2,4 \times 10^3$ Pa
7.29. Molaridade $\approx 0,00232$ M; $K \approx 2,43 \times 10^9$ Pa
7.30. (a) $M \approx 0,00077$ M (b) $K \approx 7,3 \times 10^9$ Pa (c) Diminui.
7.33. $M \approx 5,08$ M
7.34. $x_{fenol} = 0,79$, sugerindo uma solubilidade de mais de 1900 g de fenol por 100 g de H_2O. A razão para este resultado estranho e que H_2O e fenol não formam uma solução ideal.
7.35. (a) 2,78 M (b) 29,7 g/100 mL, ou cerca de 1,80 M
7.39. MP (Fe, est) = 1515 K
7.45. $x_{Na} = 0,739$
7.49. PE = 101,1 °C; PF = $-4,0$ °C; $\pi = 52,5$ bar
7.50. $\Delta(MP) = -9,8$ °C
7.53. $K_f = 8,89$ °C/molal

Capítulo 8
8.1. $2,50 \times 10^{-8}$ C
8.2. (a) $F = 3,54 \times 10^{22}$ N (b) A carga é igual a $2,97 \times 10^{17}$ C, que é aproximadamente 3×10^{12} mol e^-. A massa desses muitos elétrons é aproximadamente $1,7 \times 10^6$ kg, 18 ordens de grandeza menos massiva que a Terra.
8.3. (a) Carga igual $4,98 \times 10^{-9}$ C e $9,96 \times 10^{-9}$ C. (b) $E = 312$ e 156 J/(C·m) (ou V/m).
8.4. 1 C = $2,998 \times 10^9$ statcoulombs
8.5. $F = 8,24 \times 10^{-8}$ N
8.6. $w = 1,602 \times 10^{-19}$ J
8.8. (a) $4 MnO_2 + 3O_2 + 2H_2O \rightarrow 4MnO_4^- + 4H^+$, $E° = -1,278$ V, $\Delta G° = 1480$ kJ (b) $2Cu^+ \rightarrow Cu + Cu^{2+}$, $E° = 0,368$ V, $\Delta G° = -35,5$ kJ
8.12. Apenas a parte b poderia fornecer energia suficiente para cumprir a tarefa.
8.13. Valores de $E°$ são deslocados para cima ou para baixo por 0,2682 V dependendo se o calomelano for usado como a reação de redução ou a de oxidação na cela.
8.14. (a) $E° = 1,401$ V, $\Delta G = -270,3$ kJ (b) $E° = 0,0067$ V, $\Delta G = -2,6$ kJ

8.17. $[Zn^{2+}]/[Cu^{2+}] = \sim 3210$
8.18. $E \approx 1,514$ V
8.19. (a) $E° = 0,00$ V (b) $Q = [Fe^{3+}]/[Fe^{3+}] = \frac{0,001}{0,08}$ (c) $E = 0,0375$ V
8.20. $K = 3,25 \times 10^{-2}$
8.23. $\Delta C_p = -nF\left(2\frac{\partial E°}{\partial T} + T\frac{\partial^2 E°}{\partial T^2}\right)$
8.31. $[Cl^-] \approx 1,38 \times 10^{-6}$ M
8.33. (a) 0,0055 m (b) 0,075 m (c) 0,0750 m (d) 0,150 m
8.40. $\gamma_\pm = 0,949$, usando a Equação 8.49.
8.48. $v_i = 4,735 \times 10^{-6}$ m/s, é acima de 10.000 vezes o seu raio por segundo.

Capítulo 9
9.1. $L = \frac{1}{2}m\dot{z}^2 - mgz$; $\partial m\dot{z}/\partial t = -mg$
9.2. $H = \frac{1}{2}m\dot{z}^2 + mgz$
9.4. (a) de Newton (b) de Lagrange ou de Hamilton.
9.6. (a) 459.000 cm^{-1} (b) 2690 cm^{-1} (c) 3020 cm^{-1}
9.7. Os dois compostos podem compartilhar pelo menos um elemento constituinte.
9.8. Esta "linha" corresponde a $n_1 = \infty$.
9.9. Para a série Lyman, o limite da série é igual a 109.700 cm^{-1}. Para a série Brackett, o limite da série é igual a 6856 cm^{-1}.
9.10. (a) 105,350 cm^{-1} (b) 25,720 cm^{-1} (c) 5334 cm^{-1}
9.12. $e/m \approx 1,71 \times 10^{11}$ C/kg (usando os dados de Milliken retirados do capítulo). Medidas modernas fornecem esta relação como $1,76 \times 10^{11}$ C/kg.
9.13. (a) São necessários mais de 7300 e^- para igualar a massa de um núcleo de He.
9.14. (a) $5,67 \times 10^4$ W/m^2 (c) 1420 W
9.15. $T = 65$ K, 115 K, e 205 K, respectivamente.
9.16. 340 W
9.17. (a) $6,42 \times 10^7$ W/m^2 (b) $3,91 \times 10^{20}$ W (c) $1,23 \times 10^{28}$ J por ano
9.18. (a) $5,55 \times 10^6$ J/m^4 (b) $1,06 \times 10^7$ J/m^4 (c) $1,11 \times 10^3$ J/m^4 (d) 69,4 J/m^4
9.19. (a) 4996 Å
9.20. (a) $5,12 \times 10^{-5}$ J/m^4 (b) 90,5 J/m^4 (c) 497,1 J/m^4 (d) 47,4 J/m^4
9.22. Para $T = 1000$ K, $dE = 0,101$ W/m^2
9.24. Para Li, $\lambda_{min} = 428$ nm
9.25. (a) $1,82 \times 10^5$ m/s
9.29. $r = 8,47, 13,2,$ e $19,1$ Å, respectivamente
9.30. $E = -1,367 \times 10^{-19}, -8,716 \times 10^{-20}$ e $-6,053 \times 10^{-20}$ J, respectivamente
9.31. $L = 4,22 \times 10^{-34}, 5,27 \times 10^{-34}$ e $6,33 \times 10^{-34}$ J·s, respectivamente
9.36. $\lambda_{baseball} = 1,49 \times 10^{-34}$ m; $\lambda_{e^-} = 1,64 \times 10^{-5}$ m (ou 16,4 microns)
9.37. $v_{e^-} = 7,27 \times 10^6$ m/s; $v_{p^+} = 3,96 \times 10^3$ m/s

Capítulo 10

10.2. Finita, contínua, valor único, integrável.

10.3. (a) sim (b) não; ilimitada (note que o fato de a função ser imaginária para valores negativos de x não é um resultado, uma vez que as funções não precisam ser reais!) (c) não; descontínua (d) sim; se puder ser normalizada (e) não; ilimitada (f) sim (g) não; múltiplo valor.

10.4. (a) multiplicação (b) adição (c) logaritmo natural (d) seno (e) função exponencial (f) primeira derivada com relação a x.

10.5. (a) 6 (b) 9 (f) $12x^2 - 7 - 7/x^2$

10.6. (a) $12x^2 + 4x^{-3}$ (b) -2 (c) sen $\frac{2\pi x}{3}$ (d) $\frac{1}{\sqrt{10}}$ (e) $-\frac{1}{45x^2y^2}$

10.7. $(-4, 5, 6)$ (b) $(0, 4, 1)$

10.8. (a) não (b) sim; valor próprio = $-\frac{\pi^2}{4}$ (c) não (d) sim; valor próprio = $-m\hbar$ (e) não (f) sim; valor próprio = $\left(\frac{4\pi^2\hbar^2}{18m} + 0{,}5\right)$

10.13. $p_\phi = m\hbar$

10.14. $\Delta x_{baseball} \geq 3{,}80 \times 10^{-34}$ m, $\Delta x_{e^-} \geq 8{,}04 \times 10^{-2}$ m

10.15. $\Delta x \geq 4{,}71 \times 10^{-9}$ m

10.17. $\Delta t \geq 2{,}65 \times 10^{-12}$ s

10.18. (a) $P = 0{,}0000526$ (b) $P = 0{,}0200$ (c) $P = 0{,}0400$ (d) $P = 0{,}0200$ (e) $P = 0{,}0000526$

10.19. (a) $\Psi = \frac{1}{\sqrt{2\pi}}e^{im\phi}$ (b) $P = \frac{1}{3}$

10.28. $E = \frac{\hbar^2\pi^2}{2m}, \frac{\hbar^2\pi^2}{2m} + 0{,}5$

10.30. (a) $E = \frac{\hbar^2 K^2}{2m}$ (b) $E = \frac{\hbar^2 K^2}{2m} + k$ (c) $E = \frac{\hbar^2\pi^2}{2ma^2}$

10.33. comprimento $\approx 5{,}74$ Å

10.34. 4, 9, e 99 nós, respectivamente.

10.37. $P = 0{,}0200, 0{,}000008, 0{,}01998, 0{,}000028$

10.42. $\langle x \rangle = 0{,}5a$

10.43. $\langle p \rangle = 0$

10.45. $p_\phi = 3\hbar$, $\langle p_\phi \rangle = 3\hbar$

10.50. As cinco energias mais baixas são, na ordem, $\Psi(1, 1, 1), \Psi(1, 1, 2), \Psi(1, 1, 3), \Psi(1, 2, 1)$ e $\Psi(2, 1, 1)$ (onde os números quânticos estão listados na ordem das dimensões dadas).

10.51. A degenerescência aparece pela primeira vez quando um dos números quânticos fica igual a 2 [isto é, $E(1, 1, 2) = E(1, 2, 1) = E(2, 1, 1)$]. A primeira aparição de degenerescência "acidental" ocorre para $E(3, 3, 3) = E(5, 1, 1) = E(1, 5, 1) = E(1, 1, 5)$.

10.54. $\langle x \rangle = a/2, \langle y \rangle = b/2, \langle z \rangle = c/2$.

10.58. (a) 1 (b) 0 (c) $16h^2/8ma^2$ (d) 0 (e) 1 (f) 0 (g) $h^2/8m\,(1/a^2 + 1/b^2 + 1/c^2)$ (h) 0

Capítulo 11

11.1. 335,8 N/m

11.2. $k = 1515$ N/m

11.9. (a) $\Delta E = 6{,}63 \times 10^{-34}$ J (b) $\lambda = 3{,}00 \times 10^8$ m

11.10. (a) $\Delta E = 3{,}976 \times 10^{-20}$ J (b) $\lambda = 5{,}00 \times 10^{-6}$ m (c) região do infravermelho

11.11. $\nu = 4{,}36 \times 10^{14}$ s, $\lambda = 6{,}88 \times 10^{-7}$ m

11.14. $\langle p_x \rangle = 0$ para $\Psi(0)$ r $\Psi(1)$

11.16. (a) zero (b) zero (c) provavelmente não idêntica a zero (d) zero (e) indeterminada (f) indeterminada; depende da forma da energia potencial, V.

11.17. $x = \pm\left[\frac{(2n+1)h\nu}{k}\right]^{1/2}$

11.18. $9{,}109 \times 10^{-31}$ kg *versus* (a) $9{,}104 \times 10^{-31}$ kg, (b) $9{,}107 \times 10^{-31}$ kg, (c) $\sim 9{,}109 \times 10^{-31}$ kg

11.20. (a) $\nu = 6{,}504 \times 10^{13}$ s^{-1} (b) $6{,}359 \times 10^{13}$ s^{-1}

11.21. Aproximadamente 2660 cm^{-1}

11.24. $E(0) = 0, E(1) = 2{,}68 \times 10^{-19}$ J, $E(2) = 1{,}07 \times 10^{-18}$ J, $E(3) = 2{,}41 \times 10^{-18}$ J, $E(4) = 4{,}28 \times 10^{-18}$ J

11.26. $\Psi(0) = \frac{1}{\sqrt{2\pi}}, \Psi(1) = \frac{1}{\sqrt{2\pi}}(\cos\phi + i\,\text{sen}\,\phi)$, $\Psi(2) = \frac{1}{\sqrt{2\pi}}(\cos 2\phi + i\,\text{sen}\,2\phi), \Psi(3) = \frac{1}{\sqrt{2\pi}}(\cos 3\phi + i\,\text{sen}\,3\phi)$

11.27. (b) $E(2) - E(1) \approx 62{,}1$ cm^{-1}

11.32. $\langle r \rangle$ não pode ser avaliada para Y^2_{-2} porque r não é uma variável do harmônico esférico.

11.34. (a) $E = 7{,}506 \times 10^{-22}$ J (b) $L_{tot} = 2{,}583 \times 10^{-34}$ J$\cdot$s (c) O componente Z do momento angular total poderia ser $-2\hbar, -1\hbar, 0, 1\hbar,$ ou $2\hbar$.

11.35. (b) $E(2) - E(1) \approx 41{,}3$ cm^{-1}. (Compare com 11.27.)

11.36. $\Delta E\, (\ell = 5 \to \ell = 6) = 5{,}95 \times 10^{-19}$ J, equivalente a $\lambda = 334$ nm (experimentalmente: 328 nm).

11.41. $V = -4{,}36 \times 10^{-18}$ J

11.42. $V = -1{,}92 \times 10^{-57}$ J

11.49. $\ell = 4$ não é permitido para $n = 4$.

11.50. $E_H = -1312$ kJ/mol, $E_{He} = -5249$ kJ/mol.

11.51. $P = 0{,}68\%$ para um elétron 1s.

11.53. Nós radial, angular e total, respectivamente: (a) 1, 0 e 1 para Ψ_{2s} (b) 2, 0 e 2 para Ψ_{3s} (c) 1, 1 e 2 para Ψ_{3p} (d) 0, 3 e 3 para Ψ_{3f}.

11.57. $\Psi_{2p_x} = \frac{1}{4\sqrt{2}}\left(\frac{2Z^3}{\pi a^3}\right)^{1/2}\frac{Zr}{a}e^{-Zr/a}\,\text{sen}\,\theta\cos\phi$

11.60. $\langle r \rangle = 1{,}5a$ para Ψ_{1s}, onde $a = 0{,}529$ Å

Capítulo 12

12.2. $\Psi(3d_{-2}) = \frac{1}{162}\left(\frac{Z^3}{\pi a^3}\right)^{1/2}\frac{Z^2 r^2}{a^2}e^{-Zr/3a}\,\text{sen}^2\,\theta \cdot e^{-2i\phi}\cdot\alpha$

ou $\frac{1}{162}\left(\frac{Z^3}{\pi a^3}\right)^{1/2}\frac{Z^2 r^2}{a^2}e^{-Zr/3a}\,\text{sen}^2\theta\cdot e^{-2i\phi}\cdot\beta$

12.3. Aniquilamento $e^-/e^+ = 1{,}637 \times 10^{-13}$ J ou $9{,}860 \times 10^{10}$ J/mol

12.4. Sim, as funções de spin α e β são ortogonais.

12.5. (b) $m_s = 0$; $m_s = -2, -1, 0, +1,$ ou $+2$; $m_s = -\frac{3}{2}, -\frac{1}{2}, +\frac{1}{2},$ ou $+\frac{3}{2}$.

12.6. (a) negativa (b) positiva (c) negativa (d) negativa (e) positiva

12.7. $\hat{H} = -\dfrac{\hbar^2}{2\mu}(\nabla_{e1}^2 + \nabla_{e2}^2 + \nabla_{e3}^2) - \dfrac{3e^2}{4\pi\epsilon_0 r_1} - \dfrac{3e^2}{4\pi\epsilon_0 r_2} - \dfrac{3e^2}{4\pi\epsilon_0 r_3} + \underbrace{\dfrac{e^2}{4\pi\epsilon_0 r_{12}} + \dfrac{e^2}{4\pi\epsilon_0 r_{13}} + \dfrac{e^2}{4\pi\epsilon_0 r_{23}}}_{\text{não separáveis}}$

12.8. (a) $E = -5{,}883 \times 10^{-17}$ J (b) $E = -4{,}412 \times 10^{-17}$ J

12.11. $\Psi_{Li^+} = \dfrac{1}{\sqrt{2}}[(1s_1\alpha)(1s_2\beta) - (1s_2\alpha)(1s_1\beta)]$

12.12. H tem um único elétron. Assim, não há, a considerar, assimetria com relação à troca.

12.13. (a) $\Psi_{Be} = \dfrac{1}{\sqrt{24}} \begin{vmatrix} 1s_1\alpha & 1s_1\beta & 2s_1\alpha & 2s_1\beta \\ 1s_2\alpha & 1s_2\beta & 2s_2\alpha & 2s_2\beta \\ 1s_3\alpha & 1s_3\beta & 2s_3\alpha & 2s_3\beta \\ 1s_4\alpha & 1s_4\beta & 2s_4\alpha & 2s_4\beta \end{vmatrix}$

$\Psi_B = \dfrac{1}{\sqrt{120}} \begin{vmatrix} 1s_1\alpha & 1s_1\beta & 2s_1\alpha & 2s_1\beta & 2p_{x,1}\alpha \\ 1s_2\alpha & 1s_2\beta & 2s_2\alpha & 2s_2\beta & 2p_{x,2}\alpha \\ 1s_3\alpha & 1s_3\beta & 2s_3\alpha & 2s_3\beta & 2p_{x,3}\alpha \\ 1s_4\alpha & 1s_4\beta & 2s_4\alpha & 2s_4\beta & 2p_{x,4}\alpha \\ 1s_5\alpha & 1s_5\beta & 2s_5\alpha & 2s_5\beta & 2p_{x,5}\alpha \end{vmatrix}$

(A última coluna poderia ser $2p_x\beta$, ou $2p_y\alpha$ ou β, ou $2p_z\alpha$ ou β. Assim, são possíveis seis determinantes para um átomo B.) (b) C tem seis determinantes diferentes possíveis, assim como F.

12.14. C tem 720 termos na sua função anti-simétrica; Na tem 39.916.800 termos e Si 87.178.291.200 termos.

12.16. (a) excitado (b) fundamental (c) excitado (d) excitado

12.17. (a) Li ($1s^2\,2p^1$) terá seis arranjos possíveis: $1s^2\,2p_x^1\alpha$, $1s^2\,2p_x^1\beta$, $1s^2\,2p_y^1\alpha$, $1s^2\,2p_y^1\beta$, $1s^2\,2p_z^1\alpha$ e $1s^2\,2p_z^1\beta$.

12.18. A correção à energia não será exata mesmo se a integral puder ser resolvida analiticamente, porque as funções de onda na integral são para o sistema ideal e não para o real.

12.19. $\langle E_{\text{perturb}} \rangle = 3c/(4\alpha^2)$, onde c é a constante de não-harmonicidade.

12.20. Uma correção como cx^3 torna a integral uma função ímpar, fazendo o valor numérico da integral exatamente zero.

12.21. $a_3 = -15kma^2/(16\pi^2\hbar^2)$

12.24. (a) Não (a menos que A & B, ambos, sejam iguais a zero, que é, de qualquer modo, uma função de onda trivial). (b) não (c) não (d) sim (e) não (f) não (g) não. A maioria dessas funções-teste não satisfazem as condições de contorno para a partícula na caixa.

12.34. A aproximação de Born-Oppenheimer é mais aplicável a Cs_2, cujos núcleos se movem mais lentamente que os no H_2.

12.35. $\Delta E = \dfrac{2(H_{11}S_{12} - H_{12})}{(1 - S_{12}^2)}$

12.40. Por exemplo, B: $(\sigma_g 1s)^2(\sigma_u^\ast 1s)^2(\sigma_g 2s)^2(\sigma_u^\ast 2s)^2 (\pi_u 2p_x, \pi_u 2p_y)$

12.42. Não, F_2^{2-} não poderia existir, de acordo com a teoria OM.

Índice

A

ação, 262
alótropo, 143
amálgamas, 188
aminoácidos, equilíbrios, 135-136
anodo, 315
aproximação de Born-Oppenheimer
    para moléculas simples, 403-405
aproximação por série de Taylor, 15
Arrhenius, Svante, 234
atividade, no equilíbrio químico, 129-132
átomo de hidrogênio
    espectro eletrônico, *veja* espectroscopia
        eletrônica
    funções de onda, 355-365
    mecânica quântica, 262-267, 352-365, 373
    números quânticos, 373, 380
    oscilador harmônico, 332-333
    problema da força central, 352-353, 365
    spin eletrônico, 373
    teoria de Bohr, 262-267
átomos, *veja também* átomos específicos; princípios
    específicos
    princípio da construção, 282-286
    princípio da exclusão de Pauli, 377-382, 413
    spin, 371-374
    spins dos orbitais, 377-382
    teoria das perturbações, 386-394, 402, 403
    teoria OM-CLOA, 405-409
    teoria variacional, 394-397, 402-403
    teoria variacional linear, 398-402
    visão geral, 370, 413
atração, partículas carregadas, 207-209, 404
azeótropos
    descrição, 180-181
    em soluções sólido/sólido, 191-192

B

Balmer, Johann, J., 250
bar, *veja também* pressão
    mudança isobárica, 42
    unidades de medida, 3
Barão Kelvin, 7
baterias, 215
Becquerel, Antoine Henri, 253
blindagem, 396
Bohr, Niels H., 262
Boltzmann, Ludwig, 79-80
Born, Max, 282, 404
bósons, 379

C

calor
    calor de formação, 55-57
    calor de fusão, 51, 146
    calor de sublimação, 146
    calor de vaporização, 51-53, 146
    calor específico, 31, 40
    ciclo de Carnot, 68-73, 94
    descrição, 4, 24-32
    equivalente mecânico, 30
    mudanças de temperatura, 29, 58-60
    sistemas adiabáticos, 33, 41, 48-49
calor específico, 30, 40
caloria, 30
camadas, *veja também* propriedades dos orbitais
    descrição, 356
campo elétrico E, 209
capacidade calorífica
    capacidade calorífica a volume constante, 39
    primeira lei da termodinâmica, 31, 39-42, 46-50
    variação de entropia, 75-76
capacidade calorífica a pressão constante, 41-43

capacidade calorífica a volume constante, 39
capacidade calorífica molar, 40, 47-48
capacidade de calor específico, 40
carga
    atração, 207-209
    descrição, 207-209
    no átomo de hélio, 374-375, 396-397
Carnot, Nicolas, 68
catástrofe ultravioleta, 256
cátodo, 215
célula de Daniell
    descrição, 215
    potencial elétrico instantâneo, 218-219
célula eletrolítica, 215
célula galvânica, 215
célula voltaica, 215, 220-221
ciclo de Carnot
    descrição, 68-72
    determinação da energia de Helmholtz, 94
    teorema de Clausius, 73, 90
Clapeyron, Benoit P. E., 149
Clausius, Rudolf, 73
coeficiente de atividade, 131, 226, 231-233
coeficiente de expansão
    experiência, 5, *veja também* experiências específicas
    gases, 20
    na teoria das perturbações, 391-392
coeficientes Joule-Thomson
    descrição, 42-46, 103-104
    temperatura de inversão, 45
coeficientes viriais, 11-12
combinação
    combinação linear, 391
combinação linear
    na teoria das perturbações, 391
composição eutética, em soluções sólido/sólido, 190-193
compósitos
    comparação com soluções sólidas, 189
    composição eutética em soluções sólido/sólido, 190-192
compressibilidade, compressibilidade isotérmica de gases, 20, 94, 102
comprimento de onda, equação de De Broglie, 267-269
Compton, Arthur, 261
condensação, 52, 143
condição de contorno, 290
condição de igualdade para derivada cruzada, 100
condutância, eletroquímica, 234, 237
configuração eletrônica, 383-384
congelamento
    depressão do ponto de congelamento, 194-195
    descrição, 143
constante crioscópica, 195
constante de Boltzmann
    na teoria de Debye-Hückel, 230-234
constante de Faraday, 210-212

constante de força, 316
constante de Planck, 258
constante de proporcionalidade de fricção, em soluções iônicas, 235-236
constante de proporcionalidade, 257
constante de Rydberg, 250, 262, 266, 357
constante de Stefan-Boltzmann, 254-255, 259
constante dielétrica, 209
constante do gás ideal, 7, 9
constante ebulioscópica, 196
constantes de Van der Waals, 13-14
coordenadas
    coordenadas cartesianas, 341-342
    coordenadas esféricas polares, 334, 341-342
coordenadas cartesianas, comparação com coordenadas esféricas polares, 341-342
coordenadas polares esféricas
    comparação com coordenadas cartesianas, 341-342
    descrição, 341
coordenadas polares
    coordenadas polares esféricas, 341-342
    descrição, 334
corpo negro
    mecânica clássica, 254-257
    mecânica quântica, 257-262
corrosão, 217-218
Coulomb, Charles Augustin de, 207

D

Dalton, John, 184, 251
Daniell, John, 215
Davisson, Clinton J., 268
De Broglie, Louis, 267
Debye, Peter J. W., 230
degenerescência
    na mecânica quântica, 303-306
    solução da partícula na caixa, 303-306
    teoria das perturbações não degenerada, 386-394, 402-403
densidade de potência, da luz, 254, 256
deposição, 143
destilação fracionada
    de azeótropos, 181-182
    descrição, 176-178
destilação simples, soluções líquido/sólido, 185-186
desvio negativo, na pressão de vapor, 179
desvio positivo, na pressão do vapor, 179
determinante secular, na teoria variacional linear, 399-400
determinantes de Slater, 380-382
Dewar, James, 46
diagramas de fase
    descrição, 201, 202
    em soluções não-ideais com dois componentes líquidos, 180-183
    para sistemas com um componente, 154-159
    para sistemas líquido/líquido, 174-177
    para sistemas sólido/sólido, 190-192

diferenciais exatas, 35, 100
diferenciais inexatas, 35
Dirac, Paul A. M., 372

E

ebulição
    calor de vaporização, 51-53, 146
    descrição, 51-53, 143
    elevação do ponto de ebulição, 194, 196
    equação de Clapeyron, 151
    ponto de ebulição normal, 144
efeito Compton, 267
efeito fotoelétrico
    mecânica clássica, 253
    mecânica quântica, 259
eficiência
    ciclo de Carnot, 68-73, 94
    relação com temperatura, 68-72
Einstein, Albert, 259-262
eletrodo de calomelano saturado, 216
eletrodo de pH, 223
eletrodos de íons específicos, 223-224
eletrólito, 234
elétrons
    aproximação de Born-Oppenheimer, 403-405
    estrutura atômica, 251-253
    função de onda, 274-275, 281-283
    mecânica quântica, *veja* mecânica quântica
    natureza das partículas, 268
    princípio de aufbau, 382-386
    princípio da exclusão, de Pauli, 377-382, 413
    spin, 371-374
    spins nos orbitais, 377-382
    teoria das perturbações, 386-394, 402-403
    teoria de Bohr para o átomo de hidrogênio, 262-267
eletroquímica
    cargas, 207-209, 374-375
    condutância, 324-327
    constantes de equilíbrio, 218-225
    energia, 210-215
    teoria de Debye-Hückel, 230-234
    transporte iônico, 234-237
energia
    densidade, 254, 256
    eletroquímica, 210-215
    energia de Helmholtz, 89, 92-96, 114
    energia livre de Gibbs, *veja* energia livre de Gibbs
    entalpia, *veja* entalpia
    equações com variável natural, 96-99
    funções de onda, *veja* funções de onda
    quantum de energia, 257-258
    relação entre trabalhos, 210, 215
    relações de Maxwell, 99-103
    teoria de Bohr para o átomo de hidrogênio, 262-267
    teoria variacional, 394-397
    teoria variacional linear, 398-402
    termodinâmica, *veja* termodinâmica
    transferência, 4
    variação de calor, 29, 58-60
    variações, 29, 32-34, 67
energia cinética
    equações de Lagrange, 246
    mecânica quântica, 259
    oscilação harmônica, *veja* oscilador harmônico
    relação com a função Hamiltoniana, 245, 286-287
    rotações bidimensionais, 334
    visão geral, 243, 259
energia de Helmholtz
    descrição, 89, 92-96, 114
    processos isotérmicos, 92-94
energia do ponto zero, 323
energia interna
    em eletroquímica, 210
    primeira lei da termodinâmica, 32-33
    transformações químicas, 37, 53-58
energia livre de formação, 95
energia livre de Gibbs
    descrição, 89, 92-96, 114
    determinação da espontaneidade, 92-93, 108
    em reações eletroquímicas, 210-213, 216-217, 221
    em sistemas com um componente, 159-160
    para equilíbrio químico, 123-128
    para soluções iônicas, 228-229
    processos isotérmicos, 95, 147
    relação com potencial químico, 108-110, 114, 118, 121
    variação com a temperatura, 105-108
energia livre, *veja* energia livre de Gibbs
energia potencial
    aproximação de Born-Oppenheimer, 403-405
    descrição, 244
    equações de Lagrange, 246
    oscilação harmônica, *veja* oscilador harmônico
    problema da força central, 353
    relação com a função Hamiltoniana, 245
    solução da partícula na caixa, 288-292, 299-304
    tunelamento, 296-299
entalpia
    capacidade calorífica a pressão constante, 41-43
    coeficientes de Joule-Thomson, 42-46, 103-104
    de mistura, 78-79
    descrição, 36-38
    determinação da espontaneidade, 90-91
    em reações bioquímicas, 60-62, 65
    em reações químicas não-padrão, 220-222
    em soluções iônicas, 228-230

equações com variável natural, 91, 96-99
na transformação química, 37, 53-58
para transições de fase, 55-57, 146-147
processos isoentálpicos, 43, 90-91
variações de temperatura, 58-60
entropia
    de mistura, 78-79
    descrição, 66
    determinação da espontaneidade, 90
    em reações químicas, 81-85
    em reações químicas não-padrão, 220-222
    em soluções iônicas, 228-230
    entropia absoluta, 80-81
    equações com variável natural, 96-99
    ordem, 79-81
    para transições de fase, 147-148, 160
    processos isoentrópicos, 90-91
    segunda lei da termodinâmica, 72-79, 81-85
    terceira lei da termodinâmica, 81-85
    variação, 75-77, 81-85, 102-103
equação da lei de Avogadro, 6
equação da lei de Boyle, 6, 15, 50
equação da lei de Charles, 6
equação de Clapeyron, para equilíbrios em sistemas com um componente, 148-152, 154-155
equação de Clapeyron, para equilíbrios em sistemas com um componente, 152-155
equação de De Broglie, 267-269, 280
equação de Nernst, em condições não-padrão, 218-224
equação de Onsäger, 237
equação de Schrödinger
    descrição, 285-289
    em rotações bidimensionais, 334
    em rotações tridimensionais, 341, 352
    equação de Schrödinger dependente do tempo, 286, 308-310, 318
    na solução da partícula na caixa, 300-301
    oscilador harmônico, 318-320
    para íons hidrogenóides, 357
    para o átomo de hélio, 374-376, 413
    para o problema da força central, 353
equação de Van't Hoff, 133, 196, 201
equação de *eigenvalue* (valor próprio)
    descrição, 277-279, 290
    em sistemas em rotação, 347-352
    no momento angular do spin do elétron, 372
equação quadrática, 401
equação virial, 11
equações de estado, 5-9, 11, 100-101, 105, *veja também* estados específicos
equações fundamentais da termodinâmica química, 114
equilíbrio dinâmico, 120-127, *veja também* equilíbrio químico
equilíbrio estático, 120
equilíbrio químico
    constante de equilíbrio, 125-129, 132-135, 218-225

em sistemas com múltiplos componentes, 168
em sistemas com um componente, 143-145
equilíbrios em aminoácidos, 135-136
fases condensadas, 129-132, 143-144
quociente de reação, 124-125, 137
relações com a energia livre de Gibbs, 123-128
soluções, 129-132
visão geral, 118-129, 136-137
equilíbrio térmico
    descrição, 4
equilíbrios
    constantes de equilíbrio, 125-129, 132-135, 218-225
    descrição, 119-121
    diagramas de fase, 154-159, 174-175
    em sistemas com múltiplos componentes, 166-205
    em sistemas com um componente, 141-165
    equação de Clapeyron, 148-152
    equação de Clausius-Clapeyron, 152-155
    equilíbrio dinâmico, 120, 125
    equilíbrio eletroquímico, 211,215
    equilíbrio estático, 120
    equilíbrio químico, *veja* equilíbrio químico
    potencial químico, 159, 162
    transições de fase, 143, 145-148
    variáveis naturais, 159-162
    visão geral, 141, 162
equivalente mecânico do calor, 30
espectro eletromagnético
    efeito fotoelétrico, 253-259
    em espectroscopia, *veja* espectroscopia
    propriedades clássicas, 253-257
espectros atômicos, *veja também* espectroscopia
    mecânica clássica, 248-251
espectroscopia
    efeito fotoelétrico, 253, 259
    mecânica clássica, 248-251, 253-256
espectroscopia rotacional, *veja também* espectroscopia eletrônica
estado fundamental
    configurações dos elementos, 387
    de orbitais eletrônicos, 382
    em osciladores harmônicos, 323
estado, *veja também* números quânticos
    equações de estado, 5-9, 11, 100-101, 105
    unidades comuns, 3
    variáveis, 2-5, 7
estrutura atômica, mecânica clássica, 251-253
experiência de Marsden, 251-252
experiência de Stern-Gerlach, 371

F

Faraday, Michael, 46
fator de compressibilidade Z
    descrição, 10
    determinação da fugacidade, 112

fenômenos inexplicáveis, mecânica clássica, 248
férmions, 379
fluxo total de potência, 259
força eletromotriz
    descrição, 212-213, 215
    em condições não-padrão, 219-221
força
    força eletromotriz, 212-213, 215, 219-221
    partículas carregadas, 207-209
    problema da força central no átomo de hidrogênio, 352-353, 365
    relação com trabalho, 24-25
    segunda lei do movimento de Newton, 242-243
fotossíntese, termodinâmica, 60-61
fração molar
    descrição, 78
    frações molares na fase vapor, 173-174
Franklin, Benjamin, 207
    freqüência limite, 253
fugacidade
    descrição, 110-114
    em sistemas líquido/líquido, 170
função de Lagrange, 244, 246-248
função Hamiltoniana,
    descrição, 244-248, 285-286, 300-301
    na teoria variacional, 395-396
    para o átomo de hélio, 374-375
    relação com energia cinética, 245, 286-287
    rotações em três dimensões, 341-342
função trabalho, 259
funções de estado
    energia interna, 33-36, 38-42
    energia livre, *veja energia livre de Gibbs*
    entalpia, *veja* entalpia
    entropia, 77-79, 81-85
    equações com variáveis naturais, 90, 96-99
    mudança, 38-42
funções de onda
    aproximação de Born-Oppenheimer, 403-405
    degenerescência, 274-275
    descrição, 274-275
    determinantes de Slater, 380-382
    funções de onda anti-simétricas, 379, 380
    funções de onda, 376-378, 396
    interpretação de Born, 281-283
    normalização, 283-285, 304, 335-336
    ortogonalidade, 307-308
    para átomos de hélio, 376-378, 396
    para átomos hidrogenóides, 355-365, 374
    para orbitais moleculares, 409-415
    para osciladores harmônicos, 321-329
    princípio da exclusão, de Pauli, 377-382, 413
    rotações bidimensionais, 333-341
    rotações tridimensionais, 341-347, 353-354
    soluções da partícula na caixa, 288-292, 299-303
    teoria das perturbações, 386-394, 402-403
    teoria variacional linear, 398-402

    teoria variacional, 394-397
    tunelamento, 297-299
    valores médios, 293-296, 329
funções tipo Gauss, 319
fusão, 143
fusão
    calor de fusão, 51, 146

G

galvanoplastia, 215
Gamow, George, 298-299
gases
    diagramas de fase, 154-159, 174, 175
    pressão de vapor, *veja* pressão de vapor
    sistemas líquido/gás, 183-184, 194-195
    vaporização, *veja* vaporização
gases ideais
    coeficientes Joule-Thomsom, 44-45, 103-104
    comparação com gases reais, 11
    descrição, 7
    fugacidade, 110-113
    lei do gás ideal, 7
    variação da energia livre de Gibbs, 108
gases não-ideais
    descrição, 10-17
    fugacidade, 110-113
gases reais
    comparação com gás ideal, 11
    descrição, 7
    fugacidade, 110-113
Gauss, Karl F., 319
Germer, Lester H., 268
Gibbs, J. Willard, 159
Gibbs, Josiah W., 93
graus de liberdade
    descrição, 158-159, 167

H

Hamilton, William R., 244
harmônicos esféricos, 344, 345
Heisenberg, Werner, 269, 279-280
hélio
    carga, 374-375, 396-397
    equação de Shrödinger, 374-376, 413
Henry, William, 184
Hermite, Charles, 279, 326
Hertz, Heinrich, 253
Hess, Germain H., 54
Hückel, Erich, 230

I

imiscibilidade, 182
    coeficientes Joule-Thomson, 42-46, 103-104
    determinação da espontaneidade, 90
    equações com variáveis naturais, 96-99, 104

função de estado, 33-36, 38-42
íons em solução, 225-230
mecânica quântica, *veja* mecânica quântica
misturas de soluções líquido/líquido ideais, 178-179
potenciais não-padrão, 218-225
potenciais padrão, 215-218
trabalho, 210-213
inércia, momento de inércia, 334
integrais de recobrimento, 398-407
integrais de ressonância, 407
interpretação de Born, 281-283
inversão
    temperatura de inversão, 45
íons
    eletrodos de íons específicos, 223-224
    força iônica, 228, 230-234
    íons em solução, 225-234
    pH, *veja* pH
    reações redox, *veja* rações redox
    teoria de Debye-Hückel, 230-234
    transporte iônico, 234-237
isoentalpia, 43, 90-91

J

Jeans, James H., 256
joule, 30
Joule, James P., 30

K

Kamerlingh-Omnes, Heike, 46
Kelvin, 7
Kirchhoff, Gustav R., 248-249, 257
Kohlrausch, Friedrich, 237

L

Lagrange, Joseph L., 143
lei da radiação de Planck, 258-259
lei de Coulomb, 208-209, 225
lei de Henry, em sistemas líquido/gás, 183-184
lei de Hess
    descrição, 54, 56, 61
    em reações redox, 216-218
    mudanças de entropia, 82
lei de Hook
    equações do movimento, 245-246, 316
lei de Kohlrausch, 237
lei de Ohm, 236
lei de Raoult
    em sistemas líquido/gás, 183
    em sistemas líquido/líquido, 171-174, 178-179, 193
    em soluções não-ideais com dois componentes líquidos, 179-180
lei de Rayleigh-Jeans, 256-257
lei de Stokes, 235
lei do deslocamento, de Wien, 255-256
lei do oscilador harmônico de Hook, *veja* oscilador harmônico
lei zero da termodinâmica
    arredores, 2-3
    derivadas parciais, 8-10, 18-21
    equações de estado, 5-8
    estado, 2-3
    gases não-ideais, 10-17
    leis dos gases, 6-10
    refinamento por zona, 193
    sistema, 2-3
    visão geral, 1, 3-5, 21
    zwitterion, 136
leis do movimento
    colisões, *veja* colisões
    descrição, 242-248
    leis do movimento de Newton, 242-243
    mecânica clássica, 242-248, 280, 316-318
    mecânica quântica, *veja* mecânica quântica
    princípio da exclusão, de Pauli, 377-382, 413
    rotação, *veja* rotação
    spin, *veja* spin
    vibração, *veja* espectroscopia vibracional
leis do movimento de Newton, 242-243
leis dos gases
    constante do gás ideal, 7, 9
    derivadas parciais, 8-10, 18-21, 96-99
    descrição, 1, 21
    gases não-ideais, 10-17
    lei do gás ideal, 7
    lei dos gases de Boyle, 6, 15, 50
    lei dos gases de Charles, 6
    lei zero da termodinâmica, 1-23
    primeira lei da termodinâmica, 26-28
    segunda lei da termodinâmica, 77-78
    teoria cinética dos gases, 47
leis, *veja também leis específicas*
    descrição, 3
Lewis, Gilbert N., 228, 261
ligas, 188, 191-192
linha de ligação
    descrição, 176
    em soluções ideais com dois componentes líquidos, 180
linha do ponto de borbulha
    Bunsen, Robert W., 248-249
    descrição, 174
    em sistemas líquido/líquido, 174, 178
    em soluções líquidas não-ideais com dois componentes, 180-183
linha do ponto de orvalho
    descrição, 174
    em sistemas líquido/líquido, 174-178
    em soluções líquidas não-ideais de dois componentes, 180-182

líquidos
    calor de vaporização, 51-53, 146
    descrição, 51-53, 143
    diagramas de fase, 154-159, 174-175
    elevação do ponto de ebulição, 194, 196
    equação de Clapeyron, 151
    ponto de ebulição normal, 144
    ponto de fusão normal, 143
    sistemas com múltiplos componentes, 169-188
    sistemas líquido/gás, 183-184, 194
    sistemas líquido/líquido, 169-179, 193, 201
    transições de fase, 143, 145-148
Lorde Kelvin, 7
luz
    efeito fotoelétrico, 253, 259
    mecânica quântica, *veja* mecânica quântica
    propriedades clássicas, 253-257

M

massa, *veja também* momento
    massa reduzida, 330-333, 339
    oscilação harmônica, 330-333
    ponto crítico clássico, 328
    rotações bidimensionais, 333-341
    rotações tridimensionais, 341-347
Maxwell, James C., 101, 252
mecânica clássica
    corpos negros, 254-257
    efeito fotoelétrico, 253
    equação de De Broglie, 267-269, 280
    espectros atômicos, 248-251
    estrutura atômica, 251-253
    fenômenos inexplicáveis, 248
    leis do movimento, 242-248, 280, 316, 318
    oscilador harmônico, 316-318
    propriedades da luz, 253-257
    teoria de Bohr para o átomo de hidrogênio, 262-267
    visão geral, 241-242, 269-270
mecânica quântica
    aproximação de Born-Oppenheimer, 403-405
    átomo de hélio, 374-378, 396
    átomo de hidrogênio, 262-267, 352-365, 373
    da espectroscopia, *veja* espectroscopia
    degenerescência, 303-306
    energia quântica, 257-258, 304-305
    equação de De Broglie, 267-269, 280
    funções de onda, *veja* funções de onda
    interpretação de Born, 281-283
    massa reduzida, 330-333, 339
    mecânica pré-quântica, *veja* mecânica clássica
    normalização, 283-385, 303, 335-336
    observáveis, 276-279, 288, 347-352
    operadores, 276-279, 288
    ortogonalidade, 306-307
    oscilador harmônico clássico, 316-318
    oscilador harmônico mecânico quântico, 318-324

    oscilador harmônico, 315-329
    perspectivas históricas, 257-262, 267-270
    postulados, 273, 309-310
    princípio de aufbau, 383-386
    princípio da exclusão de Pauli, 377-382, 413
    princípio da incerteza, 279-281
    probabilidades, 281-283
    problema da força central, 352-358, 365
    propriedades dos orbitais, 409-415
    rotações bidimensionais, 333-341
    rotações tridimensionais, 341-347
    simetria, *veja* simetria
    solução da partícula na caixa, 288-292, 299-303
    spin, 371-374
    spins nos orbitais, 377-382
    teoria das perturbações não degeneradas, 386-394, 402-403
    teoria das perturbações, 386-394, 402-403
    teoria de Bohr para o átomo de hidrogênio, 262-267
    teoria OM-CLOA, 405-409
    teoria variacional, 394-397, 402-403
    teoria variacional linear, 398-402
    tunelamento, 296-299
    valores médios, 293-296, 329
    visão geral, 273-274, 309-310, 315-316, 365-366, 370, 413-414
meias-celas, 215
meias-reações, reações redox, 214-216
membrana semipermeável, 197, 200
metais, *veja também* metais específicos; propriedades específicas
    amálgamas, 188
    corrosão, 217-218
    galvanoplastia, 215
    ligas, 188, 191
microscopia de tunelamento, 298
microscopia de varredura por tunelamento, 298-299
Millikan, Robert, 251
mistura
    energia interna de soluções líquidas ideais, 178-179
    entalpia, 78-79
    entropia, 78-79
molalidade de soluções, 193-194, 226-227
moléculas
    aproximação de Born-Oppenheimer, 403-405
    propriedades dos orbitais, 409-415
    teoria OM-CLOA, 405-409
    visão geral, 370, 413
momento
    definição clássica, 280
    momento angular, *veja* momento angular
    momento linear, 334
    momentos conjugados, 244
    oscilação harmônica, *veja* oscilador harmônico
    relação com comprimento de onda, de De Broglie, 267-269, 280

rotações bidimensionais, 333-341
rotações tridimensionais, 341-347
valores médios, 294-295, 329
momento angular
    descrição, 333-334
    momento angular do spin, 371-372
    momento orbital, 373
    números quânticos, 357
    problema da força central, 352-358, 365
    rotação tridimensional, 342, 347-351
momento de inércia, 334
momento linear, 334
momentos conjugados, 244
movimento, *veja* leis do movimento
mudança química, *veja também* reações
    entalpia, 37, 53-58
    entropia, 81-85
mudança, *veja também* reações
    funções de estado, 33-42
    mudança de fase, 50, 53
mudanças de fase, primeira lei da termodinâmica, 50-53
mudanças não-espontâneas, 67

N

Nernst, Walther H., 218
Newton, Isaac, 242
normalidade
    descrição, 236
    ortonormalidade, 307-308
normalização, 283-285, 304, 335-336
nós angulares, 362
nós radiais, 362
nós, 362
número de Avogadro, 80, 210
número quântico principal, 355-356
números quânticos
    descrição, 264, 291
    energia do ponto zero, 323
    espectroscopia vibracional, 90
    momento angular, 357
    número quântico principal, 355-356
    princípio da exclusão, de Pauli, 377-382, 413

O

observáveis
    em sistemas em rotação, 347-352
    na mecânica quântica, 276-279, 288, 347-352
Onsäger, Lars, 237
operador laplaciano, 299
operadores de posição, 278, 288
operadores Hermitianos, 279
operadores, 276-279, 288
Oppenheimer, J. Robert, 404
orbital antiligante, 409-412
orbital ligante
    descrição, 409
    orbital antiligante, 409-412
orbital sigma, 410
ordem, entropia, 79-81
ortogonalidade
    funções de onda, 306-308
ortonormalidade, 307
oscilador harmônico
    átomo de hidrogênio, 332-333
    descrição, 315-329
    equações do movimento, 245-246
    funções de onda, 321-329
    oscilador harmônico clássico, 316-318
    oscilador harmônico mecânico quântico, 318-324
osmose reversa, 201

P

Pascal, unidade de medida, 3
Pauli, Wolfgang, 378
permeabilidade
    membranas, 196-197, 200
permissividade do espaço livre, 208
pH
    eletrodo de vidro para pH, 223
    eletrodos para íons específicos, 223-224
    medidas, 223-224
    ponto isoelétrico, 136
Planck, Max K. E. I., 257
polimorfismo, 143
polinômios associados de Laguerre, 354
polinômios de Hermite, 326-327
polinômios de Laguerre, 354
ponte salina, 214
ponto crítico, 155-156
ponto crítico clássico, 328
ponto isoelétrico, 136
ponto triplo, 155-156
posição, princípio da incerteza, de Heisenberg, 279-288
postulados
    na mecânica quântica, 273, 309-310
potência de fluxo, 259
potência, definição, 255
potenciais de redução padrão, 215-216
potenciais padrão, em eletroquímica, 215-218
potencial elétrico, 209
potencial eletroquímico
    descrição, 211-212
    força eletromotriz, 212-213, 215
    potenciais não-padrão, 218-225
    reações bioquímicas, 218
potencial químico
    descrição, 108-110, 114, 225
    em sistemas com um componente, 144-145, 159-162

em sistemas líquido/líquido, 170-171
em soluções iônicas, 225, 227
equilíbrios, 159-162
potencial eletroquímico, 211-213, 215, 218-225
relações com a energia livre de Gibbs, 108-110, 114, 118, 121
prato teórico, 176-178
pressão
    capacidade calorífica a pressão constante, 41-43
    coeficientes de Joule-Thomson, 42-46, 103-104
    diagramas de fase, 154-159, 174-175
    em sistemas líquido/líquido, 183-184
    equação de Clapeyron, 148-152, 155
    equações de estado, 5-9, 105
    equilíbrios em sistemas com um componente, 141-165
    lei de Henry, 183-184
    pressão crítica, 155-156
    pressão interna, 28
    pressão osmótica, 196-201
    pressões parciais, 171-175
    relação com equilíbrio químico, 125-129
    relação com fugacidade, 113
    temperatura e pressão padrão, 7-8
    transformação isobárica, 42
    unidades comuns, 2-3
    unidades SI, 2-3
pressão atmosférica, unidades de medida, 3
pressão de vapor
    descrição, 152-153
    desvio negativo, 179
    desvio positivo, 179
    diagramas de fase, 154-159, 174-175
    em sistemas líquido/líquido, 169-179, 193
    em soluções não-ideais com dois componentes líquidos, 179-182
pressão interna, 28
pressão osmótica
    aplicações, 200-201
    descrição, 196-201
pressões parciais, em sistemas líquido/líquido, 171-175
primeira lei da termodinâmica
    capacidades caloríficas, 31, 39-41, 46-50
    coeficientes de Joule-Thomson, 42-46, 103-104
    energia interna, *veja* energia interna
    energia livre de Gibbs, 93
    entalpia, *veja* entalpia
    funções de estado, 33-36
    limitações, 66-67
    mudanças de fase, 50-53
    relação trabalho-calor, 24-32
    transformações químicas, 53-58
    variação de temperatura, 58-60
    visão geral, 24, 62
primeiro raio de Bohr, 264-265, 361
princípio de aufbau, 382-386
princípio da exclusão, de Pauli, 377-382, 412-413
princípio da incerteza, 279-281

princípio da incerteza, de Heisenberg, 279-281
princípio de Le Chatelier, 133
problema da força central, átomo de hidrogênio, 352-358, 365
processos endotérmicos, 38, 51, 53
processos espontâneos
    condições para, 89-92, 108
    descrição, 62, 66, 89
    potencial químico, 108-110, 114
    predição, 67-68
    relação com força eletromotriz, 213
processos exotérmicos
    descrição, 38, 51, 53
    transições de fase, 147
processos irreversíveis, 28, 74-75
processos isotérmicos
    compressibilidade isotérmica, 20, 94, 102
    descrição, 28-29, 41, 58
    energia de Helmholtz, 92-94
    energia livre de Gibbs, 95, 147
    entropia, 72-73, 92
    fugacidade, 111
    transições de fase, 146-147
processos reversíveis
    ciclo de Carnot, 68-73, 94
    descrição, 28-29, 75
    energia de Helmholtz, 92
    entropia, 72-74, 92
propriedades coligativas, em sistemas com múltiplos componentes, 193-202
propriedades dos orbitais
    comparação com momento angular do spin, 373
    momento angular orbital, 373
    orbitais moleculares, 409-415
    princípio de aufbau, 382-386
    spin dos orbitais, 377-382
    teoria OM-CLOA, 405-409

Q

qualidades dependentes do caminho, 34-35, 77
qualidades independentes do caminho, 34
quantidade molar parcial, potencial químico, 108-110, 114
quociente de reação
    em potenciais não-padrão, 218-223
    em soluções iônicas, 233
    no equilíbrio químico, 124-125, 137

R

radiação de cavidade, 254
radioatividade
    perspectivas históricas, 253
raio de Bohr, 264, 361
Rayleigh, John W. S., 256
reação da adenosina trifosfato, termodinâmica, 61-62
reação redox, eletroquímica, 211-215

reações
    cinética, *veja* cinética
    coeficiente de temperatura da reação, 219-220
    meias-reações, 214-216
    reações bioquímicas, 60-62, 85, 218
    reações de formação, 54-55
    reações eletroquímicas, 210-213, 216-217, 221
    reações químicas não-padrão, 220-222
    reações redox, 211-215
    termodinâmica, *veja* termodinâmica
reações bioquímicas
    potencial elétrico, 218-219
    termodinâmica, 60-62, 85
reações de formação, 54-55
regra cíclica, para derivadas parciais, 19-20, 44, 103-104
regra da cadeia, para derivadas parciais, 18
regra das fases de Gibbs
    para sistemas com múltiplos componentes, 166-169, 189
    para sistemas com um componente, 154-159
    para soluções sólido/sólido, 189
regra das fases, *veja* regra das fases de Gibbs
regra de Hund, 384
regra de Trouton, 148
regras de macroscopia, 24
regras de microscopia, 24
relações de Maxwell
    aplicação, 103-105
    dedução a partir da equação das variáveis naturais, 162
    descrição, 99-103
    repulsão, 207-209, 374, 404
    teoria variacional, 394-397
repulsão, partículas carregadas, 207-209, 374, 404
resistência, 236
resistividade, 236
ressonância eletrônica do spin, 373
rotação
    observáveis, 347-352
    rotações bidimensionais, 333-341
    rotações tridimensionais, 341- 347
rubi sintético, 192-193
Rydberg, Johannes R., 250

S

Schrödinger, Erwin, 269, 285
segunda lei da termodinâmica
    ciclo de Carnot, 68-73, 94
    entropia, 72-79, 81-85
    visão geral, 66
semicondutores
    refinamento por zona, 193
série de Brackett, 250
silício, refinamento por zona, 193

sistemas
    coeficientes de Joule-Thomson, 42-46, 103-104
    descrição, 2-3
    equilíbrio, *veja* equilíbrios
    observáveis, 276-279, 288, 347-352
    sistemas adiabáticos, 33, 41-49, 75, 77, 103-104
    sistemas com múltiplos componentes, *veja* sistemas com múltiplos componentes
    sistemas com um componente, *veja* sistemas com um componente
    sistemas fechados, 4, 32
    sistemas isolados, 32, 75
    variáveis de estado, 2-5, 7
sistemas adiabáticos
    coeficientes de Joule-Thomson, 42-46, 103-104
    descrição, 33, 41, 48-49
    entropia, 75, 78
sistemas binários, *veja* sistemas com múltiplos componentes
sistemas com dois componente *veja* sistemas com múltiplos componentes
sistemas com múltiplos componentes, *veja também* sistemas com um componente
    descrição, 142
    equilíbrios, 166-205
    lei de Henry, 183-184
    propriedades coligativas, 193-202
    regra das fases de Gibbs, 166-169, 189
    sistemas líquido/gás, 183-184, 194
    sistemas líquido/líquido, 169-179, 193, 201
    soluções líquido/sólido, 185-188, 194
    soluções não-ideais com dois componentes líquidos, 179-183
    soluções sólido/sólido, 188-193
    visão geral, 166, 201-202
sistemas com um componente, *veja também* sistemas com múltiplos componentes
    diagramas de fase, 154-159
    equação de Clapeyron, 148-152, 154
    equação de Clausius-Clapeyron, 152-154
    equilíbrios, 141-165
    potencial químico, 159-162
    regra das fases de Gibbs, 154-159
    transições de fase, 143, 145-148
    variáveis naturais, 144, 159-162
    visão geral, 141-145, 162
sistemas fechados, 4, 32
sistemas isolados, 32, 75
sólidos
    diagramas de fase, 154-159
    equilíbrio químico, 129-132, 143-144, 194
    solidificação, 143
    soluções líquido/sólido, 185-188, 194
    soluções sólido/sólido, 188-193
    transições de fase, 143, 145-148
solubilidade, 185-188, 223
solução da partícula na caixa
    degenerescência, 304-306

descrição, 288-295
na teoria variacional, 395-396
solução tridimensional, 299-304
solução supersaturada, 186
soluções
    constante do produto de solubilidade, 223
    depressão do ponto de fusão, 194-195
    elevação do ponto de ebulição, 194, 197
    equilíbrio químico, 129-132, 194
    íons em solução, 225-230, 234-237
    molalidade, 193-195, 226-227
    pressão osmótica, 196-201
    propriedades coligativas, 193-202
    solubilidade, 185-188
    soluções líquido/sólido, 185-188, 194
    soluções não-ideais com dois componentes líquidos, 179-182
    soluções saturadas, 185
    soluções sólido/sólido, 188-193
    soluções supersaturadas, 186
    Teoria de Debye-Hückel, 230-234
soluções saturadas, 185
soluto, 185
solvente, 185, 194
spin
    descrição, 371-374
    momento angular do spin, 371-372
    princípio da exclusão, de Pauli, 377-382, 415
    spins orbitais, 377-382
sublimação
    calor de sublimação, 146
    descrição, 52, 143
    equação de Clapeyron, 151
    relação com pressão, 161-162

T

temperatura, *veja* termodinâmica
    calor de vaporização, 51-53, 146
    capacidades caloríficas, *veja* capacidade calorífica
    ciclo de Carnot, 68-73, 94
    coeficiente de temperatura de reação, 218-219
    coeficientes de Joule-Thomson, 42-46, 103-104
    descrição, 3-4
    diagramas de fase, 154-159, 180-182
    diferencial exata, 100
    ebulição, *veja* ebulição
    equação de Clapeyron, 148-152, 155
    equações de estado, 5-9, 100, 105
    equilíbrios em sistemas com um componente, 141-165
    mudança, 58-60
    ponto de fusão normal, 143
    relação com eficiência, 68-72
    temperatura Boyle, 13, 15-16
    temperatura constante, 41
    temperatura crítica, 155-156
    temperatura de inversão, 45
    temperatura e pressão padrão, 7-8
    unidades comuns, 3, 7
    unidades SI, 3, 7
    variação da energia livre de Gibbs, 105-108temperatura Boyle, 13, 15-16
temperatura e pressão padrão, 7-8
teorema de Clausius, 73, 90
teorema de Euler, 335
teoria das perturbações não-degeneradas, 386-394, 402-403
teoria das perturbações
    comparação com a teoria variacional, 402-403
    na mecânica quântica, 386-394, 402-403
teoria de Bohr para o átomo de hidrogênio, 262-266
teoria de Debye-Hückel, 230-234
teoria OM-CLOA, 405-409
teoria variacional
    comparação com a teoria das perturbações, 402-403
    na mecânica quântica, 394-397, 402-403
    teoria variacional linear, 398-402
terceira lei da termodinâmica
    ciclo de Carnot, 68-72, 94
    entropia, 81-85
    ordem, 79-81
    visão geral, 66
termoquímica, 54
termodinâmica
    capacidades caloríficas, 36, 39-41, 46-50
    ciclo de Carnot, 68-73, 94
    coeficientes de Joule-Thomson, 42-46, 103-104
    conjunto, *veja* conjunto
    derivadas parciais, 8-10, 18-21
    descrição, 2, 24
    energia interna, *veja* energia interna
    energia livre de Gibbs, 94
    entalpia, *veja* entalpia
    entropia, 72-79, 81-85
    equações de estado, 5-9
    estado, 2-3
    funções de estado, 33-36, 38-42
    fugacidade, 110-114
    gases não-ideais, 10-17
    leis dos gases, 6-10
    lei zero da termodinâmica, 1-23
    limitações, 66-67
    mudanças de fase, 50-53
    ordem, 79-81
    primeira lei da termodinâmica, 24-65
    relações de Maxwell, 99-103
    relação trabalho/calor, 24, 32
    segunda lei da termodinâmica, 66-88
    sistema, 2-3
    transformações químicas, 53-58
    variáveis naturais, 96-99
    variação de temperatura, 58-60

visão geral, 1, 3-5, 21, 24, 66
terceira lei da termodinâmica, 66-88
Thompson, Benjamin, 30
Thomson, G. P., 268
Thomson, Joseph J., 251, 268
Thomson, William, 7
torr, unidades de medida, 3
trabalho
    ciclo de Carnot, 68-73, 94
    descrição, 24-32
    eletroquímica, 210-215
    energia de Helmholtz, *veja* energia de Helmholtz
    energia livre de Gibbs, *veja* energia livre de Gibbs
    relação com energia, 210-215
transformação isobárica, 42
transformação, *veja também* reações
    transformação isobárica, 42
    transformação isocórica, 42, 92
    transformação não-espontânea, 67
    transformação química, 37, 53-58, 81-85
transformação isocórica
    descrição, 42
    energia de Helmholtz, 92
transições de fase
    diagramas de fase, 154-159, 174-175
    em sistemas com um componente, 143, 145-148
    energia livre de Gibbs, 146-147
    entalpia, 55-57, 146-147
    entropia, 147-148, 160
tunelamento, mecânica quântica, 297-299

U

unidades internacionais padrão
    pressão, 2-3
    temperatura, 3, 7
    volume, 2-3
unidades SI
    pressão, 2-3
    temperatura, 3, 7
    volume, 2-3

V

valores médios, 293-296, 329
Van der Waals, Johannes, 13
Van't Hoff, Jacobus, 198
vaporização
    calor de vaporização, 51-53, 146
    descrição, 51-53, 143
    equação de Clapeyron, 151
    fração molar da fase de vapor, 173-174
variação, *veja também* reações
    variação de calor, 29
    variação de energia, 29, 32-34, 67
    variação de entalpia, 37, 53-60
    variação de entropia, 75-77, 81-85, 102-103
    variação de temperatura, 58-60
variáveis dependentes, em equilíbrios com múltiplos componentes, 168
variáveis extensivas, 216
variáveis intensivas, 216
variáveis naturais
    da entalpia, 91
    em funções de estado, 90
    em sistemas com um componente, 144, 159-162
    energia de Helmholtz, 92
    equações, 96-99, 104, 144
vizinhaça, 2-3
volt, 209
Volta, Alessandro, 209
volume
    equação de Clausius-Clapeyron, 152-155
    equações com variáveis naturais, 96-99
    equações de estado, 5-9
    unidades comuns, 3
    unidades SI, 2-3
    volume molar, 10
volume molar, 10
Von Helmholtz, Hermann L. F., 93
Von Lenard, Philipp E. A., 253

W

watt, 255

Y

Young, Thomas, 253-254

Constantes Físicas

Quantidade	Símbolo	Valor	Unidade
Velocidade da luz no vácuo	c	$2{,}99792458 \times 10^8$	m/s
Permissividade do espaço livre	ε_0	$8{,}854187817 \times 10^{-12}$	$C^2/J \cdot m$
Constante de gravidade	G	$6{,}673 \times 10^{-11}$	$N \cdot m^2/kg^2$
Constante de Planck	h	$6{,}62606876 \times 10^{-34}$	$J \cdot s$
Carga elementar	e	$1{,}602176462 \times 10^{-19}$	C
Massa do elétron	m_e	$9{,}10938188 \times 10^{-31}$	kg
Massa do próton	m_p	$1{,}67262158 \times 10^{-27}$	kg
Raio de Bohr	a_0	$5{,}291772083 \times 10^{-11}$	m
Constante de Rydberg	R	$109737{,}31568$	cm^{-1}
Constante de Avogadro	N_A	$6{,}02214199 \times 10^{23}$	mol^{-1}
Constante de Faraday	$\mathcal{F}$	$96485{,}3415$	C/mol
Constante do gás ideal	R	$8{,}314472$	$J/mol \cdot K$
		$0{,}0820568$	$L \cdot atm/mol \cdot K$
		$0{,}08314472$	$L \cdot bar/mol \cdot K$
		$1{,}98719$	$cal/mol \cdot K$
Constante de Boltzmann	k, k_B	$1{,}3806503 \times 10^{-23}$	J/K
Constante de Stefan-Boltzmann	σ	$5{,}670400 \times 10^{-8}$	$W/m^2 \cdot K^4$
Magnéton Bohr	μ_B	$9{,}27400899 \times 10^{-24}$	J/T
Magnéton nuclear	μ_N	$5{,}05078317 \times 10^{-27}$	J/T

Fonte: retirado de Peter J. Mohr e Barry N. Taylor, CODATA Recommended Values of the Fundamental Physical Constants, *J. Phys. Chem. Ref. Data*, v. 28, 1999.

Tabela Periódica

1A																	8A
1 **H** Hidrogênio 1,0079	2A											3A	4A	5A	6A	7A	2 **He** Hélio 4,0026
3 **Li** Lítio 6,941	4 **Be** Berílio 9,0122											5 **B** Boro 10,811	6 **C** Carbono 12,011	7 **N** Nitrogênio 14,0067	8 **O** Oxigênio 15,9994	9 **F** Flúor 18,9984	10 **Ne** Neônio 20,1797
11 **Na** Sódio 22,9898	12 **Mg** Magnésio 24,3050	3B	4B	5B	6B	7B	8B	8B	8B	1B	2B	13 **Al** Alumínio 26,9815	14 **Si** Silício 28,0855	15 **P** Fósforo 30,9738	16 **S** Enxofre 32,066	17 **Cl** Cloro 35,4527	18 **Ar** Argônio 39,948
19 **K** Potássio 39,0983	20 **Ca** Cálcio 40,078	21 **Sc** Escândio 44,9559	22 **Ti** Titânio 47,88	23 **V** Vanádio 50,9415	24 **Cr** Crômio 51,9961	25 **Mn** Manganês 54,9380	26 **Fe** Ferro 55,847	27 **Co** Cobalto 58,9332	28 **Ni** Níquel 58,693	29 **Cu** Cobre 63,546	30 **Zn** Zinco 65,39	31 **Ga** Gálio 69,723	32 **Ge** Germânio 72,61	33 **As** Arsênio 74,9216	34 **Se** Selênio 78,96	35 **Br** Bromo 79,904	36 **Kr** Criptônio 83,80
37 **Rb** Rubídio 85,4678	38 **Sr** Estrôncio 87,62	39 **Y** Ítrio 88,9059	40 **Zr** Zircônio 91,224	41 **Nb** Nióbio 92,9064	42 **Mo** Molibdênio 95,94	43 **Tc** Tecnécio (98)	44 **Ru** Rutênio 101,07	45 **Rh** Ródio 102,9055	46 **Pd** Paládio 106,42	47 **Ag** Prata 107,8682	48 **Cd** Cádmio 112,411	49 **In** Índio 114,82	50 **Sn** Estanho 118,710	51 **Sb** Antimônio 121,757	52 **Te** Telúrio 127,60	53 **I** Iodo 126,9045	54 **Xe** Xenônio 131,29
55 **Cs** Césio 132,9054	56 **Ba** Bário 137,327	57 **La** Lantânio 138,9055	72 **Hf** Háfnio 178,49	73 **Ta** Tântalo 180,9479	74 **W** Tungstênio 183,85	75 **Re** Rênio 186,207	76 **Os** Ósmio 190,2	77 **Ir** Irídio 192,22	78 **Pt** Platina 195,08	79 **Au** Ouro 196,9665	80 **Hg** Mercúrio 200,59	81 **Tl** Tálio 204,3833	82 **Pb** Chumbo 207,2	83 **Bi** Bismuto 208,9804	84 **Po** Polônio (209)	85 **At** Astatínio (210)	86 **Rn** Radônio (222)
87 **Fr** Frâncio (223)	88 **Ra** Rádio 226,0254	89 **Ac** Actínio 227,0278	104 **Rf** Rutherfórdio (261)	105 **Db** Dúbnio (262)	106 **Sg** Seabórgio (263)	107 **Bh** Bóhrio (262)	108 **Hs** Hássio (265)	109 **Mt** Meitnério (266)	110* — — (269)	111 — — (272)	112 — — (277)						

Número atômico — 92
Símbolo — **U**
Peso atômico — Urânio 238,0289

Lantanídos

58 **Ce** Cério 140,115	59 **Pr** Praseodímio 140,9076	60 **Nd** Neodímio 144,24	61 **Pm** Promécio (145)	62 **Sm** Samário 150,36	63 **Eu** Európio 151,965	64 **Gd** Gadolínio 157,25	65 **Tb** Térbio 158,9253	66 **Dy** Disprósio 162,50	67 **Ho** Hólmio 164,9303	68 **Er** Érbio 167,26	69 **Tm** Túlio 168,9342	70 **Yb** Itérbio 173,04	71 **Lu** Lutécio 174,967

Actinídios

90 **Th** Tório 232,0381	91 **Pa** Protactínio 231,0359	92 **U** Urânio 238,0289	93 **Np** Netúnio 237,0482	94 **Pu** Plutônio (244)	95 **Am** Amerício (243)	96 **Cm** Cúrio (247)	97 **Bk** Berquélio (247)	98 **Cf** Califórnio (251)	99 **Es** Einstênio (252)	100 **Fm** Férmio (257)	101 **Md** Mendelévio (258)	102 **No** Nobélio (259)	103 **Lr** Laurêncio (260)

*Os elementos 110-112 ainda não receberam nomes.